Buch mit E-Book

Bei Galileo Press gehört zum Buch das E-Book dazu. So können Sie selbst entscheiden, wie und wo Sie lesen wollen. Zu Hause, im Büro oder unterwegs, gedruckt oder elektronisch, auf Ihrem PC, Smartphone oder Tablet-Computer. Soviel Lesefreiheit muss sein.

Und so schalten Sie Ihr E-Book frei. Gehen Sie auf unsere Verlagswebsite www.galileo-press.de und klicken Sie dort auf **Bibliothek**. Registrieren Sie sich und geben Sie den untenstehenden Zugangscode ein. Und schon steht Ihnen nach wenigen Klicks das E-Book zum Onlinelesen und Herunterladen zur Verfügung.

Weitere Infos und eine genaue Anleitung finden Sie auf unserer Website unter **Hilfe ▸ Buch mit E-Book**.

Ihr persönlicher Zugangscode:

Bitte beachten Sie, mit dem Freirubbeln des Zugangscodes erlischt Ihr Recht zur Rückgabe!

Produktionsplanung und -steuerung mit SAP ERP®

SAP PRESS

SAP PRESS ist eine gemeinschaftliche Initiative von SAP und Galileo Press. Ziel ist es, Anwendern qualifiziertes SAP-Wissen zur Verfügung zu stellen. SAP PRESS vereint das fachliche Know-how der SAP und die verlegerische Kompetenz von Galileo Press. Die Bücher bieten Expertenwissen zu technischen wie auch zu betriebswirtschaftlichen SAP-Themen.

Ferenc Gulyássy, Binoy Vithayathil
Kapazitätsplanung mit SAP
720 S., 2014, geb.
79,90 Euro, ISBN 978-3-8362-1975-4

Ferenc Gulyássy, Marc Hoppe, Oliver Köhler, Binoy Vithayathil
Disposition mit SAP
ca. 730 S., 2., aktualisierte und erweiterte Auflage, geb.
ISBN 978-3-8362-2644-8; erscheint Ende 07/2014

Uwe Blumöhr, Manfred Münch, Marin Ukalovic
Variantenkonfiguration mit SAP
669 S., 2., aktualisierte und erweiterte Auflage 2011, geb.
ISBN 978-3-8362-1681-4

Karl Liebstückel
Instandhaltung mit SAP – Customizing
614 S., 2014, geb.
ISBN 978-3-8362-2111-5

Mario Franz
Projektmanagement mit SAP Projektsystem
ca. 620 S., 4., aktualisierte und erweiterte Auflage 2014, geb.
ISBN 978-3-8362-2864-0; erscheint Ende 08/2014

Aktuelle Angaben zum gesamten SAP PRESS-Programm finden Sie unter *www.sap-press.de*.

Jörg Thomas Dickersbach, Gerhard Keller

Produktionsplanung und -steuerung mit SAP ERP®

Galileo Press

Bonn • Boston

Liebe Leserin, lieber Leser,

vielen Dank, dass Sie sich für ein Buch von SAP PRESS entschieden haben.

Die Produktion spielt am Fertigungsstandort Deutschland nach wie vor eine bedeutende Rolle. Seit vielen Jahren bietet SAP für die produzierenden Unternehmen die mächtige und komplexe Komponente Produktionsplanung (PP) an. Unsere Autoren Jörg Thomas Dickersbach und Gerhard Keller zeigen Ihnen leicht verständlich die Funktionen und Customizingeinstellungen von PP. Von den Stammdaten bis zur Integration mit SAP SCM (APO) erfahren Sie alles Wissenswerte über die diskrete Fertigung mit SAP ERP.

Für diese Neuauflage haben wir das Buch gründlich überarbeitet. Ich freue mich sehr, Ihnen die vierte und rundum aktualisierte Auflage unseres Standardwerks zur Produktionsplanung und Produktionssteuerung vorstellen zu können. Auch diese Auflage enthält wieder eine herausnehmbare Transaktionskarte für Ihre tägliche Arbeit. Viel Erfolg bei der Planung und Steuerung Ihrer Fertigung!

Wir freuen uns stets über Lob, aber auch über kritische Anmerkungen, die uns helfen, unsere Bücher zu verbessern. Scheuen Sie nicht, mich zu kontaktieren. Ihre Fragen und Anmerkungen sind jederzeit willkommen.

Ihre Kerstin Billen
Lektorat SAP PRESS

Galileo Press
Rheinwerkallee 4
53227 Bonn

kerstin.billen@galileo-press.de
www.sap-press.de

Auf einen Blick

Der Name Galileo Press geht auf den italienischen Mathematiker und Philosophen Galileo Galilei (1564–1642) zurück. Er gilt als Gründungsfigur der neuzeitlichen Wissenschaft und wurde berühmt als Verfechter des modernen, heliozentrischen Weltbilds. Legendär ist sein Ausspruch *Eppur si muove* (Und sie bewegt sich doch). Das Emblem von Galileo Press ist der Jupiter, umkreist von den vier Galileischen Monden. Galilei entdeckte die nach ihm benannten Monde 1610.

Lektorat Kerstin Billen
Korrektorat Monika Klarl, Köln
Einbandgestaltung Silke Braun
Titelbild 123RF: 100100025 © Janet Hastings
Typografie und Layout Vera Brauner
Herstellung Melanie Zinsler
Satz SatzPro, Krefeld
Druck und Bindung C.H. Beck, Nördlingen

Gerne stehen wir Ihnen mit Rat und Tat zur Seite:
kerstin.billen@galileo-press.de bei Fragen und Anmerkungen zum Inhalt des Buches
service@galileo-press.de für versandkostenfreie Bestellungen und Reklamationen
thomas.losch@galileo-press.de für Rezensionsexemplare

Bibliografische Information der Deutschen Nationalbibliothek
Die Deutsche Nationalbibliothek verzeichnet diese Publikation in der Deutschen Nationalbibliografie; detaillierte bibliografische Daten sind im Internet über *http://dnb.d-nb.de* abrufbar.

ISBN 978-3-8362-2708-7

4., aktualisierte Auflage 2014

Inhalt

Vorwort

Seit dem Erscheinen der 1. Auflage dieses Buchs im Jahr 2001 gab es sowohl innerhalb des SAP-Systems als auch auf den Märkten einschneidende Veränderungen: Neue technologische Entwicklungen im Bereich der serviceorientierten Architektur haben die Flexibilität und damit die Freiheiten für die Unternehmen erhöht. Gleichzeitig ist auch der durch das Internet entstandene Hype um die New Economy zwischenzeitlich wieder auf die wahren Werte reduziert worden, d. h., dass es vor allem darum geht, wie sich Unternehmen in sich permanent verändernden globalen Märkten erfolgreich behaupten können. Gerade Deutschland als Fertigungsstandort hat immer noch starke Wurzeln in der Produktion, die zunehmend um intelligente Dienstleistungen zur Erhaltung der Wettbewerbsfähigkeit ergänzt werden müssen.

Die durch den Markt hervorgerufene Anpassungsflexibilität und die durch Technologie in Form von Webservices mögliche Flexibilität gilt es erfolgreich zu steuern. Dabei machen die hohe Anzahl an benötigten Funktionalitäten und die Parametrisierungsmöglichkeiten des SAP-Systems ein solches Management nicht einfach. Hier gilt es, die betriebswirtschaftlichen Prozesse als stabilisierende Größen zu gestalten.

Neuerungen in der 2. Auflage

Aufgrund dieser Veränderungen haben wir die Struktur dieses Buchs in der 2. Auflage neu gestaltet und an den betriebswirtschaftlichen Prozessen der Produktionsplanung und -steuerung ausgerichtet. Hierdurch möchten wir es Ihnen erleichtern, den Transfer von den betriebswirtschaftlichen Aufgaben zu den Abläufen im SAP-System und deren Konfiguration nachzuvollziehen. Die Prozessbausteine sollen dabei helfen, komplexe Unternehmensstrukturen top-down zu analysieren und zu managen. Es bleibt zu hoffen, dass sich auch künftige Entwicklungen an diesen Strukturen orientieren und Unternehmen somit eine stabilisierende Größe in einer sich permanent ändernden Umwelt erhalten.

Der Komplexität bei der Produktionsplanung und -steuerung sind keine Grenzen gesetzt, insbesondere wenn es um die Abbildung schwieriger Fertigungsprozesse geht. In diesem Buch haben wir uns bewusst auf die Darstellung eines »Geradeausfalls« anhand der (fiktiven) Fertigung von Klimaanlagen beschränkt. Dieser Geradeausfall der diskreten Fertigung wird inklusive des Customizings ausführlich beschrieben und stellt die Funktionalität der Produktionsplanung und -steuerung in SAP ERP deutlich umfangreicher und detaillierter als in der 1. Auflage dar.

Neuerungen in der 3. Auflage

Seit Erscheinen der 2. Auflage gab es nur geringfügige Weiterentwicklungen in der Produktionsplanung und -steuerung innerhalb von SAP ERP. Daher zeichnet die 3. Auflage vor allem eine Erweiterung aus: In einem neuen Kapitel gehen wir dediziert auf die Sonderbeschaffungsformen ein.

Neuerungen in der 4. Auflage

Der Bereich der Produktionsplanung und -steuerung ist eine tragende Säule im deutschen Maschinen- und Anlagenbau sowie in der Luftfahrt- und Automobilindustrie. Mit der ERP-Komponente PP hat die SAP AG zusammen mit vielen Kunden eine umfassende Lösung entwickelt. Die ausgereifte Funktionalität hat sich in den vergangenen Jahren etabliert; Neuerungen liegen im Wesentlichen in der Anbindung neuer Endgeräte und in der Optimierung der Oberflächengestaltung. Diesem trägt die 4. Auflage Rechnung, indem hier die Masken des Systems erneuert wurden. Darüber hinaus wurden textuelle Anpassungen in diversen Kapiteln vorgenommen.

Dr. Jörg Thomas Dickersbach und **Dr. Gerhard Keller**

Die Einleitung gibt einen Überblick über die Zielsetzung, die Zielgruppe und den Aufbau dieses Buchs sowie über Einschränkungen im Hinblick auf die behandelten Themen.

Einleitung

Die Produktion ist oftmals das Herzstück in einem Industrieunternehmen, da dort der Grundstein für den Verkauf innovativer Produkte und das Anbieten weiterer Dienstleistungen gelegt wird. Beeinflusst wird die Produktion von der dort eingesetzten Technologie, der Komplexität der Produkte als auch vom eingesetzten Fertigungsverfahren und der damit verbundenen Fertigungsorganisation. Diese Anforderungen müssen zum einen durch die notwendige Qualifikation der Mitarbeiter und zum anderen durch die eingesetzte Anwendungssoftware erfüllt werden. Diesem trägt das vorliegende Buch Rechnung, indem es anhand der Komponente PP in SAP ERP sowohl die betriebswirtschaftlichen Anforderungen als auch das Lösungsverhalten dieser Anwendungssoftware an wesentlichen Eckpunkten der mechanischen Produktion aufzeigt.

Ziel dieses Buchs

Ziel dieses Buchs ist es, die Grundprozesse der Produktionsplanung und -steuerung in SAP ERP darzustellen und zu erklären. Hierbei wird der Ansatz verfolgt, Ihnen als Leser die einzelnen Prozesse auf drei Ebenen nahezubringen:

- **Betriebswirtschaftlicher Hintergrund**
  Die Erklärung des betriebswirtschaftlichen Hintergrunds beschränkt sich nicht allein auf den Überblick über die Produktionsplanungs- und -steuerungsprozesse, sondern es wird darüber hinaus anhand von Prozessüberblicksbildern und Belegflussdiagrammen dargestellt, welche Schritte jeder einzelne Prozess umfasst, wie sich die Prozessschritte zueinander und zu angrenzenden

Prozessen verhalten und aus welchem Grund die jeweiligen Schritte vorgenommen werden. Hierbei beschränken wir uns auf Erklärungen, geben jedoch keine Empfehlungen zur Modellierung und Parametrisierung der Prozesse.

- **Anwendung**
  Die Prozesse werden Schritt für Schritt anhand einer Vielzahl von Screenshots dargestellt. Den Screenshots liegt das Release SAP ERP 6.0 zugrunde. Hierbei werden die erforderlichen Parameter und Transaktionen explizit angegeben.
- **Konfiguration**
  An Stellen, an denen für einen Prozessschritt eine Konfiguration erforderlich ist oder an denen eine Konfiguration eine Ablaufänderung bewirkt, werden die gängigen Alternativen anhand von Screenshots und Customizing-Transaktionen bzw. Customizing-Pfaden erklärt.

Der Schwerpunkt des Buchs liegt auf dem Geradeausfall in der diskreten Fertigung, bei dem die Prozessschritte in der üblichen Reihenfolge durchlaufen werden und keine Besonderheiten auftreten, wie z. B. komplex zu modellierende Produktionsschritte. Dies sollte unserer Ansicht nach bereits eine sehr gute Grundlage für die Anwendung und Implementierung der SAP-Komponente für die Produktionsplanung und -steuerung (PP) bieten.

Zielgruppe

Dieses Buch wendet sich an alle Leser, die die Produktionsplanung und -steuerung in SAP ERP verwenden – ob als Projektleiter oder als Projektmitarbeiter in einem Implementierungsprojekt oder operativ als Produktionsplaner oder -steuerer in einem Industriebetrieb. Da das Buch die drei Ebenen *Betriebswirtschaft*, *Anwendung* und *Konfiguration* umfasst, ist es sowohl für Neueinsteiger, Studenten der Industriebetriebslehre, des Wirtschaftsingenieurwesens oder der Wirtschaftsinformatik mit dem Schwerpunkt Betriebswirtschaftslehre und für Anwender anderer PPS-Systeme als auch für Berater und erfahrene Anwender geeignet.

Aufbau und Inhalt

Das Buch gibt einen grundlegenden Überblick über die Produktionsplanung und -steuerung mit dem ERP-System. Dazu wird in **Kapitel 1**, »Aufgaben im Industriebetrieb«, zunächst der betriebswirtschaftliche Rahmen der Produktionsplanung und -steuerung in einem Industriebetrieb ausführlich dargestellt. **Kapitel 2**, »Produktionsplanung und -steuerung in SAP ERP«, beschreibt, wie die SAP-Komponente PP in das SAP ERP-System eingeordnet ist, und gibt einen Überblick über die Prozesse der Produktionsplanung und -steuerung in PP.

Kapitel 3, »Organisationsstrukturen«, und **Kapitel 4**, »Stammdaten«, beschreiben die Grundelemente, die für die Abbildung der Produktionsplanung und -steuerung in SAP ERP erforderlich sind.

Anhand eines Beispiels – der Produktion von Klimaanlagen – wird in den folgenden Kapiteln der Geradeausfall dargestellt. Hierzu wird in jedem Kapitel ein eigener Prozess beschrieben:

- Absatz- und Produktionsgrobplanung (**Kapitel 5**)
- Programmplanung (**Kapitel 6**)
- Materialbedarfsplanung (**Kapitel 7**)
- Sonderbeschaffungsformen (**Kapitel 8**)
- Langfristplanung (**Kapitel 9**)
- Fertigungsauftragseröffnung (**Kapitel 10**)
- Kapazitätsplanung (**Kapitel 11**)
- Fertigungsdurchführung (**Kapitel 12**)

In **Kapitel 13**, »Supply Chain Management und Integration mit SAP APO«, werden die Potenziale des Supply Chain Managements und einer Integration mit dem Programm SAP Advanced Planning and Optimization (SAP APO) angerissen und unterschiedliche Integrationsszenarien dargestellt.

Den Abschluss des Buchs bilden ein umfangreiches **Glossar** mit Begriffen aus der Produktionsplanung und -steuerung sowie ein **Abkürzungs-** und ein **Transaktionsverzeichnis**.

Die wichtigsten Transaktionen und Pfade finden Sie außerdem auf der dem Buch beiliegenden Referenzkarte.

Einschränkungen

In diesem Buch konzentrieren wir uns auf die Kernprozesse der Produktionsplanung und -steuerung. Bewusst decken wir nicht den gesamten Funktionsumfang der mächtigen und komplexen Produktionsplanung und -steuerung in SAP ERP ab. Die folgende Liste bietet einen Überblick über die Funktionen, die nicht oder nur kurz behandelt werden:

- **Dispositionsbereiche**
  Für eine getrennte Materialbedarfsplanung innerhalb eines Werks können Dispositionsbereiche verwendet werden.
- **Änderungsdienst**
  Bei häufigen technischen Änderungen, die zum Teil erst in der Zukunft gültig sein werden, existiert ein Änderungsdienst – sowohl für die Stammdaten *Stückliste* und *Arbeitsplan* als auch für Fertigungsaufträge.
- **Variantenkonfiguration**
  In der Kundeneinzelfertigung kommt es oft vor, dass die verkaufsfähigen Produkte kundenindividuell konfiguriert werden. Beispiele hierfür sind Automobile, Sondermaschinen oder Computer. Der gesamte Bereich der Variantenkonfiguration, der auch sehr stark den Vertrieb betrifft, wird in diesem Buch ausgelassen. Wir können hier aber auf weiterführende Literatur verweisen (siehe Dickersbach 2005a).
- **Fertigungsinformationssystem**
  Im Rahmen des *Logistikinformationssystems* (LIS) ist es möglich, umfangreiche Berichte über die Fertigung zu erstellen. Diese Funktionen werden nur grob gestreift.
- **Integration mit Qualitätssicherung und Lagerverwaltung**
  Die Produktionsplanungsfunktionen betreffen die Qualitätssicherung (z. B. durch Prüflose) und der Lagerverwaltung.
- **Distributionsplanung**
  Es existieren in PP sehr eingeschränkte Funktionen für die werksübergreifende Planung.

Andere Fertigungsarten als die diskrete Fertigung – also Serienfertigung, Prozessfertigung, Kanban und Projektfertigung – werden in Abschnitt 2.3, »Fertigungsarten«, kurz beschrieben.

Die Produktionsplanung und -steuerung findet nicht im luftleeren Raum statt, sondern sie bezieht sich auf die konkreten Aufgaben in einem Industriebetrieb. In diesem Kapitel wird daher der betriebswirtschaftliche Rahmen der Produktionsplanung und -steuerung ausführlich dargestellt.

1 Aufgaben im Industriebetrieb

Aufgaben im Industriebetrieb

Die Aufgaben eines Industriebetriebs sind primär in der Entwicklung und Herstellung neuer verkaufsfähiger Produkte zu sehen. Zum einem werden die wertschöpfenden Aufgaben von administrativen Aufgaben des Personalwesens, der Finanzbuchhaltung sowie des Controllings und zum anderen von Serviceaufgaben im Rahmen der Instandhaltung, der Wartung und des Aftersales begleitet. Die Hauptaufgaben eines Industriebetriebs lassen sich in technisch orientierte Aufgaben innerhalb der Produktentstehung und betriebswirtschaftlich orientierte Aufgaben im Rahmen der Auftragsabwicklung differenzieren.

1.1 Technisch orientierte Aufgaben

Produktentstehung

Der Prozess der *Produktentstehung* umfasst im weitesten Sinne alle Aufgaben, die ab der Produktidee bzw. der konkreten Kundenanforderung bis hin zur Qualitätssicherung anfallen, also die im Rahmen der Entwicklung/Konstruktion, der Arbeitsplanung, der NC-Programmierung mit anschließender Fertigung und Montage und innerhalb der Qualitätssicherung (Sicherstellung der quantitativ geforderten Anforderungen) entstehenden Aufgaben.

1.1.1 Entwicklung/Konstruktion

Konstruktionsprozess

Die Entwicklung und Konstruktion neuer Produkte kann durch Einzelpersonen oder Personengruppen erfolgen. Bei einer Neuentwicklung beginnen Sie mit der Funktionsfindung des Produkts, die sich von den definierten Produktanforderungen ableitet. Nach der anschließenden Prinziperarbeitung konzipieren Sie im Rahmen des Produktentwurfs vor der Zeichnungserstellung die ersten kreativen Entwürfe. Hier wird ein großer Teil des für die gesamte Ablaufkette erforderlichen Datenvolumens (z.B. Geometriedaten) festgelegt. Während bei klassischen CAD-Systemen (Computer-aided Design) primär die Zeichnungserstellung im Vordergrund steht, unterstützen moderne CAD-Systeme Integrationsanforderungen, die nicht nur den gesamten Konstruktionsprozess, sondern auch die Einbindung von PPS-Systemen und Datenbanken unterstützen. Der gesamte Konstruktionsprozess ist ein Vorgang, bei dem – ausgehend von einer definierten Aufgabenstellung – schrittweise die Konstruktionsunterlagen, die ja die Basis für die spätere Fertigung bilden, erzeugt werden. Entsprechend der VDI-Richtlinie 2223 wird das Konstruieren wie folgt definiert: »Konstruieren ist das vorwiegend schöpferische, auf Wissen und Erfahrung gegründete und optimale Lösungen anstrebende Vorausdenken technischer Erzeugnisse, Ermitteln ihres funktionellen und strukturellen Aufbaus und Schaffen fertigungsreifer Unterlagen« (siehe Kühn 1980, S.11).

Der Konstruktionsprozess setzt sich aus einer unregelmäßigen Folge von heuristischen und algorithmisierbaren Tätigkeiten zusammen, d.h., es werden teilweise Aufgaben wahrgenommen, die vorwiegend auf einer schöpferischen Basis beruhen, und teilweise Aufgaben, die auf einer gewissen Logik beruhen. Diese auf Logik beruhenden Tätigkeiten sind üblicherweise schematisierbar.

Produktentwurf

Bei der Erstellung des Produktentwurfs orientieren Sie sich am jeweiligen Arbeitsfortschritt. Der Entwurfsprozess unterteilt sich in die Kernphasen *Planen*, *Konzipieren*, *Entwerfen* und *Ausarbeiten*. Während die Schritte Konzipieren, Entwerfen und Ausarbeiten in der Regel ausschließlich in der Abteilung Produktentwurf/Konstruktion stattfinden, wird die Planung auch häufig von anderen Abteilungen durchgeführt. Von welcher Abteilung der Anstoß zur Produktkonstruktion ausgeht, hängt von unterschiedlichen Faktoren, z.B. von der Art der Auftragserteilung ab. Erteilt ein Kunde unmittelbar einem Unternehmen den Entwicklungsauftrag, wird der Planungsschritt sehr häufig in der Vertriebsabteilung vollzogen. Arbeitet das Unternehmen jedoch für einen anonymen Markt, geht die Initiative für gewöhnlich von der Marktforschung aus.

Produktspezifikation

Mit dem Abschluss der Planungsphase leiten Sie nach einer positiven Begutachtung des Auftrags in die Konzeptionsphase über. In dieser Phase klären Sie zunächst die Aufgabenstellung und halten diese in einer Anforderungsliste (Produktspezifikation) fest. Diese Liste enthält technische Fest- und Mindestanforderungen, Wünsche, zulässige Kosten und Terminanforderungen. Anschließend wird die Gesamtfunktion aufgegliedert und abstrakt formuliert. Im Rahmen der Prinziperarbeitung, die auch Bestandteil der Konzeptionsphase ist, ermitteln Sie für die in der Funktionsphase gefundenen verschiedenen Funktionsprinzipien alternative Arbeitsprinzipien, die der Aufgabenlösung dienen sollen. Anschließend sollten Sie ein spezielles Lösungsprinzip festlegen, dass die technischen und wirtschaftlichen Kriterien berücksichtigt.

Auf der Basis des gefundenen Lösungsprinzips erstellen Sie einen ersten maßstäblichen Entwurf. Die gefundenen Arbeitsprinzipien erhalten hier mithilfe bekannter Entwurfs- und Berechnungsverfahren sowie mithilfe der Wertanalyse Form und Dimension. Gleichzeitig sollten Sie hier eventuell auftretende technische und wirtschaftliche Schwachstellen beheben, die von der Konzeptionsphase herrühren. Stehen z. B. Kostenaspekte bei der Produktgestaltung im Vordergrund, müssen Sie das Produkt im Hinblick auf die kostenbestimmenden Gestaltungszonen überprüfen. Das Ergebnis – der bereinigte Entwurf – sollte dann alle zur Problemlösung erforderlichen Lösungskomponenten beinhalten.

Entwurf

Wenn Ihnen ein optimaler Entwurf vorliegt, ist der nächste Schritt die Ausarbeitung von detaillierten Konstruktionsunterlagen für das Gesamtprodukt sowie für die Einzelkomponenten. Hierzu zählen Konstruktionszeichnungen, Konstruktionsstücklisten und konstruktionsorientierte Anweisungen für die Fertigung. Sehr häufig wird vor der Freigabe der Unterlagen in vielen Unternehmungen ein »realer« Prototyp entwickelt, der nach seiner Fertigstellung auf seine technische Einsatzfähigkeit und die wirtschaftliche Herstellbarkeit hin überprüft wird (siehe Pahl et al. 2013).

Konstruktionsphasen

Die einzelnen Konstruktionsphasen werden dabei nicht streng nacheinander durchlaufen, sondern es kommt, bedingt durch die besonderen Gegebenheiten des Konstruktionsprozesses, immer wieder zu Rücksprüngen in davorliegende Phasen. Man kann den Konstruktionsprozess deshalb als Folge von Iterationsschleifen betrachten, wobei das Ausmaß der Zirkularität (also der Anzahl der durchlaufenen Schleifen) von der Komplexität der Aufgabe sowie von äußeren Rahmenbedingungen, wie z. B. unklaren Vorstellungen des Kunden über das Produkt, abhängt.

Für viele Konstruktionsaufgaben ist es nicht erforderlich, sämtliche aufgeführten Konstruktionsphasen zu durchlaufen. Häufig können Sie auf bereits erstellte Unterlagen zurückgreifen. Um den Umfang der vorhandenen Informationen eingrenzen und damit den Aufwand bei der Erstellung der Konstruktionsunterlagen möglichst genau abschätzen zu können, hat sich in der betrieblichen Praxis die Einteilung nach Konstruktionsarten etabliert.

Im DIN-Entwurf VDI 2210 sind die Konstruktionsarten in vier Gruppen unterteilt:

- Neukonstruktion
- Anpassungskonstruktion
- Variantenkonstruktion
- Konstruktion mit festem Prinzip

Neukonstruktion

Unter der *Neukonstruktion* versteht man eine Konstruktion, bei der sich die Gestalt der Bauteile nicht nach Vorbildern richtet, sondern sie ergibt sich schrittweise während des Entwurfsgeschehens. Im Prinzip sind bei der Neukonstruktion nur die in den Anforderungslisten angegebenen Gesamtfunktionen bekannt. In diesem Fall müssen Sie alle vier Phasen des Konstruktionsprozesses durchlaufen.

Anpassungskonstruktion

Die *Anpassungskonstruktion* stellt eine Zwischenstufe von Neu- und Variantenkonstruktion dar. Ein Anpassungsentwurf wird oftmals von einem Vorgänger hergeleitet, mit dem gewisse Gemeinsamkeiten bestehen. Bei dieser Konstruktion beziehen sich geometrische Änderungen im Allgemeinen sowohl auf die Abmessungen als auch auf die Struktur der Geometriemerkmale. Hier ändern Sie, wenn notwendig, die Funktion und Gestalt einzelner Elemente, behalten aber die

Grundanordnung der Elemente bei. Man kann die Anpassungskonstruktion auch so beschreiben, dass hier ein bekanntes Lösungsprinzip an eine veränderte Aufgabenstellung angepasst wird.

Varianten-konstruktion

Charakteristisch für die *Variantenkonstruktion* ist es, dass das Lösungsprinzip für verschiedene Varianten gleich bleibt, d. h., dass die Varianten die gleiche Struktur der Geometrieelemente beinhalten. Hier muss sowohl die Gestaltungs- als auch die Detaillierungsphase durchlaufen werden. Je nach Komplexitäts- und Detaillierungsgrad der Standardteile bezeichnet man die Variantenkonstruktion auch als Baugruppenmenütechnik – für relativ komplexe Teile – oder als Geometrieparametrisierung – für relativ einfache Teile.

Konstruktion mit festem Prinzip

Für die *Konstruktion mit festem Prinzip* gibt der Verein Deutscher Ingenieure die folgende Definition (VDI 1975, S. 12): »Eine Konstruktion wird als Konstruktion mit festem Prinzip bezeichnet, wenn bei festgelegter Funktionsstruktur, Anordnung und Gestalt aller Elemente nur die Dimension aller oder einzelner Elemente verändert wird.« Sie unterscheidet sich von der Variantenkonstruktion dadurch, dass keine Gestaltungsveränderungen vorgenommen werden. Da die Variantenkonstruktion die Gestaltungsveränderung nicht zwingend umfasst, kann die Konstruktion mit festem Prinzip als extremer Spezialfall der Variantenkonstruktion betrachtet werden. Die Aufgabe besteht hier im Wesentlichen in der Dimensionierung der Einzelteile.

Funktionsfindung

Wesentliche Aufgaben in der Entwicklung/Konstruktion sind neben der *Funktionsfindung* mit den entsprechenden physikalischen Berechnungen die Objektbeschreibung, die Zeichnungs- und Stücklistenerstellung, die zur Durchführung der Entwicklung und Konstruktion notwendigen Verwaltungstätigkeiten sowie die Informationsbeschaffung. Der Aufwand wird dabei entschieden von der Produktkomplexität und dem Grad der Produktstandardisierung bestimmt. Das Ergebnis der Entwicklungs- und Konstruktionstätigkeit sind die Zeichnung mit ihren technischen Beschreibungen (Produktspezifikation) und die Konstruktionsstückliste. Aufbauend auf diesen erzeugten Daten, erfolgen die Erstellung der Fertigungsstückliste und die Arbeitsplanerstellung. Abbildung 1.1 zeigt die zentralen Aufgaben der Entwicklung/Konstruktion.

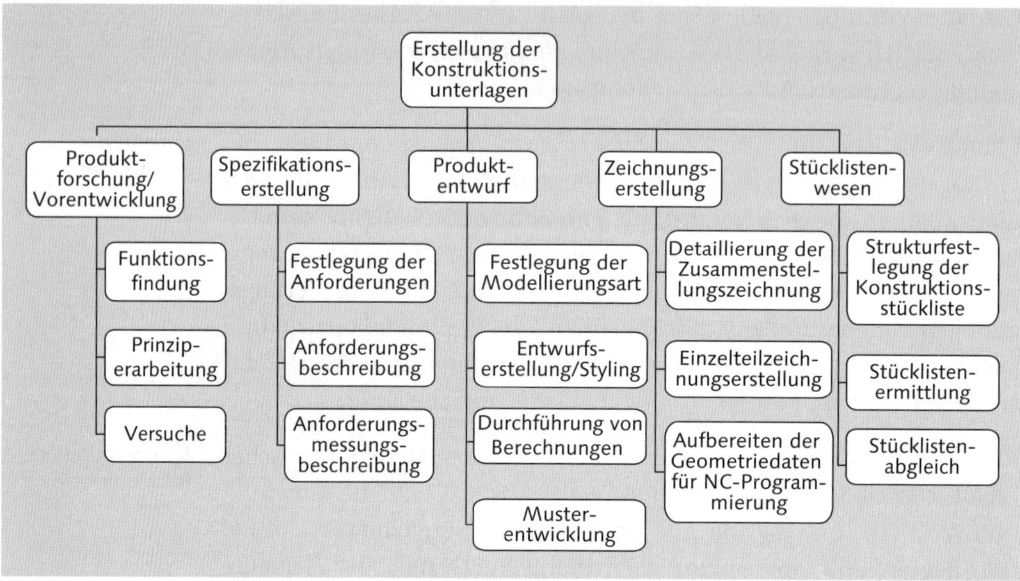

Abbildung 1.1 Aufgaben der Entwicklung/Konstruktion

1.1.2 Arbeitsplanung

Arbeitsplan

Der *Arbeitsplan* beschreibt die Umwandlung eines Werkstücks vom Rohzustand in seinen Fertigzustand. Ziel ist es, die von der Entwicklung/Konstruktion bereitgestellten Produktinformationen in Anweisungen für die Fertigung und Montage umzusetzen. Ausgangspunkt können dabei Materialien oder, bei montageorientierten Tätigkeiten, bereits selbst gefertigte Baugruppen oder Einzelteile sein. Im Arbeitsplan werden die Arbeitsgänge sowie die Ablauffolge zur Fertigung des Teils festgelegt. Darüber hinaus ordnen Sie den Arbeitsgängen Fertigungsverfahren, Betriebsmittel und deren Kapazitätsbedarf zu. Im Rahmen der Arbeitsplanerstellung sollten Sie die folgenden Teilaufgaben erfüllen (siehe Eversheim 2002):

- Bestimmung des Ausgangsteils
- Arbeits(vorgangs)folgeermittlung
- Maschinenauswahl
- Fertigungshilfsmittelzuordnung
- Vorgabezeitermittlung

Arbeitsplanerstellung

Analog zu den Planungsphasen in der Entwicklung/Konstruktion kann auch der Aufwand der zeitlichen Arbeitsplanerstellung wie folgt unterteilt werden:

- Neuplanung
- Anpassungsplanung
- Variantenplanung
- Wiederholplanung

Die Planungsarten unterscheiden sich vor allem darin, inwieweit auf vorhandene Unterlagen zurückgegriffen werden kann, womit der Unterstützung der effizienten Arbeitsplanverwaltung eine bedeutende Rolle zukommt. Dabei können je nach Art und Umfang der Aufgabe Folgeaufgaben mit erheblichem Erstellungsaufwand generiert werden. Die *Wiederholplanung* kann z. B. verwendet werden, wenn ein Werkstück mit einem anderen bereits geplanten Werkstück identisch ist. Bei der *Variantenplanung* liegen Ähnlichkeiten des zu planenden Werkstücks vor. Hier können Sie z. B. Teilefamilien bilden und anschließend einen weitgehend den Standards entsprechenden Arbeitsplan generieren und durch Parametrisierung bestimmen. Bei der *Anpassungsplanung* ist der logische Aufbau des Arbeitsplans durch einen Rumpfarbeitsplan gegeben. Im Rahmen der *Neuplanung* ist es häufig der Fall, dass als Folge der Fertigungshilfsmittelbestimmung neue Vorrichtungen entwickelt und konstruiert sowie Arbeitspläne erstellt und produziert werden müssen. Häufig ist daher der Betriebsmittelbau als eigene Produktionsstätte innerhalb von Unternehmen zu finden.

Wie oben erwähnt, gibt es Unterschiede zwischen der Erstellung des Fertigungsarbeitsplans und des Montagearbeitsplans. Gegenstand des *Fertigungsarbeitsplans* ist primär die Bearbeitung und somit die Veränderung eines Werkstücks in seiner Form im Hinblick auf die Erfüllung seiner zukünftigen Funktion. Die *Montagearbeitsplanung* befasst sich mit dem Zusammenfügen der einzelnen Werkstücke zu Baugruppen (Vormontage) bzw. mit der Zusammenfassung von Baugruppen zu komplexen Endprodukten (Endmontage). Demnach wird bei der Montagearbeitsplanung der Komplexitätsgrad durch die Produktstandardisierung, bezogen auf das Endprodukt, geprägt.

Betriebsmittelplanung

Eine besondere Bedeutung innerhalb der Erstellung der Fertigungsunterlagen kommt der *Betriebsmittelplanung* zu. Hierunter sind sämtliche Hilfsmittel wie Maschinen, Werkzeuge und Vorrichtungen, die zur Erstellung des Produkts notwendig sind, subsumiert. Dabei ist es von besonderem Interesse, ob das betrachtete Unternehmen über einen eigenen Betriebsmittelbau verfügt, in dem die Werkzeuge und Vorrichtungen hergestellt und gewartet werden, oder ob die benötigten Hilfsmittel extern auf dem Markt bezogen werden. Im ersten Fall ergeben sich enge Beziehungen zwischen Planung, Fertigung und Betriebsmittelbau und im zweiten Fall enge Beziehungen zum Lieferanten. Der Komplexitätsgrad der Verflechtungen, der von der Produktkomplexität und -standardisierung – hier bezogen auf Werkzeuge und Vorrichtungen – determiniert wird, ist in beiden Fällen gleich. Entscheidend ist aber, dass im ersten Fall das Wissen über Werkzeug- und Vorrichtungsproduktion im eigenen Unternehmen vorhanden ist, im anderen Fall hingegen das Know-how beim Geschäftspartner liegt.

Der Bezug von Maschinen erfolgt in der Regel durch Transaktionen auf dem Beschaffungsmarkt. Der Grad der Verflechtung mit dem Lieferanten hängt hierbei entscheidend davon ab, ob es sich bei der extern zu beziehenden Maschine um ein Standardprodukt oder um eine individuell für den Kunden anzufertigende Maschine handeln soll (mit einem sehr komplexen Produkt haben wir es in beiden Fällen zu tun).

Art der Beschaffung

Unabhängig von der Art der Beschaffung der Hilfsmittel – im eigenen Unternehmen oder extern auf dem Beschaffungsmarkt – müssen Sie aufgrund des Werts der Betriebsmittel die Betriebsmittelbedarfsplanung, -beschaffung und -verwaltung durchführen. Während die auf die Objekte Werkzeuge und Vorrichtungen bezogenen Aufgaben den kurz- bis mittelfristigen Planungs- und Beschaffungsaufgaben zuzuordnen sind, hat die Planung und Beschaffung von Maschinen tendenziell mittel- bis langfristigen Charakter. Die Verwaltungsfunktionen müssen permanent wahrgenommen werden, da die archivierten Betriebsmittel eine wesentliche Basis zur Erstellung der Fertigungsunterlagen im Tagesgeschäft darstellen. Abbildung 1.2 zeigt die Aufgaben der Arbeitsplanung.

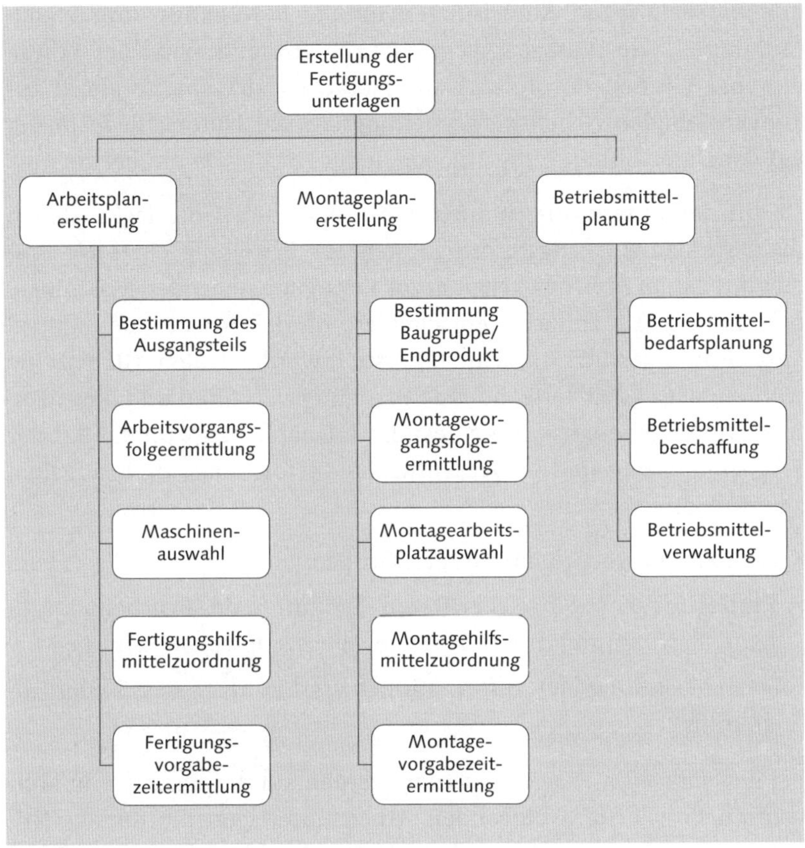

Abbildung 1.2 Aufgaben der Arbeitsplanung

1.1.3 Programmierung

NC-Programmierung

Die Programmierung wird von verschiedenen Autoren unter dem Begriff *Arbeitsplanung* subsumiert. Aus der zunehmenden Durchdringung der Unternehmen mit NC-gesteuerten Werkzeugmaschinen ergeben sich nicht nur Unterschiede im Vergleich zur konventionellen Arbeitsplanung, sondern auch veränderte Anforderungen, die an Mensch und Maschine gestellt werden. Dies ist Grund genug, um sich dieses Zusammenhangs in einem gesonderten Abschnitt anzunehmen.

Bei der konventionellen Fertigung werden die Produktionsanlagen durch Personen gesteuert. Bei computergestützten Anlagen werden die NC-Maschinen und Roboter hingegen durch Programme erzeugt, die wiederum von Personen erstellt werden. Die einzelnen Programme beinhalten Anweisungen für die Bewegungs- und Schaltfunktionen. Die Werkzeugwegsteuerung erfolgt anhand der Konturen und Flächen des Teils. Daraus ergeben sich im Vergleich zur konventionellen Arbeitsplanerstellung sowohl Unterschiede in der Art der Datenaufbereitung als auch in der Art der Datenübertragung.

Die in der Entwicklung/Konstruktion erstellten Unterlagen stellen die zentralen Ausgangsinformationen zur Erstellung eines NC-Programms dar. In Abhängigkeit vom zur Verfügung stehenden Maschinenpark müssen Sie zunächst entscheiden, ob die Programme manuell oder rechnergestützt (maschinell) erstellt werden sollen. Gleichzeitig werden hier das zu verwendende Fertigungsverfahren und die einzusetzende Werkzeugmaschine bestimmt. Unabhängig von der Art der Programmierung sind im Wesentlichen die folgenden drei Aufgaben zu erfüllen:

- Berechnung von geometrischen Größen
- Festlegung technologischer Daten (Definition des Bearbeitungsablaufs, Bestimmung der Werkzeuge, Werkzeugwegberechnung)
- Verschlüsselung der Informationen und Aufbau des Steuerprogramms

Manuelle Programmierung

Bei der *manuellen Programmierung* werden auf der Basis der in konventioneller Form vorliegenden Arbeitsunterlagen die für das NC-Programm relevanten Daten berechnet, verschlüsselt und in Listen übertragen. So muss z. B. die Werkstückgeometrie der Konstruktionszeichnung maßstabsgetreu vergrößert werden, um Tangentenschnittpunkte für das NC-Programm zu ermitteln. Die Daten des in Listenform erstellten Steuerprogramms werden anschließend manuell oder über einen externen Datenträger, wie z. B. Diskette oder Magnetband, in die Steuerung eingegeben.

Rechnergestützte Programmierung

Mithilfe der *rechnergestützten Programmierung* lässt sich der Arbeitsaufwand zur Erstellung eines NC-Programms reduzieren. Denn mithilfe des Programms werden geometrische Berechnungen durchgeführt, sodass die NC-Steuerdaten automatisch entstehen. Ziel ist es in diesem Zusammenhang, das Programm möglichst unabhängig von einer speziellen Werkzeugmaschine zu erstellen.

Im Gegensatz zur konventionellen Arbeitsplanung ist es bei computergestützten Anlagen möglich, die im CAD-System erzeugten Daten für das NC-Programm ohne Neueingabe dieser Daten nutzbar zu machen. Die im CAD-System erzeugten Geometriedaten sind allerdings häufig in der dort abgespeicherten Form für das NC-Programm nicht direkt nutzbar. So müssen z. B. in der Zeichnung enthaltene Schnitte für das NC-Programm aufbereitet werden. Über die Geometriedaten des Werkstücks hinaus sind die Beschreibung des Werkzeugwegs sowie die Technologiedaten für die NC-Programmerstellung von wesentlicher Bedeutung. Zudem haben sich in der Praxis je nach Geometriekomplexität und Fertigungsverfahren unterschiedliche Arten der Kopplung herauskristallisiert, die wiederum Auswirkungen auf die organisatorischen Gestaltungsmöglichkeiten haben.

Neben der Ähnlichkeit von Geometrien (Werkstückähnlichkeit, Werkzeugähnlichkeit) sind demnach für eine genaue Aufwandsabschätzung die geometrische Komplexität (analytisch beschreibbar vs. analytisch nichtbeschreibbar) und das zur Verfügung stehende Bearbeitungsverfahren heranzuziehen. Da die Möglichkeiten der NC-Programmierung sehr häufig von den Fertigungsmaschinen abhängen, muss auch der Maschinenpark als restriktiver Faktor für die Art der Programmierung angesehen werden.

Programmierung von Robotern

Ähnlich wie die Aufgaben der NC-Programmierung gestalten sich auch die Arbeitsschritte bei der Programmierung von Robotern, da vom Ansatz her das gleiche Steuerungsprinzip wie bei den NC-Maschinen verwendet wird. Vor der eigentlichen Programmerstellung ist zunächst die Programmierart festzulegen. Bei der Online-Programmierung wird das Steuerprogramm am Roboter selbst erstellt, mit der Folge, dass der Roboter seiner Arbeit während dessen Programmierung nicht nachgehen kann. Bei der Offline-Programmierung wird das Steuerprogramm getrennt vom Roboter an einem Rechner erstellt. Anschließend ist der Bewegungsablauf des Roboters festzulegen und die Synchronisation des Arbeitsablaufs durchzuführen.

Online- und Offline-Programmierung

Der entscheidende Unterschied zwischen Online- und Offline-Programmierung liegt neben den unterschiedlichen Orten der Programmierung darin, dass Programmerstellung und -test bei der Online-Programmierung Schritt für Schritt durchgeführt werden. Die Korrektheit eines Programms wird durch den Testlauf mit dem Roboter überprüft. Das endgültige Steuerprogramm erhalten Sie schließlich durch die Modifikation von Kollisionen und durch die Beseitigung zeitlicher Koordinationsprobleme. Ein häufig verwendetes Verfahren bei der Online-Programmierung ist das sogenannte *Teach-in-Verfahren*. Hier wird zur Ableitung der Fahrwege des Roboters aus den vorher über die Handsteuerung eingegebenen Stützpunkten die Antriebskraft der Maschinen genutzt. Der zeitliche Bewegungsvorgang wird durch die manuelle Eingabe von Geschwindigkeits- und Bewegungsparametern fixiert. Ist die Fahrbewegung definiert, werden die kinematischen Daten in der Speichersteuerung abgelegt. Beim sogenannten *Play-back-Verfahren* werden durch manuell gesteuertes Bewegen des Roboterarms die gewünschten Stützpunkte angefahren und abgespeichert, woraufhin aus den einzelnen Punkten die Bewegungsbahn ermittelt wird. Der zeitliche Bewegungsvorgang ist durch die manuell geführte Bewegung des Roboterarms festgelegt (siehe Kief/Roschiwal 2007; Rembold 1990).

Bei der Offline-Programmierung wird dem Programmierer mithilfe von textuellen Programmiersprachen oder aufgrund der Möglichkeit der grafisch-interaktiven Programmierung eine bessere Unterstützung zuteil. Dabei können viele ursprünglich am Roboter durchzuführende Tests vorab durchgeführt werden, wodurch sich der Testaufwand deutlich reduziert.

NC-Programmierung

Ebenso wie bei der NC-Programmierung sind auch bei der Roboterprogrammierung Geometrie und Fertigungstechnologie signifikante Einflussgrößen. Neben der eigentlichen Produktgeometrie ist die dadurch beeinflusste Bewegungsgeometrie des Roboters für die Art der Programmierung von Bedeutung. Die Online-Programmierung ist wirtschaftlich sinnvoll, wenn das Produkt von einfacher Komplexität ist. Eine hohe Produktkomplexität bringt hingegen bei der Online-Programmierung einen entsprechend hohen Programmieraufwand mit sich, der zu langen Stillstandszeiten des Roboters führt. Ebenso ist die Online-Programmierung nicht sinnvoll, wenn in der Regel unterschiedliche Produkte gefertigt werden, da das ständige Rüsten hohe Liegezeiten des Roboters zur Folge hat. Abbildung 1.3 zeigt die wesentlichen Aufgaben der Programmierung.

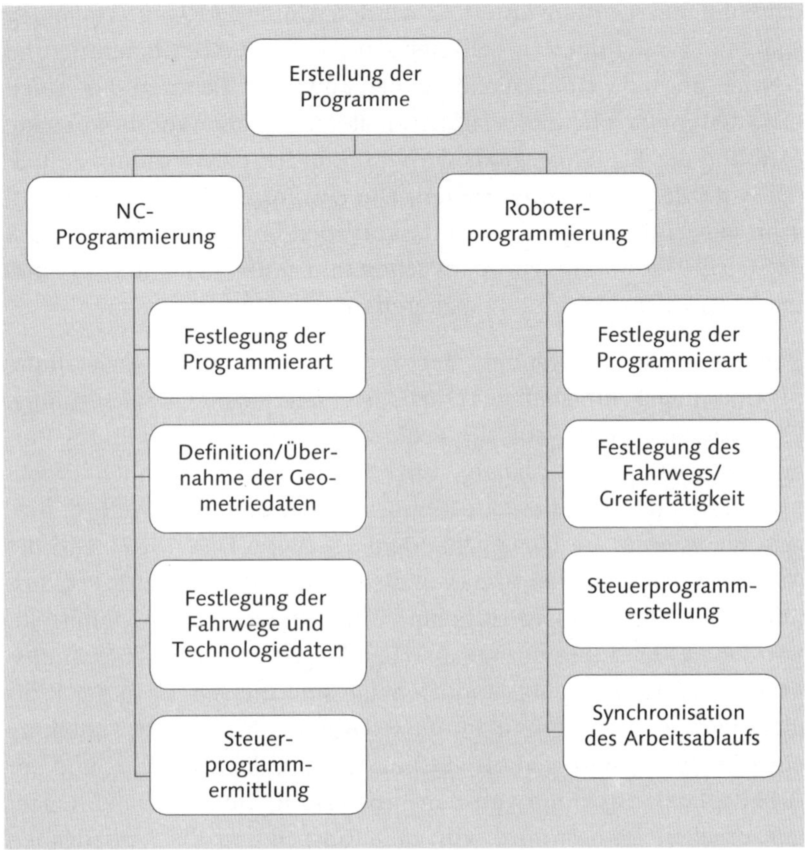

Abbildung 1.3 Aufgaben der Programmierung

1.1.4 Qualitätswirtschaft

Das *Qualitätswesen* hat sich zunehmend von der reinen Prüfung des Produkts nach dessen Fertigstellung hin zu einer planenden und vorausschauenden Qualitätssicherung im gesamten Produktentstehungsprozess weiterentwickelt. Dabei müssen sowohl die technische Sicherheit des Produkts als auch die Einsatztauglichkeit beim Kunden gewährleistet sein. Ziel der Qualitätssicherung ist es, zunächst in Abstimmung mit dem Kundenwunsch Qualitätsvorgaben an das Produkt zu definieren und anschließend deren Einhaltung im Rahmen der Leistungserstellung sicherzustellen.

Qualitätsplanung und -lenkung

In Anlehnung an DIN 55350, Teil 11, können die umfassenden Aufgaben der Qualitätssicherung in die Bereiche Qualitätsplanung,

-lenkung und -prüfung unterteilt werden. Unter der *Qualitätsplanung* sind alle Maßnahmen im Rahmen der Auswahl, Klassifizierung und Gewichtung von Qualitätsmerkmalen sowie im Rahmen der Ableitung der entsprechenden Prüfmerkmale im Hinblick auf die korrekte Messung des Erfüllungsgrads der vom Kunden bzw. Produkt gestellten Anforderungen zu verstehen. Die *Qualitätslenkung* hat die Aufgabe, die Einhaltung der Qualitätsvorgaben (anhand der Ergebnisse der Qualitätsprüfung) zu überwachen und nötigenfalls mit geeigneten Korrekturmaßnahmen einzugreifen.

Qualitätsprüfung

Der inhaltliche Schwerpunkt liegt im Folgenden auf der Darstellung der operativen Aufgaben des Qualitätswesens – der *Qualitätsprüfung*. Die Qualitätsprüfung soll die Prüfung bei der Herstellung des Produkts kostenoptimal planen, durchführen, die anfallenden Ergebnisse festhalten und diese im Hinblick auf die gestellten Anforderungen analysieren. Im DIN-Fachbericht 15 (siehe DIN 1987) sind die Aufgaben der Qualitätsprüfung in die Bereiche Prüfplanung, Prüfausführung, Prüfdatenauswertung und Prüfauftragssteuerung unterteilt. Für die Aufbereitung der entsprechenden Unterlagen zur Qualitätsprüfung in der Fertigung und Montage sind die Aufgaben der Prüfplanung von besonderem Interesse. Ausgangsdaten zur Erstellung eines Prüfplans sind die Produktspezifikation, die Zeichnung und der Arbeitsplan. So werden von der Entwicklung die maximalen Qualitätsvorgaben mitbestimmt, von der Konstruktion die Maßangaben für die Prüfung festgelegt und von der Arbeitsplanung die Anforderungen an die Fertigungsmittel und -hilfsmittel sowie die Prüfvorgänge definiert. Die Qualitätsprüfung ist damit das Bindeglied zwischen den Qualitätsvorgaben und der Qualitätseinhaltung. Sie wird im Folgenden in die Teilaufgaben Prüfplanerstellung, Prüfmittelplanung und Prüfdurchführung differenziert.

Prüfplanerstellung

Zunächst müssen die zur Prüfung notwendigen Merkmale definiert werden. Ausgehend von den zur Verfügung gestellten Unterlagen wie Pflichtenheft, Konstruktionszeichnung, Stücklisten, Fertigungsplan und Bestellunterlagen, sind die notwendigen Unterlagen zu extrahieren und auf ihre Richtigkeit hin zu überprüfen. Qualitätsrelevante Merkmale sind die physikalischen und geometrischen Eigenschaften, die Vollständigkeit, das Aussehen sowie die Funktionalität des Produkts. Innerhalb der Prüfspezifikationserstellung werden die zur Qualitätsvalidierung notwendigen Prüfmerkmale mit ihren Nennmaßen festgelegt, und das anzuwendende Prüfverfahren für die durchzuführende Qualitätsprüfung wird definiert. In der Prüfanweisung wird für jedes Prüfmerkmal die Prüfdurchführung beschrieben. Hier werden neben der Art der Durchführung unter anderem die Menge der Stichproben, der zulässige Fehleranteil pro Stichprobe sowie der zeitliche Abstand zwischen zwei Prüfungen aufgeführt. Durch die Prüfzeichnungserstellung werden die zu prüfenden Stellen an dem Objekt kenntlich gemacht. So ist es z. B. wichtig, im Vorfeld der Fertigung zu erkennen, ob die durchzuführende Prüfung nicht durch die Geometrieelemente des Prüfobjekts behindert wird. Die Prüfablaufplanerstellung hat die Aufgabe, die zeitlich-logische Abfolge der für jedes Prüfmerkmal definierten Prüfschritte zu optimieren. Hier werden somit die einzelnen Prüfzeitpunkte festgelegt. Der letzte Schritt liegt in der Zuordnung der Prüfung zu einer zentralen Prüfstelle oder zu einem Fertigungsarbeitsplatz. Je nach Ort und Art der Prüfung sind hierzu die jeweiligen Prüfvorgabezeiten zu ermitteln.

Voraussetzung zur Erstellung der Prüfpläne sind das Vorhandensein der Produktspezifikation, der Zeichnungen und des Arbeitsplans. Daher kann der Aufwand der auftragsabhängigen Prüfplanerstellung in die Klassen Neu-, Anpassungs-, Varianten- und Wiederholprüfplan unterteilt, also in Abhängigkeit von der Produktstandardisierung beschrieben werden.

Prüfmittelplanung

Die Gewährleistung der Qualität spiegelt sich nicht nur in der Planung und Prüfung des herzustellenden Produkts wider. Vielmehr führen steigende Ansprüche, zunehmende Garantieleistungen, Produzentenhaftung und steigende Prüfkosten dazu, dass neben der Erstellung der Prüfanweisungen und der Durchführung der Prüfung die Planung des prüfenden Mittels zu einer zentralen Aufgabe wird. Auch ist es notwendig, die Qualität des Prüfmittels zu überwachen, da sich die Qualität der Prüfmittel durch Verschleiß verändert und der Zustand des Prüfmittels Einfluss auf die Qualitätsmessung haben kann. Darüber hinaus muss für die Prüfplanung sichergestellt werden, dass das eingeplante Prüfmittel zum Zeitpunkt der Prüfung zur Verfügung steht. Aufgabe der Prüfmittelbedarfsplanung ist es, für die durchzuführenden Fertigungs-, Wareneingangs- und Warenausgangsprüfungen die Bereitstellung der benötigten Prüfmittel nach Art und Anzahl zu gewährleisten. Dazu benötigt die Bedarfsplanung zum einen den Überblick über die sich im Umlauf befindlichen Prüfmittel und zum anderen die aktuellen Prüfpläne der zu prüfenden Produkte. Auch werden im Rahmen der Prüfmittelbedarfsplanung die Anforderungen an die Qualitätsfähigkeit und die Präzision des Prüfmittels festgelegt.

Anschließend ist es Aufgabe der Prüfmittelbeschaffung, die termingerechte Bereitstellung der Prüfmittel für die Prüfung sicherzustellen. So ist sie zum einen für die Neuanschaffung von Prüfmitteln und zum anderen für die rechtzeitige Bereitstellung von Ersatzprüfmitteln verantwortlich. Unter Umständen müssen für neue Prüfaufgaben neue Konstruktionszeichnungen angefertigt werden.

Prüfmittelüberwachung

Ebenso wie beim Prüfobjekt muss auch die Qualität des Prüfmittels gewährleistet und folglich überwacht werden. Die *Prüfmittelüberwachung* beginnt beim Einsatz von neuen Prüfmitteln mit der sogenannten *Eignungsprüfung*. Hier wird festgestellt, ob die definierten Anforderungen durch das jeweilige Prüfmittel erfüllt werden. Darüber hinaus werden, wenn notwendig, die Messmittel kalibriert und justiert, und es wird für jedes eingegangene Prüfmittel ein Abnahmeergebnisbericht erstellt. Anschließend wird zur Identifizierung das jeweilige Prüfmittel gekennzeichnet und eine eindeutige Zuordnung des Prüfergebnisses zum Prüfmittel vorgenommen.

Neben der zeitpunktbezogenen Analyse des Prüfmittels ist zusätzlich dessen Leistungsfähigkeit über den Zeitablauf zu überwachen. Dazu wird für das betreffende Prüfmittel eine Prüfhistorie erstellt, in der der Lebenslauf des Prüfmittels dokumentiert ist. Dort werden die Termine und Ergebnisse der Eignungsprüfungen, Änderungen und Reparaturen sowie die jeweiligen Ein- und Auslagerungsdaten festgehalten.

Die in der Prüfhistorie abgelegten Daten werden wiederum als zentrale Informationen zur Durchführung der Prüfmittelbedarfsplanung und -beschaffung sowie zur Prüfplanerstellung herangezogen. In Abbildung 1.4 sind die Aufgaben der Qualitätsprüfung dargestellt.

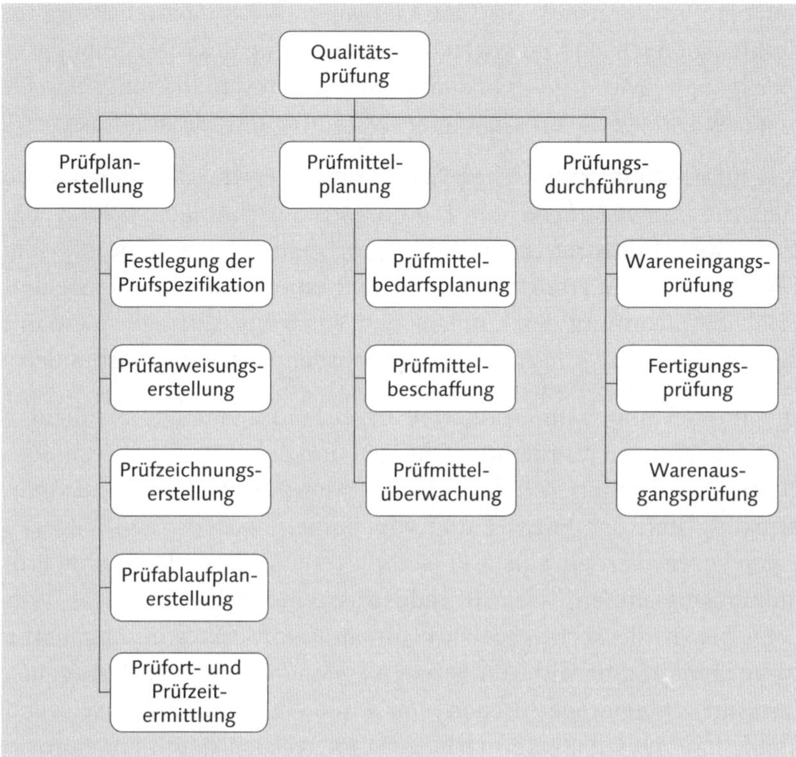

Abbildung 1.4 Aufgaben der Qualitätsprüfung

1.1.5 Produktionsdurchführung

In der Produktion laufen zum einen die technisch orientierten Informationen (siehe Abschnitt 1.1, »Technisch orientierte Aufgaben«) mit den betriebswirtschaftlich orientierten Informationen (siehe Abschnitt 1.2, »Betriebswirtschaftlich orientierte Aufgaben«) eines Industriebetriebs zusammen, und zum anderen kommt es zu einer Verschmelzung von Informations- und Materialfluss innerhalb der physischen Produkterstellung.

Optimierung des Materialflusses

In den der Produktion vorgelagerten Bereichen stehen vor allem die Gestaltung des Informationsflusses von Vertrieb, Einkauf, Materialwirtschaft, Entwicklung, Arbeitsplanung, Produktionsplanung usw. sowie die möglichst konsistente und redundanzoptimierte Nutzung von gemeinsamen Grunddaten, wie z. B. Stücklisten, Arbeitsplänen, Fertigungsmitteln und Arbeitsplätzen (siehe Kapitel 4, »Stammdaten«), im Vordergrund. Die Hauptaufgaben im kapitalintensiven Produktionsbereich sind hingegen die Optimierung des Maschinenparks (Fertigungs-, Montage-, Qualitätsprüfungs-, Instandhaltungsmaschinen usw.) sowie die durchgängige Gestaltung des Materialflusses.

Aus informationstechnischer Sicht sind im Produktionsbereich die Steuerungsanweisungen der Produktionseinrichtungen (Werkzeugmaschinen, Industrieroboter, Transport- und Lagersysteme, flexible Fertigungszellen, Transferstraßen usw.) eng mit der zeitlichen und örtlichen Steuerung der Kunden- und Fertigungsaufträge sowie mit der Rückmeldung innerhalb der Betriebsdatenerfassung verbunden.

Kundenindividuelle Produkte

Die Entwicklungen im Produktionsbereich können nicht unabhängig von den globalen Marktentwicklungen und dem Stand der Technologie gesehen werden. Mit der zunehmenden EDV-technischen Durchdringung und der Entwicklung von immer hochleistungsfähigeren Prozessoren werden verstärkt komplexere Arbeitsabläufe von Produktionsmaschinen, wie z. B. Industrierobotern, durchgeführt. War noch bis in die sechziger Jahre hinein der Markt von Angeboten weitgehend standardisierter Erzeugnisse und von Standarderzeugnissen mit anbieterspezifischen Varianten für einen überwiegend kundenanonymen Käufermarkt geprägt, werden heute zunehmend kundenindividuelle Produkte gefordert. Daher wandelte sich die vormalige Zielsetzung einer möglichst rationellen Produktion in eine Zielsetzung der Anpassung und Erfüllung der Kundenwünsche. Der kundenspezifische Einfluss äußert sich konkret in der unbedingten Einhaltung der Liefertermine unter der Aufrechterhaltung der geforderten Mindestqualität.

Flexible Produktionsmaschinen

Die steigenden Ansprüche der Käufer sowie das möglichst schnelle Reagieren auf veränderte Kundenwünsche spiegeln sich in immer komplexer werdenden Produkten und Produktionsmaschinen in Industriebetrieben bzw. industriellen Unternehmen mit mechanischer Produktion wider. In zunehmendem Maße werden deshalb Programme und Maschinenanlagen für rechnergestützte und flexibel automatisierbare Produktionsabläufe eingesetzt. In Abhängigkeit vom Flexibilitätsgrad und der zu erledigenden Produktionsaufgabe kann der Maschinenpark im Produktionsbereich folgendermaßen differenziert werden (siehe Venitz 1997):

- **Flexible Fertigungseinrichtungen**
  NC-Maschinen, Bearbeitungszentren, flexible Fertigungszellen, flexible Fertigungsinseln, flexible Fertigungssysteme und Transferstraßen
- **Flexible Handhabungs-, Transport- und Lagereinrichtungen**
  Industrieroboter, automatische Transport- und Lagersysteme
- **Flexible Montageeinrichtungen**
  Montagezellen und Montagesysteme

1.2 Betriebswirtschaftlich orientierte Aufgaben

Auftrags-abwicklung

Der Prozess der *Auftragsabwicklung* umfasst im weitesten Sinne alle Aufgaben von der Auftragsannahme über die (Vor-)kalkulation, über die Materialwirtschaft, die Zeit- und Kapazitätswirtschaft, die Auftragsfreigabe, die Fertigungssteuerung mit der anschließenden Fertigung und Montage und der möglichen Betriebsdatenerfassung bis hin zur Auslieferung des Produkts zum Kunden, inklusive Rechnungsschreibung.

1.2.1 Vertrieb

Ausgangspunkt der Auftragsabwicklungsaufgaben sind häufig die Tätigkeiten im Vertrieb. Als kennzeichnende Aufgabe des Vertriebs in Industriebetrieben kann die Versorgung des Kunden mit den im Unternehmen hergestellten Gütern angesehen werden. Damit das Unternehmen ein Produkt anbietet, muss der entsprechende Bedarf vorliegen bzw. geweckt worden sein. Das Auslösen eines Auftrags hängt dabei entscheidend von der Art der angebotenen Leistung auf dem Absatzmarkt und damit von der Art der Auftragserteilung ab.

Absatzmarkt

Wird das Produkt für einen kundenanonymen Markt produziert, gehen die Impulse für einen neuen Auftrag in der Regel von der Marktforschung aus. Fertigt das Unternehmen infolge einer Auftragserteilung durch einen spezifischen Kunden, erfolgt der Anstoß häufig über die Vertriebsabteilung. Folglich gibt es auch Unterschiede hinsichtlich der Vertriebsaufgaben: bei kurzlebigen Konsumgütern einerseits und bei langlebigen Konsum- und Investitionsgütern andererseits. Bei kurzlebigen Konsumgütern ist eine zentrale Aufgabe des Vertriebs der Verkauf des Produkts an einen Zwischenhändler, der das Produkt an den oder die Endverbraucher weiterleitet. Langlebige Konsumgüter bedingen in der Regel, unter anderem aufgrund einer höheren technischen Komplexität, eine persönliche Beratung. Auch gewinnt die persönliche Beratung, insbesondere die technische Beratung, in der Investitionsgüterindustrie zunehmend an Bedeutung, in der Güter zur Weiterverwertung oder zur Erstellung von Erzeugnissen gefertigt werden. Hier tritt zumeist ein Unternehmen als Kunde in Erscheinung, der spezifische Anforderungen an die Funktionalität des Produkts stellt. Die hohe Komplexität der Produkte und die technischen Anforderungen verlangen sowohl aufseiten des Kunden als auch auf der Anbieterseite ein hohes technisches Fachwissen. Deshalb ist die technische Beratung in Investitionsgüterbetrieben im Rahmen der Auftragsabwicklung von großer Bedeutung.

Neben der allgemeinen Kundenbetreuung können noch die in der nachfolgenden Auflistung aufgeführten Aufgaben primär als Vertriebsleistungen betrachtet werden. Wenn das Unternehmen seine Produkte aufgrund von Kundenaufträgen anbietet, ist in der Regel zuvor eine Angebotsbearbeitung erforderlich. Bevor ein Angebot erstellt wird, liegt zumeist eine Kundenanfrage vor. Je nach Häufigkeit der eingehenden Anfragen wird zu deren Selektion häufig eine Anfragenbewertung durchgeführt. Die Angebotserstellung kann, je nach Unternehmenstyp, die folgenden Aufgaben umfassen:

Angebotserstellung

- Überprüfung der vom Kunden gestellten Anforderungen auf technische Machbarkeit
- Preisfindung (Bestimmung der Herstellkosten und des Verkaufspreises)
- Lieferterminbestimmung
- Reservierung

Wie es die aufgeführten Aufgaben zeigen, sind bei der *Angebotserstellung* einerseits Zugriffe auf Daten aus anderen Bereichen notwendig, und andererseits können hierdurch umfangreiche Aktivitäten im Unternehmen angestoßen werden. So müssen bei der kundenwunschorientierten Fertigung im Rahmen der Angebotserstellung die Kosteninformationen ermittelt werden. Bei dieser Vorkalkulation (siehe

Abschnitt 1.2.2, »Produktkalkulation«) muss der Zugriff auf die Grunddaten der Fertigung (Stücklisten, Arbeitspläne, Betriebsmittel) möglich sein.

Der Umfang der Angebotserstellung, die eine mögliche Auftragserteilung und Auftragsabwicklung nach sich ziehen kann, hängt vom Standardisierungsgrad des Produkts, dem damit verbundenen Kundeneinfluss und von der Produktstruktur ab. So müssen z. B. bei der kundenindividuellen Fertigung, bei der nichtstandardisierte oder teilstandardisierte Produkte angeboten werden, die im Vertrieb erfassten Auftragsdaten an die Entwicklung/Konstruktion weitergereicht werden. Hier werden die notwendigen Konstruktionsunterlagen anhand der technischen Spezifikation erstellt; der hierbei entstehende Aufwand richtet sich wiederum nach der Konstruktionsart.

Erstellt das Unternehmen Produkte für kundenanonyme Märkte, gehen die Impulse zur Planung des Absatzprogramms nicht von konkreten Kundenaufträgen aus. So muss das Unternehmen den Produktabsatz bei der Neueinführung von Produkten auf der Basis von Marktanalysen prognostizieren. Handelt es sich um Standardprodukte, die bereits über einen gewissen Zeitraum hinweg verkauft wurden, kann der Bedarf mithilfe von Vergangenheitsdaten unter der Berücksichtigung zukünftig zu erwartender Einflüsse prognostiziert werden. Aufgrund des mittel- bis langfristigen Charakters der Planung erfolgt hier die Bedarfsvorhersage auf der Grundlage von Produktgruppen.

Art der Auftragsabwicklung

Kommt ein Auftrag zustande, muss die Art der Auftragsabwicklung festgelegt werden. Produziert das Unternehmen für einen kundenanonymen Markt, beschränkt sich die Auftragsabwicklung auf die Versandabwicklung ab Lager, die Lieferscheinerstellung und die Fakturierung. Fertigt das Unternehmen kundenbezogene Produkte, müssen innerbetriebliche Arbeitsschritte für Produktion und Verwaltung festgelegt und überwacht werden. Neben der Art der Auftragserteilung hat demnach der Standardisierungsgrad der Produkte prägende Auswirkungen auf die Auftragsabwicklungsaufgaben. Abbildung 1.5 zeigt die möglichen Aufgaben im Vertrieb.

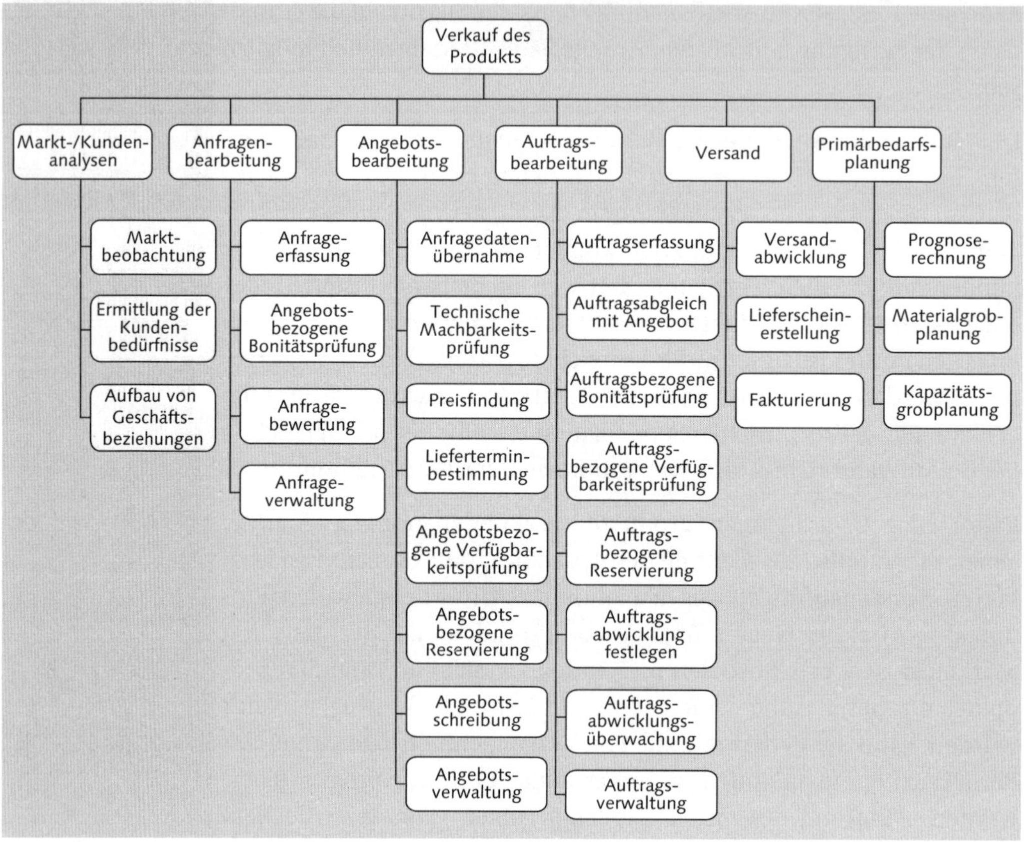

Abbildung 1.5 Aufgaben des Vertriebs

1.2.2 Produktkalkulation

Kalkulation

Die *Kalkulation* hat die Aufgabe, die Herstellkosten und die Selbstkosten des herzustellenden bzw. hergestellten Produkts möglichst genau zu berechnen. Zur Ermittlung der Herstellkosten ist der Zugriff auf die Material- und Fertigungskosten notwendig. Die Kostenarten unterteilen sich in Einzel- und Gemeinkosten. Während die Einzelkosten den erstellten Gütern einzeln und ohne Verrechnung direkt zugeordnet werden können, sind die Gemeinkosten eine zuschlagsbedingte Größe. Aber auch bei den Einzelkosten ist nicht immer gewährleistet, dass zum Zeitpunkt der Kalkulationserstellung alle notwendigen Unterlagen vorliegen. Je nach Zeitpunkt der Durchführung, nämlich vor, während oder nach der Produkterstellung, differenziert man deshalb die Kalkulation in:

- Vorkalkulation
- Nachkalkulation
- Zwischenkalkulation
- Plankalkulation

Vorkalkulation

Die *Vorkalkulation* ist eine Kalkulationsart, die vor der Produkterstellung im Unternehmen durchgeführt wird. Sie erfolgt aufgrund konkreter Aufträge bzw. bei Kundenanfragen für einzelne Erzeugnisse. Die Vorkalkulation wird im Vorfeld der Fertigung auf der Basis unvollständiger Daten durchgeführt, wodurch das Ergebnis einigen Unsicherheiten unterworfen ist. So findet sie z.B. in der Praxis im Rahmen der Angebotserstellung und innerhalb der Auftragsabwicklung statt. Kilger unterscheidet deshalb die Angebots- und die Auftragsvorkalkulation (siehe Kilger et al. 2013).

Die *Angebotsvorkalkulation* erfolgt vor der Auftragserteilung. Ihre Ergebnisse dienen einerseits den Preisverhandlungen und andererseits dem Ausschalten von Konkurrenten. Die *Auftragskalkulation* erfolgt nach der Auftragserteilung und ermittelt exaktere Plandaten auf der Basis von konkret geplanten Mengendaten. Sie erfolgt in der Regel nach der Arbeitsplanung. Der Kalkulationsaufwand wird durch den Grad der Produktstandardisierung determiniert. So kann für standardisierte Produkte bzw. für teilstandardisierte Produkte teilweise auf exakte Daten aus der Nachkalkulation zurückgegriffen werden. Ebenso können bei fremdbezogenen, nicht neu zu erstellenden Teilen die Planpreise der Lieferanten herangezogen werden.

Ein Problem innerhalb der Vorkalkulation stellen die neu zu entwickelnden, zu konstruierenden und zu fertigenden Teile dar. Diese haben, wie erwähnt, ihren originären Ausgangspunkt in der Entwicklung/Konstruktion. Da hier mit der Erstellung der Konstruktion auch die Fertigungsmaterialien, die Stücklisten und die Fertigungsverfahren weitestgehend beeinflusst werden, ist es notwendig, dass die kostenmäßigen Konsequenzen aus dem Entwurfs- und Konstruktionsprozess erkannt werden. Zu diesem Zweck gibt es verschiedene Kurzkalkulationsverfahren, die im Rahmen des Konstruktionsprozesses eingesetzt werden können. Ziel bei der auftragsorientierten Fertigung ist es, mittels dieser Verfahren frühzeitig Kosteninformationen zu erhalten. Dadurch wird die eigentliche Auftragsvorkalkulation innerhalb des Produktentstehungsprozesses zeitlich vorverlagert.

Nach-, Zwischen- und Plankalkulation

Die *Nachkalkulation* wird ex post, also nach der Leistungserstellung durchgeführt. Sie basiert auf den in der Produktion realisierten Istdaten und dient der stückbezogenen Kosten- und Erfolgskontrolle.

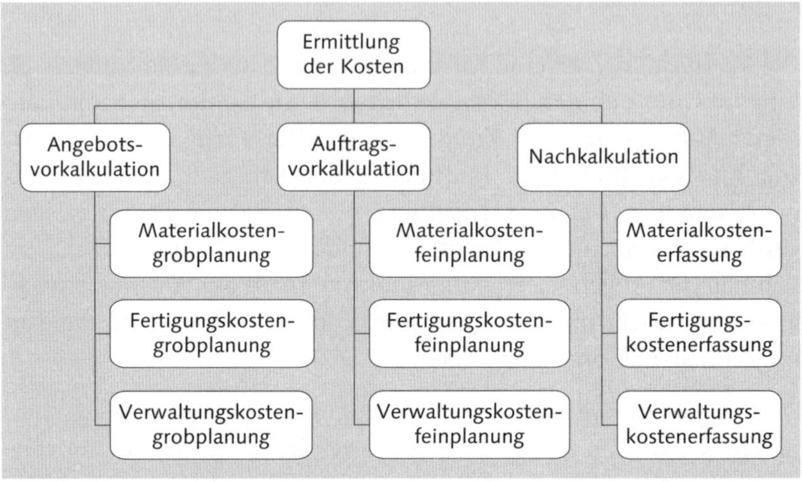

Abbildung 1.6 Aufgaben der Kalkulation

Zwischenkalkulationen werden überwiegend bei längerfristigen Projekten zur Kontrolle in verschiedenen Phasen des Produktionsprozesses eingesetzt. Kennzeichnend für die drei erwähnten Kalkulationsverfahren ist, dass sie stück- oder auftragsbezogen sind. Im Gegensatz dazu werden bei der *Plankalkulation* die Kosten für eine Periode im Voraus (ex ante) kalkuliert. Vor Beginn der Planungsperiode müssen alle kalkulationsrelevanten Daten feststellbar sein. Da dies nur bei einheitlicher Fertigung und Montage gewährleistet ist, wird die Plankalkulation nur bei der Produktion von standardisierten Produkten angewandt. Abbildung 1.6 zeigt die Aufgaben der Kalkulation im Überblick.

1.2.3 Materialwirtschaft

Die Aufgaben der *Materialwirtschaft* sind in der Literatur nicht eindeutig geklärt. Die Bedeutung des Materials im Produktionsprozess lässt sich zum einen aus seinem Anteil am Wertschöpfungsprozess ableiten, und zum anderen werden in der Materialwirtschaft wesentliche Informationen für die gesamte Leistung erstellt und verwaltet. Allgemein gesehen ist es Aufgabe der Materialwirtschaft, das für die Erzeugung von Produkten notwendige Material in der erforderlichen

Menge und Güte zum richtigen Zeitpunkt am entsprechenden Ort bereitzustellen. Unter der Materialwirtschaft sollen hier schwerpunktmäßig die Aufgaben der Materialdisposition verstanden werden. Aufgaben, die sich mit der Beschaffung von Fremdteilen befassen, werden in Abschnitt 1.2.4, »Einkauf«, behandelt.

Materialdisposition

Die *Materialdisposition* beinhaltet alle Aufgaben, die sich mit der Materialbedarfsdeckung nach Art, Menge und Zeit befassen. Ziel ist es, aus dem im Produktionsprogramm ermittelten Primärbedarf (des Vertriebs oder der Marktforschung) den Bedarf an untergeordneten Teilen, den Sekundärbedarf, zu ermitteln. Als Datenstruktur wird die Stückliste herangezogen, in der die Zusammensetzung der Endprodukte aus ihren Komponenten beschrieben ist. Dabei werden die folgenden Teilaufgaben durchgeführt:

- Bedarfsplanung
- Bestandswesen
- Bedarfsaufteilung

Im Rahmen der Bedarfsplanung wird der zur Erfüllung des aufgestellten Produktionsprogramms benötigte Bedarf an Baugruppen, Einzelteilen und Rohstoffen bestimmt. Dabei wird sowohl die erforderliche Menge als auch der Termin festgelegt. Wesentliche Merkmale für Aufwand und Komplexität der Bedarfsermittlung sind die Produktstruktur, die Art der Auftragserteilung sowie der Wert der zur Disposition stehenden Teile. Die geplanten Bedarfe sind gegen im Lager vorhandene Materialien, Einzelteile und Baugruppen aufzurechnen. Darüber hinaus sind auch die geplanten Bestände einzurechnen, d. h. die Materialien, Einzelteile und Baugruppen, die zwar heute noch nicht, aber zum Bedarfszeitpunkt verfügbar sind. Notwendige Voraussetzung zur Ermittlung dieser Informationen ist, dass der Disponent sowohl Zugriff auf die Daten zu den Lagerbewegungen und Fertigungszuständen als auch Zugriff auf die geplanten Aufträge hat. Wenn die ermittelten Bedarfe innerhalb der Bedarfsplanung nicht einer wirtschaftlichen Losgröße entsprechen, wird anschließend für die eigenzufertigenden Teile die optimale Losgröße der Fertigungsaufträge bestimmt. Danach werden die Fertigungsaufträge an die Auftragsplanung (Zeit-, Kapazitätswirtschaft und Auftragsfreigabe) übergeben. Den Bedarf der fremdzubeziehenden Teile erhält der Einkauf.

Planung des Primärbedarfs

Bei der Planung des Primärbedarfs wird, wenn mehrere Kundenaufträge einer Planungsperiode zusammengefasst werden, der Bezug zwischen dem Kundenauftrag und dem für die Planung relevanten periodenbezogenen Sekundärbedarf zerstört. Ebenso gehen innerhalb der Bedarfsermittlung (Bedarfsauflösung) durch die Losbildung und durch die Übertragung von Sekundärbedarfen in andere Perioden die Informationsbeziehungen zwischen Bedarf und Auftrag verloren. Damit der Bedarfsverursacher zu jedem Zeitpunkt eindeutig identifizierbar ist, werden verschiedene Verfahren der Bedarfsverfolgung eingesetzt. Dies ist immer dann erforderlich, wenn eine kundenbezogene Produktion vorliegt. In Abbildung 1.7 sind die wesentlichen Aufgaben der Materialwirtschaft dargestellt.

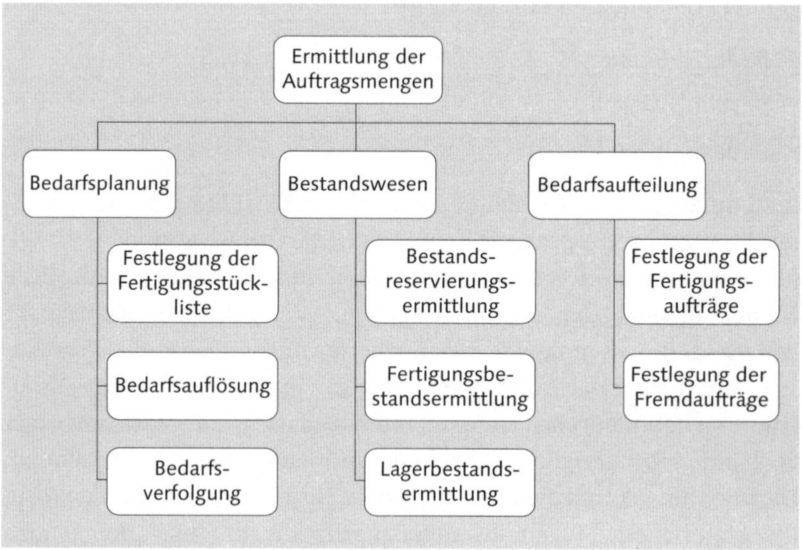

Abbildung 1.7 Aufgaben der Materialwirtschaft

1.2.4 Einkauf

Beschaffung

Der Einkauf befasst sich mit allen Aufgaben, die im Zusammenhang mit der externen Beschaffung von Materialien, Bauteilen oder Endprodukten, aber auch von Betriebsmitteln anfallen. Der Bestellvorgang kann je nach Marktsituation analog zu den Aufgaben im Vertrieb abgehandelt werden. Der wesentliche Unterschied besteht darin, dass das Unternehmen hier nicht als Anbieter, sondern als Kunde auf dem Markt auftritt.

Bestellvorgang

In der Regel holt das Unternehmen vor der Bestellung ein Angebot ein; dazu muss zunächst eine Anfrage gestartet werden. Ausgangspunkt zur Durchführung eines Bestellvorgangs ist das Vorhandensein eines Bedarfs, der fremdzubeziehen ist. Die Bestellanforderung kann durch die Bedarfsauflösung innerhalb der Bedarfsplanung, durch eine konkrete Anforderung einer Fachabteilung oder durch eine Meldung aus dem Lager bzw. aus irgendeinem anderen Bereich der Produktion ausgelöst werden. Existiert für das zu erstellende Teil ein Lieferant, der die technisch bedingten Anforderungen erfüllen kann, ist unmittelbar mit dem Vorliegen der Bestellanforderung und ihrer Überprüfung eine Lieferantenanfrage durchführbar. Unter der Voraussetzung, dass die technischen und qualitativen Merkmale des angefragten Lieferteils unverändert sind, werden als wesentliche Größen Preis, Liefertermin und Liefermenge angefragt. Ist kein geeigneter Lieferant vorhanden, muss geprüft werden, welche potenziellen Lieferanten für eine Lieferung infrage kommen. Unter den mit dem Unternehmen in Verbindung stehenden potenziellen Lieferanten können schließlich mittels der Lieferantenbewertung die zuverlässigsten Lieferanten herausgefiltert werden. Anschließend ist festzulegen, an welche Lieferanten eine Anfrage gesendet werden soll. Ebenso ist natürlich zu prüfen, ob nicht neue Lieferanten für das Unternehmen gewonnen werden können, indem externe Informationsquellen herangezogen werden. Die Angebotseinholung wird allerdings nicht nur aufgrund einer konkreten Bedarfsanforderung durchgeführt, sondern kann auch zur Aktualisierung der Einkaufsinformationen erforderlich sein.

Angebotsabgleich

Die eingehenden Lieferantenangebote werden erfasst, und es wird ein *Angebotsabgleich* mit der Anfrage durchgeführt. Im Rahmen der formellen Prüfung wird kontrolliert, inwieweit das Angebot der Anfrage entspricht und es vollständig und eindeutig ist. Innerhalb der materiellen Angebotsprüfung werden die Faktoren Preis, Liefertermin, Lieferbedingungen, Qualität, Zahlungsbedingungen usw. analysiert. Durch einen Angebotsvergleich wird das geeignetste Angebot ermittelt, der bzw. die Lieferanten ausgewählt und die Bestellung durchgeführt. Mit der Zusendung der Bestellbestätigung durch den Lieferanten ist der Vertrag rechtskräftig, und die in der Bestellung festgehaltenen Liefermodalitäten von beiden Vertragsparteien gelten als akzeptiert.

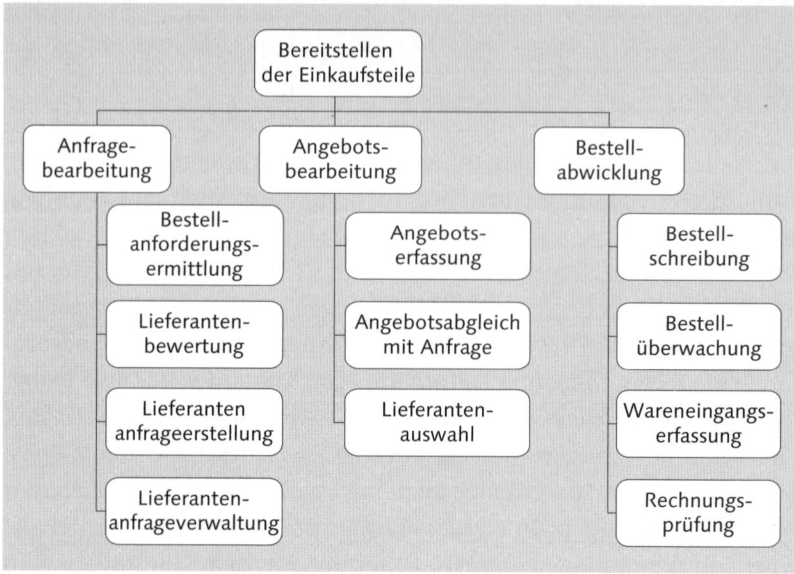

Abbildung 1.8 Aufgaben des Einkaufs

Da in der Regel zwischen Bestellung und Wareneingang eine längere Zeitspanne liegt, muss dieser Vorgang überwacht werden. So müssen die Termine kontrolliert, die offenen (Teil-)bestände ermittelt und mögliche Korrekturmaßnahmen eingeleitet werden. Mit der Lieferung der Ware muss eine Wareneingangserfassung und Rechnungsprüfung durchgeführt werden. Der Umfang und der Aufwand des Beschaffungsvorgangs hängen entscheidend vom Umfang des Fremdbezugs, aber auch von zusätzlichen Vereinbarungen zwischen Lieferant und Kunde ab. Dabei können sowohl die Menge als auch der Wert und die Komplexität des Produkts als Messgrößen herangezogen werden. In Abbildung 1.8 sind die Aufgaben des Einkaufs dargestellt.

1.2.5 Produktionsplanung

Fertigungsauftragsplanung

Im Bereich der Materialwirtschaft wird der zur Leistungserstellung benötigte Anteil von Teilen unabhängig von den zur Verfügung stehenden Ressourcen ermittelt. Die Aufgabe der *Fertigungsauftragsplanung* besteht nun darin, die ermittelten Bedarfe mit den Kapazitäten der Produktionsstätte abzugleichen. Dazu werden die in der Materialwirtschaft ermittelten Fertigungsaufträge mit den entsprechenden Fertigstellungsterminen in der Auftragsplanung den benötigten Kapazitäten zugeordnet.

In Anlehnung an Glaser (siehe Glaser 1986, S. 69) sind vor der eigentlichen Kapazitätsterminierung, die in den Belastungsübersichten dargestellt werden kann, noch die Durchlaufterminierung und Durchlaufzeitverkürzung durchzuführen. Dabei werden zunächst die Start- und Endtermine der zu einem Fertigungsauftrag gehörenden Arbeitsgänge, ungeachtet der Kapazitätsrestriktionen, festgelegt, um damit den von der Materialwirtschaft festgelegten Endtermin des Fertigungsauftrags auf seine Durchführbarkeit hin zu überprüfen. Als Verfahren werden hier die Vorwärts-, Rückwärts- und die Engpassterminierung eingesetzt. Die Durchlaufterminierung erfolgt dabei für jeden Auftrag isoliert, d. h., es werden keine Interdependenzen zwischen den verschiedenen Aufträgen betrachtet. Kann der Termin nicht eingehalten werden, bieten sich zur Durchlaufzeitreduzierung das Überlappen, das Splitten, das Raffen und die Reduzierung der Übergangszeiten an. Die Ausführung der Aufgaben der Durchlaufterminierung und -verkürzung sind dabei unter anderem abhängig von der Fertigungsorganisation. So greifen insbesondere bei der Werkstattfertigung aufgrund der hohen Liegezeiten Maßnahmen zur Reduzierung der Durchlaufzeit.

Kapazitätsterminierung

Im Rahmen der *Kapazitätsterminierung* werden die Kapazitätsnachfrage und das Kapazitätsangebot einander in einer Belastungsübersicht grafisch oder tabellarisch gegenübergestellt. Ist das Unternehmen ein kundenspezifischer Auftragsfertiger, ist ein Bedarfsverursachungsnachweis notwendig. Aufgabe des Kapazitätsabgleichs ist es, die Abweichungen von Angebot und Nachfrage zu korrigieren, um damit eine möglichst gleichmäßige Auslastung zu erzielen. Der Abgleich kann dabei vollautomatisch oder im Dialog erfolgen. Der dialoggestützte Abgleich bietet den Vorteil, dass das Personal seine Erfahrungswerte einbringen kann. Übersteigt die Kapazitätsnachfrage das Kapazitätsangebot, können entweder komplette Aufträge oder Auftragsteile in freie Perioden verlagert werden. Wird dabei die Reihenfolge der Arbeitsabarbeitung verändert, gilt es, den Zusammenhang des Auftrags über ein Netz zu gewährleisten. Dies ist bei Auftragsfertigern, die keine einteiligen Erzeugnisse herstellen, notwendig. Die Möglichkeit der Reihenfolgeänderung existiert allerdings nur, wenn im Unternehmen keine verkettete Fließfertigung vorliegt. Alternativ können aber auch organisatorische Maßnahmen, wie z. B. Überstunden oder Sonderschichten, eingeleitet werden. Bevor die ermittelten Fertigungsaufträge an die Fertigung übergeben werden, muss geprüft werden, ob die zur Durchführung des Fertigungsauftrags benötigten Ressourcen, wie z. B. Material, Betriebsmittel, Werkzeuge oder NC-Programme, zur richtigen Zeit vorhanden sind. Mit dem Vorhandensein der benötigten Mittel kann die Auftragsfreigabe erfolgen. Abbildung 1.9 zeigt die Aufgaben der Fertigungsauftragsplanung im Überblick.

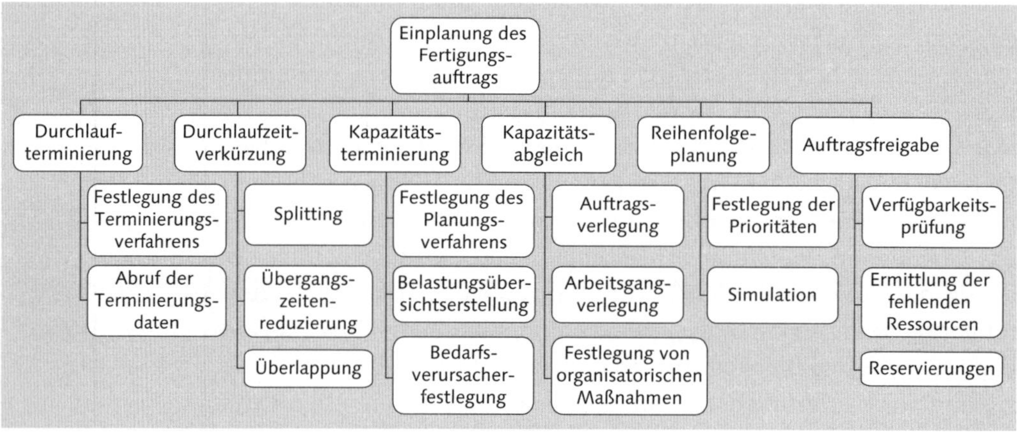

Abbildung 1.9 Aufgaben der Fertigungsauftragsplanung

1.3 Der Produktionsbereich im Industriebetrieb

In einem Industriebetrieb läuft die Aufgabenerfüllung der Auftragsabwicklung und der Produktentstehung – hoffentlich abgestimmt – zunächst parallel ab. Lediglich in der Projekteinzelfertigung sind diese Aufgaben schon zu einem frühen Zeitpunkt eng miteinander verzahnt. Spätestens im Produktionsbereich werden die Aufgaben der Auftragsabwicklung und die Aufgaben der Produktentstehung integrativ abgearbeitet. Wird z. B. ein Produkt innerhalb der Produktentstehung fertiggestellt, erfolgt mit der Rückmeldung im Rahmen der Betriebsdatenerfassung die Fortschreibung in den betriebswirtschaftlichen Daten der Auftragsabwicklung. Die zunehmende Durchdringung von Industriebetrieben im Produktionsbereich mit IT-Systemen führte zum Modell der computerintegrierten Fertigung – Computer-integrated Manufacturing (CIM).

1.3.1 Die Produktion im Computer-integrated Manufacturing

Computer-integrated Manufacturing bezeichnet ein Konzept aus der Praxis, das sich mit der integrierten Informationsverarbeitung für betriebswirtschaftliche und technische Aufgaben in einem Industriebetrieb befasst. Die Diskussion um diesen Begriff eröffnete J. Harrington in den siebziger Jahren (siehe Harrington 1979). Als wesentliche Bestandteile von CIM definierte er:

- *Computer-aided Design* – rechnergestütztes Konstruieren
- *Computer-aided Manufacturing* – rechnergestützte Maschinen und Fertigungsanlagen
- *Computer-aided Quality Assurance* – rechnergestützte Qualitätskontrolle
- *Production Planning* – rechnergestützte Planung

Die ersten Veröffentlichungen im deutschsprachigen Raum zu diesem Thema stammen von Maier-Rothe und Lederer, die beide das koordinierte Arbeiten mit modernen Rechnertechnologien in den Vordergrund stellten (siehe Maier-Rothe et al. 1983; Lederer 1984). Ebenso legte Grabowski 1983 den Schwerpunkt seiner CIM-Betrachtung auf die technischen Bereiche, das rechnergestützte Konstruieren und Fertigen. Mit Ersterem betont er die Geometrieverarbeitung, d. h. die Erstellung von Konstruktionsentwürfen und Zeichnungen, und beim Zweiten die Produktionsverarbeitung, d. h. das physische Ändern von Materialien durch Fertigungsverfahren, wie z. B. Fräsen, Bohren und Drehen (siehe Grabowski 1983). Spur reduzierte 1984 diese Auffassung von CIM auf die fertigungstechnische Seite eines Industriebetriebs, die rechnergestützte Fertigung (siehe Spur 1984).

Informationsfluss

Parallel zur damaligen Diskussion publizierte Scheer ein Modell zu CIM, das zum einen die betriebswirtschaftliche Seite – vom Vertrieb über die Materialwirtschaft, die Zeit- und Kapazitätswirtschaft und die Fertigungssteuerung bis hin zur Versandsteuerung – berücksichtigte, und zum anderen die technischen Bereiche – vom Produktentwurf über die Konstruktion, die Arbeitsplanung, die Programmierung von Maschinen, die Produktionsdurchführung bis hin zur Instandhaltung und Qualitätssicherung – umfasste (siehe Scheer 1983). Darüber hinaus verlagerte Scheer den Blick von der primär technologischen Betrachtung auf die logische Gestaltung des Informationsflusses. Die konsequente Ausrichtung des Informationsflusses auf der Basis von Vorgangsketten ist durch eine anwendungsunabhängige Datenorganisation und kleine Regelkreise zu unterstützen (siehe Scheer 1994). Abgeleitet aus den oben beschriebenen Ansichten kristallisieren sich die folgenden Punkte aus der Diskussion über CIM heraus (siehe Abbildung 1.10):

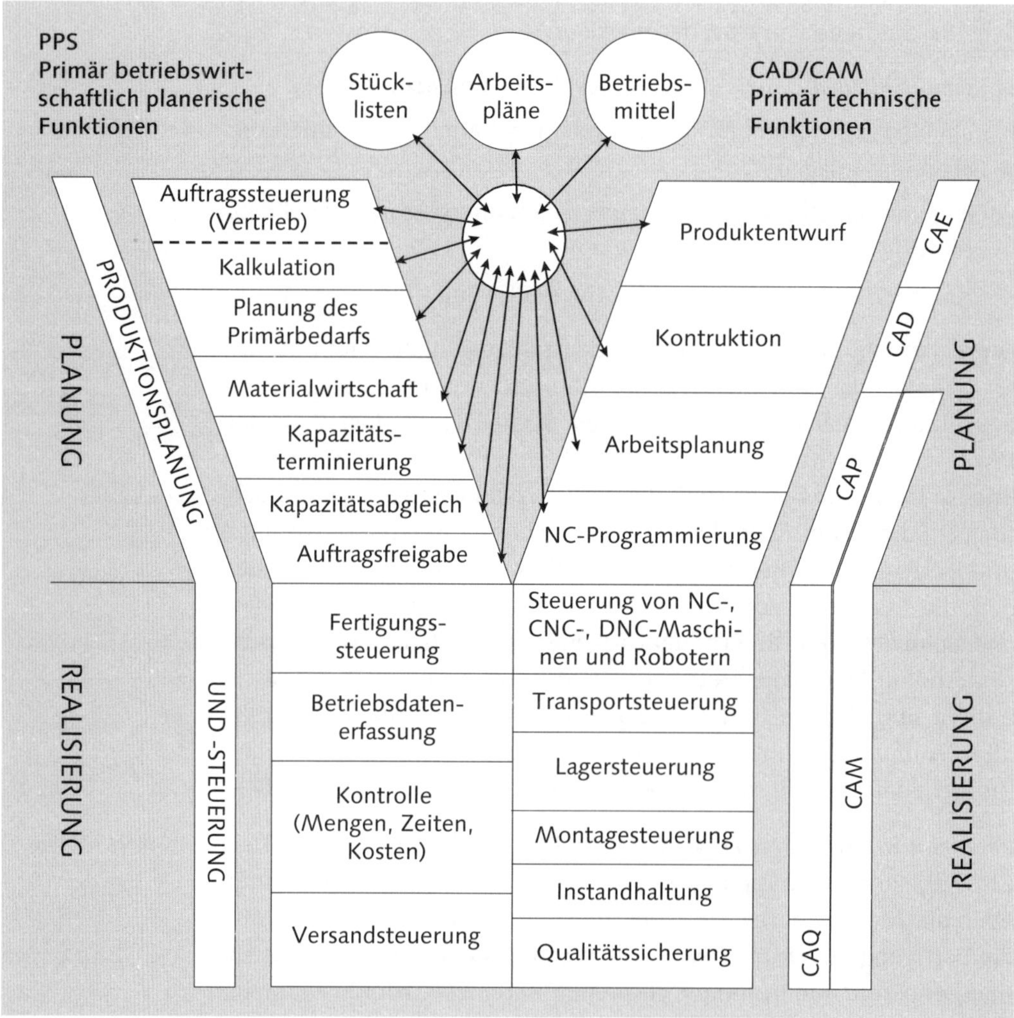

Abbildung 1.10 Y-Modell zum Computer-integrated Manufacturing (Scheer 1994)

- Der Einsatz von EDV spielt eine bedeutende Rolle.
- Die redundanzarme Speicherung von Unternehmensdaten zwecks Vermeidung von inkonsistenten Datenbeständen wird angestrebt.

- Eine vorgangsorientierte Gestaltung des Informationsflusses zwecks Minimierung von ablauforganisatorischen Schnittstellen soll erreicht werden.
- Eine integrierte Informationsverarbeitung für die verschiedenen Anwendungen zur Minimierung von informationstechnischen Schnittstellen ist unerlässlich.
- Eine logisch und technisch abgestimmte Unternehmensarchitektur zur Unterstützung einer schnellen Verfügbarkeit von Informationen ist notwendig.

Integrierter EDV-Einsatz

Um den unterschiedlichen Auffassungen über CIM eine gemeinsame Basis zu verleihen, gab 1985 der Ausschuss für wirtschaftliche Fertigung (siehe AWF 1985) eine Empfehlung als Orientierung mit einem Scheer-ähnlichen Wortlaut heraus. Der AWF versteht unter CIM den integrierten EDV-Einsatz in allen mit der Produktion zusammengehörenden Bereichen. Eine Integration der technischen und organisatorischen Funktionen innerhalb der Produkterstellung soll durch die Nutzung einer gemeinsamen, bereichsübergreifenden Datenbasis erreicht werden. Das CIM-Konzept umfasst die Anwendungen des Computer-aided Designs (CAD), des Computer-aided Plannings, des Computer-aided Manufacturings (CAM), der Computer-aided Quality Assurance und der Produktionsplanung und -steuerung (PPS). Die beiden zentralen Bereiche von CIM sind:

- PPS – die Auftragsabwicklungskette mit den planerischen Aufgaben der Mengen-, Zeit- und Kostenplanung sowie die Berücksichtigung der dazugehörigen betriebswirtschaftlichen und organisatorischen Daten
- CAD/CAM – die Produktentstehungskette mit den technischen Aufgaben der Produktentwicklung, Fertigung und Montage (Produktion) und die Erstellung der geometriebeschreibenden und fertigungstechnischen Daten

Diese industrielastige Definition wurde von verschiedenen Autoren zu den Begriffen Computer-integrated Business, Computer-aided Industry oder Computer-integrated Enterprise hin erweitert, folgt aber im Kern der von Scheer und dem AWF postulierten Interpretation (siehe Bullinger et al. 1987; Venitz 1997; Scheer 1994).

1.3.2 Die Produktion in der Logistik

Logistik ist aus dem griechischen Stammwort *lego* abgeleitet und bedeutet denken, rechnen, überlegen. Übertragen in das deutsche Stammwort *Logik* wird darunter das *folgerichtige Denken* verstanden. Erstmals um 1780 erlangt der Begriff *Logistik* innerhalb des Militärwesens an Bedeutung und wird dort in den folgenden zwei Jahrhunderten als die für die *militärische Versorgung notwendigen Tätigkeiten* bezeichnet. Die Logistik umfasst in diesem Zusammenhang die Planung, Bereitstellung und den Einsatz der für militärische Zwecke benötigten Mittel und Dienstleistungen zur Unterstützung der Streitkräfte (siehe Bartels 1980).

Gütertransport

Anfang der sechziger Jahre wurden die im Militärbereich gemachten logistischen Erfahrungen in den USA in die Wirtschaftswissenschaften übertragen. Beide Bereiche beinhalten als gemeinsamen Kern den Gütertransport. Allerdings umfasst der Begriff *Logistik* im Militärbereich die Truppen und Güter, im Bereich der Wirtschaftswissenschaft jedoch ausschließlich die Güter. Der zweite Unterschied liegt darin, dass sich militärische Logistikentscheidungen an politischen und militärischen Zielen orientieren, unternehmerische Logistikentscheidungen hingegen auf ökonomischen Zielsetzungen beruhen (siehe Pfohl 2010). Bowersox beschreibt Logistik in den siebziger Jahren als »the process of managing all activities required to strategically move raw materials, parts, and finished inventory from vendors, between enterprise facilities, and to customers« (Bowersox 1974, S. 1).

Prozesse eines Unternehmens

In der deutschsprachigen Betriebswirtschaftslehre setzte man sich Ende der sechziger bzw. Anfang der siebziger Jahre mit diesem Ansatz auseinander. Zum Untersuchungsgebiet der Logistik werden alle sich mit Materialien befassenden raum- und zeitüberbrückenden Prozesse eines Unternehmens gerechnet. Die Betrachtung der Logistik wird innerhalb der entscheidungsorientierten und systemorientierten Ansätze der Betriebswirtschaftslehre diskutiert. Dort werden Unternehmen und ihre Umwelt als komplexe Systeme betrachtet und Entscheidungen zur Gestaltung, Steuerung und Regelung von betriebswirtschaftlichen Systemen analysiert (siehe Kirsch 1971, Pfohl 2010).

Betriebswirtschaftliche Logistik

Die Disziplin *Betriebswirtschaftliche Logistik* ist vergleichbar mit der betriebswirtschaftlichen Absatzwirtschaft, Finanzwirtschaft oder Produktionswirtschaft. Sie ist eine Teildisziplin der Betriebswirtschaftslehre und beschäftigt sich mit der Beschreibung, Erklärung und Gestaltung von Prozessen innerhalb sozialer Systeme. Der Umfang der zu betrachtenden logistischen Systeme hängt von der Art und Anzahl der Teilnehmer ab. Dementsprechend gibt es eine Unterteilung in (siehe Bäck 1984; Kirsch 1971; Pfohl 2010):

- **Makrologistik**
  Makrologistische Systeme umfassen Teilgebiete der Volkswirtschaftslehre. Hierzu gehören z. B. die Planung von Verkehrssystemen (Straßennetze, Bahnnetze, Luftfahrtnetze) und die Standortplanung von gesellschaftlich-sozialen Einrichtungen (Schulen, Kindergärten, Krankenhäuser).
- **Mikrologistik**
  Mikrologistische Systeme werden aus einzelwirtschaftlicher Sicht betrachtet. Die Grenzen der mikrologistischen Systeme werden z. B. durch die Rechtsform und Marktbeziehungen zum Kunden und Lieferanten eines Unternehmens beeinflusst. Der Schwerpunkt liegt auf der Analyse der intraorganisatorischen Beziehungen von Unternehmen. Beispiele für mikrologistische Betrachtungen sind die Planung des Fuhrparks eines Unternehmens oder einer öffentlichen Einrichtung, die Tourenplanung eines Entsorgungsunternehmens und die Patientenabwicklung in einem Krankenhaus.
- **Metalogistik**
  Metalogistische Systeme haben die Analyse von interorganisatorischen Beziehungen von verschiedenen Wirtschaftseinheiten zum Gegenstand. Hierbei handelt es sich um Kooperationen mehrerer Organisationen, die durch den Güterfluss verbunden sind, beispielsweise wenn ein Unternehmen seine gesamte Zulieferung von Sicherheitsteilen einem auf solche Transporte spezialisierten Spediteur übertragen hat.

Material- und Informationsfluss

Ziel der betriebswirtschaftlichen Logistik ist die wirtschaftliche Gestaltung, Steuerung und Regelung des Material- und Informationsflusses eines Unternehmens. Der Gestaltungsraum umfasst die Beziehungen von den Lieferanten über das Unternehmen bis hin zu den Kunden. Aufgabe der Logistik im weiteren Sinne ist es, die Verfügbarkeit von Gütern an einem bestimmten Ort zu einer bestimmten Zeit in der richtigen Menge sicherzustellen. Die logistische Aufgabe im engeren Sinne umfasst das Transportieren, Lagern und Sortieren von Materialien (siehe Bloech 1984, S. 6).

Ausgangspunkt der praktischen Anwendung der Logistik in Unternehmen war in den siebziger Jahren die Versorgung der Produktion mit Materialien. Heute ist mit dem Begriff *Logistik* die Regelung des Leistungserstellungsprozesses gemeint und beinhaltet die Koordination des Material-, Informations- und Produktionsflusses über Bereichsgrenzen hinweg. Im Allgemeinen soll die Logistik Folgendes gestalten:

- die Lieferungsbeziehungen zum Kunden
- die Beschaffungsbeziehungen zum Lieferanten sowie die entsprechende Einlagerung von Roh-, Hilfs- und Betriebsstoffen
- den Produktionsablauf mit der Planung der Transportwege und der Lagerung der Zwischen- und Endprodukte

Klassischerweise werden die Aufgabenbereiche der Logistik in Beschaffungs-, Produktions- bzw. innerbetriebliche Logistik und Vertriebslogistik bzw. Distributionslogistik unterteilt (siehe Pfohl 2010). Abbildung 1.11 zeigt den Güterfluss in der Unternehmenslogistik im Überblick.

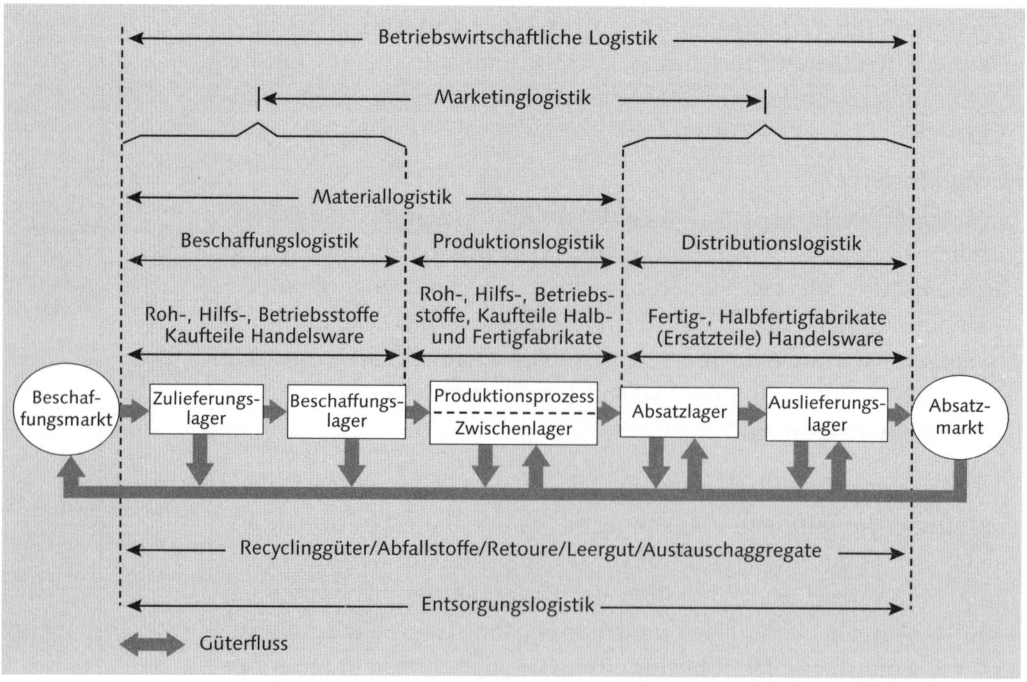

Abbildung 1.11 Güterfluss in der Unternehmenslogistik (nach Pfohl 2010)

Vertriebslogistik

Aufgabe der Vertriebslogistik ist es, die Güterströme eines Unternehmens auf dem oder zum Absatzmarkt hin zu gestalten, zu steuern und zu kontrollieren. Ziel ist es dabei, den Kunden die nachgefragte Ware rechtzeitig und unter der Minimierung von Lager- und Transportkosten zu liefern. Die Vertriebslogistik umfasst die Tätigkeiten von der Anfrage- und Angebotsbearbeitung über die Auftragsbearbeitung und -steuerung, den Versand und die Fakturierung bis hin zur Finanzbuchhaltung, die den ordnungsgemäßen Eingang der Zahlung prüft. Je nach Unternehmenstyp kann die Vertriebslogistik wie folgt aussehen:

- Die Vertriebslogistik kann von der Beschaffungs- und Produktionslogistik zeitlich entkoppelt sein, z. B. bei einem kundenanonymen Lagerfertiger (Waschmaschinen, Fernseher).
- Die Vertriebslogistik kann direkt mit der Produktionslogistik gekoppelt sein, z. B. bei einem Zulieferer, der aus gelagerten Rohteilen auftragsbezogene Produkte herstellt.
- Die Vertriebslogistik kann direkt mit der Beschaffungs- und Produktionslogistik gekoppelt sein, z. B. bei einem Automobilhersteller, der seine angebotenen Autos kundenindividuell konfiguriert und dessen Beschaffungsteile nach dem Just-in-Time-Verfahren angeliefert werden.

Produktionslogistik

Die Produktionslogistik hat die Aufgabe, für die optimale Bereitstellung der Halbfabrikate in den einzelnen Stufen des Produktionsprozesses zu sorgen. Der Schwerpunkt liegt hier in der physischen Gestaltung des Materialflusses. Neben der eigentlichen Fertigung und Montage von Einzelteilen und Baugruppen zu einem verkaufsfähigen Produkt gehören neben den oben erwähnten Transport- und Lagerungsschritten:

- die Planung der Produktion unter der Berücksichtigung der Kapazitäten, Mengen und Ressourcen
- die Steuerung der Produktion, d. h. der logistische Ablauf zwischen den Maschinen und die logische Steuerung der einzelnen Maschinen

Je höher der Automatisierungsgrad eines Unternehmens in der Produktion ausgebildet ist, desto intensiver ist die betriebliche Logistik mit der Fertigung verzahnt.

Beschaffungslogistik

Die Beschaffungslogistik hat dafür zu sorgen, dass die in Industriebetrieben von der Produktion benötigten Roh-, Hilfs- und Betriebsstoffe in ausreichender Menge zum richtigen Zeitpunkt zugeführt werden und in Handelsbetrieben die von potenziellen Kunden gewünschten Produkte schnellstmöglich unter der Minimierung der Lager- und Transportkosten bereitgestellt werden können. Die Beschaffungslogistik nimmt sich der folgenden Aufgaben an:

- Bedarfsermittlung und -disposition
- Überwachung von Lieferterminen und -mengen
- Überwachung von Qualitäts-, Verpackungs-, Transport- und Versandvorgaben

1.4 Merkmale zur Bildung von Produktionstypen

Produktionsbereiche in Industriebetrieben unterliegen den unterschiedlichsten gesetzgeberischen und logistischen Anforderungen, was sich unter anderem in der unbegrenzten Anzahl von unterschiedlich gestalteten Fertigungs- und Montagebetrieben widerspiegelt. Es gibt aber grundlegende Merkmale, die die Ausgestaltung des Fertigungsbereichs und die logistische Anordnung des Maschinenparks beeinflussen und somit auch charakteristischen Einfluss auf die Ausgestaltung der IT-Unterstützung ausüben.

1.4.1 Produktstandardisierung

Standardisierungsgrad

Die *Produktstandardisierung* drückt den Standardisierungsgrad des Endprodukts aus. Der Standardisierungsgrad kann sich sowohl auf geometrische, strukturelle als auch auf verfahrenstechnische Aspekte auswirken. Der Grad der Standardisierung beeinflusst demnach sowohl bei der Auftragserteilung die geometrisch-verfahrenstechnische Teilkette als auch die vertriebsorientierten und kalkulatorischen Aufgaben. Eng verbunden mit der Produktstandardisierung ist der spezifische Kundeneinfluss auf die Art und Gestalt des Produkts. Während die Art der Produktentstehung primär auf das Außenverhältnis von Unternehmen und Kunde abzielt, bezieht sich die Produktstandardisierung primär auf das Innenverhältnis des Unternehmens und drückt damit aus, inwieweit bestimmte innerbetriebliche Standardisierungen möglich sind.

Kundeneinfluss

Bei der Ausprägung *standardisierte Produkte* hat der einzelne Kunde keinerlei Einfluss auf das zu entwickelnde, konstruierende und zu fertigende Produkt. Folglich kann sich der betriebliche Ablauf weitestgehend an innerbetrieblichen Faktoren orientieren. Das Unternehmen bestimmt die Anforderungen an das Produkt autonom, wobei es sich an den Bedürfnissen des Marktes orientiert. Wird dem Unternehmen ein Auftrag erteilt, entstehen hier keine technisch-planerischen Aufgaben, da alle Unterlagen bereits vor der Auftragserteilung erstellt worden sind.

Bei der Merkmalsausprägung *teilstandardisierte Produkte* kann das Unternehmen teilweise auf bereits erstellte Unterlagen zurückgreifen. Ein Beispiel für eine geometrische Teilstandardisierung ist das Vorliegen einer Anpassungs- oder einer Variantenkonstruktion. Eine strukturelle Teilstandardisierung liegt vor, wenn das Unternehmen untergeordnete Komponenten des Endprodukts standardisieren kann. Typische Vertreter für die strukturelle Teilstandardisierung sind Betriebe des allgemeinen Maschinenbaus, die die Baugruppensystematik anwenden. Jedoch ist beim Anbieten von teilstandardisierten Produkten der kundenspezifische Einfluss bei der Auftragserteilung so hoch, dass im Rahmen der Auftragsbearbeitung ein erheblicher Anteil der Auftragsdurchlaufzeit auf die planerischen – insbesondere auf die technisch-planerischen Aufgaben entfällt.

Das Anbieten von *nicht standardisierten Produkten* impliziert, dass das Endprodukt nach speziellen Vorgaben und Wünschen eines spezifischen Kunden erfolgt. Dadurch bedingt sind für jeden Auftrag die Informationen aus den einzelnen Aufgabeneinheiten neu zu generieren. Jeder eingehende Kundenauftrag benötigt eine sehr hohe Beteiligung der verschiedenen Aufgabeneinheiten der Auftragsabwicklungs- und der Produktentstehungskette. Kennzeichnend für diesen Sachverhalt ist die Erfordernis einer engen Anbindung von Unternehmen und Kunde. Darüber hinaus treten häufig viele Störfaktoren im Rahmen der Durchführung produktionsvorbereitender Aufgaben auf. Die Auftragsdurchlaufzeit wird hier entscheidend durch die der Produktion vorgelagerten Bereiche determiniert. Typische Anbieter von nichtstandardisierten Produkten sind Unternehmen des Großmaschinenbaus und des Sondermaschinenbaus.

1.4.2 Produktstruktur

Aufbau des Enderzeugnisses

Die *Produktstruktur* beschreibt den Aufbau des Enderzeugnisses aus untergeordneten Komponenten. Ihren Niederschlag findet die Produktstruktur einerseits in der Erzeugnisstruktur, d. h. im Aufbau der konstruktionsorientierten Stückliste. Nach Schomburg wird die Produktstruktur in die Merkmalsklassen *Einteilige Erzeugnisse, Mehrteilige Erzeugnisse mit einfacher Struktur* und *Mehrteilige Erzeugnisse mit komplexer Struktur* unterteilt (siehe Schomburg 1980, S. 44–47).

Kriterien zur Beurteilung der Erzeugnisstruktur sind das Vorhandensein von Stücklisten sowie deren Breite und Tiefe.

Stückliste

Der zweite Aspekt zur Analyse der Produktstruktur ist der Zusammenhang zwischen der konstruktionsorientierten und der fertigungsorientierten Stückliste, die als Grundlage für die Materialdisposition und die Arbeitsplanung dient. Während die konstruktionsorientierte Erzeugnisstruktur die Zusammensetzung des Endprodukts aus Baugruppen und Einzelteilen aus der Konstruktionssicht beschreibt, charakterisiert die fertigungsorientierte Erzeugnisstruktur die Zusammensetzung des Endprodukts aus der Sicht der Fertigung und findet ihren Ausdruck in den Fertigungszeichnungen und in den Fertigungs- und Montagestücklisten. Bei der Überprüfung auf Gleichheit ist zu beurteilen, ob zwischen diesen Sichtweisen *Kongruenz* vorliegt.

Fertigungsstruktur

Der dritte charakterisierende Aspekt der Produktstruktur ist die Beschreibung der *Fertigungsstruktur*. Sie orientiert sich nicht wie die Erzeugnisstruktur am Produktbaum, sondern am Arbeitsplan. Die Fertigungsstruktur wird durch die Anzahl der Fertigungsstufen (Maschinenbelegungen) und durch die Anzahl der Arbeitsgänge pro Arbeitsplan bestimmt. Die Anzahl der Maschinenbelegungen gibt an, an wie vielen Maschinen ein Werkstück bearbeitet wird, und außerdem die Anzahl der Arbeitsgänge und wie viele Arbeitsschritte insgesamt zur Erstellung des Enderzeugnisses notwendig sind.

Schomburg unterteilt die Fertigungsstruktur in *Fertigung mit geringer Tiefe, Fertigung mit mittlerer Tiefe* und *Fertigung mit großer Tiefe*. Er weist aber auch darauf hin, dass die Fertigungsstruktur unter anderem als Folgemerkmal der Erzeugnisstruktur anzusehen ist. So korreliert z. B. die Tiefe der Fertigungsstruktur mit der Erzeugnisstrukturtiefe, wobei allerdings die Fertigungstiefe durch Fremdbeschaffung reduziert werden kann. Wird der Aspekt der Fremdbeschaffung außer Acht gelassen, führt in der Regel eine tiefere Erzeugnisstruktur auch zu einer höheren Fertigungstiefe. Damit verbunden, sinkt die Transparenz der Fertigung, und die Anforderungen an die Auftragsplanung und die Fertigungssteuerung steigen. Die genannten Auswirkungen werden unter dem Merkmal Produktstruktur mit den Ausprägungen *Einfache Struktur, Mittlere Struktur* und *Komplexe Struktur* subsumiert.

Als typische Vertreter für die Ausprägung *Einfache Struktur* sind die Fertigung von Gussteilen oder Schrauben, eine einstufige Fertigung oder eine einstufige Montage anzusehen. Kleine Elektromotoren sind zur zweiten Gruppe und Großmaschinen zur dritten Gruppe zu zählen.

1.4.3 Produktionsart

Leistungserstellung in der Produktion

Ein charakteristisches Merkmal zur Beschreibung der Produktionsart ist die Häufigkeit der gleichen Leistungserstellung in der Produktion, also der Grad der Vervielfältigung in einer Periode sowie der Grad der Bestimmtheit der Wiederkehr derselben Leistungsart. Auf das Problem der genauen Abgrenzung zwischen Massen-, Großserien-, Mittel-, Kleinserien- und Einzelfertigung weist Schäfer (siehe Schäfer 1983) in seiner Arbeit »Der Industriebetrieb« hin.

Massenfertigung

In Anlehnung an diese Arbeit soll für die *Massenfertigung* (bei Schäfer die »gemischte/differenzierte Massenfertigung« oder »Sortenfertigung«) der folgende Sachverhalt gelten: Es werden verschiedene, aber nach Ausgangsmaterial und Bearbeitungsverfahren gleichartige, also fertigungstechnisch nah verwandte Produkte über eine längere Periode produziert. Als Beispiele nennt Schäfer die Schraubenfabrik, die Herstellung von Feilen, Zangen usw. In Abweichung von Schäfer soll bei der Massenfertigung aber nicht nur die Produktion von einfachen, unkomplizierten Erzeugnissen vorliegen. So soll hier zur Massenfertigung auch die Herstellung komplexer Produkte gezählt werden, wenn der Kunde nicht zwischen verschiedenen Varianten einer Produktlinie auswählen kann.

Serienfertigung

Die *Serienfertigung* beinhaltet den Aspekt der Veränderung; sie ist eng verwandt mit der Massenfertigung. So werden in der Großserienfertigung nah verwandte Produkte auf die gleiche Art erstellt. Schäfer spricht in diesem Zusammenhang von der »ununterbrochenen

Fertigung von Erzeugnistypen über mehrere Jahre hinweg«. Als Beispiele nennt er die Automobil- und die Schreibmaschinenindustrie. Abweichend von Schäfer soll hier von Serienfertigung gesprochen werden, wenn der Erzeugnistyp in großen Stückzahlen hergestellt wird, der einzelne Kunde aber prinzipiell zwischen verschiedenen Varianten des Typs wählen kann. So zählen nach dieser Definition neben den Automobilherstellern auch die Hersteller von anbieterspezifischen Werkzeugmaschinen dazu. (Es sei an dieser Stelle darauf hingewiesen, dass sich diese beiden Unternehmenstypen auf verschiedenen Märkten bewegen.) Zu den Großserienherstellern können auch Zulieferbetriebe gehören. Hier werden Serientyp und die möglichen Varianten durch den Kunden bestimmt. Der wesentliche Unterschied liegt darin, dass bei den beiden erstgenannten Typen primär der Ablauf der Montage betroffen ist, bei den Zulieferern darüber hinaus auch die eigentliche Fertigung.

Kleinserienfertigung

Die *Kleinserienfertigung* liegt vor, wenn innerhalb einer Periode verschiedene Produkte in einer geringen Auflagenhöhe gefertigt werden. Die Vervielfältigung des Produkts in geringen Stückzahlen bedingt im Gegensatz zur Einzelfertigung die vollständige Aufbereitung der auftragsbezogenen technischen Unterlagen für Fertigung und Montage. Ein charakteristischer Vertreter ist der Werkzeugmaschinenbau mit kundenspezifischen Anpassungen. Zur Kleinserienfertigung kann auch die Nullserienherstellung der Zulieferbetriebe gezählt werden.

Einzelfertigung

Kennzeichnend für die *Einzelfertigung* ist, dass das Produkt auf die individuellen Verhältnisse des Kunden zugeschnitten wird und folglich zwangsläufig die Auflagenhöhe 1 besitzt. Schäfer (1983) spricht in diesem Zusammenhang von der »Maßfertigung«. Beispiele für die Einzelfertigung sind der Großmaschinenbau, der Sondermaschinenbau und der Schiffbau.

1.4.4 Produktionsorganisation

Fertigung und Montage

Häufig werden in der Literatur die *Fertigung und Montage* unter den Begriffen *Organisationstypen der Produktion*, *Fertigungsablaufart* oder *Fertigungssysteme* gemeinsam abgehandelt. Die genauere Betrachtung offenbart aber grundsätzliche Unterschiede zwischen Fertigung und Montage. Während in der Fertigung neben dem Objekt die Anordnung einzelner Fertigungsverfahren von Bedeutung ist, ist bei Montageprozessen der Fluss des Objekts entscheidend. Eine zweite Unterscheidung liegt darin, dass bei der Charakterisierung der Fertigung eine Umwandlung eines Eingangsmaterials in ein Ausgangsmaterial stattfindet und bei Montageprozessen das Zusammenfügen verschiedener Einzelteile zu einer Baugruppe oder zu einem Endprodukt im Vordergrund steht. In der Praxis existieren Betriebe, die entweder nur Fertigung oder nur Montage durchführen. In Anlehnung an Schäfer werden unter der Betrachtung der verschiedenen Organisationstypen der Fertigung nur die künstlichen, bewusst herbeigeführten Ausprägungen betrachtet.

Werkstattprinzip

Dem *Werkstattprinzip* liegt die räumliche Zusammenfassung der Maschinen und Arbeitsplätze nach gleichartigen Funktionen bzw. Verrichtungen zugrunde. Gleichartige Funktionen drücken sich in der Anwendung gleichartiger Fertigungsverfahren aus. Die Fertigungsorganisation findet ihren Ausdruck z. B. in Begriffen wie *Dreherei*, *Fräserei* und *Bohrerei*.

Fließprinzip

Als Gegensatz zur Anordnung der Bearbeitungsstationen nach gleichen Verrichtungen ist die Organisation der Fertigung nach gleichen oder ähnlichen zu bearbeitenden Objekten anzusehen. So werden beim Konzept der Fertigungsinsel und der Fließfertigung die Bearbeitungsstationen nach Merkmalen des Objekts angeordnet. Beim *Fließprinzip* erfolgt dabei eine strenge Anordnung der Betriebsmittel nach dem Fluss und eine weitestgehende Verkettung dieser Maschinen untereinander. Ein Beispiel dafür ist die Bearbeitung eines Motorblocks auf einer Transferstraße. Den Vorteilen der hohen Durchlaufgeschwindigkeit und der totalen Transparenz stehen die Nachteile einer geringen Flexibilität und hohen Störanfälligkeit gegenüber. Beim Konzept der *Fertigungsinsel* liegt neben der Objektorientierung eine flexible Handhabung bei der Festlegung der Arbeitsvorgangsfolgen vor. Somit ist der Fertigungsablauf nicht wie bei der Fließfertigung starr, sondern kann autonom nach der spezifischen Situation durch das Personal in der Fertigungsinsel festgelegt werden. Es liegt hier also in Abgrenzung von den anderen Organisationstypen ein gewisser Grad an Handlungsspielraum und Entscheidungskompetenz bei den Mitarbeitern vor.

Baustellenprinzip

Wie oben erwähnt, zeichnet sich die Montage prinzipiell durch die Orientierung der dort arbeitenden Menschen und der Maschinen an dem zu bearbeitenden Objekt aus. Ihre Extremform findet die Montage im *Baustellenprinzip*. Dabei werden die benötigten Fertigungsmittel und die Menschen zum zu bearbeitenden Objekt gebracht. Typische Beispiele dafür sind der Großmaschinen- und Anlagenbau. Die *Montageinsel* gleicht der Fertigungsinsel, nur dass hier Montageprozesse im Vordergrund stehen. Im Idealfall kann je nach Abhängigkeit vom Produktspektrum eine Produktionsstätte aus Fertigungs- und Montageprozessen bestehen, was einer *Produktionsinsel* entspricht. Stärker als in der Fertigung von Industriebetrieben mit mechanischer Konstruktion ist im Bereich der Montage das Fließprinzip verwirklicht. Das Spektrum reicht dabei von automatisierten, getakteten Montagebändern der Automobil- und Elektronikindustrie bis hin zu Montagehallen des Flugzeug- oder Eisenbahnbaus, bei denen die Geschwindigkeit des Transportbands durch den Mitarbeiter bestimmt wird. Ein wesentlicher Unterschied liegt auch darin, dass bei der Verwirklichung des Fließprinzips mit Zeitzwang der Grad der Spezialisierung wesentlich höher als beim Fließprinzip ohne Zeitzwang ist.

Die Funktionen für die Produktionsplanung und -steuerung sind innerhalb von SAP ERP in der Komponente PP angeordnet. Die wesentlichen Prozesse innerhalb von PP sind die Absatz- und Produktionsgrobplanung, die Programmplanung, die Materialbedarfsplanung, die Langfristplanung, die Fertigungsauftragseröffnung und -durchführung sowie die Kapazitätsplanung.

2 Produktionsplanung und -steuerung in SAP ERP

Industriebetriebe mit mechanischer Fertigung befinden sich unter anderem in den Branchen Maschinen- und Anlagenbau, in der Automobilindustrie sowie in der Luftfahrtindustrie. Das Spektrum reicht hier von einfachen Einzelteilen bis hin zu komplexen Großanlagen (siehe Kagermann/Keller 2001, S. 29–48; S. 69–96; S. 127–144). Insbesondere der deutsche Mittelstand ist eine tragende Säule im Maschinen- und Anlagenbau und durch eine tiefe Spezialisierung und Exportorientierung gekennzeichnet. So müssen hochqualifizierte Mitarbeiter den verschiedensten Anforderungen des Markts und des Gesetzgebers mit einer flexiblen Fertigungs- und Softwaretechnologie Rechnung tragen.

2.1 Einbettung von PP in SAP ERP

SAP ERP zeichnet sich durch ein umfassendes betriebswirtschaftliches Leistungsangebot, durch hohe Modularität bei gleichzeitiger Integration der einzelnen Komponenten, durch die Unterstützung internationaler Anforderungen mittels Anbieten von entsprechender landesspezifischer Funktionalität (z. B. Personalabrechnung in verschiedenen Ländern aufgrund unterschiedlicher Gesetze und Steuersätze) und Mehrsprachigkeit sowie durch die Lauffähigkeit auf verschiedenen Rechnerplattformen aus.

SAP ERP basiert auf einer dreistufigen Client-Server-Architektur und kann in zwei Aufgabengebiete unterteilt werden: die Basisaufgaben und die betriebswirtschaftlichen Anwendungsaufgaben. Aufgabe der Basisschicht ist es, die betriebswirtschaftlichen Anwendungen unabhängig von den Systemschnittstellen des Betriebs- sowie des Datenbank- und Kommunikationssystems zu gestalten und für eine performante Abwicklung der betriebswirtschaftlichen Transaktionen zu sorgen. In der Anwendungsschicht ist das implementierte Lösungsangebot zur Unterstützung der betriebswirtschaftlichen Anforderungen der Unternehmen enthalten.

SAP ERP besteht aus betriebswirtschaftlichen Komponenten, die sowohl einzeln als auch in Kombinationen eingesetzt werden können. Die Auslieferungsstrategie der SAP AG liegt darin, dem Kunden das vollständige System zur Verfügung zu stellen und die an den Kundenbedürfnissen orientierten benötigten Funktionen und Geschäftsprozesse vor Ort zu aktivieren. Nachteil dieser Strategie ist es, dass der einzelne Kunde zu Beginn der Umsetzung eine überdimensionierte Rechnerkonfiguration benötigt. Vorteilhaft ist es wiederum, dass im laufenden operativen Geschäft die Aktivierung von Funktionalitäten aus dem vorhandenen Lösungsangebot einfacher als eine permanente Nachlieferung durchzuführen ist.

Grob lässt sich SAP ERP in die drei Hauptbereiche *Rechnungswesen*, *Personalwesen* und *Logistik* einteilen.

Rechnungswesen

Das *Rechnungswesen* befasst sich mit der wertmäßigen Abbildung von Geschäftsvorgängen und hat die Aufgabe, den Wertefluss im Unternehmen zu planen, zu steuern und zu kontrollieren. Entsprechend dem Adressatenkreis wird das Rechnungswesen in externes und internes Rechnungswesen differenziert. Das interne Rechnungswesen besteht aus der Kosten- und Leistungsrechnung und dient dazu, die Entscheidungsträger innerhalb eines Unternehmens mit quantitativen Informationen zu versorgen. Das externe Rechnungswesen ist hingegen nach den gesetzlichen Vorschriften strukturiert und dient der Offenlegungspflicht gegenüber Externen, insbesondere gegenüber der Finanzbehörde und den Kapitalgebern. Zentrale Komponenten zur Unterstützung der Aufgaben des Rechnungswesens sind das Finanzwesen (FI für Financials), das Investitionsmanagement (IM für Investment Management) und das Controlling (CO für Controlling). Diese Komponenten sind jeweils noch in entsprechende Unterkomponenten differenziert.

Personalwirtschaft

Der Bereich *Personalwirtschaft* (HCM für Human Capital Management) ist in die Gebiete Personalplanung und -entwicklung sowie Personaladministration und -abrechnung unterteilt. Die Personalplanung und -entwicklung unterstützt den strategischen Einsatz von Personal durch die Bereitstellung einer Funktionalität, die einem Unternehmen die systematische und qualitative Verwaltung des Personals ermöglicht. Die Personaladministration und -abrechnung fasst alle administrativen und operativen Tätigkeiten der Personalwirtschaft zusammen.

Logistik

Die betriebliche *Logistik* umfasst die Gestaltung des Material-, Informations- und Produktionsflusses, vom Lieferanten über die Produktion bis hin zum Abnehmer. Mit dem Einsatz der von SAP ERP angebotenen Logistikanwendungskomponenten können logistische Abläufe aufgrund der vorhandenen Daten- und Funktionsintegration über Bereichsgrenzen hinweg geplant, gesteuert und koordiniert werden. Die Integration der einzelnen Anwendungskomponenten in SAP ERP verhindert unnötige und zeitaufwendige Mehrfacheingaben bei der Bearbeitung logistischer Geschäftsvorfälle. Ebenso werden durch die Integration bei den mengenmäßig orientierten Bearbeitungsschritten die wertmäßige Seite des Geschäftsvorfalls und somit die Anforderungen des Rechnungswesens berücksichtigt. Im Einzelnen gehören zu den Logistikanwendungskomponenten der Vertrieb (SD für Sales and Distribution), die Materialwirtschaft (MM für Materials Management), die Produktionsplanung (PP für Production Planning), das Qualitätsmanagement (QM für Quality Management), das Projektsystem (PS für Project System) und die Instandhaltung (EAM für Entreprise Asset Management, früher PM).

Die Komponente *Produktionsplanung und -steuerung* (PP) beschäftigt sich innerhalb dieser Logistikkette mit der mengen- und zeitmäßigen Planung der zu produzierenden Erzeugnisse sowie mit der Steuerung des Fertigungsablaufs. Neben der entsprechenden Funktionalität zur Stammdatenpflege werden PP alle mengen- und kapazitätsmäßigen Schritte zur Planung und Steuerung der Produktion unterstützt. Dies umfasst zum einen unterschiedliche Planungskonzepte, wie z. B. MRP II oder Kanban, und zum anderen verschiedene Fertigungsarten, wie z. B. Los-, Einzel-, Varianten-, Serien- und Prozessfertigung.

Durch die integrierte Datenhaltung und den internen Belegfluss sowie die funktionale Integration der Komponenten untereinander sind die verschiedenen Komponenten eng miteinander verzahnt. So kann z. B. aus dem Vertrieb heraus direkt ein Anstoß in der Produktionsplanung erfolgen, aus der Produktionsplanung heraus eine Bestellanforderung (in MM) erzeugt werden oder eine Fertigungsrückmeldung im Rahmen der Betriebsdatenerfassung zu einer wertemäßigen Fortschreibung im Controlling sowie im Personalwesen zwecks Gehaltsermittlung führen. Ebenso führt die hohe Integration der Komponenten dazu, dass die Materialbewegungen bei einer Fertigungsauftragsdurchführung mengen- und wertemäßig erfasst werden (siehe Keller 1999, S. 67–115).

Customizing

Die mehreren tausend Kunden der verschiedensten Branchen und Länder stellen unterschiedlichste Anforderungen an die Produktionsplanung, die durch das entsprechende Parametrisieren der Funktionen im Customizing abgebildet werden können. Das Customizing ermöglicht die Einstellung der gewünschten Funktionalität in Abhängigkeit von Branche, Produktspektrum, gewünschtem Fertigungsverfahren, Produktstruktur sowie von den organisatorischen und gesetzlichen Anforderungen. Wichtige Einstellungen sind anhand der Prozessbausteine in Kapitel 5 bis Kapitel 12 beschrieben.

Damit das System sinnvoll arbeiten kann, ist das richtige Einstellen und Einpflegen der erforderlichen Grunddaten ein absolutes Muss. Deshalb werden in Kapitel 4, »Stammdaten«, die für die Produktionsplanung notwendigen Grunddaten ausführlich beschrieben. Den Schwerpunkt bildet hierbei die Beschreibung der Grunddaten zur Durchführung der Produktionsplanung in Unternehmen mit diskreter Fertigung.

2.2 Prozesse der Produktionsplanung und -steuerung

Im Wesentlichen umfassen die Prozesse in der Produktionsplanung und -steuerung die folgenden Bereiche:

- *Absatz- und Produktionsgrobplanung* zur Festlegung der zu produzierenden Mengen
- *Materialbedarfsplanung* zur Nettobedarfsrechnung und Ermittlung der Komponentenbedarfe unter Berücksichtigung von Ausschuss und Losgrößen

- *Kapazitätsplanung* zur Feinplanung der Produktion unter Berücksichtigung der verfügbaren Kapazitäten
- *Fertigungssteuerung* zur Steuerung und Erfassung der Fertigungsdurchführung (Erstellung der Fertigungspapiere, Erfassung der Rückmeldungen)

Diese vier Bereiche stellen den Prozessumfang nur sehr grob dar – einen detaillierteren Überblick gibt Abbildung 2.1. Hier sind die Prozessbausteine, die wir in den folgenden Kapiteln ausführlich behandeln, explizit mit ihren wichtigsten Eingangs- und Ausgangsgrößen dargestellt.

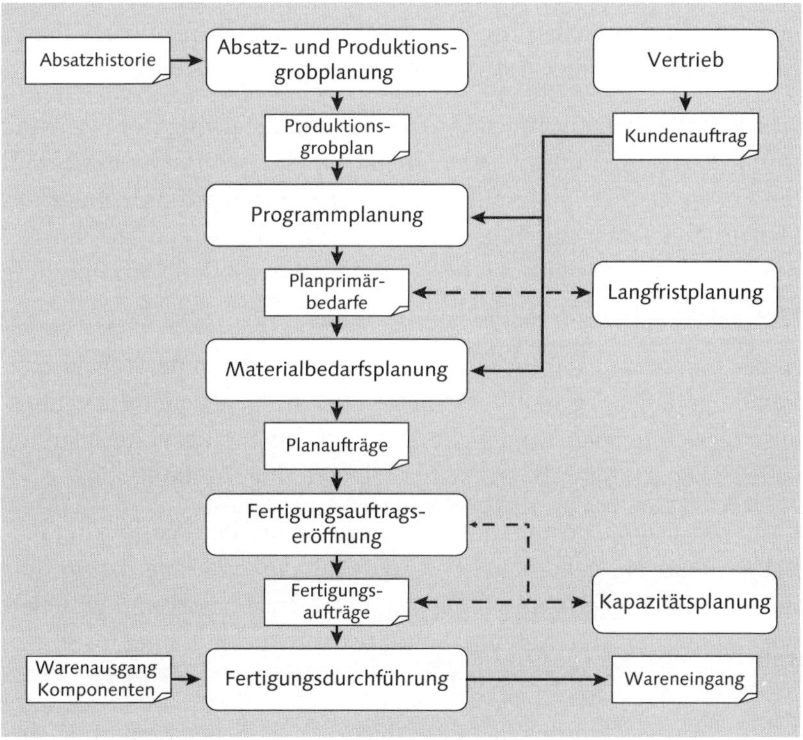

Abbildung 2.1 Prozessüberblick: Produktionsplanung und -steuerung

Absatz- und Produktionsgrobplanung

In der *Absatzplanung* wird der künftige Bedarf geplant – hierbei spielen weder Bestände noch verfügbare Kapazitäten eine Rolle. Häufig bildet die Absatzvergangenheit die Grundlage für die Absatzplanung. Basierend auf der Absatzplanung legt nun die *Produktionsgrobplanung* die geplanten Produktionsmengen fest. Hierbei können Anfangsbestände und Kapazitäten grob berücksichtigt werden.

Programmplanung

Die *Programmplanung* führt die Absatzplanung mit den Kundenbedarfen gemäß der Planungsstrategie zusammen und ermittelt auf diese Weise die Primärbedarfe für die Produktion.

Materialbedarfsplanung

Die *Materialbedarfsplanung* ist die zentrale Funktion der Produktionsplanung. Basierend auf dem Produktionsprogramm werden Bedarfsdecker für alle Dispositionsstufen ermittelt. Hierbei werden unter anderem Durchlaufzeiten, Losgrößen und Ausschussmengen berücksichtigt.

Langfristplanung

Die *Langfristplanung* entspricht einer Simulation der Materialbedarfsplanung. Hierbei kann überprüft werden, wie sich die Änderung von Planprimärbedarfen auf die Kapazitätsauslastung, die Bestände und die Fremdbeschaffung auswirkt. Die Langfristplanung ist auch für Simulationen im Kurzfristbereich geeignet.

Fertigungsauftragseröffnung

Das zentrale Element für die Steuerung und Erfassung der Fertigung ist der Fertigungsauftrag. Die *Fertigungsauftragseröffnung* beschreibt die Anlage des Fertigungsauftrags – entweder durch Umsetzung eines Planauftrags oder durch interaktive Eröffnung – und die hierbei durchgeführten Funktionen wie Stammdatenselektion, Terminierung und Verfügbarkeitsprüfung.

Kapazitätsplanung

In der *Kapazitätsplanung* wird der Arbeitsvorrat – in der Regel bestehend aus den Vorgängen eröffneter oder freigegebener Fertigungsaufträge – zeitgenau eingeplant. Das Ergebnis der Kapazitätsplanung ist eine kapazitiv machbare Reihenfolgebildung für die Fertigung.

Fertigungsdurchführung

Während sich die vorhergehenden Prozesse mit der Planung der Fertigung befassen, geht es bei der *Fertigungsdurchführung* darum, wie die tatsächliche Fertigung im Fertigungsauftrag erfasst und gesteuert wird – von der Materialentnahme über die Rückmeldung bis hin zu Lagerzugang und Abrechnung.

Diese Prozesse werden detailliert in Kapitel 5 bis Kapitel 12 beschrieben.

2.3 Fertigungsarten

Die *Fertigungsart* bzw. *Produktionsart* charakterisiert die Häufigkeit der Leistungswiederholung im Produktionsprozess. Charakterisierende Merkmale zur Bestimmung der Fertigungsart sind die Wiederholhäufigkeit gleicher oder ähnlicher Produkte sowie die Auflagenhöhe der Fertigungsaufträge. Eng verbunden mit der Fertigungsart ist die Fertigungsorganisation, da nicht selten die Fertigungsart maßgeblichen Einfluss auf die Gestaltung des Fertigungsablaufs hat. So impliziert z. B. die Fertigungsart *Fließfertigung* das Herstellen von gleichartigen Produkttypen oder Produkten in hohen Stückzahlen und gleichzeitig die Anordnung der Fertigungsanlagen nach der Organisationsform der Flussfertigung. Typisches Beispiel ist die Montage von Personenkraftwagen in der Automobilindustrie. Ebenso beeinflussen der Grad der Produktstandardisierung und die Tiefe der Produktstruktur nicht selten die konkrete Fertigungsart. Deshalb haben sich zu den theoretischen Grundtypen *Massen-*, *Serien-*, *Kleinserien-* und *Einzel-* bzw. *Einmalfertigung* verschiedene Formen von Fertigungsarten herausgebildet, die auch implizit die Fertigungsorganisation beinhalten. Wichtige Fertigungsarten sind (siehe Keller/Curran 1999, S. 137–154):

- diskrete Fertigung
- Serienfertigung
- Prozessfertigung
- Kanban
- Projektfertigung

Die genannten Fertigungsarten stellen wir im Folgenden kurz vor; innerhalb des Buchs beschränken wir uns ansonsten auf die diskrete Fertigung, die den häufigsten Anwendungsfall der Produktion darstellt.

2.3.1 Diskrete Fertigung

Die *diskrete Fertigung* (auch Werkstattfertigung) beschreibt die Fertigung eines Erzeugnisses auf der Basis von Fertigungsaufträgen. Die diskrete Fertigung kommt zum Einsatz, wenn die zu produzierenden Erzeugnisse häufig wechseln, wenn die Bedarfe sehr unregelmäßig auftreten und die Fertigung einen werkstattorientierten Ablauf hat. Um eine diskrete Fertigung durchführen zu können, sind eine Reihe von Stammdaten erforderlich. Zu den wichtigsten Stammdaten gehören Material, Stückliste, Arbeitsplatz und Arbeitsplan (siehe Kapitel 4, »Stammdaten«).

Die diskrete Fertigung beginnt mit der Eröffnung und Bearbeitung eines Fertigungsauftrags. Die Eröffnung des Fertigungsauftrags kann entweder durch Umsetzen eines in der Produktions- und Beschaffungsplanung erzeugten Planauftrags oder durch dessen manuelles Anlegen erfolgen. Ein Fertigungsauftrag ist eine Anforderung an die Produktion, Materialien bzw. Leistungen zu einem bestimmten Termin in einer bestimmten Menge herzustellen bzw. zu erbringen. Er legt fest, auf welchem Arbeitsplatz und mit welchen Einsatzmaterialien das entsprechende Material zu fertigen ist. Das Eröffnen eines Fertigungsauftrags erzeugt automatisch Materialreservierungen für die benötigten Materialkomponenten. Für fremdzubeschaffende Materialkomponenten bzw. Dienstleistungen werden Bestellanforderungen erstellt. An den Arbeitsplätzen, an denen der Auftrag durchgeführt wird, entstehen Kapazitätsbelastungen.

Die Fertigungsaufträge werden bei Erreichen des Freigabetermins und bei vorhandener Material- und Kapazitätsverfügbarkeit freigegeben. Zur Vorbereitung der Durchführung können die entsprechenden Papiere des Fertigungsauftrags ausgedruckt werden. Die Auswertung der Kapazitätssituation und der gegebenenfalls notwendige Kapazitätsabgleich können in jeder Phase der Fertigungsauftragsabwicklung durchgeführt werden. Meist geschieht dies, bevor mit der Fertigung begonnen wird. Die zur Produktion der Erzeugnisse benötigten Komponenten werden aus dem Fertigungsauftrag entnommen, und der Warenausgang wird gebucht. Nun wird das Erzeugnis anhand des Fertigungsauftrags produziert. Die gefertigte Menge und die erbrachten Leistungen werden dem Fertigungsauftrag zurückgemeldet, das Erzeugnis auf Lager gelegt und der Wareneingang gebucht. Zum Abschluss wird der Fertigungsauftrag abgerechnet.

2.3.2 Serienfertigung

Die *Serienfertigung* ist durch eine zeitraum- und mengenbezogene Erstellung und Bearbeitung von Produktionsplänen charakterisiert (weniger einzellos- und auftragsbezogene Bearbeitung). Über einen bestimmten Zeitraum wird eine Menge eines gleich bleibenden Erzeugnisses gefertigt. Das Erzeugnis durchläuft in einem stetigen Fluss die Maschinen und Arbeitsplätze, wobei Zwischenerzeugnisse in der Regel nicht zwischengelagert werden. Abbildung 2.2 zeigt dieses Prinzip für das Beispiel der Hauptplatinenherstellung.

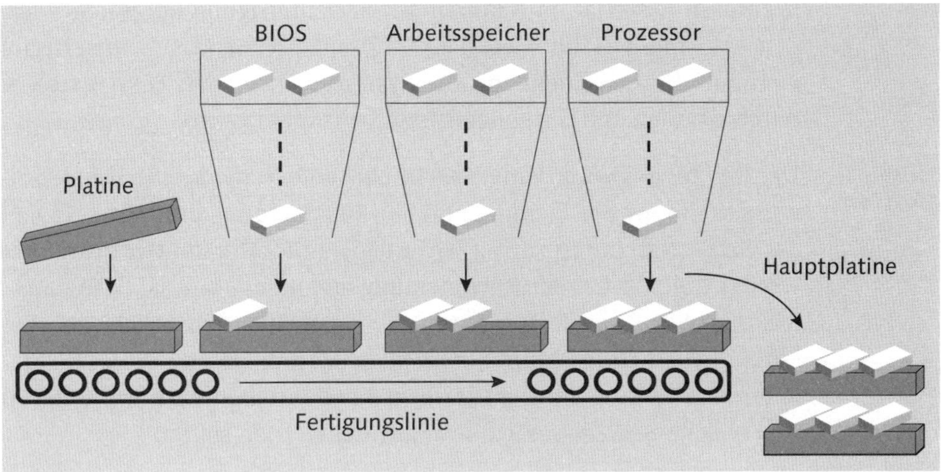

Abbildung 2.2 Herstellung einer Hauptplatine auf einer Fertigungslinie

Im Vergleich zur einzellos- und auftragsbezogenen Produktionssteuerung ist bei der Serienfertigung der Produktionssteuerungsaufwand deutlich reduziert und die Istdatenerfassung vereinfacht.

Die Serienfertigung bietet sich für die unterschiedlichsten Branchen an, wie z. B. Markenartikel, Elektronik, Halbleiter, Verpackungen usw. Die Serienfertigung kann als reine Lagerfertigung eingesetzt werden; die Produktion hat dabei keinen direkten Bezug zum Kundenauftrag. Die Bedarfe werden in der Programmplanung erzeugt, und die Kundenaufträge werden aus dem Lager bedient. Auch die kundenauftragsbezogene Fertigung, wie z. B. in der Automobilindustrie (siehe Geiger/Kerle 2001, S. 69–95), lässt sich mit den Mitteln der Serienfertigung umsetzen. Die Produktion hat einen direkten Bezug zum Kundenauftrag bzw. wird direkt aus dem Kundenauftrag heraus angestoßen.

Stammdaten in der Serienfertigung

Die wichtigsten Stammdaten im Rahmen der Serienfertigung sind:

- das Material
- die Fertigungsversion
- die Stückliste
- die Fertigungslinie
- der Linienplan

Die wesentlichen Unterschiede in den Stammdaten zur diskreten Fertigung werden im Folgenden kurz beschrieben:

Wenn ein Material im Rahmen der Serienfertigung hergestellt werden soll, muss es im Materialstamm entsprechend gekennzeichnet werden. Dies geschieht im SAP-System in der Sicht DISPOSITION 4 durch das Setzen des Kennzeichens SERIENFERTIGUNG.

Serienfertigungsprofil

Darüber hinaus wird dem Material ein *Serienfertigungsprofil* zugeordnet, das die Art der Planung und der Rückmeldung bestimmt. So legt das Serienfertigungsprofil z. B. fest, ob mit Zählpunkten gearbeitet werden soll, ob bei der Rückmeldung zu einem Material Fertigungsleistungen auf den Kostensammler gebucht werden sollen, ob eine entkoppelte Rückmeldung verwendet werden soll, ob bei der Istdatenerfassung eine retrograde Entnahme durchgeführt werden soll und welche Bewegungsarten verwendet werden sollen.

Fertigungsversion

Da es zu einem Material, je nach Fertigungsverfahren, verschiedene Stücklisten bzw. Arbeitspläne geben kann, wird in einer *Fertigungsversion* festgelegt, welche konkrete Stückliste und welcher konkrete Arbeitsplan zur Herstellung des Materials herangezogen werden sollen. Außerdem werden in der Fertigungsversion die Stücklistenalternative für die Stücklistenauflösung sowie der Plantyp, die Plangruppe und der Plangruppenzähler für die Zuordnung zu den Plänen angegeben. Darüber hinaus wird der Losgrößenbereich angegeben, für den die Fertigungsversion gültig sein soll. Wichtig ist auch, dass das Kennzeichen SERIENFERTIGUNG ERLAUBT gesetzt ist. Zu einem Material kann es eine oder mehrere Fertigungsversionen geben. Im Rahmen der Serienfertigung muss es mindestens eine Fertigungsversion geben. Das Anlegen einer Fertigungsversion zu einem Material erfolgt ebenfalls über die Sicht DISPOSITION 4.

Produktkostensammler

Die bei der Serienfertigung anfallenden Kosten werden auf einem *Produktkostensammler* gebucht. Im Rahmen der Istdatenerfassung wird der Produktkostensammler z. B. mit den Material- und Fertigungskosten belastet. Entlastet wird der Produktkostensammler z. B. bei einer Wareneingangsbuchung. Der Produktkostensammler wird für ein Material innerhalb eines Werks in einer bestimmten Fertigungsversion angelegt.

Retrograde Entnahme

In der Stückliste des zu fertigenden Materials wird festgelegt, welche Komponenten in welcher Menge zur Fertigung benötigt werden. In der Serienfertigung wird nicht jeder Warenausgang gleichzeitig mit der physischen Entnahme des Materials aus dem Lager erfasst, sondern der Komponentenverbrauch wird in der Regel erst beim Wareneingang des Fertigerzeugnisses automatisch gebucht (*retrograde Entnahme*). In jeder Stücklistenposition kann dazu ein Lagerort angegeben werden, von dem aus die retrograde Entnahme durchgeführt werden soll.

Fertigungslinien

Da das Erzeugnis in der Serienfertigung die Maschinen in einem stetigen Fluss durchläuft und die Maschinen in der Regel auch räumlich in einer Linie angeordnet sind, werden die Arbeitsplätze als *Fertigungslinien* bezeichnet (siehe Abschnitt 4.4, »Arbeitsplatz«). Dabei kann es sich um einfache Fertigungslinien handeln, die oftmals nur aus einem Arbeitsplatz bestehen, oder um komplexe Fertigungslinien, die mehrere Bearbeitungsstationen haben. Die einzelnen Bearbeitungsstationen werden dabei jeweils als eigene Fertigungslinie angelegt und zu einer Linienhierarchie gruppiert. Eine Fertigungslinie bestimmt das Kapazitätsangebot der Bearbeitungsstation und ist genau einer Kostenstelle zugeordnet.

Linienpläne

Die Arbeitspläne in der Serienfertigung werden als *Linienpläne* bezeichnet. Ein Linienplan enthält die Vorgänge, die zur Herstellung des entsprechenden Materials notwendig sind. Da in der Serienfertigung über einen längeren Zeitraum hinweg dasselbe Erzeugnis gefertigt wird, kann mit sehr vereinfachten Plänen gearbeitet werden, die oftmals nur einen Vorgang enthalten. Ein solcher Vorgang gibt die Produktionsrate vor, die festlegt, welche Menge pro Zeiteinheit auf der Linie gefertigt wird (z. B. 100 Stück pro Stunde).

Die aus der Produktions- und Beschaffungsplanung resultierenden Planaufträge zu einem Material werden in der Serienfertigung in einem Planungstableau verwaltet. Darin hat der Planer die Möglichkeit, die Produktionsmengen auf den Fertigungslinien einzuplanen. In Rahmen der Serienfertigung wird nicht mehr von Planaufträgen, sondern von Produktionseinteilungen gesprochen (siehe Abbildung 2.3).

Die Komponenten werden in der Serienfertigung anonym an der Fertigungslinie bereitgestellt. Dies kann sehr komfortabel mit der Materialbereitstellungsliste erfolgen. Anhand der Materialbereitstellungsliste lassen sich die für einen bestimmten Zeitraum an einer Fertigungslinie benötigten Komponenten ermitteln. Ausgehend von den festgestellten Fehlmengen können z. B. direkt Umlagerungen vom Zentrallager in die Produktionslagerorte angestoßen werden.

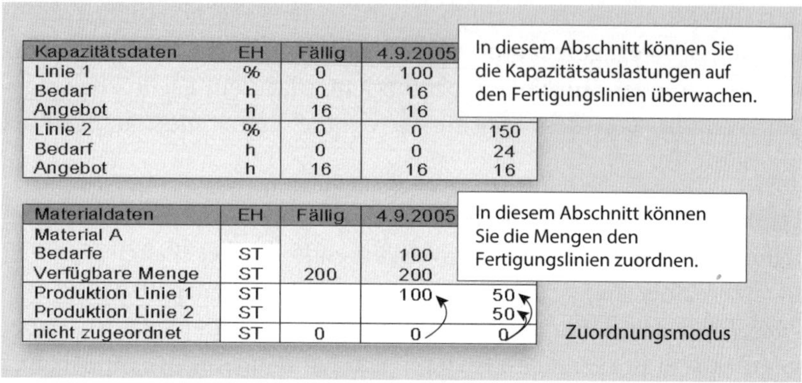

Kapazitätsdaten	EH	Fällig	4.9.2005	
Linie 1	%	0	100	
Bedarf	h	0	16	
Angebot	h	16	16	
Linie 2	%	0	0	150
Bedarf	h	0	0	24
Angebot	h	16	16	16

Materialdaten	EH	Fällig	4.9.2005	
Material A				
Bedarfe	ST		100	
Verfügbare Menge	ST	200	200	
Produktion Linie 1	ST		100	50
Produktion Linie 2	ST			50
nicht zugeordnet	ST	0	0	0

Abbildung 2.3 Planungstableau in der Serienfertigung

Die Produktion eines Erzeugnisses erfolgt in der Regel in einem stetigen Fluss durch die Fertigungslinie, und die Istdatenerfassung wird in regelmäßigen Abständen für die jeweils gefertigten Produktionsmengen durchgeführt. Mit dem Wareneingang des Fertigerzeugnisses werden Komponentenverbrauch und Fertigungsleistungen automatisch gebucht. Bei längeren Fertigungsdurchlaufzeiten können die Istdaten auch zu Zählpunkten innerhalb der Fertigungslinie erfasst werden, um die Verbräuche möglichst zeitnah buchen zu können (siehe Abbildung 2.4).

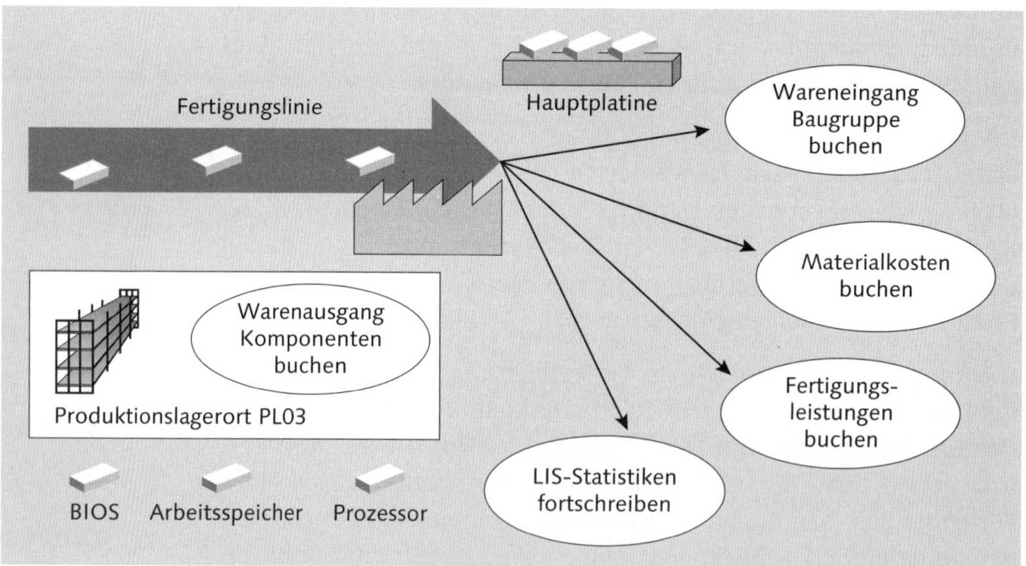

Abbildung 2.4 Istdatenerfassung in der Serienfertigung

2.3.3 Prozessfertigung

Die *Prozessfertigung* ist durch eine chargen- und rezeptorientierte Herstellung von Produkten bzw. Kuppelprodukten in der Prozessindustrie charakterisiert. Haupteinsatzgebiete der Prozessfertigung sind die chemische, die pharmazeutische, die Nahrungs- und Genussmittelindustrie sowie die prozessorientierte Elektronikindustrie (siehe Datta 2001, S. 145–172). In der Prozessfertigung sind verschiedene Abläufe denkbar:

Kontinuierliche Produktion

Werden die Produkte über einen bestimmten Zeitraum in einem kontinuierlichen Verfahren produziert, wird von der *kontinuierlichen Produktion* gesprochen. Einsatzmaterialien werden ständig zugeführt, und das Endprodukt fällt ständig an. Die Anlage ist durch den Auftrag vollständig belegt. Somit sind Teilaufträge und damit Teilbelegungen nicht mehr möglich.

Diskontinuierliche Produktion

Bei der *diskontinuierlichen Produktion* werden die Produkte nicht in einem kontinuierlichen Verfahren produziert, sondern die Einsatzmaterialien werden ansatzweise bereitgestellt und eingewogen. Die Materialzufuhr erfolgt also zum jeweiligen Verfahrensschritt. Es können mehrere Produkte auf derselben Anlage produziert werden.

Regulierte Produktion

Werden ganz bestimmte Anforderungen an die Qualität der Produkte gestellt oder liegen gesetzliche Regularien (FDA, GMP) vor, wird von einer *regulierten Produktion* gesprochen. Als Beispiel seien die pharmazeutische Industrie, aber auch gewisse Bereiche der Lebensmittel- und Kosmetikindustrie genannt. Im Rahmen der regulierten Produktion ist die Erstellung von Aufträgen nur mit genehmigten Rezepten möglich. Änderungen von Planungsrezepten unterliegen der Änderungsverwaltung. Auch Abfüllprozesse, die vom eigentlichen Herstellprozess entkoppelt und zeitlich nachgelagert sind, können im Rahmen der Prozessfertigung abgewickelt werden. Lose Ware (Bulk) aus der Produktion wird bis zur Abfüllung in Vorratsbehältern zwischengelagert. Unterstützt werden sowohl komplexe verfahrenstechnische Abfüllungen als auch einfache Abfüllungen mit vorwiegend manueller Abwicklung. Vorgabe für die Abfüllabwicklung sind Prozessaufträge, die auf der Grundlage einer Abfüllrezeptur erstellt werden.

Die zentralen Stammdaten im Rahmen der Prozessfertigung sind das *Material*, die *Stückliste*, die *Ressource* und das *Planungsrezept*.

Prozessauftrag Die Prozessfertigung beginnt mit der Eröffnung und Bearbeitung eines *Prozessauftrags* auf der Grundlage eines Planungsrezepts. Die Eröffnung des Prozessauftrags kann entweder durch Umsetzen eines in der Produktionsplanung erzeugten Planauftrags oder durch manuelles Anlegen erfolgen. Ein Prozessauftrag ist eine Anforderung an die Produktion, Materialien bzw. Leistungen zu einem bestimmten Termin in einer bestimmten Menge herzustellen bzw. zu erbringen. Er legt fest, auf welcher Ressource und mit welchen Einsatzmaterialien das entsprechende Material zu fertigen ist. Das Eröffnen eines Prozessauftrags erzeugt automatisch Materialreservierungen für die benötigten Einsatzmaterialien. Für fremdzubeschaffende Einsatzmaterialien bzw. Dienstleistungen werden Bestellanforderungen erstellt. An den Ressourcen, an denen der Auftrag durchgeführt wird, entstehen Kapazitätsbelastungen. Die Prozessaufträge werden bei Erreichen des Freigabetermins und bei vorhandener Material- und Kapazitätsverfügbarkeit freigegeben. Zum Zeitpunkt der Freigabe kann eine automatische Chargenfindung der chargenpflichtigen Komponenten stattfinden. Zur Vorbereitung der Durchführung können die entsprechenden Papiere des Prozessauftrags ausgedruckt werden.

Die Auswertung der Kapazitätssituation und der gegebenenfalls notwendige Kapazitätsabgleich können in jedem Schritt der Prozessauftragsabwicklung durchgeführt werden. In der Regel geschieht dies, bevor mit der Produktion begonnen wird. Die Abwicklung der Produktion kann nun mit oder ohne Einsatz der Prozesskoordination erfolgen. Bei der Prozessauftragsdurchführung mit Prozesskoordination bildet diese die Schnittstelle zwischen dem SAP-System und der Prozesssteuerung; ihre flexible Struktur ermöglicht die Anbindung automatisierter, teilautomatisierter sowie manuell gesteuerter Anlagen.

Steuerrezepte und Herstellanweisungen Nachdem der Prozessauftrag bzw. die entsprechenden Phasen des Prozessauftrags für die Produktion freigegeben worden sind, werden aus den im Prozessauftrag enthaltenen Prozessvorgaben Steuerrezepte generiert. *Steuerrezepte* enthalten alle Informationen, die von der Prozesssteuerung zur Ausführung eines Prozessauftrags benötigt werden. Danach werden die Steuerrezepte an die Prozessleitsysteme oder in Form von *Herstellanweisungen* an die zuständigen Anlagenfahrer versendet. Im zweiten Fall werden die Prozessvorgaben in natürlicher Sprache aufbereitet, sodass sie dem Anlagenfahrer am Bildschirm angezeigt und von ihm abgearbeitet werden können.

Die bei der Ausführung eines Prozessauftrags anfallenden Prozessdaten werden an das SAP-System zurückgemeldet bzw. zur Weiterbearbeitung an externe Funktionsbausteine übergeben. Mithilfe von Prozessmeldungen werden diese Daten aus der Prozesssteuerung über die Schnittstelle *Prozesskoordination* an die verschiedenen Empfänger übertragen. So kann z. B. durch das Versenden einer Materialverbrauchsmeldung ein Warenausgang zu einer Komponente gebucht werden.

Bei der Prozessauftragsdurchführung ohne Prozesskoordination werden die zur Produktion der Endprodukte benötigten Einsatzmaterialien für den Prozessauftrag entnommen, und es wird der Warenausgang im Bestandsführungsmenü gebucht. Das gewünschte Endprodukt wird nun anhand des Prozessauftrags produziert. Die erzeugten Mengen und erbrachten Leistungen werden anschließend dem Prozessauftrag zurückgemeldet, die Endprodukte auf Lager gelegt und der Wareneingang gebucht.

Bei der Prozessauftragsabrechnung werden die für den Auftrag angefallenen Istkosten an ein oder mehrere Empfängerobjekte (z. B. an das gefertigte Material oder an einen Kundenauftrag) abgerechnet. Im Rahmen der Prozessdatendokumentation werden Listen produktions- und qualitätsrelevanter Daten erzeugt, die optisch archiviert werden können. Dabei unterscheidet man Auftrags- bzw. Chargenprotokolle. Auftragsprotokolle enthalten alle qualitätsrelevanten SAP-Daten, die im Umfeld eines Prozessauftrags anfallen, und Chargenprotokolle enthalten alle qualitätsrelevanten Daten zur Produktion einer Charge. Aufbau, Inhalt und Verarbeitung der Chargenprotokolle entsprechen internationalen Standards, die in den GMP-Richtlinien (Good Manufacturing Practices) für die pharmazeutische Industrie und für die Lebensmittelindustrie definiert sind.

2.3.4 Kanban

Kanban ist ein Verfahren zur Produktions- und Materialflusssteuerung, das von einer aufwendigen Planung der Bedarfsmengen absieht und die Produktion verbrauchsorientiert steuert. Die Fertigung bzw. Beschaffung eines Materials wird erst dann veranlasst, wenn dieses

Material auch tatsächlich benötigt wird. Die zur Produktion eines Materials benötigten Komponenten werden in einer bestimmten Menge vor Ort in Behältern bereitgehalten. Ist einer der Behälter leer, wird der Nachschub dieser Komponente nach einer zuvor festgelegten Strategie (Eigenfertigung, Fremdbeschaffung oder Umlagerung) angestoßen. Die Zeit zwischen dem Anstoß des Nachschubs und der Lieferung des wieder aufgefüllten Behälters wird durch die anderen Behälter überbrückt. Abbildung 2.5 verdeutlicht das Grundprinzip des Kanban-Verfahrens.

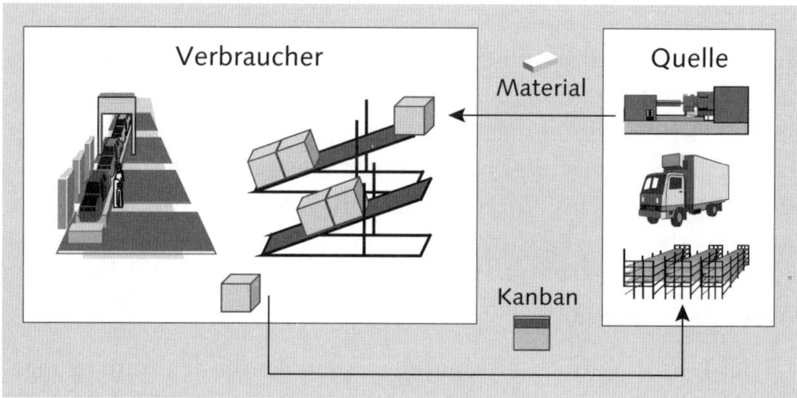

Abbildung 2.5 Grundprinzip des Kanban-Verfahrens

Die Produktion steuert beim Kanban-Verfahren den Nachschub also weitestgehend selbst, wodurch der manuelle Buchungsaufwand erheblich reduziert werden kann. Darüber hinaus werden die Bestände reduziert, weil nur das produziert wird, was auch wirklich gebraucht wird. Beim Einsatz von Kanban wird das Material nicht mittels einer übergeordneten Planung durch die Produktion geschoben, sondern durch eine Fertigungsstufe (Verbraucher) von der vorhergehenden Fertigungsstufe (Quelle) abgerufen, wenn es gebraucht wird.

Produktionsversorgungsbereiche

Das Werk wird bei der Kanban-Abwicklung in sogenannte *Produktionsversorgungsbereiche* (PVB) eingeteilt. In den PVBs werden die in der Produktion benötigen Komponenten gelagert, und es können sich aus den PVBs verschiedene Arbeitsplätze bedienen. Um festzulegen, wie ein Material innerhalb eines solchen PVBs zu beschaffen ist, wird ein Kanban-Regelkreis definiert. Der Regelkreis legt für das Material eine Nachschubstrategie fest, die besagt, ob das benötigte

Material z. B. eigengefertigt oder fremdbeschafft werden soll. Darüber hinaus legt dieser Regelkreis die Anzahl der zwischen Verbraucher und Quelle umlaufenden Behälter sowie die Menge pro Behälter fest.

Nachschubstrategien

Nachschubstrategien legen fest, auf welche Art die Wiederbeschaffung einer Materialkomponente erfolgen und welche Nachschubelemente dafür erzeugt werden sollen:

- Eigenfertigung
  - manuelles Kanban
  - Nachschub mit Produktionseinteilung
  - Nachschub mit Fertigungsauftrag
- Fremdbeschaffung
  - Nachschub über Bestellung
  - Nachschub mit Lieferplan
  - Nachschub mit Mengenabruf
- Umlagerung
  - Nachschub mit Reservierung
  - Nachschub mit direkter Umbuchung
  - Nachschub über Transportbedarfe von Warehouse-Management-(WM)-verwalteten Lagerorten

Die Wiederbeschaffung mit Kanban ist sehr einfach: An einer Maschine wird ein Material produziert, und die dafür benötigten Komponenten liegen vor Ort in Behältern zur Entnahme bereit. Ist jetzt ein solcher Behälter leer, muss die für den Nachschub verantwortliche Quelle darüber informiert werden. Wird die Kanban-Abwicklung ohne Unterstützung des SAP-Systems durchgeführt, sendet der Verbraucher eine Karte (z. B. per Bote) zum Arbeitsplatz (Quelle). Die Karte enthält Informationen, welches Material in welcher Menge wohin geliefert werden soll – und nach diesen Karten (jap. Kanban) ist das Verfahren benannt. Die Quelle kann nun das Material fertigen oder beschaffen und danach den Behälter wieder auffüllen (siehe Abbildung 2.6).

Wenn die Kanban-Abwicklung mit der Unterstützung des ERP-Systems erfolgen soll, werden die Behälter im System verwaltet und besitzen einen bestimmten Status. Wird die letzte Komponente aus einem Behälter entnommen, wird einfach der Status des Behälters von »voll« auf »leer« gesetzt. Diese Statusänderung (Kanban-Impuls) kann z. B. mithilfe eines Barcodelesegeräts erfolgen, mit dem über die am Behälter befindliche Karte gefahren wird. Es besteht aber auch die Möglichkeit, sich die Behälter eines Produktionsbereichs in einer Kanban-Tafel anzeigen zu lassen und dort die Statusänderung durchzuführen. Der Kanban-Impuls löst nun die Wiederbeschaffung aus und erzeugt in Abhängigkeit von der Nachschubstrategie z. B. einen Fertigungsauftrag. Der Fertigungsauftrag wird anschließend von der Quelle bearbeitet und das gefertigte Material zurück zum Behälter transportiert. Danach wird der Status des Behälters wieder auf »voll« gesetzt (Barcode oder Kanban-Tafel) und automatisch der Wareneingang für das Material mit Bezug zum Beschaffungselement gebucht. Neben dem oben beschriebenen klassischen Kanban-Verfahren unterstützt das SAP-System noch andere Kanban-Verfahren.

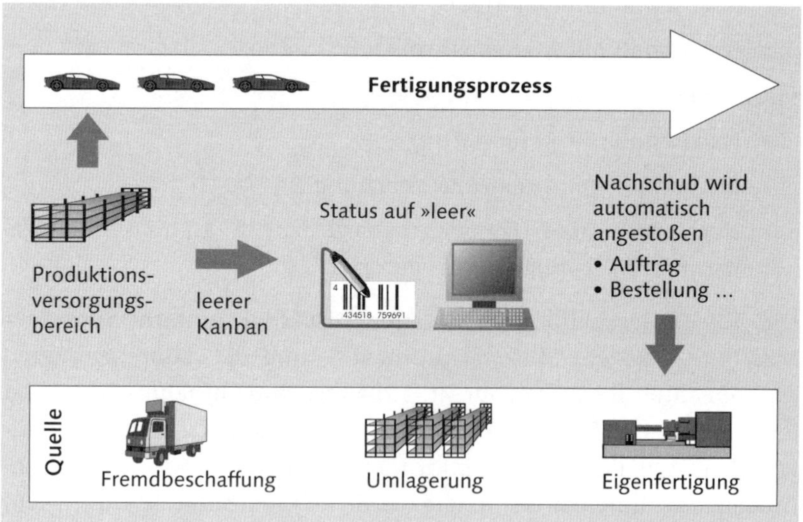

Abbildung 2.6 Kanban-Impuls

Während im klassischen Kanban-Verfahren der Behälter vom Anwender per Barcode oder Kanban-Tafel auf »leer« gesetzt und damit der Kanban-Impuls ausgelöst wird, werden beim Kanban-Verfahren mit Mengenimpuls vom Anwender bzw. von einem BDE-System (BDE = Betriebsdatenerfassung) die jeweils entnommenen Mengen im System eingegeben. Sobald die Menge des Behälters gleich null bzw. ein bestimmter Grenzwert unterschritten worden ist, wird vom System automatisch der Statuswechsel durchgeführt.

Im Unterschied zum klassischen Kanban-Verfahren, bei dem Behälteranzahl und -menge fest vorgegeben sind, wird beim ereignisgesteuerten Kanban-Verfahren ein Behälter nur bei Bedarf erzeugt. Dabei wird die zu beschaffende Menge direkt eingegeben. Nach erfolgter Wiederbeschaffung wird der Behälter wieder gelöscht.

Die Produktionsversorgung mit Kanban kann auch mit einer zusätzlichen vorausschauenden Materialbedarfsplanung durchgeführt werden. Dabei werden die Nachschubelemente durch einen Bedarfsplanungslauf erzeugt. Diese Elemente lösen jedoch nicht die Produktion oder Beschaffung direkt aus, sondern dienen als Vorschau für die Quelle. Mit dem Voll- und Leersetzen der Kanban-Behälter werden nur der Materialfluss selbst und die tatsächliche Produktion gesteuert; Rückmeldungen und Wareneingänge werden in der Regel ohne Bezug zu Kanban gebucht.

2.3.5 Projektfertigung

Herkömmliche Fertigungsverfahren haben sich für aufwendige Einzelanfertigungen als wenig erfolgreich erwiesen. Dies hat unter anderem die folgenden Gründe:

- Die für das MRP-II-System verwendeten Fertigungsaufträge werden separat terminiert und abgewickelt, ohne eine Koordinierungshilfe zwischen Vorgängen aus verschiedenen Fertigungsaufträgen zu erhalten (z. B. kann Vorgang 25 von Fertigungsauftrag A-100 nicht beginnen, bevor Vorgang 10 von Fertigungsauftrag B-50 begonnen hat). Projektfertiger wenden deshalb Netzplantechniken für die Terminierung und Koordination von Abläufen und die Kostenrechnung an.
- MRP II teilt die Fertigung des Endprodukts anhand der Stückliste in kleinere Einheiten auf, und die Projektfertiger wickeln die Fertigung ab, indem sie die Gesamtfertigung in Arbeitspakete aufspalten, die in einem Projektstrukturplan spezifiziert sind. Diese Strukturen stimmen nicht immer eins zu eins mit den in der Stückliste definierten Einheiten überein.
- MRP II isoliert die Technik, die Instandhaltung und andere kundenbezogene Aktivitäten von der Fertigung. Die Projektfertigung

erfordert, dass fertigungs- und nichtfertigungsbezogene Vorgänge gemeinsam abgewickelt werden.

- Für MRP II werden Standardkosten verwendet, während die Projektfertigung Istkosten erfordert.

Klassische Netzplansysteme sind für das Fertigungsmanagement nicht besonders geeignet, denn sie unterstützen weder die Bestandsführung noch die Materialbedarfsplanung oder die Einplanung und Verfolgung von Arbeiten innerhalb der Fabrik. Projektfertiger benötigen ein System, das das Beste aus beiden Verfahren miteinander kombiniert. Sie benötigen die Verbindung der von MRP II gebotenen Möglichkeit, die Fertigungsaufträge, die Bestandsführung und die Materialbedarfsplanung durchzuführen, mit der Fähigkeit des projektorientierten Verfahrens, die Arbeitskoordination, die Budgetplanung und die Istkalkulation durchzuführen.

Projektfertiger benötigen ein System zur Abwicklung der Fertigung komplexer Objekte für die Industrie – etwa Flugzeuge, Schiffe oder Großgeräte. Ein erheblicher Teil der Vorlaufzeit und der Gesamtwertschöpfung, die mit diesen Produkttypen verbunden sind, ist in nichtfertigungsbezogenen Vorgängen wie der Konstruktion, der Arbeitsplanung und der Auftragskostenrechnung zu finden.

Projektstrukturplan

Projektfertiger arbeiten deshalb in der Regel mit Projektstrukturplänen und Netzplänen. Ein *Projektstrukturplan* (PSP) ist ein hierarchisches Modell der in einem Projekt durchzuführenden Aufgaben. Der PSP ist die Organisations- und Koordinationsbasis eines Projekts und enthält die Arbeit, die Zeit und die Kosten, die mit jeder Aufgabe verbunden sind. Ein vorläufiger PSP wird für die vorbereitende Planung (d. h. während des Ausschreibungsverfahrens) erstellt und kann während der gesamten Projektlebensdauer dynamisch erweitert werden.

Netzplan

Netzpläne werden verwendet, um die Detailvorgänge zu modellieren. Dazu gehören z. B. das Personal, die Kapazitäten, Materialien, Produktionsressourcen, Werkzeuge und Dienstleistungen, die für das Projekt benötigt werden. Netzpläne können auch umfassende Beziehungen zwischen den Vorgängen beschreiben. Sie sind mit dem PSP verknüpft und bieten daher eine zusätzliche Detailebene für den Ausdruck der gesamten Arbeitsgliederung.

Projektstruktur

Ausgangspunkt ist die Einrichtung einer *Projektstruktur*, um ein Kundenangebot zu erstellen. Wenn die Projektstruktur definiert ist, werden die detaillierten Kostenpläne entwickelt und in ein Budget integriert. Pläne werden vom Detail, ausgehend von unten nach oben entwickelt, Budgets hingegen von oben nach unten. Auch werden die Kapazitäten geprüft und die Projektdetails zu einem Kundenangebot zusammengefasst. Ein Kundenauftrag kann als spezielle Auftragsart mit Projektbezug (Projektauftrag) erfasst werden. Das Projekt wird anschließend zur projektstrukturplan- und netzplangesteuerten Bearbeitung freigegeben. Anzahlungen, Abrechnungen und zusätzliche Kundenzahlungen werden dem jeweiligen PSP-Element zugeordnet und Kosten sowie Materialentnahmen direkt in den Netzplan- oder PSP-Elementen gebucht. Auch überwacht das System die Verfügbarkeit der budgetierten Finanzmittel. Die Kosten werden in regelmäßigen Abständen und/oder bei Projektabschluss an Hauptbuch oder Kostenstelle abgerechnet oder direkt an die Ertragsrechnung übergeleitet.

Die gefertigten Produkte sind im Kundenauftrag aufgelistet und werden mithilfe des Einzelfertigungsszenarios verwaltet. Fertigungsaufträge werden entweder manuell oder vom System erzeugt und sind mit dem jeweiligen PSP-Element verknüpft. Auf diese Weise wird die Fertigung durch herkömmliche Fertigungsaufträge gesteuert, wobei die Istfertigungskosten und Meilensteine im jeweils zugeordneten PSP-Element gebucht werden.

Mithilfe der Organisationsstrukturen des ERP-Systems wird die Struktur des Unternehmens modelliert. Für den Bereich der Produktionsplanung und -steuerung haben die Organisationseinheiten Buchungskreis, Werk und Lagerort die größte Bedeutung. Wichtig sind auch die unterschiedlichen Planer, die für die einzelnen Personen innerhalb des Unternehmens stehen und mit den Verantwortungsbereichen verknüpft sind.

3 Organisationsstrukturen

Organisationsstrukturen bilden zum einen das Rückgrat für die Aufbau- und Ablauforganisation eines Unternehmens, und zum anderen stellen sie für die Anwendungssoftware ein funktionales Grundgerüst zur Abwicklung systemgestützter Geschäftsprozesse zur Verfügung. So wird im Letzteren einerseits durch Zugriffsrechte und Rollenkonzepte festgelegt, wer welche Funktionen durchführen darf, und andererseits im Rahmen der Softwarelogistik bestimmt, welche funktionalen Einheiten transportiert werden sollen. Während es im Rahmen der personellen Organisationsstrukturgestaltung um das Zusammenspiel von betriebswirtschaftlichen Entscheidungs- und Berichtswegen geht, wird im Rahmen der systemischen Organisationsstrukturgestaltung das Zusammenspiel von funktionalen Softwarekomponenten definiert.

3.1 Bedeutung von Organisationsstrukturen

Die Organisationsstruktur eines Unternehmens ist im deutschsprachigen Raum durch die Gestaltung seiner Aufbau- und Ablauforganisation geprägt (siehe Nordsieck 1972); Aufbau- und Ablauforganisation bedingen sich dabei gegenseitig.

Aufbau- und Ablauforganisation

Die *Organisationsmodellierung* beschäftigt sich mit der Aufbauorganisation eines Unternehmens, im Gegensatz zur Ablauforganisation, die sich mit der zeitlich-sachlogischen Strukturierung der Arbeitsabläufe befasst.

Zur Steuerung komplexer sozialer Gebilde, wie sie Unternehmen mit ihren zahlreichen Mitarbeitern darstellen, ist eine Untergliederung in überschaubare Einheiten notwendig. Unter Organisationsmodellierung versteht man also die Abbildung der Organisationsstruktur eines Unternehmens in die Strukturen eines Standardanwendungssystems. Somit werden im Organisationsmodell die Organisationseinheiten, ihre Strukturbeziehungen und die Benutzer eines Informationssystems beschrieben (siehe Keller 1993, S. 626). Diese Organisationsstrukturen werden durch Organigramme dargestellt.

Der klassische Ansatz der Organisationsstrukturierung stellt die Aufbauorganisation ins Zentrum der Betrachtung (siehe Kosiol 1962). Sie beschreibt zum einen die Verknüpfung aufgabenteiliger, funktionsfähiger und organisatorischer Grundelemente wie Stelle, Instanz und Leitung zu einer organisatorischen Struktur und zum anderen den Beziehungszusammenhang zwischen den einzelnen Elementen. Stellen als kleinste Aktionseinheit eines Unternehmens ergeben sich entweder aus der Zusammenfassung gleicher Aufgaben am Arbeitsobjekt und ungleichen Verrichtungsaufgaben, oder sie bestehen aus gleichen Verrichtungen an ungleichen Objekten. Instanzen fassen die Leitungsaufgaben verschiedener Stellen zu einer höheren Stelle zusammen (siehe Wöhe 2013).

Die Stellengliederung als Gestaltungsergebnis stellt die Beziehung zwischen den Stellen z. B. als hierarchisches Gefüge dar, indem sie diese unter dem Aspekt der Weisungsbefugnis miteinander verknüpft. Hieraus kann man verschiedene Strukturtypen ableiten, die einerseits die Rangverhältnisse mit dem formalen Informations- und Kommunikationsfluss innerhalb der Organisation und andererseits die Entwicklung der Organisationsformen als Reaktion auf die sich ändernden Marktbedingungen ausdrücken. Dazu zählen die Linienorganisation, die funktionale Organisation, die Stablinienorganisation, die objektorientierten Modelle und die Matrixorganisation.

Linienorganisation

Innerhalb der *Linienorganisation* existiert jeweils ein eindeutig zuzuordnender disziplinarisch-fachlicher Vorgesetzter. Jede Stelle ist durch eine einzige Entscheidungs-, Informations- und Kommunikationslinie mit allen vorgesetzten Instanzen verbunden. Die Vorteile sind ein einfacher organisatorischer Aufbau, eine klare Kompetenzabgrenzung und eine präzise Verantwortungszuordnung sowie Kommunikationsbeziehung. Eine Überlastung der übergeordneten Instanzen macht sich hingegen nachteilig bemerkbar, da gleichrangige Stellen über die übergeordnete Instanz miteinander in Verbindung stehen.

Funktionale Organisation

Die *funktionale Organisation* sieht eine Spezialisierung der Leitung vor, wobei das Prinzip der Arbeitsteilung auch auf die Leitungsaufgaben angewendet wird. Instanzen sollen über Spezialwissen verfügen, woraus sich eine Mehrfachunterstellung untergebener Stellen ergibt, d. h., dass bei dieser Unterstellungsart einzelne oder mehrere Stellen über jeweils mehrere unmittelbare vorgesetzte Instanzen verfügen. Da die Anforderung an die Kompetenz der Führungskraft mit der Zunahme größerer Verantwortungsbereiche steigt, ist es sinnvoll, den Verantwortungsbereich abzugrenzen. Denn unklare Aufgabengebiete führen zu Kompetenzkonflikten. Der Grundgedanke der funktionalen Organisation ist die Übereinstimmung der formellen Entscheidungskompetenz mit der Fachkompetenz (Spezialwissen) in einer Instanz.

Stablinienorganisation

Die *Stablinienorganisation* verbindet die Vorteile der klaren Kompetenz- und Verantwortungsabgrenzung des Liniensystems mit den Vorteilen der Spezialisierung der Funktionalorganisation. In der Stablinienorganisation werden Stabstellen eingerichtet, die weder Instanzen noch ausführende Stellen, sondern Leitungshilfsstellen sind. In ihnen werden Aufgaben der Entscheidungsvorbereitung, der Kontrolle und fachlichen Beratung ohne Entscheidungskompetenz durchgeführt.

Objektorientierte Modelle

Objektorientierte Modelle werden auch als divisionale Organisationen, Spartenorganisationen oder auch Geschäftsbereichsorganisationen bezeichnet. Bei solchen Modellen wird das Unternehmen nach einem Objektmerkmal bzw. nach Sparten, z. B. nach einem Produkt, gegliedert. Unternehmen gestalten ihre Organisationsstruktur nach dem Objektprinzip, indem sie auf Produkte, Produktgruppen, Märkte, Kunden oder Regionen ausgerichtete Sparten bilden. Es entwickelt sich eine Spartenorganisation mit homogenen Geschäftsbereichen, die die betrieblichen Funktionen unter einer verantwortlichen Leitung zusammenfassen. Die Geschäftsbereiche erhalten damit eine Erfolgsverantwortung im Sinne eines Profit Centers, d. h., dass sie wie eigenständige Unternehmen innerhalb des Gesamtunternehmens geführt werden.

Matrixorganisation

Bei der *Matrixorganisation* werden Elemente der Funktionsorientierung wie Konstruktion, Fertigung und Entwicklung und Elemente der Objektorientierung wie Material, Märkte und Kunden miteinander verbunden und daraus Synergieeffekte gezogen. So bilden z. B. beim Projekt- bzw. Produktmanagement unterschiedliche Projekte oder Produkte die Elemente der Objektorientierung. Dieses Organisationsmodell zeigt die Abkehr von den streng hierarchischen Pyramidenmodellen durch eine mehrdimensionale Gliederung mit der zunehmenden Bedeutung von ganzheitlichen Projektaufgaben.

3.2 Organisationsstrukturüberblick in SAP ERP

Die Struktur eines Unternehmens lässt sich durch unterschiedliche Organisationseinheiten für das Rechnungswesen, die Logistik und die Personalwirtschaft abbilden. Organisationseinheiten helfen dabei, die Aufbau- und Ablauforganisation eines Unternehmens darzustellen.

Die Komplexität der Unternehmensstruktur kann durch vielfältige Beziehungen der ERP-Organisationseinheiten abgebildet werden. Es gibt teilweise mehrere Möglichkeiten, um einen Sachverhalt im ERP-System darzustellen. Ein Unternehmen kann z. B. aus mehreren rechtlich selbständigen Gesellschaften (engl. *legal entities*) bestehen, für die jeweils ein separater Einzelabschluss zum Ende des Geschäftsjahres vorgenommen werden muss.

Die interne Gliederung von Unternehmen orientiert sich unter anderem an der Verantwortung für bestimmte Kunden- oder Produktgruppen, die zu strategischen Geschäftsfeldern zusammengefasst werden. Die Aktivitäten innerhalb eines Geschäftsfelds können über mehrere Gesellschaften verteilt sein. Schließlich kann ein Standort von mehreren Gesellschaften und innerhalb verschiedener Geschäftsfelder genutzt werden. Für die Abbildung eines Unternehmens wird zunächst mindestens ein ERP-System benötigt, in dem alle Funktionen des Rechnungswesens und der Logistik dargestellt werden.

Im ERP-System erfolgt die Ergebnis- und Marktsegmentrechnung im Ergebnisbereich, und die Kostenstellen- und Kostenartenrechnung findet im Kostenrechnungskreis statt. Schließlich steuert der Buchungskreis die Finanzbuchhaltung und repräsentiert die Unternehmung in rechtlicher Form. Die Erstellung interner Bilanzen für die

Geschäftsfelder wird durch die Geschäftsbereiche unterstützt, und die einzelnen Standorte werden durch Werke beschrieben. Abbildung 3.1 zeigt beispielhaft, wie Unternehmensstrukturen im SAP-System abgebildet werden können. Die Funktionen des Personalwesens haben auf die Anordnung der logischen ERP-Organisationseinheiten keine Auswirkung.

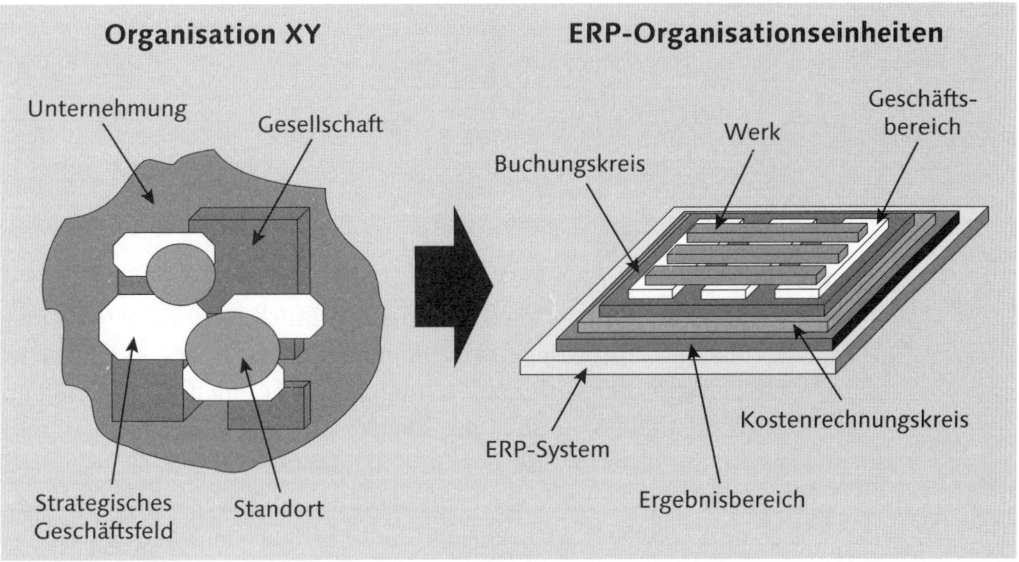

Abbildung 3.1 Abbildung einer realen Organisation in logischen ERP-Organisationseinheiten

Im Folgenden werden die wesentlichen Organisationselemente des ERP-Systems beschrieben. Dabei werden neben den produktionslogistischen Organisationselementen auch die wichtigsten übergreifenden Organisationseinheiten erläutert.

Im Rahmen der *Produktionsplanung und -steuerung* sind der Buchungskreis, das Werk und der Lagerort die wesentlichen Organisationseinheiten. Abbildung 3.2 zeigt deren Abhängigkeiten untereinander.

Ein Werk ist immer eindeutig einem Buchungskreis zugeordnet, und ein Buchungskreis kann wiederum mehrere Werke enthalten. Jedes Werk kann mehrere Lagerorte enthalten, wobei ein Lagerort bereits mit Werksbezug definiert wird und demnach der Name des Lagerortes nur innerhalb eines Werks eindeutig ist. Sämtliche Organisationsstrukturen sind in SAP ERP einem Mandanten zugeordnet.

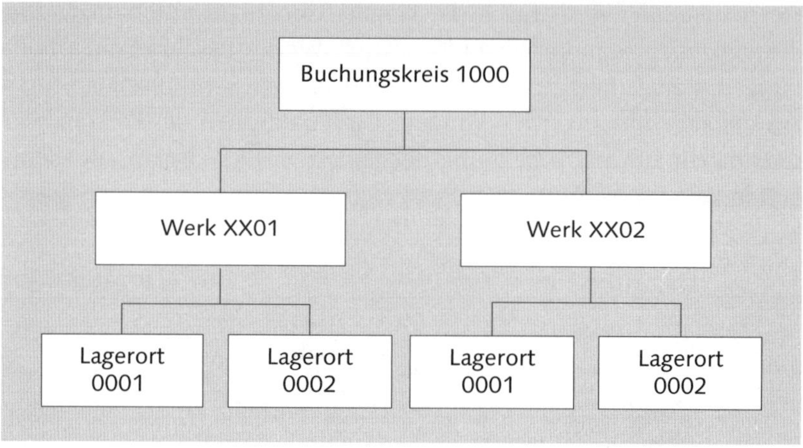

Abbildung 3.2 Organisationsstrukturen für die Produktionsplanung und -steuerung in SAP ERP

Mandant

Der *Mandant* ist eine in sich handelsrechtlich, organisatorisch und datentechnisch abgeschlossene Einheit innerhalb des ERP-Systems und verfügt über getrennte Stammsätze und einen eigenständigen Satz von Tabellen. Er stellt das oberste Element der ERP-Organisationsstruktur dar. Innerhalb eines Mandanten werden die weiteren Organisationselemente sowie die Stamm- und Bewegungsdaten angelegt und verwaltet. Häufig stellt der Mandant ein konkretes Unternehmen dar oder einen Konzern, innerhalb dessen mehrere selbstständige Unternehmenseinheiten existieren. Ein ERP-System kann mehrere Mandanten, d. h. logische Einheiten beinhalten. Ein Benutzer meldet sich am ERP-System mit seiner Benutzerkennung immer in einem Mandanten (engl. *client*) an (siehe Abbildung 3.3).

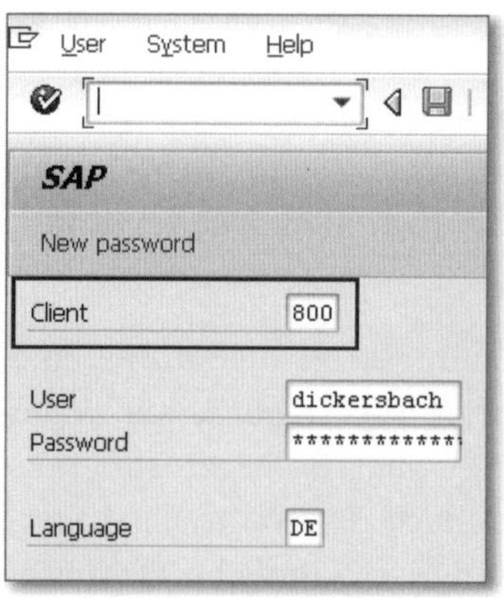

Abbildung 3.3 Anmeldung am ERP-System

Buchungskreis

Der *Buchungskreis* ist eine Organisationseinheit des Rechnungswesens, die zur Abbildung von selbstständigen, gemäß den gesetzlichen Vorschriften bilanzierenden Einheiten dient. Auf der Ebene des Buchungskreises werden die gesetzlich vorgeschriebenen Bilanzen und Gewinn- und Verlustrechnungen erstellt. Die Tätigkeit eines Unternehmens in mehreren Ländern erfordert die Einrichtung eines Buchungskreises pro Land. Der Buchungskreis wird mit der Customizing-Transaktion EC01 definiert und enthält nur ORT, LAND, WÄHRUNG und SPRACHE (siehe Abbildung 3.4). Die meisten Objekte sind direkt oder indirekt mit dem Buchungskreis verbunden.

Abbildung 3.4 Buchungskreis

Werk

Ein *Werk* ist eine organisatorische Einheit der Logistik. In SAP ERP werden mit dem Werk verschiedene Produktionsstandorte abgebildet. Dabei kann das Unternehmen aus Sicht der Produktion, Beschaffung, Instandhaltung und Disposition gegliedert werden. Das Werk kann z. B. eine Betriebsstätte oder eine Niederlassung innerhalb eines Unternehmens sein. Es organisiert die Aufgaben zur Produktionslogistik und kann eine physische Produktionsstätte oder die logische Zusammenfassung mehrerer Orte darstellen, in denen Materialien produziert bzw. Waren und Dienstleistungen bereitgestellt werden.

Auf dieser Ebene werden unter anderem die folgenden Aufgaben durchgeführt:

- Bestandsführung
- Bewertung und Inventur der Bestände

- Programm- und Produktionsplanung
- Produktionssteuerung
- Bedarfsplanung

Ein Werk kann verschiedene Nutzungszwecke verfolgen. Als Instandhaltungsstandortwerk enthält es die Instandhaltungsobjekte, die sich räumlich in diesem Werk befinden. Die durchzuführenden Instandhaltungsmaßnahmen werden innerhalb eines Instandhaltungsplanungswerks festgelegt. Als Handelsbetrieb dient es der Bereitstellung von Waren für deren Verteilung und Verkauf.

Werke gehören zu genau einem *Buchungskreis*. Ein Buchungskreis kann wiederum mehrere Werke umfassen. Das Werk ist aus logistischer Sicht die zentrale Organisationseinheit und wird mit der Customizing-Transaktion EC02 gepflegt (siehe Abbildung 3.5).

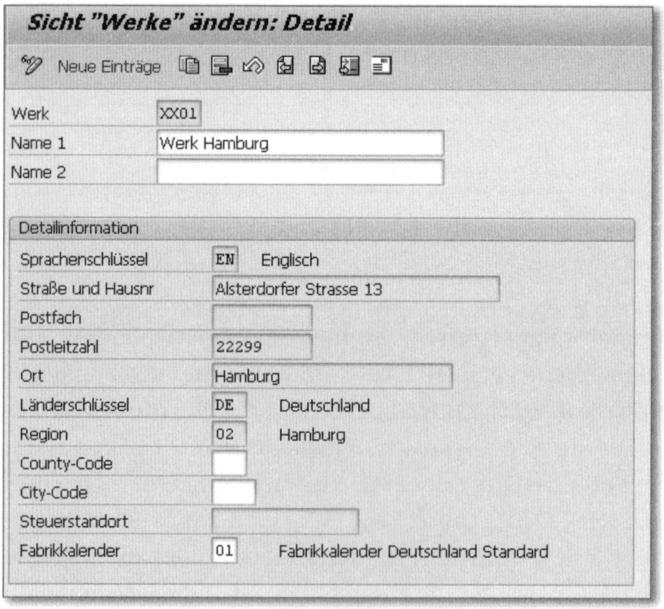

Abbildung 3.5 Werk

Die Organisationsstruktur WERK enthält neben der Adresse den FABRIKKALENDER, auf dessen Bedeutung in Kapitel 10, »Fertigungsauftragseröffnung«, im Rahmen der Terminierung näher eingegangen wird. Die Zuordnung von Werk zu Buchungskreis erfolgt mithilfe der Customizing-Transaktion OX18 (siehe Abbildung 3.6).

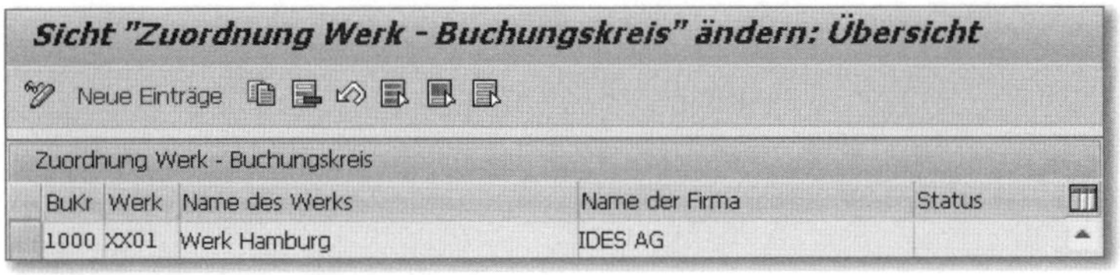

Abbildung 3.6 Zuordnung von Werk zu Buchungskreis

Lagerort

Innerhalb eines Werks können mehrere Lagerorte definiert werden. Ein *Lagerort* ist der Ort der physischen Aufbewahrung von Materialien. An einem Lagerort können verschiedene Materialien gelagert werden. Lagerorte werden werksspezifisch mithilfe der Customizing-Transaktion OX09 gepflegt, wie es Abbildung 3.7 zeigt.

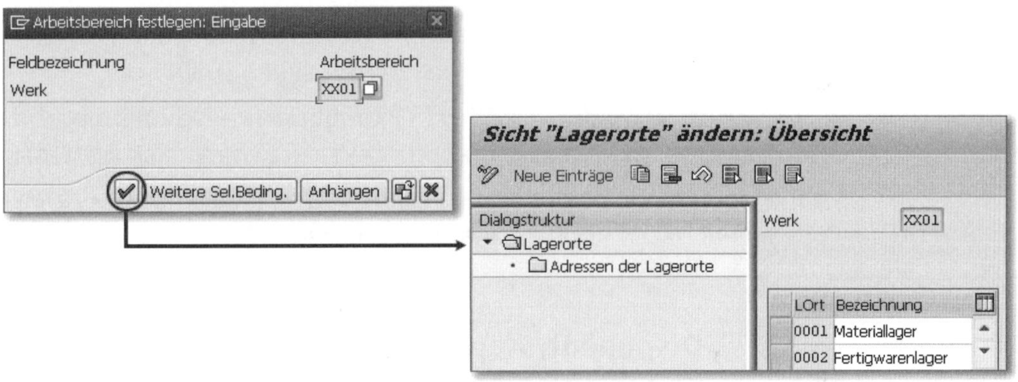

Abbildung 3.7 Werksspezifische Pflege der Lagerorte

3.3 Planer in der Konstruktion und Arbeitsvorbereitung

Die Aufgaben der *Konstruktion* konzentrieren sich auf die Entwicklung, Aufbau und Struktur der Produkte. Aus der Sicht der Produktionsplanung ist die Erstellung der *Stückliste* die wichtigste Aufgabe der Konstruktion. Die *Arbeitsvorbereitung* befasst sich damit, die Maschinen und die Abläufe für die Fertigung zu planen und ist somit eng mit der Pflege der Stammdaten *Arbeitsplatz* und *Arbeitsplan* verbunden. Tabelle 3.1 führt die jeweiligen Planer in SAP ERP auf, die für die Stammdaten zuständig sind, sowie die Bereiche, zu denen sie gehören.

Bereich	ERP-Planer	Stammdaten
Konstruktion	Labor/Konstruktionsbüro	Stückliste
Arbeitsvorbereitung	Arbeitsplatzverantwortlicher	Arbeitsplatz
	Planergruppe	Arbeitsplan

Tabelle 3.1 Zuordnung der Bereiche zu den ERP-Planern und Stammdaten

Während *Arbeitsplatzverantwortlicher* und *Planergruppe* werksabhängige Einstellungen sind (z. B. ist der Arbeitsplatzverantwortliche 001 in Werk XX01 eine andere Person als der Arbeitsplatzverantwortliche 001 in Werk 1000), ist das *Labor/Konstruktionsbüro* werksübergreifend eindeutig. Die in Tabelle 3.1 aufgeführten Rollen werden mit den folgenden Customizing-Pfaden gepflegt:

- Konstruktionsbüro: PRODUKTION • GRUNDDATEN • STÜCKLISTE • ALLGEMEINE DATEN • LABOR/KONSTRUKTIONSBÜRO EINRICHTEN
- Arbeitsplatzverantwortlicher: PRODUKTION • GRUNDDATEN • ARBEITSPLATZ • ALLGEMEINE DATEN • VERANTWORTLICHEN FESTLEGEN
- Planergruppe: PRODUKTION • GRUNDDATEN • ARBEITSPLAN • ALLGEMEINE DATEN • PLANERGRUPPE EINRICHTEN

3.4 Disponent, Kapazitätsplaner und Fertigungssteuerer

Während die in Abschnitt 3.3 aufgeführten Planer ausschließlich für die Stammdatenpflege zuständig sind, liegt die Produktionsplanung und -steuerung im Aufgabenbereich der Planer *Disponent*, *Kapazitätsplaner* und *Fertigungssteuerer*. Diese drei Planer entsprechen den Rollen, die SAP für die Produktionsplanung und -steuerung vorsieht – in einem Unternehmen können einer Person mehrere oder sogar alle Rollen zugeordnet sein.

Die Bedeutung dieser Rollen liegt in erster Linie darin, dass sie eine schnelle Auswahl von Planungsobjekten nach Zuständigkeit erlaubt.

Disponent

Der *Disponent* ist zuständig für die Produktionsplanung, d. h. für die mengenmäßige Deckung der Bedarfe. In seinen Verantwortungsbereich fallen die Erstellung von Beschaffungsvorschlägen und die Überwachung der Materialverfügbarkeit. Auch die Produktionsgrobplanung fällt häufig in den Zuständigkeitsbereich des Disponenten. Im Kurzfristbereich ist die Abgrenzung gegenüber dem Fertigungssteuerer fließend, da Verschiebungen aufgrund von Unregelmäßigkeiten oder Störungen in der Produktion kurzfristig zu Unterdeckungen führen.

Disponenten werden mit dem Customizing-Pfad PRODUKTION • BEDARFSPLANUNG • STAMMDATEN • DISPONENTEN FESTLEGEN gepflegt und enthalten den Namen und die Kontaktdaten der entsprechenden Person (siehe Abbildung 3.8).

Abbildung 3.8 Disponent

Kapazitätsplaner

Die Aufgabe des *Kapazitätsplaners* besteht darin, Fertigungsvorgänge derart einzuplanen, dass

- sie kapazitiv machbar sind
- sich möglichst keine Verspätung gegenüber Kundenbedarfen oder nachfolgenden Fertigungsvorgängen ergibt
- die Fertigungskosten gering bleiben (durch die Reihenfolge der Vorgänge können sich Rüstzeiten vergrößern oder ungünstige Arbeitsplatzauslastungen ergeben)

Kapazitätsplaner werden über den Customizing-Pfad PRODUKTION • KAPAZITÄTSPLANUNG • STAMMDATEN • KAPAZITÄTSDATEN • KAPAZITÄTSPLANER EINRICHTEN gepflegt (siehe Abbildung 3.9).

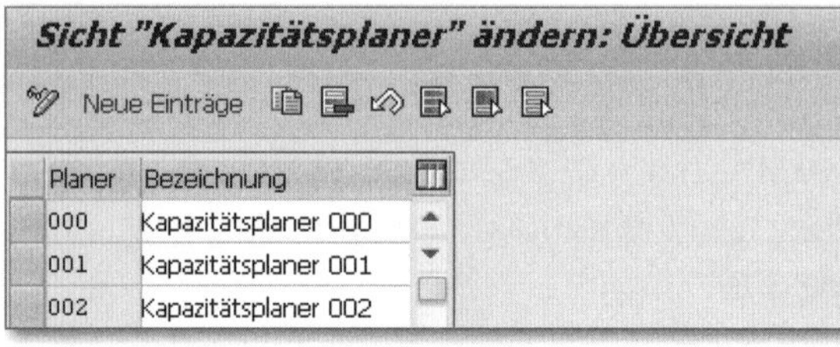

Abbildung 3.9 Kapazitätsplaner

Fertigungssteuerer

Der *Fertigungssteuerer* ist derjenige, der in erster Linie für den reibungslosen Ablauf der Fertigung verantwortlich ist. Bezüglich der Feinplanung können sich Überschneidungen oder Überdeckungen mit dem Kapazitätsplaner ergeben. Im Gegensatz zum Disponenten erzeugt der Fertigungssteuerer keine neuen Beschaffungsvorschläge, sondern fertigt die geplanten Aufträge. Fertigungssteuerer werden mithilfe der Customizing-Transaktion OPJ9 gepflegt (siehe Abbildung 3.10).

Abbildung 3.10 Fertigungssteuerer

Der Fertigungssteuerer enthält als einzige Information das Fertigungssteuerungsprofil, in dem eine Vielzahl von Einstellungen enthalten ist. Das Fertigungssteuerungsprofil wird in Kapitel 10, »Fertigungsauftragseröffnung«, dargestellt.

Selektionskriterien

Tabelle 3.2 bietet einen Überblick, für welche Planungs- und Auswertungsfunktionen Disponent, Kapazitätsplaner und Fertigungssteuerer als Selektionskriterien verwendet werden. Die Bedeutung der Tabelle erschließt sich erst vollkommen nach der Lektüre des Buchs und dient daher eher zum Nachschlagen.

Funktion	Transaktion	Disponent	Kapazitäts-planer	Fertigungs-steuerer
Gesamtbedarf Programmplanung	MD73	×		
Sammelanzeige Dispoliste	MD06	×		
Sammelanzeige Bedarfs-/ Bestandsliste	MB07	×		
Bedarf zum Szenario (Langfristplanung)	MS65	×		
Massenbearbeitung Fertigungsaufträge	COHV COMAC	×		×
Auftragsinfosystem	COOIS	×		×
Fehlteilinfosystem	CO24	×		×
Kapazitätsauswertung	CM01 CM02 CM04 CM05 CM07		×	
Kapazitätsabgleich	CM21 CM22		×	
Verwendung von Fertigungshilfsmitteln	CF10 CF13			×

Tabelle 3.2 Disponent, Kapazitätsplaner und Fertigungssteuerer als Selektionskriterien

Die Stammdaten enthalten als Materialstamm und Stückliste die Beschreibung der Produktstruktur und als Arbeitsplan die Beschreibung der Fertigungsstruktur. Darüber hinaus umfassen die Stammdaten eine Vielzahl von Steuerparametern. Deshalb ist eine sorgfältige Pflege der Stammdaten Voraussetzung für ein funktionierendes SAP-System.

4 Stammdaten

IT-gestützte Anwendungssysteme verarbeiten Geschäftsobjekte und transformieren diese von einem Eingangszustand in einen Zielzustand. Während der Transformation werden neue Informationen zu den Geschäftsobjekten ergänzt. So wird z. B. innerhalb der Geschäftsbearbeitung aus einer eingegangenen Anfrage durch die Anreicherung von Produkt- oder Servicedaten ein Angebot erzeugt. Darüber hinaus gibt es aber auch Informationen, die während der konkreten Geschäftsbearbeitung unverändert bleiben und von langlebigem Charakter sind. Solche langlebigen Informationsobjekte, wie z. B. Geschäftspartnerdaten oder Produktdaten, werden als Stammdaten bezeichnet.

4.1 Stammdatenüberblick

Stammdaten beschreiben die Produktstruktur, die Produktionsprozesse und die verfügbaren Kapazitäten. Die Parameter in den Stammdaten steuern zu einem großen Teil die Planungs- und Ausführungsprozesse. Aus diesen Gründen kommt den Stammdaten eine herausragende Bedeutung zu. Die Disziplin in der Pflege der Stammdaten kann für den Erfolg oder Misserfolg einer Implementierung entscheidend sein.

Die wesentlichen Stammdaten der Produktionsplanung und -steuerung in SAP ERP sind der *Materialstamm*, die *Stückliste*, der *Arbeitsplan* und der *Arbeitsplatz*. Stückliste und Arbeitsplan können zu Fertigungsversionen zusammengefasst werden, was in manchen Fällen für die Auswahl von Stammdatenalternativen vorteilhaft, aber in jedem Fall für eine Integration mit SAP APO erforderlich ist. Abbildung 4.1 zeigt einen Überblick über die Zuordnung der Stammdaten zueinander.

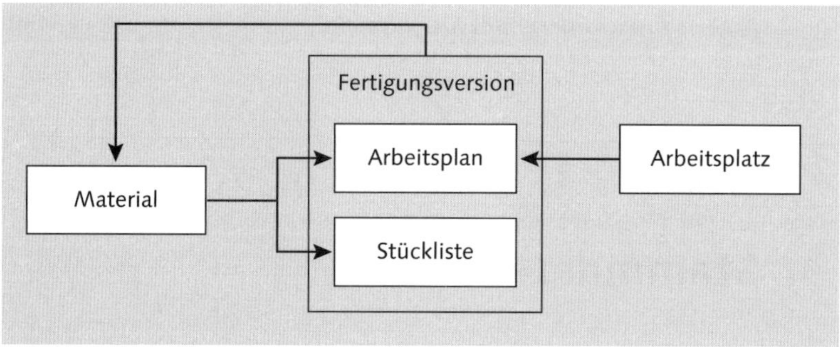

Abbildung 4.1 Stammdaten für die Produktionsplanung und -steuerung in SAP ERP

Die Stückliste und der Arbeitsplan werden jeweils mit Bezug zu einem Material angelegt. Der Arbeitsplatz hat keinen direkten Materialbezug und kann in mehreren Arbeitsplänen verwendet werden.

4.2 Material

Materialstamm

Der Materialstamm ist ein zentrales Grunddatum innerhalb der Produktionslogistik. Dieses Grunddatum hat vielfältige Beziehungen zu anderen wesentlichen Grunddaten, die für eine effiziente und richtige Produktionsplanung notwendig sind. Mit dem Stammdatum *Material* werden allgemein alle eingesetzten und erzeugten Leistungen eines Industriebetriebs charakterisiert. Ein Material kann aber auch eine Handelsware sein, z. B. im Einzel-, Zwischen- (Distributions-) oder Großhandel. Identifizierendes Merkmal eines Materials ist die eindeutig vergebene Materialnummer. Neben dem identifizierenden Datum (Sachnummer) werden dem Material beschreibende Informationen hinzugefügt (siehe Kilger 1986, S. 284–296).

Die Vertriebslogistik interessiert z. B. die Artikelbezeichnung, der Verkaufspreis und teilebezogene Rabattsätze; für die Kalkulation sind z. B. die zugrunde liegenden Kostensätze relevant, und die Beschaffungslogistik benötigt Informationen über die Wiederbeschaffungszeiten und die Bestellmenge, um den besten Preis und die geringsten Lagerkosten zu erzielen. Die vielfältigen Integrationsbeziehungen des

Materials, die innerhalb der Leistungserstellung von Bedeutung sind, werden im Folgenden im Überblick dargestellt, und wir verweisen auf die entsprechenden betroffenen Prozessbereiche (siehe Abbildung 4.2).

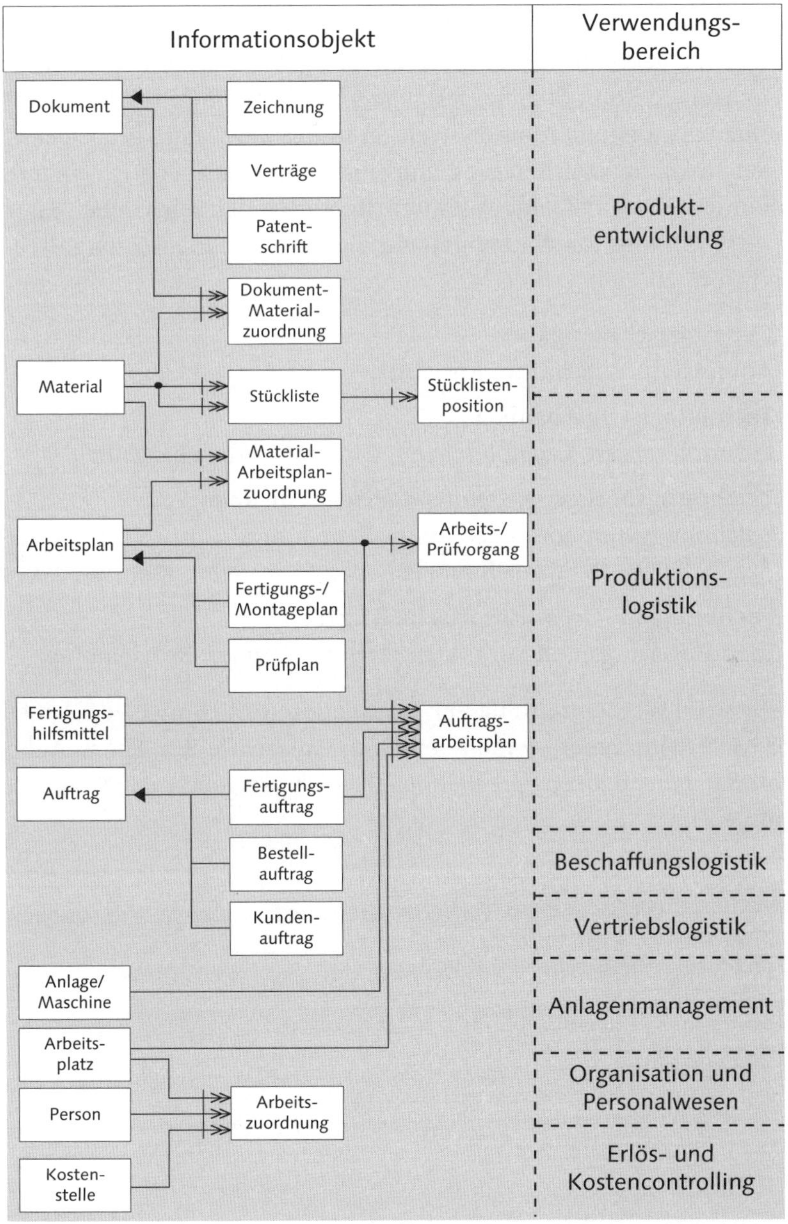

Abbildung 4.2 Strukturelle Beziehungen von Informationsobjekten und deren Einordnung

Die strukturellen Beziehungen zwischen verschiedenen Materialien, die in eine Baugruppe oder in ein Endprodukt eingehen, werden in der Stückliste abgelegt, die angibt, ob ein Material einem anderen Material bzw. einer Baugruppe über- oder untergeordnet ist. Neben den strukturellen Beziehungen werden dort auch die eingehenden Mengen, die für die Produktion eines Enderzeugnisses oder einer Baugruppe benötigt werden, sowie die Angabe von Vorlaufzeiten für die einzelnen Komponenten festgehalten. Die geometrischen Zusammenhänge zu einem Material werden in der Zeichnung gespeichert. Daneben können zur Beschreibung eines Materials aber auch weitere Dokumente, wie z. B. eine Patentschrift, vorhanden sein (siehe Glaser et al. 1992). Eine Zeichnung umfasst die in Abbildung 4.2 dargestellten Informationen.

- **Geometrische Angaben**
  Abmessungen, Schnitte, Ansichten
- **Technologische Angaben**
  Formtoleranzen, Lagetoleranzen, Oberflächenbeschaffenheit
- **Zeichnungsbezogene organisatorische Angaben**
  Zeichnungsnummer, Bearbeiter, Erstellungsdatum, Verweis auf dazugehörige Detailzeichnungen
- **Sachbezogene organisatorische Angaben**
  Identifizierungsnummer, Klassifikationsnummer, Bezeichnung

Anlage des Materialstamms

Materialien werden mithilfe der Transaktion MM01 angelegt. Außer der Materialnummer werden bei deren Anlage die Branche und die Materialart in den entsprechenden Feldern vergeben (siehe Abbildung 4.3).

Abbildung 4.3 Anlage eines Materials

Branche

Die *Branche* bestimmt die Bildfolge und die Feldauswahl im Materialstamm. Hierzu werden Felder über Feldreferenzen und Feldauswahlgruppen ausgeblendet oder zu Kann- oder Mussfeldern deklariert (siehe Abbildung 4.4). Die Zuordnung eines Materials zu einer Branche ist nachträglich nicht mehr änderbar.

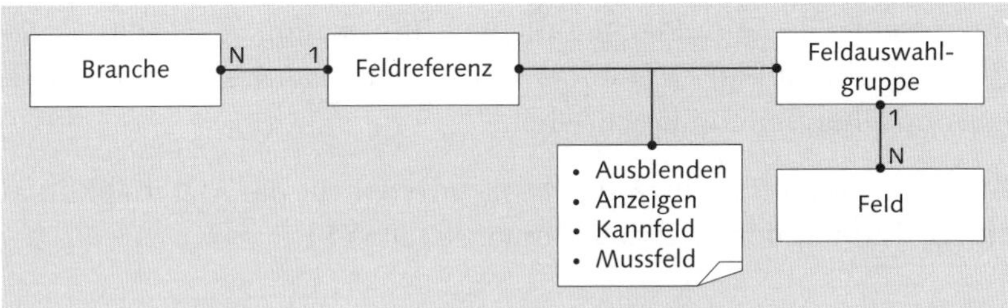

Abbildung 4.4 Feldauswahl über die Branchenzuordnung

Materialart

Die *Materialart* wird über den Customizing-Pfad Logistik Allgemein • Materialstamm • Grundeinstellungen • Materialarten definiert. Sie steuert, ob eine externe oder interne Nummernvergabe erfolgt, welche Sichten in welcher Reihenfolge verfügbar sind, ob das Material konfigurierbar ist und außerdem die Bestandsführungspflicht sowie die Konten bei Warenbewegungen. Abbildung 4.5 zeigt einen Ausschnitt aus der Pflege der Materialart FERT. In die Detailpflege der Materialart FERT ❸ gelangen Sie aus dem Einstiegsmenü des Customizings ❶ über den Absprung auf Materialarten und anschließend durch einen Doppelklick auf die Materialart FERT ❷.

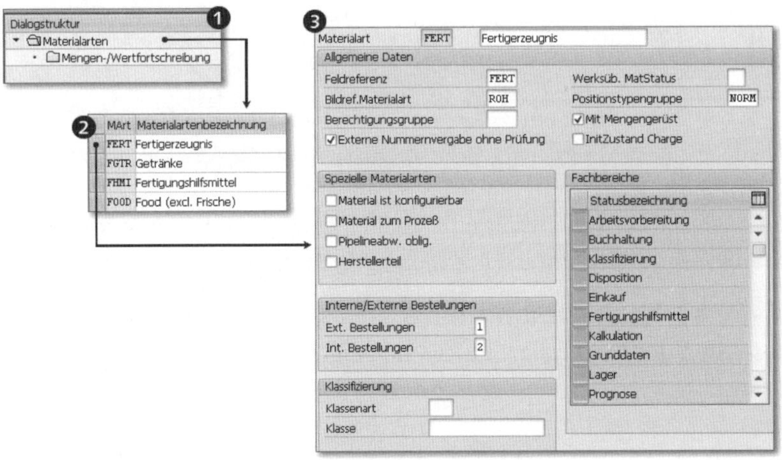

Abbildung 4.5 Definition der Materialart (Ausschnitt)

Sichten

Das Material ist das zentrale Stammdatum in SAP ERP und wird von allen Komponenten verwendet. Materialien sind mandantenweit eindeutig, beinhalten jedoch auch organisationsabhängige Parameter. Die Parameter des Materialstamms werden in *Sichten* gepflegt, die verschiedene Parameter thematisch gruppieren. Für PP sind in erster Linie die Grunddaten und die werksabhängigen Dispositionsdaten interessant. Die Grunddaten enthalten Informationen, die das Material, z. B. Gewicht und Volumen, sowie die Basismengeneinheit organisationsübergreifend beschreiben.

Abbildung 4.6 zeigt die Sicht GRUNDDATEN 1 für das Material Klimaanlage 110 mit der Materialnummer KOOLIX110.

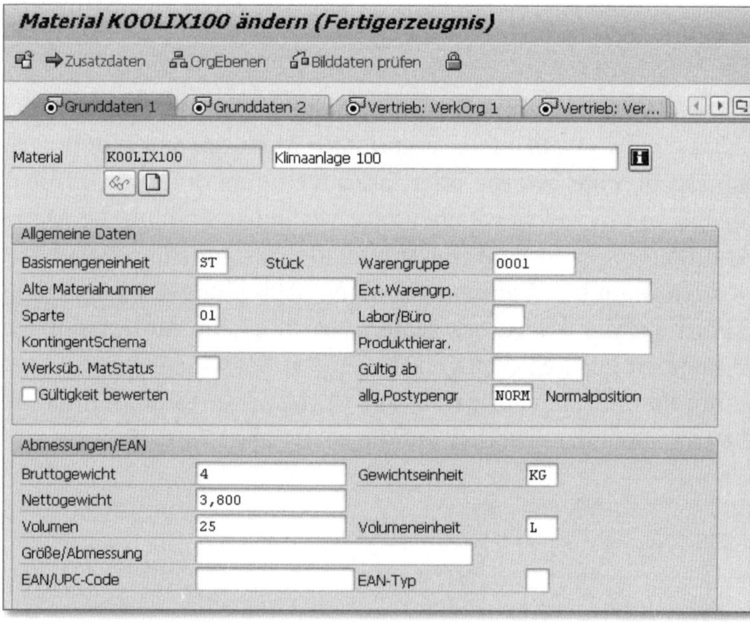

Abbildung 4.6 Materialstamm – Sicht »Grunddaten 1«

Der Materialstamm enthält eine große Menge von Daten und Steuerparametern, die in unterschiedlichen Sichten gruppiert sind.

Tabelle 4.1 bietet einen Überblick über die unterschiedlichen Materialsichten der Materialart FERT und zeigt, ob sie organisationsabhängig sind.

Materialsicht	Über- greifend	Werk	Lagerort	Lagernr.	Vertrieb
Grunddaten 1 und 2	×				
Klassifizierung	×				
Vertrieb: VerkOrg 1 und 2	×				×
Vertrieb: allg./Werk	×	×			
Außenhandel/Export		×			×
Vertriebstext		×			×
Einkauf	×	×			
Außenhandel/Import		×			
Einkaufsbestelltext	×				
Disposition 1–4		×	×		
Prognose		×			
Arbeitsvorbereitung		×			
Werksdaten/Lagerung 1 und 2	×	×	×		
Lagerverwaltung 1 und 2		×		×	
Qualitätsmanagement		×			
Buchhaltung 1 und 2		×			
Kalkulation 1 und 2		×			

Tabelle 4.1 Materialsicht und Organisationseinheit

Bei der Pflege der Materialart entsprechen die Fachbereiche aus Abbildung 4.5 den in Tabelle 4.1 aufgeführten Sichten. In einer Sicht können sowohl übergreifende Parameter als auch organisationsspezifische Parameter gepflegt werden. Zu den Sichten, die von besonderer Produktionsrelevanz sind, zählen:

- **Dispositionssicht**
  In der Dispositionssicht wird bestimmt, wie ein Material beschafft und innerhalb der Produktion geplant und gesteuert werden soll. Die Definition der Beschaffungsart gibt dabei an, ob ein Material fremdbeschafft oder eigenproduziert bzw. ob beide Fälle möglich sein sollen. Mit der Eingabe eines Wertes im Feld Disponent wird die Zuständigkeit zu einem Material festgelegt. Das Dispositionsmerkmal gibt an, ob ein Material plan- oder verbrauchsgesteuert (stochastische Disposition, Bestellpunktdisposition) disponiert werden soll. Ein weiteres Attribut in der Dispositionssicht ist die Strategiegruppe, die der Unterstützung von unterschiedlichen Pla-

nungsanforderungen auf der Endproduktebene dient. Als Beispiele sind die Kundeneinzelfertigung, die anonyme Lagerfertigung und die Losfertigung für Kunden- und Lageraufträge sowie zur Berücksichtigung von Planungsanforderungen auf untergeordneten Stufen (z. B. Vorplanung mit Endmontage, Vorplanung auf Baugruppenebene) zu nennen. Darüber hinaus kann über das Auslaufkennzeichen gesteuert werden, wann ein Material nicht mehr benutzt werden darf.

- **Konstruktionssicht**
  Die Konstruktionssicht ermöglicht die Angabe von produktbeschreibenden Daten, wie z. B. Bruttogewicht mit Gewichtseinheit oder Volumen mit Volumeneinheit, sowie einen Verweis zur Konstruktionszeichnung. Mithilfe des Dokumentenverwaltungssystems können Sie in dieser Sicht zum einen die Konstruktionszeichnungen verwalten, und zum anderen ist es dort möglich, zu einem Material mehrere Konstruktionszeichnungen zu hinterlegen.
- **Klassifizierungssicht**
  Die Klassifizierungssicht dient dazu, bestimmte Materialien mit gleichen oder ähnlichen Eigenschaften in Gruppen zusammenzufassen und diese aufgrund bestimmter Merkmale zu kategorisieren. Die Klassifizierung wird im ERP-System durch ein modul- und fachbereichsübergreifendes Klassifizierungssystem unterstützt, in dem neben Materialien auch Kunden, Lieferanten usw. klassifiziert werden können. Bei der Klassifizierung von Materialien ist es erlaubt, ein bestimmtes Material mehreren Klassen zuzuordnen.
- **Arbeitsvorbereitungssicht**
  In der Arbeitsvorbereitungssicht können Sie relevante Daten für die Fertigungsdurchführung angeben. Wichtig ist hierbei die Festlegung der Eigenfertigungszeit pro Arbeitsgang, die entweder als komplette Zeitgröße losgrößenunabhängig oder losgrößenabhängig, differenziert in Rüst-, Übergangs- und Bearbeitungszeit, angegeben werden kann. Für den Fall, dass das Material chargenpflichtig ist, wie z. B. in der chemischen Industrie und der Nahrungs- und Genussmittelindustrie, können Sie es explizit kennzeichnen. Darüber hinaus können Sie hier Toleranzen für erlaubte Über- und Unterlieferungen im Fertigungsbereich festlegen.
- **Prognosesicht**
  In der Prognosesicht legen Sie fest, wie die Verbrauchsprognose durchgeführt werden soll. Normalerweise wird der Verbrauch

infolge von Lagerentnahmen fortgeschrieben. Der Verbrauch wird in einen Gesamtverbrauch und in einen ungeplanten Verbrauch differenziert. Bei verbrauchsgesteuerten Materialien wird immer der Gesamtverbrauch fortgeschrieben, d. h. die Summe aus geplantem und ungeplantem Verbrauch. Die Fortschreibung des ungeplanten Verbrauchs erfolgt bei plangesteuerten Materialien, wenn Ware vom Lager entnommen wird, ohne dass eine Reservierung vorliegt, oder wenn aufgrund einer Reservierung Ware vom Lager entnommen werden soll, die entnommene Menge aber höher als die Reservierung ist.

Bei der Erklärung der Funktionen gehen wir detailliert auf die einzelnen Parameter in den Sichten ein.

Sichtenauswahl

Bei der Anlage des Materials werden sämtliche für die Materialart definierten Sichten angeboten. Nicht in allen Fällen möchten Sie auch direkt alle diese Sichten anlegen und pflegen. Zur Erleichterung der Pflege können Sie daher eine Auswahl an Sichten ❶ und Organisationsstrukturen ❷ benutzerspezifisch als Vorgabewert speichern ❸ (siehe Abbildung 4.7).

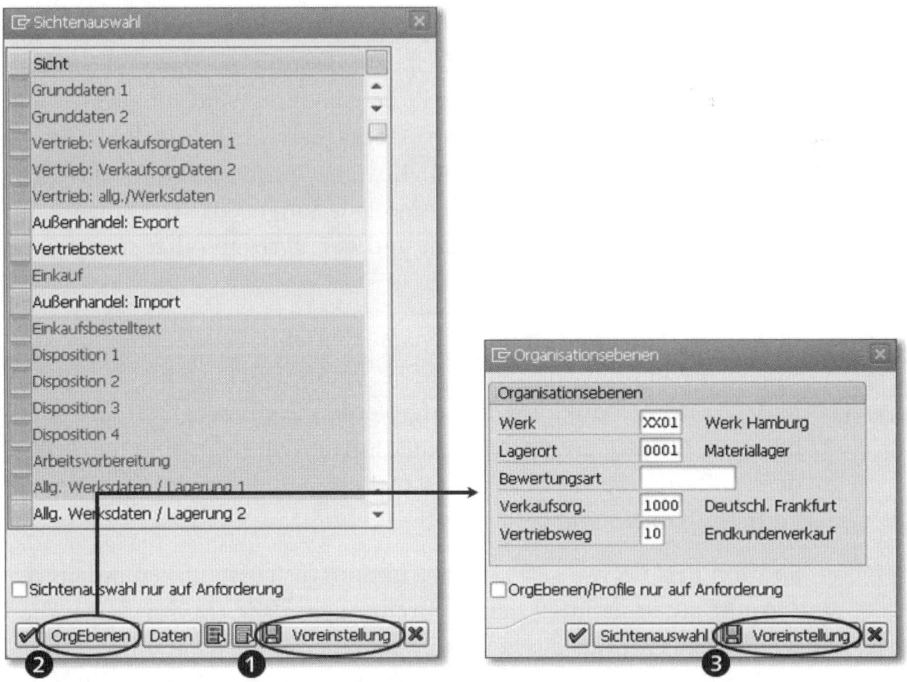

Abbildung 4.7 Vorgabewerte für Materialsichten und Organisationsstruktur

4.3 Stückliste

Die Stückliste zeigt den konstruktiven oder fertigungstechnischen Aufbau eines Produkts und somit, welche Teile für welche übergeordneten Teile innerhalb der Fertigung und Montage verwendet werden.

4.3.1 Verwendungen und Arten von Stücklisten

Ebenso wie beim Materialstamm können auch in der Stückliste Informationen für verschiedene Fachbereiche enthalten sein. Die *Stückliste* enthält die Menge aller Komponenten, wie Baugruppe, Einzelteile und Rohstoffe, die für die Fertigung eines Enderzeugnisses oder einer Baugruppe notwendig sind, sowie in Abhängigkeit von der entsprechenden Stücklistenart die strukturellen Beziehungen der einzelnen Komponenten zueinander. Der Begriff *Stückliste* findet Anwendung in Industriebetrieben mit stückorientierter Produktion; in Industriebetrieben mit prozessorientierter Fertigung (z. B. Nahrungs- und Genussmittelindustrie, Chemie und Pharmazie) wird der Begriff *Rezept* verwendet.

Zur Durchführung der Bedarfsplanung (Stücklistenauflösung) werden z. B. Informationen über Dispositionsstufe, Menge und Vorlaufverschiebung benötigt. Für die Arbeitsplanung sind hingegen Mengenangaben zur Erstellung von Montagearbeitsplänen und für die Kalkulation Mengenangaben zur Kostenermittlung erforderlich. Die Konstruktion nutzt Stücklisteninformationen als Grundlage zur Durchführung von Änderungen, und der Vertrieb nutzt sie als Basis für das Ersatzteilgeschäft.

Konstruktionsstückliste und Fertigungsstückliste

In vielen Industrieunternehmen spielen die Verwaltung und der Abgleich von Konstruktions- und Fertigungsstücklisten eine zentrale Rolle. In der Produktentwicklung werden die Erzeugnisse in Anlehnung an die Zeichnung nach funktionalen Gesichtspunkten gegliedert, während für die Fertigungsstückliste eine Gliederung nach dem Fertigungsablauf maßgeblich ist.

So kann beispielsweise aus Konstruktionsgesichtspunkten heraus der Auspuff als Bestandteil der Verbrennungsanlage (Motor) angesehen werden, aus Montagegesichtspunkten aber als Bestandteil des Karosserieunterteils. Es kann deshalb erforderlich sein, die Konstruktions- und Fertigungsstückliste parallel zu führen. Bei der Durchführung von Änderungen ist allerdings zur Wahrung der Konsistenz eine fachbereichsübergreifende Abstimmung durchzuführen. Stimmen die Stücklisten trotz unterschiedlicher Gliederungskriterien in vielen Teilen überein, bietet es sich an, sie wie Varianten zu behandeln.

Stücklistenarten

Neben der Unterscheidung von Stücklisten nach ihrem Verwendungszweck erfolgt eine weitere Unterscheidung nach ihrem Aufbau. Gemäß ihres Grundprinzips werden Stücklisten nach ihren Stufen und ihrem Strukturierungsgrad differenziert. In Abhängigkeit von der Produktstruktur – häufig auch Erzeugnisstruktur genannt – unterscheidet man wiederum ein- und mehrstufige Stücklisten. Beim Vorliegen einstufiger Stücklisten wird die verkaufsfähige Baugruppe oder das Endprodukt direkt aus den Rohmaterialien (z. B. Fertigung von Schrauben) oder Einkaufsteilen (z. B. Bestückung von Leiterplatten) gefertigt. Bei mehrstufigen Stücklisten erfolgt die Produktion über mehrere zu planende Fertigungs- und Montagestufen: Ein Rohmaterial fließt zunächst in eine Baugruppe ein, die dann wiederum in das Endprodukt eingeht. In unstrukturierten Stücklisten wird lediglich die Menge der benötigten Komponenten (als Mengenübersichtsstückliste) angegeben, wohingegen in strukturierten Stücklisten die Strukturbeziehungen zwischen den einzelnen Komponenten aufgeführt werden. Auf der Basis dieser beiden genannten Grundprinzipien werden unter anderem die folgenden Stücklistenarten unterschieden (siehe Scheer 1994):

- **Baukastenstückliste**
  Die Baukastenstückliste beinhaltet Baugruppen und Einzelteile, die der direkt untergeordneten Ebene zugeordnet sind. Die Mengenangaben beziehen sich immer auf die im Stücklistenkopf genannte Baugruppe. Aufgrund der Darstellung der Stückliste auf insgesamt zwei Ebenen bleibt eine einfache Überschaubarkeit gewährleistet. Der Gesamtzusammenhang von mehrteiligen Erzeugnissen, die mehrere Baugruppen auf verschiedenen Dispositionsebenen beinhalten, kann allerdings nur über die Ausgabe in Form einer Strukturstückliste aufgezeigt werden.
- **Strukturstückliste**
  Die Strukturstückliste zeigt den inneren Aufbau eines Erzeugnisses auf, also die logischen Beziehungen in einer Erzeugnisstruktur. Aus der Strukturstückliste gehen die im Stücklistenkopf genannte Komponente (Baugruppe oder Enderzeugnis) sowie alle eingehen-

den Baugruppen und Einzelteile mit der entsprechenden Mengenangabe auf allen Gliederungsebenen hervor.

- **Mengenübersichtsstückliste**
  In einer Mengenübersichtsstückliste sind für die im Stücklistenkopf genannten Komponenten (Baugruppe oder Enderzeugnis) alle Mengenangaben der eingehenden sowie der untergeordneten Baugruppen und Einzelteile ohne Strukturinformationen aufgeführt.
- **Variantenstückliste**
  Variantenstücklisten dienen der Abbildung von ähnlichen Erzeugnisstrukturen, bei denen sich die Variantenunterschiede auf wenige Stücklistenpositionen konzentrieren. Ziel ist es, nicht für jeden Variantentyp einen kompletten Datensatz anzulegen und auf diese Weise den Speicher- oder Pflegeaufwand auf ein Mindestmaß zu reduzieren.

Die Nutzung einer bestimmten Stücklistenart hängt unter anderem von ihrem Verwendungszweck ab. Baukastenstücklisten finden häufig Anwendung in Maschinenbaubetrieben, wie z. B. bei Herstellern von teilstandardisierten Produktfamilien oder von mehrstufigen Serienerzeugnissen mit hohem Standardisierungsgrad. Strukturstücklisten werden primär im Rahmen der Stücklistenauflösung benötigt und finden häufig in Maschinenbaubetrieben Anwendung, wie z. B. im Sonder- und Großmaschinenbau. Mengenübersichtsstücklisten werden häufig zu Kalkulationszwecken verwendet, also bei einfachen Fertigungs- und Montagestrukturen sowie bei der Bedarfserzeugung, im Rahmen derer lediglich die Mengen für Einzelteile und Rohstoffe ermittelt werden sollen. Variantenstücklisten werden z. B. in Maschinenbaubetrieben, deren Produktspektrum auf ähnlichen Erzeugnissen mit hohem Gleichanteil beruht, angewandt. Hierzu zählen Maschinenbaubetriebe mit anbieterspezifischen Varianten. Abbildung 4.8 zeigt den Zusammenhang zwischen Erzeugnisstruktur und Stücklistenarten.

In der Erzeugnisstruktur sind drei Endprodukte – P1, P2 und P3 – mit ihren Komponenten dargestellt. Die erforderliche Menge der Komponenten ist jeweils den Pfeilen zugeordnet. Während die Baukastenstückliste nur die Komponenten enthält, die direkt für die Fertigung des Endprodukts verwendet werden, enthält die Strukturstückliste sämtliche Komponenten – auch die der verwendeten Baugruppen.

Erzeugnisstruktur

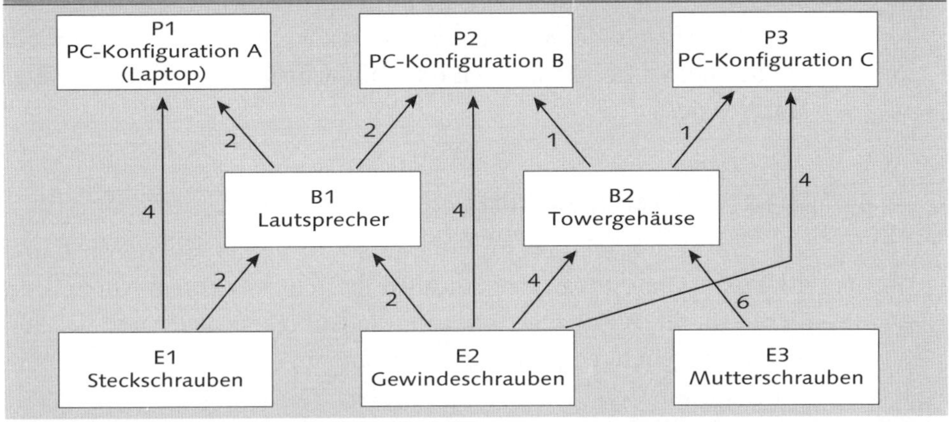

Baukastenstückliste

P1 Material	P1 Menge	P2 Material	P2 Menge	P3 Material	P3 Menge
B1	2	B1	2	B2	1
E1	4	B2	1	E2	4
		E2	4		

Strukturstückliste

P1 Material	P1 Menge	P2 Material	P2 Menge	P3 Material	P3 Menge
.B1	2	.B1	2	.B2	1
..E1	2	..E1	2	..E2	4
..E2	2	..E2	2	..E3	6
.E1	4	.B2	1	.E2	4
		..E2	4		
		..E3	6		
		.E2	4		

Mengenübersichtsstückliste

P1 Material	P1 Menge	P2 Material	P2 Menge	P3 Material	P3 Menge
B1	2	B1	2	B2	1
E1	8	E2	1	E2	8
E2	4	E1	4	E3	6
		E2	12		
		E3	6		

Abbildung 4.8 Zusammenhang zwischen Erzeugnisstruktur und Stücklistenarten

Die Stufe der Komponente, d. h., ob und wo sie in einer Baugruppe verwendet wird, wird anhand der vorangestellten Punkte beschrieben. So wird z. B. für das Endprodukt P1 die Komponente E1 mit zwei Stück für die Baugruppe B1 und mit vier Stück für das Endprodukt P1 selbst verwendet.

Die Mengenübersichtsliste führt nur die erforderlichen Mengen aller Komponenten auf, ohne auf die Struktur der Konstruktion einzugehen. Daher ist in der Mengenübersichtsstückliste für das Endprodukt P1 der Bedarf der Komponente E1 mit acht Stück auch nicht weiter differenziert.

4.3.2 Materialstückliste

Die Stücklisten werden im ERP-System in der Produktionsplanung definiert. Der Aufbau der Stückliste besteht aus einem Kopfteil, in dem z. B. die Werkszugehörigkeit, die Gültigkeitsdauer und der Status (freigegeben, gesperrt für Fertigung) angegeben sind, und einem Positionsteil.

Stücklistenpflege

Am Beispiel der *Materialstückliste* wird die Stücklistenpflege in PP dargestellt. Materialstücklisten werden mithilfe der Transaktion CS01 angelegt und mit CS02 geändert (siehe Abbildung 4.9).

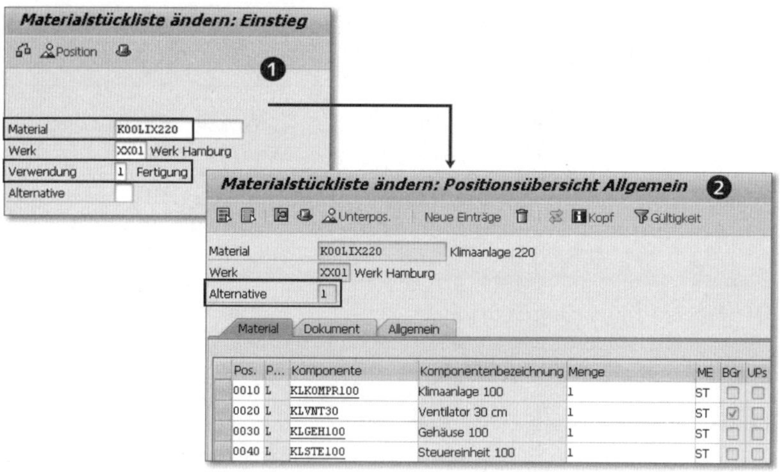

Abbildung 4.9 Stücklistenpflege

Pro Material kann es mehrere Stücklisten geben – es können unterschiedliche Stücklisten für unterschiedliche Verwendungen existieren, und für jede Verwendung kann es mehrere Alternativen geben. Daher wird die Stückliste erst über Kopfmaterial, Verwendung und Alternative eindeutig identifiziert. Beim Einstieg in die Stückliste ❶ müssen nur die Informationen mitgegeben werden, die für eine eindeutige Selektion erforderlich sind. In der Stückliste selbst ❷ werden fehlende Informationen (hier: Alternative 1) ergänzt. Gäbe es zu dieser Stückliste mehrere Alternativen, wäre die Alternative bereits beim Einstieg zu definieren.

Positionsübersicht

Die *Positionsübersicht* zeigt auf einen Blick an, welche Komponenten in welchen Mengen für das Kopfprodukt benötigt werden. In diesem Fall sind für das Kopfprodukt KOOLIX220 die vier Komponenten KLKOMPR100, KLVNT30, KLGEH100 und KLSTE100 erforderlich (Abbildung 4.10). Die einzelnen Komponenten werden als Stücklistenpositionen erfasst. Die Positionsübersicht beinhaltet neben der Übersicht der Komponenten und deren Menge auch anhand des Positionstyps Informationen, um welche Art von Komponente es sich handelt (in diesem Fall um eine Lagerposition) und ob es sich bei der Komponente um eine Baugruppe handelt, d. h., dass es für die Komponente ihrerseits eine eigene Stückliste gibt (in diesem Fall für die Komponente KLVNT30, siehe Abbildung 4.11).

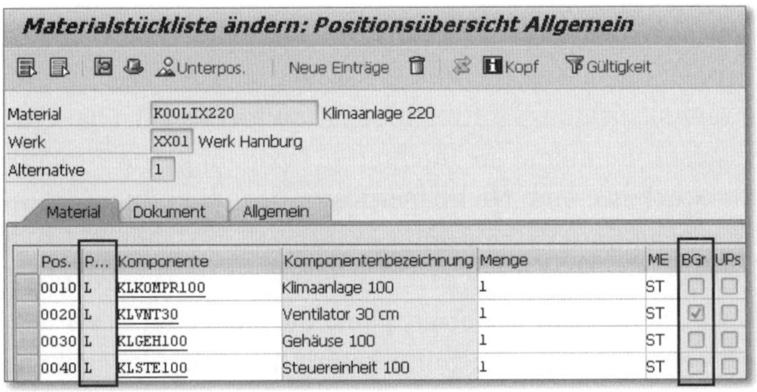

Abbildung 4.10 Stückliste – Positionsübersicht

Abbildung 4.11 zeigt eine alternative, grafische Darstellung der Stücklistenstruktur.

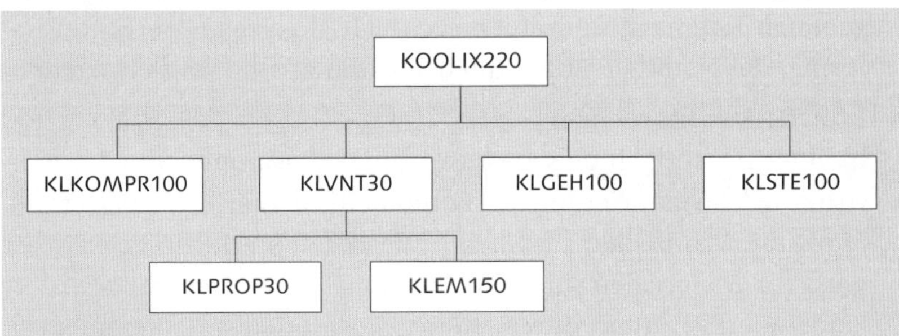

Abbildung 4.11 Stücklistenstruktur

Positionstyp

Der *Positionstyp* unterteilt die Position in verschiedene Klassen. Einige der Positionstypen sind dabei planungs- und fertigungsrelevant, und andere besitzen lediglich informativen Charakter. Stücklisten können im SAP-System verschiedene Objekte (z. B. Material, Equipment, technische Plätze, Dokumente) abbilden. Wesentliche vordefinierte Positionstypen in SAP ERP sind:

- **L für Lagerposition**
  Lagerpositionen beinhalten Komponenten, die gelagert werden können und in die Bestandsführung eingehen. Die Parametrisierung lässt auch eine Untergliederung der Positionen zu. Beispielsweise unterscheiden sich die Teilmengen einer Stücklistenposition unter Umständen durch ihren Einbauort. Die verschiedenen Einbauorte werden wiederum in Unterpositionen abgebildet. Unterpositionen haben in der Stückliste keine operative Bedeutung und werden nicht in den Fertigungsauftrag übernommen.
- **N für Nichtlagerposition**
  Nichtlagerposition bedeutet, dass das Material am Lager vorbei direkt für einen Fertigungsauftrag beschafft wird. Folglich hat eine Nichtlagerposition immer eine integrative Beziehung zum Einkauf. Enthält die Stückliste eine Nichtlagerposition, zu der eine Kostenart erfasst wurde, findet eine Kontenprüfung statt. Handelt es sich bei der entsprechenden Kostenart um Primärkosten, wird überprüft, ob das Sachkonto im ermittelten Buchungskreis existiert. Das System ermittelt den Buchungskreis über das eingegebene Werk, dem die Stückliste zugeordnet werden soll, sowie aus dem sich daraus ergebenden Bewertungskreis. Sekundärkosten werden nur in der Kostenrechnung gepflegt.
- **R für Rohmaßposition**
  Wenn dieser Positionstyp angegeben wird, kann anhand der angegebenen Rohmaße und einer eventuell abgelegten Berechnungsformel die benötigte Rohteilmenge automatisch ermittelt werden.
- **I für IH-Strukturelement**
  In einer Instandhaltungsstückliste gibt es Positionen, die der konstruktiven Strukturierung des Equipments dienen (IH-Baugruppe). Für diese Materialien sind keine Werksdaten erforderlich. Daher wird für Materialien mit dem Positionstyp IH-STRUKTURELEMENT keine Werksprüfung durchgeführt. Positionen mit diesem Positionstyp sollten nur in Instandhaltungsstücklisten (z. B. Equip-

mentstückliste, instandhaltungsrelevante Materialstückliste, Technische-Platz-Stückliste) verwendet werden.

- **T für Textposition**
  Die Textposition hat beschreibenden Charakter. Es können an diesen Typ unterschiedliche Texte angehängt werden.
- **M für Intramaterial**
  Dieser Positionstyp ist für die Prozessindustrie (Planungsrezept) von Bedeutung. Materialien, die in einem verfahrenstechnischen Prozess temporär in Erscheinung treten, werden mit diesem Positionstyp als Komponente erfasst.

Abbildung 4.12 zeigt die Pflege der Positionstypen mithilfe der Customizing-Transaktion OS13.

PTp	MatEing	BstFühr	TxtPos	RohPos	DokPos	KlsPos	IHStrk	IntraM	MngVorz	UPos	PosStrg	Bezeichnung Positionstyp
C	+	☐	☐	☐	☐	☐	☐	☐	+	☑	0001	Planungselement
D	-	☐	☐	☐	☑	☐	☐	☐	+	☐	0001	Dokumentposition
I	+	☐	☐	☐	☐	☐	☑	☐	+	☑	0001	IH-Strukturelement
K	-	☐	☐	☐	☐	☑	☐	☐	+	☐	0001	Klassenposition
L	+	☑	☐	☐	☐	☐	☐	☐	.	☑	0001	Lagerposition
M	+	☐	☐	☐	☐	☐	☐	☑	.	☐	0001	Intramaterial
N	.	☐	☐	☐	☐	☐	☐	☐	.	☑	0003	Nichtlagerposition
R	+	☑	☐	☑	☐	☐	☐	☐	+	☑	0002	Rohmaßposition
T	-	☐	☑	☐	☐	☐	☐	☐	+	☐	0001	Textposition

Abbildung 4.12 Customizing der Positionstypen zur Stückliste

Der Parameter MatEing (Materialeingabe) steuert, ob ein Materialbezug zu einer Position besteht – dies ist z. B. bei Dokumentpositionen nicht der Fall. Über den Parameter BstFühr (Bestandsführung) wird gesteuert, dass nur Materialien, die mengenmäßig bestandsgeführt werden, für die Position verwendet werden können.

Kopfübersicht

Neben der Positionsübersicht beinhaltet die Stückliste Detailsichten für den Kopf und für die einzelnen Komponenten. Abbildung 4.13 zeigt den Stücklistenkopf zu der in Abbildung 4.9 dargestellten Stückliste.

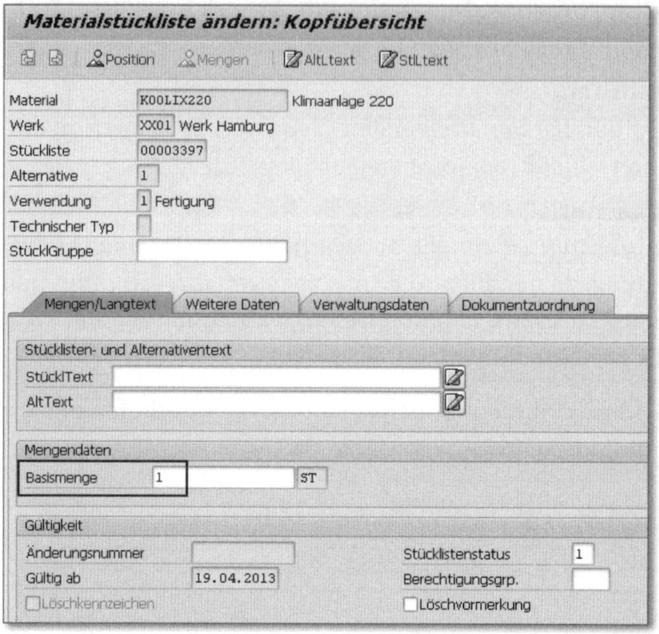

Abbildung 4.13 Stücklistenkopf

Basismenge Eine wesentliche Information der Kopfübersicht liefert das Feld Basismenge. Auf die Basismenge beziehen sich sämtliche Mengenangaben der Komponenten. Dementsprechend berechnet sich der Komponentenbedarf für einen Auftrag – unter der Annahme, dass kein Ausschuss geplant ist – gemäß der folgenden Formel:

$$Komponentenbedarfe = Einsatzmenge \times Auftragsmenge / Basismenge$$

Stücklistenstatus Über den *Stücklistenstatus*, der ebenfalls im Stücklistenkopf vergeben wird, kann die Verwendung der Stückliste eingeschränkt werden – falls sie sich z. B. noch in Bearbeitung befindet. Der Stücklistenstatus wird mithilfe der Customizing-Transaktion OS23 gepflegt (siehe Abbildung 4.14).

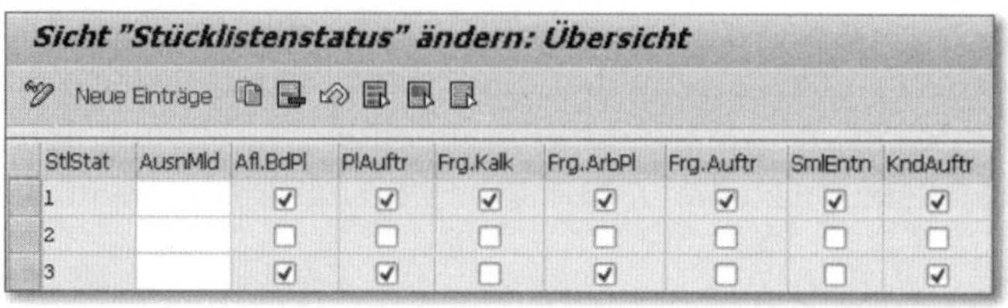

Abbildung 4.14 Stücklistenstatus

Der Stücklistenstatus legt fest, für welche Anwendungen die Stückliste freigegeben ist – z. B. Auflösung in der Bedarfsplanung, im Planauftrag, in der Kalkulation usw.

Positionsdetail

Zu jeder Komponente existieren weitere Parameter, die im *Positionsdetail* enthalten sind (siehe Abbildung 4.15). Zu diesen gehören Parameter für den Ausschuss und die Terminierung, die in Kapitel 7, »Materialbedarfsplanung«, und Kapitel 10, »Fertigungsauftragseröffnung«, beschrieben werden.

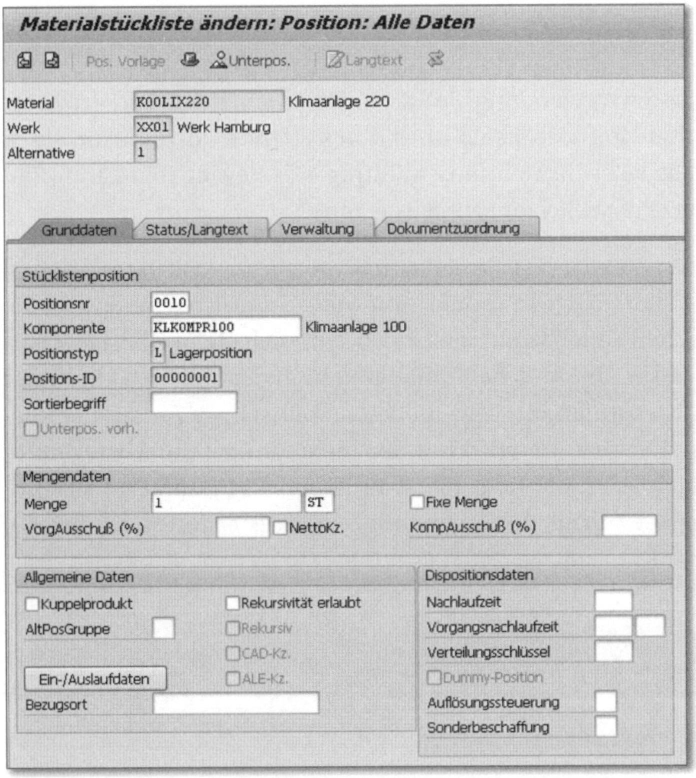

Abbildung 4.15 Komponentendetail

Stücklistenverwendung

Die *Stücklistenverwendung* schränkt die Verwendung der Stückliste auf bestimmte Bereiche ein (siehe auch den vorhergehenden Abschnitt, in dem die Anforderungen der Konstruktion gegenüber der Fertigung dargestellt wurden). Die Stücklistenverwendung wird bei der Anlage oder bei der Änderung der Stückliste zur Identifikation angegeben und mithilfe der Customizing-Transaktion OS20 gepflegt (siehe Abbildung 4.16).

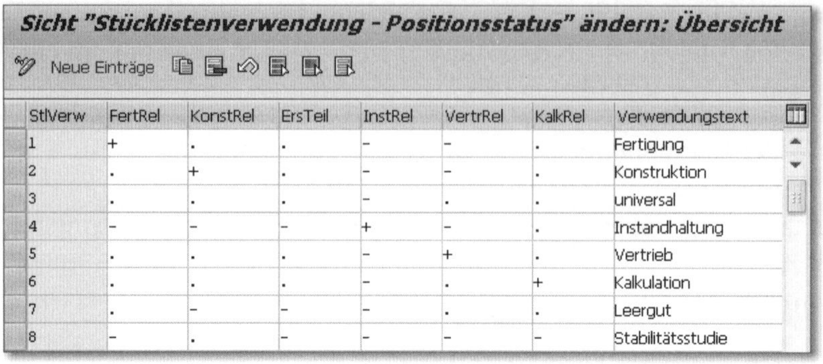

StlVerw	FertRel	KonstRel	ErsTeil	InstRel	VertrRel	KalkRel	Verwendungstext
1	+	.	.	-	-	.	Fertigung
2	.	+	.	-	-	.	Konstruktion
3	.	.	.	-	.	.	universal
4	-	-	-	+	-	.	Instandhaltung
5	.	.	.	-	+	.	Vertrieb
6	.	.	.	-	.	+	Kalkulation
7	.	-	-	-	.	.	Leergut
8	-	.	-	-	-	-	Stabilitätsstudie

Abbildung 4.16 Stücklistenverwendung

Die Stücklistenverwendung definiert für jeden Bereich (Fertigung, Konstruktion, Vertrieb usw.) ob die betreffende Position für einen der Bereiche relevant sein muss (Eintrag +), relevant sein kann (Eintrag .) oder nicht relevant sein darf (Eintrag -).

Mehrstufige Stücklistenauflösung

Je nach Komplexität des Produkts und der Produktstruktur können für ein verkaufsfähiges Produkt sehr viele Stücklistenstufen existieren. In solchen Fällen kann es hilfreich sein, sich einen Überblick darüber zu verschaffen, welche Komponenten in der Summe – d. h. über alle Stücklistenstufen hinweg – in das verkaufsfähige Produkt einfließen. Diese Information wird mit der mehrstufigen Stücklistenauflösung bereitgestellt, die über die Transaktion CS11 aufgerufen wird. Abbildung 4.17 zeigt die mehrstufige Stücklistenauflösung für das Beispiel der Klimaanlage KOOLIX220.

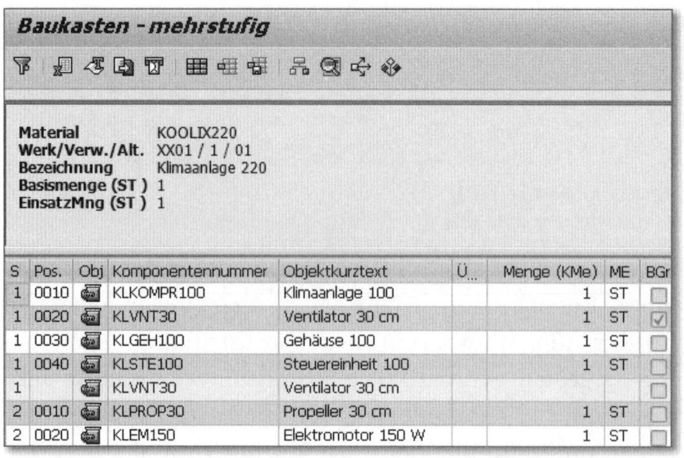

S	Pos.	Obj	Komponentennummer	Objektkurztext	Ü...	Menge (KMe)	ME	BGr
1	0010		KLKOMPR100	Klimaanlage 100		1	ST	☐
1	0020		KLVNT30	Ventilator 30 cm		1	ST	☑
1	0030		KLGEH100	Gehäuse 100		1	ST	☐
1	0040		KLSTE100	Steuereinheit 100		1	ST	☐
1			KLVNT30	Ventilator 30 cm				☐
2	0010		KLPROP30	Propeller 30 cm		1	ST	☐
2	0020		KLEM150	Elektromotor 150 W		1	ST	☐

Abbildung 4.17 Mehrstufige Stücklistenauflösung

In diesem Fall wurde eine zweistufige Stückliste »flach geklopft« – die Stückliste der Komponente KLVNT30 ist mit ihren Komponenten KLPROP30 und KLEM150 in die Übersicht aufgenommen worden.

Teileverwendungsnachweis

Während die mehrstufige Stücklistenauflösung analysiert, zu welcher im Stücklistenkopf genannten Komponente welche untergeordneten Elemente eingehen, ist es für bestimmte Situationen notwendig zu betrachten, welche Komponente in welche übergeordnete Komponente eingeht.

Der *Teileverwendungsnachweis* zeigt auf, welche untergeordneten Teile in welche übergeordneten Teile eingehen. So benötigt der Konstrukteur diese Informationen, um abzuschätzen, inwieweit sich eine konstruktive Änderung eines Standardelements auf andere Komponenten auswirkt.

Ebenso kann bei Fertigungsschwierigkeiten ermittelt werden, welche übergeordneten Fertigungsprozesse davon betroffen sind, und es können präventive Maßnahmen ergriffen werden. Abbildung 4.18 zeigt die Teileverwendung für die Komponente KLKOMPR100 mithilfe der Transaktion CS15.

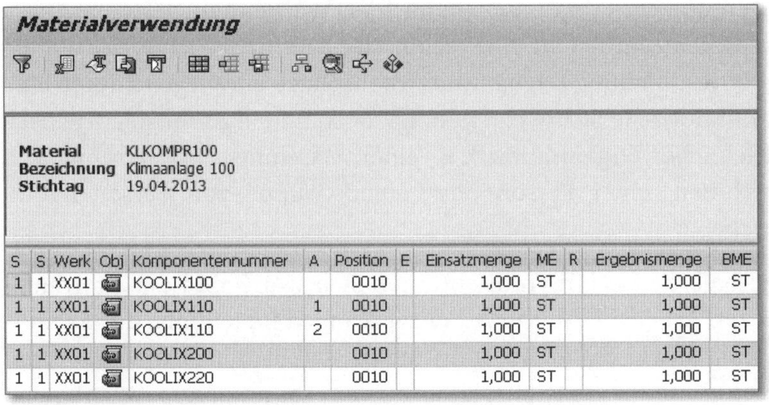

S	S	Werk	Obj	Komponentennummer	A	Position	E	Einsatzmenge	ME	R	Ergebnismenge	BME
1	1	XX01		KOOLIX100		0010		1,000	ST		1,000	ST
1	1	XX01		KOOLIX110	1	0010		1,000	ST		1,000	ST
1	1	XX01		KOOLIX110	2	0010		1,000	ST		1,000	ST
1	1	XX01		KOOLIX200		0010		1,000	ST		1,000	ST
1	1	XX01		KOOLIX220		0010		1,000	ST		1,000	ST

Abbildung 4.18 Teileverwendung

Es werden sämtliche Stücklisten aufgelistet, in denen das Material KLKOMPR100 verwendet wird. Wie am Beispiel der Stücklisten zu KOOLIX110 zu sehen ist, werden Stücklisten über Kopfmaterial, Stücklistenverwendung und Alternative definiert.

4.4 Arbeitsplatz

Der Arbeitsplatz charakterisiert eine organisatorische Einheit, an der eine definierte Arbeitsleistung erbracht werden kann. Häufig orientiert sich der Arbeitsplatz über die dort zu erfüllenden Aufgabe hinaus an maschinellen und personellen Einheiten.

4.4.1 Bedeutung des Arbeitsplatzes

Arbeitsplätze spielen aus zweierlei Gründen eine bedeutende Rolle: Zum einen bilden Arbeitsplätze häufig die zentrale kapazitive Größe innerhalb der Produktionsplanung, und zum anderen wird durch die Personalplanung bestimmt, welche Mitarbeiter mit welcher Qualifikation sinnvoll an welchen Arten von Arbeitsplätzen eingesetzt werden können. Damit verbunden hat die Definition des Arbeitsplatzes unter anderem Auswirkungen auf die Behandlung der Kosten- und Leistungsarten des Rechnungswesens und auf die Lohn- und Gehaltsabrechnung des Personalwesens.

Im Rahmen der dispositiven Planung werden Arbeitsplatzressourcen nicht selten wie Betriebsmittel, z. B. Maschinen, Werkzeuge, Vorrichtungen und NC-Programme, betrachtet. Während die letztgenannten Punkte allerdings mehr eine technisch-planerische Sichtweise auf die Ressourcenplanung zeigen, sind Arbeitsplätze vorwiegend durch eine organisatorische Sichtweise geprägt. So kann ein Arbeitsplatz je nach betrieblicher Organisation z. B. einer Maschine, einer Gruppe von Maschinen, einer Person oder einer Gruppe von Personen entsprechen.

Innerhalb der technisch orientierten Sichtweise sind die Zuordnungen von Arbeitsplätzen zu Arbeitsvorgängen im Rahmen der Arbeitsplanung sowie die darauf aufbauende Kalkulation, Durchlaufterminierung und Kapazitätsplanung von besonderer Wichtigkeit. Innerhalb der organisatorisch orientierten Sichtweise sind die folgende Faktoren für die Entlohnung des Mitarbeiters von Bedeutung (siehe Kilger 1986, S. 229–284):

- **Produktionsorganisation**
  Arten der Produktionsorganisation sind z. B. die Werkstattfertigung, die Fließfertigung (mit und ohne Zeitzwang) zur Fertigungs- und Montageinsel, sowie die dispositive Einplanung von Mitarbeitern unter der Berücksichtigung ihrer Qualifikationen.

- **Festlegung der Arbeitszeit**
  Hierzu gehören die starre und flexible Arbeitszeitregelung, die Voll- und Teilarbeitszeit und die Schichtregelung.
- **Lohnformen**
  Hierzu zählen Zeit-, Akkord- und Prämienlohn sowie die summarische und analytische Arbeitsbewertung.

Ein Arbeitsplatz ist ein räumlicher Bereich innerhalb eines betrieblichen Arbeitssystems. An ihm wird ein Vorgang eines Auftrags (siehe Abschnitt 4.5, »Arbeitsplan«), mehrere Vorgänge eines Auftrags oder der komplette Auftrag (Werkauftrag) ausgeführt. Ein Arbeitsplatz kann neben einem Arbeitsplan im ERP-System auch einem Instandhaltungsplan, einem Prüfplan oder einem Netzplan zugeordnet sein. Mithilfe der im Arbeitsplatz gepflegten Daten kann in den Vorgängen festgelegt werden, welche Maschinen und Personen eingesetzt werden sollen, welche Kosten entstehen, welche Kapazitäten vorhanden sein sollen und wie die Terminierung aussehen soll.

Arbeitsplätze werden im SAP-System oft zusammen mit Aufgaben und Stellen aus der Personalwirtschaft verwendet, um umfassende Stellenbeschreibungen zu erstellen. Die Stelle beschreibt die Stellenklassifikation, die Aufgaben beschreiben die Tätigkeiten, die die Stelle umfasst, und der Arbeitsplatz beschreibt, an welchem Ort die Arbeit ausgeführt wird. Falls Stellenbeschreibungen im Personalwesen erstellt werden, müssen zuerst die Stellen, dann die Aufgaben und schließlich die Arbeitsplätze angelegt werden.

Wird eine Integration zwischen den Bereichen Produktion (PP) und Personalwirtschaft (HCM) angestrebt, muss der Integrationsschalter im Customizing aktiv gesetzt werden. Zusätzlich muss für die gemeinsamen Kapazitätsarten das Kennzeichen Kapazitätsart Person gesetzt werden.

4.4.2 Grunddaten für den Arbeitsplatz

Arbeitsplätze werden mithilfe der Transaktion CR01 angelegt und über CR02 geändert. Für deren Anlage ist ein Bezug zu einem Werk und zu einer Arbeitsplatzart erforderlich. Abbildung 4.19 zeigt das Einstiegsbild zur Änderung des Arbeitsplatzes KLMNTG05 im Werk XX01.

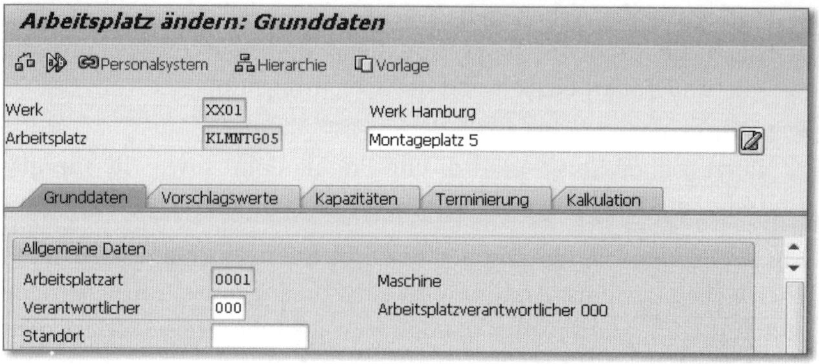

Abbildung 4.19 Arbeitsplatz – Einstiegsbild

Der Arbeitsplatz enthält die folgenden Sichten mit ihren wesentlichen Parametern:

- **Grunddaten**
  In den Grunddaten sind der Arbeitsplatzverantwortliche, die Verwendung des Arbeitsplatzes in den Plänen und der Vorgabewertschlüssel hinterlegt, der für die Terminierung und die Kapazitätsbedarfsrechnung eine wichtige Rolle spielt.
- **Vorschlagswerte**
  Hier können Vorschlagswerte gepflegt werden, die bei der Verwendung des Arbeitsplatzes in den Arbeitsplan übernommen werden.
- **Kapazitäten**
  Hier sind die zum Arbeitsplatz gehörenden Kapazitäten sowie Formeln zur Berechnung des Kapazitätsbedarfs enthalten.
- **Terminierung**
  Hier sind die Formeln zur Terminierung enthalten.
- **Kalkulation**
  Die Kostenstelle für den Arbeitsplatz und die Leistungsarten werden in dieser Sicht angegeben.

Arbeitsplatzart

Die *Arbeitsplatzart* steuert neben der Feldauswahl die Verwendbarkeit in den Arbeitsplänen und wird mithilfe der Customizing-Transaktion OP40 gepflegt (siehe Abbildung 4.20). Aus dem Customizing-Menü ❶ gelangen Sie zunächst in die Pflege der Arbeitsplatzart ❷ und für die selektierte Arbeitsplatzart zur Plananwendung für die Arbeitsplätze ❸. Im Beispiel kann die Arbeitsplatzart 0001 für die Arbeitspläne zur Produktion, für die Instandhaltung und zur Qualitätssicherung verwendet werden, nicht aber für z. B. Rezepte oder Ratenpläne.

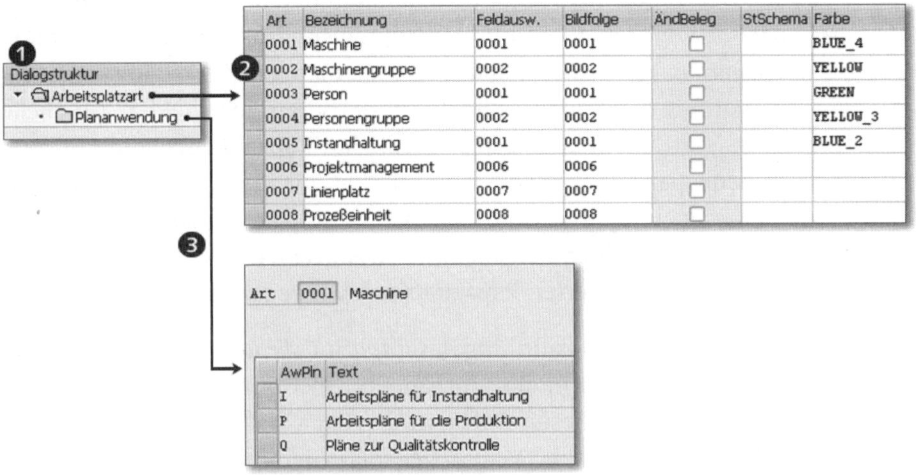

Abbildung 4.20 Arbeitsplatzart

Die *Planverwendung* geht noch detaillierter auf die Arbeitsplantypen ein – in dem in Abbildung 4.21 gezeigten Beispiel erlaubt die Planverwendung 001 nur Normalarbeitsplantypen (Typ N) und Standardarbeitsplantypen (Typ S). Die Planverwendung wird mithilfe der Customizing-Transaktion OP45 gepflegt. Aus dem Customizing-Menü ❶ gelangen Sie zum Planverwendungsschlüssel ❷, dem die Plantypen zugeordnet werden ❸.

Planverwendung

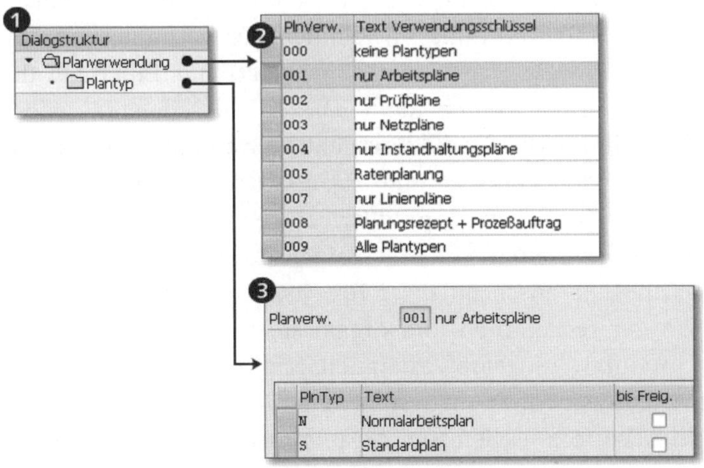

Abbildung 4.21 Planverwendung

4.4.3 Kapazität

Eine Kapazität ist das Leistungsvermögen, um eine bestimmte Aufgabe zu erfüllen. Im SAP-System definieren Kapazitäten das Leistungsangebot von Personen und Maschinen innerhalb einer bestimmten Zeitspanne. Einem Arbeitsplatz können mehrere Kapazitäten zugeordnet werden, die sich durch ihre Kapazitätsart unterscheiden. Mögliche Arbeitsplatzkapazitäten unterschiedlicher Kapazitätsart sind z. B. Maschinenkapazitäten, Personalkapazitäten oder Reservekapazitäten für Eilaufträge und Energiebedarf. In der Kapazitätsplanung wird der Kapazitätsbedarf der Vorgänge in den Aufträgen ermittelt und dem im Arbeitsplatz definierten Kapazitätsangebot gegenübergestellt.

Kapazitätsbedarf

Grundlage für die Ermittlung des *Kapazitätsbedarfs* sind die Vorgabewerte und Mengen in den Vorgängen. Über Formeln in den Arbeitsplätzen wird aus diesen Daten in der Kapazitätsplanung der Kapazitätsbedarf berechnet. Mit Arbeitsplatzhierarchien ist es darüber hinaus möglich, das Kapazitätsangebot und den Kapazitätsbedarf im Rahmen der Kapazitätsplanung von untergeordneten Arbeitsplätzen auf Arbeitsplätze der übergeordneten Hierarchiestufen zu verdichten. Mithilfe der Kapazität werden die Einsatzzeit und das täglich an einem Arbeitsplatz verfügbare Kapazitätsangebot hinterlegt. Die Definition des Kapazitätsangebots kann sowohl arbeitsplatzbezogen als auch arbeitsplatzübergreifend erfolgen.

Kapazitätsangebot

Ausgangspunkt für die Definition des *Kapazitätsangebots* ist die Arbeitszeit am betreffenden Arbeitsplatz. Sie wird durch Arbeitsbeginn und Arbeitsende festgelegt. Die Arbeitszeit ist darüber hinaus auch für die Terminermittlung im Rahmen der Terminierung notwendig, da ein Vorgang an einem Arbeitsplatz nur innerhalb der Arbeitszeit bearbeitet werden kann. Die Arbeitszeit kann jedoch nicht vollständig für die Produktion genutzt werden. Faktoren wie Pausenzeiten sowie technische und organisatorische Störungen verringern die Arbeitszeit. Um die produktive Arbeitszeit zu bestimmen, werden die Pausenzeiten von der reinen Arbeitszeit abgezogen, sodass Sie die theoretisch nutzbare Arbeitszeit erhalten. Durch die Subtraktion der technischen und organisatorischen Störungszeiten wird die produktiv nutzbare Arbeitszeit ermittelt. Diese produktiv nutzbare Arbeitszeit wird vom System in der Kapazität als Einsatzzeit ausgegeben. Die technischen und organisatorischen Zeiten, die aus Störungen resultieren, werden in Form eines Nutzungsgrads im

Arbeitsplatz bzw. in der Kapazität hinterlegt. Mithilfe dieses Nutzungsgrads kann für jede Kapazität festgelegt werden, zu wie viel Prozent der Einsatzzeit der Schicht die Kapazität produktiv genutzt werden kann.

Kapazität

Das Objekt KAPAZITÄT ist der eigentliche Träger der für die Fertigung erforderlichen Kapazität. Kapazitäten werden in der Regel direkt aus dem Arbeitsplatz heraus gepflegt. Eine Ausnahme stellt die Verwendung von Poolkapazitäten dar, auf die wir noch separat eingehen. Abbildung 4.22 zeigt, wie Sie von der Kapazitätssicht des Arbeitsplatzes ❶ durch Doppelklick auf die Kapazitätsart auf die KAPAZITÄT ❷ verzweigen.

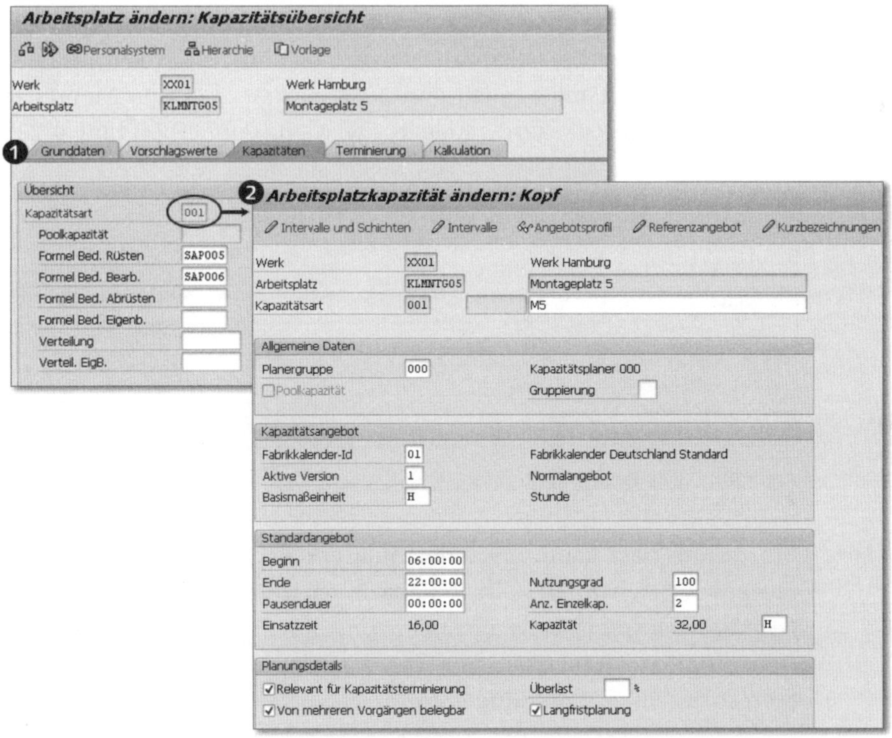

Abbildung 4.22 Kapazität

Die Kapazität enthält in den allgemeinen Daten den Kapazitätsplaner, den Fabrikkalender, die Version des Kapazitätsangebots sowie weitere Planungsdetails, die in den folgenden Abschnitten beschrieben werden.

Standardangebot

Der Bereich STANDARDANGEBOT gibt die Arbeitszeiten sowie die Kapazität des Objekts KAPAZITÄT an. Neben der EINSATZZEIT, die sich aus BEGINN, ENDE und PAUSENDAUER berechnet, bestimmen der NUTZUNGSGRAD und die Anzahl der Einzelkapazitäten (ANZ. EINZELKAP.) die tatsächlich verfügbare Kapazität:

Kapazität = Einsatzzeit × Anz. Einzelkap. × Nutzungsgrad / 100

Nutzungsgrad

Der *Nutzungsgrad* liegt üblicherweise unter 100 Prozent, um Ausfällen und Wartungsarbeiten Rechnung zu tragen – Letzteres, falls die Instandhaltung nicht systemtechnisch erfasst wird.

Einzelkapazitäten

Eine Kapazität kann mehr als eine *Einzelkapazität* enthalten – z. B. verringert bei einer Gruppe gleichartiger Einzelarbeitsplätze die Zusammenfassung in eine Kapazität den Datenpflegeaufwand. Um dennoch auf der Einzelkapazitätsebene planen zu können, müssen die Einzelkapazitäten explizit aus der Kapazität über den Menüpfad SPRINGEN • EINZELKAPAZITÄT angelegt werden (siehe Abbildung 4.23).

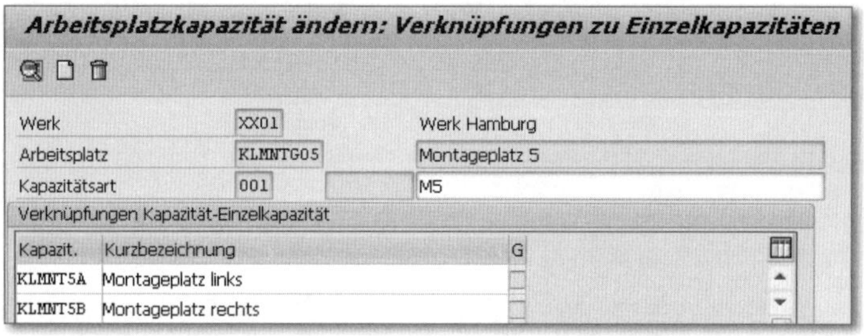

Abbildung 4.23 Einzelkapazitäten

Anzahl der Kapazitäten des Arbeitsplatzes

Ein Arbeitsplatz kann eine oder mehrere Kapazitäten besitzen, vorausgesetzt, es handelt sich um Kapazitäten unterschiedlicher Art. *Kapazitätsarten* pflegen Sie über den Customizing-Pfad PRODUKTION • GRUNDDATEN • ARBEITSPLATZ • KAPAZITÄTSPLANUNG • KAPAZITÄTSART FESTLEGEN (siehe Abbildung 4.24).

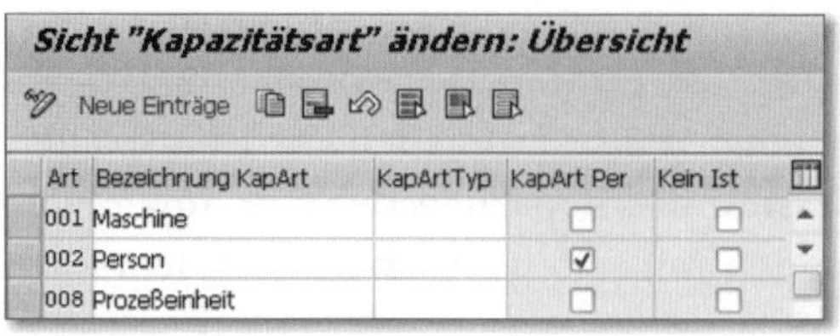

Abbildung 4.24 Kapazitätsart

Die Kapazitäten fügen Sie dem Arbeitsplatz bei dessen Anlage hinzu, indem Sie den Kapazitätstyp in der Sicht KAPAZITÄTEN eingetragen. Existiert der Arbeitsplatz bereits, können neue Kapazitäten über die in Abbildung 4.25 gezeigte Drucktaste hinzugefügt werden ❶. Hierzu fügen Sie die neue Kapazitätsart unter den bestehenden Kapazitätsarten ein ❷.

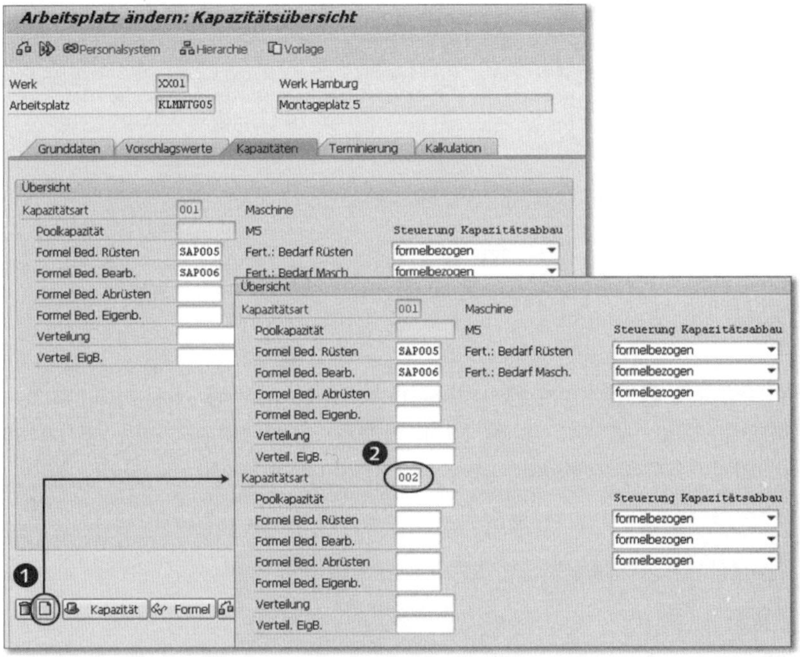

Abbildung 4.25 Hinzufügen einer Kapazität

Schichtprogramme

Das Standardangebot der Kapazität legt die Arbeitszeiten vergleichsweise grob fest – die Pausendauern sind nicht terminiert, sondern reduzieren pauschal die Einsatzzeit, und die Arbeitszeiten sind für jeden Wochentag gleich. Für eine detailliertere Modellierung können Schichtprogramme verwendet werden – z. B. wenn die Arbeit freitags früher beendet wird.

Ein *Schichtprogramm* setzt sich aus einer oder mehreren Schichten zusammen, wobei jeder Schicht ein Pausenplan zugeordnet werden kann. Alle drei Objekte – Pausenplan, Schicht und Schichtplan – werden mithilfe der Customizing-Transaktion OP4A gepflegt. Abbildung 4.26 zeigt die Pflege eines Schichtprogramms inklusive der Schichten und des Pausenplans.

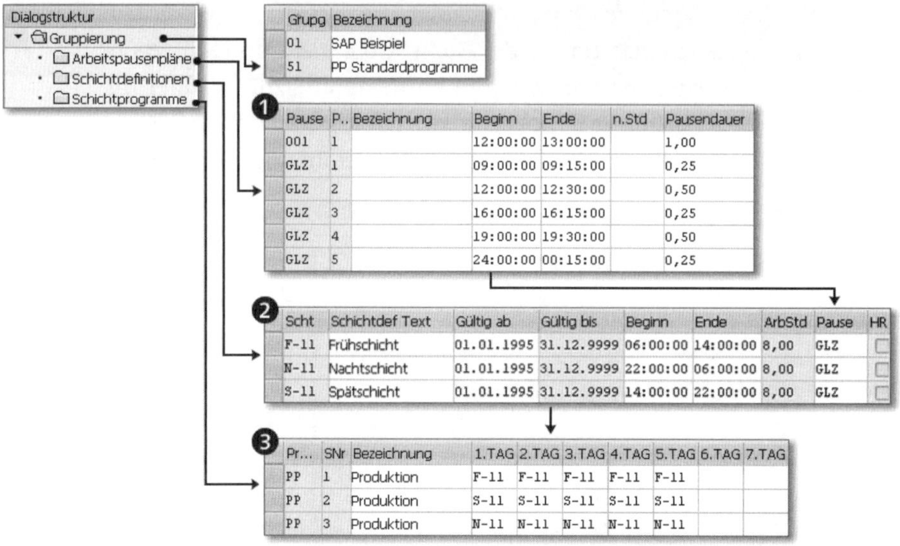

Abbildung 4.26 Schichtprogramme

Pausenplan ❶, Schicht ❷ und Schichtprogramm ❸ sind einer Gruppierung zugeordnet – in Abbildung 4.26 der Gruppierung 51. Diese Gruppierung wird wiederum der Kapazität zugeordnet (siehe Abbildung 4.27).

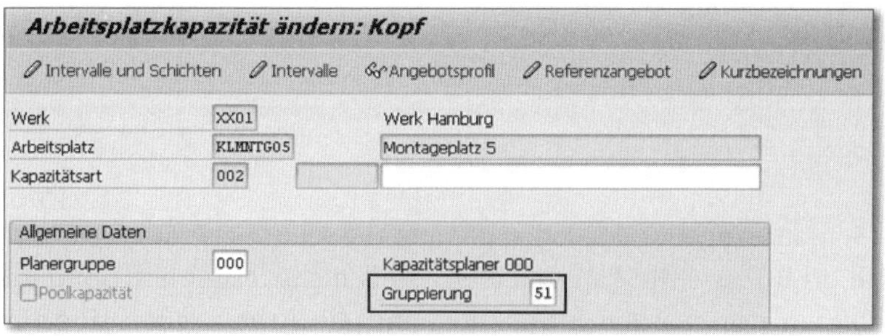

Abbildung 4.27 Zuordnung der Gruppierung zur Kapazität

Poolkapazität

In manchen Fällen wird eine Kapazität von mehreren Arbeitsplätzen genutzt. Bei einer Werkstattfertigung könnten z. B. die Montagearbeitsplätze als Arbeitsplätze abgebildet werden und die Arbeiter, die an mehreren Montagearbeitsplätzen arbeiten können, als Poolkapazitäten. *Poolkapazitäten* werden mithilfe der Transaktion CR11 direkt als Kapazitäten angelegt und erhalten den Parameter POOLKAPAZITÄT (siehe Abbildung 4.28).

Abbildung 4.28 Anlegen einer Poolkapazität

Die Zuordnung zum Arbeitsplatz erfolgt in der Sicht KAPAZITÄTEN, wie es Abbildung 4.29 zeigt.

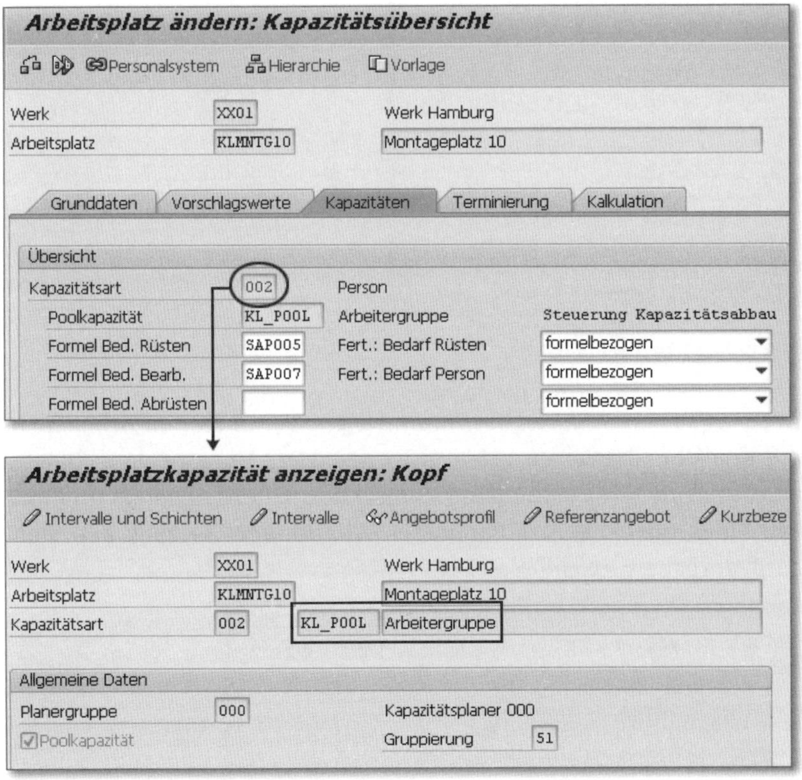

Abbildung 4.29 Zuordnung der Poolkapazität zum Arbeitsplatz

Wenn Sie aus dem Arbeitsplatz heraus in die Kapazität verzweigen, wird die Poolkapazität angezeigt. Es ist jedoch nicht möglich, die Poolkapazität aus dem Arbeitsplatz heraus zu ändern.

4.4.4 Formeln für Kapazitätsbelastung und Terminierung

Der Arbeitsplatz bestimmt, wie die Dauern und die Kapazitätsbedarfe der auf ihm gefertigten Vorgänge bestimmt werden. Obwohl die Ermittlung der Kapazitätsbedarfe und der Vorgangsdauern mit getrennten Formeln erfolgen, werden in beiden Formeln die gleichen Vorgabewerte verwendet.

Parameter

Die Vorgabewerte werden zunächst als *Parameter* mithilfe der Customizing-Transaktionen OPCX oder OP7B definiert (siehe Abbildung 4.30). Die Parameter selbst enthalten keine weiteren Informationen.

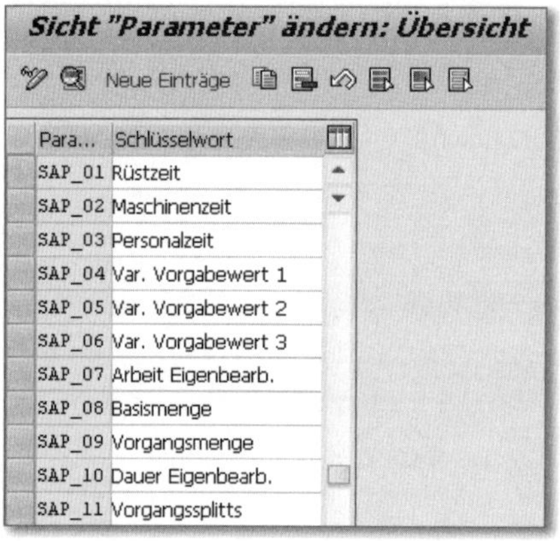

Abbildung 4.30 Parameter

Vorgabewertschlüssel

Der *Vorgabewertschlüssel* bestimmt, welche Parameter im Arbeitsplan mit den Vorgabewerten versorgt werden. Der Vorgabewertschlüssel wird mithilfe der Customizing-Transaktion OPCM angelegt und enthält einen oder mehrere Parameter. Abbildung 4.31 zeigt den Standard-Vorgabewertschlüssel SAP1.

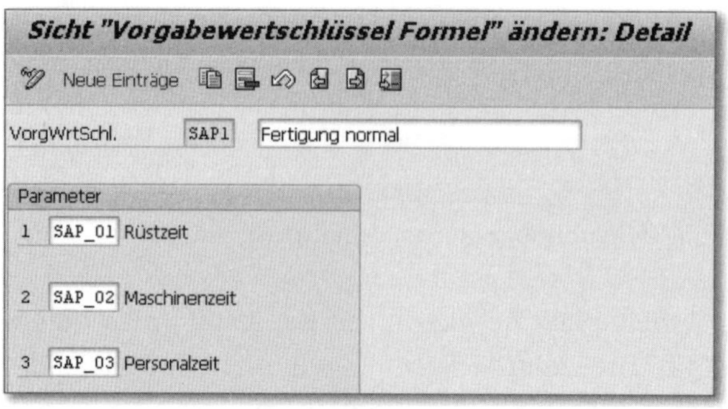

Abbildung 4.31 Vorgabewertschlüssel

Den Vorgabewertschlüssel ordnen Sie dem Arbeitsplatz in der Sicht GRUNDDATEN zu (siehe Abbildung 4.32).

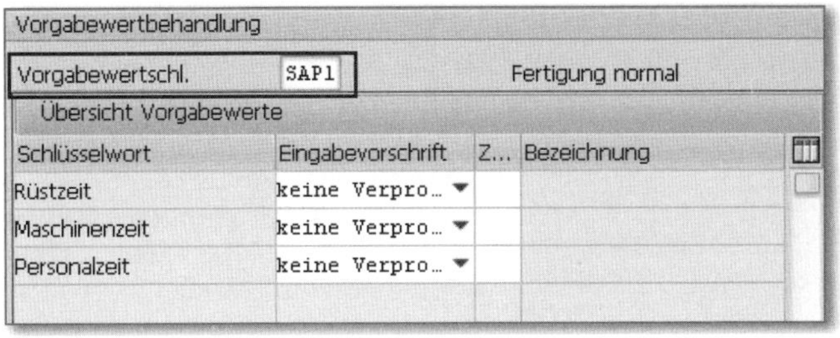

Abbildung 4.32 Zuordnung des Vorgabewertschlüssels zum Arbeitsplatz

Sobald Sie im Arbeitsplan einen Vorgang anlegen, der diesen Arbeitsplatz verwendet, können Sie für die drei Parameter RÜSTZEIT, MASCHINENZEIT und PERSONALZEIT Vorgabewerte pflegen.

Formeln

Die Formeln zur Berechnung der Kapazitätsbedarfe und der Vorgangsdauern verwenden die zuvor definierten Parameter. Einerseits können die Parameter der Vorgabewerte verwendet werden, und andererseits existieren Parameter, die auch ohne explizite Definition mit Auftragswerten gefüllt werden, wie z. B. die folgenden:

- SAP_08: Basismenge
- SAP_09: Vorgangsmenge
- SAP_11: Anzahl Vorgangssplitts

Die Formeln legen Sie mithilfe der Customizing-Transaktion OP21 an. Neben der Formel selbst – d. h. der Verknüpfung der Parameter – hinterlegen Sie in der Formel, für welche der folgenden drei Anwendungen die Formel zugelassen sein soll:

- Kapazitätsbedarfe
- Terminierung
- Kalkulation

Abbildung 4.33 zeigt die Standardformel für die Berechnung der Bearbeitungsdauer SAP002.

Abbildung 4.34 zeigt hingegen die Standardformel für den Kapazitätsbedarf SAP006.

Abbildung 4.33 Formel für die Berechnung der Bearbeitungsdauer

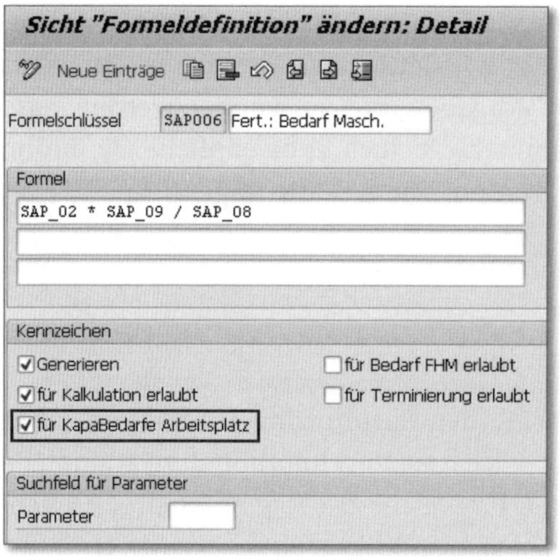

Abbildung 4.34 Formel für die Berechnung des Kapazitätsbedarfs

Wie deutlich zu erkennen ist, unterscheiden sich die Formeln für die Bearbeitungsdauer und für den Kapazitätsbedarf. Während sich der Kapazitätsbedarf als

Kapazitätsbedarf = Vorgabewert × Auftragsmenge / Basismenge

berechnet, verkürzt sich die Dauer des Vorgangs, falls er parallel auf mehreren Arbeitsplätzen bearbeitet wird:

Dauer = Vorgabewert × Auftragsmenge / Basismenge / Anzahl Splitts

Die Formeln werden den Sichten TERMINIERUNG, KAPAZITÄTEN und KALKULATION zugeordnet. Abbildung 4.35 zeigt die Zuordnung der Formeln SAP001 für Rüsten und SAP002 für Bearbeiten zur Sicht TERMINIERUNG.

Terminierungsbasis

Bei der Anwendung der Terminierungsformeln ist noch zu beachten, dass die Arbeitszeiten in der Kapazität definiert werden und der Arbeitsplatz mehr als eine Kapazität beinhalten kann. Aus diesem Grund müssen Sie in der Sicht TERMINIERUNG noch definieren, von welcher Kapazitätsart die Arbeitszeiten verwendet werden. Diese stellt die Terminierungsbasis dar und wird mithilfe des Parameters KAPAZITÄTSART bestimmt (siehe Abbildung 4.35).

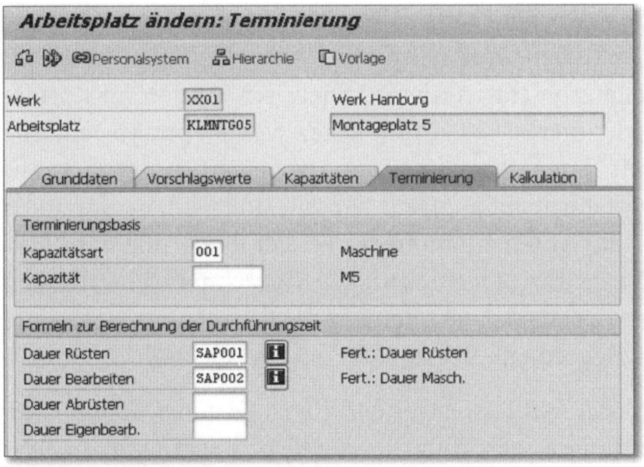

Abbildung 4.35 Terminierungsformeln im Arbeitsplatz

4.4.5 Kalkulation

Mithilfe der Kalkulation werden die Kosten für die zu erbringende Eigenleistung bei der Erstellung der betrieblichen Produkte ermittelt. Die Kalkulation verbindet den Vorgang über den Arbeitsplatz durch die Pflege von Kostenstellen und Leistungsarten mit der Kostenrechnung. Wird der Arbeitsplatz in einem Vorgang verwendet, können Vorgabewerte für die im Arbeitsplatz hinterlegten Leistungsarten eingegeben werden. Die Bewertung der Eigenleistungen greift bei der Erzeugniskalkulation auf die Verrechnungssätze zurück, die für diese Leistungsarten geplant wurden. Mithilfe der Leistungsarten wird festgelegt, wie die Vorgabewerte kalkulatorisch verrechnet werden.

Kostenstelle

Eine *Kostenstelle* ist ein Teil eines Unternehmens, der nach Verantwortungsbereich oder nach räumlichen oder abrechnungstechnischen Gesichtspunkten abgegrenzt wurde. Die Kostenstelle ist wiederum einem Kostenrechnungskreis zugeordnet. Einer Kostenstelle können Arbeitsplätze unterschiedlicher Werke zugeordnet werden; das Werk ist dabei eindeutig einem Buchungskreis zugeordnet. Ein Arbeitsplatz ist einer Kostenstelle in einem bestimmten Zeitraum fest zugeordnet. Einer Kostenstelle können mehrere Arbeitsplätze zugeordnet sein, während hingegen ein Arbeitsplatz zu einem Zeitpunkt nur einer Kostenstelle zugeordnet sein kann.

Leistungsarten

In der Kostenstelle werden die Leistungsarten bewertet, die in einem Kostenrechnungskreis definiert sind und auf die im Arbeitsplatz Bezug genommen werden kann. Über Leistungsarten werden die unterschiedlichen Arten von Leistungen festgelegt, die innerhalb einer Kostenstelle erbracht werden können; sie werden im Kostenrechnungskreis definiert. Die Leistungsarten werden pro Kostenstelle und Periode mit einem Verrechnungssatz bewertet, der sich aus einem fixen (arbeitsunabhängigen) Anteil und einem variablen (arbeitsabhängigen) Anteil zusammensetzt. Mit ihrer Hilfe wird festgelegt, mit welchem Tarif Eigenleistungen verrechnet werden sollen (Kalkulation). Im Arbeitsplatz werden nur die Leistungsarten verwendet, die für die zugeordnete Kostenstelle zugelassen sind.

Die Zuordnung des Arbeitsplatzes zu einer Kostenstelle und die Angabe der Leistungsarten erfolgt in der Sicht KALKULATION (siehe Abbildung 4.36).

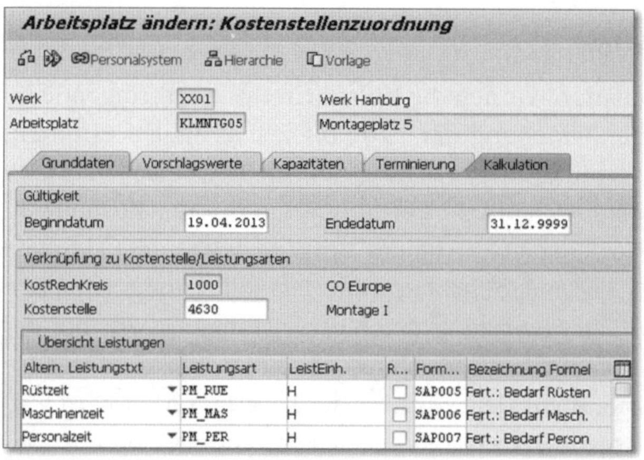

Abbildung 4.36 Kalkulationsinformationen im Arbeitsplatz

4.4.6 Arbeitsplatzhierarchie

Arbeitsplätze können hierarchisch angeordnet werden. Die *Arbeitsplatzhierarchie* wird durch die Unterordnung eines Arbeitsplatzes zu einem anderen Arbeitsplatz aufgebaut, wobei ein Arbeitsplatz in mehreren Hierarchien vorkommen kann. Dadurch kann das Kapazitätsangebot mithilfe von aggregierten Daten ermittelt werden. Es wird zwischen statistischen Arbeitsplätzen und Produktionsarbeitsplätzen unterschieden. Statistische Arbeitsplätze dienen der Verdichtung von Daten, und Produktionsarbeitsplätze werden lediglich in den Vorgängen von Plänen und Werkaufträgen verwendet. Sie beinhalten Daten, die im Vorgang zur Kalkulation, Terminierung und Kapazitätsplanung benötigt werden und darüber hinaus als Informationen für die Produktion dienen.

Arbeitsplatzhierarchien legen Sie mithilfe der Transaktion CR21 an, und Änderungen daran nehmen Sie über die Transaktion CR22 vor. Hierbei werden der Hierarchie nacheinander die Arbeitsplätze zugeordnet (siehe Abbildung 4.37). Bei der Anlage der Hierarchie müssen Sie zunächst den ersten Arbeitsplatz auswählen ❶. Hierbei sollten Sie zweckmäßigerweise zuerst den statistische Arbeitsplatz zur Verdichtung des Kapazitätsangebots eintragen ❷. Entscheidend bei der Pflege ist, dass Sie im darauffolgenden Fenster das Häkchen ZUGEORDNET setzen ❸. Im Anschluss können Sie weitere Arbeitsplätze zuordnen ❹.

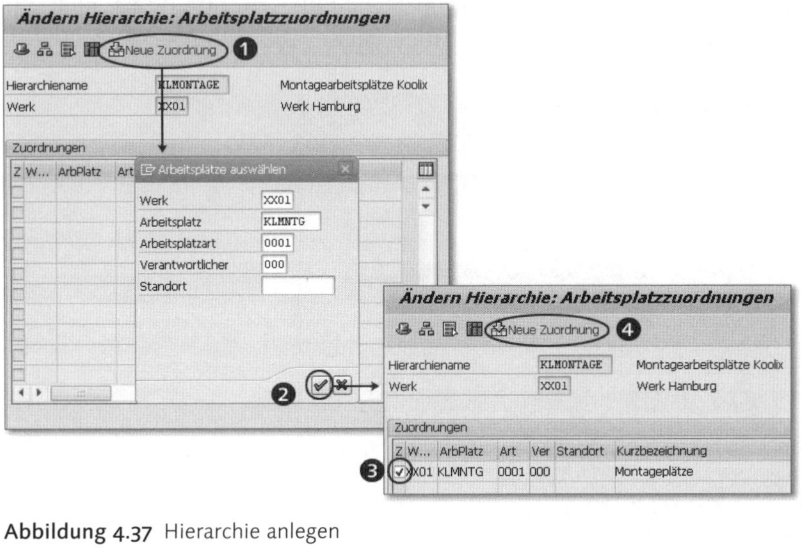

Abbildung 4.37 Hierarchie anlegen

Weitere Arbeitsplätze können Sie im Änderungsmodus hinzufügen ❶, und eine Änderung der Hierarchiestruktur ist in der grafischen Sicht möglich ❷ (siehe Abbildung 4.38).

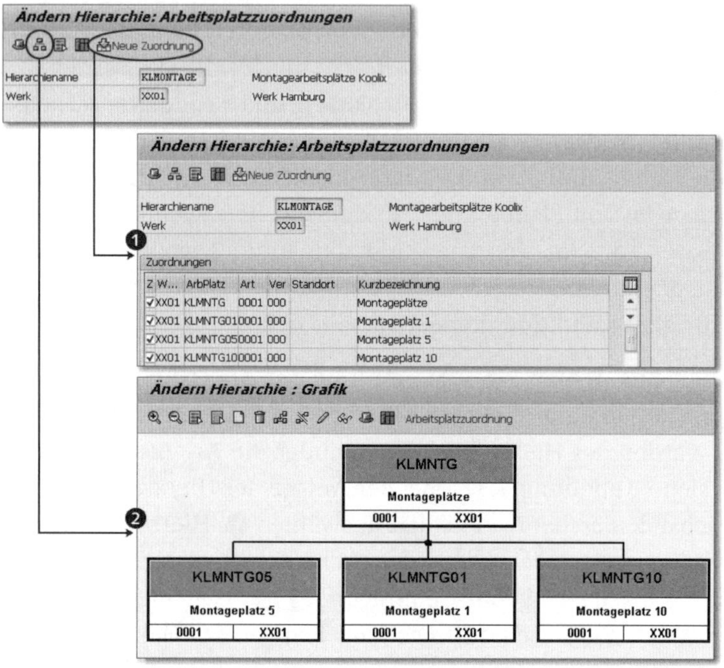

Abbildung 4.38 Änderung der Hierarchiestruktur

Die Zuordnung eines Arbeitsplatzes zu einer Hierarchie ist auch aus dem Arbeitsplatz heraus ersichtlich (siehe Abbildung 4.39).

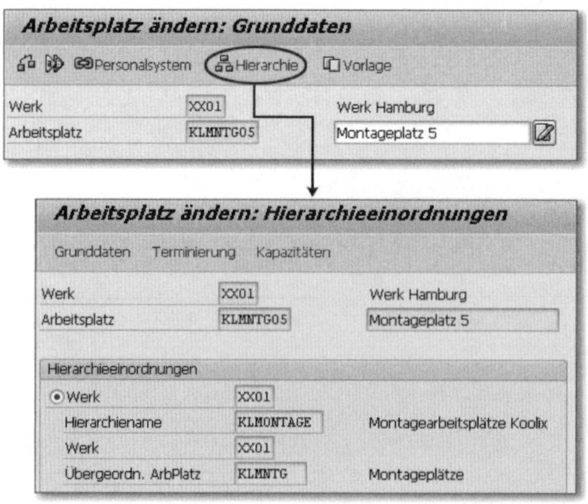

Abbildung 4.39 Anzeige der Hierarchiestruktur im Arbeitsplatz

4.5 Arbeitsplan

Der Arbeitsplan ist eine wesentliche Grundlage für die Fertigung und beschreibt als Arbeitsanweisung, in welcher Reihenfolge die notwendigen Fertigungs- und/oder Montageschritte durchzuführen sind.

4.5.1 Bedeutung und Struktur des Arbeitsplans

Während Material, Stückliste und Zeichnung Eigenschaften eines Materials, einer Baugruppe oder eines Enderzeugnisses beschreiben, ist im *Arbeitsplan* festgelegt, wie ein Werkstück oder Eingangsmaterial von seinem Rohzustand in seinen End- bzw. Fertigzustand umgewandelt wird.

Im Rahmen der Arbeitsplanung wird beschrieben, was hergestellt wird und wie und womit es hergestellt werden soll. Ziel ist es, unter ständiger Berücksichtigung der Wirtschaftlichkeit die fertigungsgerechte Herstellung eines Erzeugnisses sicherzustellen.

Der zunehmende Automatisierungsgrad in den Industriebetrieben hat dazu geführt, dass neben der konventionellen Arbeitsplanung computergestützte Fertigungsanweisungen in Form von Programmen erzeugt werden (NC-Programmierung). Darüber hinaus hat sich im Laufe der Zeit die Produktprüfung zu einer planenden und vorausschauenden Qualitätsprüfung gewandelt. Die daraus entstandenen Prüfanforderungen werden häufig in sogenannten Prüfanweisungen in Form von Prüfplänen beschrieben. Das prinzipielle Vorgehen zwischen der konventionellen Arbeitsplanung, der Programmierung und der Prüfplanung beinhaltet einige Analogien. Daher werden die grundlegenden Schritte anhand der Arbeitsplanerstellung beschrieben.

Aufgaben der Arbeitsplanung

Der Ausgangspunkt der Arbeitsplanung liegt darin, die von der Produktentwicklung und der Konstruktion bereitgestellten Produktinformationen in Anweisungen für die Fertigung und Montage zu bringen. Im Arbeitsplan sind die Arbeitsgänge sowie die Ablauffolge zur Fertigung eines Teils oder zur Montage von verschiedenen Teilen bzw. Baugruppen festgelegt. Zusätzlich sind den einzelnen Positionen, d. h. den Arbeitsgängen, Fertigungsverfahren, Betriebsmittel und deren Kapazitätsbedarf zugeordnet. Die Arbeitsplanerstellung umfasst die folgenden Aufgaben (siehe Eversheim 2002):

- **Bestimmung des Ausgangsteils**
  Die Ausgangsteilbestimmung umfasst die Festlegung von Rohteilart und Rohteilabmessungen unter der Berücksichtigung der Anforderungen des Werkstücks.
- **Arbeitsvorgangsfolgeermittlung**
  Die Bestimmung der Arbeitsvorgangsfolge beinhaltet die Festlegung der Reihenfolge der Arbeitsvorgänge zur Umwandlung eines Werkstücks von seinem Anfangs- in seinen Endzustand.
- **Maschinenauswahl**
  Die Maschinenauswahl umfasst die Zuordnung bzw. Auswahl der benötigten Maschinen zur Durchführung eines Arbeitsvorgangs.
- **Fertigungshilfsmittelzuordnung**
  Innerhalb der Fertigungshilfsmittelzuordnung werden die Werkzeuge und Vorrichtungen, die kein fester Bestandteil der Maschinen sind, zur Durchführung der Arbeitsvorgänge ausgewählt.
- **Vorgabezeit- bzw. Vorgabewertermittlung**
  Hauptaufgabe der Vorgabezeitermittlung ist die Ermittlung von Sollzeiten zur Durchführung der jeweiligen Bearbeitungsvorgänge.

Arten der Arbeitsplanerstellung

Innerhalb der Arbeitsplanerstellung haben sich unterschiedliche Arten herausgebildet. Der Aufwand für die unterschiedlichen Arbeitsplanerstellungsarten wird dabei entscheidend von dem Standardisierungsgrad des zu bearbeitenden Werkstücks beeinflusst.

- **Neuplanung**
  Bei der Neuplanung müssen alle oben genannten Schritte durchgeführt werden. Eine Neuplanung ist immer dann erforderlich, wenn für nicht standardisierte Werkstücke ein Arbeitsplan erstellt werden muss. Innerhalb der Neuplanung kommt es nicht selten vor, dass neue Vorrichtungen entwickelt und konstruiert werden müssen.
- **Anpassungsplanung**
  Bei der Anpassungsplanung werden durch Hinzufügen oder Löschen von vollständigen Arbeitsgängen oder durch den Austausch von einzelnen Arbeitsanweisungen und Betriebsmitteln Veränderungen vorgenommen. Dieses Verfahren sollte durch eine Ähnlichkeitssuche auf der Basis eines Klassifizierungssystems unterstützt werden und setzt ein Produktspektrum, das auf teilstandardisierten Werkstücken beruht, voraus.

- **Variantenplanung**
  Bei der Variantenplanung erfolgt eine Anpassung des Arbeitsplans aufgrund der Variation einzelner Parameter. Ein Hinzufügen bzw. Löschen von einzelnen Arbeitsvorgängen ist nicht erlaubt. Voraussetzung für die Anwendung des Variantenplanungsprinzips ist eine Bildung von Teilefamilien, d. h. eine Gruppierung von Teilen mit gleichen oder ähnlichen Geometrieeigenschaften bzw. gleichen oder ähnlichen Fertigungsverfahren. Jede Teilefamilie basiert auf einem standardisierten Grundarbeitsplan, und die zu fertigenden Varianten haben eine hohe Ähnlichkeit.
- **Wiederholungsplanung**
  Bei der Wiederholungsplanung erfahren die bereits existierenden Planungsergebnisse eine vollständige Wiederverwendung. Die auftragsneutralen Arbeitspläne werden um dispositive Auftragsdaten wie Termin, Auftragsnummer und Stückzahl ergänzt. Hinsichtlich des Planungsaufwands verursacht die Wiederholungsplanung zwar den geringsten Aufwand, setzt jedoch ein standardisiertes Produktspektrum voraus.

Unterscheidung nach Verwendungszweck

Neben der Differenzierung der Arbeitspläne in Abhängigkeit vom Erstellungsaufwand können sie auch nach ihrem Verwendungszweck unterschieden werden. Der Begriff *Standardarbeitsplan* bezeichnet einen Arbeitsplan, der fest einem zu fertigenden Material zugeordnet ist und Standardinformationen enthält. *Alternativarbeitspläne* kennzeichnen, dass ein Material auf der Basis von unterschiedlichen Arbeitsplänen gefertigt werden kann. *Variantenarbeitspläne* beinhalten alle durchzuführenden Arbeitsvorgänge, und innerhalb der Arbeitsplanerstellung wird die erforderliche Variante aus dem Gesamtspektrum abgeleitet.

Rumpfarbeitspläne enthalten nur Grobinformationen; eine Detaillierung erfolgt innerhalb der konkreten Fertigung. Sie werden insbesondere bei der Insel- bzw. Gruppenfertigung angewandt, bei der der Mitarbeiter in der Fertigung aufgrund seines Wissens den konkreten Arbeitsplan erstellt. Einhergehend mit diesem Prinzip erfolgt in der Regel auch eine Teilefamilienbildung für die einzelnen Inseln, damit der Mitarbeiter vor Ort ein überschaubares Teilespektrum planen kann.

Arbeitsplanverwaltung

Eine besondere Bedeutung hat die *Arbeitsplanverwaltung*, die neben der Archivierung den Arbeitsplaner effizient bei der Suche nach vorhandenen bzw. ähnlichen Arbeitsplänen unterstützen soll. Mithilfe von Klassifizierungen können beschreibende Informationen zu Werkstückgruppen oder ähnlichen Fertigungsverfahren abgelegt werden, und es kann anhand von Klassifizierungsnummern oder mittels Textsuche schnellstmöglich auf vorhandene Daten zurückgegriffen werden. Ebenso sind die Arbeitsplanhistorie, das Gültigkeitsdatum, das Auslaufdatum sowie das Ändern und Löschen von Arbeitsplänen Grundanforderungen für eine effiziente Arbeitsplanverwaltung.

Aufbau des Arbeitsplans

Der Arbeitsplan beschreibt im ERP-System die Reihenfolge der einzelnen Arbeitsvorgänge, die der Herstellung eines zu fertigenden Erzeugnisses dienen. Der Arbeitsplan ist werksbezogen, d. h., dass er eindeutig innerhalb eines Werks definiert wird. Jederzeit können einzelne Vorgänge eines Arbeitsplans einem anderen Werk zugeordnet werden, wenn dieses zum gleichen Buchungskreis gehört. Der Arbeitsplan wird auftragsneutral definiert und dient als Vorlage für die Kalkulation, für die Durchlauf- und Kapazitätsterminierung, für die Kapazitätsplanung und den Kapazitätsabgleich und als Handlungsanweisung für die konkrete Produktionsdurchführung. Wesentliche Elemente des Arbeitsplans sind Material und Vorgänge.

Material im Arbeitsplan

Bei der Zuordnung eines Materials zu einem Arbeitsplan gibt es die folgenden Möglichkeiten:

- Arbeitspläne können in Plangruppen zusammengefasst werden. Plangruppen beinhalten Arbeitspläne, die auf ähnlichen Fertigungsabläufen beruhen und/oder zur Fertigung ähnlicher Materialien dienen. Innerhalb einer Plangruppe werden die zugeordneten Arbeitspläne durch die Angabe eines Plangruppenzählers eindeutig differenziert.
- Arbeitspläne, die der Fertigung eines Materials nach unterschiedlichen Fertigungsmethoden dienen, können in unterschiedlichen Plangruppen abgelegt werden.
- Ein Arbeitsplan kann der Fertigung von unterschiedlichen Materialien dienen (spiegelbildliche Teile, z. B. rechte und linke Schranktür). Die unterschiedlichen Materialien können im ERP-System sogar verschiedenen Werken zugeordnet werden.

Vorgänge im Arbeitsplan

Der Vorgang charakterisiert den durchzuführenden Arbeitsschritt, den Vorgabewert (Zeitangabe) zur Durchführung sowie die zu produzierende Menge. Die Durchführungszeit zu einem Vorgang beinhaltet mindestens die Angabe der Aufrüst-, Bearbeitungs- und Abrüstzeit. Sie kann für die Terminierung durch drei Zeitangaben ergänzt werden (siehe Abbildung 4.40):

- **Wartezeit**
  Zeitspanne, in der das Material bis zur Durchführung des Vorgangs am Fertigungsplatz liegt.
- **Transportzeit**
  Zeitspanne der Bewegung des Materials von einem Fertigungsplatz zum nachfolgenden Fertigungsplatz.
- **Liegezeit**
  Zeitspanne nach der Beendigung der Fertigung, in der das Material an der Fertigungsstelle bis zum Transportzeitpunkt zwischengelagert wird.

Abbildung 4.40 Zeitanteile eines Fertigungsauftrags

Warte- und Aufrüstzeit bzw. Liege- und Abrüstzeit können sich dabei überlappen, weil die Schritte parallel durchgeführt werden können.

Arbeitsplantypen

Arbeitspläne können Sie mit und ohne Materialbezug sowie mit und ohne Angabe einer Plangruppe (ähnliche Arbeitspläne werden in Gruppen zusammengefasst) anlegen. Geben Sie im ersten Schritt beim Anlegen eines Arbeitsplans kein Material an, kann dies später erfolgen. Legen Sie einen Arbeitsplan zu einem vorhandenen Material an, werden beim Anlegen alle Pläne aufgelistet, die zu diesem Material bereits vorhanden sind. Wird beim Anlegen keine von den vorhandenen Plangruppen angegeben, ordnet das ERP-System intern eine Plangruppe zu. Im ERP-System werden die folgenden Arbeitsplantypen unterstützt:

- **Normalarbeitsplan**
  Der Normalarbeitsplan beschreibt den Arbeitsablauf zur Fertigung eines Materials. Zu einem Material können mehrere Normalar-

beitspläne angelegt werden, die z. B. in unterschiedlichen Losgrößenbereichen oder zu verschiedenen Verwendungen wie Fertigungsbearbeitung, Nachbearbeitung oder Prototypbearbeitung genutzt werden. Zur Verringerung des Erfassungsaufwands können Sie von einem Normalarbeitsplan auf Standardarbeitspläne in beliebiger Reihenfolge und Häufigkeit verweisen. Da Materialien, Pläne und Werke beliebig miteinander verknüpft werden können, sind Normalarbeitspläne höchst flexibel verwendbar. So können Sie z. B. die Fertigung spiegelbildlicher Teile (z. B. linke und rechte PKW-Tür) über einen einzigen Plan abbilden.

- **Standardarbeitsplan**
  Im Gegensatz zum Normalarbeitsplan ist der Standardarbeitsplan keinem Material zugeordnet. Ein Standardarbeitsplan umfasst eine Folge von Vorgängen, die sich in einem Fertigungsablauf häufig wiederholen und auf die im Bedarfsfall zurückgegriffen wird. Standardarbeitspläne können als Referenz oder Vorlage in Normalarbeitsplänen oder Werkaufträgen verwendet werden. Dadurch wird der Erfassungsaufwand für Normalarbeitspläne durch den Rückgriff auf bereits vorhandene Datenbestände erheblich verringert. Ebenso bewirkt eine Änderung im Standardarbeitsplan eine automatische Änderung auf alle referierenden Normalarbeitspläne.
- **Linienplan**
  Linienpläne sind für die produktionsratenbezogene Planpflege ausgelegt und können z. B. in der Serienfertigung genutzt werden. Während in Normalarbeitsplänen die Basismenge im Allgemeinen konstant ist (z. B. Stück) und die Zeiten (z. B. die Bearbeitungszeit) über die Vorgabewerte gepflegt werden, ist es beim Linienplan umgekehrt. Die Produktionsmengen werden artikelspezifisch gepflegt, und die Bezugszeit ist konstant. Dadurch beschreibt ein Linienplan, welche Menge eines Artikels in einer vorgegebenen Zeit gefertigt wird. Ein Linienplan enthält eine Vorgangsfolge. Über die Produktionsmenge, die Produktionszeit und die dazugehörigen Einheiten wird für jeden Vorgang eine Produktionsrate festgelegt. Dabei wird die Produktionsrate durch den Quotienten aus Produktionsmenge und Produktionszeit bestimmt. So kann z. B. die Produktionsmenge in Tonnen pro Schicht angegeben werden. In allen weiteren Punkten entsprechen sich die Funktionalität und Pflege von Linienplänen und Normalarbeitsplänen. Arbeits-

plätze, die den Vorgängen in Linienplänen zugeordnet werden, sollten Vorgabewertschlüssel besitzen, in denen die Vorgabewerte PRODUKTIONSZEIT, RÜSTEN und ABRÜSTEN voreingestellt sind.

- **Standardlinienplan**
  Standardlinienpläne werden als Referenz oder Vorlage in Linienplänen verwendet. Ein Standardlinienplan umfasst eine Vorgangsfolge. Über die Produktionsmenge und Bezugszeit wird analog zum Linienplan die Produktionsrate im Vorgang festgelegt. In Funktionalität und Pflege entsprechen sich die Standardlinienpläne und Standardarbeitspläne.

Arbeitspläne sind neben der Zeichnung und der Stückliste wesentliche Grundlage für die Fertigung und dienen als Fertigungsanweisung zur Durchführung der Produktionsprozesse. Neben der Beschreibung des Produktionsprozesses ist der Arbeitsplan die zentrale Basis zur zeitlichen Planung der Arbeitsschritte. So kann mithilfe der im Arbeitsplan angegebenen Zeitgrößen eine auftragsneutrale Vorwärts- oder Rückwärtsterminierung durchgeführt werden. Führen die angegebenen Zeiten zu einer Überschreitung des spätestmöglich erlaubten Fertigstellungstermins, können die folgenden drei Verfahren zur Reduzierung der Fertigungsauftragszeit eingesetzt werden:

- Reduzierung der Warte-, Liege- und Transportzeit bis auf die minimal notwendige Dauer.
- Überlappung von Vorgängen, d. h., dass Teilmengen an den nachfolgenden Arbeitsvorgang übergeben werden, bevor ein Arbeitsvorgang vollständig abgeschlossen ist.
- Splittung eines Vorgangs, d. h., dass die zu produzierende Menge bezüglich eines Arbeitsvorgangs auf verschiedene Kapazitäten (Anlagen oder Maschinen) aufgeteilt und somit der Arbeitsvorgang parallel an einer oder mehreren Maschinen durchgeführt wird.

Eine Weiterentwicklung im Rahmen der computergestützten Arbeitsplanerstellung (Computer-aided Planning) ist die Erzeugung von Programmieranweisungen für NC-gesteuerte Maschinen, wobei je nach Integrationsgrad auf computergestützt erstellte Geometrie- und Technologieinformationen (CAD/NC-Integration) zurückgegriffen werden kann (siehe Diedenhoven 1985, S. 58–65).

Eine zweite Entwicklung liegt in der teilweisen Automatisierung von herkömmlich erstellten Arbeitsplänen, indem der variantenbezogene

Arbeitsplan, z. B. durch Variantenbildung zu einer Produktfamilie und durch Variation von Parametern aus einem Standardarbeitsplan, erzeugt wird. Ebenso kann durch den Aufbau geeigneter Klassifikationssysteme die Anpassungsplanung durch die Nutzung von Rumpf- bzw. Standardarbeitsplänen teilweise automatisiert werden (siehe Hüllenkremer 1990, S. 48–57).

In SAP ERP werden die Anforderungen an eine computergestützte Arbeitsplanung zum einem durch die Konfiguration von Arbeitsplänen und zum anderen durch die automatische Vorgabewertermittlung unterstützt. Dabei erfolgt die Ermittlung von Vorgabewerten für Rüst-, Maschinenlauf-, Transport-, Prüf- und Wartezeiten auf der Basis von hinterlegten Tabellen und Formeln. Neben der Automatisierung der Arbeitsplanerstellung ist darüber hinaus für eine weitere integrierte Bearbeitung die Angabe von bestimmten Informationen für die nachfolgenden Arbeitsschritte sinnvoll. Dies geschieht im ERP-System über die Zuordnung eines Steuerschlüssels zu einem Arbeitsvorgang.

4.5.2 Normalarbeitsplan

Der am häufigsten verwendete Arbeitsplantyp in der diskreten Fertigung ist der Normalarbeitsplan, den Sie mithilfe der Transaktion CA01 anlegen und über die Transaktion CA02 ändern. Der Einstieg in den Arbeitsplan erfolgt entweder über MATERIAL und WERK oder über das Feld PLANGRUPPE (siehe Abbildung 4.41).

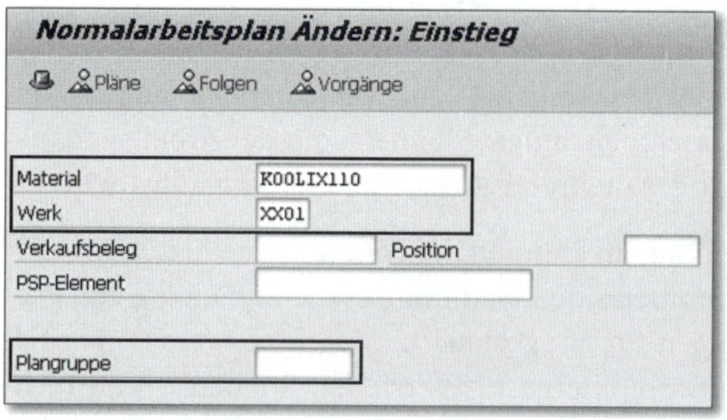

Abbildung 4.41 Einstieg in den Arbeitsplan

Arbeitsplan-alternativen

Zu einer Plangruppe können mehrere Arbeitspläne existieren. Diese werden – ähnlich wie die Stückliste – über Verwendung und

Plangruppenzähler (PGZ) eindeutig identifiziert. In diesem Beispiel existieren für das Material KOOLIX110 drei unterschiedliche Arbeitspläne innerhalb der Plangruppe. Diese werden beim Einstieg in den Arbeitsplan zur Auswahl angezeigt (Abbildung 4.41).

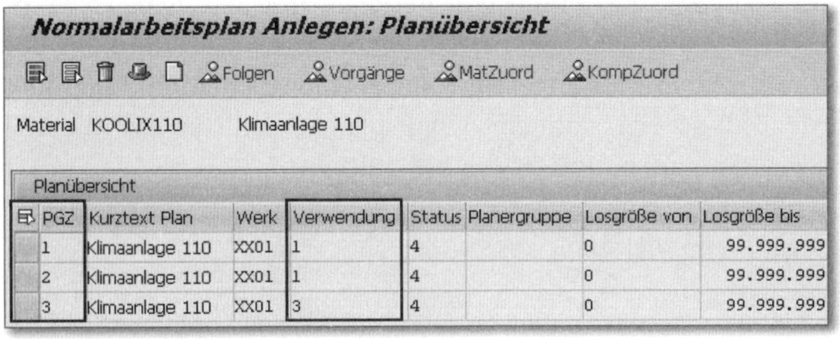

Abbildung 4.42 Alternative Pläne

Nach der Auswahl einer Alternative gelangen Sie in den Kopf des Arbeitsplans, der eine Zuordnung zum Arbeitsplaner, den Status des Plans (Erstellungsphase, freigegeben usw.) sowie den gültigen Losgrößenbereich enthält (siehe Abbildung 4.43).

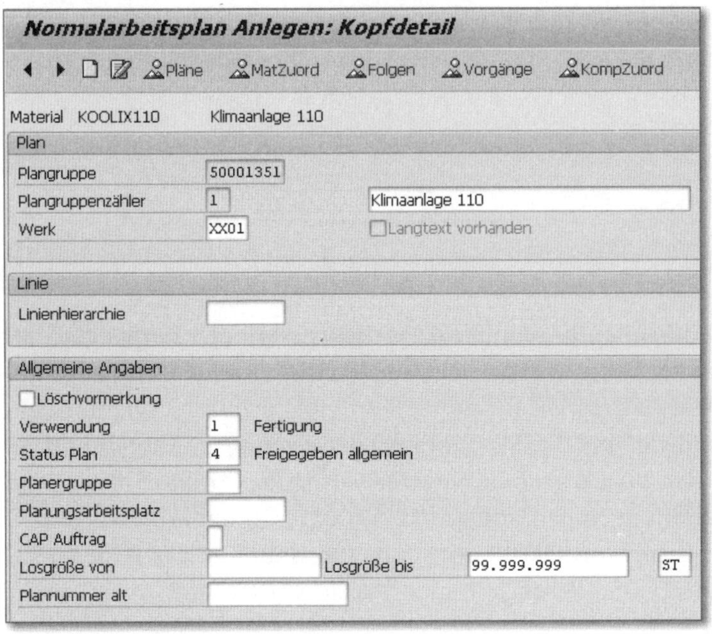

Abbildung 4.43 Arbeitsplan – Kopf

Losgrößenbereich

Die Parameter LOSGRÖSSE VON und LOSGRÖSSE BIS sind so zu verstehen, dass der Arbeitsplan nur für solche Aufträge ausgewählt wird, deren Auftragsmenge innerhalb dieses Intervalls liegt.

Materialzuordnung

Auch können Sie einen Arbeitsplan mehreren Materialien zuordnen. Dies ist sinnvoll, falls ähnliche Materialien mit den gleichen Fertigungsschritten erstellt werden. Die Zuordnung wird mithilfe der Drucktaste MATZUORD angezeigt und geändert. In Abbildung 4.44 wird der Fall gezeigt, dass ein Arbeitsplan sowohl für das Material KOOLIX110 als auch für KOOLIX200 gültig ist.

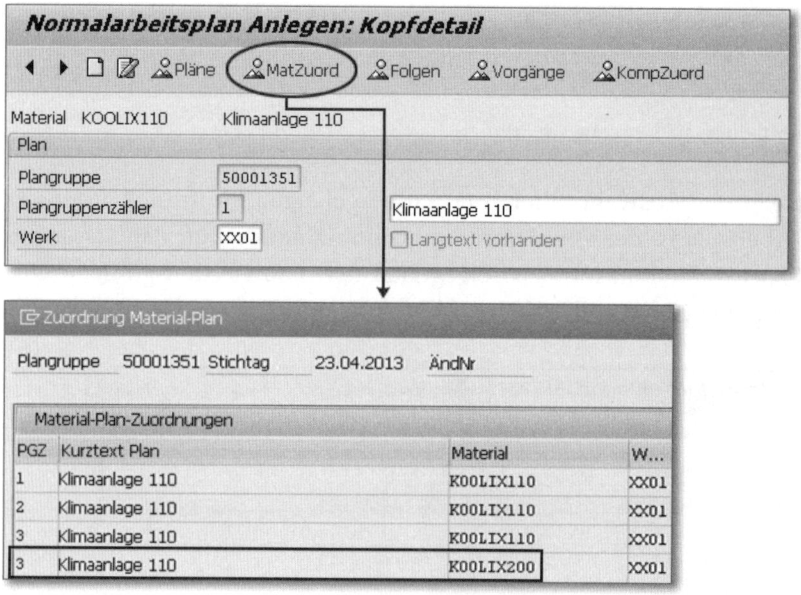

Abbildung 4.44 Materialzuordnung im Arbeitsplan

Vorgänge des Arbeitsplans

Die wesentliche Information zur Fertigung ist in den Vorgängen enthalten. In der Vorgangsübersicht werden die einzelnen Vorgänge mit den Arbeitsplätzen, auf denen die Fertigung erfolgt, sowie mit dem Steuerschlüssel und den Vorgabewerten eingetragen. Abbildung 4.45 zeigt in der Vorgangsübersicht eine Fertigungsstruktur, bestehend aus den drei Vorgängen VORMONTAGE (0010), HAUPTMONTAGE (0020) und NACHMONTAGE (0030), mit deren Zuordnung zu den Arbeitsplätzen KLMNTG05, KLMNTG06 und KLMNTG07 und dem Steuerschlüssel PP01.

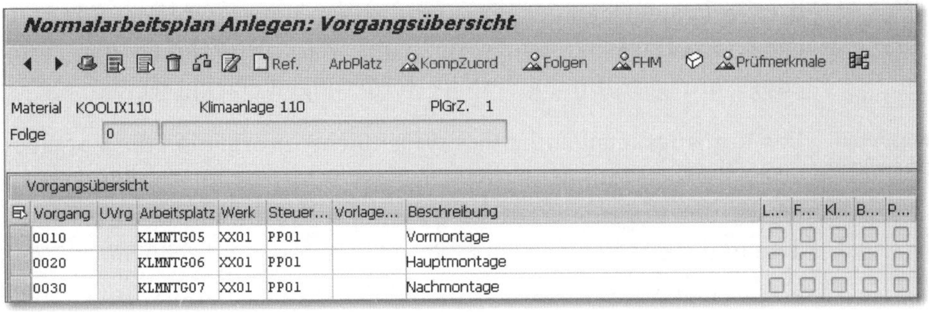

Abbildung 4.45 Arbeitsplan – Vorgangsübersicht

Steuerschlüssel

Der *Steuerschlüssel* enthält eine Reihe von Parametern, die z. B. bestimmen, ob der Vorgang für die Terminierung oder die Kapazitätsplanung relevant ist, ob Rückmeldungen möglich sind u.v.m. Auf die Parameter des Steuerschlüssels wird in den folgenden Kapiteln an den Stellen eingegangen, an denen die Parameter verwendet werden. Den Steuerschlüssel pflegen Sie mithilfe der Customizing-Transaktion OPJ8 (siehe Abbildung 4.46).

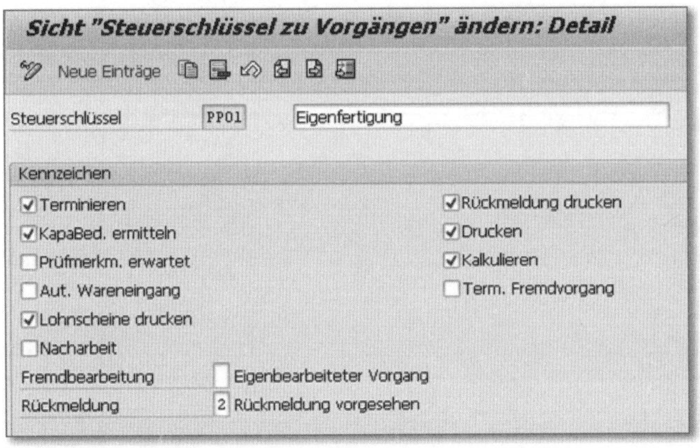

Abbildung 4.46 Steuerschlüssel

Der Steuerschlüssel enthält unterschiedliche Kennzeichen, die je nach Steuerschlüssel optional oder obligatorisch sind und im Customizing gepflegt werden. Über den Steuerschlüssel legen Sie beispielsweise fest, wie ein Vorgang oder ein Untervorgang behandelt werden soll. Ebenso definieren Sie, ob eine Kalkulation oder eine Kapazitätsplanung für den Vorgang oder die Untervorgänge erfolgen soll. Abhängig vom Steuerschlüssel werden verschiedene Plausibilitätsprüfungen vorgenommen, z. B. sind Splittung und Überlappung nur dann zulässig, wenn der Vorgang auch terminiert wird. Das Kennzeichen FREMDBEARBEITUNG sorgt dafür, dass im Rahmen der Fertigungsauftragseröffnung Bestellanforderungen erzeugt werden.

Vorgangsdetail und Vorgabewerte

Das Vorgangsdetail enthält als wesentliche Information die Vorgabewerte, bezogen auf die Basismenge des Vorgangs. In Abbildung 4.47 besitzt der Vorgang 0010 Vorgabewerte für die Rüstzeit (0,5 Stunden) und die Maschinenzeit (1 Stunde), bezogen auf zehn Stück. Welche Vorgabewerte gepflegt werden können, wird durch den Vorgabewertschlüssel des Arbeitsplatzes bestimmt, siehe Abschnitt 4.4., »Arbeitsplatz«. In diesem Fall sind es RÜSTZEIT, MASCHINENZEIT und PERSONALZEIT. Das Vorgangsdetail besitzt darüber hinaus eine Reihe weiterer Parameter, die ebenfalls an den Stellen beschrieben werden, an denen sie verwendet werden. Abbildung 4.47 zeigt einen Ausschnitt aus dem Vorgangsdetail.

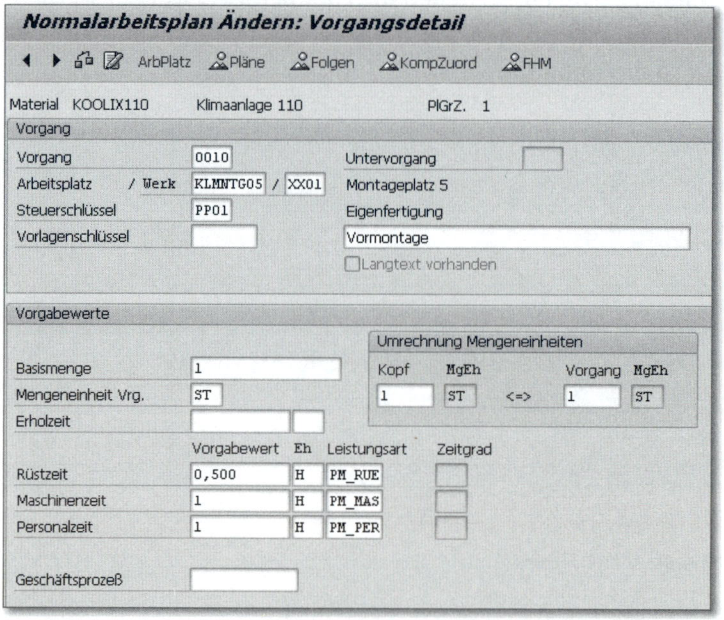

Abbildung 4.47 Vorgangsdetail

Komponentenzuordnung

Als Voreinstellung sind alle Komponenten dem ersten Vorgang zugeordnet, was impliziert, dass der Bedarf für die Komponenten am Anfang des ersten Vorgangs liegt. Häufig werden bestimmte Komponenten jedoch erst gegen Ende des Auftrags benötigt, was insbesondere bei langen Fertigungsdauern mit vielen Vorgängen zu ungewollten Materialpuffern führt. Abbildung 4.48 zeigt die Vorgehensweise zur Komponentenzuordnung aus dem Vorgangsübersichtsbild des Arbeitsplans. Über die Drucktaste KompZuord (Komponentenzuordnung) ❶ können Sie die Komponenten explizit den einzelnen Vorgängen zuzuordnen. Hierzu selektieren Sie zunächst die zuzuordnende Komponente ❷, und nach einem Klick auf die Drucktaste Neuzuordnen ❸ erscheint ein Pop-up-Fenster ❹, in dem der Vorgang zugewiesen wird. Als Ergebnis wird der zugeordnete Vorgang in der Positionsübersicht angezeigt ❺.

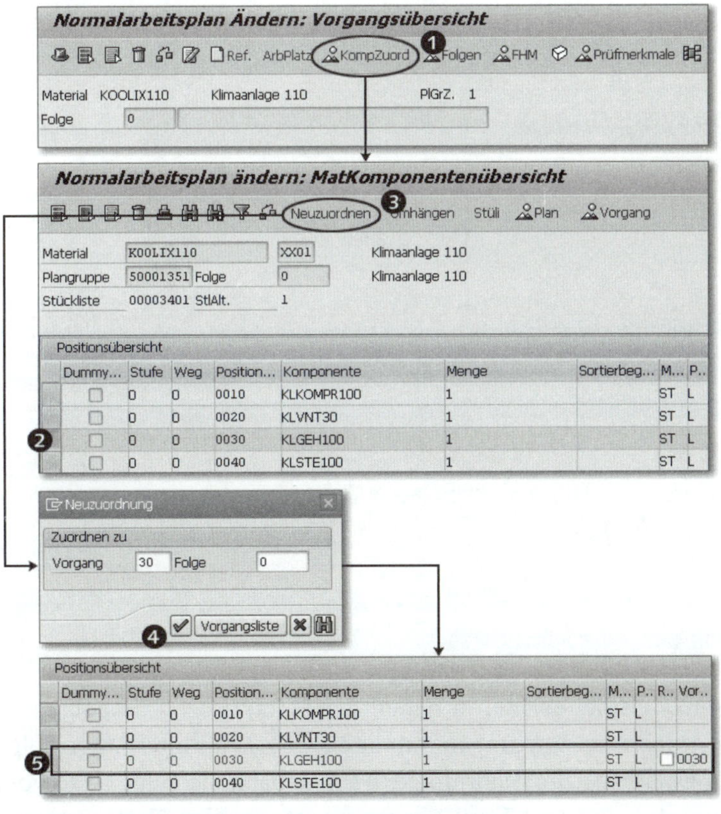

Abbildung 4.48 Komponentenzuordnung zu Vorgängen

Die Zuordnung erfolgt anhand der Stückliste des Kopfmaterials. Bei mehreren Stücklistenalternativen erfolgt die Zuordnung spezifisch für eine zuvor gewählte Alternative.

Folgen

Der Normalarbeitsplan wird als lineare Kette von Vorgängen gepflegt. *Parallele Folgen* bieten die Möglichkeit, eine Gabelung der

Fertigung durchzuführen, falls bestimmte Fertigungsschritte innerhalb eines Auftrags parallel durchgeführt werden können. Alternative Folgen bilden hingegen eine Ausweichmöglichkeit in der Fertigung ab, falls ein Erzeugnis auf unterschiedliche Weise gefertigt werden kann.

Die Folgenübersicht rufen Sie mithilfe der Drucktaste Folgen aus dem Arbeitsplan heraus auf; sie zeigt alle Folgen eines Arbeitsplans an – parallele und alternative (siehe Abbildung 4.49).

Die Folgen werden durchnummeriert und besitzen eine Folgenart. Die Stammfolge besitzt die Folgenart 0, parallele Folgen die Folgenart 1 und alternative Folgen die Folgenart 2.

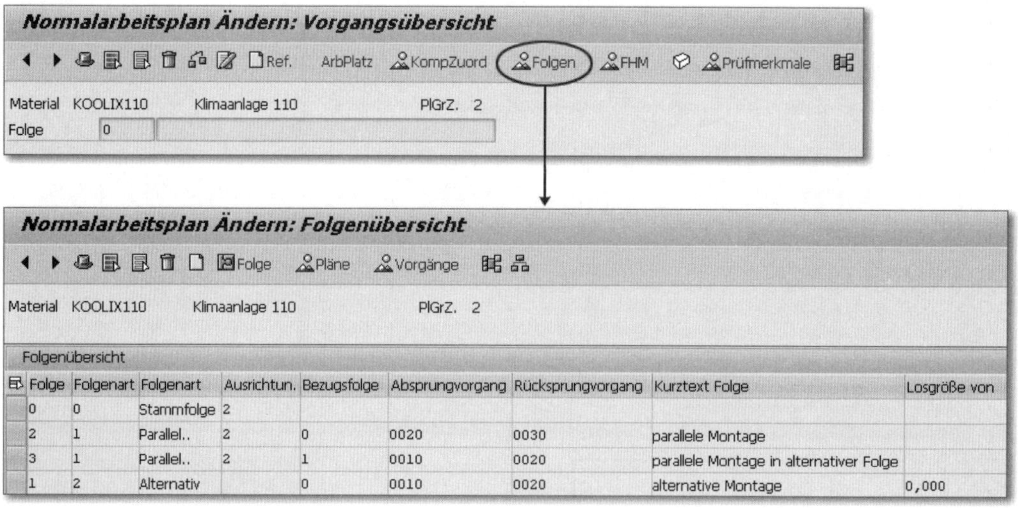

Abbildung 4.49 Folgenübersicht

In diesem Beispiel existieren neben der Stammfolge (die Folge, die bei der Anlage von Vorgängen immer entsteht) eine alternative Folge (Folge 1 mit Bezug zur Stammfolge 0) sowie parallele Folgen – sowohl zur Stammfolge (Folge 2 mit Bezug zur Stammfolge 0) als auch zur alternativen Folge (Folge 3 mit Bezug zur alternativen Folge 1).

Wichtige Informationen für Folgen ist der Absprungvorgang, bezogen auf die Bezugsfolge, und der Rücksprungvorgang. Sie müssen nicht notwendigerweise einen Absprungvorgang angeben, der Rücksprungvorgang ist jedoch obligatorisch.

Die Anlage neuer Folgen erfolgt aus der Folgenübersicht, wie es Abbildung 4.50 dargestellt ❶. Hierbei wird erst im zweiten Schritt entschieden, ob es sich um eine Alternative oder um eine Parallele Folge handeln soll ❷. Entscheidend ist hier die Definition von Absprungvorgang sowie Rücksprungvorgang und Bezugsfolge ❸.

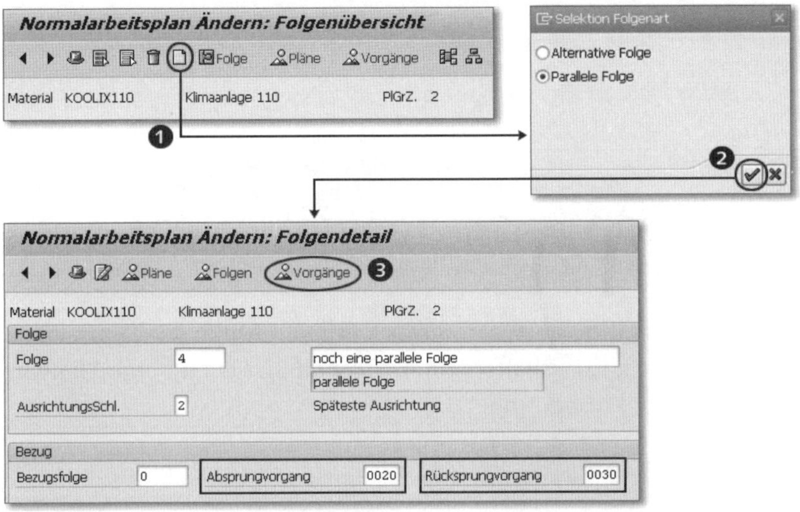

Abbildung 4.50 Anlage neuer Folgen

Mit der Drucktaste Vorgänge gelangen Sie zur Vorgangsübersicht, in der die Vorgänge der Folge analog zur Stammfolge gepflegt werden können.

Fertigungshilfsmittel

Fertigungshilfsmittel sind bewegliche Betriebsmittel, die im Arbeitsplan sowohl eigen- als auch fremdzubearbeitenden Vorgängen zugeordnet werden können. Beispiele für Fertigungshilfsmittel sind Werkzeuge, Vorrichtungen, NC-Programme, Zeichnungen sowie Mess- und Prüfmittel.

Die Zuordnung eines Fertigungshilfsmittels nehmen Sie in der FHM-Übersicht zu einem Vorgang vor, wie es Abbildung 4.51 zeigt. Hierbei geben Sie an, zu welchem Termin welche Menge des Hilfsmittels für welche Zeitdauer benötigt wird.

Fertigungshilfsmittel können vom Typ Material, Dokument, Equipment oder Sonstige sein – wobei Sonstige Fertigungshilfsmittel mit eigenem Stammsatz darstellen.

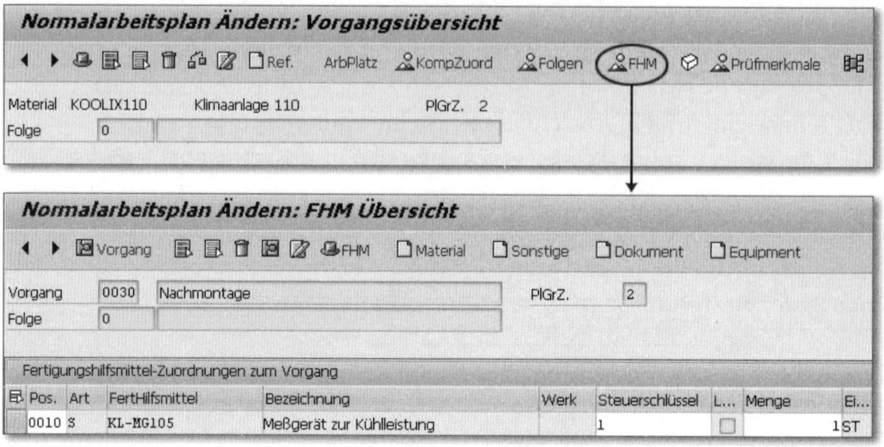

Abbildung 4.51 Zuordnung von Fertigungshilfsmitteln zu einem Vorgang

Fertigungshilfsmittel mit Stammsatz

Fertigungshilfsmittel mit Stammsatz werden mithilfe der Transaktion CF01 angelegt und enthalten einen eigenen Status und eine Planverwendung (siehe Abbildung 4.52).

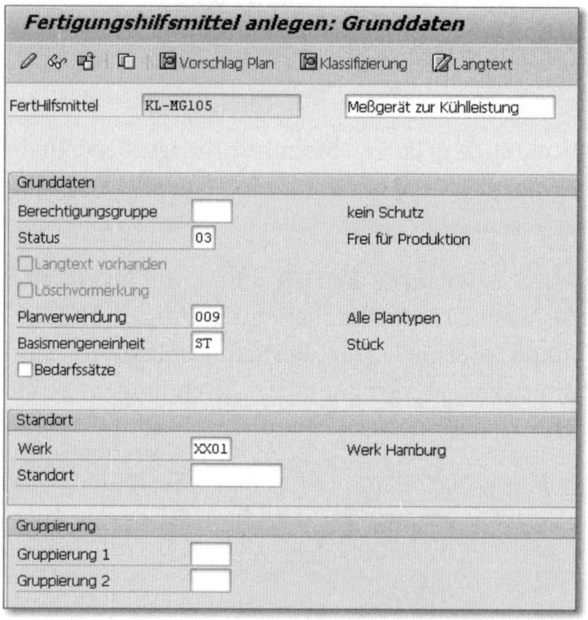

Abbildung 4.52 Fertigungshilfsmittel mit Stammsatz

Auf der Basis eines fertigungshilfsmittelbezogenen Stammsatzes kann allerdings keine Beschaffung erfolgen.

Fertigungshilfsmittel mit Materialstamm

Fertigungshilfsmittel, zu denen ein Materialstammsatz angelegt ist, können sowohl eigengefertigt als auch fremdbezogen werden. Wichtig ist, dass ein Fertigungshilfsmittel mit Materialstammsatz einem Vorgang zugeordnet werden kann, wenn im Materialstamm die Sicht FERTIGUNGSHILFSMITTEL gepflegt worden ist und das Statuskennzeichen des Materials die Zuordnung zulässt.

Prüfplan

Eng verwandt mit dem Arbeitsplan ist der *Prüfplan*. Ein Prüfplan enthält die einzelnen Prüfvorgänge, die zu prüfenden Merkmale je Prüfvorgang und das zu verwendende Prüfmittel. Ein Prüfplan kann prinzipiell zu Wareneingangs-, Warenausgangs-, Erstmuster- und fertigungsbegleitenden Prüfungen herangezogen werden. Im ERP-System kann die Erstellung von Prüfplänen entfallen, weil die Prüfmerkmale direkt im Arbeitsplan hinterlegt werden. Die Prüfmerkmale können entweder direkt einem Arbeitsvorgang zugeordnet werden, oder ein Arbeitsvorgang wird als Prüfvorgang deklariert und eine Prüfposition im Arbeitsplan definiert. Ein Prüfmerkmal enthält unter anderem eine Merkmalsbeschreibung, die Prüfmethode und das Stückprobenverfahren. Qualitätsrelevante Merkmale sind z. B. die Angabe von physikalischen und geometrischen Eigenschaften. Die Prüfmethode legt fest, nach welchem Verfahren die Prüfung durchgeführt werden soll. Das Stichprobenverfahren bestimmt, ob eine hundertprozentige Stichprobe, eine prozentuale Stichprobe, eine feste Stichprobe oder eine Stichprobe nach Stichprobenplan erfolgen soll.

Fertigungsversionen

Eine *Fertigungsversion* wird für ein Material angelegt und kombiniert einen Arbeitsplan mit einer Stückliste. Fertigungsversionen können zur Stammdatenauswahl verwendet werden – wie, wird in den folgenden Kapiteln an den entsprechenden Stellen beschrieben. Für eine Integration mit SAP APO sind Fertigungsversionen jedoch zwingend. Die Definition der Fertigungsversion erfolgt im Materialstamm – entweder in der Sicht DISPOSITION 4 oder in der Arbeitsvorbereitung (siehe Abbildung 4.53). Nach dem Betätigen der Drucktaste FERTVERSION ❶ erscheint ein Pop-up-Fenster, in dem die Fertigungsversion mit ihrer Gültigkeit definiert wird ❷. Anschließend definieren Sie über den Druckknopf DETAIL den Inhalt der Fertigungsversion ❸.

Den Inhalt der Fertigungsversion – d. h. die Zuordnung des Arbeitsplans und der Stückliste – legen Sie im Detail der Fertigungsversion fest (siehe Abbildung 4.54).

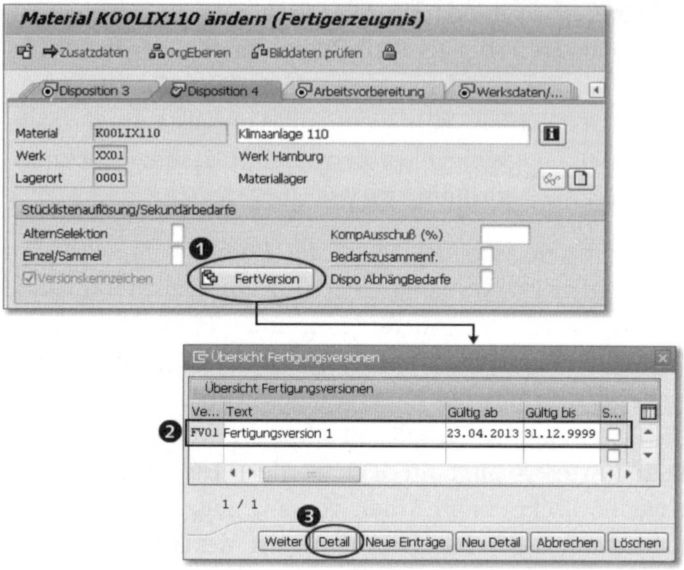

Abbildung 4.53 Anlegen von Fertigungsversionen – Schritt 1

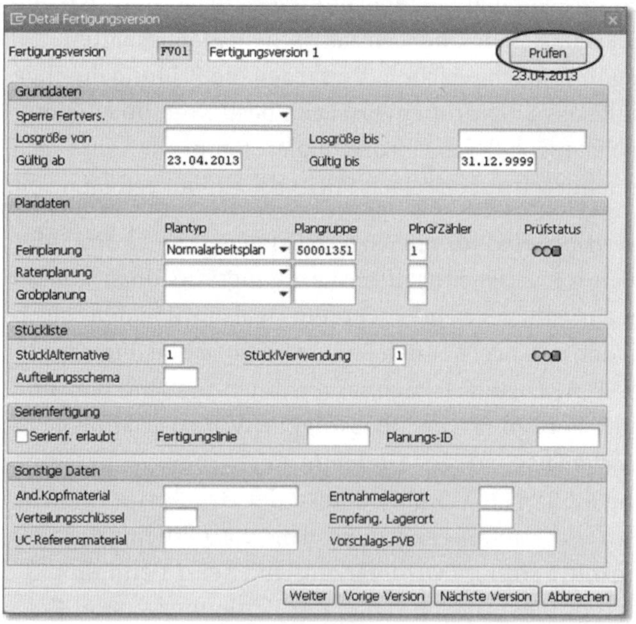

Abbildung 4.54 Anlegen von Fertigungsversionen – Schritt 2

Es empfiehlt sich, vor dem Sichern der Fertigungsversion mithilfe der Drucktaste PRÜFEN sicherzustellen, dass Arbeitsplan und Stückliste existieren, gültig und dem Material zugeordnet sind.

In der Absatzplanung wird der künftige Bedarf geplant, wobei weder Bestände noch verfügbare Kapazitäten eine Rolle spielen. Häufig bildet die Absatzvergangenheit die Grundlage für die Absatzplanung. Basierend auf der Absatzplanung erstellt die Produktionsgrobplanung die geplanten Produktionsmengen. Hier können Anfangsbestände und Kapazitäten grob berücksichtigt werden.

5 Absatz- und Produktionsgrobplanung

Die Hauptaufgabe der Absatz- und Produktionsgrobplanung (engl. *Sales and Operations Planning, SOP*) liegt darin, die zu verkaufenden Produktarten und Produktmengen für einen mittel- bis langfristigen Planungszeitraum festzulegen.

5.1 Prozessüberblick

Die Planung der Absatz- und Produktionsgrobplanung umfasst die Bedarfszahlen für die aggregierten Enderzeugnisse (z. B. Produktgruppen) sowie für Enderzeugnisse und selbstständig absetzbare Ersatzteile in Form von Baugruppen (z. B. Elektromotoren) und Einzelteilen (z. B. Gehäuse oder Propeller für einen Ventilator).

Zum einen ist es Ziel, die entsprechenden Plandaten für die Produktion zu erhalten (z. B. in der Konsumgüterindustrie, in der Nahrungsmittelindustrie oder bei einem Serienhersteller), und zum anderen sollen die auf der Basis von Marktanalysen oder aufgrund von Vergangenheitsdaten (wie etwa von vorliegenden Kundenaufträgen) ermittelten Planabsatzdaten auf grober Ebene, d. h. ohne Auflösung von Stücklisten und ohne Arbeitsplanterminierung (z. B. auf Werksebene oder Betriebsmittelgruppenebene), mit den Realisierungsmöglichkeiten der Fertigung abgeglichen werden.

Die Absatzplanung legt für die nächste Planungsperiode, in Abhängigkeit von den Möglichkeiten der Produktion sowie der Produktnachfrage auf dem Absatzmarkt, das Sortiment und die Absatzmenge fest (siehe Meffert 1986). Ziel der Absatzplanung ist nach Wöhe (2013) die Festlegung des Absatzprogramms und die Prognose der Absatzmengen und Absatzpreise. Der Absatzplan bildet die Grundlage für die Ableitung der weiteren betrieblichen Funktionspläne, da die zu produzierenden Mengen von den Absatzmöglichkeiten abhängen. Somit wird der Produktionsplan am Absatzplan ausgerichtet.

Im Rahmen der Absatz- und Produktionsgrobplanung werden nur Mengen betrachtet. Daher bezieht sich der Absatzplan in diesem Kontext ebenfalls nur auf Mengen. Der Produktionsgrobplan berücksichtigt bereits die Ressourcenkapazitäten – allerdings nur auf aggregierter Ebene, wie sie im Grobplanungsprofil hinterlegt ist. Im Gegensatz dazu enthält der Ergebnisplan aus CO-PA eine wertemäßige Planung des Absatzes.

Die Absatz- und Produktionsgrobplanung ist somit das Bindeglied zwischen der marktorientierten Ergebnisplanung und der fertigungsorientierten Programm- bzw. Produktionsprogrammplanung (Produktionsplanung).

Aufgaben und ihre Einbindung in die Unternehmensplanung

Ausgehend vom Produktionsplan wird der Beschaffungsplan für die Bereitstellung der Produktionsfaktoren festgelegt (siehe Wöhe 2013). Die Absatzplanung liefert die Informationen, die zeitlich, räumlich und sachlich zu differenzieren sind, für die Beantwortung der Frage, welche Produkte in welcher Menge verkauft werden sollen.

In SAP ERP ist die Absatzplanung Teil der Unternehmensplanung, die sich aus der Absatz-, Erlös- und Ergebnisplanung zusammensetzt. Der Gesamtumfang der Planung innerhalb der Ergebnisrechnung umfasst (siehe SAP AG – Ergebnis- und Vertriebs-Controlling 1996, S. 4.7–4.15):

- Die Absatzplanung eines Ergebnisobjekts (Planungsobjekt), d. h. die Planung auf der Produktgruppenebene oder für einzelne Produkte.
- Die Ermittlung der Planbrutto-/Nettoerlöse durch Bewerten des Absatzes mit den im Vertriebssystem hinterlegten Werten (Erlöse, Rabatte, Boni usw.), d. h. beispielsweise, dass das Unternehmen

einen Erlös von 2 Millionen EUR für eine Planperiode anstrebt und die Produktionskosten so weit wie möglich reduzieren möchte.

- Die Ergebnisplanung durch Übernahme der im Controlling geplanten Kosten (z. B. Herstellkosten, Kostenstellengemeinkosten), d. h., dass aus der Unternehmensplanung z. B. ein Budget in Höhe von 500.000 EUR vorgegeben wird.
- Die stufenweise Planung aller Fixkosten.

Die Schnittstelle zur Ergebnisrechnung in SAP ERP (CO-PA) erlaubt es, den Ergebnisplan als Grundlage für den Absatzplan zu nutzen. Umgekehrt ist es auch möglich, das Resultat der Absatz- und Produktionsgrobplanung an die Ergebnisrechnung, an die Kostenstellenrechnung oder an die Prozesskostenrechnung zu übergeben. Hierdurch ist eine Integration zwischen der Planung von Mengen (hier behandelt) und der Planung von Werten gegeben.

Datenfluss

Das Ergebnis der Absatz- und Produktionsgrobplanung ist der Produktionsgrobplan, der als Planprimärbedarf an die Programmplanung übergeben wird. Der Produktionsgrobplan wird anhand des Absatzplans, der ebenfalls Resultat dieses Prozesses ist, erstellt. Abbildung 5.1 veranschaulicht die Einbindung der Absatz- und Produktionsplanung in die angrenzenden Prozesse.

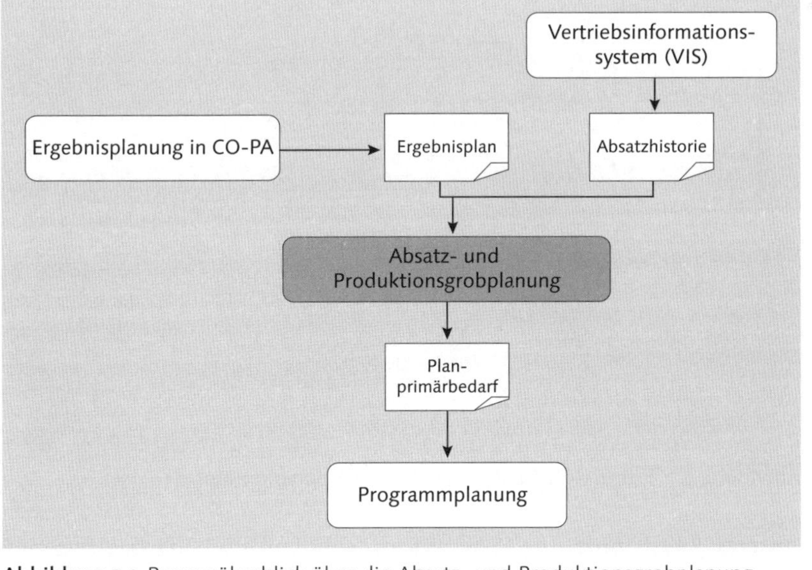

Abbildung 5.1 Prozessüberblick über die Absatz- und Produktionsgrobplanung

Im Einzelnen finden in der Absatz- und Produktionsgrobplanung zunächst die Prozessschritte zur Erstellung des Absatzplans und anschließend ein Ressourcenabgleich zur Festlegung des Produktionsgrobplans statt. Der Absatzplan wird entweder rein interaktiv anhand der Erfahrung des Planers erstellt oder durch eine Prognose unterstützt, die auf den Vergangenheitsdaten des Absatzes beruht. Einen weiteren optionalen Schritt stellt die Ereignisplanung dar, die den Einfluss von Promotion-Aktionen oder anderen Ereignissen (z. B. Fußballweltmeisterschaft) auf den Absatz berücksichtigt. Ereignisse sind insbesondere in der Konsumgüterindustrie von Bedeutung.

Der Absatzplan betrachtet allein die Bedarfsseite und berücksichtigt nicht die verfügbaren Produktionskapazitäten. Durch einen groben Ressourcenabgleich auf aggregierter Ebene wird sichergestellt, dass keine Bedarfsmengen an die Produktion gegeben werden, die weit jenseits der produzierbaren Mengen liegen. Abbildung 5.2 veranschaulicht die einzelnen Prozessschritte.

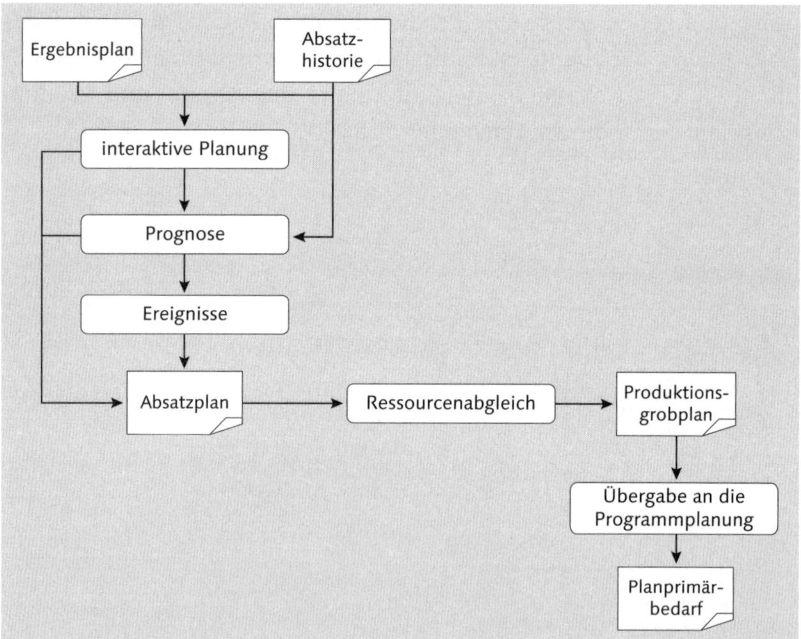

Abbildung 5.2 Prozessschritte der Absatz- und Produktionsgrobplanung

Abschließend wird der Produktionsgrobplan als bedarfswirksamer Planprimärbedarf an die Produktion übergeben.

Die Planung kann auf unterschiedlichen Ebenen erfolgen – z. B. auf der Ebene des Produkts oder der Produktgruppe. Je nach Anforderung können die Planungstableaus individuell eingestellt und unterschiedliche Arten der Datenhaltung verwendet werden.

Absatz- und Produktionsgrobplanung in SAP ERP

SAP bietet standardisierte Planungstableaus an, in denen auf festgelegten Ebenen (nämlich der Produktgruppenhierarchie) geplant werden kann. In diesem Fall spricht man von der Standardabsatz- und Produktionsgrobplanung (bzw. Standard-SOP). Im Gegensatz hierzu können in der flexiblen Planung die Planungstableaus und die Planungsebenen frei eingestellt werden. Die Planungsebene WERK ist nicht verpflichtend; der Produktionsgrobplan kann entsprechend einem Verteilungsschlüssel auf die Werke aufgeteilt werden.

Im Rahmen der flexiblen Planung wird der Bildschirmaufbau zur Erfassung der Planzahlen frei definiert. Dadurch werden die Planungsebene sowie die Wertfelder einer Planungssitzung festgelegt. In einem Planungstyp wird der Aufbau des Erfassungsschirms zur Eingabe der Plandaten sowohl hinsichtlich der Positionierung der Eingabefelder als auch bezüglich der zugehörigen Bedeutung festgelegt. Durch seine Position auf dem Erfassungsbildschirm ist jedem Eingabefeld sowohl eine Zeile als auch eine Spalte fest zugeordnet. Der Inhalt jedes Eingabefelds wird durch die Angaben bestimmt, die in den zugehörigen Zeilen bzw. Spalten des Planungslayouts hinterlegt sind.

SAP-Begriffe und -Objekte

Die Absatz- und Produktionsgrobplanung in SAP ERP verwendet Objekte, deren Namen nicht unbedingt auf ihre Bedeutung schließen lassen. Im Einzelnen sind dies:

- **Infostruktur**
  Dies ist die Datenstruktur, in der die Planung gespeichert wird. Plandaten werden in Kennzahlen zu Kombinationen von Merkmalswerten gespeichert.
- **Planungsmethode**
  Die Speicherung, Aggregation und Disaggregation der Daten in Bezug auf die Planungsebene erfolgt entweder als konsistente Planung oder als Stufenplanung.
- **Planungshierarchie**
  Die Planungshierarchie enthält die Merkmalswertekombinationen zu den Merkmalen der Infostruktur.

- **Planungstableau**
  Hier wird die Planung durchgeführt.
- **Planungstyp**
  Der Planungstyp definiert das Format des Planungstableaus.

Abbildung 5.3 gibt einen Überblick über die Objekte und deren Zusammenhänge.

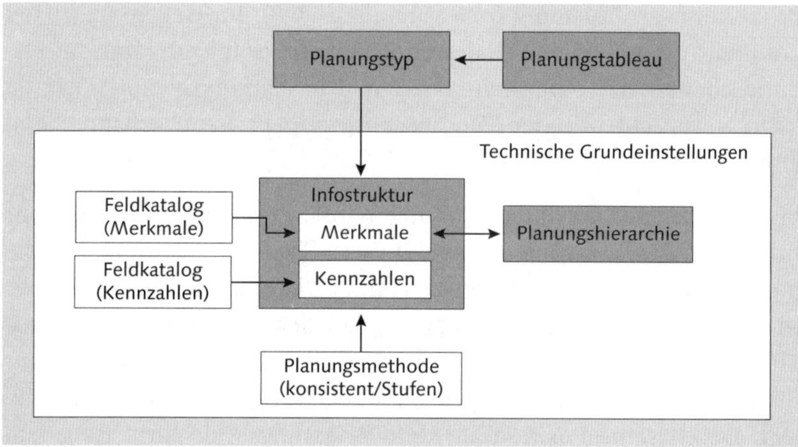

Abbildung 5.3 Objekte der Absatz- und Produktionsgrobplanung

Ein weiterer Begriff ist die *Produktgruppe*, die Materialien oder andere Produktgruppen enthält. Die Produktgruppe ist in erster Linie für die Standard-SOP von Bedeutung.

Jeder Infostruktur kann nur eine Planungshierarchie zugeordnet werden. Die Objekte INFOSTRUKTUR, PLANUNGSMETHODE, PLANUNGSHIERARCHIE und PRODUKTGRUPPE beschreiben wir im folgenden Abschnitt über die technischen Grundlagen der Absatz- und Produktionsgrobplanung, und den Objekten PLANUNGSTYP und PLANUNGSTABLEAU widmen wir uns in Abschnitt 5.3, »Planungstableau«.

SAP liefert drei Standardplanungstypen aus. Falls diese benutzt werden, spricht man von der Standardabsatz- und Produktionsgrobplanung (kurz: Standard-SOP). Andernfalls werden eigene Infostrukturen und Planungstypen erstellt. Letzteres wird als flexible Planung bezeichnet. Da die folgenden Funktionen häufig eine Fallunterscheidung erfordern, ist es wichtig zu verstehen, dass einerseits die Standard-SOP und andererseits die flexible Planung und auf anderer Ebene die Planungsmethoden der Stufenplanung und der konsistenten Planung einander gegenüberstehen. Abbildung 5.4 stellt die unterschiedlichen Objekte für die Standard-SOP und für die flexible Planung gegenüber.

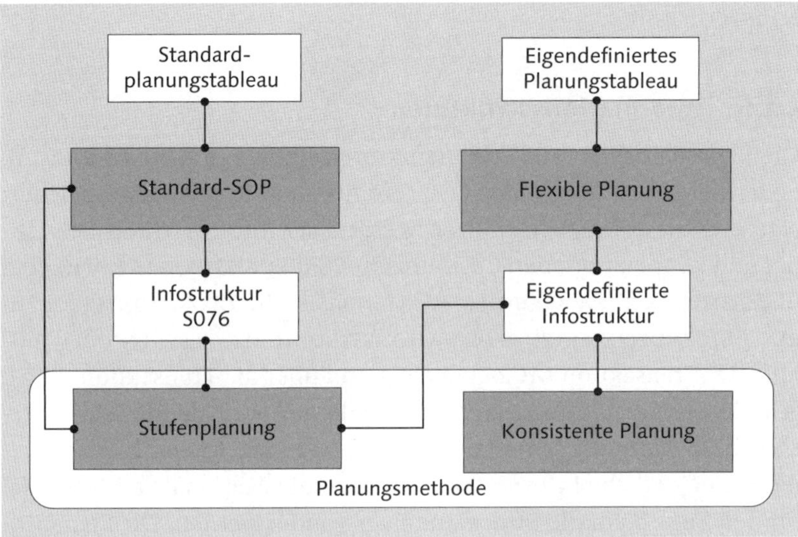

Abbildung 5.4 Standard-SOP, flexible Planung, Stufenplanung und konsistente Planung

Es ist zu beachten, dass die Standard-SOP die Planungsmethode *Stufenplanung* verwendet, die flexible Planung jedoch sowohl die Stufenplanung als auch die konsistente Planung verwenden kann. Tabelle 5.1 enthält die wichtigsten Eigenschaften der beiden Möglichkeiten Standard-SOP und flexible Planung.

Standard-SOP	Flexible Planung
voreingestellte Konfiguration	individuelle Konfiguration
Planung auf Produktgruppen	Planung auf Planungshierarchien
Stufenplanung	konsistente Planung oder Stufenplanung
Standardplanungstableau	individuelle Planungstableaus

Tabelle 5.1 Eigenschaften von Standard-SOP und flexibler Planung

Den größeren Möglichkeiten der flexiblen Planung stehen größere Aufwände für die Konfiguration gegenüber. Die Standard-SOP erlaubt hingegen die Verwendung vorkonfigurierter Einstellungen, ist aber in ihren Möglichkeiten stärker begrenzt.

5.2 Technische Grundlagen zur Absatzplanung

Im Folgenden werden die grundlegenden Objekte und Strukturen beschrieben, die zur Durchführung der Absatzplanung in SAP ERP erforderlich sind.

5.2.1 Informationsstrukturen

Die Planung basiert auf Datenstrukturen, in denen *Kennzahlen* (z. B. Liefermenge) zu *Merkmalen* (z. B. Produkt und Kunde) abgespeichert werden. Diese Datenstrukturen werden als Infostrukturen bezeichnet und können über den Customizing-Pfad Logistik Allgemein • LIS • Logistics Data Warehouse • Datenbasis • Informationsstrukturen • Eigendefinierte Informationsstrukturen pflegen oder mithilfe der Transaktion MC21 angelegt und über die Transaktion MC22 geändert werden. Infostrukturen enthalten Merkmale (diese entsprechen den Planungsebenen) und Kennzahlen. Die Kennzahlen enthalten die eigentliche Information, während die Merkmale als Schlüssel für den Zugriff auf die Information verwendet werden. Die Standard-SOP basiert auf der Infostruktur S076 (siehe Abbildung 5.5).

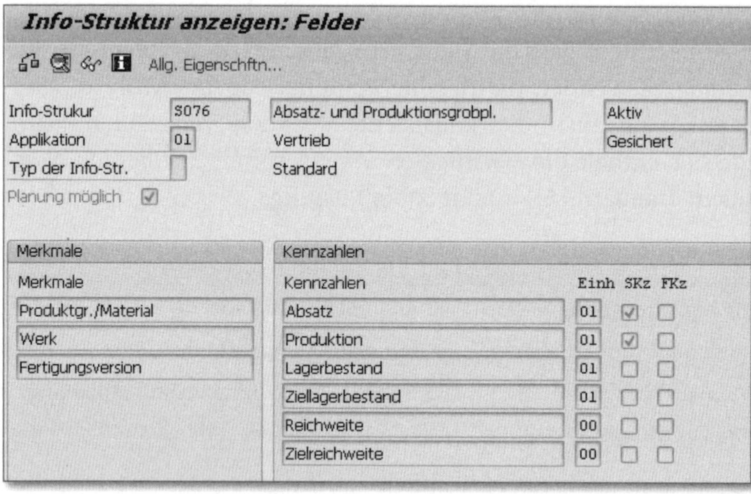

Abbildung 5.5 Infostruktur S076

In diesem Fall stehen als Planungsebenen Produktgr./Material (Produktgruppe bzw. Material), Werk und Fertigungsversion zur Verfügung. Die Reihenfolge der Merkmale in der Infostruktur legt gleichzeitig die Hierarchie der Ebenen fest: Auf der obersten Ebene werden die Produktgruppen oder die Materialien geplant. Zu jedem Material kann detaillierter das Werk und noch detaillierter die Fertigungsversion innerhalb des Werks geplant werden.

Die Infostruktur enthält die Kennzahlen ABSATZ, PRODUKTION, LAGERBESTAND, ZIELLAGERBESTAND, REICHWEITE und ZIELREICHWEITE. Das Planungsergebnis wird zu jedem der Merkmalswertekombinationen in diesen sechs Kennzahlen gespeichert. Werte zu weiteren Kennzahlen, z. B. Sonderaufträge, können in dieser Infostruktur nicht gespeichert werden.

Entscheidend an der Infostruktur ist, dass sie für die Planung zugelassen und aktiv ist. Weitere Planungsparameter pflegen Sie mithilfe der Transaktion MC7F (siehe Abbildung 5.6). Wesentliche Einträge sind die PLANUNGSART (Planungsmethode), die STATISTIKWÄHRUNG sowie die BASISMENGENEINHEIT. Falls die Basismengeneinheit der Infostruktur nicht mit der Basismengeneinheit eines geplanten Merkmals übereinstimmt, müssen Sie die Basismengeneinheit der Infostruktur als alternative Mengeneinheit des Materials pflegen.

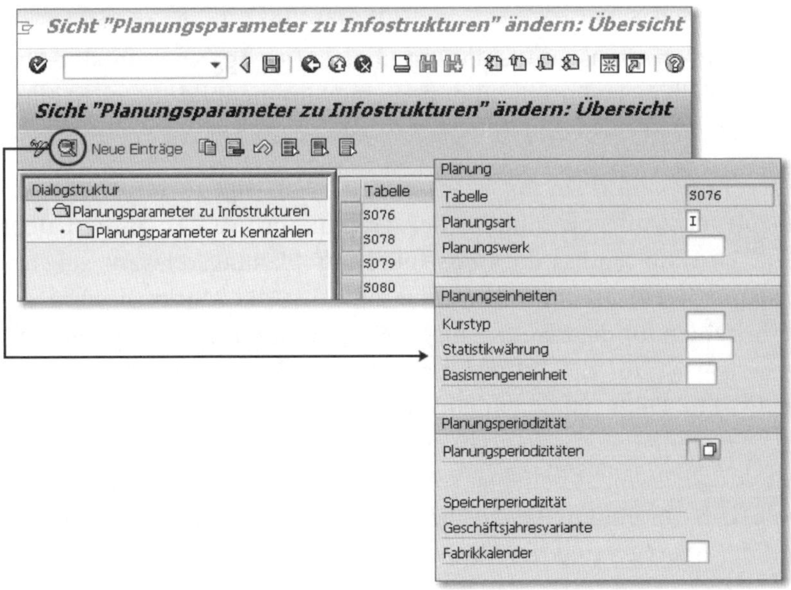

Abbildung 5.6 Planungsparameter zur Infostruktur

Eine weitere Eigenschaft der Infostruktur ist die Periodizität, in der die Daten gespeichert werden. Die Pflege dieses Planungsparameters ist Voraussetzung für das Anlegen einer Planungshierarchie. Die Planungsparameter zu den Kennzahlen (in derselben Transaktion) erlauben es, für jede Kennzahl festzulegen, ob z. B. eine Prognose für diese Kennzahl erlaubt sein soll oder ob die Kennzahl über die Summenbildung oder auf andere Weise aggregiert werden soll (Abbildung 5.7).

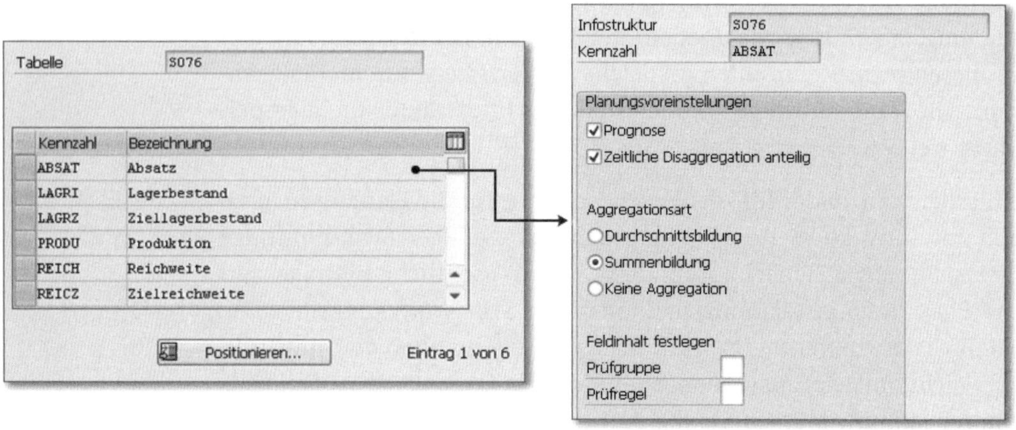

Abbildung 5.7 Planungsparameter zu Kennzahlen

Üblicherweise ist eine Summenbildung für die Aggregation erwünscht – Durchschnittsbildung oder keine Aggregation sind nur in den Fällen erwünscht, in denen eine Summenbildung nicht sinnvoll ist.

Anlage von Infostrukturen

Für die flexible Planung ist es erforderlich, eigene Infostrukturen anzulegen (Anlegen mithilfe der Transaktion MC21, Ändern über MC22). Hierzu muss die Infostruktur als planungsrelevant gekennzeichnet werden, und es werden zunächst die Merkmale und die Kennzahlen für die Planung ausgewählt. Abbildung 5.8 zeigt die Vorgehensweise für die Auswahl aus den Feldkatalogen für die Merkmale. Ein Feldkatalog enthält eine Gruppe von Merkmalen oder Kennzahlen, die thematisch gruppiert sind. Die Reihenfolge der Merkmale ist nicht beliebig, sondern entspricht der Planungshierarchie, d. h., in diesem Beispiel befinden sich die Verkaufsorganisation auf der obersten und das Material auf der untersten Planungsebene.

Die Auswahl der Kennzahlen erfolgt analog – in diesem Fall wurden die Kennzahlen aus dem Feldkatalog KENNZAHLEN SOP ausgewählt. Die Infostruktur muss nach dem Sichern generiert werden, damit sie auch aktiv wird. Abbildung 5.9 zeigt die Generierung und das Informationsprotokoll der Aktivierung.

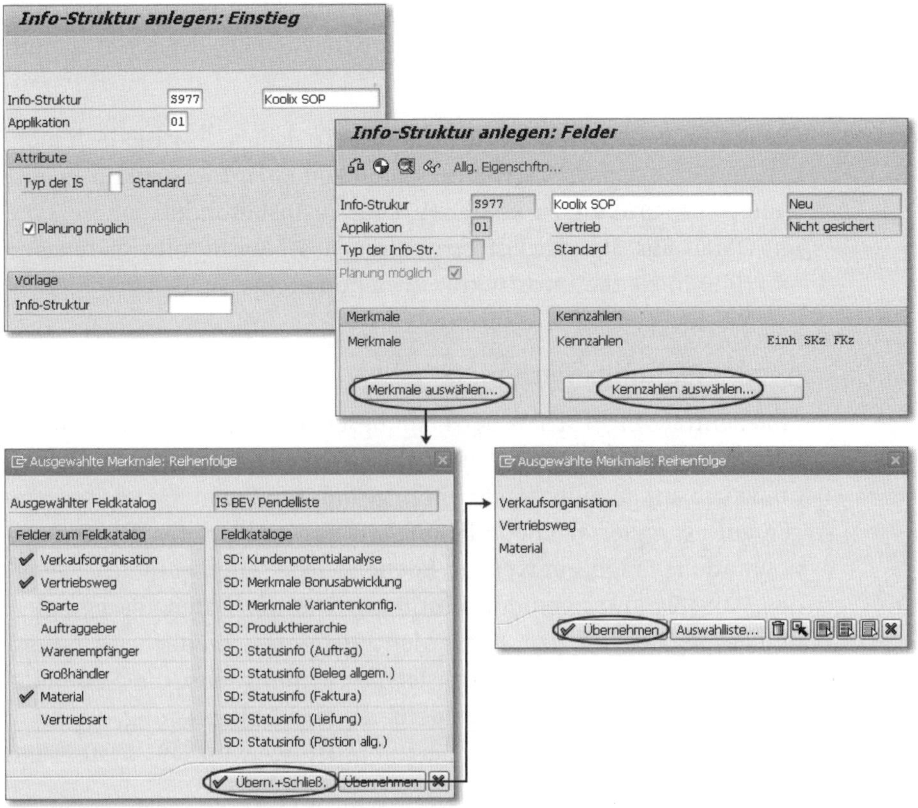

Abbildung 5.8 Merkmalsauswahl für Infostrukturen

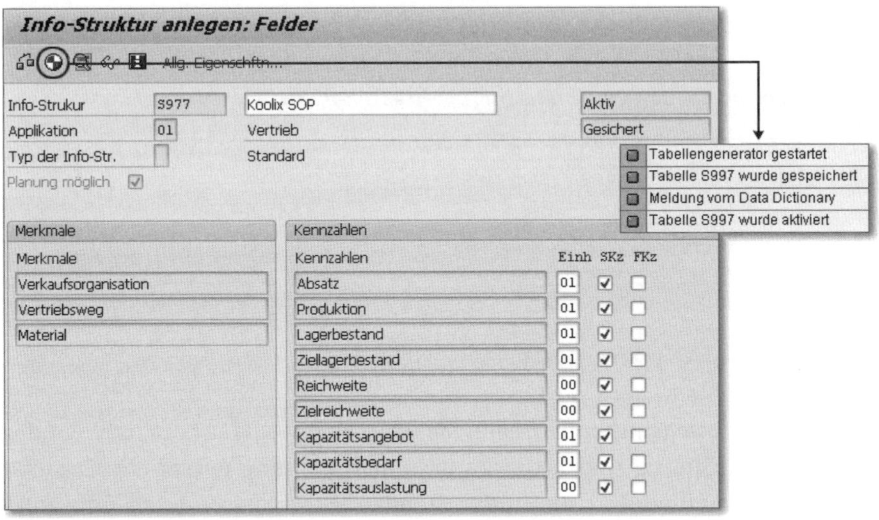

Abbildung 5.9 Generieren/Aktivieren der Infostrukturen

Als abschließenden Schritt müssen Sie die Planungsparameter mithilfe der Transaktion MC7F pflegen (wie zuvor in diesem Abschnitt beschrieben).

Copy Management

Die Daten werden in der Infostruktur gespeichert. Es ist jedoch möglich, mittels Copy Managements Daten von einer Infostruktur in eine andere Infostruktur zu kopieren. Dies ist insbesondere interessant, um Daten aus Standardinfostrukturen des Logistikinformationssystem (LIS) in eigene Infostrukturen zu kopieren.

5.2.2 Planungsmethoden

Eine zentrale Eigenschaft der Planungsebenen ist, dass Daten unterschiedlich aggregiert werden können und auf aggregierten Ebenen (und auch auf detaillierten Ebenen) geändert werden. Datenänderungen auf aggregierter Ebene beinhalten das Problem der Disaggregation und die Frage, auf welcher Ebene welche Daten gespeichert werden. Die Planungsmethode bestimmt, wie die Daten disaggregiert und gespeichert werden. Es werden zwei unterschiedliche Planungsmethoden angeboten: die konsistente Planung und die Stufenplanung. Eine weitere Planungsmethode, die Deltaplanung, ist nicht mehr verfügbar. Es existiert hierzu ein Hinweis im OSS-System mit der Nummer 725135.

Die Planungsmethode wird der Infostruktur mit der Customizing-Transaktion MC7F (Planungsparameter für Infostrukturen und Kennzahlen einstellen) zugeordnet (siehe Abbildung 5.10).

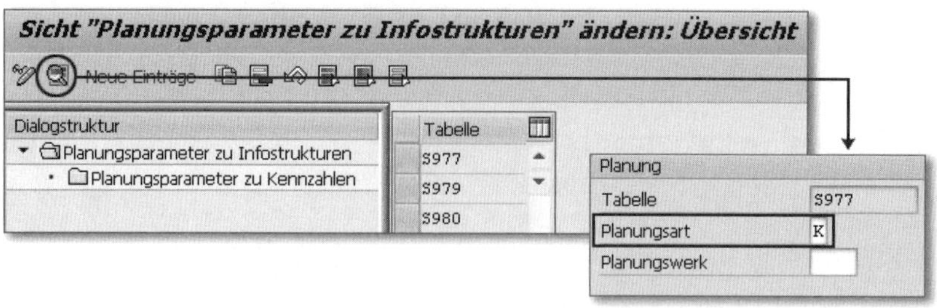

Abbildung 5.10 Planungsmethode für Infostrukturen

Die Planungsmethode tragen Sie unter PLANUNGSART ein, wobei I der Stufenplanung und K der konsistenten Planung entspricht. Die Planungsmethode für die in der Standard-SOP verwendeten Infostruktur (S076) ist die Stufenplanung.

Konsistente Planung

Bei der konsistenten Planung werden die Daten sofort auf die detaillierteste Ebene disaggregiert und nur auf der detailliertesten Ebene gespeichert. Die Anzeige auf höheren Ebenen erfolgt durch Aggregation der detaillierten Daten. Hierdurch sind die Daten über sämtliche Planungsebenen hinweg konsistent, d.h., wenn auf unterschiedlichen Ebenen geplant wird (z.B. Produkt und Produktgruppe) sind die Planungsergebnisse für alle Ebenen transparent. Abbildung 5.11 zeigt ein Beispiel, bei dem abwechselnd auf einer oberen und auf einer unteren Ebene geplant wird.

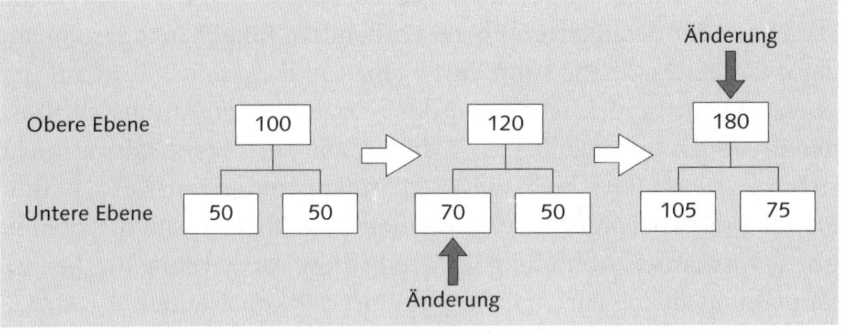

Abbildung 5.11 Daten bei konsistenter Planung

In diesem Beispiel betrug der Anteilsfaktor für die Disaggregation zunächst 50 % und wurde anschließend durch die Änderung auf der detaillierten Ebene auf die neuen Planwerte, also auf 58 % (70/120) bzw. auf 42 % (50/120) angepasst. Die Planung auf der detaillierten Ebene wird bei einer Änderung auf einer höheren Ebene insofern berücksichtigt, als dass das Verhältnis zwischen den Mitgliedern der unteren Ebene beibehalten wird. Dementsprechend wirkt sich eine Änderung auf der aggregierten Ebene auf die detaillierte Ebene proportional zur detaillierten Planung aus – das Verhältnis von 58 % zu 42 % bleibt bestehen.

Stufenplanung

Im Gegensatz zur konsistenten Planung werden bei der Stufenplanung die Planwerte auf der Stufe gespeichert, auf der sie eingegeben wurden. Eine Aggregation oder Disaggregation von einer Stufe zur nächsten erfolgt nur als expliziter Planungsschritt. Hierdurch können auf unterschiedlichen Ebenen Pläne erzeugt werden, die nicht miteinander kompatibel sind. Abbildung 5.12 zeigt das gleiche Beispiel wie für die konsistente Planung bis zur ersten Planung auf der unteren Ebene.

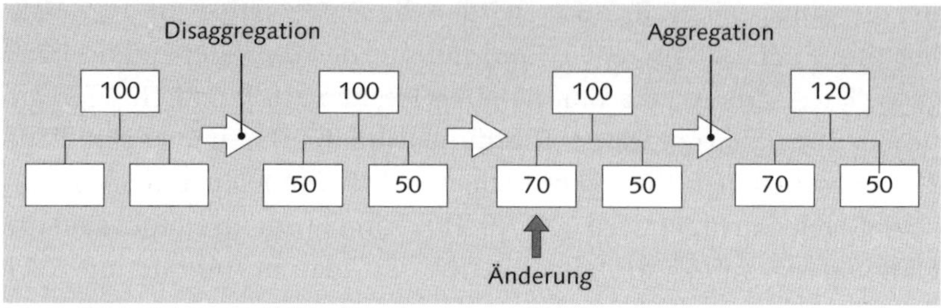

Abbildung 5.12 Daten bei Stufenplanung – Planung auf unterer Ebene

Solange die Disaggregation nicht explizit angestoßen wird, sind keine Daten auf der detaillierten Ebene vorhanden. Eine Planänderung auf der detaillierten Ebene kann durch einen Aggregationsschritt auf der oberen Ebene berücksichtigt werden; vor dem Aggregationsschritt ist das Ergebnis der detaillierten Planung auf der oberen Ebene nicht sichtbar. Der Unterschied zwischen Stufenplanung und konsistenter Planung wird bei einer anschließenden Planänderung auf der oberen Ebene markanter. Abbildung 5.13 zeigt diese Auswirkung für die Stufenplanung analog zur Planänderung bei der konsistenten Planung.

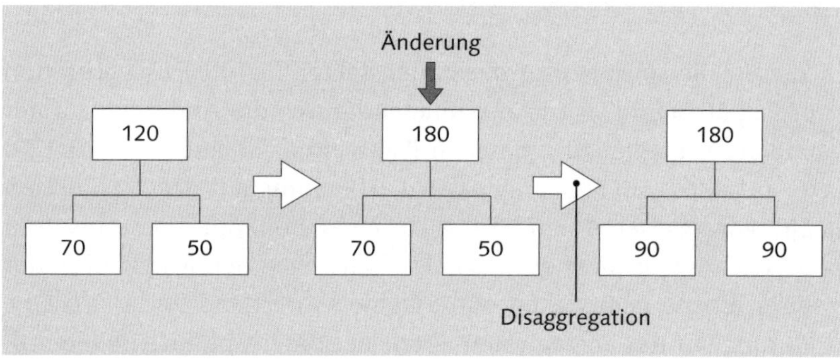

Abbildung 5.13 Daten bei der Stufenplanung – Planung auf oberer Ebene

Eine Planänderung auf der oberen Ebene ist zunächst ebenfalls ohne Einfluss auf den detaillierten Plan. Bei einer Disaggregation wird der detaillierte Plan jedoch völlig überschrieben, sodass jede Information, die zuvor auf detaillierter Ebene erarbeitet wurde, verloren geht.

Konsistente Planung vs. Stufenplanung

Der Hauptunterschied zwischen der konsistenten Planung und der Stufenplanung ist, dass bei der konsistenten Planung eine automatische Aggregation und Disaggregation der Daten erfolgt. Die Disaggregation erfolgt entlang der Planungsebenen (die in der Planungshierarchie bzw. der Produktgruppe definiert sind) gemäß den Anteilsfaktoren (siehe Abschnitt 5.2.5, »Anteilsfaktoren und Disaggregation«). Bei der Stufenplanung müssen sowohl Aggregation als auch Disaggregation explizit angestoßen werden. Tabelle 5.2 stellt die wesentlichen Eigenschaften der beiden Planungsmethoden gegenüber.

Konsistente Planung	Stufenplanung
Planungshierarchie	Produktgruppe
Speicherung auf unterster Ebene, Plandaten auf allen Ebenen	Speicherung auf jeder Ebene, Plandaten nur auf gepflegter Ebene
automatische Aggregation und Disaggregation	Aggregation und Disaggregation als Planungsschritt

Tabelle 5.2 Eigenschaften der konsistenten Planung und der Stufenplanung

Eine Fixierung von Kennzahlenwerten im Planungstableau – um zu vermeiden, dass bestimmte Werte durch Aggregation oder Disaggregation überschrieben werden – ist nur bei der konsistenten Planung möglich. Standardanalysen sind ebenfalls nur für die konsistente Planung vorhanden. In beiden Fällen ist es möglich, die Anfangsbestände automatisch im Hintergrund zu setzen.

5.2.3 Produktgruppe

Produktgruppen werden in SAP ERP mit unterschiedlicher Bedeutung verwendet. In diesem Kontext handelt es sich um eine Zusammenfassung von Materialien für die Absatz- und Produktionsgrobplanung (mit der Planungsmethode STUFENPLANUNG). Hierzu eignen sich Produkte, die in Bezug auf ihr Absatzverhalten und ihre Produktionserfordernisse ähnlich sind (z. B. iPod Touch, 8 GB; iPod Touch, 32 GB; iPod Touch, 64 GB usw.). Produktgruppen können ein- oder mehrstufig sein – im letzteren Fall werden die Produktgruppen geschachtelt (d. h., eine Produktgruppe enthält andere Produktgruppen). Produktgruppen werden in der Kombination mit der Stufenplanung verwendet. Die Pflege der Produktgruppen erfolgt mithilfe den Transaktionen MC84 (Anlegen) und MC85 (Ändern).

Analog zur Planungshierarchie enthält die Produktgruppe auch Anteilsfaktoren für die Disaggregation ihrer Mitglieder (Abbildung 5.14). Neben der interaktiven Eingabe ist es auch möglich, über den

Menüpfad Bearbeiten • Anteile berechnen eine Anteilsberechnung anhand von Vergangenheitsdaten oder über Bearbeiten • Anteile verteilen eine gleichmäßige Anteilsverteilung vorzunehmen.

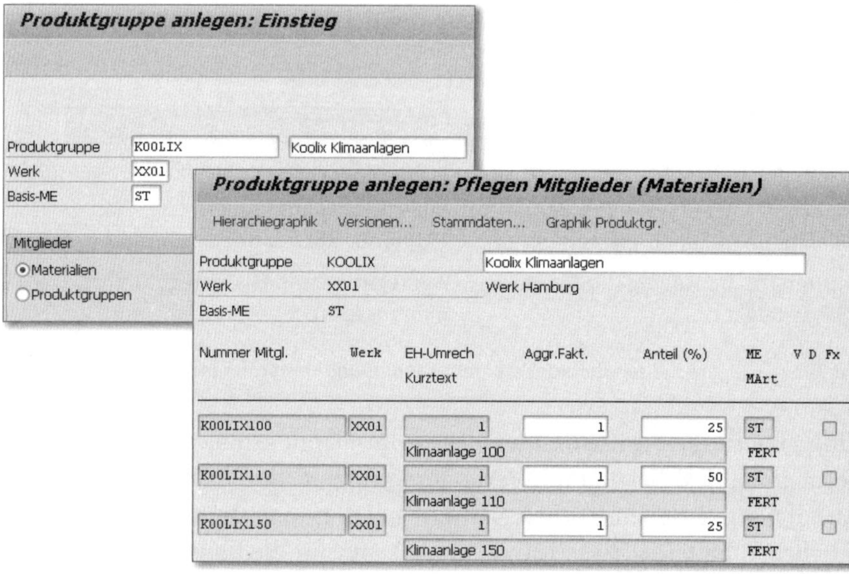

Abbildung 5.14 Produktgruppe

Grafische Darstellung

Produktgruppen können mit der Transaktion MC91 grafisch dargestellt werden. Abbildung 5.15 zeigt ein Beispiel für eine solche Grafik.

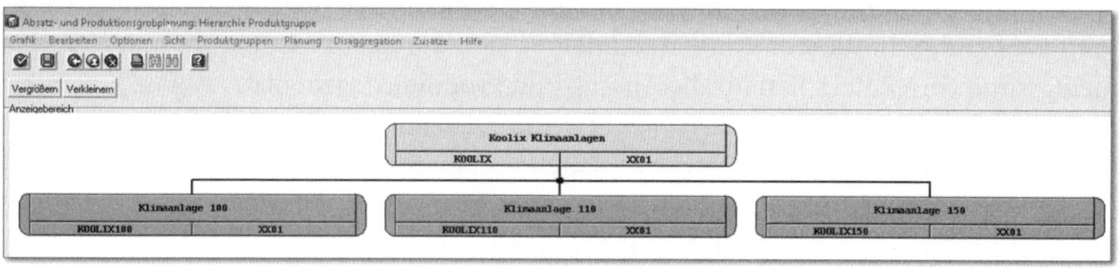

Abbildung 5.15 Produktgruppengrafik

5.2.4 Planungshierarchie

Für die konsistente Planung ist es erforderlich, eine Planungshierarchie zu definieren. Die Merkmale der Infostruktur definieren zwar die Planungsebenen; damit jedoch eine Planung auf diesen Ebenen erfolgen kann, ist es notwendig, diese mit Merkmalswerten zu konkretisieren. In Anlehnung an die eigendefinierte Infostruktur S997 mit den Merkmalen VERKAUFSORGANISATION, VERTRIEBSWEG und MATERIAL könnte eine Planungshierarchie aussehen, wie es Abbildung 5.16 zeigt.

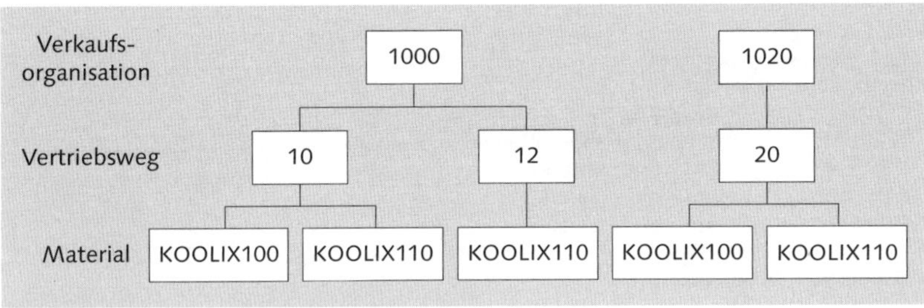

Abbildung 5.16 Logische Planungshierarchie

Mithilfe dieser Planungshierarchie ist es möglich, z. B. auf der Ebene VERKAUFSORGANISATION für die konkreten Verkaufsorganisationen XX01 und XX04 zu planen. Um diese Planungshierarchie abzubilden, sind die in Tabelle 5.3 aufgeführten Merkmalswertekombinationen erforderlich.

Verkaufsorganisation	Vertriebsweg	Material
XX01	XX	KLIMAX100
XX01	XX	KLIMAX110
XX01	XY	KLIMAX110
XX04	XX	KLIMAX100
XX04	XX	KLIMAX110

Tabelle 5.3 Merkmalswertekombinationen zur Abbildung der logischen Planungshierarchie

In SAP ERP wird die Planungshierarchie mithilfe der Transaktion MC61 angelegt und hat immer einen Bezug zu einer Infostruktur. Voraussetzung dafür ist, dass die Planungsparameter der Infostruktur gepflegt wurden. Abbildung 5.17 zeigt die Pflege der Planungshierarchie für die ersten beiden Werte aus Tabelle 5.3 bzw. den linken Zweig aus Abbildung 5.16.

Die bei der Anlage verwendete Reihenfolge wird auch im Planungstableau beim Wechsel von Merkmalskombination zu Merkmalskombination verwendet (im Hintergrund wird chronologisch eine aufsteigende Planungsobjektnummer vergeben).

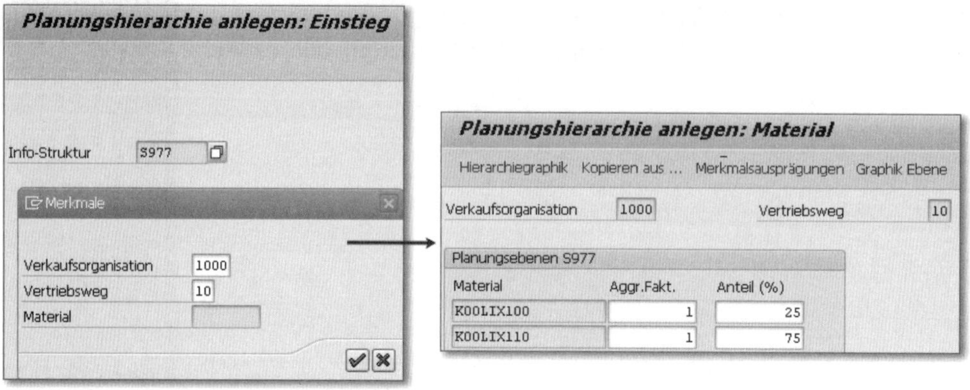

Abbildung 5.17 Pflege der Planungshierarchie

Der Aggregationsfaktor (AGGR.FAKT.) ist nur noch aus historischen Gründen vorhanden und hat keine Bedeutung. Anders verhält es sich mit dem Anteilsfaktor (ANTEIL %), der sich je nach Planungsmethode und – im Fall der konsistenten Planung – nach Berechnungsmethode unterschiedlich auswirkt. In Abschnitt 5.2.5, »Anteilsfaktoren und Disaggregation«, gehen wir hierauf ausführlich ein.

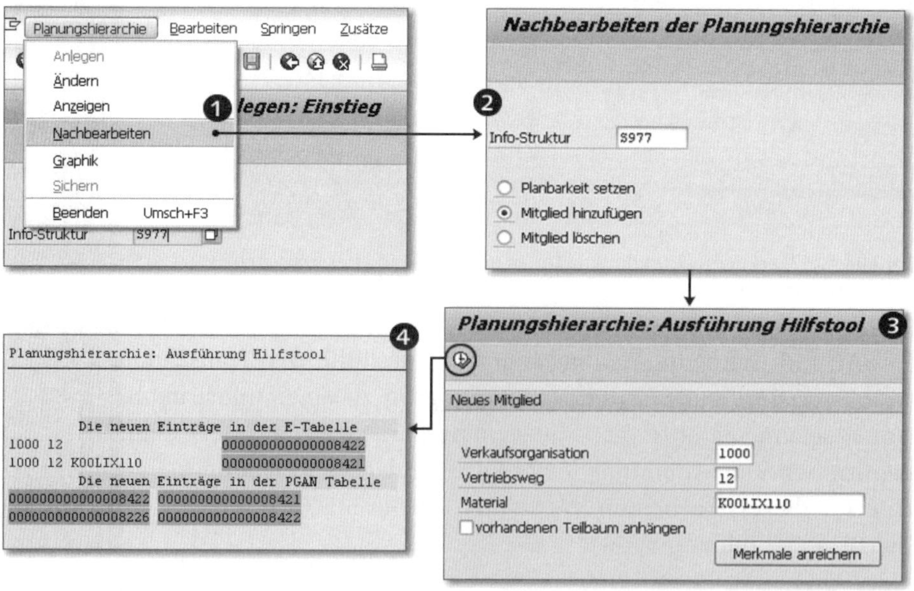

Abbildung 5.18 Hinzufügen von Merkmalswertekombinationen zu einer Planungshierarchie

Das Hinzufügen von weiteren Merkmalswertekombinationen erfolgt ebenfalls über die Transaktion MC61; allerdings müssen Sie hierzu aus dem Menü den Befehl NACHBEARBEITEN auswählen (siehe ❶ in Abbildung 5.18). Anschließend geben Sie die Infostruktur an und wählen die Aktion MITGLIED HINZUFÜGEN aus ❷. Im daraufhin erscheinenden Fenster geben Sie anschließend die hinzuzufügende Merkmalswertekombination ein und stoßen deren Hinzufügen an ❸. Die erfolgreiche Anlage der Merkmalswertekombination wird in einem Protokoll vermerkt ❹.

Bei der Anlage der Merkmalswertekombinationen wird überprüft, ob die Objekte auch im System vorhanden sind, z. B., ob das Material KOOLIX100 für die Verkaufsorganisation 1000 und den Vertriebsweg 12 existiert.

Die Bearbeitung der Anteilsfaktoren erfolgt über die Transaktion MC62. Es ist sowohl möglich, eine bestimmte Merkmalswertekombination vorzugeben als auch Ausprägungen offen zu lassen. In letzterem Fall werden alle nicht eingeschränkten Kombinationen angezeigt, wie es in Abbildung 5.19 dargestellt ist.

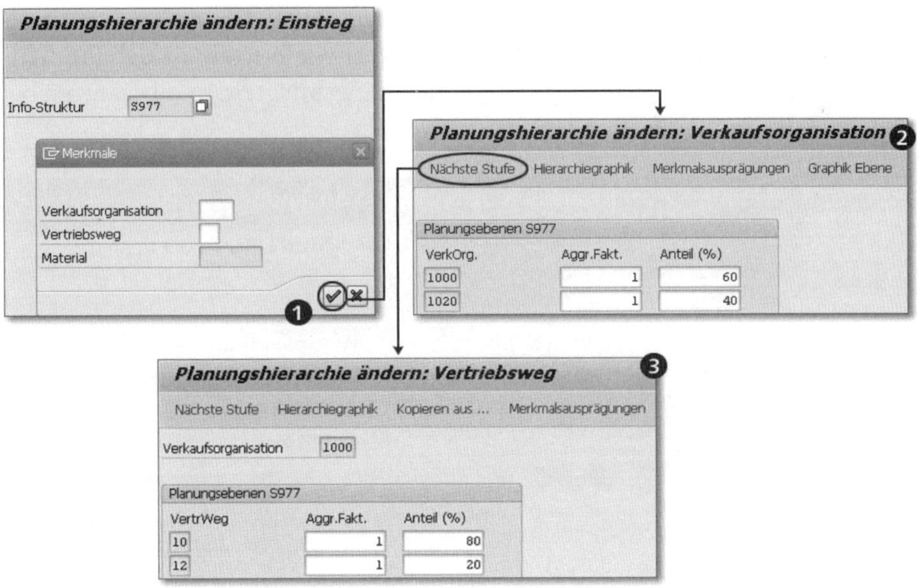

Abbildung 5.19 Pflege der Anteilsfaktoren und Navigation in der Planungshierarchie

Nach dem Einstieg ❶ legen Sie zunächst die Anteile auf der obersten Planungsebene fest ❷ und verzweigen anschließend über die Drucktaste NÄCHSTE STUFE auf die darunterliegende Ebene ❸. Welcher Ast gewählt wird, hängt von der Position des Cursors ab. Auf diese Weise ist es möglich, durch die gesamte Planungshierarchie zu navigieren. Die Planungshierarchie kann, ebenso wie die Produktgruppe, als Grafik angezeigt werden.

Falls bereits Daten in einer Infostruktur vorhanden sind (z. B. Vergangenheitsdaten), können Sie die Stammdaten mithilfe der Transaktion MC9A für die flexible Planung generieren.

5.2.5 Anteilsfaktoren und Disaggregation

Die Propagierung von Planungsdaten von einer oberen Ebene auf eine untere erfolgt mittels Disaggregation. Hierbei bestimmen die Anteilsfaktoren, wie die Werte von der aggregierten Ebene auf die detaillierte Ebene verteilt werden. Das Prinzip der Disaggregation für die konsistente Planung und für die Stufenplanung haben wir bereits in Abschnitt 5.2.2, »Planungsmethoden«, gezeigt.

Die in der Planungshierarchie gepflegten Anteilsfaktoren werden nur bei der Stufenplanung direkt verwendet. Bei der konsistenten Planung können sie jedoch als Grundlage für die Disaggregation eingesetzt werden. Tabelle 5.4 führt auf, inwiefern die in der Produktgruppe bzw. in der Planungshierarchie gepflegten Anteilsfaktoren bei der Disaggregation verwendet werden.

Planungsmodus	Berechnungsart	Verwendung der Anteilsfaktoren	Anzahl Stufen
Stufenplanung	–	direkt	eine
konsistente Planung	Berechnung anhand der Planungshierarchie	Multiplikation der Anteilsfaktoren mehrerer Stufen	mehrere
konsistente Planung	Berechnung auf Basis der Istdaten	–	mehrere

Tabelle 5.4 Verwendung der Anteilsfaktoren

Die Anteilsfaktoren können entweder direkt aus der Planungshierarchie oder in einem separaten Schritt berechnet werden. Für die konsistente Planung stehen Ihnen zwei Methoden zur Verfügung, nämlich die Anteilsberechnung auf der Basis der Istdaten (Transaktion MC8U) und anhand der Planungshierarchie (Transaktion MC9B).

Anteilsfaktoren auf Basis der Istdaten

Bei der Berechnung auf Basis der Istdaten werden die Daten für den angegebenen Zeitraum auf der Detailebene summiert, und für jede Kennzahl wird der Anteilswert der Merkmalswertekombination berechnet. Abbildung 5.20 zeigt anhand eines Beispiels, wie die Anteilsfaktoren für die Infostruktur S997 anhand der Vergangenheitswerte der Kennzahl Absatz mithilfe der Transaktion MC8U berechnet werden.

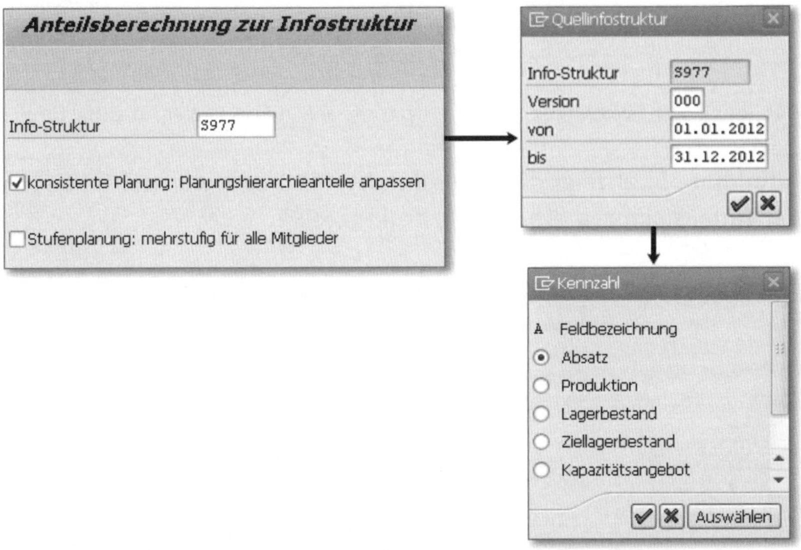

Abbildung 5.20 Berechnung der Anteilsfaktoren anhand historischer Daten

Die historischen Daten werden vom 1.1.12 bis zum 31.12.12 summiert und als Basis der Anteilsberechnung verwendet.

Anteilsfaktoren anhand der Planungshierarchie

Im zweiten Fall werden die Anteilsfaktoren über die gesamte Planungshierarchie ausgewertet, indem die Anteilsfaktoren zwischen den einzelnen Ebenen über alle Ebenen hinweg ausmultipliziert werden. Abbildung 5.21 zeigt das Resultat der Anteilsberechnung für unser Beispiel.

So berechnet sich z. B. der Anteil von KOOLIX110 in der Verkaufsorganisation 1000 über den Vertriebsweg 12 zu 12 %:

Anteil 1000/12/KOOLIX110 = 0,6 × 0,8 × 0,25 = 12 %

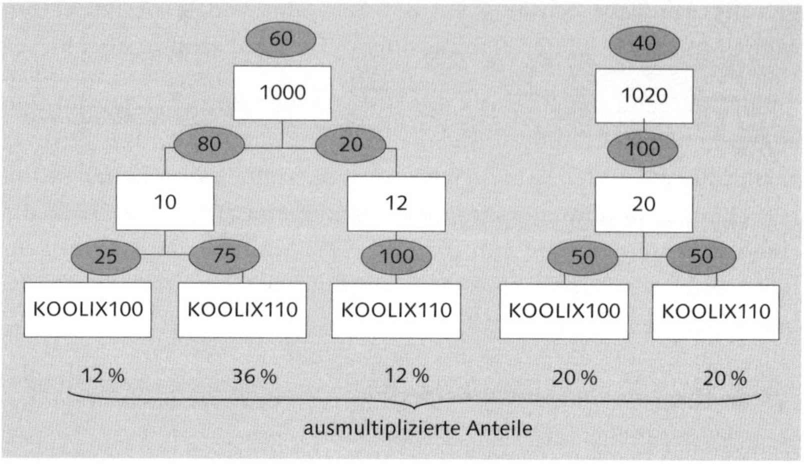

Abbildung 5.21 Berechnung der Anteilsfaktoren anhand gepflegter Anteilsfaktoren

Abbildung 5.22 zeigt die Transaktion MC9B zum Ausmultiplizieren der Anteilsfaktoren für die Infostruktur S997.

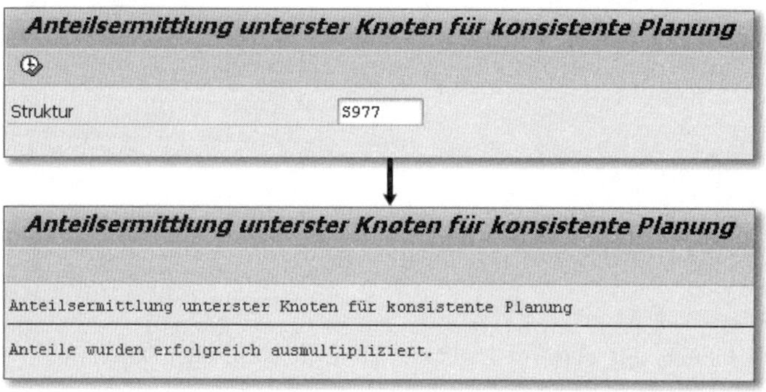

Abbildung 5.22 Anteilsberechnung für Planungshierarchien durch die mehrstufige Multiplikation

Anteilsfaktoren für die Stufenplanung

Da bei der Stufenplanung immer nur eine Stufe disaggregiert wird, wird hierzu der Faktor in der Planungshierarchie verwendet.

5.2.6 Versionierung

Die Planungsdaten werden innerhalb der Infostruktur in Versionen gehalten. Dies ermöglicht es, Simulationen vorzunehmen. Versionen können numerisch frei bezeichnet werden; allerdings existieren für zwei Versionen feste Bedeutungen: Version 000 enthält jeweils die Istdaten, und Version A01 ist die aktive Version.

5.3 Planungstableau

Das *Planungstableau* ist das Werkzeug zur Durchführung der Planung. Im Folgenden werden die hierzu erforderlichen Einstellungen sowie die Funktionen des Planungstableaus beschrieben.

5.3.1 Planungstyp

Der *Planungstyp* definiert das Format für die Planung und stellt somit die Verbindung zwischen dem Planungstableau (in dem die Planung vorgenommen wird) und der Infostruktur (in der die Planung gespeichert wird) dar. Zu einer Infostruktur können Sie mehrere Planungstypen anlegen. Die Daten werden in der Infostruktur gespeichert; daher sind in diesem Fall die Planungstypen nicht unabhängig voneinander (sie arbeiten mit denselben Daten). Falls die Stufenplanung verwendet wird, muss für jede Planungsebene ein eigener Planungstyp angelegt werden.

Standardplanungstypen

Für die Standard-SOP werden drei Planungstypen angeboten:

- SOPKAPA für die Planung von Produktgruppen
- SOPKAPAM für die Planung von Materialien
- SOPDIS für die zweistufige Planung von Planungshierarchien

Da die Standard-SOP die Stufenplanung verwendet, sind für die unterschiedlichen Ebenen PRODUKTGRUPPE und MATERIAL separate Planungstypen erforderlich. Planungstypen werden mithilfe der Transaktion MC8A angelegt (und über die Transaktion MC8B geändert bzw. mithilfe von MC8C angezeigt). Abbildung 5.23 zeigt den Planungstyp SOPKAPA.

Der Planungstyp enthält die Kennzahlen (ABSATZ, PRODUKTION usw.) aus der Infostruktur sowie einige Kennzahlen (z. B. ABSATZ/TAG), die für Berechnungen benötigt und nicht gespeichert werden. Für jede Kennzahl können die Attribute über den Menüpfad BEARBEITEN • ZEILENATTRIBUTE angezeigt werden (siehe Abbildung 5.24).

Die Eingabebereitschaft steuert, ob die Werte der Zeile geplant (PLANZEILE) oder nur angezeigt werden können (AUSGABEZEILE). Hilfszeilen werden z. B. für Zwischenberechnungen verwendet und erscheinen nur im Planungstyp und nicht im Planungstableau.

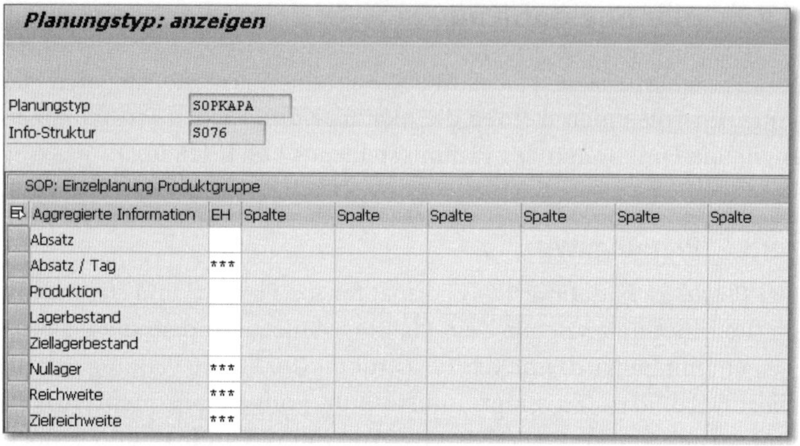

Abbildung 5.23 Standardplanungstyp SOPKAPA für Produktgruppen

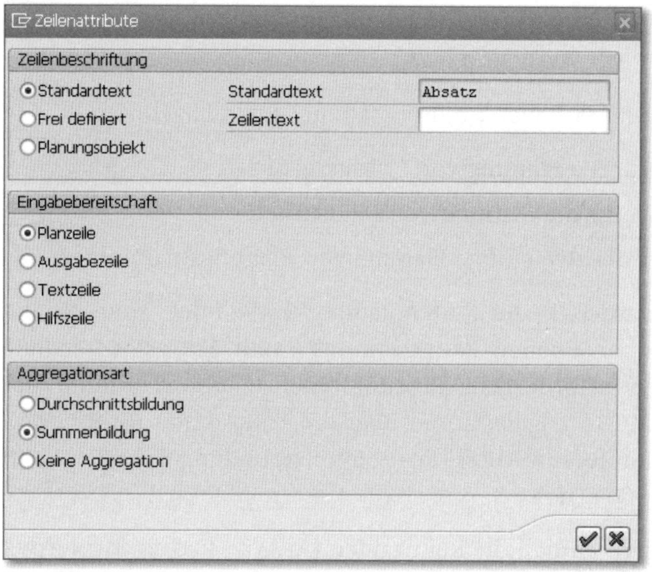

Abbildung 5.24 Zeilenattribute im Planungstyp

Der Planungstyp enthält mehrere Makros zur Ausführung von Rechenoperationen in der Planung. Makros können über die Menüpfade Makro • Anlegen und Makro • Editieren bearbeitet werden. Über den Menüpfad Springen • Darstellung • Layout wird der Planungstyp angezeigt, wie er auch im Planungstableau dargestellt wird. Dementsprechend werden Hilfszeilen ausgeblendet.

Planungstypen anlegen

Für die flexible Planung ist es erforderlich, eigene Planungstypen anzulegen. Ihre Anlage nehmen Sie mithilfe der Transaktion MC8A und Änderungen über die Transaktion MC8B vor. Die Namen der eigenen Planungstypen müssen mit Y oder mit Z beginnen. Abbildung 5.25 zeigt die Anlage eines Planungstyps ❶ mit der Zuordnung zur Infostruktur ❷ und der Definition allgemeiner Eigenschaften und des Planungshorizonts ❸.

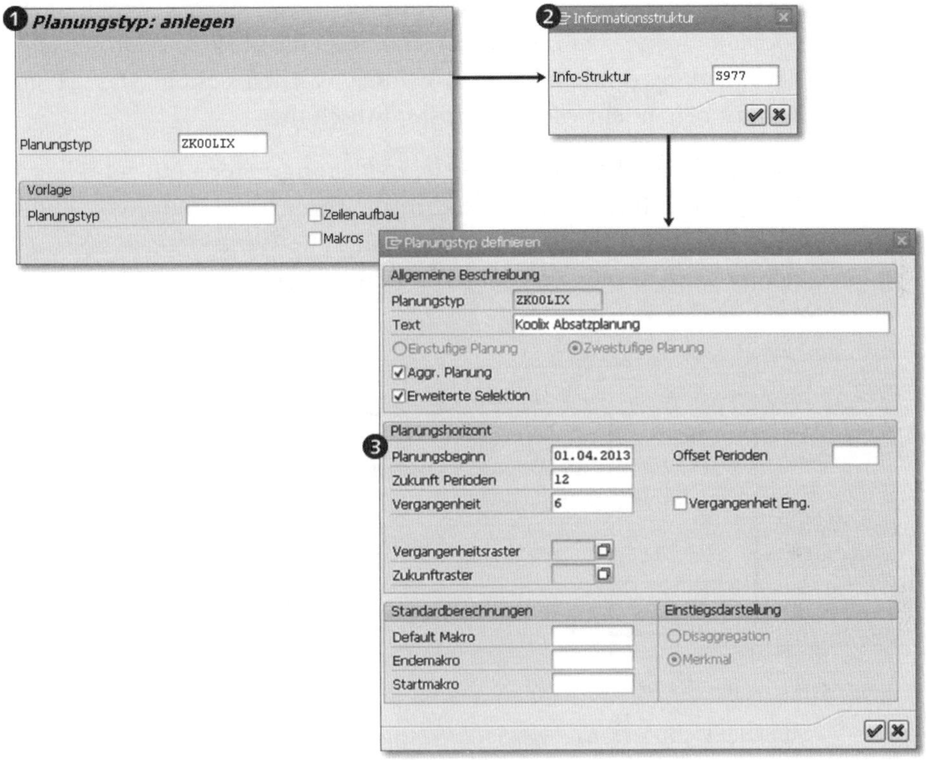

Abbildung 5.25 Planungstyp für die flexible Planung

Bei der Verwendung der Stufenplanung als Planungsmodus können Sie wählen, ob der Planungstyp nur eine einstufige Planung, d. h. nur die Kopfebene unterstützt oder ob sowohl Kopf als auch Mitglieder geplant werden können sollen (zweistufige Planung). Bei der konsistenten Planung ist die zweistufige Planung festgesetzt.

Bei der Anlage des Planungstyps wird zudem der Planungshorizont definiert, d. h. die Anzahl an Perioden in der Zukunft und in der Vergangenheit. Üblicherweise sind die Kennzahlen in der Vergangenheit nicht eingabebereit – wünschen Sie eine Planung in der Vergangenheit, müssen Sie das entsprechende Feld markieren. Über das Feld PLANUNGSBEGINN setzen Sie das Datum fest, zu dem die Planung bei Aufruf des Planungstableaus beginnen soll. Falls Sie dieses Feld offenlassen, beginnt die Planung mit dem aktuellen Datum. Das Planungszeitraster wird nicht im Planungstyp definiert, sondern in der Infostruktur.

Darüber können Sie Makros angeben, die nach jeder Eingabe (Default-Makro), zu Beginn der Planung (Startmakro) oder am Ende der Planung (Endemakro) ausgeführt werden sollen. Das Thema *Makros* behandeln wir im nächsten Abschnitt.

Das Ergebnis ist zunächst eine leere Planungsmappe mit zehn leeren Zeilen, die mit Kennzahlen (sofern sie in der Infostruktur vorhanden sind) oder mit Hilfskennzahlen (in der Zeile WUNSCH-ABSATZ) eingerichtet werden müssen (siehe Abbildung 5.26).

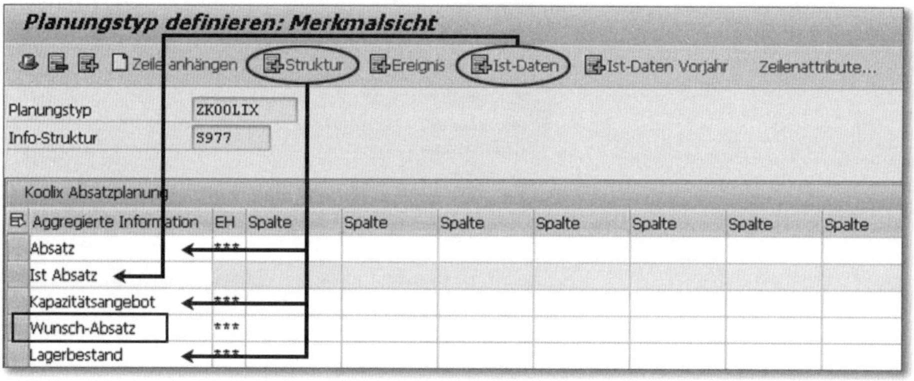

Abbildung 5.26 Zeilenauswahl für den Planungstyp

Kennzahlen aus der Infostruktur fügen Sie mithilfe der Drucktaste STRUKTUR hinzu, und weitere Kennzahlen können Sie über ZEILEN ANHÄNGEN anlegen.

5.3.2 Makros

Makros ermöglichen es, die Verknüpfung von Kennzahlen im Planungstableau mithilfe von Rechenvorschriften zu automatisieren. In der Standard-SOP werden z. B. Makros für die Berechnung des projizierten Lagerbestands oder für die Erstellung eines Produktionsgrobplans auf der Basis des Absatzplans angeboten. Ein anderer Anwendungsfall für Makros ist die Aggregation und Disaggregation bei der Stufenplanung. Es ist darüber hinaus möglich, eigene Makros anzulegen. Makros definieren Sie im Planungstyp (Transaktion MC8A für Anlegen, MC8B für Ändern) über den Menüeintrag MAKRO.

Makro für Lagerbestand und Reichweite

Ein Beispiel für ein Makro ist das DEFAULT-Makro für die Berechnung des projizierten Lagerbestands und der Reichweite (siehe Abbildung 5.27).

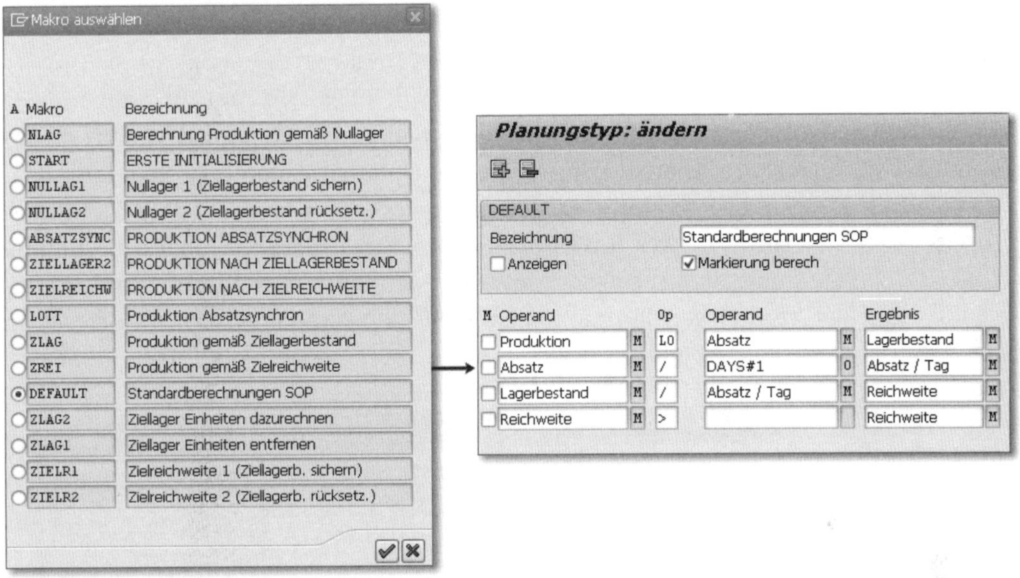

Abbildung 5.27 Default-Makros zur Lagerbestandsberechnung

In diesem Makro wird die Reichweite folgendermaßen berechnet:

Reichweite = max {Lagerbestand / (Absatz/Tag); 0}

Hierzu werden vier Schritte durchlaufen:

1. Lagerbestand = Lagerbilanz aus Absatz und Produktion
2. Absatz/Tag = Absatz/Anzahl Arbeitstage
3. Reichweite = Lagerbestand/(Absatz/Tag)
4. Reichweite = max {Reichweite; 0}

Sonderoperatoren

Der Lagerbestand wird aus geplanter Produktion und Absatz mit dem Sonderoperator L0 ermittelt, der den Anfangsbestand berücksichtigt. Weitere Sonderoperatoren für Makros sind in Tabelle 5.5 aufgeführt.

Operator	Bedeutung
<	Minimum {Element; Wert}
>	Maximum {Element; Wert}
AM	Aggregation der Mitglieder
DM	Disaggregation der Mitglieder
LO	Lagerbilanz (Bestand der Vorperiode + Zugänge – Abgänge)
PR	Produktion
RW	Reichweite

Tabelle 5.5 Sonderoperatoren für Makros (Auswahl)

Erstellen von Makros

Makros legen Sie im Planungstyp über den Menüpfad MAKRO • ANLEGEN an. Hierbei können die bestehenden Zeilen über Standard- oder Sonderoperatoren miteinander verknüpft werden. Der Funktionsbaustein EXIT_SAPMMCP6_002 erlaubt darüber hinaus die Einbindung eigener Logik. Damit das Makro aus dem Planungstableau aufgerufen werden kann, müssen Sie den Parameter für ANZEIGEN setzen (siehe Abbildung 5.28).

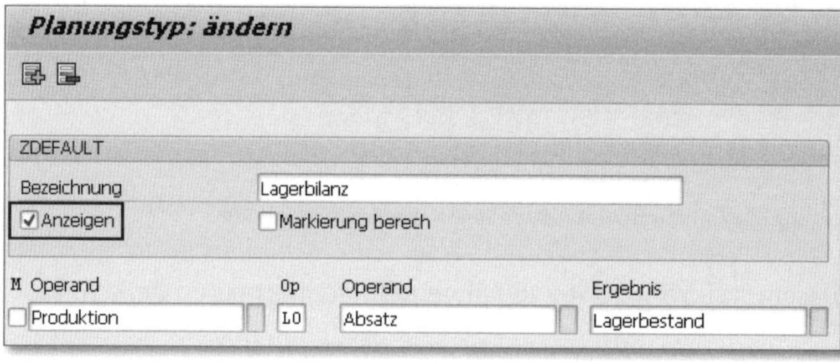

Abbildung 5.28 Definition eines Makros zur Lagerbestandsberechnung

Makros können Sie entweder explizit aus dem Planungstableau über den Menüpfad BEARBEITEN • MAKRO aufrufen, oder Sie definieren Sie im Planungstyp als Default-, Start- oder Endemakro. Abbildung 5.29 zeigt die Zuweisung in der Planungstypinfo (Menüpfad SPRINGEN • PLANTYPINFO).

Das Default-Makro wird nach jeder Eingabe ausgeführt, das Startmakro jeweils beim Einstieg in das Planungstableau und das Endemakro beim Verlassen des Planungstableaus. Komplexe Default-

Makros können sich daher negativ auf das Laufzeitverhalten auswirken.

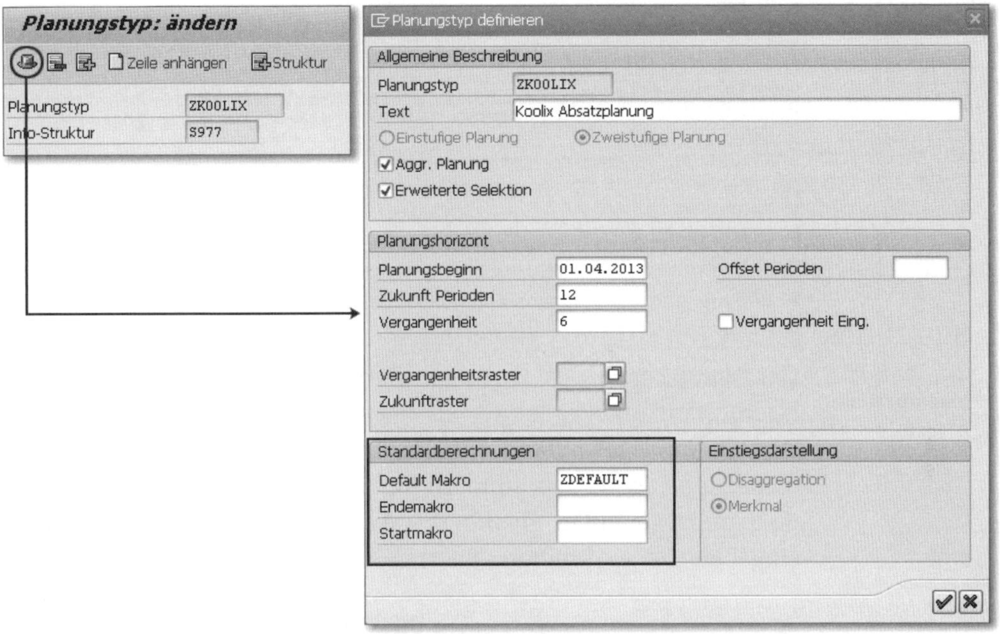

Abbildung 5.29 Definition von Makros als Default-, Start- und Endemakro

5.3.3 Planung im Planungstableau

Das Planungstableau erlaubt die Planung für die in der Produktgruppe oder in der Planungshierarchie definierten Objekte. Für die Standard-SOP gibt es bereits fertigkonfigurierte Planungstableaus, für die flexible Planung müssen diese erst erstellt werden. Die Transaktionen zum Aufruf der Standard-SOP und der flexiblen Planung sind unterschiedlich.

Planung in der Standard-SOP

Der Einstieg in die Standard-SOP erfolgt entweder auf der Materialebene (Transaktionen MC87 für Anlegen, MC88 für Ändern) oder auf der Produktgruppenebene (Transaktionen MC81 für Anlegen, MC82 für Ändern). Die Planungen werden jeweils zu einer Version gespeichert. Soll die aktive Version oder eine bereits existente Version bearbeitet werden, muss der Änderungsmodus gewählt werden. Abbildung 5.30 zeigt die Planung im Planungstableau für den Einstieg auf der Produktgruppenebene in der aktiven Version.

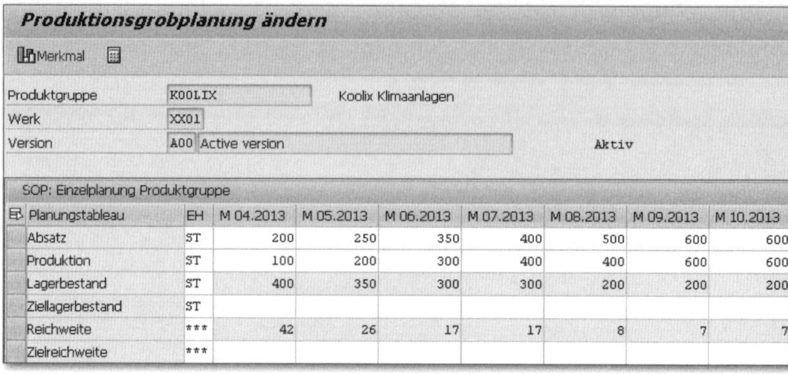

Abbildung 5.30 Planung im Standardplanungstableau

Anfangslagerbestand

Der Lagerbestand wird berechnet als die Differenz zwischen Anfangslagerbestand und Produktion einerseits und dem Absatz andererseits. Der Anfangslagerbestand wird nicht aus den Mitgliedern der Produktgruppe aggregiert, sondern Sie müssen ihn im Planungstableau über den Menüpfad SPRINGEN • ANFANGSLAGERBESTAND interaktiv eingeben (siehe Abbildung 5.31).

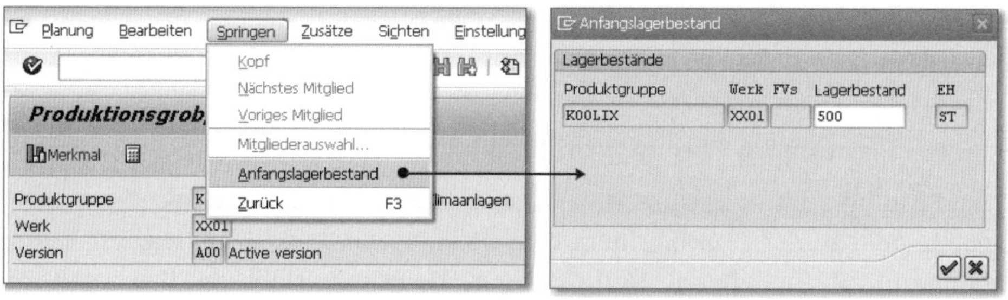

Abbildung 5.31 Definition des Anfangslagerbestands im Standardplanungstableau

Die interaktive Eingabe des Anfangslagerbestands ist auch erforderlich, falls auf der Materialebene geplant wird. Alternativ kann eine Ermittlung des Anfangslagerbestands (per Infostruktur) als Hintergrundjob mithilfe der Transaktion MC8M eingeplant werden.

Ziellagerbestand und Zielreichweite werden im Planungstableau gesetzt und können für die Erstellung des Produktionsplans verwendet werden.

Zeilensummen

Eine Hilfe bei der interaktiven Planung stellt die Anzeige von Zeilensummen dar, z. B. um die gesamten Absatz- und Produktionszahlen über den Planungszeitraum hinweg zu vergleichen. Die Anzeige der

Zeilensummen wird aus dem Menü heraus aufgerufen, wie es in Abbildung 5.32 dargestellt ist.

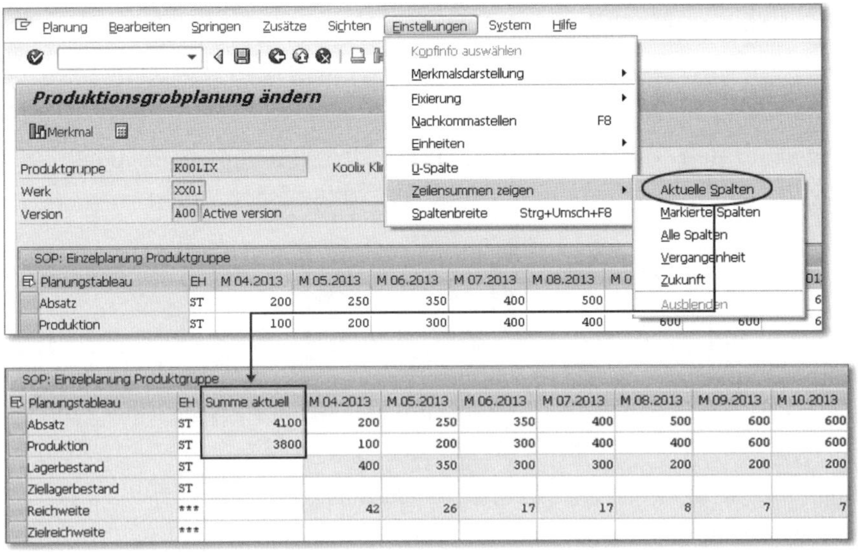

Abbildung 5.32 Anzeige von Zeilensummen

Erstellung des Absatzplans

Die Standard-SOP bietet automatisierte Funktionen zur Erstellung des Absatzplans an – oder zumindest zur Erstellung eines Vorschlags. Diese Funktionen werden über den Menüpfad BEARBEITEN • ABSATZPLAN ERSTELLEN aufgerufen und enthalten die folgenden Optionen:

- Übernahme Plan aus Vertriebsinformationssystem (VIS)
- Übernahme Plan aus CO-PA
- Prognose (siehe Abschnitt 5.4)

Alle Ergebnisse können interaktiv überarbeitet werden.

Erstellung des Produktionsgrobplans

Analog zur Erstellung des Absatzplans bietet die Standard-SOP die folgenden automatisierten Funktionen zur Erstellung des Produktionsgrobplans an:

- **Absatzsynchron**
  Es werden jeweils die Absatzzahlen als Produktionsgrobplan verwendet.
- **Ziellagerbestand**
  Der Produktionsgrobplan wird so eingestellt, dass der Ziellagerbestand je Periode erreicht wird.

- **Zielreichweite**
  Der Produktionsgrobplan wird so eingestellt, dass die Zielreichweite je Periode erreicht wird.
- **Null Lagerbestand**
  Der Produktionsgrobplan wird so eingestellt, dass kein Lagerbestand übrig bleibt.

Sie rufen die Funktionen über den Menüpfad BEARBEITEN • PROD.PLAN ERSTELLEN auf (siehe Abbildung 5.33).

Abbildung 5.33 Funktionen zur Erstellung des Produktionsplans

Der Unterschied zwischen den Funktionen ABSATZSYNCHRON und NULL LAGERBESTAND besteht darin, dass bei letzterer Funktion der Anfangslagerbestand heruntergefahren wird.

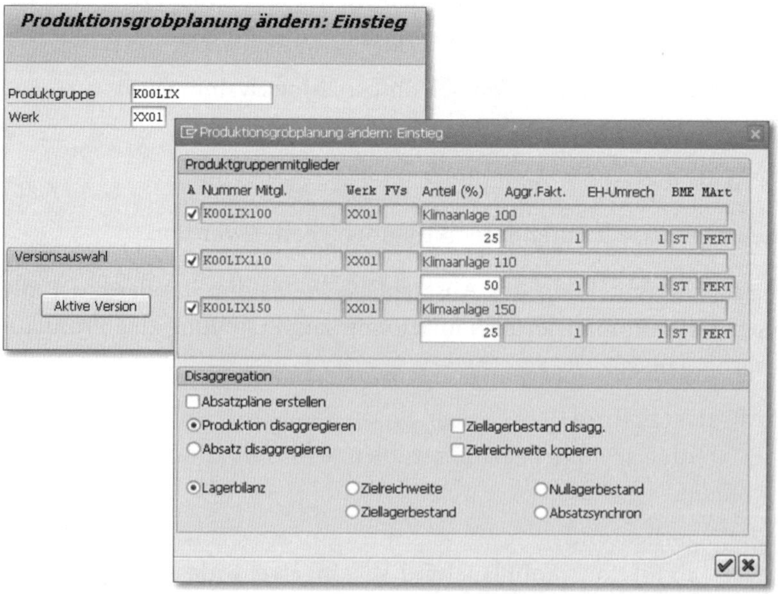

Abbildung 5.34 Einstieg in das zweigeteilte Standardplanungstableau

Disaggregation und Aggregation

Im Fall der Stufenplanung wird die Disaggregation bzw. Aggregation mit Makros durchgeführt. Für die Standard-SOP wird hierzu das zweigeteilte Planungstableau über die Transaktionen MC76 (Anlegen) bzw. MC77 (Ändern) angeboten. Beim Einstieg in das Planungstableau im Änderungsmodus werden die Anteilsfaktoren aus der Produktgruppe angezeigt, die für die Aggregation und Disaggregation überschrieben werden können (siehe Abbildung 5.34). Die geänderten Anteilsfaktoren werden in der Produktgruppe gespeichert.

Der Anwender legt bereits an dieser Stelle fest, ob die Produktion oder der Absatz disaggregiert werden soll. Die Disaggregation erfolgt – genauso wie die Aggregation – über Makros.

Abbildung 5.35 zeigt die Disaggregation des Produktionsgrobplans für die Produktgruppe KOOLIX (siehe Markierung) auf die Produktmitglieder. Hier sind als einzige Produktmitglieder KOOLIX100 und KOOLIX110 abgebildet.

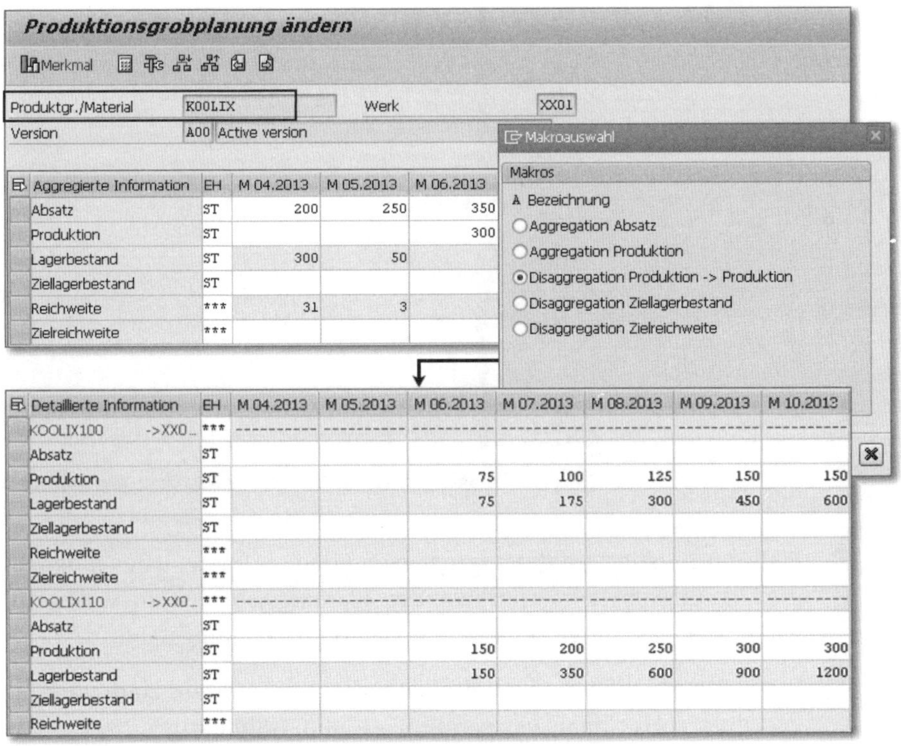

Abbildung 5.35 Disaggregation in der Standard-SOP

Makros rufen Sie entweder über den Menüpfad Bearbeiten • Makro oder über die Tastenkombination [⇧] + [F6] auf.

Flexible Planung

Der Einstieg in die flexible Planung erfolgt mithilfe der Transaktionen MC93 (Anlegen) und MC94 (Ändern). Im Gegensatz zur Standard-SOP werden nur die eigendefinierten Kennzahlen und Makros angeboten.

Flexible Planung mit konsistenter Planungsmethode

Falls Sie die flexible Planung mit der konsistenten Planungsmethode verwenden, wählen Sie die Planungsebene beim Einstieg. Bei Ausprägung aller Merkmalswerte findet die Planung auf der detailliertesten Ebene statt, und falls Merkmalswerte offengelassen werden, steigen Sie auf der entsprechend aggregierten Ebene ein (Abbildung 5.36).

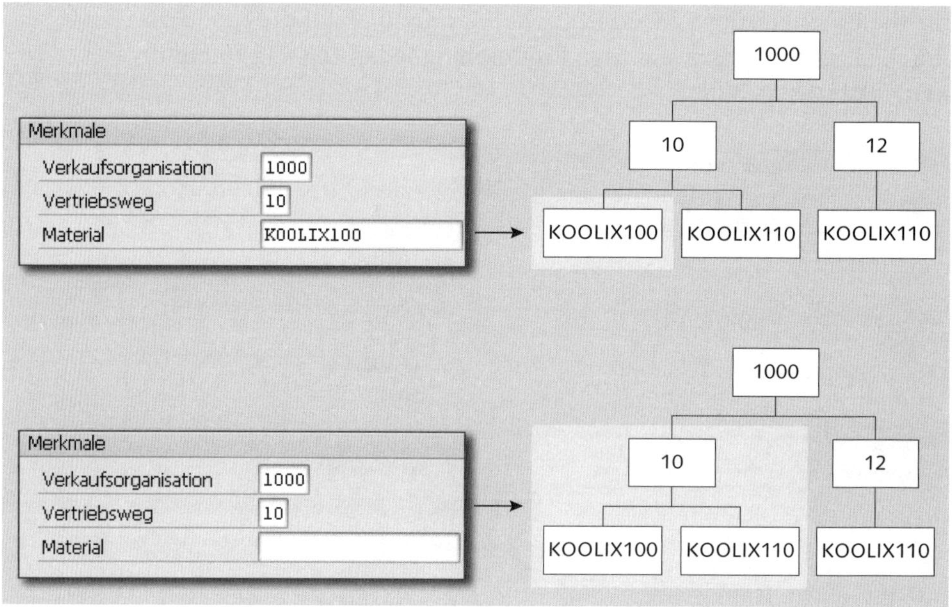

Abbildung 5.36 Einstiegsebene in die flexible Planung (bei konsistenter Planung)

Falls der Einstieg auf der aggregierten Ebene erfolgte, ist es möglich, die Planungsebenen innerhalb des Planungstableaus zu wechseln. Abbildung 5.37 zeigt den Ebenenwechsel im Planungstableau.

Ein weiteres Hilfsmittel ist die Anzeige einer Kennzahl zu den untergeordneten Merkmalswertekombinationen. Abbildung 5.38 zeigt das entsprechende Vorgehen im Planungstableau.

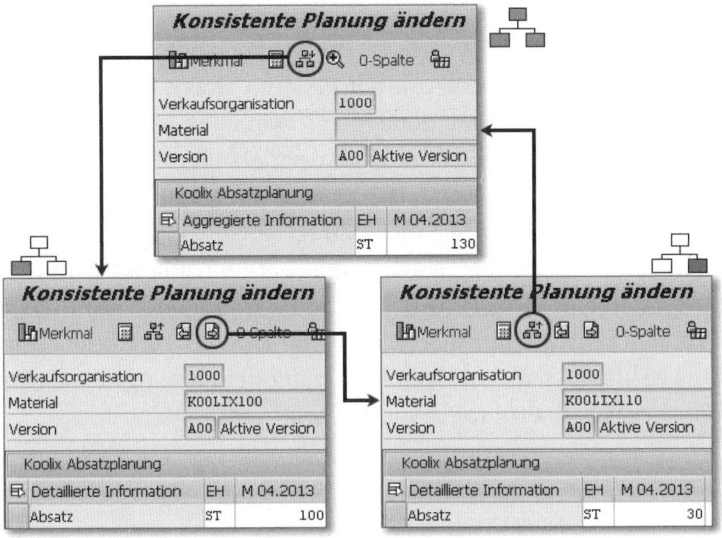

Abbildung 5.37 Ebenenwechsel in der flexiblen Planung

Die Anzeige erfolgt mit dem Lupensymbol. Entscheidend ist hierbei, dass Sie den Cursor auf der anzuzeigenden Kennzahl (hier: ABSATZ) platzieren.

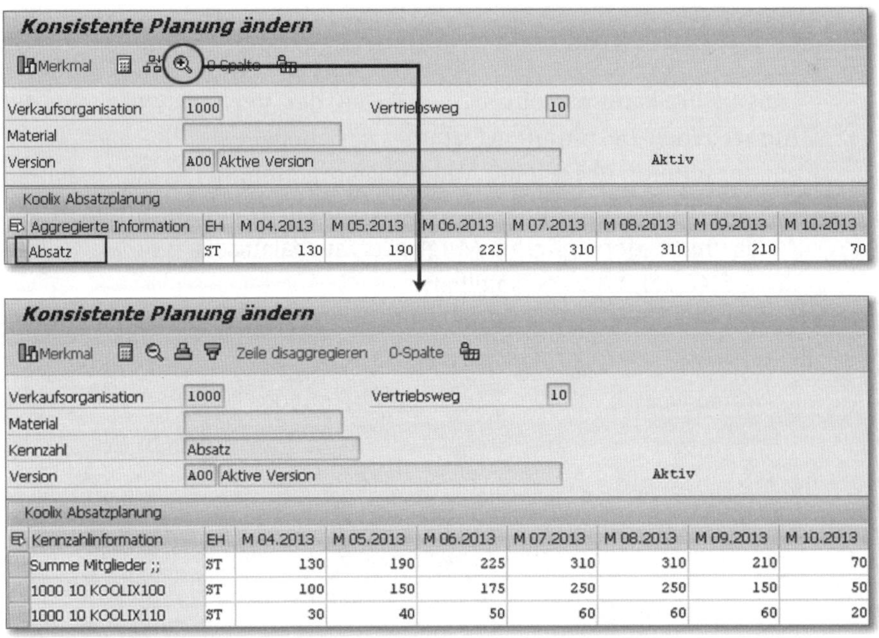

Abbildung 5.38 Details einer Kennzahl zu mehreren Merkmalswertekombinationen

Fixieren von Werten

Falls die Planung auf unterschiedlichen Ebenen erfolgt, ist es manchmal erwünscht, bestimmte Werte vor Änderungen auf einer anderen Ebene zu schützen. Dies erfolgt durch Fixieren, was sowohl auf der detaillierten Ebene als auch auf der aggregierten Ebene erfolgen kann. So wäre beispielsweise die Fixierung auf der detaillierten Ebene sinnvoll, wenn der Bedarf für KOOLIX100 in der Verkaufsorganisation 1000 auf dem Vertriebsweg 50 Stück beträgt, unabhängig davon, welcher Bedarf für die gesamte Verkaufsorganisation geplant ist. In diesem Fall soll sich eine Änderung (z. B. eine Erhöhung) der Planmenge auf der Verkaufsorganisationsebene nicht auf KOOLIX100 auswirken, sondern ausschließlich die anderen Mitglieder der Planungshierarchie betreffen. Dieser Fall wird in Abbildung 5.39 veranschaulicht.

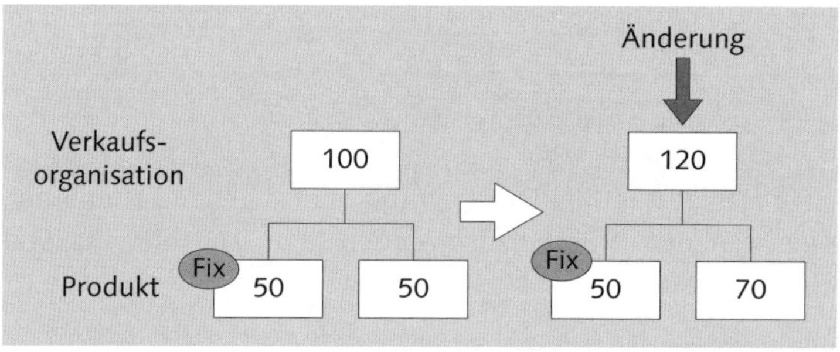

Abbildung 5.39 Fixierung auf detaillierter Ebene – Schema

Umgekehrt kann es sein, dass z. B. auf der Vertriebswegebene der Absatz einen bestimmten Planungswert behalten soll – auch wenn auf der unteren Ebene eine Änderung vorgenommen wird. In diesem Fall muss die Änderung des einen Mitglieds durch automatische Änderungen der anderen Mitglieder ausbalanciert werden. Abbildung 5.40 zeigt dies beispielhaft.

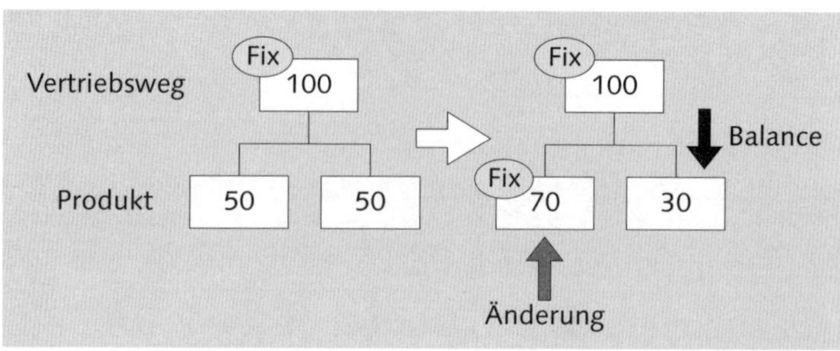

Abbildung 5.40 Fixierung auf oberer Ebene – Schema

Falls die obere Ebene fixiert ist, führt eine Änderung auf der unteren Ebene dazu, dass das geänderte Element ebenfalls fixiert wird.

Die Fixierung wird im Planungstableau mithilfe der entsprechenden Drucktaste oder über den Menüpfad EINSTELLUNGEN • FIXIERUNG • EINSCHALTEN vorgenommen. Hierbei ist die folgende Reihenfolge einzuhalten:

1. Fixierung einschalten
2. Wert ändern
3. Fixierung ausschalten

Der zu fixierende Wert muss sich vom vorherigen Wert unterscheiden. Nachdem ein Wert fixiert worden ist, wird er rot dargestellt. Abbildung 5.41 veranschaulicht diese Vorgehensweise. Dargestellt sind die Absatzzahlen für zwei Produkte und für die nächsthöhere Ebene. Der zu fixierende Wert für KOOLIX100 wird auf 50 Stück geändert, wodurch sich die Planmenge auf der oberen Ebene (SUMME MITGLIEDER) auf 110 Stück erhöht. Durch die Fixierung wirkt sich eine Erhöhung um 10 Stück auf der oberen Ebene nicht auf KOOLIX100 aus, sondern die gesamte Differenzmenge wird KOOLIX110 zugeordnet.

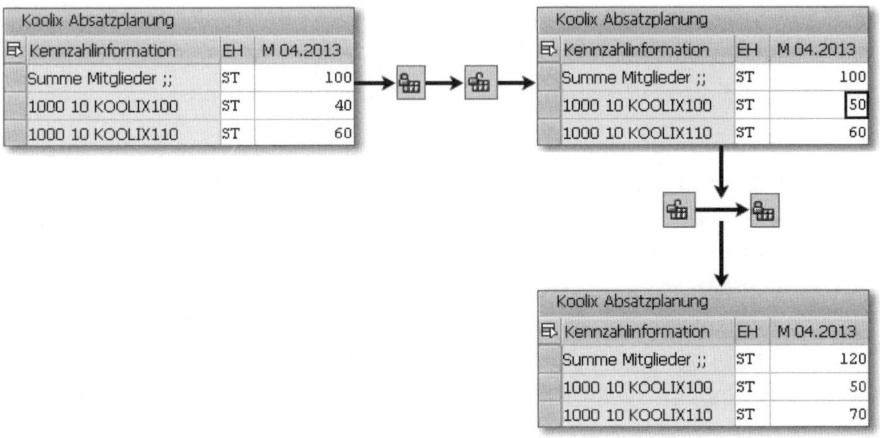

Abbildung 5.41 Fixierung im Planungstableau

Die Fixierung heben Sie über den Menüpfad EINSTELLUNGEN • FIXIERUNG • PERIODE DEFIXIEREN wieder auf. Das Fixieren von Werten ist nur mit der konsistenten Planungsmethode möglich.

5.4 Prognose

Eine Prognose ist die Vorhersage der künftigen Entwicklung von Zeitreihen, und es werden hierbei für einen bestimmten Zeitraum die erwarteten Absatzmengen berechnet. Dabei können zum einen Schätzungen aus den Vertriebsbereichen oder aus der Marktplanung der strategischen Unternehmensplanung berechnet werden. Zum anderen können auch durch die Hochrechnung von Vergangenheitszahlen mittels mathematisch-statistischer Prognoseverfahren die Bedarfe berechnet werden. Die Prognoserechnung kann deshalb auch in der Ergebnis- und Marktsegmentrechnung oder in der Materialwirtschaft zum Einsatz kommen (siehe Abschnitt 7.3.3, »Verbrauchsprognose«).

Prognosemodell

Im Rahmen der Materialdisposition werden aufgrund von Vergangenheitsdaten (z. B. Verbrauchszahlen eines Materials) die zukünftigen Bedarfe dieses Materials abgeschätzt. Man bedient sich dabei Prognosemodellen, die es ermöglichen, aus den Vergangenheitsdaten Prognosewerte abzuleiten. Die künftigen Bedarfe werden auf der Basis von Verbrauchswerten aus der Vergangenheit prognostiziert. Dabei geben die Verbrauchswerte an, welche Menge eines Materials in einer bestimmten Periode der Vergangenheit verbraucht wurde. Diese Werte wurden automatisch infolge von Warenentnahmen fortgeschrieben. Legen Sie ein neues Material an, werden die Verbrauchswerte entweder manuell eingetragen oder von einer anderen Quelle durch Batch-Input in das System übertragen.

Bevor für ein Material eine Prognose erstellt werden kann, müssen Prognoseparameter festgelegt werden. Von zentraler Bedeutung ist dabei das Prognosemodell. Betrachtet man die Verbrauchswerte eines Materials aus der Vergangenheit, lassen sich Gesetzmäßigkeiten erkennen. So kann z. B. der Verbrauch über die Zeit relativ konstant gewesen oder einem gewissen Trend gefolgt sein. Je nach dem Verlauf des Verbrauchs wird dem Material ein Prognosemodell zugewiesen, anhand dessen die Prognosewerte berechnet werden. Es gibt eine ganze Reihe von Prognosemodellen, genannt seien hier das Konstantmodell, das Modell des gleitenden Mittelwerts, das Trendmodell, das Saisonmodell und das Trend-Saison-Modell. Die Frage nach dem einzusetzenden Prognoseverfahren ist somit abhängig vom Verbrauchsverlauf des zu disponierenden Materials. Beispielsweise ist die Methode der Mittelwertbildung im Falle eines konstanten Verbrauchsverlaufs sinnvoll einzusetzen. Die exponentielle Glättung 2. Ordnung und die Regressionsanalyse führen hingegen bei Vorliegen eines trendförmigen Verbrauchsverlaufs zu zuverlässigen Prognosewerten. Voraussetzung für die Durchführung sinnvoller Prognosen ist neben der Auswahl des geeigneten Prognosemodells auf der Basis des Zeitreihenverlaufs die Festlegung des richtigen Glättungsfaktors innerhalb der mathematisch-statistischen Berechnung:

- **Alphafaktor**
  Der Alphafaktor wird zur Glättung des Grundwerts benötigt.
- **Betafaktor**
  Der Betafaktor wird zur Glättung des Trendwerts benötigt.
- **Gammafaktor**
  Der Gammafaktor wird zur Glättung des Saisonindex benötigt.

Die Übersicht in Tabelle 5.6 zeigt als Orientierung, welche Prognosemodelle mit welchen Glättungsfaktoren in Abhängigkeit vom Zeitreihenverlauf sinnvoll einzusetzen sind.

Zeitreihenverlauf	Prognosemodell	Prognose-strategie	Parameter
konstanter Verlauf	Konstantmodell	10	
konstanter Verlauf	Konstantmodell mit exponentieller Glättung 1. Ordnung	11	Alphafaktor
konstanter Verlauf	Modell des gleitenden Mittelwerts	13	Anzahl Vergangenheitswerte
konstanter Verlauf	Modell des gewichteten gleitenden Mittelwertes	14	Gewichtungsgruppe
trendförmiger Verlauf	lineare Regression	20	
trendförmiger Verlauf	Trendmodell mit exponentieller Glättung 2. Ordnung	22	Alpha- und Betafaktor
saisonaler Verlauf	Saisonmodell (Verfahren nach Winter)	31	Alpha- und Gammafaktor, Perioden pro Saison
trendsaisonaler Verlauf	Saisonmodell mit exponentieller Glättung 1. Ordnung	40	Alpha-, Beta- und Gammafaktor, Perioden der Saison

Tabelle 5.6 Prognosemodelle und Prognosestrategien

Die Prognosestrategien sind fest vordefiniert und werden dem Prognoseprofil zugeordnet. Hinweise zur Wahl der Prognosemodelle, z. B. in Abhängigkeit von der ABC- und der XYZ-Klassifikation, werden unter anderem in Dittrich et al. (2003, S. 107–124) gegeben.

Planungsebene

Für die Prognose – ebenso wie für die gesamte Absatzplanung – ist die *Planungsebene* von großer Bedeutung. Anhand der Planungsebene wird festgelegt, auf welcher Produktgrundlage die Planung erfolgen soll. So stehen Unternehmen mit einem weitgestreuten Produktspektrum vor der Herausforderung, für eine Vielzahl von Produkten den Absatz zu planen. Hier bietet es sich an, die Prognose nicht auf der Ebene des Einzelprodukts, sondern innerhalb einer Produktfamilie auf der Produktgruppenebene durchzuführen. Dies ist häufig in der Großserien- und Serienfertigung der Fall; in der Serienfertigung oder Kleinserienfertigung kann die Bedarfsvorhersage auf der Baugruppenebene oder für häufig verwendete Materialien ein besserer Weg sein.

Die Prognoserechnung kann im SAP-System auf unterschiedlichste Informationsquellen, wie z. B. Lieferungen, Verkauf, Verbrauch und Zahlungseingänge, aufgebaut sein. Sie kann vollständig auf der Ebene eines einzelnen Materials bis hin zur Planung aller Materialien innerhalb eines Werks erfolgen. Der Planer kann hierzu flexible Planungshierarchien auf der Basis von Produktfamilien, Produktgruppen, Vertriebsbereichen oder sonstigen Markt- bzw. Organisationseinheiten erstellen und in Prognoseprofilen die Modellauswahl mit deren Parametern hinterlegen, um damit eine einheitliche Verwendung im Unternehmen zu gewährleisten.

Bei der interaktiven Prognose wird die Prognose für die Planungsebene vorgenommen, die aktuell im Planungstableau bearbeitet wird. Innerhalb der Standard-Absatz- und Produktionsgrobplanung (Standard-SOP) können die Absatzmengen für Produktgruppen oder Materialien prognostiziert werden. Die Prognose für ein Material verwendet dessen Verbrauchswerte aus der Vergangenheit und aggregiert diese Werte auf der Produktgruppenebene. Bei der flexiblen Planung kann hingegen jede gewünschte Kennzahl prognostiziert werden, wenn die betreffende Kennzahl im Customizing angelegt worden ist. Die Durchführung der Standard-SOP erfolgt ausschließlich als Stufenplanung, während die flexible Planung als Stufenplanung oder als konsistente Planung durchgeführt werden kann.

Prognose durchführen

Die Prognose wird über den Menüpfad BEARBEITEN • ABSATZPLAN ERSTELLEN aufgerufen. Dies ist sowohl für die Standard-SOP als auch für die flexible Planung möglich. Während die Prognose bei der Standard-SOP immer die Kennzahl ABSATZ füllt, bezieht sich die Prognose bei der flexiblen Planung auf die Kennzahl, auf der der Cursor steht. Abbildung 5.42 zeigt die Einstellungsbilder für den Prognosehorizont und die Prognoseverfahren, die bei Aufruf der Prognose erscheinen. Nachdem Sie die Periodenintervalle und die Prognosemodelle ausgewählt haben ❶, können Sie im darauffolgenden Fenster noch einmal eine Anpassung der Prognosemodelle und der Glättungsfaktoren vornehmen ❷.

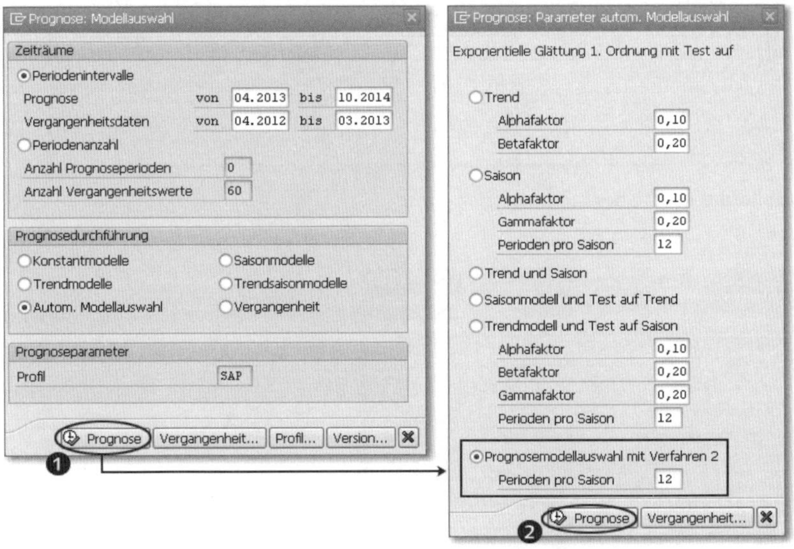

Abbildung 5.42 Aufruf der Prognose aus dem Planungstableau

Wichtig sind hierbei die Anzahl der verwendeten Vergangenheitsperioden und der zu prognostizierenden Perioden sowie das Modell. Diese Parameter werden bereits durch das Prognoseprofil vorbelegt, können aber interaktiv geändert werden. In diesem Beispiel wählt das System aufgrund der Vergangenheitsdaten des Absatzes ein Trendmodell mit dem Grundwert 320 und dem Trendwert 10. Das Ergebnis wird ebenfalls als Pop-up-Fenster angezeigt und erst bei der Übernahme in die Kennzahl geschrieben. Abbildung 5.43 zeigt die Übernahme der interaktiv ausgeführten Prognose in die Absatzplanung. Ab Monat 5 wird der Forecast berechnet (diese Werte sind interaktiv änderbar) und in die Kennzahl ABSATZ übernommen.

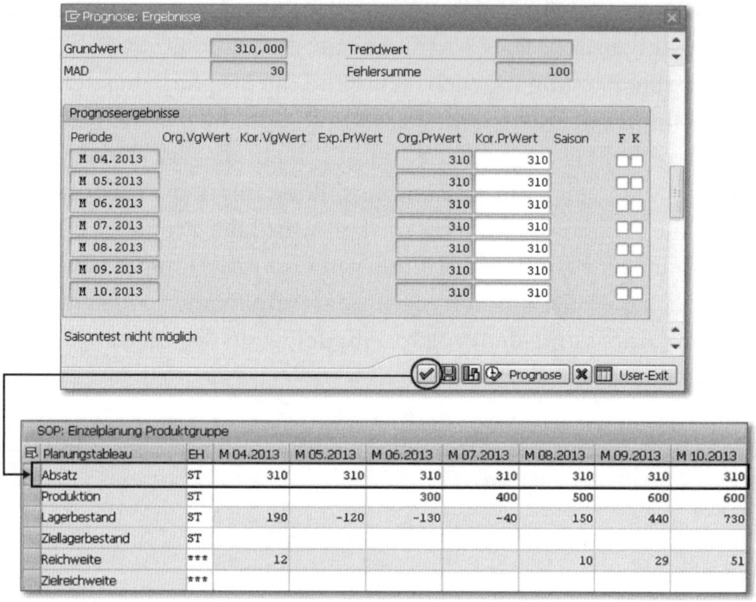

Abbildung 5.43 Übernahme der Prognose

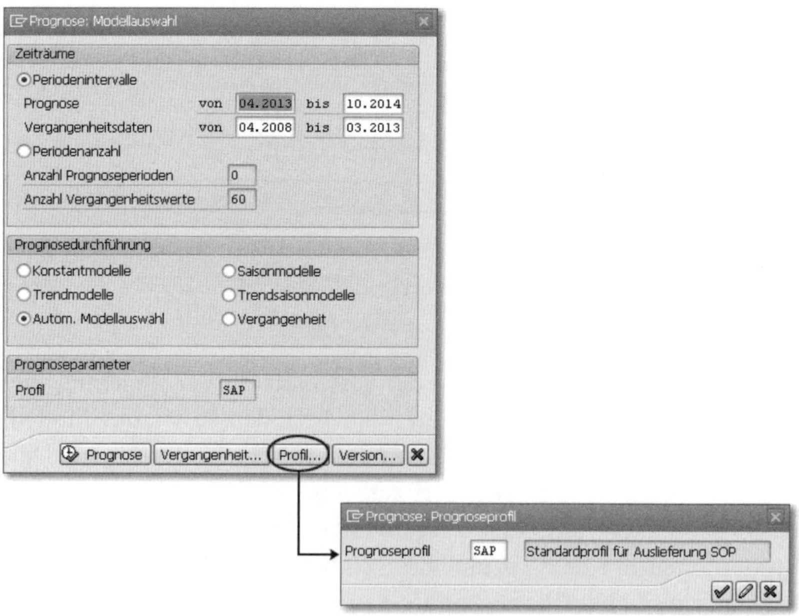

Abbildung 5.44 Zuordnung des Prognoseprofils

Prognoseprofil

Die Parameter zur Durchführung der Prognose (siehe Abbildung 5.42) werden über das *Prognoseprofil* voreingestellt. Das Prognoseprofil wird mithilfe der Customizing-Transaktion MC96 angelegt und kann beim Aufruf der Prognose zugewiesen werden, wie es Abbildung 5.44 verdeutlicht.

An dieser Stelle ist es auch möglich, die wichtigsten Einträge des Prognoseprofils (Prognosestrategie, Prognoseparameter, Perioden für die Vergangenheit und Prognoseperioden) zu ändern. Abbildung 5.45 zeigt diese Änderungsmöglichkeiten.

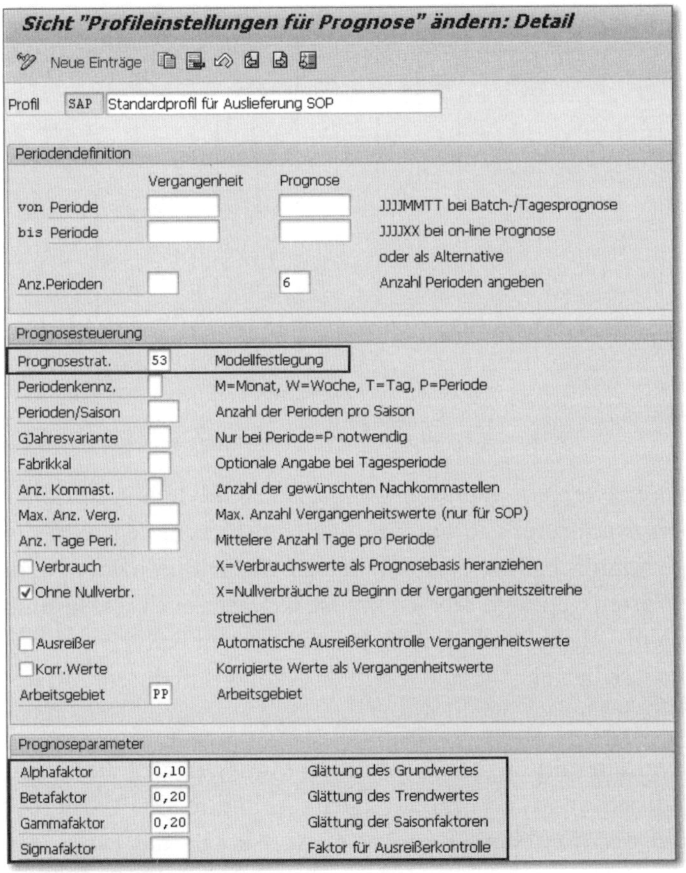

Abbildung 5.45 Anpassung des Prognoseprofils

5.5 Ereignis

In einigen Fällen haben bereits im Voraus bekannte Ereignisse eine Auswirkung auf den Absatz. Dies ist insbesondere in der Konsumgüterindustrie häufig der Fall, in der durch Promotionen kurzfristige

Absatzsteigerungen erzielt werden können. Es können aber auch andere Ereignisse, wie z. B. eine Fußballweltmeisterschaft absatzrelevant sein. Diese Ereignisse finden in einem zeitlich abgegrenzten und überschaubaren Rahmen statt, und häufig tritt am Ende des Ereignisses ein leichter Absatzrückgang auf. Abbildung 5.46 zeigt einen typischen Absatzverlauf, der von Ereignissen beeinflusst wird.

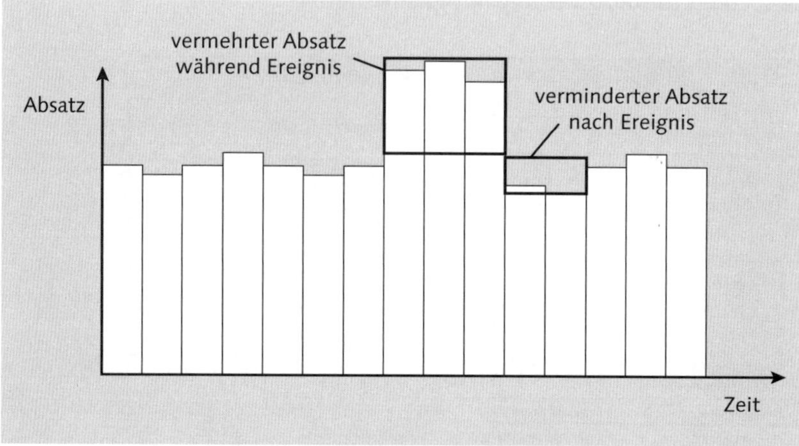

Abbildung 5.46 Auswirkung eines Ereignisses auf den Absatz

Ereignis-modellierung

SAP ERP bietet zwei Arten an, um Ereignisse zu modellieren: *kumulativ* oder *prozentual*. Im Fall von kumulativen Ereignissen wird die durch das Ereignis bedingte Absatzmenge als Differenzmenge in absoluten Werten gepflegt. Der Gesamtabsatz setzt sich als Summe aus »normalem« Absatz und Ereignis zusammen. Im Fall der prozentualen Ereignisse bezieht sich die durch das Ereignis bedingte Absatzmenge auf die in der Kennzahl Absatz geplante Menge.

Ereignisse werden mithilfe der Transaktion MC64 angelegt (und mithilfe der Transaktion MC65 geändert, siehe Abbildung 5.47). Hierbei legen Sie auf der Kopfebene den Ereignistyp sowie die Länge der Ereignisperiode (Länge 1 Ereignisper.) fest ❶. Nach der Definition der Werte ❷ ordnen Sie das Ereignis einer (oder mehreren) Infostrukturen zu ❸. Die Periodizität der Ereignisperiode muss in der Infostruktur vorhanden sein. Diese Informationen sind im fertigen Ereignis sichtbar ❹.

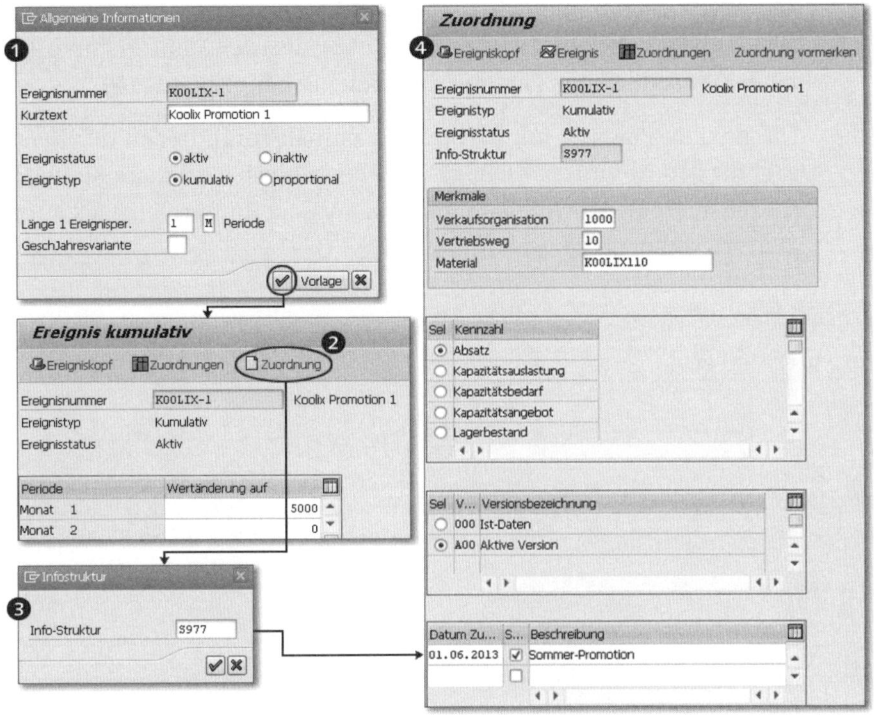

Abbildung 5.47 Anlage eines Ereignisses und Zuordnung zur Infostruktur

Damit das Ereignis in der Absatz- und Produktionsplanung verwendet werden kann, muss es dem Planungstyp zugeordnet werden, wie es Abbildung 5.48 zeigt.

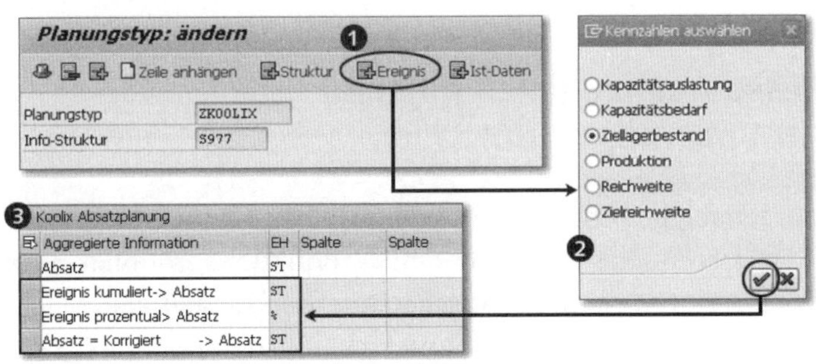

Abbildung 5.48 Zuordnung von Ereignissen zum Planungstyp

Die Zuordnung nehmen Sie in der Bearbeitung des Planungstyps (Transaktion MC8B) mithilfe der Drucktaste EREIGNIS vor ❶. Im nächsten Fenster werden die noch nicht verwendeten Kennzahlen der Infostruktur angezeigt, von denen eine zur Speicherung der Ereigniswerte verwendet wird – in diesem Fall die Kennzahl ZIELLAGERBESTAND ❷. Als Resultat der Zuordnung werden dem Planungstyp neue Kennzahlen zur Planung der Ereignisse hinzugefügt ❸.

Die flexible Planung mit Ereignissen enthält somit neben der Kennzahl für den Absatz die nicht im Planungstableau änderbare Kennzahl für das Ereignis sowie die Summe aus Absatz und Ereignis als korrigierten Absatz (siehe Abbildung 5.49).

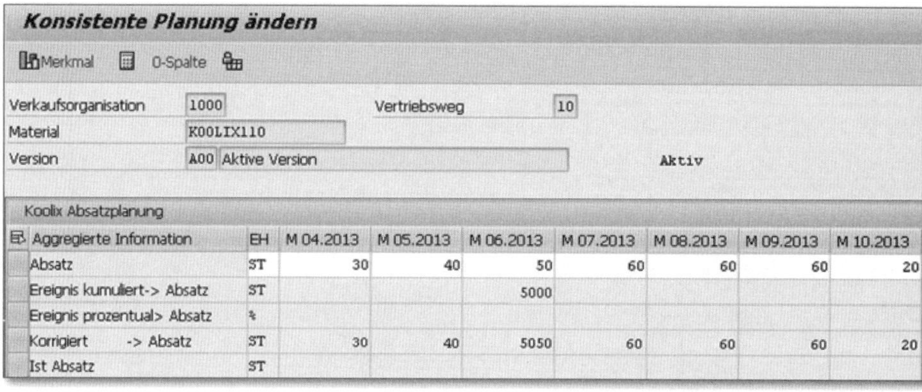

Abbildung 5.49 Absatzplanung mit Ereignissen

Es ist erkennbar, dass der Gesamtabsatz, der als korrigierter Absatz (KORRIGIERT • ABSATZ) aufgeführt wird, die Summe aus ursprünglicher Absatzplanung (ABSATZ) und Ereignis (EREIGNIS KUMULIERT • ABSATZ) ist.

5.6 Ressourcenabgleich mittels Grobplanungsprofil

Der Ressourcenabgleich berechnet anhand eines Grobplanungsprofils die Ressourcenbelastung für den Produktionsgrobplan und ermöglicht es so, eine schnelle Abschätzung der kapazitiven Machbarkeit zu treffen. Hierbei kann auf unterschiedlichen Ebenen (Material und Werk, Produktgruppe und Werk oder Infostruktur) eine Kapazitätsbelastung für eine bestimmte Bezugsmenge definiert werden. Der Ressourcenabgleich im Planungstableau skaliert die im Grobplanungsprofil gepflegte Ressourcenbelastung mit dem Produktionsplan und errechnet so die Ressourcenbelastung für den Produktionsplan. Abbildung 5.50 veranschaulicht diesen Zusammenhang.

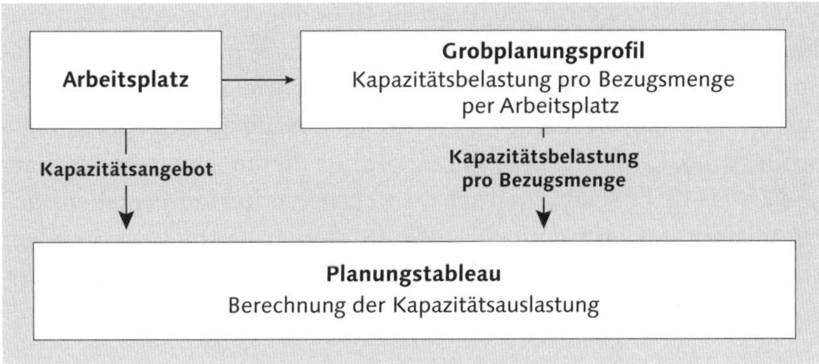

Abbildung 5.50 Ressourcenabgleich mittels Grobplanungsprofil – Schema

Das Kapazitätsangebot wird aus dem Arbeitsplatz gelesen, und hierüber wird eine prozentuale Ressourcenauslastung errechnet.

Grob-planungsprofil

Grobplanungsprofile legen Sie mithilfe der Transaktion MC35 an, und Sie ändern Sie über die Transaktion MC36. Hierbei werden, ähnlich wie für den Arbeitsplan, Status, Verwendung und Losgrößenbereich gepflegt. Darüber hinaus wird die Bezugsmenge festgelegt, d. h., auf wie viele Einheiten eines Produkts sich die im Weiteren zu pflegende Kapazitätsbelastung bezieht, sowie das Zeitraster, in dem die Kapazitätsbelastung gepflegt werden soll. Abbildung 5.51 zeigt die Anlage eines Grobplanungsprofils.

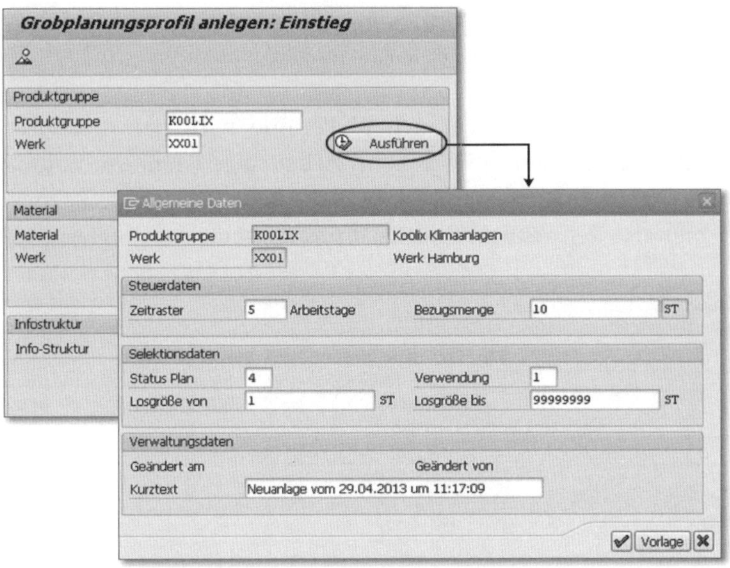

Abbildung 5.51 Anlegen eines Grobplanungsprofils

Damit im Ressourcenabgleich eine Berechnung der prozentualen Ressourcenauslastung vorgenommen werden kann, müssen im Grobplanungsprofil die zu prüfenden Ressourcen, wie in Abbildung 5.52 gezeigt, angelegt werden. Hierzu wählen Sie aus dem Grobplanungsprofil ❶ den Ressourcentyp ❷ und ordnen diesem einen Arbeitsplatz zu ❸. Als Ergebnis wird der Arbeitsplatz in der Ressourcentabelle des Grobplanungsprofils aufgeführt ❹. In diesem Beispiel beschränken wir uns auf Arbeitsplätze, andere einschränkende Größen wie Fertigungshilfsmittel oder Materialien wären ebenfalls möglich.

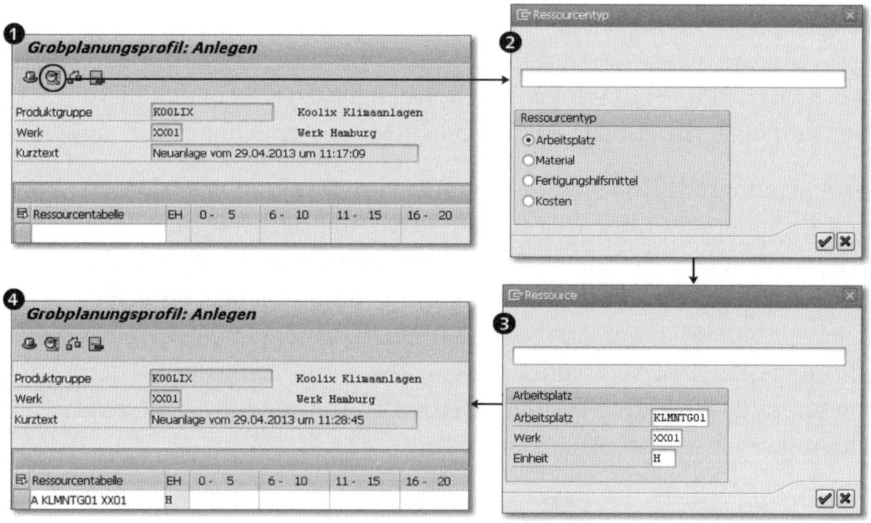

Abbildung 5.52 Ressourcenzuordnung im Grobplanungsprofil

Der erwartete Kapazitätsverbrauch je Periode wird per Ressource angegeben; in diesem Beispiel je zehn Arbeitstage (siehe Abbildung 5.53). Der erwartete Kapazitätsverbrauch bezieht sich auf die Bezugsmenge, hier also zehn Stück, und wird pro Ressource aggregiert.

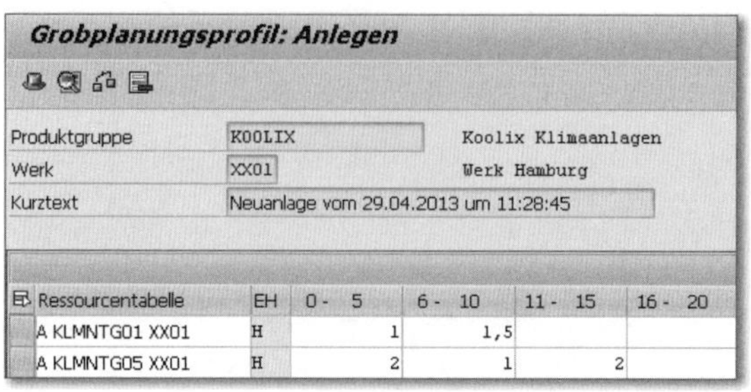

Abbildung 5.53 Kapazitätsverbrauch im Grobplanungsprofil

Im Planungstableau ist es möglich, sich über den Menüpfad SICHTEN • KAPAZITÄTSPLANUNG • GROBPLANUNG • EINBLENDEN das Kapazitätsangebot und den Kapazitätsbedarf anzeigen zu lassen (siehe Abbildung 5.54).

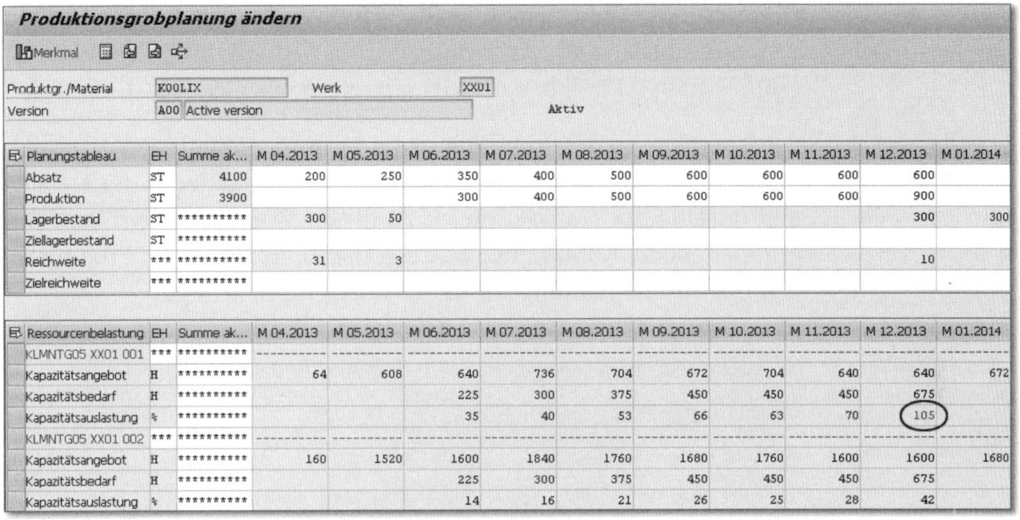
Produktionsgrobplanung ändern

Merkmal

Produktgr./Material KOOLIX Werk XXU1

Version A00 Active version Aktiv

Planungstableau	EH	Summe ak...	M 04.2013	M 05.2013	M 06.2013	M 07.2013	M 08.2013	M 09.2013	M 10.2013	M 11.2013	M 12.2013	M 01.2014
Absatz	ST	4100	200	250	350	400	500	600	600	600	600	
Produktion	ST	3900			300	400	500	600	600	600	900	
Lagerbestand	ST	**********	300	50							300	300
Ziellagerbestand	ST	**********										
Reichweite	***	**********	31	3							10	
Zielreichweite	***	**********										

Ressourcenbelastung	EH	Summe ak...	M 04.2013	M 05.2013	M 06.2013	M 07.2013	M 08.2013	M 09.2013	M 10.2013	M 11.2013	M 12.2013	M 01.2014
KLMNTG05 XX01 001	***	**********	---------	---------	---------	---------	---------	---------	---------	---------	---------	---------
Kapazitätsangebot	H	**********	64	608	640	736	704	672	704	640	640	672
Kapazitätsbedarf	H	**********			225	300	375	450	450	450	675	
Kapazitätsauslastung	%	**********			35	40	53	66	63	70	105	
KLMNTG05 XX01 002	***	**********	---------	---------	---------	---------	---------	---------	---------	---------	---------	---------
Kapazitätsangebot	H	**********	160	1520	1600	1840	1760	1680	1760	1600	1600	1680
Kapazitätsbedarf	H	**********			225	300	375	450	450	450	675	
Kapazitätsauslastung	%	**********			14	16	21	26	25	28	42	

Abbildung 5.54 Kapazitätsauslastung im Standardplanungstableau

In der Fußleiste erscheint eine Informationsmeldung, falls eine Ressource überlastet ist – in diesem Beispiel im Dezember 2013 (siehe Abbildung 5.55).

Abbildung 5.55 Hinweis auf Überlast in der Fußleiste

Die Kapazitätsauslastung wird bei einer Planänderung sofort berechnet, sodass eine interaktive Anpassung des Produktionsgrobplans an die Kapazitäten erleichtert wird. Der Ressourcenabgleich bietet jedoch keine Standardfunktion an, um den Produktionsplan automatisch an das Kapazitätsangebot anzupassen.

Bei einer Änderung des Grobplanungsprofils wird der geänderte Kapazitätsbedarf nur dann berücksichtigt, wenn sich die Plandaten ändern.

5.7 Übergabe an die Programmplanung

Die Übergabe an die Programmplanung kann interaktiv angestoßen werden, synchron und automatisch erfolgen oder als Massenverarbeitungsjob im Hintergrund. Der übliche Fall ist die Übergabe im Hintergrund. Eine interaktive Übergabe wird in der Regel nur dann vorgenommen, wenn Änderungen in der Absatz- und Produktionsgrobplanung schnell bedarfswirksam werden sollen.

Übergabe der Standard-SOP

Die Übergabe an die Programmplanung aus der Standard-SOP erfolgt mithilfe der Transaktion MC74 für die Planung auf der Materialebene und mithilfe der Transaktion MC75 für die Planung auf der Produktgruppenebene. Abbildung 5.56 zeigt die Übergabe an die Programmplanung für die Planung auf der Produktgruppenebene.

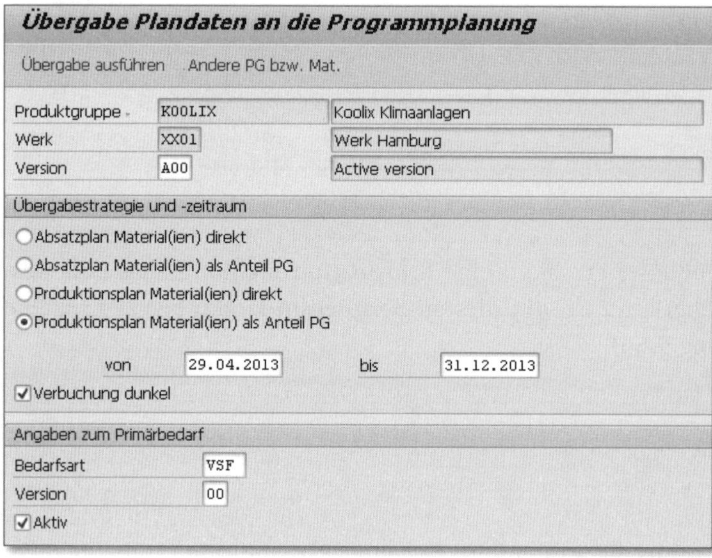

Abbildung 5.56 Übergabe der Standard-SOP an die Programmplanung

An dieser Stelle können Sie auswählen, ob der Absatz- oder der Produktionsplan als Planprimärbedarf übergeben wird. Der Planprimärbedarf wird immer auf der Materialebene angelegt. Wählen Sie die Übergabe mit der Option Als Anteil PG, wird der Anteil der Materialien aus den Anteilsfaktoren der Produktgruppe bestimmt, andernfalls, bei der Option Direkt, müssen Planwerte auf der Materialebene vorhanden sein. Als Resultat sind die Planprimärbedarfe in der Bedarfs-/Bestandsliste zu sehen, und sie können in der Programmplanung bearbeitet werden. Die Angaben zum Primärbedarf – Bedarfsart und Version – erläutern wir in Kapitel 6, »Programmplanung«.

Übergabe der flexiblen Planung

Die Übergabe aus der flexiblen Planung an die Programmplanung erfolgt auf der Ebene MATERIAL und WERK mithilfe der Transaktion MC90 (siehe Abbildung 5.57). In diesem Fall müssen Sie die Kennzahl auswählen, die übergeben werden soll. Klicken Sie auf das Icon oder drücken Sie [F4], um den Dialog KENNZAHLENAUSWAHL zu öffnen.

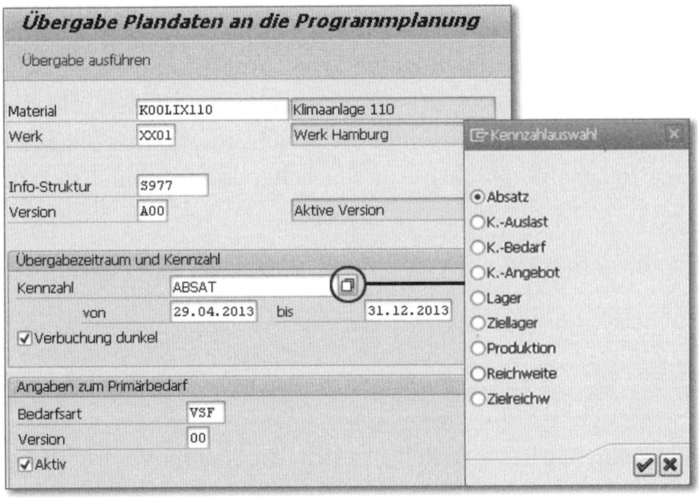

Abbildung 5.57 Übergabe der flexiblen Planung an die Programmplanung

Werksaufteilung

Falls der Werksbezug nicht in der Struktur der Planung als Merkmal enthalten ist, kann eine Werksaufteilung materialspezifisch vorgenommen werden. Die Werksaufteilung erfolgt über den Customizing-Pfad PRODUKTION • ABSATZ- UND PRODUKTIONSGROBPLANUNG • FUNKTIONEN • WERKSBEZOGENE ANTEILSMÄSSIGE VERTEILUNG FESTLEGEN oder mithilfe der Transaktion MC7A. Abbildung 5.58 zeigt ein Beispiel, in dem für das Material KOOLIX110 80 % des Bedarfs auf Werk XX01 und 20 % des Bedarfs auf Werk 1000 entfallen.

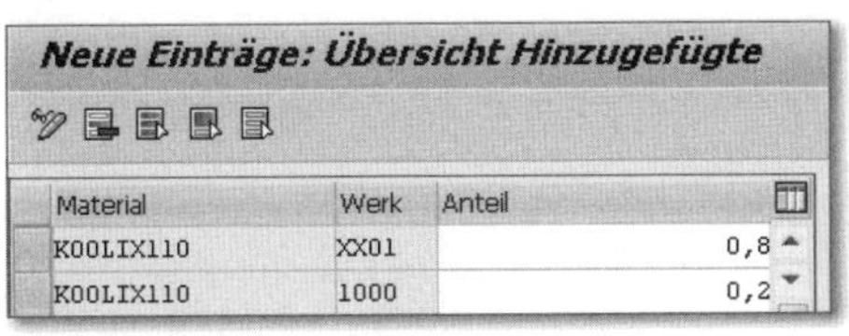

Abbildung 5.58 Werksaufteilung

Die Werksaufteilung wird auf der Materialebene gepflegt. Es wird hierbei nicht überprüft, ob das Material für das jeweilige Werk auch tatsächlich angelegt ist. Falls der Werksbezug weder in der Planung besteht noch eine Werksaufteilung gepflegt ist, werden die Plandaten gleichmäßig auf alle Werke aufgeteilt, in denen das Material gepflegt ist.

5.8 Massenverarbeitung

Im Rahmen der Absatz- und Produktionsgrobplanung ist es häufig erforderlich, Planungsschritte für eine große Anzahl von Produkten vorzunehmen. Einige Planungsschritte erfordern das Wissen und die Erfahrung des Planers und müssen daher jeweils interaktiv vollzogen werden. Viele der Planungsschritte lassen sich jedoch automatisieren, wie z. B.:

- Prognose durchführen
- Anfangslagerbestand ermitteln
- Makro ausführen
- Übergabe an die Programmplanung

Für diese Planungsschritte empfiehlt es sich, die Massenverarbeitung zu nutzen.

Das Grundprinzip der Massenverarbeitung besteht in der Definition von Aktivitäten, die beschreiben, welche Schritte auszuführen sind, und deren Zuordnung zu Massenverarbeitungsjobs (mit Ausnahme der Ermittlung des Anfangslagerbestands, die wir bereits in Abschnitt 5.3.3, »Planung im Planungstableau«, beschrieben haben). Abbildung 5.59 zeigt diesen Zusammenhang.

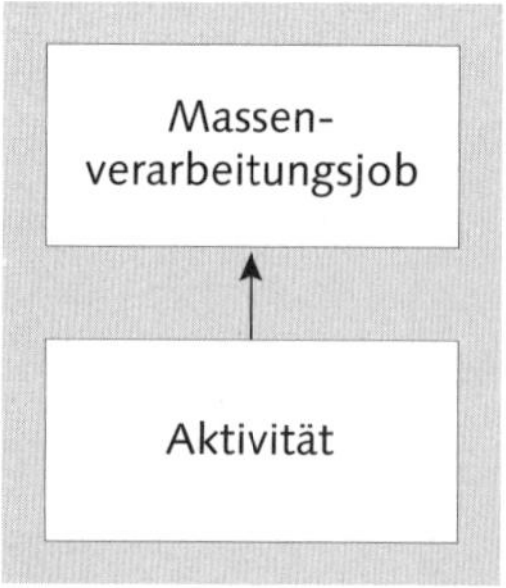

Abbildung 5.59 Aktivität

Abbildung 5.60 zeigt die Anlage von Aktivitäten mithilfe der Transaktion MC8T.

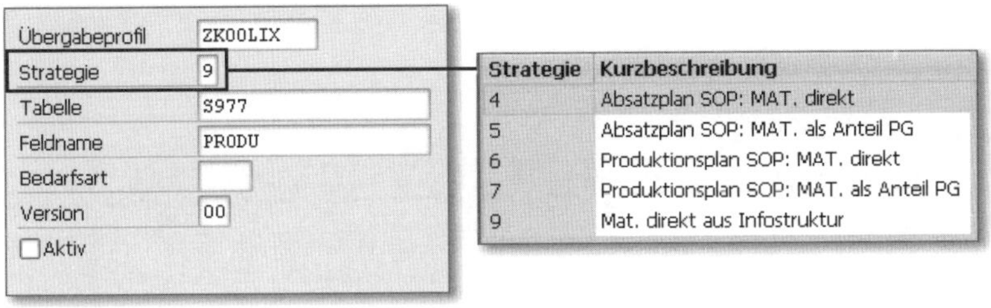

Abbildung 5.60 Anlage von Aktivitäten

Aktivitäten haben einen Namen (KEY F. PL.AKTIVITÄT) und können mehrere Planungsschritte enthalten. Die Reihenfolge ist durch REIHENFOLGE AKT. definiert. Manche Aktivitätstypen erfordern jedoch, dass sie ohne weitere Planungsschritte ausgeführt werden, wie z. B. UEBERGABE. Darüber hinaus besteht ein eindeutiger Bezug zum Planungstyp.

Aktivitäten haben unterschiedliche Typen, wie z. B. MAKRO oder PROGNOSE. In Abhängigkeit vom Aktivitätstyp sind weitere Informationen erforderlich, die der Aktivität in ihrem Profil mitgegeben werden. Tabelle 5.7 führt die erforderlichen Informationen für verschiedene Aktivitätstypen auf.

Aktivitätstyp	Information
COPY	Kopierprofil
PROGNOSE	Prognoseprofil und Kennzahl (»Feldname«)
UEBERGABE	Übergabeprofil
MAKRO	Makro
COPA	Zuordnung und Plan-/Istkennzeichen
EXTERNPLAN	SCPI-Planungsprofil

Tabelle 5.7 Aktivitätstypen und Profile

Für die Prognose haben wir das Prognoseprofil bereits in Abschnitt 5.4 beschrieben. Das Gleiche gilt für die Makros in Abschnitt 5.3.2. Weitere Profile werden wir nun im Folgenden beschreiben.

Übergabeprofil

Für die Übergabe an die Programmplanung müssen Sie eine Aktivität des Typs UEBERGABE anlegen und anschließend ein Übergabeprofil zuordnen. Übergabeprofile legen Sie mithilfe der Transaktion MC8S an (siehe Abbildung 5.61).

Abbildung 5.61 Übergabeprofil

Für die Übergabe aus der Standard-SOP können die in Abbildung 5.61 gezeigten Strategien 4 bis 7 verwendet werden – je nachdem, ob der Absatz- oder der Produktionsgrobplan übergeben werden soll und ob dieser direkt auf der Materialebene oder auf der Produktgruppenebene erstellt wurde. Falls aus der flexiblen Planung an die Programmplanung übergeben werden soll, ist die Strategie 9 zu wählen, und es müssen Infostruktur (TABELLE) und Kennzahl definiert werden. Bedarfsart und Version beschreiben wir im folgenden Kapitel 6.

Kopierprofil

Das Kopieren von Kennzahlen zwischen Infostrukturen mit dem Aktivitätstyp COPY erfordert das Anlegen eines Kopierprofils mithilfe der Transaktion MC8Z. Hierbei werden Quell- und Zielinfostruktur sowie Quell und Zielkennzahlen angegeben.

Anlage von Massenverarbeitungsjobs

Die Anlage eines Massenverarbeitungsjobs erfolgt mithilfe der Transaktion MC8D (MC8E für Ändern; MC8F für Löschen) und erfordert mehrere Schritte:

1. Namen für Massenverarbeitungsjob vergeben
2. Infostruktur und Version zuordnen
3. Planungstyp zuordnen
4. Namen für Variante vergeben
5. Selektionsbilder auswählen
6. Merkmalswerte, Aktivität und Aggregationsebene festlegen
7. Variante sichern

Abbildung 5.62 zeigt die ersten fünf Schritte im System.

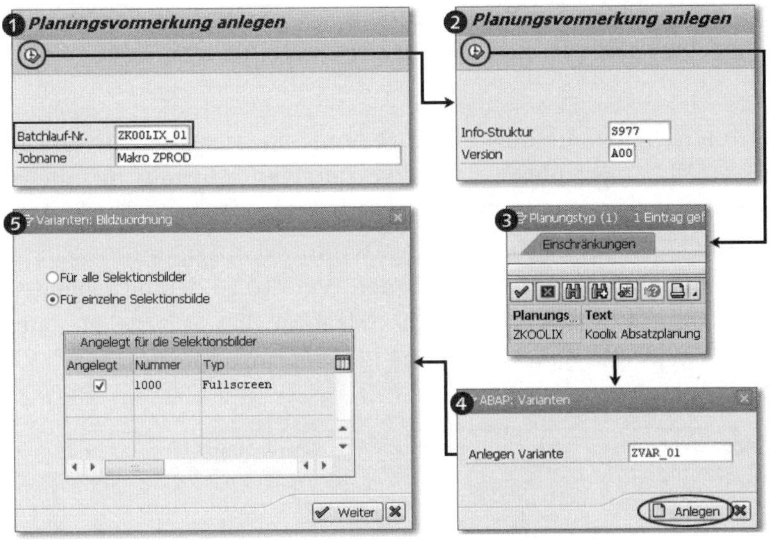

Abbildung 5.62 Anlage eines Massenverarbeitungsjobs – Schritte 1 bis 5

Die weiteren beiden Schritte sind in Abbildung 5.63 dargestellt. Ein wesentlicher Schritt für die Definition des Massenverarbeitungsjobs besteht in der Einschränkung des Anwendungsbereichs, der über die Definition der Merkmalswerte erfolgt. Analog zum Einstieg in die flexible Planung ist es nicht erforderlich, alle Merkmalswertekombinationen auszuprägen.

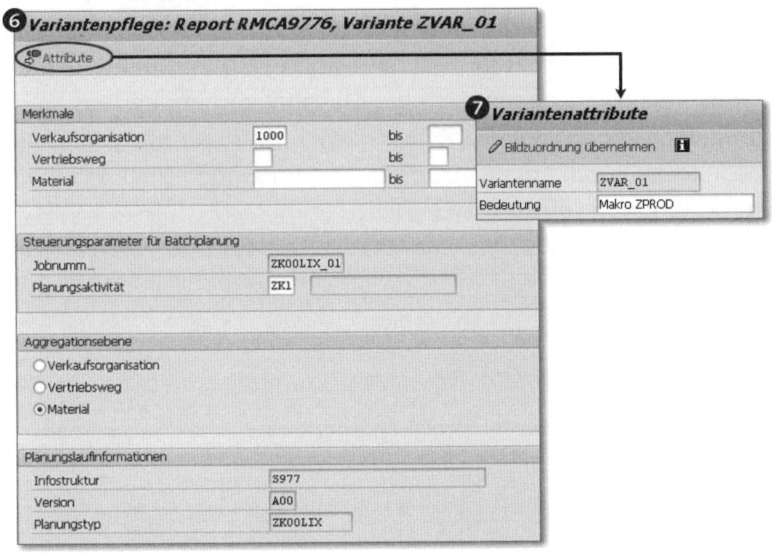

Abbildung 5.63 Anlage eines Massenverarbeitungsjobs – Schritte 6 und 7

Durch die Wahl der Aggregationsebene legen Sie fest, ob die Aktivität auf der oberen Ebene oder auf der detaillierten Ebene durchgeführt wird.

Dies unterscheidet die Massenverarbeitung von der interaktiven Planung im Planungstableau, da bei Letzterer ein Einstieg auf oberer Ebene immer auch eine Planung auf der oberen Ebene erfordert. Abbildung 5.64 veranschaulicht den Einfluss der Aggregationsebene für ein simples Makro, das jeweils den Wert 10 zu den bestehenden Werten addiert. Es werden hier die Selektion aller Materialien eines Vertriebswegs und eine konsistente Planung angenommen.

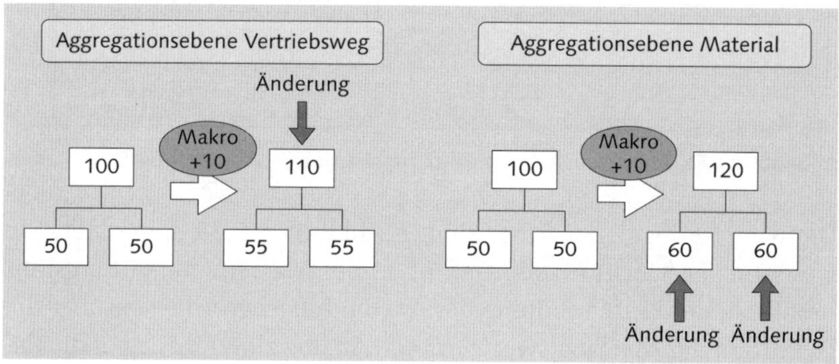

Abbildung 5.64 Aggregationsebene

Einplanung des Massenverarbeitungsjobs

Die Einplanung des Massenverarbeitungsjobs erfolgt mithilfe der Transaktion MC8G. Hierbei geben Sie den Variantennamen an und verwenden ansonsten die Standard-Batch-Planungsfunktionalität. Dementsprechend können Sie die Massenverarbeitungsjobs auch mithilfe der Transaktion SM37 überwachen. Darüber hinaus besteht die Möglichkeit, sich mit der Transaktion MC8I einen Überblick über einen bestimmten Job zu verschaffen.

Die Programmplanung führt die Absatzplanung mit den Kundenbedarfen gemäß der Planungsstrategie zusammen und ermittelt so die Primärbedarfe für die Produktion.

6 Programmplanung

Generelles Ziel der Produktionsprogrammplanung, kurz Programmplanung ist es, die zu fertigenden Produktmengen (Primärbedarfe) auf der Basis von Endprodukten, Endproduktgruppen und selbstständig verkaufbaren Ersatzteilen für die nächsten Perioden zu ermitteln. Die Grundlage dazu können entweder konkret vorliegende Aufträge oder auf der Basis von Prognosewerten erwartete Absatzzahlen sein.

6.1 Prozessüberblick

Ziel der *Programmplanung* ist es, festzulegen, welche Mengen zu welchen Zeitpunkten produziert werden sollen. Dies geschieht, indem Planprimärbedarfe erzeugt werden, die bereits bedarfswirksam werden. Im Unterschied zur Produktionsgrobplanung erhält der Planprimärbedarf ein tagesgenaues Datum und kann mit konkreten Kundenbedarfen verrechnet werden. Abbildung 6.1 zeigt den Prozessablauf der Programmplanung.

In der *Absatz- und Produktionsgrobplanung* wird der Produktionsgrobplan üblicherweise in monatlicher oder wöchentlicher Granularität erstellt. Bei der Übergabe an die Programmplanung erhält der Planprimärbedarf zunächst ein Datum – oder mehrere Daten, falls er zeitlich disaggregiert wird.

Fertigungsart/ Produktionsart

Ein häufig in der Literatur genanntes Kriterium zur Differenzierung der unterschiedlichen Anforderungen an Produktionsplanungs- und Steuerungssysteme ist die Fertigungs- oder Produktionsart (siehe Glaser et al. 1992; Schäfer 1983). Dieses Kriterium wird schon innerhalb der Programmplanung berücksichtigt. Das charakteristische Merkmal zur Beschreibung der Produktionsart ist die Häufigkeit der gleichen Leistungserstellung in der Produktion, d. h. der Grad der Bestimmtheit der Wiederkehr derselben Leistungsart (siehe Kilger 1986, S. 29–33). Häufig wird die Produktionsart in Massen-, Großserien-, Mittelserien-, Kleinserien- und Einzelfertigung differenziert (siehe Keller 1993, S. 246–247; Schäfer 1983).

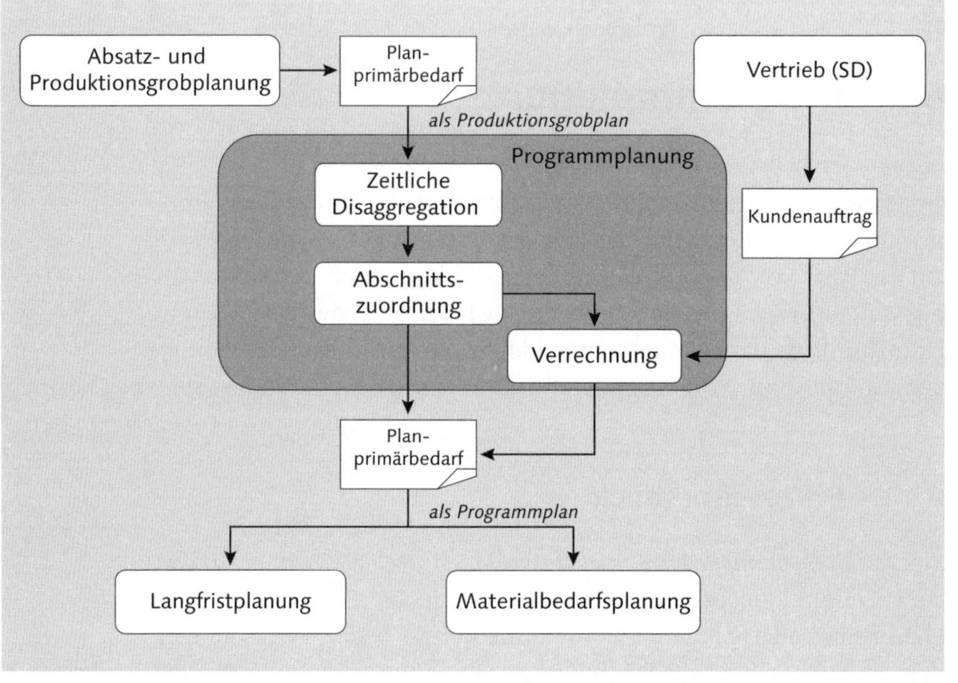

Abbildung 6.1 Prozessschritte der Programmplanung

Einzelfertigung

Ist das Unternehmen ein Einzelfertiger, d. h. ein Unternehmen, das aufgrund von konkret vorliegenden Kundenanforderungen bestimmte Produkte plant, entwickelt, konstruiert und fertigt, ist es schwierig, den Primärbedarf für die Folgeperioden zu planen. Denn in einem solchen Fall sind bei Auftragserteilung die zu erstellenden Produkte noch nicht in allen Einzelheiten spezifiziert, und es kann aufgrund von Änderungen innerhalb der Planungs- und Produktionsphase zu Verschiebungen bezüglich des Auslieferungstermins kommen. Typische Beispiele für Einzelfertiger sind z. B. Unternehmen des Sondermaschinenbaus.

Damit bei solchen Unternehmenstypen eine einigermaßen zuverlässige Planung durchgeführt werden kann, sollte ein Einzelfertiger zuerst einmal eine *Grobplanung* hinsichtlich des Absatz- und Produktionsprogramms unter der Beachtung von Kapazitäts-, Material- und Finanzmittelbegrenzungen durchführen und den Produktionsverlauf simulieren können. Als Ausgangsdaten werden Informationen über die momentane Kapazitätsbelastung, über die voraussichtliche Anzahl der zur Produkterstellung benötigten Montage- und Fertigungsschritte, über deren jeweilige Fertigungs- und Montagedauer für die Simulation des voraussichtlichen Kapazitätsbedarfs und des voraussichtlichen Auftragsendtermins benötigt. In einer sogenannten *Grobplanungsdatei* werden diese Informationen abgelegt und durch Fertigmeldungen von Aufträgen bzw. Teilaufträgen fortgeschrieben. Insbesondere bei der Einzelfertigung ist die Primärbedarfsplanung mit großer Sorgfalt durchzuführen, da Fehler in der frühen Phase zu einer ungleichmäßigen Kapazitätsauslastung führen. In der Primärbedarfsplanung verursachte Fehler oder Irrtümer führen zwangsläufig zu einer schlechten Bedarfsplanung und können die Vergabe von Fremdaufträgen bei Überlastung oder Zahlungen von Konventionalstrafen aufgrund von Terminverzögerungen mit sich bringen.

Serienfertigung

Etwas anders sieht die Primärbedarfsplanung bei einem Serienfertiger aus. Der Primärbedarf eines Serienfertigers kann sich aufgrund von bereits vorliegenden Kundenaufträgen und auf der Basis von Prognosezahlen hinsichtlich der zusätzlich absetzbaren Menge ergeben. Die Grobplanung beruht hierbei auf teilweise abgesicherten Werten, und Prognosezahlen kann das Unternehmen durch Marketingerhebungen gewinnen. Allerdings ist in diesem Zusammenhang auf die Prognosequalität zu achten, da aufgrund schlechter Prognosewerte Probleme auftreten können: So kann es bei der Produktion von zu vielen Produkten dazu kommen, dass bestimmte unverkäufliche Produkte länger im Lager liegen als geplant. Wenn hingegen zu wenig Produkte produziert werden, können Mitbewerber diese Lücken schließen.

Auftragserteilungsart

Einhergehend mit der Fertigungsart wird die Primärbedarfsplanung wesentlich durch die Auftragserteilungsart und durch das Produktspektrum, d.h. die Produktstruktur und die Produktstandardisierung, beeinflusst. Die Auftragserteilungsart gibt an, in welcher Form die Produktion, d.h. Fertigung und Montage, bei der Auftragsabwicklung angestoßen wird. Die Produktstruktur beschreibt den Aufbau eines Erzeugnisses aus untergeordneten Komponenten. Die Produktstandardisierung gibt an, inwieweit ein Endprodukt einen gewissen Standardisierungsgrad erreicht hat. Dabei kann sich der

Standardisierungsgrad auf geometrische, strukturelle oder verfahrenstechnische Aspekte beziehen und im Zusammenspiel mit der Art der Auftragserteilung Auswirkungen auf die Tätigkeiten der Konstruktion, der Kalkulation, der Produktions- und der Vertriebslogistik haben (siehe Keller 1993, S. 239–306).

Bei der Auftragsauslösungsart *Kundenaufträge als Einzelbestellung* kann das Problem größerer Schwankungen von einer Periode zur anderen auftreten. Gehen mehr Aufträge als geplant ein, kann es zu Überlastungen der Kapazitäten in den einzelnen Planperioden kommen. Bleiben hingegen die Auftragseingänge unter den geplanten Werten, müssen entweder die Kapazitätsauslastungen reduziert oder Komponenten auf Lager produziert werden. Bei der Auftragsauslösungsart *Kundenaufträge auf Basis von Rahmenverträgen* können das Produkt, der Liefertermin und die Menge fest vereinbart sein, und der Kundenrahmenvertrag entspricht einer Art Grundlast, die aufgrund der vorhandenen Daten gut einplanbar ist. Ist das Produkt definiert, nicht aber die Menge und der Liefertermin, müssen vor dem erwarteten bzw. dem Bereitstellungstermin Endprodukte oder eingehende Baugruppen auf Lager gefertigt werden, um die Liefertermine halten zu können. Ist lediglich die Produktgruppe, z. B. RECARO-Sitze, bekannt, aber nicht das genaue Produkt, die Menge und der Liefertermin, kann es zum Abruf verschiedener Aufträge in verschiedenen Varianten zu unregelmäßigen Zeitabständen kommen. Starke Auftragsschwankungen können eventuell durch die Vorfertigung von Gleichteilen, d. h. Teilen oder Baugruppen, die in verschiedenen Varianten vorkommen, abgewickelt werden. Die Auftragsauslösung kann auch durch interne Entwicklungsaufträge der Entwicklungs- und Konstruktionsabteilung für Produkte erfolgen, die heute noch nicht auf dem Markt abgesetzt werden können. Je nach Dringlichkeit sind diese Aufträge frei disponierbar und können in Perioden geringerer Kapazitätsauslastung ohne Beeinflussung eingeplanter Kundenaufträge vorgezogen oder verschoben werden. Steht ein Entwicklungsauftrag im Zusammenhang mit einem Kundenauftrag, z. B. für die Fertigung von Spezialwerkzeugen, ist er wie ein Kundenauftrag zu behandeln und zu disponieren.

Planungsstrategie

Für die Erstellung des Produktionsprogramms in Form von Primärbedarfen muss zunächst festgelegt werden, mit welcher Planungsstrategie ein bestimmtes Erzeugnis geplant werden soll. Die Planungsstrategien stellen die betriebswirtschaftlich sinnvollen Vorgehensweisen für die Planung und Fertigung bzw. Beschaffung eines Erzeugnisses dar. Dabei kann grundsätzlich unterschieden werden, ob die Produktion unmittelbar durch einen Kundenauftrag (Auftragsproduktion) oder ausschließlich kundenauftragsanonym (Lagerproduktion) ausgelöst wird. Ebenso ist es möglich, in das Produktionsprogramm sowohl Kundenaufträge als auch Lageraufträge einfließen zu lassen. Ist die Fertigungszeit im Verhältnis zur marktüblichen Lieferzeit relativ lang, sollten die Erzeugnisse oder bestimmte Baugruppen bereits vorgefertigt werden, bevor die Kundenaufträge eintreffen. Hierzu werden die Absatzmengen (z. B. mithilfe der Absatzplanung) vorgeplant.

Die Planungsstrategie bestimmt, ob der Planprimärbedarf ausschließlich Planungszwecken dient oder ob er bereits eine Fertigung auslösen darf. Des Weiteren legt die Planungsstrategie fest, ob sich der Planprimärbedarf mit den konkreten Kundenbedarfen verrechnen soll. Falls auf einen Planprimärbedarf hin gefertigt wird, wird der Planprimärbedarf im Lagerabschnitt und andernfalls im Planungsabschnitt erstellt. Die Planungsstrategie wird im Feld STRATEGIEGRUPPE dem Material in der Sicht DISPOSITION 3 zugeordnet (Abbildung 6.2).

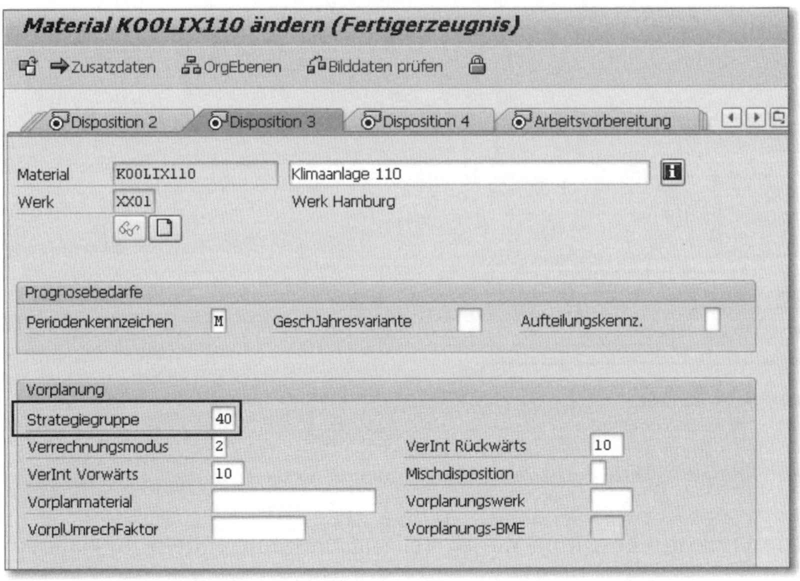

Abbildung 6.2 Planungsstrategie im Materialstamm

6.2 Zeitliche Disaggregation

Bei der Übergabe des Programmplans aus der Absatz- und Produktionsgrobplanung ist eine zeitliche Disaggregation erforderlich, da in der Absatz- und Produktionsgrobplanung in Perioden von Wochen oder Monaten geplant wird, der Planprimärbedarf jedoch ein Tagesdatum besitzt. Ohne weitere Konfiguration wird der Bedarf der Periode auf den ersten Arbeitstag der Periode terminiert. Eine feinere Aufteilung ist ebenfalls möglich; allerdings ist es hierzu erforderlich, Verteilungsstrategien und Periodenraster (PRAST) zu definieren. Abbildung 6.3 zeigt, wie in der Verteilungsstrategie ❶ (VERT) die Verteilungsart ❷ bestimmt und die Funktion ❸ zugeordnet wird. Die Verteilungsstrategie wird dem Periodenraster ❹ für wöchentliche (VERT W.) und monatliche (VERT M.) Verteilung zugeordnet. Das Periodenraster wird wiederum Werk ❺ und Dispositionsgruppe (DGR) zugeordnet.

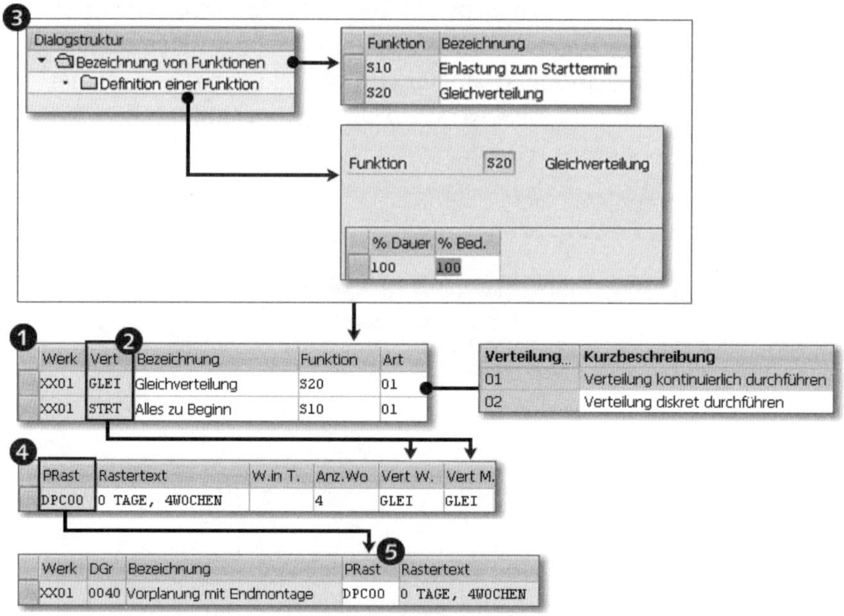

Abbildung 6.3 Verteilungsstrategie und -funktion für die zeitliche Disaggregation

Die Funktion bestimmt die Verteilungsfunktion, indem für beliebig viele Zeitpunkte (in Prozent der Gesamtdauer modelliert) definiert wird, welcher Anteil des Gesamtbedarfs übergeben werden soll. Die

Verteilungsstrategie verwendet die Funktion und legt darüber hinaus die Verteilungsart fest, also ob die Werte kontinuierlich oder diskret verteilt werden sollen. So entsprechen bei einer Funktion, bei der 100 % des Bedarfs nach 100 % der Dauer übergeben werden sollen, eine kontinuierliche Verteilung einer Gleichverteilung und eine diskrete Verteilung einer Konzentration am Ende.

Das Periodenraster definiert, in welche und in wie viele Perioden der Produktionsgrobplan aufgeteilt werden soll. Die Anzahl der Wochen in der ersten Spalte wird gemäß der Verteilungsstrategie auf Tage aufgeteilt, und die Anzahl der Wochen in der zweiten Spalte wird in Wochen aufgeteilt. Der Rest bleibt als Monatsbedarf erhalten – es sei denn, die Absatz- und Produktionsgrobplanung wurde bereits in Wochenperioden durchgeführt. In diesem Fall wird die zweite Spalte des Periodenrasters ignoriert. Schließlich wird das Periodenraster werksspezifisch einer Dispositionsgruppe zugeordnet. Die in Abbildung 6.2 aufgeführten Größen werden im Customizing als Unterpunkte zum Customizing-Pfad PRODUKTION • PRODUKTIONSPLANUNG • PROGRAMMPLANUNG • PLANPRIMÄRBEDARF • AUTOMATISCHE AUFTEILUNG gepflegt (siehe Abbildung 6.4).

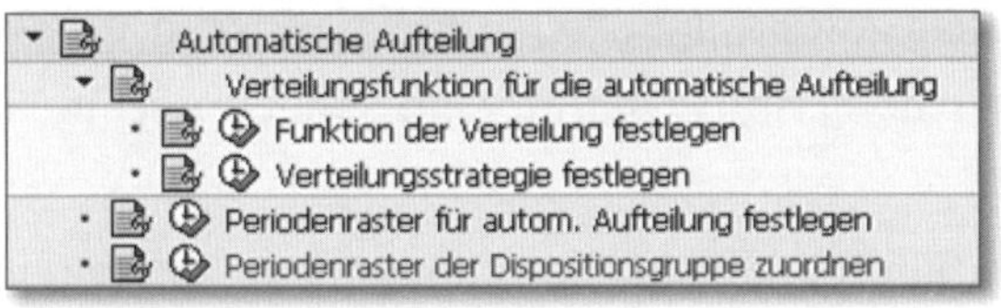

Abbildung 6.4 Unterpunkte zum Customizing-Pfad für die automatische Aufteilung

Darüber hinaus ist es in der interaktiven Bearbeitung der Planprimärbedarfe möglich, eine zeitliche Aufteilung der Planprimärbedarfe auf kleinere Perioden zu bewirken. Diese Vorgehensweise wird in Abschnitt 6.4, »Bearbeitung von Planprimärbedarfen«, erläutert.

6.3 Planungsstrategie

Planungsstrategien können Sie kundenindividuell im Customizing einstellen. Im Folgenden stellen wir die wichtigsten Planungsstrategien dar und beschreiben anschließend das Customizing.

6.3.1 Ausgewählte Planungsstrategien

SAP bietet bereits im Standard eine Vielzahl vorkonfigurierter Planungsstrategien an. Die gebräuchlichsten Strategien stellen wir im Folgenden kurz vor.

Lagerfertigung

Bei der *Lagerfertigung* erfolgt die gesamte Planung allein aufgrund des Planprimärbedarfs. Es liegt hier die Annahme zugrunde, dass die Produkte auf Lager liegen müssen, damit der Kunde sie kauft. Dies bedeutet gleichzeitig, dass Kundenaufträge nicht bedarfswirksam sind. Die Lagerfertigung wird häufig in der Konsumgüterindustrie verwendet.

Kundeneinzelfertigung

Die *Kundeneinzelfertigung* ist das exakte Gegenteil der Lagerfertigung: Die Fertigung wird erst durch den konkreten Kundenauftrag in Gang gesetzt, und der Kundenauftrag wird erst deutlich nach dem Auftragseingang beliefert. Die Planung erfolgt individuell für jeden Kundenauftrag (genauer: für jede Kundenauftragsposition). Um die Bedarfe unterschiedlicher Kundenaufträge für das gleiche Produkt auseinanderzuhalten, werden separate Kundeneinzelabschnitte angelegt. Dies impliziert, dass keine Produktionsgrobplanung erfolgt und keine Planprimärbedarfe erstellt werden. Die Kundeneinzelfertigung wird insbesondere bei komplexeren Produkten, die häufig konfigurierbar sind, angewendet. Typische Beispiele hierfür sind Sondermaschinen oder Automobile.

Ob sich die Kundeneinzelfertigung auf die Halbfabrikate ausweiten soll, steuern Sie über das Kennzeichen EINZEL/SAMMEL im Materialstamm (siehe Abbildung 6.5).

Abbildung 6.5 Einzel/Sammelkennzeichen

Ist das Einzel/Sammelkennzeichen auf 1 (Einzelbedarf) gesetzt, wird die betreffende Komponente ebenfalls in einem Kundeneinzelabschnitt gefertigt. Andernfalls erfolgt die Planung der Komponenten anonym im Lagerabschnitt. Dieses Kennzeichen kann jedoch in der Stückliste übersteuert werden.

Vorplanung mit Endmontage

Die *Vorplanung mit Endmontage* gleicht in vieler Hinsicht der Lagerfertigung, mit einem wesentlichen Unterschied: Im Gegensatz zur Lagerfertigung sind bei der Vorplanung mit Endmontage die Kundenaufträge bedarfsrelevant. Um eine Doppelfertigung zu vermeiden, verrechnen sich die Planprimärbedarfe mit den Kundenaufträgen. So ist stets das Maximum aus Kundenaufträgen und Planprimärbedarfen planungsrelevant. Der Vorteil dieser Planungsstrategie liegt darin, dass bei einer zu gering angesetzten Vorplanung dennoch Fertigung und Beschaffung angestoßen werden, um den tatsächlichen Kundenmehrbedarf zu decken.

Vorplanung ohne Endmontage

Die Besonderheit der *Vorplanung ohne Endmontage* ist, dass die letzte Fertigungsstufe nur dann produziert wird, wenn ein konkreter Kundenbedarf vorliegt. Ansonsten verhält sich die Vorplanung ohne Endmontage wie die Vorplanung mit Endmontage – auf den vorgelagerten Stufen (d.h. Halbfabrikate und Rohmaterialien) werden die Fertigung und die Beschaffung bereits anhand des Planprimärbedarfs angestoßen. Diese Strategie eignet sich besonders zur Verminderung des Risikos der Kapitalbindung in Fällen, in denen die letzte Fertigungsstufe eine anteilmäßig hohe Wertschöpfung beinhaltet. Auch wird diese Strategie bei divergierendem Materialfluss auf der letzten Produktionsstufe zur Vermeidung von Lieferproblemen angewendet, falls der Bedarf für das falsche Produkt prognostiziert wurde. Die Vorplanung ohne Endmontage kann sowohl in Verbindung mit der Kundeneinzelfertigung als auch mit der Lagerfertigung verwendet werden.

Planaufträge für Halbfabrikate, die ebenfalls als Kundeneinzelfertigung produziert werden (Einzel-/Sammelkennzeichen 1), werden ebenfalls nur bei Eingang des konkreten Kundenauftrags tatsächlich gefertigt. Hierdurch lässt sich die Bevorratungsebene flexibel wählen.

Vorplanung mit Planungsmaterial

Falls eine Gruppe von Endprodukten logistisch viele Gemeinsamkeiten aufweist, d.h. überwiegend die gleichen Komponenten verwendet und ähnliche Herstellprozesse erfordert, stellt die Verwendung eines Planungsmaterials eine Vereinfachung der Planung dar. In diesem Fall erfolgen die Produktionsgrobplanung und die Erstellung des Planprimärbedarfs für das Planungsmaterial. Kundenaufträge für das Endprodukt verrechnen sich bei dieser Planungsstrategie gegen den Planprimärbedarf des Planungsmaterials. In der nachgelagerten Materialbedarfsplanung werden dann Planaufträge für das Planungsmaterial reduziert und Planaufträge für das Endprodukt erstellt. Wie auch schon bei der Vorplanung ohne Endmontage liegt der Vorteil dieser Planungsstrategie darin, dass die Komponenten für das Endprodukt bereits gefertigt oder beschafft werden konnten. Auch diese Planungsstrategie kann in Verbindung mit der Kundeneinzelfertigung oder Lagerfertigung verwendet werden.

Das Planungsmaterial wird ausschließlich zur Planung verwendet, d. h., dass es niemals tatsächlich gefertigt wird. Die Planungsstrategie muss sowohl im Planungsmaterial als auch im Endprodukt eingetragen werden; allerdings werden die Parameter für die Verrechnung nur aus dem Planungsmaterial verwendet. Zusätzlich müssen im Materialstamm des Endprodukts das Planungsmaterial (VORPLANMATERIAL), das Planungswerk (VORPLANUNGSWERK) sowie der Umrechnungsfaktor zwischen Planungsmaterial und Endprodukt (VORPLUMRECHFAKTOR) eingetragen werden (siehe Abbildung 6.6).

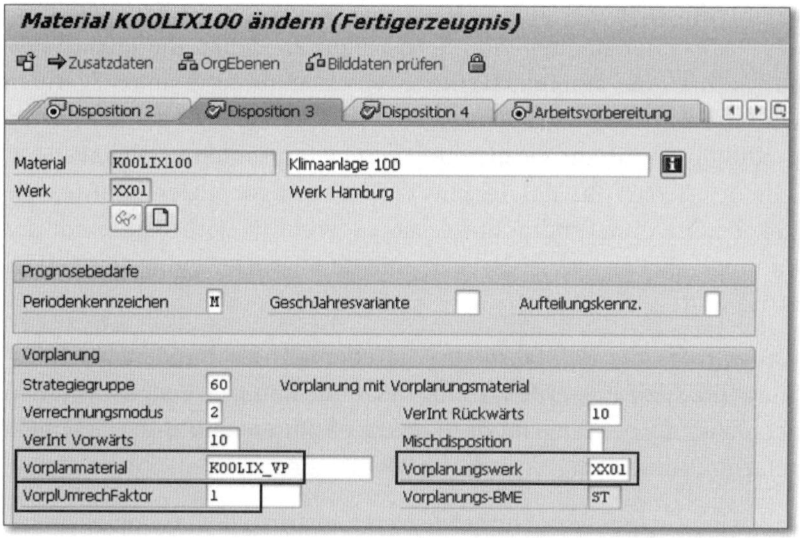

Abbildung 6.6 Planungsmaterial im Materialstamm des Endprodukts

Auch falls für das Endprodukt die Kundeneinzelfertigung eingesetzt wird, müssen die Komponenten anonym auf Lager gefertigt werden (Einzel-/Sammelkennzeichen 2).

Vorplanung auf Baugruppenebene

Die *Vorplanung auf Baugruppenebene* ähnelt betriebswirtschaftlich der Vorplanung ohne Endmontage. Bei der Vorplanung auf Baugruppenebene wird der Planprimärbedarf nicht für das Endprodukt angelegt, sondern ausschließlich für die Baugruppe (d.h. das Halbfabrikat). Bei Kundenauftragseingang wird also für das Endprodukt ein Planauftrag erzeugt, dessen Sekundärbedarfe sich mit den Planprimärbedarfen für die Baugruppe verrechnen. Diese Strategie eignet sich besonders in den Fällen, in denen es leichter ist, eine verlässliche Planung für Baugruppen durchzuführen als für Endprodukte. Dies gilt umso mehr, wenn die geplanten Baugruppen wesentlichen Anteil an der Gesamtwiederbeschaffungszeit haben. Diese Planungsstrategie muss der Baugruppe zugeordnet und das Kennzeichen für Mischdisposition gesetzt werden.

Tabelle 6.1 führt die beschriebenen Planungsstrategien und deren Schlüssel im ERP-System auf. Die Prinzipien der häufigsten Planungsstrategien sind ausführlich, inklusive Beispielen, in anderen Werken beschrieben (siehe Dickersbach 2009). Dieses Buch konzentriert sich auf die Beschreibung der Wirkungsweise von Planungsstrategien – zur Frage der Wahl der Planungsstrategie und deren Wechselwirkung bieten daher andere Werke mehr Informationen (siehe Dittrich et al. 2003, S. 71–87).

Planungsstrategie (Schlüssel)	Planungsstrategie
10	Lagerfertigung
20	Kundeneinzelfertigung
40	Vorplanung mit Endmontage
50	Vorplanung ohne Endmontage (Kundeneinzel)
52	Vorplanung ohne Endmontage (Lager)
60	Vorplanung mit Planungsmaterial (Kundeneinzel)
63	Vorplanung mit Planungsmaterial (Lager)
70	Baugruppenvorplanung

Tabelle 6.1 Planungsstrategien in SAP ERP (Auswahl)

6.3.2 Verrechnung

Das Prinzip der Verrechnung besteht darin, dass Kundenaufträge den Planprimärbedarf abbauen. Ob eine Verrechnung erfolgt, hängt von der Planungsstrategie ab und wird in Abschnitt 6.3.4, »Planungsstrategie und Bedarfsklasse«, im Detail beschrieben. Grundsätzlich erfordern die Planungsstrategien *Vorplanung mit Endmontage*, *Vorplanung ohne Endmontage* und *Vorplanung mit Planungsmaterial* eine Verrechnung. Einen Sonderfall stellt die Baugruppenvorplanung dar, bei der eine Verrechnung des Vorplanungsbedarfs gegen einen Sekundärbedarf bzw. eine Reservierung erfolgt.

Üblicherweise erfassen Sie die Planprimärbedarfe mit einer wöchentlichen oder einer monatlichen Granularität, und in vielen Fällen erfolgt keine zeitliche Disaggregation. Falls nun ein Kundenauftrag erfasst wird und für den entsprechenden Termin kein Planprimärbedarf vorliegt, stellt sich die Frage, ob und welcher Planprimärbedarf dann verrechnet wird. Dies definieren Sie über den Verrechnungsmodus sowie über die Verrechnungsintervalle (vorwärts und rückwärts) im Materialstamm. Abbildung 6.7 zeigt die Pflege in der Sicht Disposition 3 und die möglichen Werte für den Verrechnungsmodus, wie sie mit der Funktionstaste [F4] angezeigt werden.

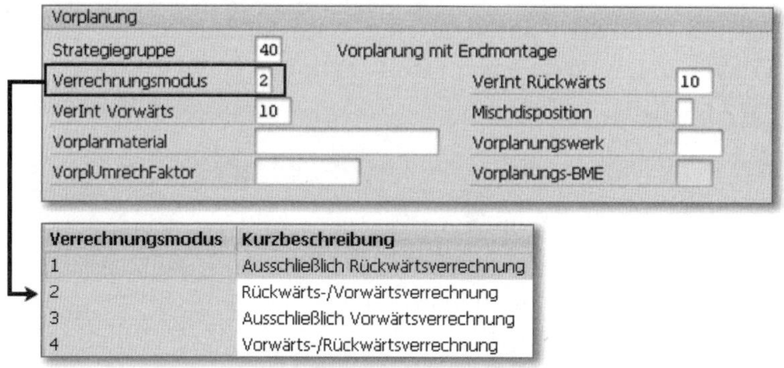

Abbildung 6.7 Verrechnungsmodus

Die Verrechnungsintervalle werden in Tagen angegeben, und der Modus ist selbsterklärend. Bei der Wahl der Verrechnungsintervalle ist darauf zu achten, dass diese nicht zu eng gewählt werden, um eine Überproduktion durch Planprimärbedarf und Kundenbedarf zu verhindern (siehe Dittrich et al. 2003, S. 88–98).

6.3.3 Planungsabschnitte

Je nach Strategie und Bedarfsklasse erfolgt die Materialbedarfsplanung in unterschiedlichen Abschnitten.

Lagerabschnitt

Im Fall einer anonymen Lagerfertigung wird im Lagerabschnitt geplant, in dem sämtliche Bedarfe und Zugänge zusammengerechnet werden. Während im Kundeneinzelabschnitt üblicherweise die exakte Losgröße verwendet wird, kommen im Lagerabschnitt alle Losgrößenarten zum Einsatz.

Planungsabschnitt

Einen Sonderfall stellt der Planungsabschnitt dar. Für die Planungsstrategien *Vorplanung ohne Endmontage* und *Vorplanung mit Planungsmaterial* ist es essenziell, dass die erzeugten Planaufträge für die Endprodukte nicht in Fertigungsaufträge umgesetzt werden. Dies erreichen Sie, indem Sie diese Planaufträge in einem Planungsabschnitt anlegen. Planaufträge im Planungsabschnitt haben den Status VORPLANUNG und können nicht in Fertigungsaufträge umgesetzt werden. Abbildung 6.8 zeigt diesen Status im Planauftrag.

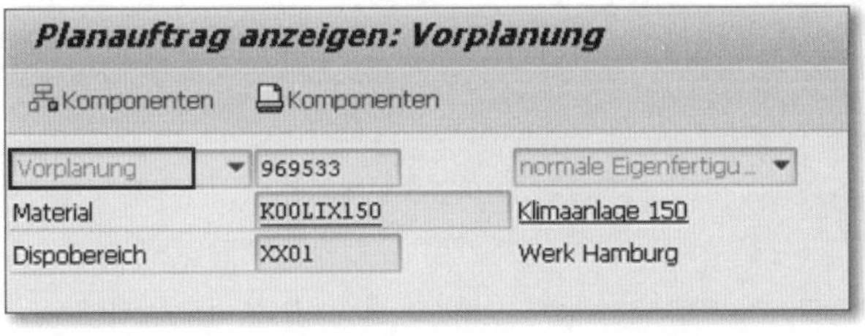

Abbildung 6.8 Status der Vorplanung im Planauftrag

Eine weitere Eigenart dieser Planaufträge besteht darin, dass sie nicht interaktiv geändert werden können. Für die Kapazitätsauswertung stellt es keinen Unterschied dar, ob sich die Planaufträge im Planungsabschnitt oder im Lagerabschnitt befinden.

Kundeneinzelabschnitt

Falls die Kundeneinzelfertigung verwendet wird, wird für jede Kundenauftragsposition ein eigener Planungsabschnitt erstellt, damit die Zuordnung von Bedarfen und Bedarfsdeckern erhalten bleibt. Dieser Fall ist für die Programmplanung nicht von Interesse, da Planprimärbedarfe per Definition niemals in einem Kundeneinzelabschnitt gespeichert werden können.

6.3.4 Planungsstrategie und Bedarfsklasse

Die Bedarfsklasse für die Planprimärbedarfe ist das zentrale Steuerungselement zur Bestimmung, ob und wie eine Verrechnung erfolgen und an welchen Abschnitt – Lagerabschnitt oder Planungsabschnitt – der Planprimärbedarf übergeben werden soll. Die Bedarfsklasse ordnen Sie einer Bedarfsart zu, die Sie wiederum der Planungsstrategie zuordnen. Die Planungsstrategie enthält sowohl die Bedarfsklasse für den Planprimärbedarf als auch die Bedarfsklasse für den Kundenbedarf. Die Planungsstrategie ordnen Sie wiederum der Planungsstrategiegruppe zu, die dann schließlich dem Material in der Sicht Disposition 3 zugeordnet wird. Abbildung 6.9 veranschaulicht diesen Zusammenhang.

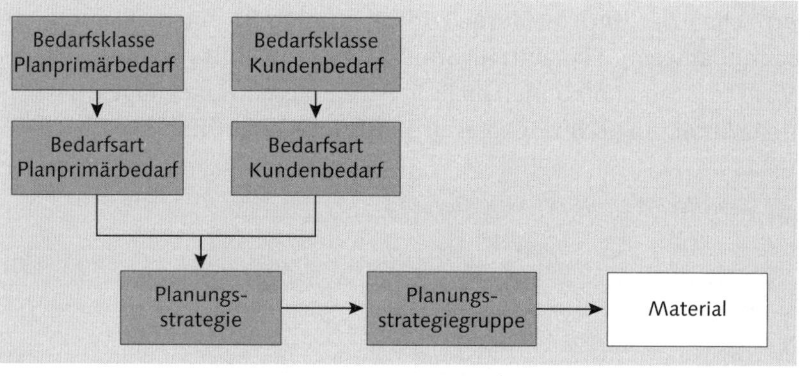

Abbildung 6.9 Zusammenhang zwischen Bedarfsklasse, Bedarfsart und Strategie

Bedarfsklasse

Die Bedarfsklasse für die Planprimärbedarfe pflegen Sie mithilfe der Customizing-Transaktion OMPO. Abbildung 6.10 zeigt das Customizing für die Bedarfsklassen. Entscheidend für die Übergabe des Planprimärbedarfs an den Lagerabschnitt oder an den Planungsabschnitt ist das Verrechnungskennzeichen.

Die Bedarfsklasse enthält die folgenden Parameter:

1. **Planungskennzeichen (PK)**
   Dieses Kennzeichen steuert, ob die Materialbedarfsplanung als Nettobedarfsrechnung (Wert 1), als Bruttoplanung (2) oder pro Kundeneinzelabschnitt (3) erfolgen soll
2. **Verrechnungskennzeichen (VerK)**
   Dieses Kennzeichen steuert, inwiefern sich die Vorplanung mit den Kundenaufträgen verrechnen soll (– = keine Verrechnung;

1 = Verrechnung Vorplanung mit Endmontage; 2 = Verrechnung Vorplanung ohne Endmontage; 3 = Verrechnung Vorplanung mit Planungsmaterial).

❸ **Konfigurationskennzeichen (K)**
Dieses Kennzeichen bestimmt, ob eine Konfiguration mittels Variantenkonfiguration erlaubt sein soll (+ = Konfiguration ist erlaubt; * = Konfiguration ist Pflicht; – = Konfiguration ist nicht erlaubt).

❹ **Kennzeichen für Bedarfsabbau (PAb)**
Dieses Kennzeichen steuert, wann der Planprimärbedarf abgebaut werden soll (– = Abbau nur bei Entnahme für Kundenauftrag; X = Abbau auch, wenn keine Zuordnung erfolgt; S = kein Abbau (Sicherheitsbedarf); V = Abbau nur bei potentieller Verrechnung).

❺ **Bedarfstyp (BT)**
Der Bedarfstyp definiert, ob die Bedarfsklasse für Planprimärbedarfe (Wert 1) oder für Kundenbedarfe (Wert 2) relevant sein soll.

BdKl	Bezeichnung	❶ PK	❷ VerKz	❸ K	KVer	❹ P...	❺ BT
100	Anonyme Lagerfertig	1					1
101	Vorpl mit Montage	1	1				1
102	Bruttoplanung	2					1
103	Vorpl ohne Montage	3	2				1
104	Vorpl VorplanMatnr	3	3				1
105	Baugruppenvorplanung	1	1				1
106	Vorpl Dummybaugruppe	3	2				1
107	Vorpl.Baugruppe o.M	3	2				1
108	Produktionslos	1	1				1

Abbildung 6.10 Bedarfsklasse für Planprimärbedarfe

Die Bedarfsklasse für die Kundenbedarfe wird mithilfe der Customizing-Transaktion OVZG gepflegt und enthält als einzigen gemeinsamen Parameter das Verrechnungskennzeichen (das dort als Zuordnungskennzeichen bezeichnet wird). Ansonsten enthält die Bedarfsklasse für Kundenbedarfe andere, vertriebsrelevante Parameter, weshalb im Rahmen dieses Buchs nicht näher darauf eingegangen wird.

Bedarfsart

Die Bedarfsart für die Planprimärbedarfe wird mithilfe der Customizing-Transaktion OMP1 gepflegt und enthält einzig die Bedarfsklasse.

Planungsstrategie

Die Planungsstrategie führt schließlich die Bedarfsarten und -klassen von Vorplanung und Kundenbedarf zusammen. Abbildung 6.11 zeigt als Beispiel die Planungsstrategie 40 – VORPLANUNG MIT ENDMONTAGE, bei der Vorplanungsbedarfe der Bedarfsart VSF und der Bedarfsklasse 101 mit den Kundenbedarfen der Bedarfsart KSV und der Bedarfsklasse 050 verrechnet werden. Darüber hinaus werden einige Schlüsselparameter der Bedarfsklassen angezeigt, die an dieser Stelle nicht geändert werden können.

Der Customizing-Pfad für die Pflege der Strategie lautet PRODUKTION • PRODUKTIONSPLANUNG • PROGRAMMPLANUNG • PLANPRIMÄRBEDARF • PLANUNGSSTRATEGIE • STRATEGIE FESTLEGEN BZW. • STRATEGIEGRUPPE FESTLEGEN FÜR DIE STRATEGIEGRUPPE.

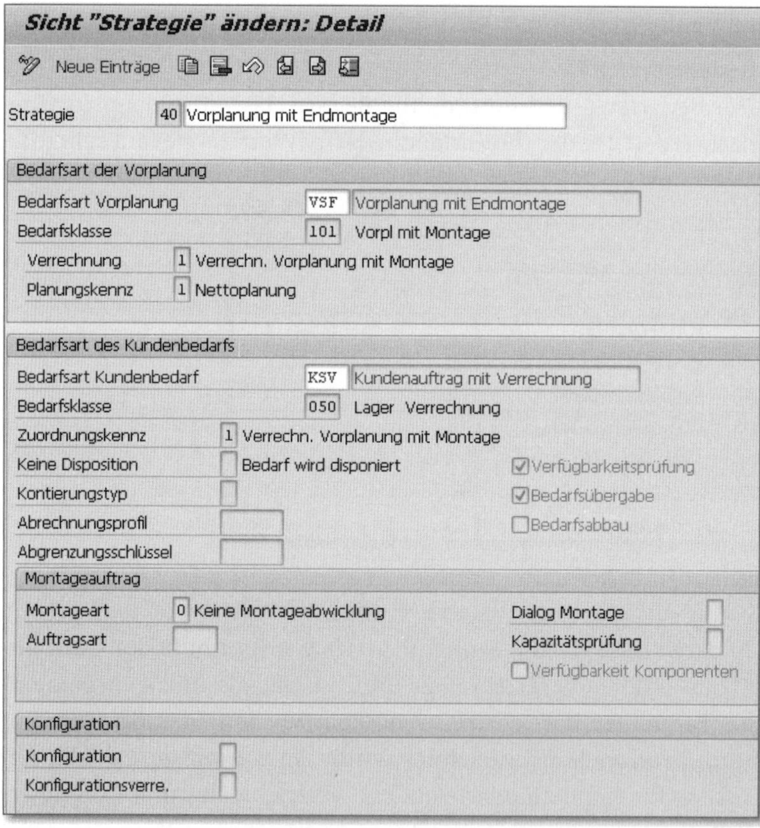

Abbildung 6.11 Strategie 40 für die Vorplanung mit Endmontage

Tabelle 6.2 bietet einen Überblick über die geläufigsten Strategien sowie ihre Bedarfsklassen und Bedarfsarten.

Strategie	Bedarfsart Vorplanung	Bedarfsklasse Vorplanung	Bedarfsart Kundenbedarf	Bedarfsklasse Kundenbedarf	Zuordnung (Verrechnungskennzeichen)
10	LSF	100	KSL	030	–
20			KE	040	–
40	VSF	101	KSV	050	1 – Vorplanung mit Endmontage
50	VSE	103	KEV	045	2 – Vorplanung ohne Endmontage
52	VSE	103	KSVS	049	2 – Vorplanung ohne Endmontage
60	VSEV	104	KEVV	060	3 – Planungsmaterial
63	VSEV	104	KSVV	070	3 – Planungsmaterial
70	VSFB	105			1 – Vorplanung mit Endmontage

Tabelle 6.2 Bedarfsarten und Bedarfsklassen für Planungsstrategien (Auswahl)

Die Zuordnung der Strategiegruppe zum Materialstamm erfolgt in der Sicht DISPOSITION 3, wie es Abbildung 6.2 zeigt.

6.4 Bearbeitung von Planprimärbedarfen

Planprimärbedarfe werden bei Übergabe der Absatz- und Produktionsgrobplanung an die Programmplanung erstellt. Es ist jedoch möglich, Planprimärbedarfe direkt – d. h. ohne Absatz- und Produktionsgrobplanung – mithilfe den Transaktionen MD61 bzw. MD62 anzulegen oder zu ändern (siehe Abbildung 6.12).

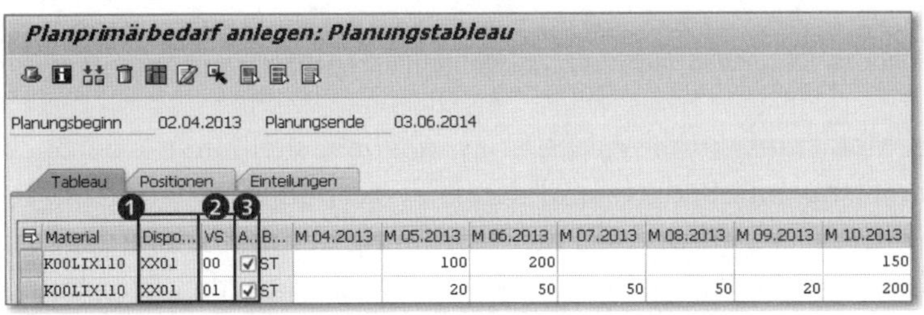

Abbildung 6.12 Interaktive Änderung des Planprimärbedarfs

In diesem Beispiel werden Planprimärbedarfe für das Material KOOLIX110 im Dispositionsbereich XX01 ❶ für die beiden Versionen 00 und 01 ❷ angezeigt. Hier enthält Version 01 den Planprimärbedarf aus der Absatz- und Produktionsgrobplanung und Version 00 die interaktiv hinzugefügten Planprimärbedarfe. Das Aktivierungskennzeichen ❸ (AKTIV-KENNZ.) bestimmt, ob die jeweilige Version bedarfswirksam für die Materialbedarfsplanung sein soll. Weitere Informationen innerhalb dieser Transaktion bieten die Sichten POSITIONEN und EINTEILUNGEN. Die Sicht POSITIONEN stellt die Gesamtmenge der Planprimärbedarfe je Material und Version sowie bezüglich Bedarfsart und Strategie dar (siehe Abbildung 6.13). In der Sicht EINTEILUNGEN wird neben der Menge auch der Wert der Planmengen dargestellt.

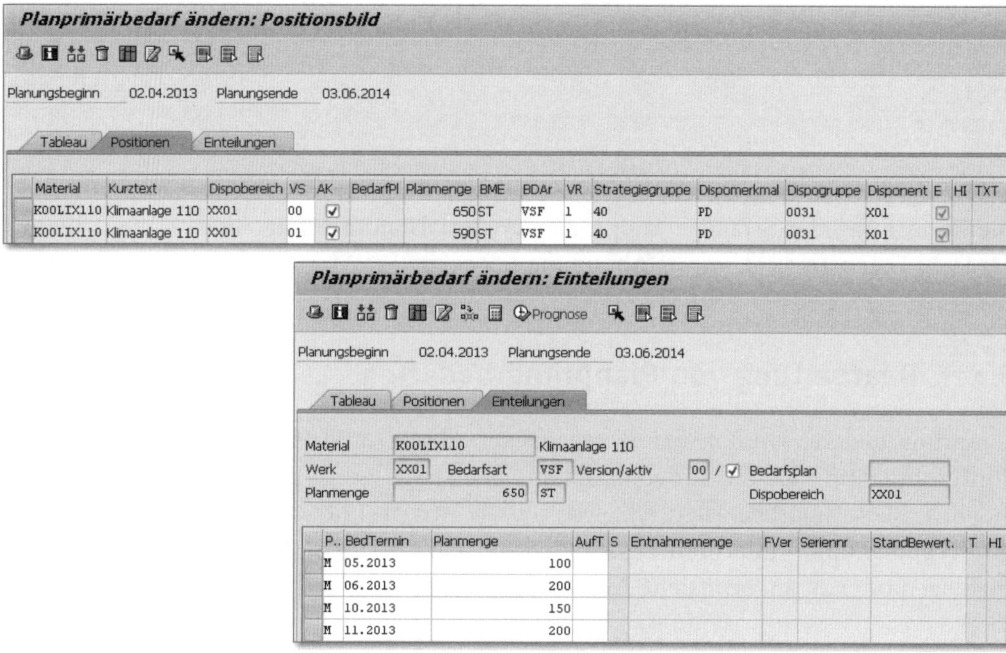

Abbildung 6.13 Interaktive Änderung des Planprimärbedarfs

Mithilfe der Transaktion MD73 ist es möglich, sich einen Überblick über die Planprimärbedarfe und deren Verrechnungssituation anzeigen zu lassen. Es kann sowohl die Zuordnung der Kundenaufträge zu den Planprimärbedarfen (AUSGABELISTE 1) als auch die Zuordnung der Planprimärbedarfe zu den Kundenaufträgen (AUSGABELISTE 2) angezeigt werden. Abbildung 6.14 zeigt die Zuordnung der Kundenaufträge zu den Planprimärbedarfen für das Material KOOLIX110.

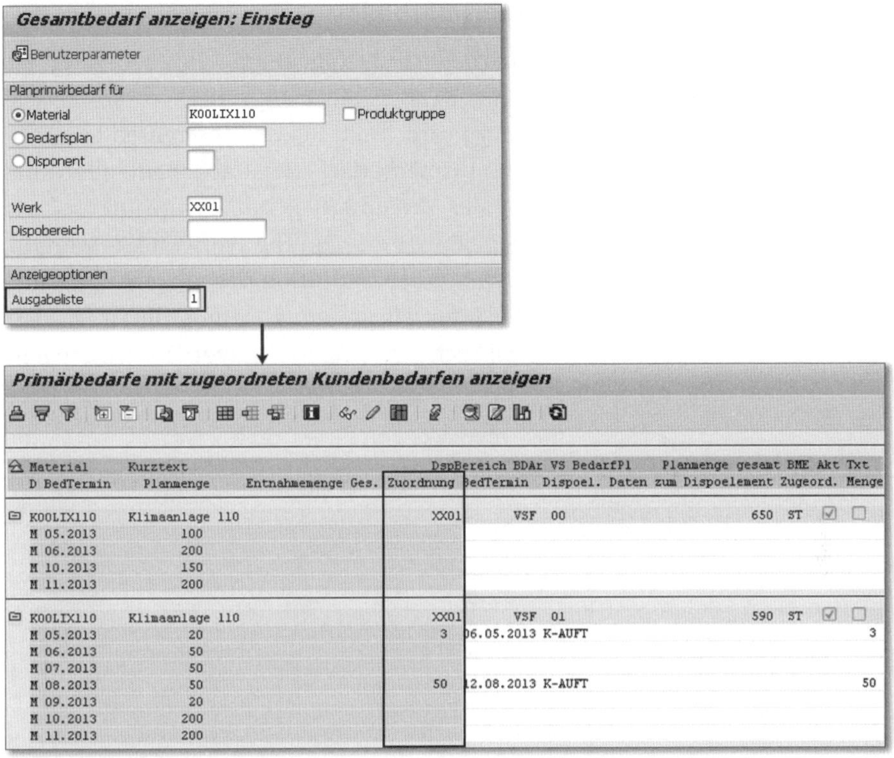

Abbildung 6.14 Zuordnung der Kundenaufträge zu den Planprimärbedarfen

In der Spalte ZUORDNUNG ist der Anteil des Planprimärbedarfs dargestellt, der durch Kundenaufträge verrechnet worden ist. Es kann höchstens die Planmenge verrechnet werden, auch wenn die Bedarfsmenge der Kundenaufträge die Planmenge übersteigt. Diese Information kann der Ausgabeliste 2 entnommen werden. Abbildung 6.15 zeigt diese Liste für die gleiche Planungssituation.

Die Kundenaufträge, deren Bedarf die verrechnete Menge überschreitet, werden mit einer gelben Ampel versehen.

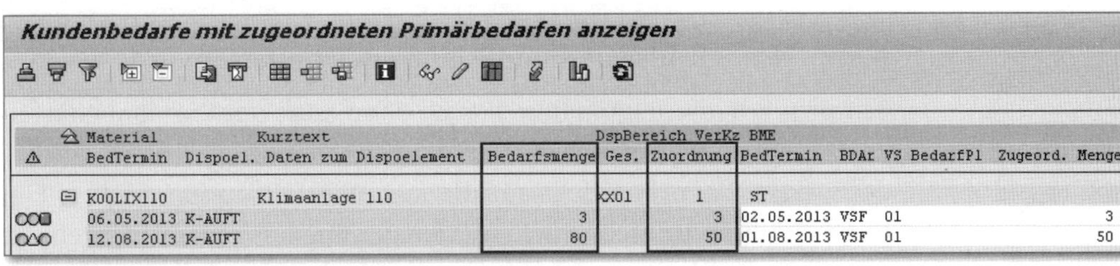

Abbildung 6.15 Zuordnung der Planprimärbedarfe zu den Kundenaufträgen

6.4.1 Abbau der Planprimärbedarfe

Der Abbau der Planprimärbedarfe erfolgt beim Warenausgang. Im Gegensatz zur Verrechnung werden die Planprimärbedarfe tatsächlich reduziert und nicht nur verrechnet. Bei der anonymen Lagerfertigung wird der älteste Planprimärbedarf zuerst abgebaut, allerdings kann der Abbau auch in der Zukunft liegende Planprimärbedarfe betreffen. Falls Strategien mit Verrechnung verwendet werden, erfolgt der Abbau entsprechend der Definition des Verrechnungsmodus und der Verrechnungsintervalle. Voraussetzung hierzu ist, dass die Bewegungsarten entsprechend eingestellt worden sind (siehe Abbildung 6.16).

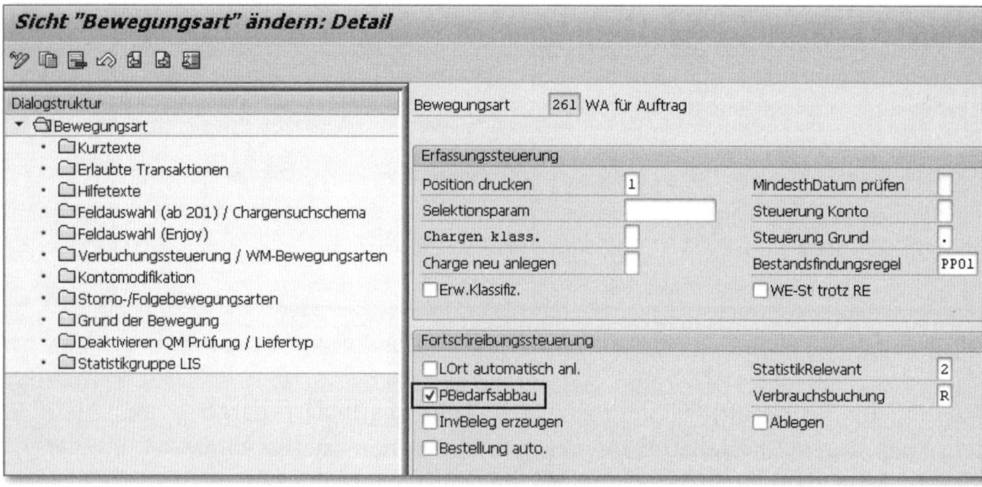

Abbildung 6.16 Bedarfsabbau in der Bewegungsart

Das Customizing für die Bewegungsarten nehmen Sie mithilfe der Customizing-Transaktion OMJJ vor. Bei der Baugruppenvorplanung wird der Planprimärbedarf bei der Warenentnahme zum Fertigungsauftrag abgebaut.

6.4.2 Reorganisation von Planprimärbedarfen

Planprimärbedarfe können sich auch dann noch mit Kundenbedarfen verrechnen, wenn sie in der Vergangenheit liegen. Um zu verhindern, dass Planprimärbedarfe, die aus einer zu optimistischen Planung resultieren, nicht durch Warenausgänge abgebaut werden, ist es erforderlich, diese zu löschen. Das Löschen wird als Reorganisation bezeichnet und erfolgt mithilfe der Transaktion MD74 (siehe Abbildung 6.17).

Abbildung 6.17 Reorganisation der Planprimärbedarfe

Die Reorganisation der Planprimärbedarfe sollte in regelmäßigen Abständen durchgeführt werden.

Die Materialbedarfsplanung ist die zentrale Funktion der Produktionsplanung. Basierend auf dem Produktionsprogramm werden Beschaffungsvorschläge für alle Dispositionsstufen ermittelt. Hierbei werden unter anderem Durchlaufzeiten, Losgrößen und Ausschussmengen berücksichtigt.

7 Materialbedarfsplanung

Die Materialbedarfsplanung umfasst die Planung der erforderlichen Komponenten für die Fertigung unter der Berücksichtigung der dispositiven Ergebnisse der Stücklistenauflösung.

7.1 Prozessüberblick

Im Rahmen der *Materialbedarfsplanung* wird der zur Erfüllung des aufgestellten Produktionsprogramms benötigte Bedarf an Baugruppen, Einzelteilen und Rohstoffen bestimmt. Dabei werden sowohl die erforderliche Menge als auch der Bedarfstermin festgelegt. Die geplanten Bedarfe sind gegen im Lager vorhandene Materialien, Einzelteile und Baugruppen aufzurechnen. Darüber hinaus sind die geplanten Bestände einzurechnen, d. h. die Materialien, Einzelteile und Baugruppen, die zwar aktuell noch nicht, aber zum Bedarfszeitpunkt verfügbar sind. Notwendige Voraussetzung zur Ermittlung dieser Informationen ist, dass der Disponent sowohl auf die Daten zu den Lagerbewegungen und Fertigungszuständen als auch auf die geplanten Aufträge Zugriff hat. Wenn die ermittelten Bedarfe innerhalb der Materialbedarfsplanung nicht einer wirtschaftlichen Losgröße entsprechen, wird für die eigenzufertigenden Teile die optimale Losgröße der Fertigungsaufträge bestimmt. Anschließend werden die *Fertigungsaufträge* an die Auftragsplanung der *Produktionslogistik* (Zeit-, Kapazitätswirtschaft und Auftragsfreigabe) übergeben. Den Beschaffungsvorschlag für die fremdzubeziehenden Teile, d. h. die *Bestellanforderungen*, erhält der Einkauf oder die *Beschaffungslogistik* (siehe Grochla 1978; Schneeweiß 2002). Abbildung 7.1 zeigt die Eingangs- und Ausgangsgrößen der Materialbedarfsplanung im Überblick.

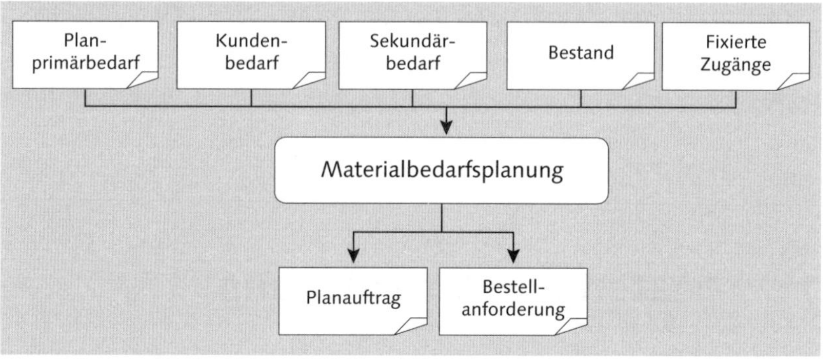

Abbildung 7.1 Eingangs- und Ausgangsgrößen der Materialbedarfsplanung

Einflussfaktoren für die Art der Durchführung der Bedarfsermittlung sind die Produktstruktur, die Art der Auftragserteilung (Lagerfertigung oder Kundeneinzelfertigung) sowie der Wert der zur Disposition stehenden Teile (A-, B- oder C-Teile).

Der Wert der Teile bestimmt häufig, ob eine plangesteuerte oder eine verbrauchsgesteuerte Disposition verwendet werden soll. Als wesentliche Verfahren haben sich daher zur Materialbedarfsplanung die *verbrauchsgesteuerte* und die *plangesteuerte Disposition* herauskristallisiert. Bei der verbrauchsgesteuerten Disposition wird der Bedarf aus den Verbrauchswerten der Vergangenheit abgeleitet; der einfachste Fall ist die Bestellpunktdisposition. Die Bestellpunktdisposition löst einen Beschaffungsvorschlag aus, sobald der Bestand eine definierte Menge unterschreitet. Darüber hinaus gibt es elaboriertere Verfahren, die den Bedarf unter der Anwendung von Prognoseverfahren ermitteln. Diese beruhen auf den Teileverbrauchsdaten zurückliegender Perioden. Im Gegensatz hierzu werden für die bedarfsgesteuerte Disposition, die in der Regel für A- und B-Teile angewendet wird, Vorplanungsbedarfe oder konkrete Kundenbedarfe als Grundlage für die Planung genommen. Auf den unteren Dispositionsstufen ist die Stückliste die Grundlage für die Bedarfsermittlung. Vereinfacht kann man festhalten, dass die verbrauchsgesteuerte Disposition vergangenheitsorientiert ist, da sie auf Verbrauchsverläufen der Vergangenheit aufbaut, und dass die plangesteuerte Disposition zukunftsorientiert ist, da sie auf konkret vorliegenden Bedarfsmengen für einen in der Zukunft liegenden Termin basiert.

Verbrauchsgesteuerte Disposition

Die *verbrauchsgesteuerte Disposition* bzw. *stochastische Bedarfsermittlung* ermittelt den benötigten Materialbedarf anhand von mathematisch-statistischen Berechnungen. Mittels verschiedener statistischer Verfahren wird dabei aus den Verbrauchswerten der Vergangenheit auf die zukünftigen Bedarfe geschlossen. In der betriebswirtschaftlichen Literatur wird empfohlen, die verbrauchsgesteuerte Disposition für geringwertige Güter, für Güter mit großen Bedarfsschwankungen und für Güter, die nicht unmittelbar von Fertigungsänderungen betroffen sind, durchzuführen. Es wird dabei in Erzeugnishilfsstoffe, wie z. B. Nägel und Leim, in Betriebsstoffe, wie Schmieröl und Büromaterial, und in Erzeugnishauptstoffe, z. B. Stangenmaterial, Bleche, Schrauben, Federn und Dichtungen, differenziert (siehe Grochla 1978, S. 58–69). Die unter Umständen hohe Menge der geringwertigen Güter in den Industriebetrieben erfordert trotz der Geringfügigkeit eines einzelnen Gutes eine möglichst genaue Planung. Deshalb ist es notwendig, dass, aufbauend auf den erfassten Materialverbräuchen, das geeignetste Extrapolationsverfahren gewählt wird. Der *konstante Materialverbrauch* wird durch die Prognosemethoden der einfachen Mittelwertbildung, der gleitenden Mittelwertbildung und der exponentiellen Glättung erster Ordnung unterstützt. Für den *trendförmigen Materialverbrauch* finden die lineare Trendrechnung (Methode der kleinsten Quadrate), die exponentielle Glättung erster Ordnung mit Trendkorrektur und die exponentielle Glättung zweiter Ordnung Anwendung. *Saisonal schwankende Materialverbräuche* nutzen die exponentielle Glättung erster Ordnung mit Trend sowie die exponentielle Glättung zweiter Ordnung (siehe Arnolds et al. 1996, S. 95–116; Hoitsch 1993).

Plangesteuerte Disposition

Die *plangesteuerte Disposition* bzw. *deterministische Bedarfsermittlung* ist durch eine analytische Vorgehensweise geprägt, bei der aus dem vorliegenden *Primärbedarf* sukzessive der *Sekundärbedarf* abgeleitet wird. Mithilfe der Brutto-Netto-Rechnung erfolgt innerhalb der plangesteuerten Disposition eine *Stücklistenauflösung* vom Endprodukt bis zum Einzelteil, und Sie erhalten aus dem vom Vertrieb oder vom Controlling zur Verfügung gestellten Primärbedarf den Sekundärbedarf an Bauteilen. Die Materialbedarfsrechnung ermittelt aus dem Sekundärbedarf unter der additiven Berücksichtigung des Bedarfs an Ersatzteilen und Ausschussmengen den *Bruttobedarf* an Bauteilen. Anschließend wird nach Abzug der verfügbaren Lager-, Werkstatt- und Auftragsbestände der *Nettobedarf* errechnet (siehe Arnolds et al.

1996, S. 81–93; Hackstein 1989, S. 132–154; Grochla 1978, S. 37–58; Hoitsch 1993, S. 360–372; Scheer 1994).

Schritte der Materialbedarfsplanung

Die Materialbedarfsplanung enthält die folgenden Schritte:

❶ *Überprüfung der Planungsvormerkdatei*, um zu vermeiden, dass unnötige Materialien geplant werden

❷ Ermittlung der Unterdeckungsmenge (oder Überschussmenge) durch die *Nettobedarfsrechnung*

❸ *Beschaffungsmengenberechnung*, um die Losgrößen für die Planaufträge oder Bestellanforderungen zu berücksichtigen

❹ *Terminierung*

❺ Selektion der Bezugsquelle durch die *Ermittlung des Beschaffungsvorschlags*

❻ Ermittlung des Bedarfs untergeordneter Teile anhand der Stücklistenauflösung durch die *Sekundärbedarfsermittlung*

Abbildung 7.2 zeigt diese einzelnen Schritte.

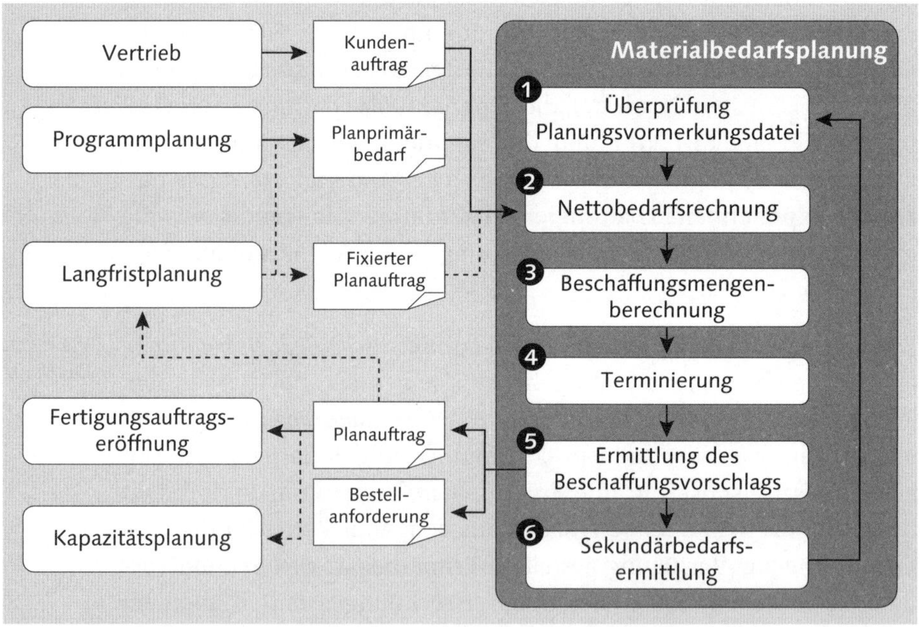

Abbildung 7.2 Prozessschritte innerhalb der Materialbedarfsplanung

An die Materialbedarfsplanung werden die folgenden Anforderungen gestellt: Es muss möglich sein, für fremdzubeziehende Teile die *optimale Bestellmenge* und für Eigenfertigungsteile die *optimale Fertigungslosgröße* zu bestimmen. Darüber hinaus muss sowohl ein automatisches Auflösen der Stückliste als auch das Eingreifen des Disponenten auf jeder Stufe erlaubt sein. Ein wichtiger Aspekt ist die Berücksichtigung der sogenannten Vorlaufzeit innerhalb der Stücklistenauflösung. Hierdurch wird gewährleistet, dass das untergeordnete Material vor dem Auftragsfertigungstermin des übergeordneten Teils zur Verfügung steht. Diese teilebezogene Vorlaufzeit kann in den Grunddaten MATERIALSTAMM, STÜCKLISTE oder ARBEITSPLAN abgelegt sein. Deshalb muss bei der Durchführung der Bedarfsauflösung ein Zugriff auf diese Grunddaten erfolgen. Im Materialstamm wird die teilespezifische Vorlaufzeit geführt, wenn sie unabhängig vom Eingehen des Materials in übergeordnete Teile ist. Wenn die Vorlaufzeit nicht nur vom Material an sich abhängig ist, sondern davon, in welches übergeordnete Teil es eingeht, wird die Vorlaufzeit im Stücklistenstamm abgelegt. Sind zur Fertigung eines Materials mehrere Arbeitsgänge zu durchlaufen, wird die Gesamtdurchlaufzeit durch die Addition der Durchlaufzeiten der einzelnen Arbeitsgänge ermittelt, im Arbeitsplan festgehalten und damit dem Bauteil die Vorlaufzeit zugeordnet.

Auftragserteilung

Die Art der Auftragserteilung bzw. Auftragsauslösungsart gibt an, in welcher Form Fertigung und Montage bei der Auftragsabwicklung angestoßen werden. Sie korreliert sehr eng mit der Art der Produktentstehung. Beispielsweise zieht eine kundenbezogene Entwicklung eine kundenbezogene Fertigung und Montage nach sich. Andererseits kann es sein, dass aufgrund von Marktforschungsergebnissen eine kundenanonyme Produktentstehung vorliegt, die Montage aber z. B. aufgrund eines konkreten Kundenauftrags angestoßen wird. Letztendlich wird durch die Art der Auftragserteilung ausgedrückt, wie sich ein konkreter Kundenauftrag auf die interne Abwicklung und Disposition des Unternehmens auswirkt. Insbesondere ist es hierbei wichtig, inwieweit der Entwicklungs- und Konstruktionsprozess von den konkreten Kundenaufträgen zeitlich und logisch entkoppelt werden kann. So hat z. B. in der Automobilindustrie der Kunde das Gefühl, dass das Auto für ihn individuell konfiguriert wird, aus der Sicht des Herstellers sind jedoch durch das Vordenken der möglichen Varianten die internen Abläufe in Entwicklung und Fertigung weitestgehend entkoppelbar, da lediglich die entsprechenden Komponenten in der Montage eingeschleust werden.

Die Spannbreite reicht bei der Art der Auftragserteilung von der anonymen Lagerfertigung, (der einzelne Kundenauftrag wird ausschließlich ab Lager erfüllt) bis hin zur kundenindividuellen Einzelfertigung (der einzelne Kundenauftrag beeinflusst maßgeblich die Abläufe: von Entwicklung und Arbeitsplanung bis hin zu Fertigung und Montage). Die verschiedenen Möglichkeiten werden durch unterschiedliche Planungsstrategien im Unternehmen abgebildet.

Vorplanungsbedarf

Im Fall der Lagerfertigung wird bereits anhand eines Vorplanungsbedarfs gefertigt, der vom Unternehmen festgelegt wird. Als Mischform kann sowohl für Vorplanungsbedarfe als auch für konkrete Kundenbedarfe geplant werden, wobei sich die Kundenbedarfe mit den Vorplanungsbedarfen verrechnen. In solchen Fällen ist in der Regel der Bezug zwischen dem Kundenauftrag und dem für die Fertigung relevanten periodenbezogenen Sekundärbedarf nicht eindeutig zuzuordnen, insbesondere wenn eine Losgrößenbildung vorgenommen wird, da mehrere Kundenaufträge aus einer Planungsperiode zusammengefasst werden. Durch die Losbildung und die Übertragung von Sekundärbedarfen in andere Perioden geht innerhalb der Bedarfsermittlung (Bedarfsauflösung) die eindeutige Zuordnung zwischen Bedarf und Auftrag verloren. Dadurch ist die Herkunft der einzelnen Materialbedarfe nicht mehr ersichtlich. Diese Information ist aber wichtig, wenn das Unternehmen eine kundenindividuelle Fertigung durchführt, um dem Kunden über jeden Produktionsstand seines Auftrags Auskunft geben zu können. Deshalb wird in solchen Fällen je Kundenauftrag in einem eigenen Segment geplant. Abschnitt 6.2, »Zeitliche Disaggregation«, beschreibt die Konsequenzen der unterschiedlichen Auftragserteilungsarten auf die Bedarfswirksamkeit von Kundenauftrag und Vorplanung im Detail.

Bestände

Um eine *exakte Materialdisposition* durchführen zu können, ist es erforderlich, die Bestände zu erfassen. Neben den im Unternehmen vorhandenen *physischen Lagerbeständen* muss auch die *Berücksichtigung von Bestell- und Fertigungsbeständen* möglich sein, und zwar zu dem Termin, an dem sie physisch benötigt werden – also noch nicht zum Zeitpunkt der Einplanung. Ebenso müssen Bestände, die im Lager physisch vorhanden und für andere Aufträge reserviert sind, sowie reservierte Bestell- und Fertigungsaufträge in die Berechnung einbezogen werden. Eine besondere Rolle spielt innerhalb der Lagerbestandsermittlung die Berücksichtigung von Wareneingangs- und Warenausgangsprüfbeständen. Hierunter sind alle Bestände zu verstehen, deren Nutzung zum Zeitpunkt der Einplanung, z. B. aufgrund fehlender Qualitätsaussagen, nicht mit vollständiger Sicherheit gewährleistet werden kann, siehe Abschnitt 7.4 über die Nettobedarfsrechnung. Neben der *mengenmäßigen Lagerbestandsermittlung* muss auch eine *wertmäßige Lagerbestandsführung* möglich sein. Diese Informationen werden z. B. für steuer- und handelsrechtliche Aufgaben sowie für das Rechnungswesen benötigt.

7.2 Einflussgrößen der Materialbedarfsplanung

Die Ergebnisse einer konkreten Materialbedarfsplanung werden durch verschiedene Einflussgrößen determiniert. Dies sind die Losgröße, der Ausschuss, der Sicherheitsbestand und die Art der Stammdatenselektion.

7.2.1 Losgröße

Die Dispositionslosgröße bestimmt die Anzahl und Menge der im Planungslauf für die Bedarfe angelegten Planaufträge. Die hauptsächlichen Losgrößenverfahren sind statische Losgrößen, wie die exakte und feste Losgröße, periodische Losgrößenverfahren und darüber hinaus die optimierenden Losgrößenverfahren. Die Dispositionslosgröße enthält neben dem Losgrößenverfahren weitere Informationen über die Ausprägung des Losgrößenverfahrens sowie zur Terminbestimmung der Beschaffungsvorschläge. Tabelle 7.1 bietet einen Überblick über die Standarddispositionslosgrößen.

Dispositionslosgröße	Losgrößenverfahren	Losgrößenkennzeichen
DY – dynamische Planungsrechnung	Optimierungslosgröße	D – dynamische Planung
EX – exakte Losgrößenberechnung	statische Losgröße	E – exakte Losgröße
FK – feste Losgröße für Kd-Einzel	statische Losgröße	F – feste Losgröße
FS – fix/Splittung	statische Losgröße	S – fest mit Splittung
FX – feste Losgrößenberechnung	statische Losgröße	F – feste Losgröße
GR – Losgrößenverfahren nach Groff	Optimierungslosgröße	G – Verfahren nach Groff
HB – Auffüllen bis Höchstbestand	statische Losgröße	H – Auffüllen bis HB
MB – Monatslosgröße	Periodenlosgröße	M – Monatslosgröße

Tabelle 7.1 Dispositionslosgrößen und Losgrößenverfahren (Auswahl)

Dispositionslosgröße	Losgrößenverfahren	Losgrößenkennzeichen
PK – Periodenlosgröße nach Planungskalender	Periodenlosgröße	K – Periode nach Pl.-Kal.
SP – Stück-Perioden-Ausgleich	Optimierungslosgröße	S – Stück-Perioden-Ausgl.
TB – Tageslosgröße	Periodenlosgröße	T – Tageslosgröße
WB – Wochenlosgröße	Periodenlosgröße	W – Wochenlosgröße
WI – gleitende wirtschaftliche Losgröße	Optimierungslosgröße	W – wirtschaftl. Losgröße

Tabelle 7.1 Dispositionslosgrößen und Losgrößenverfahren (Auswahl) (Forts.)

Die Auswirkung von exakter, fester und periodischer Losgröße zeigt Abbildung 7.3 anhand einer Bedarfssituation. Abhängig von der Dispositionslosgröße und der Ausprägung (einmal feste Losgröße von 40 Stück, einmal feste Losgröße von 35 Stück) ergibt sich eine unterschiedliche Anzahl an Planaufträgen.

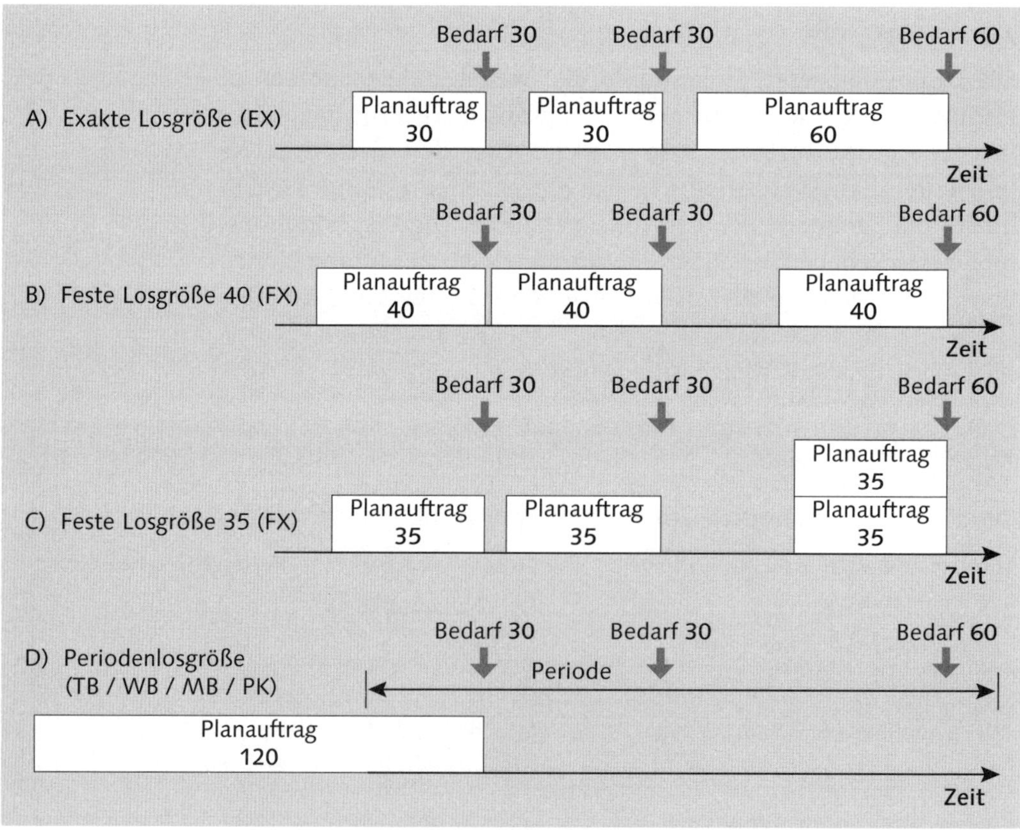

Abbildung 7.3 Losgrößen

In Fall C werden aufgrund der festen Losgröße mehr Zugänge geplant (140 Stück), als sie für den Bedarf von 130 Stück nötig wären. Da die Materialbedarfsplanung keinerlei Kapazitätsbeschränkungen berücksichtigt, werden im Fall C die beiden Planaufträge über jeweils 35 Stück parallel eingeplant – dies wäre möglicherweise in einem nachgelagerten Feinplanungsschritt zu korrigieren (siehe Kapitel 11, »Kapazitätsplanung«).

Losgröße mit Splittung

Für feste oder periodische Losgrößen ist es möglich, eine Splittung in Rundungswerte vorzunehmen. Die Aufträge können um eine Taktzeit verschoben sein – hierdurch lässt sich vermeiden, dass eine Vielzahl von Aufträgen parallel terminiert werden und so die tatsächlich erforderliche Durchlaufzeit übersehen wird. Abbildung 7.4 zeigt Fall C aus Abbildung 7.3 unter der Verwendung der festen Losgröße mit Splittung (FS) und einer Taktzeit.

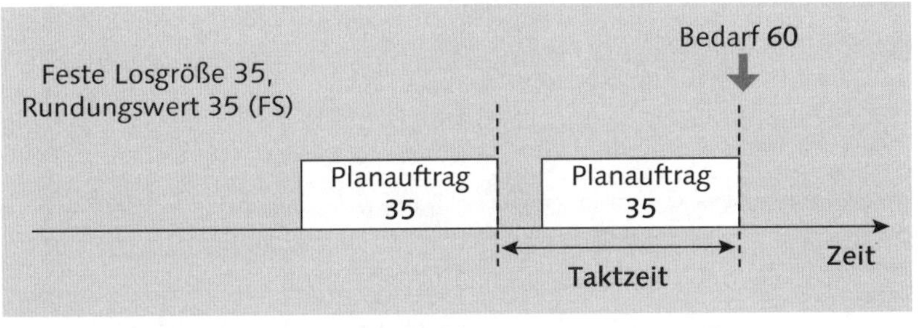

Abbildung 7.4 Losgröße mit Splittung

Bei der Splittung in Kombination mit der festen Losgröße muss der Rundungswert ein ganzzahliges Vielfaches der festen Losgröße sein. Die Taktzeit gibt den Versatz zwischen den Auftragsterminen in Werktagen an. Abbildung 7.5 zeigt die hierzu erforderlichen Einträge.

Optimierende Losgrößenverfahren

Die Produktion oder Bestellung von Materialien zieht losgrößenfixe Kosten (z. B. Rüstkosten auf Maschinen oder Bestellkosten) sowie variable Kosten (Kapitalbindung durch Lagerhaltung) nach sich. Zur Minimierung der variablen Kosten sollten möglichst geringe Mengen beschafft werden, und zur Minimierung der fixen Kosten sollten möglichst große Mengen beschafft werden. Optimierende Losgrößenverfahren berücksichtigen variable und fixe Kosten und ermitteln anhand der Kosten nach unterschiedlichen Verfahren optimale Losgrößen. Zur Ermittlung der variablen Kosten verwenden Sie den Lagerkostenprozentsatz, den Sie im Lagerkostenkennzeichen angeben. Das Lagerkostenkennzeichen pflegen Sie, ebenso wie die Dispositionslosgröße, mithilfe der Customizing-Transaktion OMI4 (siehe Abbildung 7.6).

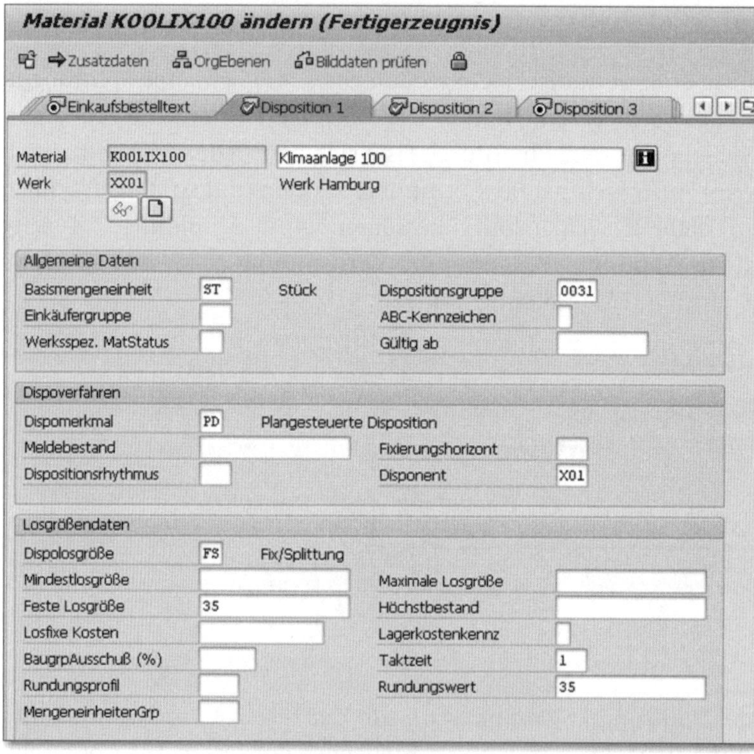

Abbildung 7.5 Einträge für die Verwendung von Losgrößen mit Splittung

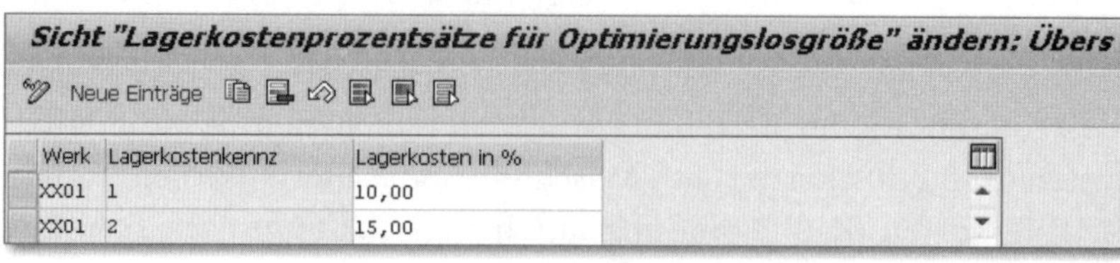

Werk	Lagerkostenkennz	Lagerkosten in %
XX01	1	10,00
XX01	2	15,00

Abbildung 7.6 Lagerkostenkennzeichen

Das Lagerkostenkennzeichen hinterlegen Sie, ebenso wie die losfixen Kosten, im Materialstamm im Bereich LOSGRÖSSENDATEN der Sicht DISPOSITION 1 (siehe Abbildung 7.7).

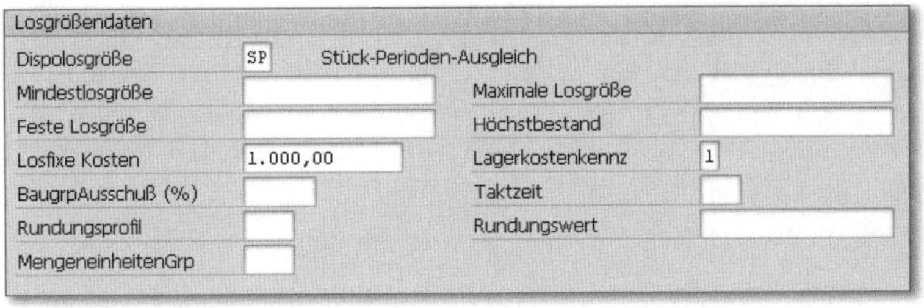

Abbildung 7.7 Zuordnung des Lagerkostenkennzeichens zum Materialstamm (Ausschnitt aus der Sicht »Disposition 1«)

Die variablen Kosten werden mit der folgenden Formel berechnet:

$$KostenVariabel = Bedarf \times Preis \times Lagerkosten[\%] \times Lagerdauer / 365$$

Den Preis pflegen Sie in der Sicht BUCHHALTUNG 1 des Materialstamms (siehe Abbildung 7.8).

Abbildung 7.8 Preis im Materialstamm

Die Losgrößenverfahren *Stück-Perioden-Ausgleich*, *gleitende wirtschaftliche Losgröße* und *dynamische Planungsrechnung* ermitteln die Losgrößen anhand der fixen und variablen Kosten auf unterschiedliche Weise. Die Wirkungsweise der Losgrößen wird anhand eines Beispiels veranschaulicht, in dem ab dem 1.1.2014 monatliche Bedarfe vorliegen und mithilfe der optimierenden Losgrößenverfahren die Losgröße für die erste Beschaffung zum 1.1.2014 ermittelt werden soll.

Tabelle 7.2 enthält die Kenngrößen, die die jeweiligen Losgrößenverfahren verwenden. Als Beispiel betrachten wir ein Material mit einem Preis von 230 EUR, 10 % Lagerkosten und losfixen Kosten in Höhe von 500 EUR.

Datum	1.1.14	1.2.14	1.3.14	1.4.14	1.5.14	1.6.14	1.7.14	1.8.14	1.9.14	1.10.14
Bedarf	100	100	30	20	50	50	20	10	30	100
Kumulierter Bedarf	100	200	230	250	300	350	370	380	410	510
Zusätzliche variable Kosten	0	190	114	114	380	475	228	133	456	1710
Variable Kosten	0	190	304	418	798	1273	1501	1634	2090	3800
Losfixe Kosten	500	500	500	500	500	500	500	500	500	500
Gesamtkosten	500	690	804	918	1298	1773	2001	2134	2590	4300
Stückkosten	5	3,45	3,49	3,67	4,32	5,06	5,41	5,61	6,31	8,43
Losgröße (SP)				250						
Losgröße (WI)		200								
Losgröße (DY)									410	

Tabelle 7.2 Kenngrößen zur Ermittlung optimaler Losgrößen

Die Losgröße wird so gewählt, dass sie den kumulierten Bedarf von einer oder mehreren Perioden deckt. Falls die Losgröße den Bedarf einer zusätzlichen Periode deckt, berechnen sich die zusätzlichen variablen Kosten als Kapitalbindung bzw. Lagerhaltungskosten, die (für jede zusätzliche Periode) vom Zeitpunkt der Verfügbarkeit (hier: 1.1.14) bis zum Zeitpunkt des Bedarfs anfallen. Die gesamten variablen Kosten entsprechen daher der Summe der zusätzlichen variablen Kosten, und die Gesamtkosten der Summe aus variablen und losfixen Kosten. Die Stückkosten berechnen sich aus den Gesamtkosten, bezogen auf die Losgröße, wobei die Losgröße dem kumulierten Bedarf entspricht.

Stück-Perioden-Ausgleich

Der *Stück-Perioden-Ausgleich* (Dispositionslosgröße SP) bestimmt die Losgröße, bei der die variablen Kosten gerade noch unter den fixen Kosten liegen. In diesem Beispiel beträgt die Losgröße für das erste Los 250 Stück, da die sich hierbei ergebenden variablen Kosten mit 418 EUR unter den fixen Kosten von 500 EUR liegen. Die variablen Kosten der nächsten Losgröße von 300 Stück liegen mit 798 EUR über den fixen Kosten.

Gleitende wirtschaftliche Losgröße

Die *gleitende wirtschaftliche Losgröße* (Dispositionslosgröße WI) orientiert sich am Minimum der Stückkosten. Diese werden mit 3,45 EUR pro Stück bei einer Losgröße von 200 Stück erreicht.

Dynamische Planungsrechnung

Die *dynamische Planungsrechnung* (Dispositionslosgröße DY) fasst Bedarfe so lange zusammen, bis die zusätzlich anfallenden variablen Kosten höher als die fixen Kosten sind. Sie ermittelt eine Losgröße von 410 Stück, da erst mit dem nächsten Schritt auf 510 Stück die zusätzlichen variablen Kosten mit 1710 EUR die fixen Kosten von 500 EUR überschreiten.

Losgröße nach Groff

Ein weiteres optimierendes Losgrößenverfahren ist die *Losgröße nach Groff* (Dispositionslosgröße GR). Diese zeichnet sich dadurch aus, dass die Steigerung der zunehmenden variablen Kosten der Steigung der abnehmenden losfixen Kosten entspricht. Dieses Verfahren ist im Detail unter anderem bei Günther/Tempelmeier 1997 beschrieben.

Customizing der Dispositionslosgrößen

Es ist möglich, mithilfe der Transaktion OMI4 eigene Dispositionslosgrößen (nicht eigene Losgrößenverfahren!) zu definieren. Abbildung 7.9 zeigt die Definition der Dispositionslosgröße EX für eine exakte Losgrößenberechnung.

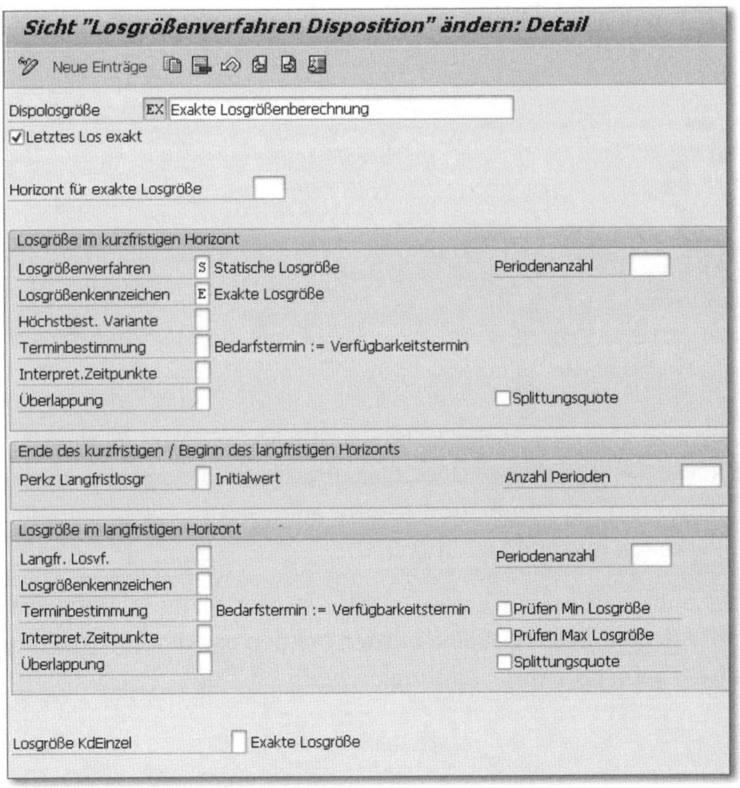

Abbildung 7.9 Customizing der Dispositionslosgrößen

Kurzfrist- und Langfristlosgröße

Es ist ebenfalls möglich, zwei verschiedene Losgrößenverfahren für den Kurzfristhorizont und für den Langfristhorizont anzulegen. Dies ist oft erwünscht, um die Anzahl der Bedarfsdecker zu reduzieren – insbesondere wenn mit festen Losgrößen gearbeitet wird, die geringer als die durchschnittliche Bedarfsmenge sind. In der Regel wird für den Langfristhorizont eine periodische Losgröße verwendet.

Letztes Los exakt

Bei der Verwendung von festen Losgrößen kann es dazu kommen, dass mehr produziert oder extern beschafft wird, als Bedarf existiert – siehe auch Fall C in Abbildung 7.3. Falls die feste Losgröße aus ökonomischen oder praktischen Erwägungen verwendet wird (und keine technische Notwendigkeit dafür besteht), kann eine Überbeschaffung vermieden werden, indem das Kennzeichen für Letztes Los exakt gesetzt wird. Dies ist insbesondere für höherwertige Güter interessant.

Zuordnung der Dispositionslosgröße zum Materialstamm

Die Dispositionslosgröße (Dispolosgrösse) sowie weitere Parameter zum Losgrößenverfahren werden im Materialstamm in der Sicht Disposition 1 gepflegt (siehe Abbildung 7.10).

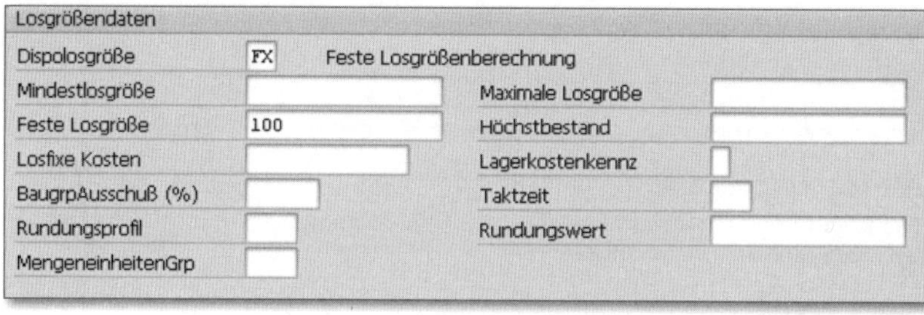

Abbildung 7.10 Parameter für das Losgrößenverfahren im Materialstamm

Für einige der Dispositionslosgrößen sind weitere Einträge erforderlich. Tabelle 7.3 bietet einen Überblick über die erforderlichen Felder für die komplexeren Dispositionslosgrößen. Diese pflegen Sie in den Losgrößendaten (siehe Abbildung 7.10).

Darüber hinaus ist es möglich, eine Mindest- und eine Maximallosgröße zu pflegen. Diese Größen werden bei den exakten und bei den periodischen Losgrößenberechnungen berücksichtigt.

Dispositionslosgröße	Felder
DY – dynamische Planungsrechnung	losfixe Kosten, Lagerkostenkennzeichen
FS – fix/Splittung	feste Losgröße, Rundungswert, Taktzeit
FX – feste Losgrößenberechnung	feste Losgröße
GR – Losgrößenverfahren nach Groff	losfixe Kosten, Lagerkostenkennzeichen
HB – Auffüllen bis Höchstbestand	Höchstbestand
SP – Stück-Perioden-Ausgleich	losfixe Kosten, Lagerkostenkennzeichen
WI – gleitende wirtschaftliche Losgröße	losfixe Kosten, Lagerkostenkennzeichen

Tabelle 7.3 Dispositionslosgröße und erforderliche Parameter

Rundung

In manchen Fällen ist es erwünscht, die Mengen zu runden. Im einfachsten Fall erfolgt dies mittels eines Rundungswerts – in diesem Fall entspricht die Auftragsmenge des Bedarfsdeckers immer einem Mehrfachen des Rundungswerts. Für kompliziertere Fälle, in denen der Rundungswert von der Bedarfsmenge abhängt, kann ein Rundungsprofil verwendet werden. Über das Rundungsprofil lassen sich z. B. unterschiedliche Verpackungsgrößen modellieren.

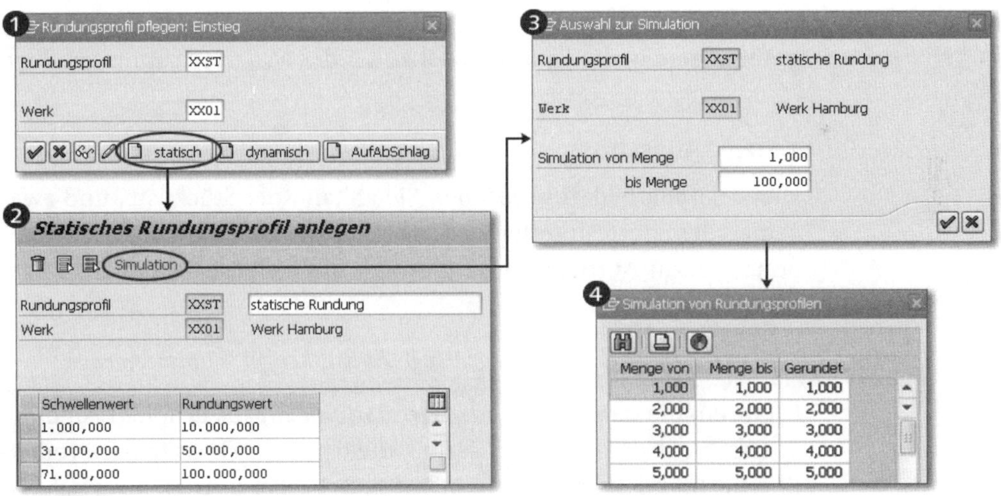

Abbildung 7.11 Rundungsprofil

Das ERP-System bietet statische und dynamische Rundungsprofile an. Bei den statischen Rundungsprofilen wird ab dem Schwellenwert jeweils auf den Rundungswert gerundet. Ist der Rundungswert überschritten, wird so lange erneut auf den Rundungswert gerundet, bis der nächste Schwellenwert erreicht ist. Rundungsprofile legen Sie mithilfe der Customizing-Transaktion OWD1 an. Hier wird unter anderem zwischen statischen und dynamischen Rundungsprofilen unterschieden ❶. Abbildung 7.11 zeigt ein Beispiel für die Anlage eines statischen Rundungsprofils. Die Rundungslogik wird durch den Schwellenwert und den entsprechenden Rundungswert definiert ❷. Aus der Anlage des Rundungsprofils kann die Rundungslogik innerhalb der angegebenen Grenzen ❸ simuliert werden ❹.

In diesem Beispiel existieren Verpackungsgrößen von 10, 50 und 100 Stück. Obwohl bereits mit einem Rundungswert von 10 keine unverpackten Produkte übrig bleiben, möchte man ab 31 Stück auf die nächsthöhere Verpackungsmenge von 50 Stück aufrunden (anstatt auf 40 Stück). Zwischen 51 und 70 Stück werden eine mittlere Verpackungsgröße von 50 Stück und eine bzw. zwei kleine Verpackungen zu je 10 Stück hergestellt. Ab 71 Stück wird auf eine große Verpackung von 100 Stück gerundet (anstatt auf 80 Stück).

Dynamische Rundungsprofile erlauben eine Rundung in Abhängigkeit von Stammdatenparametern, wie der Vertriebslosgröße, sowie die Verwendung von BAdIs.

Sowohl Rundungswert als auch Rundungsprofil werden bei den Losgrößendaten in der Sicht DISPOSITION 1 des Materialstamms gepflegt.

7.2.2 Ausschuss

Den Sekundärbedarf berechnen Sie anhand der Stückliste, und zwar gemäß dem dort hinterlegten Verhältnis der Einsatzmenge der Komponenten zur Auftragsmenge (bezogen auf die Basismenge der Stückliste):

Sekundärbedarf = (Auftragsmenge / Basismenge) × Einsatzmenge

Faktoren, die den Sekundärbedarf darüber hinaus erhöhen, sind die unterschiedlichen Ausschussarten, die dem Ausschuss in der Produktion Rechnung tragen. Die von SAP ERP berücksichtigten Ausschussarten sind Baugruppenausschuss, Komponentenausschuss und Vorgangsausschuss.

Baugruppenausschuss

Der *Baugruppenausschuss* entspricht dem Ausschuss, der bei der Herstellung einer Baugruppe (oder eines Fertigprodukts) auf der Ebene des gefertigten Produkts entsteht. Ein Beispiel für die Verwendung des Baugruppenausschusses stellt die automatisierte Fertigung von

Schaltelementen dar, bei der im letzten Schritt (bei der Qualitätsprüfung) entschieden wird, ob es sich um ein brauchbares Produkt oder um Ausschuss handelt. Dementsprechend erhöht sich der Bedarf für alle Komponenten um den Baugruppenausschuss:

Sekundärbedarf = (Auftragsmenge / Basismenge) × Einsatzmenge × (1 + Baugruppenausschuss)

Den Baugruppenausschuss pflegen Sie in der Sicht Disposition 1 des Materialstamms für das gefertigte Produkt (siehe Abbildung 7.12); er bezieht sich auf alle Komponenten der verwendeten Stückliste.

Eine feste Losgröße bezieht sich auf die Gutmenge, nicht auf die Einsatzmenge. Entsprechend variiert die Einsatzmenge in SAP ERP in Abhängigkeit vom Baugruppenausschuss, im Gegensatz zu SAP APO.

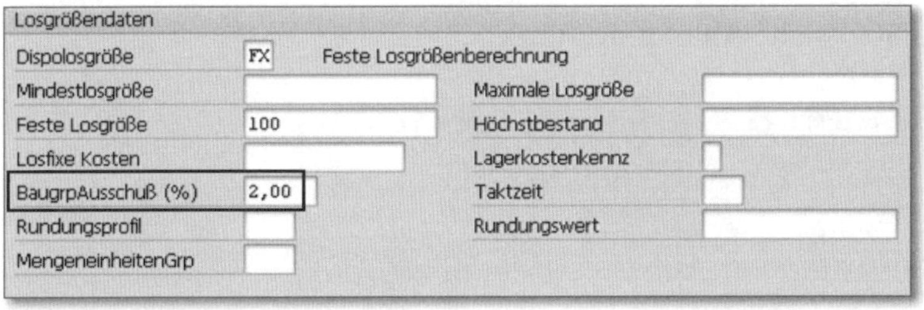

Abbildung 7.12 Pflege des Baugruppenausschusses im Materialstamm

Komponentenausschuss

Der *Komponentenausschuss* bezieht sich auf Fälle, in denen einzelne Komponenten in der Fertigung einem höheren Ausschuss unterliegen. In diesem Fall werden die Komponenten vor deren Einbau geprüft. Die Formel für die Berechnung des Komponentenausschusses lautet analog der Formel für den Baugruppenausschuss:

Sekundärbedarf = (Auftragsmenge / Basismenge) × Einsatzmenge × (1 + Komponentenausschuss)

Im Unterschied zum Baugruppenausschuss gilt der Komponentenausschuss jedoch nur für die einzelne Komponente. Den Komponentenausschuss können Sie entweder im Materialstamm der Komponente pflegen – falls es sich um eine materialspezifische Eigenschaft han-delt – oder in der Stückliste – falls der Ausschuss fertigungsspezifisch ist. Den materialspezifischen Komponentenausschuss pflegen Sie in der Sicht Disposition 4 des Komponentenmaterials (siehe Abbildung 7.13).

Abbildung 7.13 Pflege des Komponentenausschusses im Materialstamm

Der stücklistenspezifische Ausschuss wird im Positionsdetail der Komponente in der Stückliste gepflegt. Die Stückliste legen Sie mithilfe der Transaktion CS01 an, und Sie ändern sie über die Transaktion CS02 (siehe Abbildung 7.14).

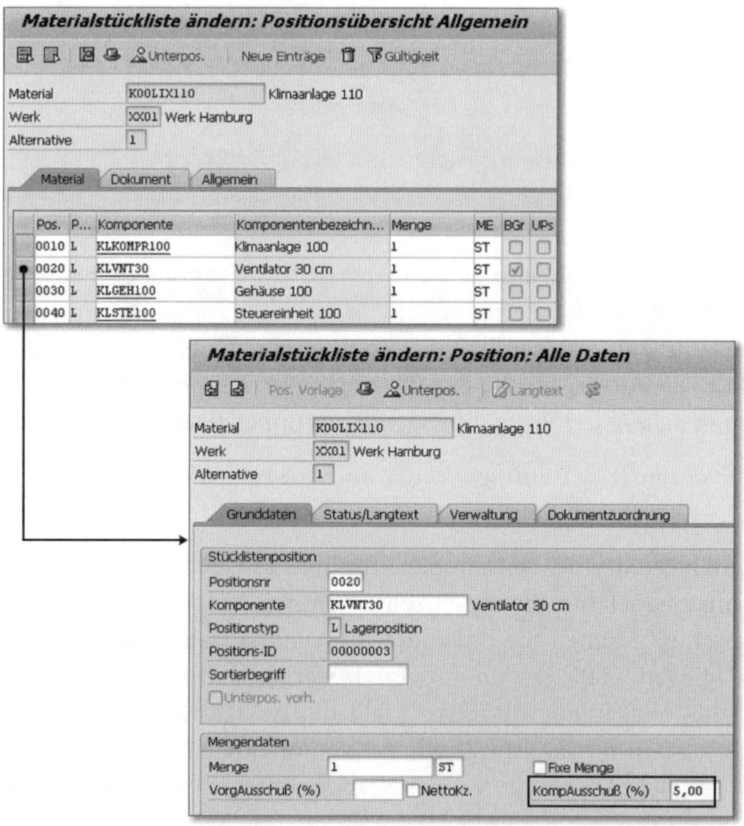

Abbildung 7.14 Pflege des Komponentenausschusses in der Stückliste

Das Nettokennzeichen (NETTOKZ.) bewirkt, dass der Baugruppenausschuss für die Komponente nicht berücksichtigt wird, und wird ebenfalls im Positionsdetail der Stückliste gesetzt. Falls der Vorgangsausschuss im Positionsdetail gepflegt wird, muss das Nettokennzeichen gesetzt werden.

Nettokennzeichen

Der *Vorgangsausschuss* repräsentiert den Ausschuss, der durch einen kritischen oder anfälligen Fertigungsschritt entsteht. Dementsprechend sind nur die Komponenten vom Ausschuss betroffen, die in diesem Fertigungsschritt bereits verwendet werden. Komponenten, die erst in einem späteren Fertigungsschritt verwendet werden, sind folglich nicht vom Ausschuss betroffen. Die Mengenreduzierung für die nachfolgenden Vorgänge wird von Terminierung und Kalkulation berücksichtigt.

Vorgangsausschuss

Den Vorgangsausschuss pflegen Sie im Vorgang des Arbeitsplans (siehe Abbildung 7.15). Den Arbeitsplan legen Sie mithilfe der Transaktion CA01 an und ändern ihn über die Transaktion CA02.

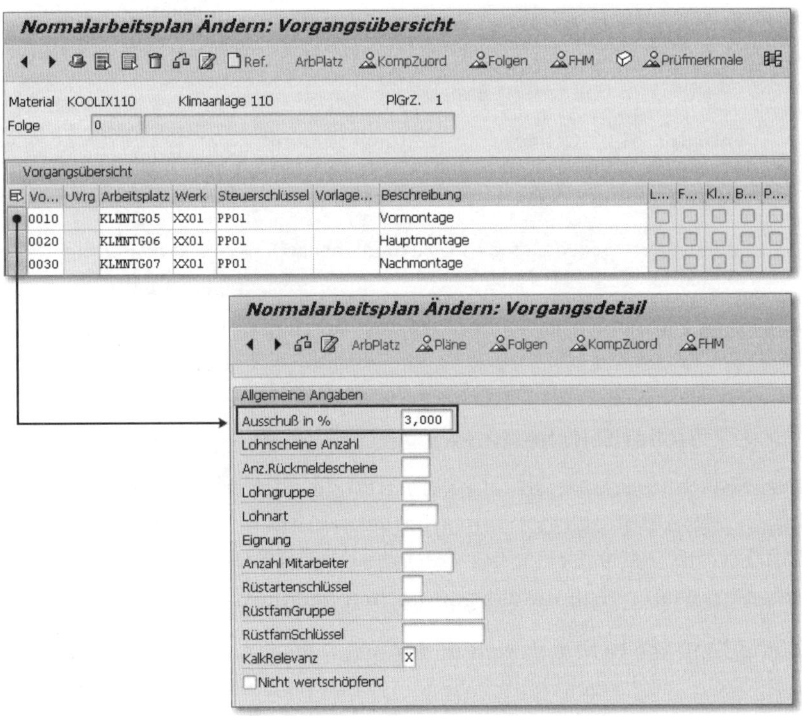

Abbildung 7.15 Pflege des Vorgangsausschusses im Arbeitsplan

Ausschussarten-übersicht

Abbildung 7.16 bietet einen Überblick darüber, wie sich die Kombination von Baugruppen- und Komponentenausschuss auf die Berechnung des Sekundärbedarfs der unterschiedlichen Komponenten auswirkt. Die Abbildung ist einem anderen Werk entnommen (siehe Dickersbach 2009) und an das Beispiel der Klimaanlage angepasst.

Der Baugruppenausschuss für KLIMAX110 und der Komponentenausschuss für die Steuereinheit werden in diesem Beispiel im Materialstamm gepflegt. Für den Ventilator, das Gehäuse und das Leitungssystem werden die Ausschussdaten in der Stückliste gepflegt. Es wird deutlich, dass sich der Komponentenausschuss additiv zum Baugruppenausschuss auswirkt und dass das Nettokennzeichen den Baugruppenausschuss übersteuert.

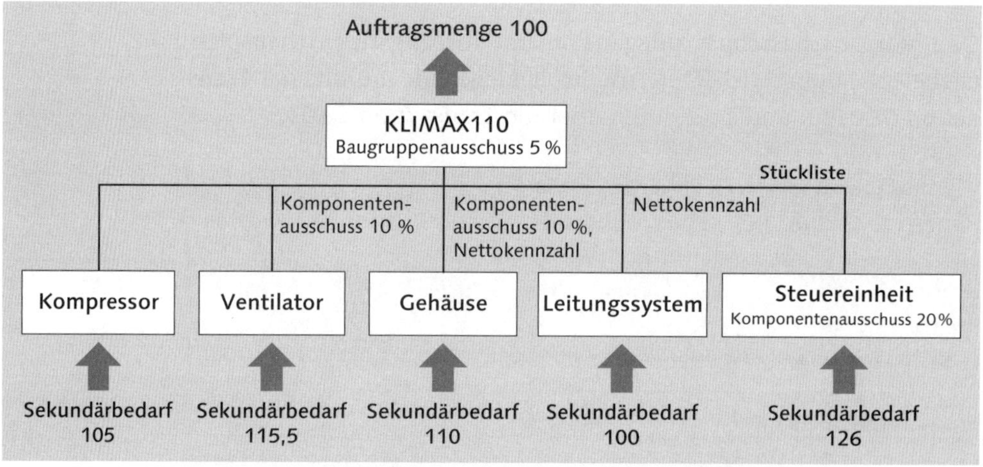

Abbildung 7.16 Auswirkung unterschiedlicher Ausschussarten auf den Sekundärbedarf (Dickersbach 2009)

7.2.3 Sicherheitsbestand

Das ERP-System unterstützt zwei Arten des Sicherheitsbestands, zum einen als Absolutwert (SICHERHEITSBESTAND) und zum anderen als Reichweite (BEDVORLZEIT/IST-RW). In beiden Fällen werden die Einträge im Materialstamm vorgenommen (siehe Abbildung 7.17).

Beide Einträge befinden sich in der Sicht DISPOSITION 2. Die Planung der Sicherheitsreichweite wird als Bedarfsvorlaufzeit bezeichnet. Damit diese berücksichtigt wird, muss das Bedarfsvorlaufkennzeichen (BEDVORLAUFSKENNZ) zuvor auf 1 (für Primärbedarfe) oder auf 2 (für alle Bedarfe) gesetzt worden sein.

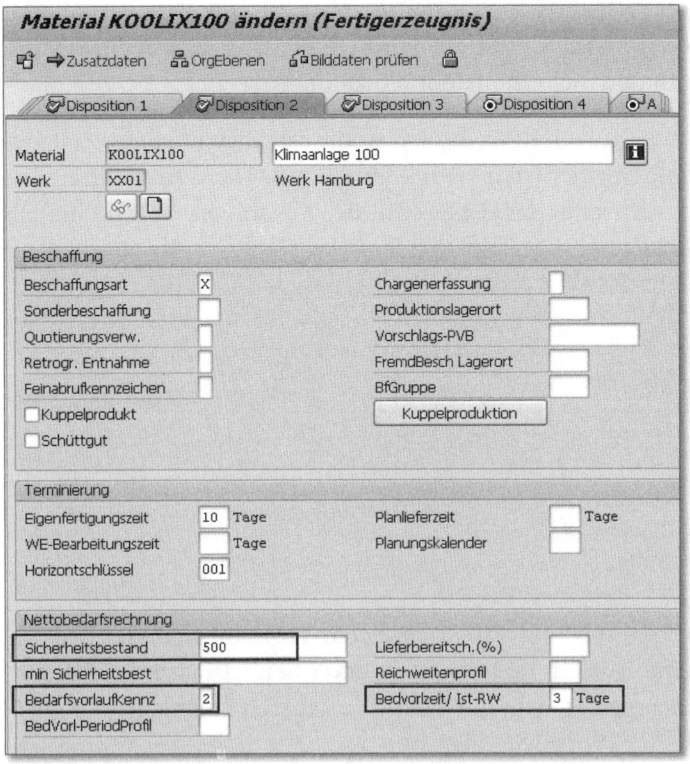

Abbildung 7.17 Sicherheitsbestand und Sicherheitsreichweite

Der Sicherheitsbestand wird in der Disposition als zusätzlicher, zu deckender Bedarf interpretiert. In der Bedarfs-/Bestandsliste (siehe Abschnitt 7.7, »Auswertungen«) wird der Sicherheitsbestand explizit als Bedarfselement aufgeführt und reduziert die verfügbare Menge für die Dispositionsrechnung (aber nicht für die Verfügbarkeitsprüfung). Abbildung 7.18 zeigt diese Darstellung des Sicherheitsbestands.

Absoluter Sicherheitsbestand

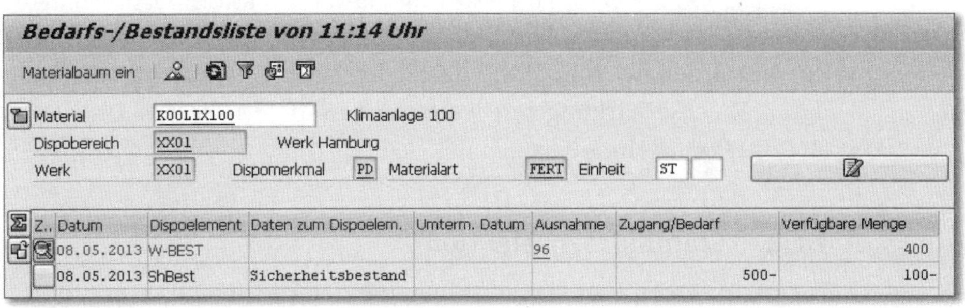

Abbildung 7.18 Sicherheitsbestand als Bedarfselement in der Bedarfs-/Bestandsliste

Obwohl kein weiterer Bedarf vorhanden ist und ein verfügbarer Bestand von 400 Stück existiert, wird ein Planauftrag über 100 Stück angelegt, um den Sicherheitsbestand zu decken.

Reichweite/ Bedarfsvorlaufzeit

Die Bedarfsvorlaufzeit führt dazu, dass die Zugänge um diese Zeit verfrüht geplant werden (siehe Abbildung 7.19). Hierdurch beträgt die geplante Reichweite des Bestands die Anzahl an Tagen, die als Bedarfsvorlaufzeit eingestellt wurden.

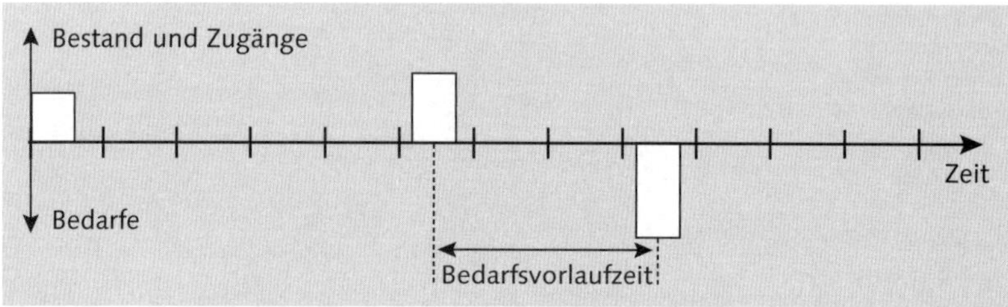

Abbildung 7.19 Schema zur Auswirkung der Bedarfsvorlaufzeit

Abbildung 7.20 zeigt den Effekt der Bedarfsvorlaufzeit in der Bedarfs-/Bestandsliste. Wie an den Daten zu erkennen ist, wird der Planauftrag so früh angelegt, dass die Bedarfsvorlaufzeit berücksichtigt wird, ebenso wie der Werkskalender.

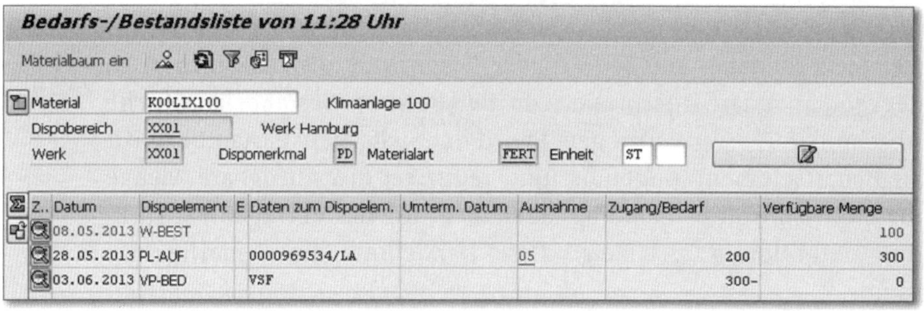

Abbildung 7.20 Auswirkung der Bedarfsvorlaufzeit in der Bedarfs-/Bestandsliste

Zur Wahl der Art und Höhe der Sicherheitsbestandsparameter und deren Wechselwirkung mit weiteren Parametern liefern Dittrich et al. (2003) gute Hinweise.

7.2.4 Stammdatenselektion

Für das Anlegen von Planaufträgen werden die Stückliste und optional auch der Arbeitsplan benötigt. Da es mehrere Alternativen für beide Stammdatenobjekte geben kann, kann die Selektion der Alternativen geregelt werden.

Die Stücklistenauswahl kann über die *Auftragsmenge*, den *Auflösungstermin* oder nach der *Fertigungsversion* erfolgen. Das Feld ALTERN-SELEKTION (Alternativenselektion) im Materialstamm steuert, welche dieser Varianten für die Selektion der Alternativen verwendet wird (siehe Abbildung 7.21).

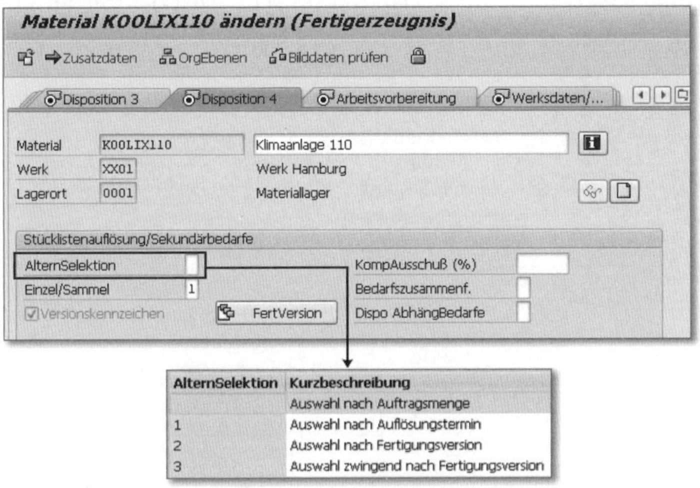

Abbildung 7.21 Steuerung der Alternativenselektion für Stücklisten

Bei der Auswahl anhand der Auftragsmenge wird überprüft, ob die Losgröße innerhalb des in der Stückliste definierten Losgrößenbereichs liegt. Für die Auswahl nach Auflösungstermin ist je Material der Gültigkeitszeitraum der einzelnen Materialien in einer Tabelle zu pflegen (siehe Abbildung 7.22). Die Tabelle pflegen Sie mithilfe der Transaktion OPPP.

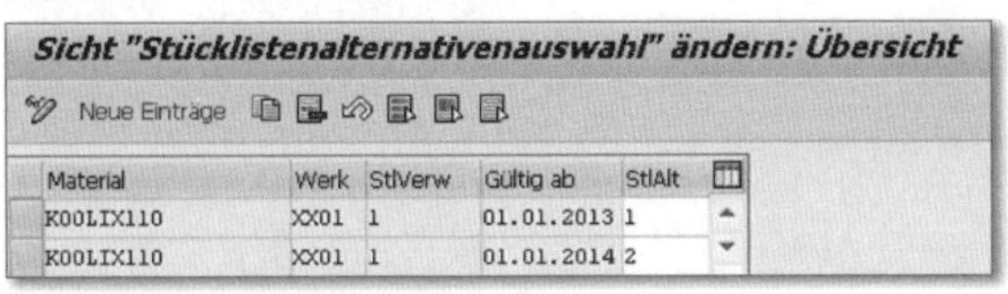

Abbildung 7.22 Stücklistenauswahl nach Gültigkeit

Die Stücklistenauswahl über die Fertigungsversion kann entweder dem Auftrag interaktiv zugeordnet oder über eine Quotierung zugewiesen werden.

7.3 Dispositionsverfahren

Die wesentlichen Unterscheidung bei Dispositionsverfahren ist, ob es sich um eine *plangesteuerte Disposition* oder eine *verbrauchsgesteuerte Disposition* handelt. Innerhalb der plangesteuerten Disposition unterscheidet man hauptsächlich zwischen der vollständigen Stücklistenauflösung und der Leitteileplanung für kritische Teile. Die verbrauchsgesteuerte Disposition wird als Bestellpunktdisposition, als stochastische Disposition oder als rhythmische Disposition ausgeführt (siehe Abbildung 7.23).

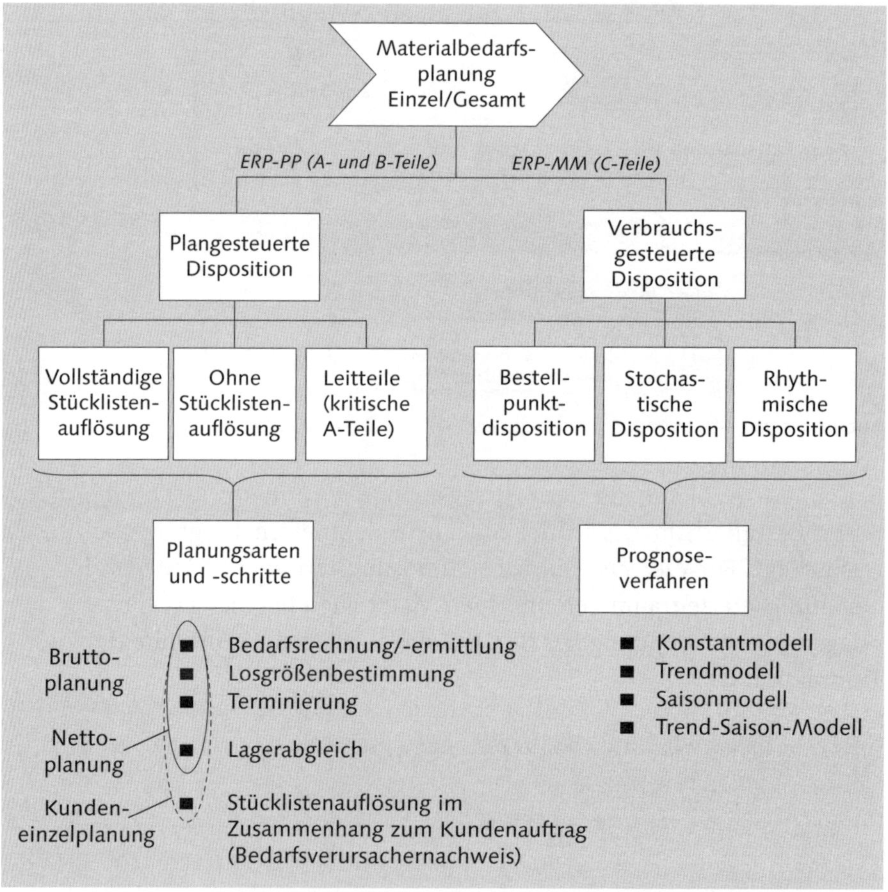

Abbildung 7.23 Übersicht zur Materialbedarfsplanung

Das Dispositionsverfahren ist in SAP ERP im Dispositionsmerkmal enthalten (Dispomerkmal), das Sie im Materialstamm in der Sicht Disposition 1 pflegen (siehe Abbildung 7.24).

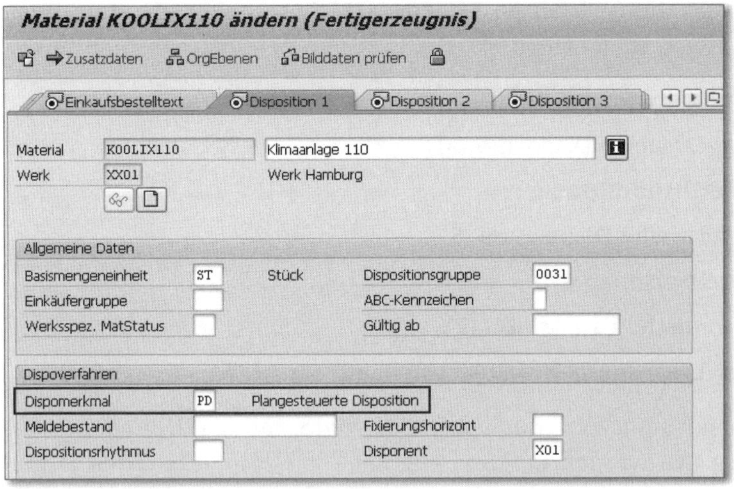

Abbildung 7.24 Dispositionsmerkmal im Materialstamm (Ausschnitt aus der Sicht Disposition 1)

Das Dispositionsmerkmal definieren Sie im Customizing über den Pfad PRODUKTION • BEDARFSPLANUNG • STAMMDATEN • DISPOMERKMALE ÜBERPRÜFEN (siehe Abbildung 7.25).

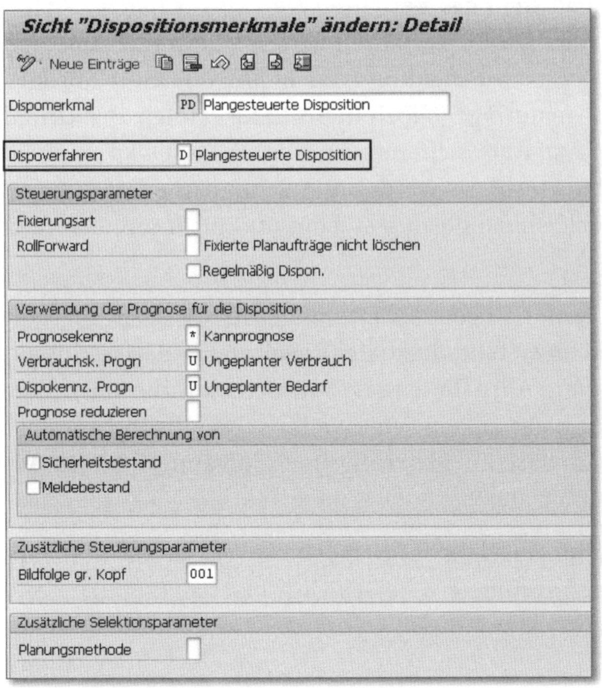

Abbildung 7.25 Customizing der Dispositionsmerkmale

Als Dispositionsverfahren im engeren Sinn stehen die folgenden Alternativen zur Verfügung:

- Bestellpunktdisposition (B)
- plangesteuerte Disposition (D)
- keine Disposition (N)
- stochastische Disposition (S)
- Leitteileplanung (M)
- rhythmische Disposition (R)
- ohne Disposition, mit Stücklistenauflösung (X)

Die Dispositionsverfahren *plangesteuerte Disposition* (D) und *Leitteileplanung* (M) werden in Abschnitt 7.3.1 zur plangesteuerten Disposition beschrieben, während *Bestellpunktdisposition* (B), *stochastische Disposition* (S) und *rhythmische Disposition* (R) zu den verbrauchsgesteuerten Dispositionsverfahren zählen und in Abschnitt 7.3.2 beschrieben werden.

Falls bestimmte Materialien nicht maschinell geplant werden sollen, kann das Dispositionsverfahren *keine Disposition* (N) verwendet werden. Einen Spezialfall stellt das Verfahren *ohne Disposition mit Stücklistenauflösung* (X) dar. Dieses Verfahren wird im Zusammenspiel mit SAP APO verwendet, da die Planung zwar in SAP APO, die Stücklistenauflösung für Planaufträge jedoch in SAP ERP erfolgt. Der Grund liegt darin, dass in SAP APO nicht notwendigerweise alle Komponenten geplant werden. Insofern werden die Sekundärbedarfe in SAP ERP durch die Stücklistenauflösung erzeugt und nicht aus SAP APO übertragen.

Als Ergebnis der Materialbedarfsplanung werden Beschaffungsvorschläge (Planaufträge) erstellt, die in der Regel zum Bedarfszeitpunkt zur Verfügung stehen. Ausnahmen ergeben sich, falls die Wiederbeschaffungszeit dies nicht zulässt, eine Bedarfsvorlaufzeit eingestellt ist oder sich der Bedarf im Fixierungshorizont ändert (siehe Abschnitt 7.5, »Terminierung«).

Weitere Hinweise zur Auswahl des Dispositionsverfahrens in Abhängigkeit von weiteren Parametern liefern Dittrich et al. (2003).

7.3.1 Plangesteuerte Disposition

Innerhalb der *plangesteuerten Disposition* kann differenziert werden, ob und wie die Materialien geplant werden sollen.

Mit vollständiger Stücklisten-auflösung

Im Rahmen der *plangesteuerten Disposition mit vollständiger Stücklistenauflösung* führt das ERP-System für alle zu planenden Bedarfsmengen eine Bedarfsrechnung durch. Anschließend werden die Losgrößen bestimmt, d.h. für eigengefertigte Baugruppen die Einsatzmengen festgelegt und durch die Terminierung die Bereitstellungstermine der benötigten Baugruppen und Komponenten ermittelt. Dabei wird für jeden neuen Beschaffungsvorschlag einer Baugruppe die Stückliste im Planungslauf aufgelöst. Für bestehende Bestellvorschläge wird die Stückliste nur dann neu aufgelöst, wenn sich die Menge oder der Termin des Bestellvorschlags oder die Stücklistenstruktur verändert hat. Falls beim Planungslauf dennoch eine neue Stücklistenauflösung gewünscht wird, kann dies im Einstiegsbild über den *Planungsmodus* gesteuert werden. Für alle zur Fertigung des Erzeugnisses notwendigen Baugruppen werden die Menge und der Termin folgendermaßen beeinflusst: Die Sekundärbedarfsmenge wird durch den Mengenfaktor der Stücklistenposition und der Sekundärbedarfstermin durch die Eigenfertigungszeit der übergeordneten Komponente beeinflusst. Das heißt, dass der Planstarttermin des Planauftrags für die übergeordnete Baugruppe den Sekundärbedarfstermin der Stücklistenposition ergibt.

Ohne Stücklisten-auflösung

Bei der *plangesteuerten Disposition ohne Stücklistenauflösung* werden die Kundenaufträge und Materialreservierungen direkt in die Planung einbezogen. Diese Dispositionsart wird hier den plangesteuerten Verfahren zugeordnet, weil auf konkret vorliegende Bedarfe Bezug genommen wird. Dabei wird überprüft, ob der Lagerbestand zur Bedarfsdeckung ausreicht und gegebenenfalls einen Beschaffungsvorschlag erzeugt.

Leitteileplanung

In Industriebetrieben muss häufig aufgrund der Vielzahl der vorkommenden Komponenten ein großes Datenvolumen bearbeitet werden, das eine hohe Rechenleistung erfordert. Zur Reduzierung dieses Problems ist es möglich, einen Planungslauf nur für kritische Teile, sogenannte Leitteile, durchzuführen. Leitteile sind Rohmaterialien, Baugruppen (Halbfabrikate) oder Enderzeugnisse einer Stückliste, die die Wertschöpfungskette im Unternehmen in hohem Maße beeinflussen (A-Teile) oder kritische Produktionsressourcen belegen. Ziel ist es, durch eine gute Planung der Leitteile kostenintensive Ressourcen optimal auszunutzen und Produktionsengpässe zu vermeiden. Leitteile sind auf einer hohen Wertschöpfungsstufe angesiedelt und verursachen hierdurch eine hohe Kapitalbindung. Um die Kapitalbindung durch Lagerbestände zu reduzieren und die Stabilität der Planung zu erhöhen, sollte die Planung bestimmter Erzeugnisse und Hauptbaugruppen besonders abgestimmt werden. Denn der Produktionsplan dieser Erzeugnisse übt gravierenden Einfluss auf den gesamten Produktionsprozess aus. Eine sorgfältige Planung für diese besonders gekennzeichneten Teile führt zu einer Reduktion der Bestände sowie gleichzeitig zur besseren Termintreue und Lieferbereitschaft. Anhand der Einschränkung der Planung auf die Leitteile kann der Disponent schnell Planungen durchführen und dadurch alternative Produktionspläne durch mehrere Planungsläufe erstellen und diese miteinander vergleichen. Zusätzlich kann der Disponent die maschinellen Ergebnisse interaktiv nach Menge und Termin grafisch verändern und die Ergebnisse nochmals berechnen lassen.

7.3.2 Verbrauchsgesteuerte Disposition

Die *verbrauchsgesteuerte Disposition* basiert auf den Verbrauchswerten der Vergangenheit und schließt mithilfe der Prognose oder von statistischen Verfahren auf den künftigen Bedarf. Die Verfahren der verbrauchsgesteuerten Disposition sind ohne Bezug zum Produktionsplan, d. h., die Nettobedarfsrechnung wird hier nicht durch einen Primär- oder Sekundärbedarf angestoßen. Die Bedarfsermittlung erfolgt entweder durch die Unterschreitung eines festgelegten Bestellpunkts (Meldebestand) oder durch Prognosebedarfe, die aus Vergangenheitsverbräuchen errechnet wurden. Die verbrauchsgesteuerte Disposition setzt eine gut funktionierende und stets aktuelle Bestandsführung voraus.

Die Dispositionsverfahren der verbrauchsgesteuerten Disposition werden vorzugsweise in Bereichen ohne eigene Fertigung oder in Produktionsbetrieben für die Disposition der B- und C-Teile und der Hilfs- und Betriebsstoffe eingesetzt. Die Art des Bestellvorschlags, der bei der Disposition automatisch generiert wird, hängt von der Beschaffungsart des Materials ab. Bei der Eigenfertigung wird grundsätzlich ein Planauftrag erzeugt, und im Rahmen der Fremdbeschaffung kann der Disponent zwischen Planauftrag und Bestellanforderung wählen. Entscheidet er sich für den Planauftrag, muss er diesen in einem weiteren Schritt in eine Bestellanforderung umwandeln und dem Einkauf zur Verfügung stellen. Der Vorteil des letzteren Verfahrens besteht in der zusätzlichen Kontrolle der Bestellvorschläge durch den Disponenten. So kann der Einkauf das Material erst bestellen, wenn der Disponent den Bestellvorschlag überprüft und umgesetzt hat. Im anderen Fall steht der Bestellvorschlag dem Einkauf sofort zur Verfügung, und dieser übernimmt damit die Verantwortung für die Materialverfügbarkeit und die Lagerbestände. Die Dispositionsverfahren zur verbrauchsgesteuerten Disposition sind die *Bestellpunktdisposition*, die *stochastische Disposition* und *rhythmische Disposition*.

Bestellpunktdisposition

Im Rahmen der Bestellpunktdisposition wird der verfügbare Lagerbestand auf der Werksebene mit dem Meldebestand verglichen. Der Meldebestand (auch Bestellpunkt genannt) setzt sich aus dem Sicherheitsbestand und dem zu erwartenden durchschnittlichen Materialbedarf während der Wiederbeschaffungszeit zusammen. Dementsprechend müssen bei der Festlegung des Meldebestands der Sicherheitsbestand, der bisherige Verbrauch oder der zukünftige Bedarf und die Wiederbeschaffungszeit berücksichtigt werden. Der Sicherheitsbestand hat die Aufgabe, sowohl den Materialmehrverbrauch während der Wiederbeschaffungszeit als auch den Zusatzbedarf beim Auftreten von Lieferverzögerungen abzudecken. Entsprechend müssen bei der Festlegung des Sicherheitsbestands der bisherige Verbrauch oder der zukünftige Bedarf und die Termintreue des Lieferanten bzw. der Fertigung berücksichtigt werden. Abbildung 7.26 zeigt das Prinzip der Bestellpunktdisposition.

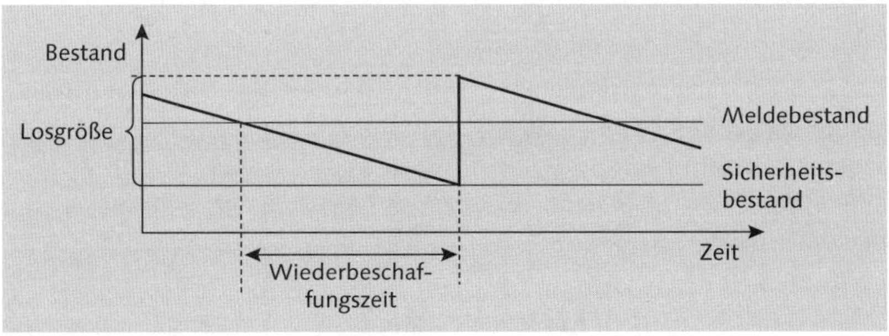

Abbildung 7.26 Prinzip der Bestellpunktdisposition

Meldebestand und Sicherheitsbestand sind somit zentrale Steuerungsparameter bei der Bestellpunktdisposition und können sowohl manuell vom Disponenten festgelegt als auch maschinell durch das System berechnet werden. Deshalb unterscheidet man bei der Bestellpunktdisposition die Verfahren *manuelle* und *maschinelle Bestellpunktdisposition*. Bei der manuellen Bestellpunktdisposition muss der Anwender den Meldebestand und den Sicherheitsbestand selbst festlegen und im jeweiligen Materialstammsatz hinterlegen. Bei der maschinellen Bestellpunktdisposition werden der Meldebestand und der Sicherheitsbestand durch das integrierte Prognoseprogramm bestimmt. Anhand der bisherigen Materialverbrauchswerte ermittelt das Programm die Prognosewerte für den zukünftigen Bedarf. Daraus werden in Abhängigkeit von dem vom Disponenten zu bestimmenden Lieferbereitschaftsgrad und von der Wiederbeschaffungszeit des Materials der Meldebestand und der Sicherheitsbestand errechnet und in den jeweiligen Materialstammsatz übernommen. Da das Prognoseprogramm in regelmäßigen Abständen durchgeführt wird, passen sich Meldebestand und Sicherheitsbestand an die jeweilige Verbrauchs- und Liefersituation an und liefern einen Beitrag zur Bestandsreduzierung.

Falls die manuelle Bestellpunktdisposition verwendet wird (DISPOMERKMAL VB), muss der Meldestand im Materialstamm vom Benutzer gepflegt werden (siehe Abbildung 7.27).

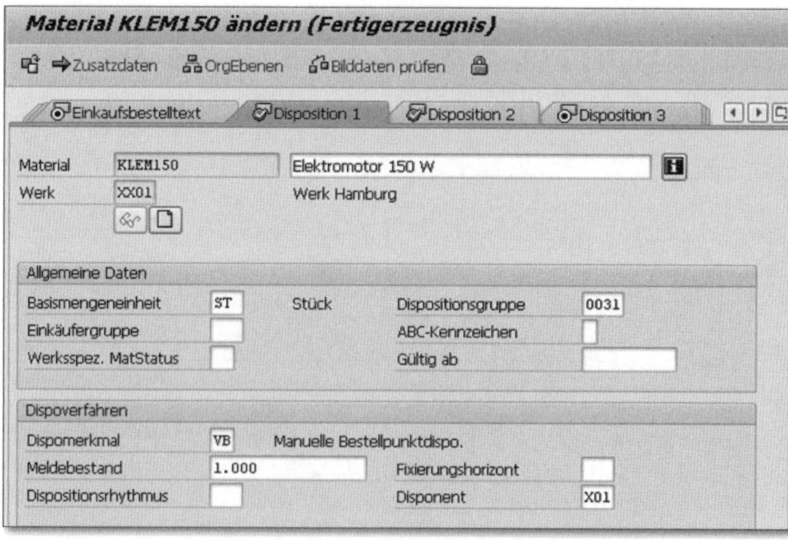

Abbildung 7.27 Parameter für die manuelle Bestellpunktdisposition im Materialstamm

Bei der maschinellen Bestellpunktdisposition (DISPOMERKMAL VM) werden Meldebestand und Sicherheitsbestand anhand von Prognosewerten berechnet und in den Materialstamm geschrieben. Die Prognose basiert auf Verbrauchswerten der Vergangenheit und passt sich auf diese Weise an Verbrauchsänderungen an. Das Thema *Prognose* wird in Kapitel 5, »Absatz- und Produktionsgrobplanung«, und im folgenden Abschnitt 7.3.3 behandelt.

Wenn der verfügbare Bestand kleiner als der Meldebestand ist, generiert das System einen Bestellvorschlag. Ist allerdings vom Einkauf oder der Fertigung bereits eine Bestellung bzw. ein Fertigungsauftrag in ausreichender Menge eingeplant, wird kein Bestellvorschlag erzeugt. Die im Bestellvorschlag ausgewiesene Menge berechnet das System nach dem gewählten Losgrößenverfahren. Es kann für jedes Material individuell ein Losgrößenverfahren festgelegt werden. Außerdem wird der Bestellvorschlag terminiert, d. h., dass der Termin berechnet wird, zu dem der Lieferant bzw. die Fertigung die entsprechende Menge zu liefern hat.

Die laufende Überwachung des verfügbaren Lagerbestands bei der Bestellpunktdisposition wird durch das Bestandsführungsprogramm wahrgenommen. Bei jeder Materialentnahme wird überprüft, ob hierdurch der Meldebestand unterschritten wird. Ist dies der Fall, wird für den nächsten Planungslauf eine Planungsvormerkung erzeugt. Genauso wird bei einer Materialrückgabe überprüft, ob der verfügbare Lagerbestand den Meldebestand nun wieder überschreitet. Trifft dies zu, wird ebenfalls eine Planungsvormerkung erzeugt, damit das Dispositionsprogramm überflüssige Bestellvorschläge löschen kann. Werden durch Rücklieferungen usw. fest eingeplante Zugänge überflüssig, werden diese Zugänge vom Dispositionsprogramm zur Stornierung vorgeschlagen. In solchen Fällen muss der Disponent in Zusammenarbeit mit dem Einkauf oder der Fertigung überprüfen, ob die Bestellung bzw. der Fertigungsauftrag zurückgezogen werden kann.

Bei der Bestellpunktdisposition wird die Nettobedarfsrechnung nur angestoßen, wenn der Meldebestand unterschritten ist. Abgangselemente, wie z. B. Kundenbedarfe, Planprimärbedarfe oder Reservierungen, werden bei der Bestellpunktdisposition nur angezeigt und bleiben bei der Nettobedarfsrechnung unberücksichtigt. Der verfügbare Bestand ergibt sich aus der folgenden Rechnung:

Werksbestand
\+ *Bestellbestand (Bestellungen, Fertigungsaufträge, fixierte Planaufträge, fixierte Bestellanforderungen)*

= *verfügbarer Bestand*

Ist der verfügbare Bestand kleiner als der Meldebestand, ist die Unterdeckungsmenge die Differenz zwischen Meldebestand und verfügbarem Lagerbestand. Als Bedarfstermin legt das System das Datum des Planungslaufs zugrunde. Bei der Berechnung der Unterdeckungsmenge spielt der Sicherheitsbestand keine Rolle; bei einer Unterschreitung des Sicherheitsbestands erhält der Disponent jedoch eine Ausnahmemeldung.

Einen Sonderfall stellt die Bestellpunktdisposition mit externen Bedarfen dar. Hierbei werden Kundenaufträge und manuelle Reservierungen bei der Berechnung des verfügbaren Bestands verwendet. Die entsprechenden Dispositionsmerkmale lauten V1 für manuelle und V2 für maschinelle Bestellpunktdisposition. Es ist im Dispositionsmerkmal einstellbar, ob diese Bedarfe nur innerhalb der Wiederbeschaffungszeit oder im gesamten Planungshorizont berücksichtigt werden sollen (siehe Abbildung 7.28).

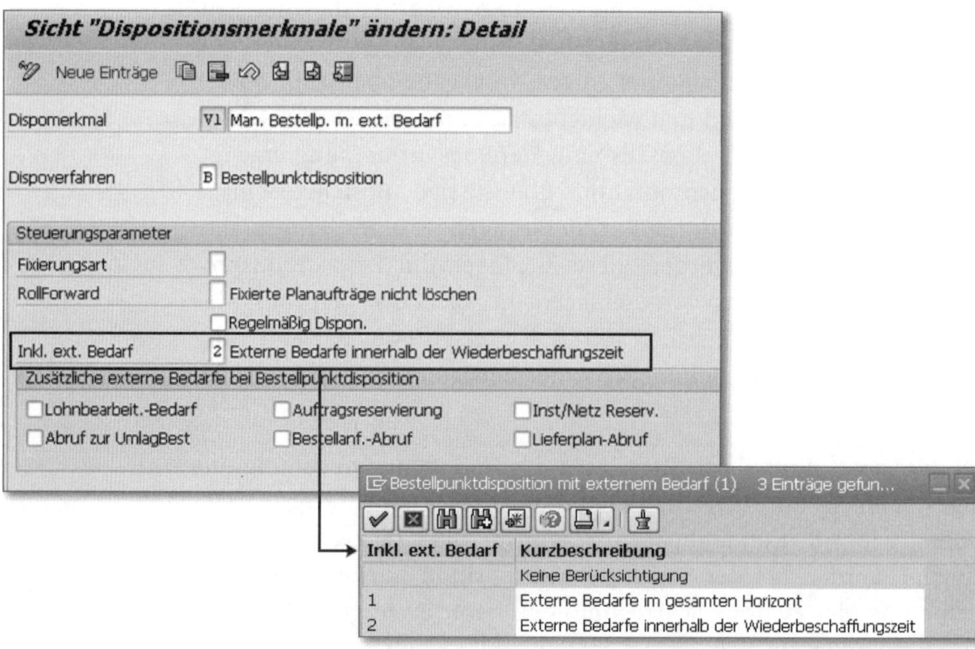

Abbildung 7.28 Berücksichtigung externer Bedarfe bei der Bestellpunktdisposition

Stochastische Disposition

Ebenso wie die Bestellpunktdisposition orientiert sich auch die stochastische Disposition (DISPOMERKMAL VV) am Materialverbrauch, und es werden durch das integrierte Prognoseprogramm Prognosewerte für den zukünftigen Bedarf ermittelt. Anders als bei der Bestellpunktdisposition bilden diese Werte bei der stochastischen Disposition jedoch die Basis für den Planungslauf. In regelmäßigen Zeitabständen wird die Prognoserechnung durchgeführt, die anhand der Vergangenheitsdaten den zukünftigen Bedarf prognostiziert. Dies bietet den Vorteil, dass der maschinell ermittelte Bedarf an das aktuelle Verbrauchsverhalten angepasst wird. Wurde in der laufenden Periode bereits Material entnommen, wird der Prognosebedarf um diese Materialentnahmen reduziert, damit der schon realisierte Teil des vorhergesagten Bedarfs nicht erneut mitdisponiert wird.

Zeitraster

Das Zeitraster für die Prognose (Tag, Woche, Monat oder Buchhaltungsperiode) und die Anzahl der Vorhersageperioden können für jedes Material individuell festgelegt werden. Es kann jedoch vorkommen, dass das Zeitraster der Prognose für die Disposition zu grob ist. Deshalb kann zu jedem Material mithilfe des Aufteilungskennzeichens definiert werden, dass die Prognosebedarfswerte für die Disposition auf ein feineres Periodenraster aufgeteilt werden. Das Aufteilungskennzeichen pflegen Sie je Werk über den Customizing-Pfad PRODUKTION • BEDARFSPLANUNG • PROGNOSE • AUFTEILUNG DER PROGNOSEBEDARFE FÜR DIE DISPOSITION FESTLEGEN; es enthält die Anzahl der Perioden, die berücksichtigt werden sollen, sowie die Anzahl der Tage und/oder Wochen, für die die Aufteilung erfolgen soll (siehe Abbildung 7.29).

Sicht "Aufteilung der Prognosebedarfe" ändern: Übersicht

Neue Einträge

Werk	Name 1	AK	PerKennz.	Bez. Periodenkennz.	Anz.Tg	Anz.Wo	Per
XX01	Werk Hamburg	A	M	Monatlich	1	2	4
XX01	Werk Hamburg	B	M	Monatlich		4	1
XX01	Werk Hamburg	C	M	Monatlich			10
XX01	Werk Hamburg	A	W	Wöchentlich	4		16
XX01	Werk Hamburg	B	W	Wöchentlich	4	2	10

Abbildung 7.29 Zeitliche Aufteilung der Prognosewerte

Das Aufteilungskennzeichen wird dem Material in der Sicht DISPOSITION 3 zugeordnet (siehe Abbildung 7.30).

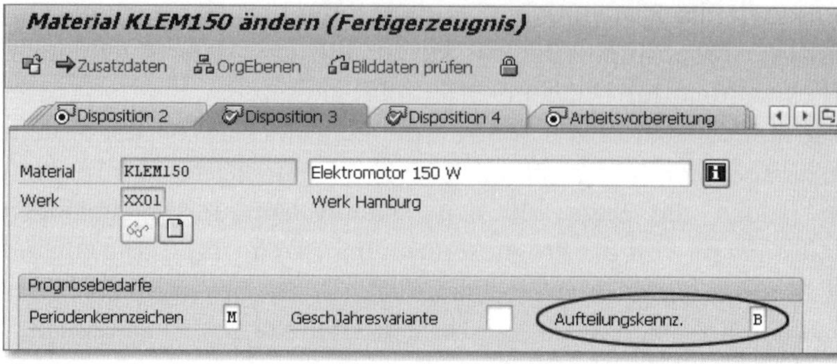

Abbildung 7.30 Aufteilungskennzeichen im Materialstamm

Die vom System prognostizierten Bedarfsmengen werden bei der Disposition übernommen, und die Nettobedarfsrechnung wird durchgeführt. Bei der Nettobedarfsrechnung wird für jede Periode überprüft, ob der Prognosebedarf durch den verfügbaren Lagerbestand oder die fest eingeplanten Zugänge des Einkaufs oder der Fertigung abgedeckt ist. Bei Unterdeckung eines Prognosebedarfs wird ein Beschaffungsvorschlag generiert; die in dem Beschaffungsvorschlag ausgewiesene Menge berechnet das System nach dem gewählten Losgrößenverfahren. Je nach Losgrößenverfahren werden mehrere Bedarfsmengen zu einer Losgröße zusammengefasst. Für jeden Beschaffungsvorschlag wird der Termin berechnet, zu dem der Vorschlag in eine Bestellung oder einen Fertigungsauftrag umgewandelt werden muss, damit die Bestellung dem Lieferanten rechtzeitig zugesandt bzw. der Fertigungsauftrag der Fertigung übergeben werden kann. Denn nur, wenn der Lieferant die Bestellung bzw. die Fertigung den Fertigungsauftrag rechtzeitig erhält, kann die bestellte Menge termingerecht geliefert werden.

Grundlage der Nettobedarfsrechnung bei der stochastischen Disposition ist die Prognose des Gesamtbedarfs. Dabei betrachtet das System ausschließlich die prognostizierten Bedarfsmengen als Abgänge. Andere Abgangselemente, wie z. B. Kundenbedarfe, Planprimärbedarfe oder Reservierungen, werden bei der stochastischen Disposition nur angezeigt und bleiben bei der Nettobedarfsrechnung unberücksichtigt. Für jeden Prognosebedarf wird geprüft, ob er durch den Werksbestand und/oder Zugänge (Bestellungen, Fertigungsaufträge, fixierte Beschaffungsvorschläge) gedeckt ist. Der verfügbare Bestand ergibt sich demnach pro Bedarf aus der folgenden Rechnung:

Werksbestand
– Sicherheitsbestand
+ Zugänge (Bestellungen, Fertigungsaufträge, fixierte Beschaffungsvorschläge)
– Bedarfsmenge (Prognosebedarfe)

= verfügbarer Bestand

Zur Unterdeckung kommt es, wenn der verfügbare Bestand negativ wird, d. h. die Bedarfsmengen größer als die Zugänge sind. Die Unterdeckungsmenge wird vom System gespeichert. Als Bedarfstermin legt das System das Datum des Prognosebedarfs zugrunde. Hierbei wird davon ausgegangen, dass der Prognosebedarf zu Beginn der Periode anfällt; dies bedeutet, dass der Bedarfstermin der erste Arbeitstag der jeweiligen Periode ist.

Rhythmische Disposition

Wenn ein Lieferant ein Material immer an einem bestimmten Wochentag liefert, ist es sinnvoll, die Disposition des Materials im gleichen Rhythmus, verschoben um die Lieferzeit, vorzunehmen. Dies wird mit dem Dispositionsverfahren der rhythmischen Disposition ermöglicht. Damit ein Material rhythmisch disponiert werden kann, müssen zuvor im Materialstammsatz das Dispositionsmerkmal für die rhythmische Disposition und der Dispositionsrhythmus eingetragen worden sein (siehe Abbildung 7.31).

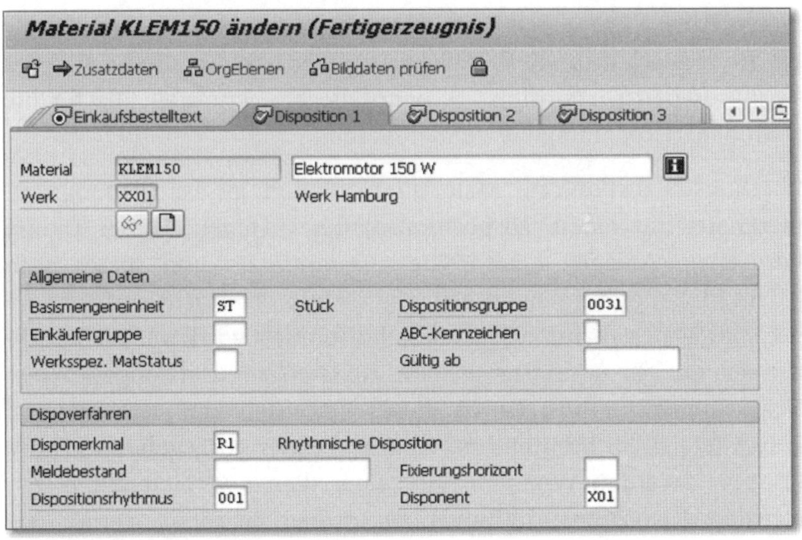

Abbildung 7.31 Parameter für die rhythmische Disposition im Materialstamm

Als Dispositionsrhythmus wird ein Planungskalender verwendet. Planungskalender definieren Sie über den Customizing-Pfad PRODUKTION • BEDARFSPLANUNG • STAMMDATEN • PLANUNGSKALENDER PFLEGEN (siehe Abbildung 7.32).

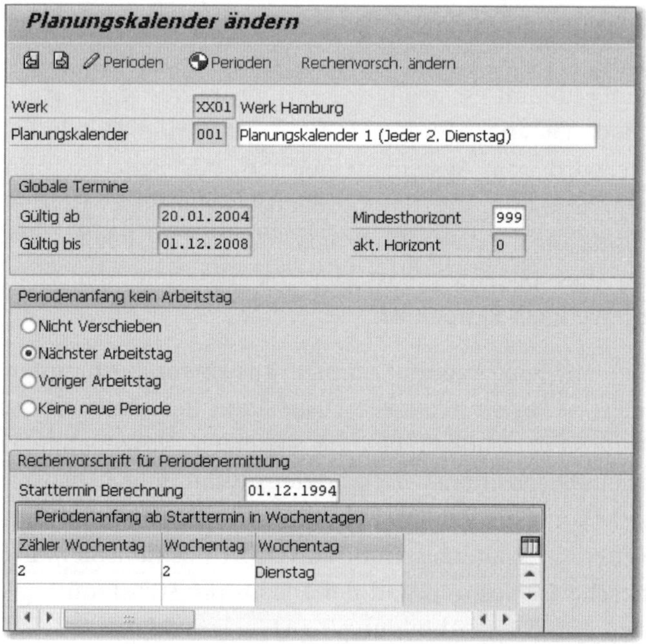

Abbildung 7.32 Planungskalender für die rhythmische Disposition

Für rhythmisch disponierte Materialien werden – ebenso wie bei der stochastischen Disposition – Prognosebedarfe ermittelt, die für die Nettobedarfsrechnung verwendet werden.

Rhythmisch disponierte Materialien werden in der Planungsvormerkdatei mit einem Dispositionsdatum versehen. Dieses Datum wird beim Anlegen eines Materialstammsatzes und später nach jedem Planungslauf neu gesetzt. Das Datum entspricht dem Tag, an dem das Material zum nächsten Mal disponiert wird, und es berechnet sich auf der Grundlage des im Materialstammsatz angegebenen Dispositionsrhythmus. Durch dieses Verfahren kann ein Material ausschließlich an bestimmten, vom Anwender vorgegebenen Tagen disponiert werden. Wenn z. B. alle Materialien eines Lieferanten dem gleichen Dispositionsrhythmus zugeordnet wurden, werden sie immer an den gleichen Tagen disponiert. Die bei Unterdeckung generierten Bestellanforderungen können lieferantenbezogen in der Einkaufskomponente des ERP-Systems vom Disponenten bearbeitet werden. Ferner besteht die Möglichkeit, beim Dispositionslauf ein Dispositionsdatum vorzugeben. Dies hat den Vorteil, den Dispositionslauf auf einen früheren Termin vorziehen zu können. Ist der Dispositionslauf z. B. für Montag vorgesehen, kann schon am Samstag der Lauf für den darauffolgenden Montag durchgeführt werden.

7.3.3 Verbrauchsprognose

Für einige der verbrauchsgesteuerten Dispositionsverfahren ist eine Prognose des Verbrauchs vor der Durchführung der Materialbedarfsplanung erforderlich – hierzu gehören die stochastische und die rhythmische Disposition. Für die maschinelle Bestellpunktdisposition wird die Prognose empfohlen, da sie zur Berechnung des Meldebestands benötigt wird.

Die Prognose wurde bereits im gleichnamigen Abschnitt 5.4 dargestellt. Hierbei wurde anhand einer Bedarfshistorie der zukünftige Bedarf prognostiziert, der letztlich den Planprimärbedarf für die verkaufsfähigen Produkte beeinflusst. Im Unterschied dazu erfolgt die Prognose des Verbrauchs für Komponenten anhand der Materialentnahme – im Gegensatz zur Berechnung anhand einer Stücklistenauflösung.

Parameter für die Prognose

Die Parameter für die Prognose werden im Materialstamm in der Sicht PROGNOSE gepflegt, wie es Abbildung 7.33 darstellt. Zu diesen Parametern gehört die Granularität der Prognose – ob sie auf der Basis von Monats-, Wochen- oder Tageswerten durchgeführt wird –, die mit dem Periodenkennzeichen definiert wird. Weitere Einträge sind die Anzahl der Vergangenheitsperioden, anhand derer die Prognose durchgeführt wird, sowie die Anzahl der Prognoseperioden. Das Prognosemodell können Sie entweder direkt vorgeben oder es automatisch bestimmen lassen. Mögliche Prognosemodelle sind unter anderem:

- Konstantmodell (D)
- Trendmodell (T)
- Saisonmodell (S)
- Trend-Saison-Modell (X)
- gleitender Mittelwert (G)

Falls jedoch Einträge für die Tests zur Modellauswahl (Feld MODELL-AUSWAHL) bestehen, wird in jedem Fall eine automatische Modellauswahl durchgeführt (siehe Abbildung 7.33).

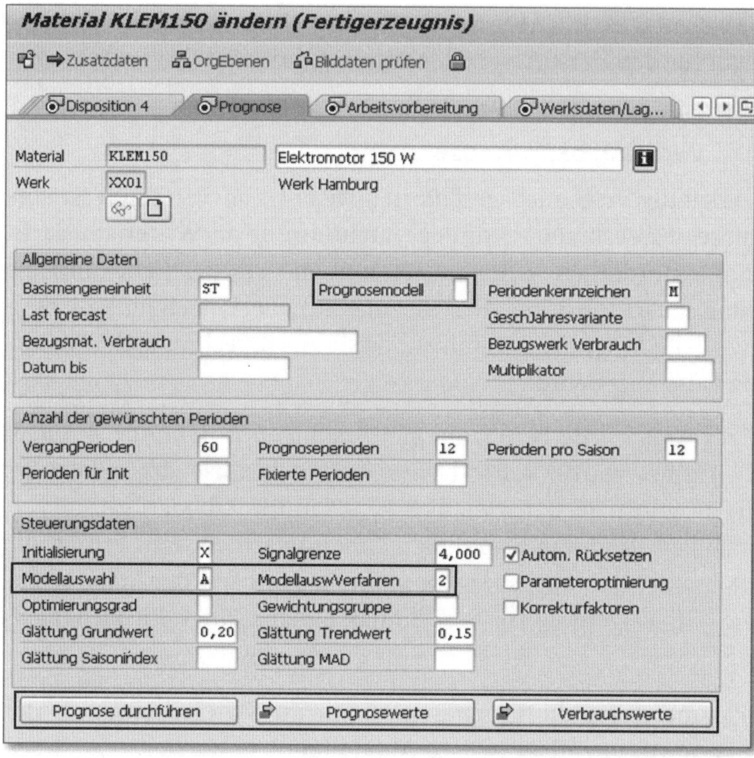

Abbildung 7.33 Prognoseparameter im Materialstamm

Mithilfe der Drucktaste PROGNOSE DURCHFÜHREN können Sie im Materialstamm eine Prognose durchführen, und mit den beiden anderen Drucktasten können Sie die Vergangenheitswerte sowie die Prognosewerte bearbeiten.

Durchführung der Prognose

Die Prognose kann als Einzelprognose für ein Material oder als Gesamtprognose für mehrere Materialien durchgeführt werden. Abbildung 7.34 zeigt den Einstieg in die Einzelprognose mithilfe der Transaktion MP30.

Das Ergebnis der Prognose wird in einem separaten Fenster angezeigt (siehe Abbildung 7.35). In diesem Fall hat die automatische Modellauswahl ein Konstantmodell bestimmt, und die Prognose enthält für die nächsten zwölf Monate den Wert 79.

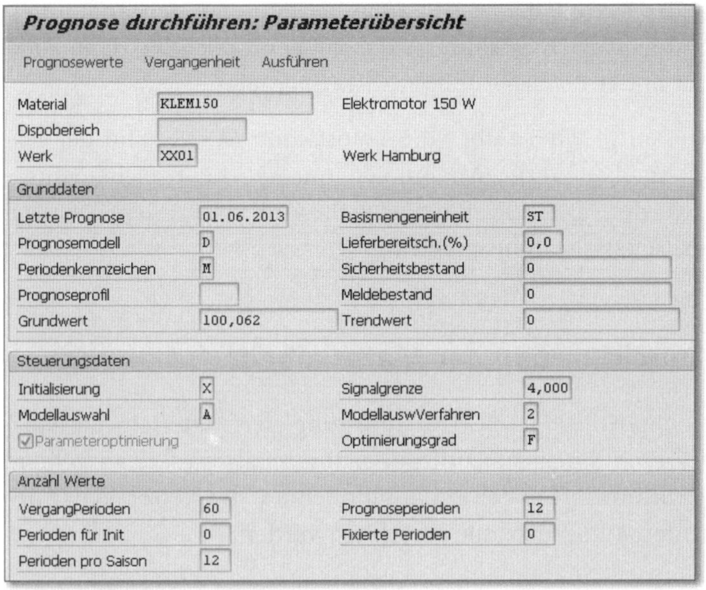

Abbildung 7.34 Einzelprognose

Der ermittelte Prognosewert wird in der grau unterlegten Spalte PROGNOSEWERT dargestellt und stellt den Vorschlagswert für die Spalte KORREKTURWERT dar; der Korrekturwert kann interaktiv geändert werden.

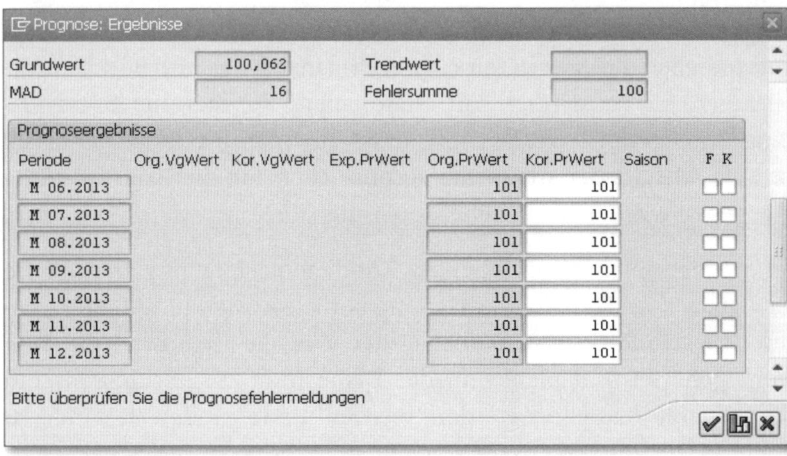

Abbildung 7.35 Einzelprognose – Ergebnis der Prognose

Die Prognose kann mithilfe der Transaktion MP31 geändert und über die Transaktion MP32 angezeigt werden. Die Prognosewerte werden zwar von der Materialbedarfsplanung bei den entsprechenden verbrauchsgesteuerten Dispositionsverfahren berücksichtigt, dann allerdings nicht in der Bedarfs-/Bestandsliste angezeigt.

Für die Gesamtprognose über die Transaktion MP38 kann der Planungsumfang über Werke, Materialien und ABC-Kennzeichen eingeschränkt werden. Das ABC-Kennzeichen wird in der Sicht Disposition 1 des Materialstamms gepflegt.

7.4 Durchführung der Materialbedarfsplanung

Im Allgemeinen erfolgt die Durchführung der Materialbedarfsplanung über eine Stücklistenauflösung, innerhalb dieser, ausgehend von den Bruttobedarfen der Endkomponenten, die Nettobedarfe der Komponenten und Einzelteile errechnet werden.

7.4.1 Nettobedarfsrechnungslogik

Innerhalb der plangesteuerten Disposition kann in SAP ERP zwischen den drei Verfahren *Bruttoplanung*, *Nettoplanung* und *Kundeneinzelplanung* gewählt werden.

Bruttoplanung

Bei der Bruttoplanung wird eine Stücklistenauflösung mit Losgrößenrechnung und Terminierung *ohne* Berücksichtigung von Lager- bzw. Werksbeständen durchgeführt. Es werden innerhalb des Planungslaufs lediglich die erwarteten Zugänge (Planaufträge und Bestellanforderungen) berücksichtigt. Für Materialien, für die eine Bruttoplanung durchgeführt werden soll, muss zuvor im Materialstammsatz im Feld Mischdisposition das Kennzeichen für die Bruttoplanung angegeben worden sein (siehe Abbildung 7.36).

Bestände

Bei der Nettoplanung und bei der Kundeneinzelplanung werden die verfügbaren Bestände in der Planung berücksichtigt. In SAP ERP existieren Bestände unterschiedlicher Art. Für alle Lagerorte, die zum Werk gehören und nicht von der Disposition ausgeschlossen sind oder separat disponiert werden, werden die folgenden Bestände zu einem Werksbestand zusammengefasst:

- bewerteter, frei verwendbarer Bestand
- Qualitätsprüfbestand

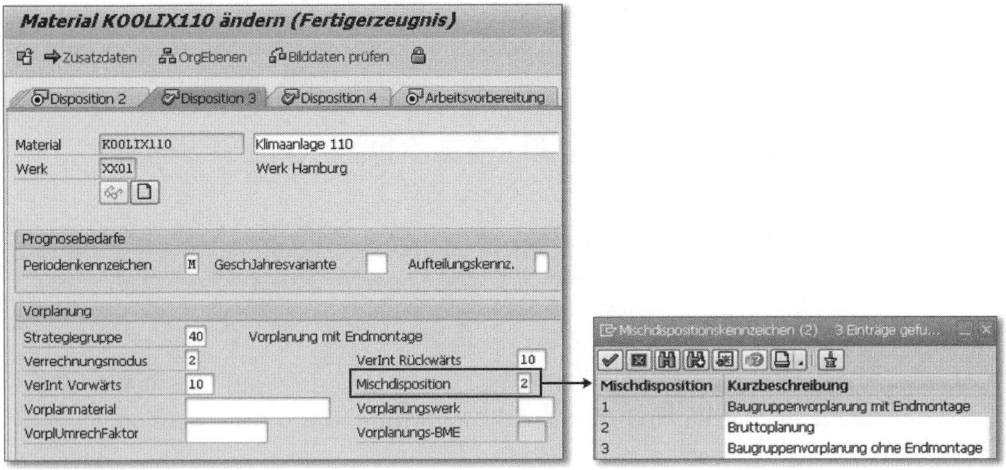

Abbildung 7.36 Parameter für die Bruttoplanung im Materialstamm

Im Konsignationsfall – d. h., der Bestand liegt im Lager des produzierenden Unternehmens, gehört aber bis zur Lagerentnahme dem Lieferanten – gehören die gleichen Bestandsarten (frei verwendbar, Qualitätsprüfung) zum Werksbestand.

Mithilfe der Transaktion MMBE können Sie sich eine Bestandsübersicht zu den unterschiedlichen Bestandsarten anzeigen lassen (siehe Abbildung 7.37).

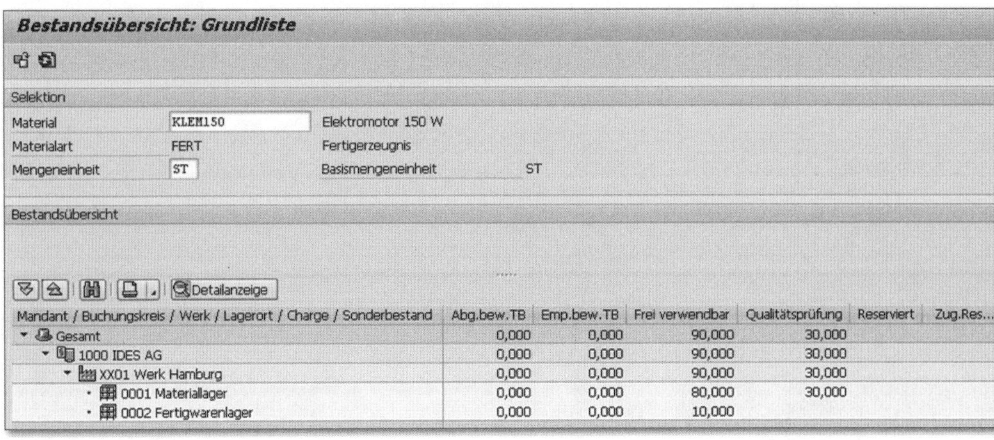

Abbildung 7.37 Bestandsübersicht

Ob der Umlagerungsbestand und der Sperrbestand in den Werksbestand einbezogen werden sollen oder nicht, definieren Sie über den

Customizing-Pfad PRODUKTION • BEDARFSPLANUNG • PLANUNG • DISPOSITIONSRECHNUNG • BESTÄNDE • VERFÜGBARKEIT BESTAND UMLAGERUNG/ GESPERRT/NICHT FREI festlegen (siehe Abbildung 7.38).

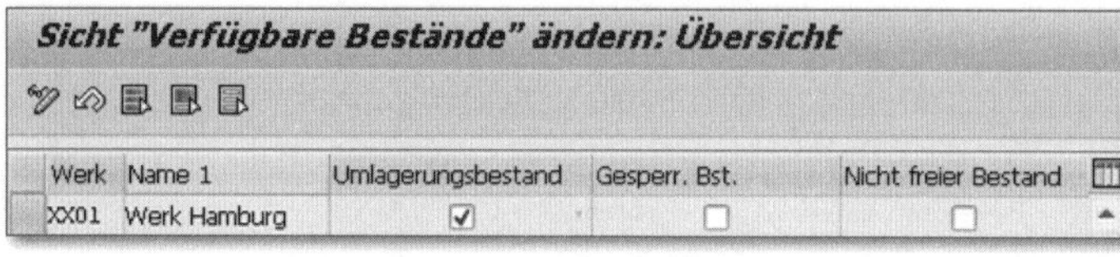

Abbildung 7.38 Definition des Werksbestands

In diesem Fall ist der Sperrbestand nicht dispositiv verfügbar, wie es aus der Bedarfs-/Bestandsliste in Abbildung 7.39 ersichtlich ist.

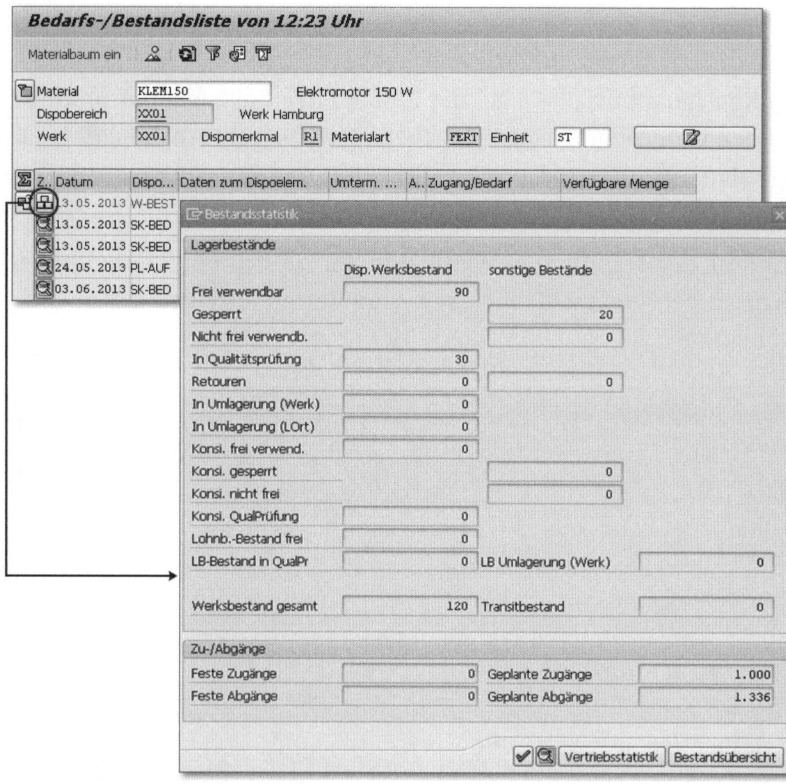

Abbildung 7.39 Bestandsarten in der Bedarfs-/Bestandsliste

Bei der Nettoplanung wird eine Stücklistenauflösung mit Losgrößenrechnung und Terminierung *mit* der Berücksichtigung von Lager- bzw. Werksbeständen durchgeführt.

Nettobedarfsrechnung heißt, dass das System für jeden Bedarfstermin prüft, ob der Bedarf durch den Werksbestand oder durch einen oder mehrere Zugänge gedeckt ist. Ist dies nicht der Fall, berechnet das System die Unterdeckungsmenge. In welcher Höhe der Zugang erfolgen soll, wird bei der Losgrößenberechnung ermittelt. Der verfügbare Bestand ergibt sich bei der Nettobedarfsrechnung aus:

  Werksbestand
- *Sicherheitsbestand*
+ *Zugänge (Bestellungen, Fertigungsaufträge, fixierte Beschaffungsvorschläge)*
- *Bedarfsmenge (z. B. Planprimär-, Kundenbedarfe, Materialreservierungen, Prognosebedarfe für ungeplanten Zusatzbedarf)*

= *verfügbarer Bestand*

Nettoplanung

Die Nettobedarfsrechnung wird anhand eines Beispiels in der Bedarfs-/Bestandsliste beschrieben (siehe Abbildung 7.40).

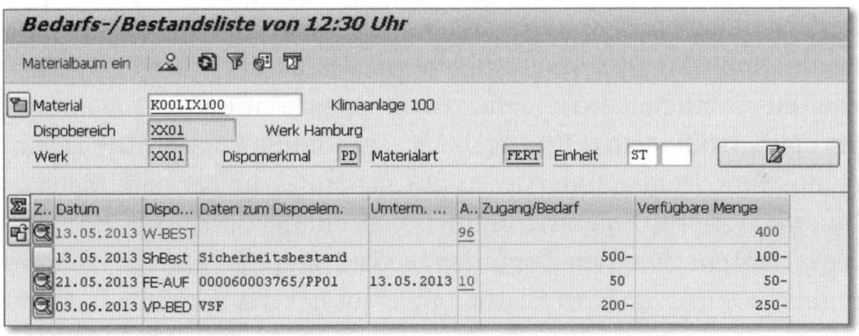

Abbildung 7.40 Beispiel für Nettobedarfsrechnung in der Bedarfs-/Bestandsliste

In diesem Beispiel beträgt der Lagerbestand vom Endprodukt Klimaanlage KOOLIX 110 400 Stück. Der eingestellte Sicherheitsbestand beträgt 500 Stück, sodass bereits dies zu einer Unterdeckung von 100 Stück führt. Der Fertigungsauftrag über 50 Stück reduziert die Unterdeckung auf 50 Stück; allerdings existiert ein Vorplanungsbedarf über 200 Stück, der die Unterdeckung auf 250 Stück erhöht. Somit beträgt die verfügbare Menge 250 Stück, wie es in der letzten Zeile der Spalte VERFÜGBARE MENGE auch abgelesen werden kann.

Kundeneinzelplanung

Für die gezielte Planung von Kundenaufträgen steht ein spezieller Einzelplanungslauf zur Verfügung. Damit ist es möglich, eine gezielte

Kundenauftragsverfolgung über mehrere Fertigungsstufen, eine separate Führung von Kundenauftragseinzelbeständen zum Auftrag und eine kundenauftragsbezogene Kostensammlung durchzuführen. Dabei wird für jeden Kundenauftrag ein Beschaffungsvorschlag ohne vorherige Losgrößenberechnung erstellt. Laufende Fertigungsaufträge bzw. Bestellungen für diese Kundenaufträge werden ebenso berücksichtigt wie bereits gefertigte und gelieferte Teilmengen, die als Sonderbestand verwaltet werden. Außerdem kann man sich mit einer speziellen Auswertung, ausgehend vom Kundenauftrag, einen Überblick über den Fertigungsstand der kompletten Stücklistenstruktur verschaffen.

Dispositionsstufen

Innerhalb der *Stücklistenstrukturgestaltung* ist bei der Erzeugnisstrukturbeschreibung zwischen *Fertigungs-* und *Dispositionsstruktur* zu differenzieren. Während die Fertigungsstruktur die Beantwortung der Frage unterstützt, wann und in welcher Menge ein Material oder eine Baugruppe innerhalb des Fertigungsprozesses vorhanden sein muss (Zuordnung des Materials oder einer Baugruppe zu einer Fertigungsstufe), dient die Betrachtung der Dispositionsstufe zur rechtzeitigen Bereitstellung eines Materials oder einer Baugruppe für die gesamte Produktion. Das *Dispositionsstufenverfahren* berücksichtigt die Tatsache, dass Materialien in mehreren Erzeugnissen und auf mehreren Fertigungsstufen eines Erzeugnisses vorkommen können. Die Dispositionsstufe ist die unterste Auflösungsstufe, in der ein Material innerhalb aller Erzeugnisstrukturen vorkommt. Das Dispositionsstufenverfahren fasst den gesamten Bedarf für ein Material auf der untersten Auflösungsstufe zusammen, auf der das betreffende Material verwendet wird.

Die Materialien werden nach der Reihenfolge ihrer Dispositionsstufe geplant. Die oberste Dispositionsstufe – das verkaufsfähige Produkt – hat die Dispositionsstufe 0, die Komponenten, die direkt für das verkaufsfähige Produkt verwendet werden, die Dispositionsstufe 1 usw. Die Dispositionsstufe wird in SAP in einer sogenannten *Planungsvormerkungsdatei* abgelegt. Mithilfe der Planungsvormerkungsdatei kann sich der Disponent den Aufbau der Dispositionsstufen jederzeit anzeigen lassen. Es ist möglich, sich die Planungsvormerkungen für alle Materialien eines Werks anzuschauen, die Planungsvormerkung gezielt für ein Material durch Eingabe der Materialnummer zu betrachten, die Auswahl auf bestimmte Dispositionsstufen zu beschränken oder nur durch die Angabe des Kennzeichens MPS (für Leitteileplanung, engl. *Master Production Scheduling*) lediglich die Leitteile zu betrachten. Abbildung 7.41 zeigt die Angabe der Dispositionsstufen in der Planungsvormerkungsdatei.

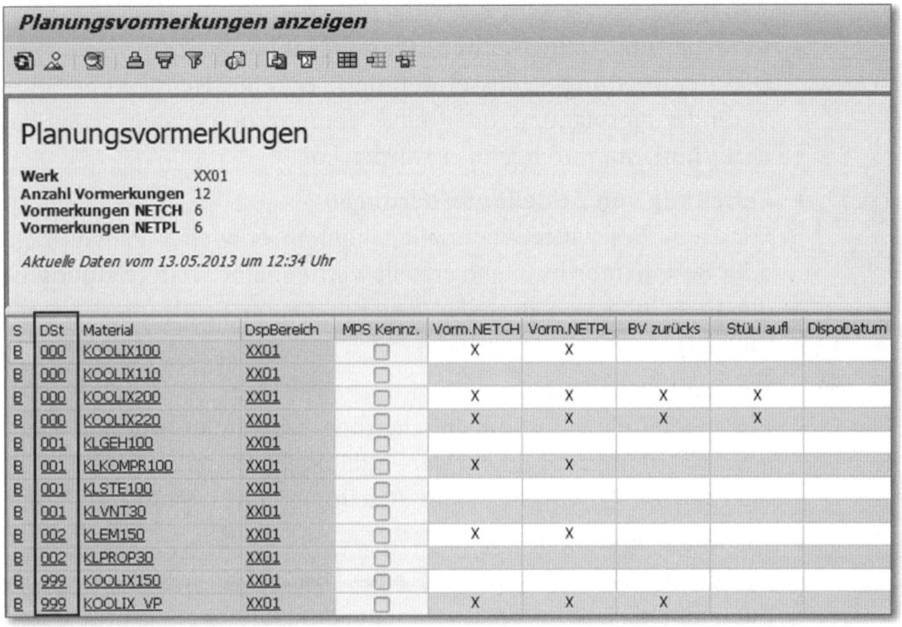

S	DSt	Material	DspBereich	MPS Kennz.	Vorm.NETCH	Vorm.NETPL	BV zurücks	StüLi aufl	DispoDatum
B	000	KOOLIX100	XX01		X	X			
B	000	KOOLIX110	XX01						
B	000	KOOLIX200	XX01		X	X	X	X	
B	000	KOOLIX220	XX01		X	X	X	X	
B	001	KLGEH100	XX01						
B	001	KLKOMPR100	XX01		X	X			
B	001	KLSTE100	XX01						
B	001	KLVNT30	XX01						
B	002	KLEM150	XX01		X	X			
B	002	KLPROP30	XX01						
B	999	KOOLIX150	XX01						
B	999	KOOLIX VP	XX01		X	X	X		

Abbildung 7.41 Anzeige der Dispositionsstufen in der Planungsvormerkungsdatei

Bei der Durchführung des Planungslaufs kann unterschieden werden, ob alle oder ausgewählte Materialien geplant werden sollen und wie die Art der Planung erfolgen soll. Bei der Gesamtplanung werden alle planungsrelevanten Materialien für ein Werk geplant, und bei der Einzelplanung erfolgt der Planungslauf für das ausgewählte Material. Die einstufige Einzelplanung plant nur die Stücklistenstufe des ausgewählten Materials, wohingegen die mehrstufige Einzelplanung die Stücklistenstufe des ausgewählten Materials sowie alle darunterliegenden Stücklistenstufen plant. Die Planungsvormerkungsdatei enthält grundsätzlich alle Materialien, die für einen Planungslauf relevant sind. Das heißt, dass sobald ein Materialstammsatz mit Dispositionsdatenbildern und gültigem Dispositionsmerkmal angelegt wird, dieses Material automatisch in die Planungsvormerkungsdatei aufgenommen wird.

7.4.2 Parameter für die Materialbedarfsplanung

Neben den Stammdatenparametern gibt es weitere Parameter, die die Materialbedarfsplanung beeinflussen und die direkt bei der Ausführung der Materialbedarfsplanung mitgegeben werden. Diese Parameter sind:

- **Verarbeitungsschlüssel bzw. Planungsablaufart**
  Der Verarbeitungsschlüssel definiert, ob eine Neuplanung, eine Veränderungsplanung oder eine Veränderungsplanung im Planungshorizont durchgeführt werden soll.
- **Erstellung von Bestellanforderungen**
  Für fremdbeschaffte Materialien können entweder Planaufträge oder Bestellanforderungen erstellt werden. Eine weitere Option ist die Erstellung von Bestellanforderungen im Eröffnungshorizont (und Planaufträgen außerhalb).
- **Lieferplaneinteilungen**
  Falls Lieferpläne für die Beschaffung verwendet werden, kann gewählt werden, ob Lieferplaneinteilungen erstellt, nicht erstellt oder nur im Planungshorizont erstellt werden sollen.
- **Dispoliste erstellen**
  Hierdurch wird definiert, ob eine Dispositionsliste immer, nie oder nur im Fall von Ausnahmemeldungen erstellt werden soll. Die Dispositionsliste wird in Abschnitt 7.7, »Auswertungen«, beschrieben.
- **Planungsmodus**
  Der Planungsmodus steuert, ob die Planaufträge angepasst oder neu angelegt werden – oder eine Neuauflösung der Stammdaten vorgenommen werden soll.
- **Terminierung**
  Die Einstellung für die Terminierung entscheidet, ob für Planaufträge eine Eckterminbestimmung anhand ihrer im Materialstamm definierten Eigenfertigungszeit stattfinden oder eine Durchlaufterminierung anhand des Arbeitsplans vorgenommen werden soll. Die Eckterminbestimmung ist die häufiger verwendete Terminierungsart bei der Materialbedarfsplanung und wird in Abschnitt 7.5, »Terminierung«, im Detail beschrieben. Die Durchlaufterminierung erläutern wir in Kapitel 10, »Fertigungsauftragseröffnung«.

Abbildung 7.42 zeigt den Bildschirm für die Ausführung der Materialbedarfsplanung.

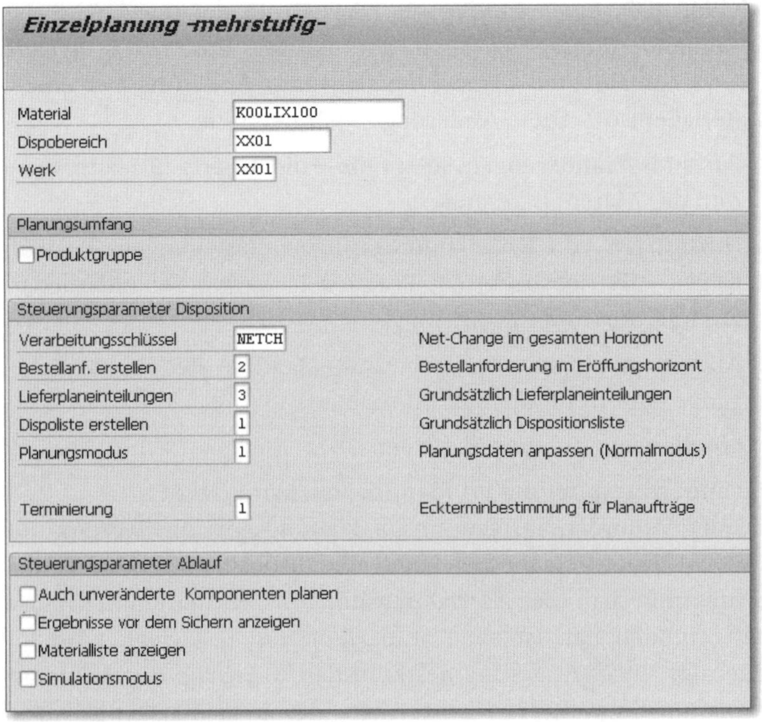

Abbildung 7.42 Steuerparameter für die Materialbedarfsplanung

Verarbeitungsschlüssel bzw. Planungsablaufart

Die Planungsablaufart wird im ERP-System durch den Verarbeitungsschlüssel festgelegt. Die folgenden drei Prinzipien, die beim Starten eines Planungslaufs unterschieden werden können, werden unterstützt:

- **Neuplanung (NEUPL)**
  Bei der Neuplanung bzw. dem Neuaufwurfprinzip werden alle dispositionsrelevanten Materialien geplant. Dabei werden zu einem früheren Planungslauf fest eingeplante Größen wieder freigesetzt und aufgrund der aktuellen Planungssituation komplett neu geplant.
- **Veränderungsplanung (NETCH)**
  Bei der Veränderungsplanung bzw. dem Net-Change-Prinzip werden von den geplanten Größen lediglich die Größen neu geplant, die aufgrund der vorliegenden Situation von Datenänderungen betroffen sind. Für die Durchführung der Veränderungsplanung erhalten die Materialien in der Planungsvormerkungsdatei zusätzlich bei jeder dispositiven Änderung ein Gesamtänderungskenn-

zeichen (d. h. einen Eintrag für NETCH). In der Regel wird das Gesamtänderungskennzeichen automatisch durch das System gesetzt, sobald eine dispositionsrelevante Änderung bei einem Material eintritt. Diese Änderungen können sein:

- Bestandsveränderungen, sofern diese die Bedarfs-/Bestandssituation des Materials verändern
- Hinzufügen von Bestellanforderungen, Bestellungen, Planaufträgen, Vertriebsbedarfen, Prognosebedarfen, Sekundärbedarfen oder Reservierungen
- Ändern von dispositionsrelevanten Feldern der Zu- und Abgänge oder des Materialstammsatzes
- Löschen von Zu- und Abgängen

- **Veränderungsplanung im Planungshorizont (NETPL)**
  Bei der Veränderungsplanung im Planungshorizont werden nur die Materialien geplant, bei denen eine dispositiv relevante Veränderung innerhalb des als Planungshorizont definierten Zeitraums stattgefunden hat. Ist ein Planungshorizont festgelegt, wird für jede dispositive Änderung des Materials innerhalb des Planungshorizonts ein weiteres Kennzeichen, das Aktualitätskennzeichen (d. h. ein Eintrag für NETPL), vergeben. Kommt es bei der Planung eines Materials zu einem Abbruch, bleibt der Eintrag für dieses Material in der Vormerkdatei enthalten, damit das Material beim nächsten Planungslauf mit Veränderungsplanung wieder berücksichtigt wird. Über das Customizing können Sie steuern, ob die Einträge trotz des Abbruchs gelöscht werden sollen (z. B. wenn ein bestimmtes Material im Planungswerk nicht vorhanden ist).

Planungsvormerkung

Dispositionsrelevante Änderungen erzeugen einen Eintrag in der Planungsvormerkungsdatei. Die Planungsvormerkungsdatei können Sie sich mithilfe der Transaktion MD21 anzeigen lassen; sie enthält neben den Planungsvormerkungen Informationen über die Dispositionsstufe (DST; 000 ist die oberste Stufe) sowie die Kennzeichnung, ob es sich um ein Leitteil handelt (MPS KENNZ.; Abbildung 7.43).

Bei der Neuplanung (Verarbeitungsschlüssel NEUPL) werden alle Materialien geplant. Falls jedoch eine Veränderungsplanung (NETCH) oder eine Veränderungsplanung im Planungshorizont (NETPL) durchgeführt wird, wird zunächst überprüft, ob in der Planungsvormerkungsdatei ein entsprechender Eintrag existiert. Aus Laufzeitgründen werden in diesen Fällen nur die Materialien geplant, für die es einen entsprechenden Eintrag in der Planungsvormerkungsdatei gibt. Einträge werden durch dispositionsrelevante Änderungen erzeugt – d. h. Änderungen an Bedarfen oder Zugängen. Ein im Planungslauf angelegter Sekundärbedarf erzeugt ebenfalls einen Eintrag in der Datei. Der Planungslauf setzt die jeweiligen Zeichen zurück – allerdings nicht die mithilfe der Transaktion MD43 durchgeführte interaktive Planung.

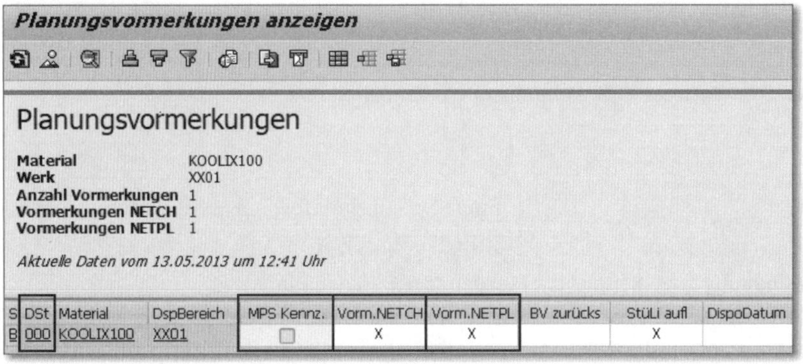

Abbildung 7.43 Planungsvormerkungsdatei

Das Kennzeichen für die erneute Stücklistenauflösung bewirkt, dass die Stückliste auch für bestehende Planaufträge aufgelöst wird. Dieses Kennzeichen wird durch eine Stücklistenänderung gesetzt.

7.4.3 Planungsumfang

Die Materialbedarfsplanung rufen Sie mithilfe der Transaktion MD01 auf. Der Umfang der Materialbedarfsplanung ist meist werksbezogen, kann aber auch mithilfe eines definierten Planungsumfangs werksübergreifend gewählt werden. Den Planungsumfang definieren Sie über den Customizing-Pfad PRODUKTION • BEDARFSPLANUNG • PLANUNG • PLANUNGSUMFANG FÜR GESAMTPLANUNG FESTLEGEN (siehe Abbildung 7.44).

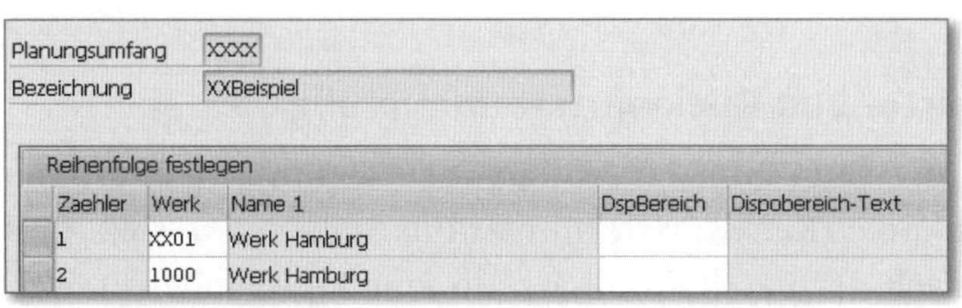

Abbildung 7.44 Planungsumfang für die Materialbedarfsplanung

Auch ist es möglich, den Planungsumfang stärker auf Produktgruppe oder Material einzuschränken. Im letzteren Fall kann zwischen einer mehrstufigen Planung (Transaktion MD02) und einer einstufigen Planung (Transaktion MD03) unterschieden werden. Abbildung 7.45 zeigt ein Beispiel, das die Unterschiede veranschaulicht.

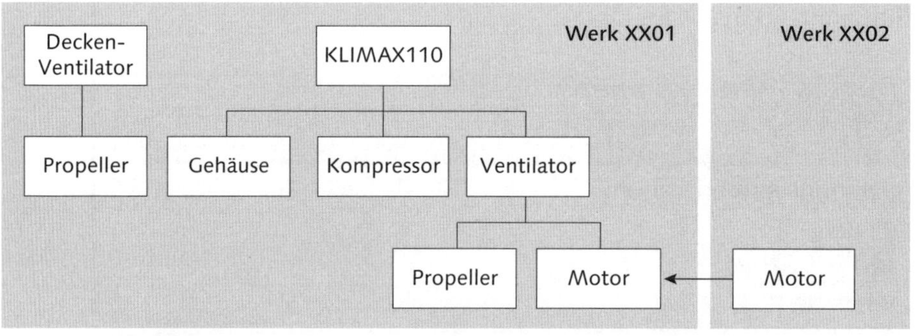

Abbildung 7.45 Beispiel zur Festlegung des Planungsumfangs

Die Materialbedarfsplanung für den Planungsumfang der Werke XX01 und 1000 berücksichtigt alle Materialien des Beispiels. Wird die Planung nur für Werk XX01 ausgeführt, wird eine Umlagerungsanforderung an Werk 1000 übergeben; allerdings wird noch kein Bedarfsdecker in Werk 1000 angelegt.

Eine mehrstufige Einzelplanung für KOOLIX110 plant sämtliche Komponenten für das Kopfprodukt mit ein, während die einstufige Einzelplanung ausschließlich das Kopfprodukt KOOLIX110 berücksichtigt.

7.5 Terminierung

Liegen die Losgrößen vor, die zur Bedarfsdeckung notwendig sind, sind im letzten Schritt die Termine für die zu fertigenden und fremdzubeschaffenden Materialien festzulegen.

7.5.1 Vorwärts- und Rückwärtsterminierung

Die Terminierung kann zum einen nach der Terminierungsart (ob eine Vorwärts- oder Rückwärtsterminierung stattfinden soll) und zum anderen nach der Beschaffungsart (ob eine Eigen- oder Fremdfertigung stattfinden soll) differenziert werden. Ebenso gibt es Abhängigkeiten zu den Dispositionsverfahren, die im Folgenden aufgelistet sind:

- **Stochastisch und plangesteuert disponierte Materialien**
  Bei stochastisch und plangesteuert disponierten Materialien sind die Bedarfstermine der Zukunft bekannt; zu diesen Zeitpunkten muss das Material bereitstehen. Die Bestimmung der Ecktermine für die Eigenfertigung und des Freigabetermins für den Einkauf erfolgt deshalb bei diesen beiden Verfahren immer als *Rückwärtsterminierung*. Nur wenn der durch die Terminierung ermittelte Eck- oder Freigabetermin in die Vergangenheit fällt, schaltet das System automatisch auf die Vorwärtsterminierung ab dem Planungsdatum um.
- **Bestellpunktdisposition**
  Bei der Bestellpunktdisposition werden die Termine durch eine *Vorwärtsterminierung* bestimmt. Der Zeitpunkt einer Unterschreitung des Meldebestands im Planungslauf erfordert die Einleitung der Beschaffungsaktivitäten. Ausgehend vom Unterdeckungstermin, wird der Verfügbarkeitstermin für die Materialien ermittelt.

Innerhalb der Eigenfertigung wird im Planungslauf zwischen Eckstart- und Eckendtermin unterschieden. Der Eckendtermin legt das späteste Ende und der Eckstarttermin den frühesten Beginn der Produktion fest. Dabei wird zum einen die Wareneingangsbearbeitungszeit, die im Materialstammsatz festgelegt ist, und zum anderen die Eigenfertigungszeit in Arbeitstagen berücksichtigt. Die Eigenfertigungszeit kann als losgrößenabhängige oder losgrößenunabhängige Eigenfertigungszeit abgelegt sein. Im Rahmen der Fremdbeschaffung entspricht der Eckendtermin dem Liefertermin und der Eckstarttermin dem Freigabetermin. Dabei werden die Bearbeitungszeit für den Einkauf und die Wareneingangsbearbeitungszeit in Arbeitstagen sowie die Planlieferzeit des Materials in Kalendertagen berücksichtigt. Im Fall von Eigenfertigung erstellt das System grundsätzlich *Planaufträge*. Diese Planaufträge dienen dazu, die Produktionsmengen zu planen. Ist die Planung abgeschlossen, werden die Planaufträge in Fertigungsaufträge umgewandelt.

Im Fall von Fremdbeschaffung erzeugt das System entweder einen *Planauftrag* oder direkt eine *Bestellanforderung*. Bestellanforderungen für die Fremdbeschaffung planen die externe Beschaffungsmenge. Ist die Planung abgeschlossen, wird der Planauftrag in eine

Bestellanforderung bzw. die Bestellanforderung in eine Bestellung umgewandelt. Ob direkt Bestellanforderungen oder zunächst Planaufträge erzeugt werden, wird im Einstiegsbild des Planungslaufs anhand des Erstellungskennzeichens für die Bestellanforderungen gesteuert. Existiert für ein Material ein Lieferplan und besteht im Orderbuch ein dispositionsrelevanter Eintrag, können *Lieferplaneinteilungen* direkt durch die Materialbedarfsplanung erzeugt werden. Dies erfolgt durch die Angabe des Erstellungskennzeichens für Lieferplaneinteilungen im Einstiegsbild des Planungslaufs.

7.5.2 Terminierung der Eigenfertigung (Eckterminbestimmung)

Die Terminierung der Eigenfertigung, d. h. der Planaufträge, kann auf zweierlei Arten erfolgen:

- **Eckterminbestimmung**
  Terminierung anhand der Eigenfertigungsdauer, die im Materialstamm hinterlegt ist
- **Durchlaufterminierung**
  Terminierung durch die Auswertung des Arbeitsplans

Die Entscheidung, welche Alternative verwendet wird, erfolgt durch den Terminierungsparameter bei Aufruf der Materialbedarfsplanung, siehe Abschnitt 7.4.2, »Parameter für die Materialbedarfsplanung«. Im Folgenden erläutern wir die Eckterminbestimmung anhand der Eigenfertigungsdauer, die im Rahmen der Materialbedarfsplanung am häufigsten verwendet wird.

Ecktermin-bestimmung

Die als Eckterminbestimmung bezeichnete Terminierung anhand der Eigenfertigungsdauer ermittelt die Ecktermine, innerhalb derer die Fertigung erfolgen soll. Daher sollte die durch die Ecktermine beschriebene Eigenfertigungszeit möglichst größer oder gleich der Eigenfertigungszeit sein, die durch die Arbeitsplanauflösung bestimmt wird. Hierbei werden keine Vorgangstermine bestimmt und auch keine Kapazitätsbedarfe erzeugt. Die Bestimmung der Eigenfertigungsdauer kann mengenunabhängig oder mengenabhängig erfolgen. In beiden Fällen wird auf Einträge aus dem Materialstamm zurückgegriffen, und in beiden Fällen werden Werkskalender berücksichtigt.

Mengenunabhängige Eigenfertigungsdauer

Die einfachste Möglichkeit, um die Eigenfertigungsdauer anzugeben, besteht in der Pflege der Eigenfertigungszeit (in Tagen) im Materialstamm. Abbildung 7.46 zeigt die Pflege des Parameters Eigenfertigungszeit in der Sicht Disposition 2.

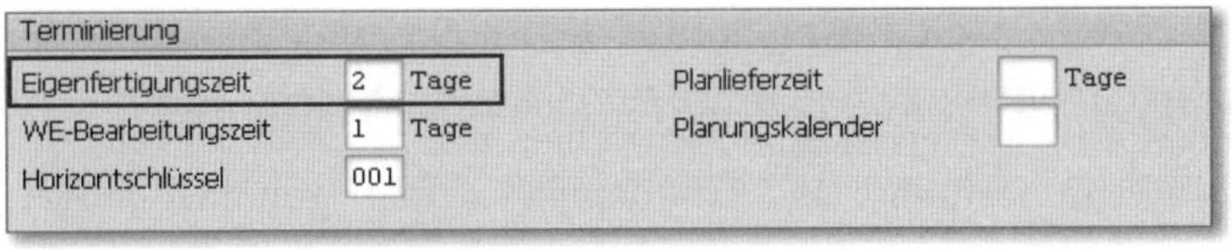

Abbildung 7.46 Mengenunabhängige Eigenfertigungszeit im Materialstamm (Ausschnitt aus der Sicht »Disposition 2«)

Die Eigenfertigungsdauer ist unabhängig von der Auftragsmenge, d. h., dass geringe Stückzahlen die gleiche Dauer wie hohe Stückzahlen erfordern. Diese Annahme ist valide für die Planung, falls die Auftragsmenge über das Losgrößenverfahren begrenzt wird, falls erfahrungsgemäß die Auftragsmengen nicht stark abweichen oder falls durch die Tagesgranularität die Schwankungen der Auftragsmenge abgedeckt werden.

Mengenabhängige Eigenfertigungsdauer

Ist der Einfluss der Auftragsmenge auf die Eigenfertigungsdauer nicht mehr zu vernachlässigen, kann die Eigenfertigungsdauer auch mengenabhängig berechnet werden. Hierzu ist eine detailliertere Modellierung der Eigenfertigungszeiten erforderlich, und Sie müssen die Felder Rüstzeit, Übergangszeit, Bearbeitungszeit sowie Basismenge in der Sicht Arbeitsvorbereitung des Materialstamms pflegen (siehe Abbildung 7.47).

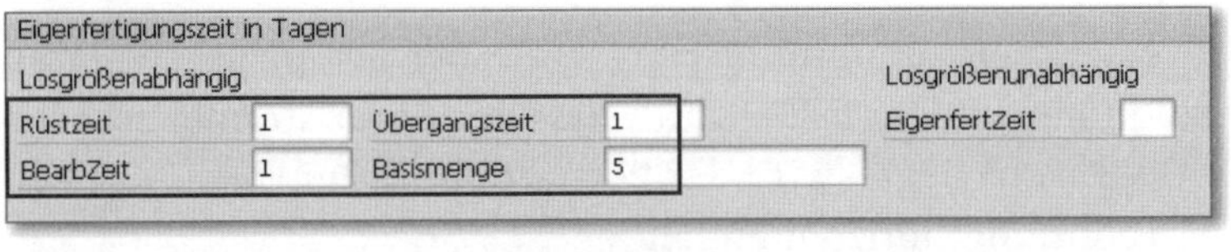

Abbildung 7.47 Mengenabhängige Eigenfertigungszeit im Materialstamm (Ausschnitt aus der Sicht »Arbeitsvorbereitung«)

In der Übergangszeit werden Transportzeiten, Liegezeiten und Sicherheitszeiten zusammengefasst. Von diesen Parametern ist nur die Bearbeitungszeit mengenabhängig, und zwar bezogen auf die Basismenge. Die Dauer für das Rüsten und die Übergangszeit werden mengenunabhängig zur Bearbeitungsdauer addiert. Die folgende Formel beschreibt die mengenabhängige Eigenfertigungsdauer:

Eigenfertigungsdauer = Rüsten + (Auftragsmenge / Basismenge) × Bearbeitungszeit + Übergangszeit

Es können entweder die Parameter für die mengenunabhängige oder für die mengenabhängige Eigenfertigungsdauer gepflegt werden.

Durchlaufterminierung

Die Terminierung anhand des Arbeitsplans erfolgt gemäß der Auftragsmenge, der Vorgabewerte des Arbeitsplans und der Terminierungsformeln des Arbeitsplatzes. Diese Art der Terminierung wird noch ausführlich in Kapitel 10, »Fertigungsauftragseröffnung«, beschrieben.

Auftragstermine

Die Termine für den Planauftrag leiten sich – bei der Rückwärtsterminierung – aus dem Bedarfstermin ab. Hierbei werden die drei Dauern *Eröffnungshorizont*, *Eigenfertigungsdauer* und *Wareneingangsbearbeitungszeit* vom Bedarfstermin abgezogen (siehe Abbildung 7.48).

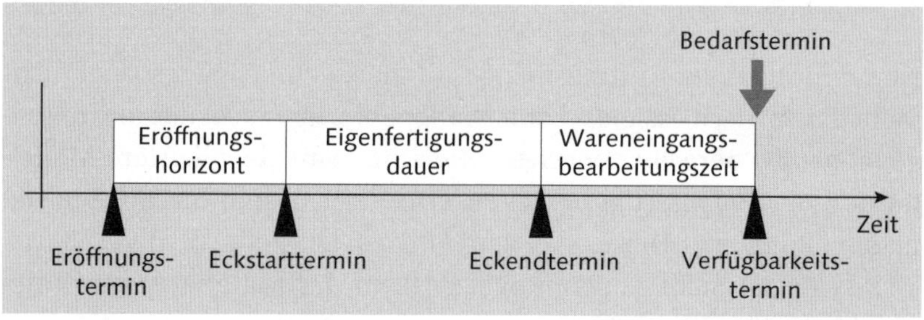

Abbildung 7.48 Terminierung (rückwärts) und Termine des Planauftrags

Im Fall einer Vorwärtsterminierung – die bei der plangesteuerten Disposition nur in dem Fall eintritt, dass der Bedarfstermin zu nahe an der Gegenwart liegt – wird der Eckstarttermin auf »heute« gelegt, und der Eröffnungshorizont entfällt.

Der Eröffnungshorizont ist Bestandteil des Horizontschlüssels, der in Abschnitt 10.5, »Terminierung«, beschrieben wird. Horizontschlüssel und Warenbearbeitungszeit pflegen Sie, wie es in Abbildung 7.46 gezeigt wird, unterhalb der Eigenfertigungszeit in der Sicht Disposition 2.

Abbildung 7.49 zeigt die Termine für Eröffnung, Eckstart, Eckende und Verfügbarkeit aus Abbildung 7.48 im Planauftrag.

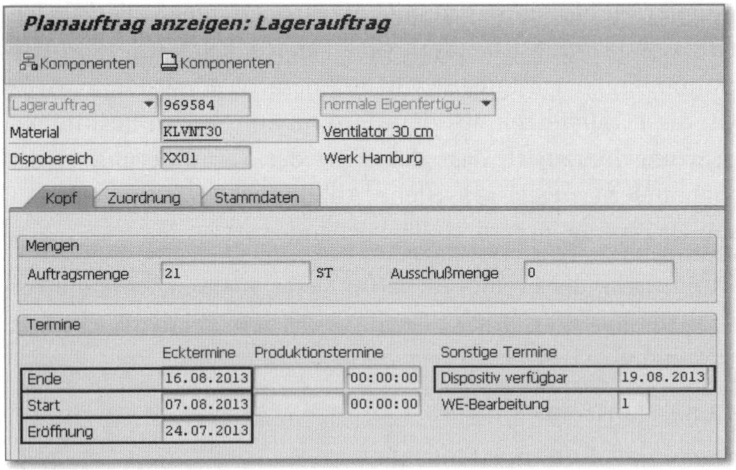

Abbildung 7.49 Eröffnungs-, Eckstart-, Eckend- und Verfügbarkeitstermin im Planauftrag

7.5.3 Terminierung der Fremdbeschaffung

Planaufträge für fremdbeschaffte Materialien bzw. Bestellanforderungen werden bei ihrer Anlage noch keinem Lieferanten zugeordnet. Daher wird zur Terminierung die Planlieferzeit im Materialstamm verwendet (siehe Abbildung 7.50).

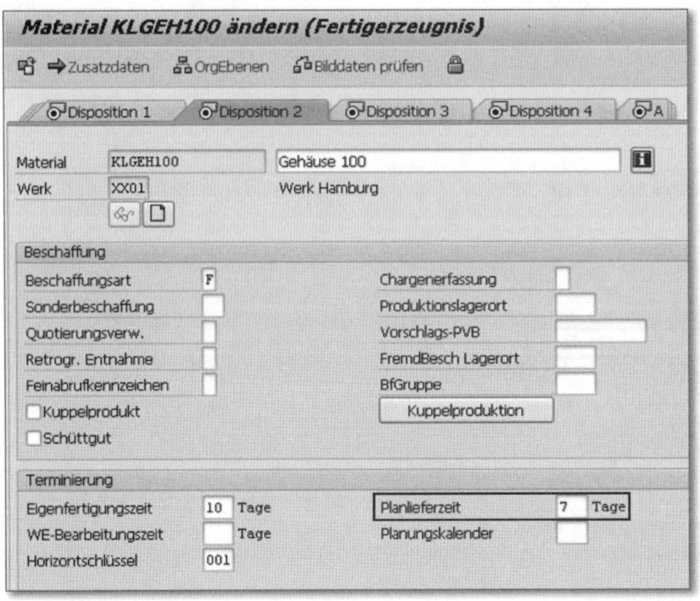

Abbildung 7.50 Planlieferzeit im Materialstamm

Die Planlieferzeit bezieht sich auf die Arbeitstage gemäß Werkskalender – falls kein Planungskalender explizit angegeben wird. Alternativ zur Bestimmung der Planlieferzeit aus dem Materialstamm ist es möglich, die Planlieferzeit aus dem Einkaufsinfosatz zu bestimmen. Voraussetzung hierzu ist, dass diese Art der Terminierung in den Werksparametern zugelassen (siehe Abbildung 7.52) und ein entsprechender Eintrag im Orderbuch vorhanden ist.

Die Terminierung der Fremdbeschaffung erfolgt ähnlich wie die Terminierung der Eigenfertigung, allerdings werden (bei der Rückwärtsterminierung) vier Zeiträume verwendet:

- Eröffnungshorizont
- Bearbeitungszeit für den Einkauf
- Planlieferzeit
- Wareneingangsbearbeitungszeit

Diese werden von dem Bedarfstermin abgezogen (Abbildung 7.51).

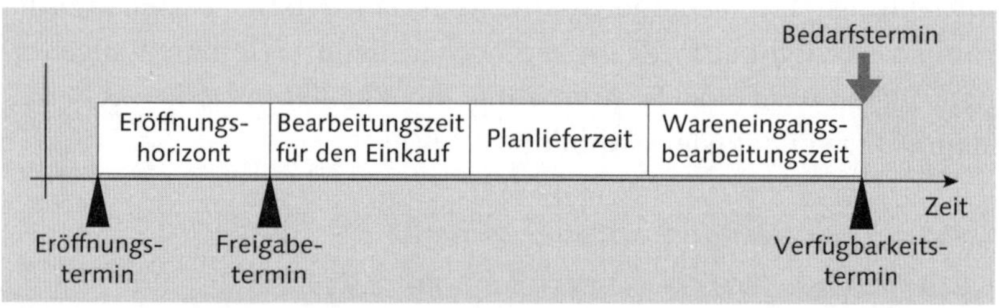

Abbildung 7.51 Fremdbeschaffungszeit im Materialstamm

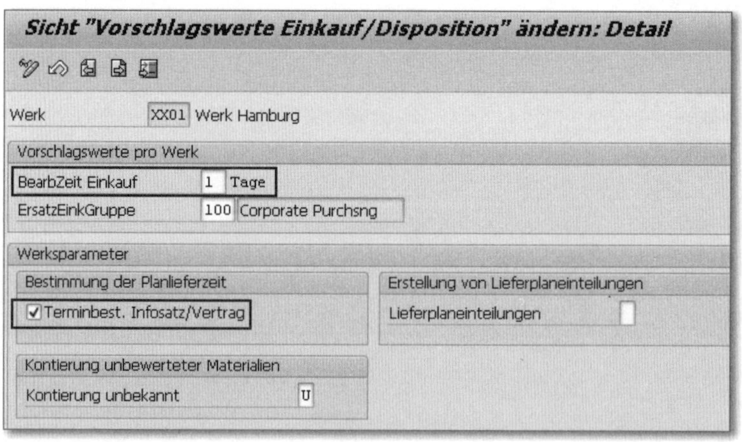

Abbildung 7.52 Bearbeitungszeit für den Einkauf in den Werksparametern

Die Planlieferzeit entspricht der Eigenfertigungsdauer bei der Eigenfertigung, und Eröffnungshorizont und Wareneingangsbearbeitungszeit werden analog gepflegt und verwendet. Die Bearbeitungszeit für den Einkauf pflegen Sie in den Werksparametern (siehe Abbildung 7.52). Die Werksparameter erläutern wir in Abschnitt 7.8, »Werksparameter und Dispositionsgruppe«.

7.5.4 Fixierungshorizont

Aus Stabilitätsgründen ist es in der Regel unerwünscht, dass bis zum letzten Tag maschinell Planaufträge angelegt werden und den Produktionsplan durcheinanderbringen. Der Fixierungshorizont erlaubt die Definition eines Bereichs, innerhalb dessen die Materialbedarfsplanung keine Beschaffungsvorschläge anlegt oder löscht. Den Fixierungshorizont pflegen Sie in der Sicht DISPOSITION 1 (siehe Abbildung 7.53).

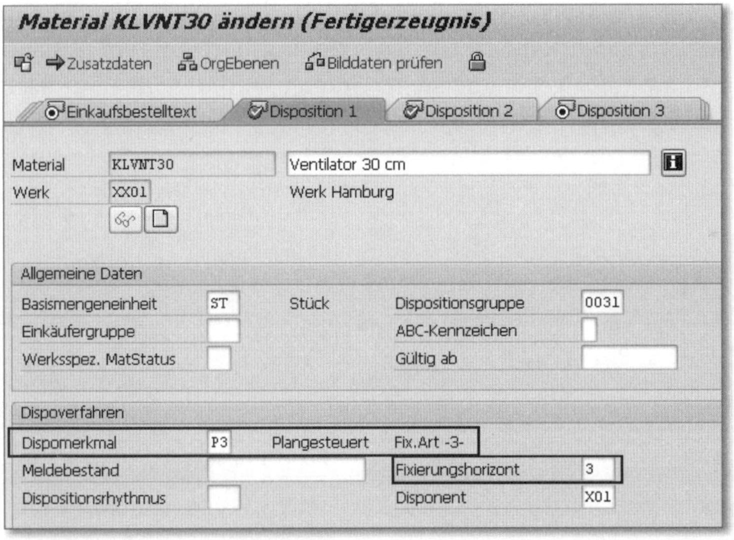

Abbildung 7.53 Parameter für die Fixierung im Materialstamm

Ob und wie der Fixierungshorizont berücksichtigt wird, hängt von der Fixierungsart ab. Die Fixierungsart wird im Dispositionsmerkmal definiert. Insgesamt werden vier Fixierungsarten angeboten, die sich im Hinblick auf das automatische Fixieren der Elemente innerhalb des Horizonts sowie hinsichtlich des Anlegens von neuen Elementen unterscheiden. Tabelle 7.4 listet die jeweiligen Eigenschaften der Fixierungsarten auf.

	Neue Beschaffungsvorschläge am Ende des Fixierungshorizonts	Keine Beschaffungsvorschläge für Unterdeckung im Fixierungshorizont
Automatische Fixierung der Beschaffungsvorschläge im Fixierungshorizont	Fixierungsart 1	Fixierungsart 2
Keine Fixierung der Beschaffungsvorschläge im Fixierungshorizont	Fixierungsart 3	Fixierungsart 4

Tabelle 7.4 Fixierungsarten

Falls die Beschaffungsvorschläge im Fixierungshorizont nicht fixiert werden, werden sie im Fall einer Überdeckung gelöscht. Abbildung 7.54 verdeutlicht das unterschiedliche Verhalten der Fixierungsarten anhand eines Beispiels mit einer Unterdeckung, bei dem einem Bedarf von zehn Stück innerhalb des Fixierungshorizonts ein Planauftrag von fünf Stück gegenübersteht. Gezeigt wird die Situation nach dem Planungslauf.

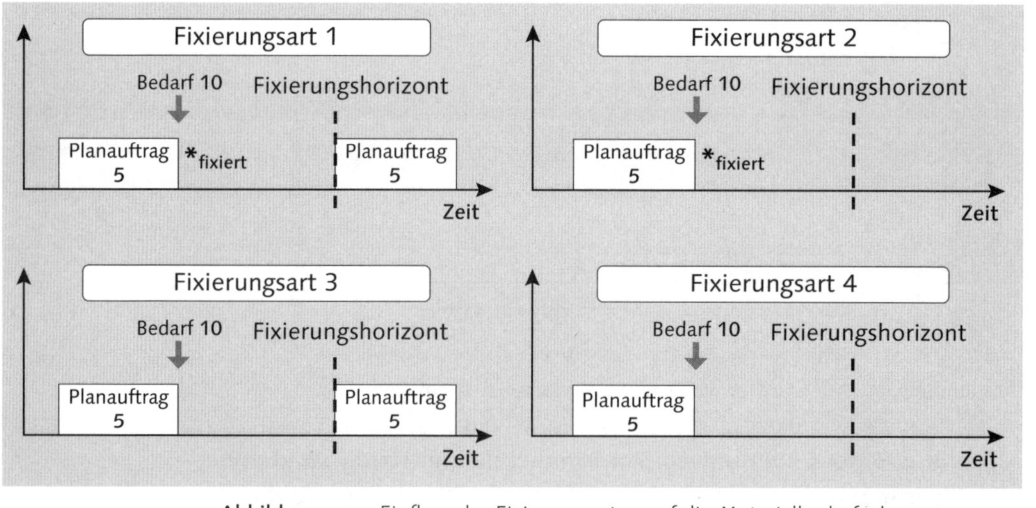

Abbildung 7.54 Einfluss der Fixierungsarten auf die Materialbedarfsplanung

Die Materialbedarfsplanung legt in keinem der vier dargestellten Fälle Beschaffungsvorschläge innerhalb des Fixierungshorizonts an.

7.6 Beschaffungsvorschläge

In Abhängigkeit von der Beschaffungsart kann das System unterschiedliche Beschaffungsvorschläge erzeugen.

7.6.1 Planauftrag und Bestellanforderung

Materialien werden entweder eigengefertigt oder fremdbeschafft – oder beides. Die Beschaffungsart im Materialstamm in der Sicht Disposition 2 definiert, welche Alternative für das Material im Werk zutrifft (siehe Abbildung 7.55).

Falls sowohl Eigenfertigung als auch Fremdbeschaffung zulässig sind, geht die Materialbedarfsplanung von der Eigenfertigung aus.

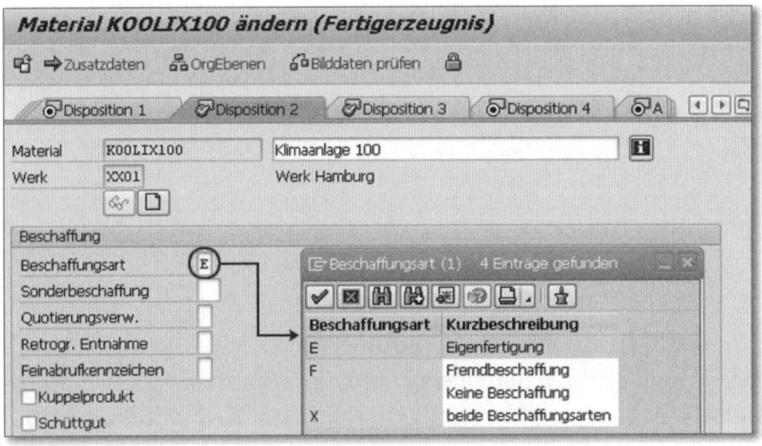

Abbildung 7.55 Beschaffungsart im Materialstamm

Das Element für die Eigenfertigung ist der Planauftrag, der anschließend in einen Fertigungsauftrag umgewandelt wird. Falls eine Fremdbeschaffung zulässig ist, kann der Planauftrag auch in eine Bestellanforderung überführt werden, die wiederum zu einer Bestellung bzw. zu einer Bestellposition umgewandelt wird.

Planaufträge enthalten eine Auftragsmenge, einen Start- und einen Endtermin. Start- und Endtermin sind das Ergebnis der Terminierung, wobei der Werkskalender Berücksichtigung findet. Der dispositiv verfügbare Termin kann hinter dem Endtermin liegen, falls eine Wareneingangsbearbeitungszeit gepflegt ist. Darüber hinaus enthält der Planauftrag die Sekundärbedarfe aus der Stücklistenauflösung

Planauftrag

sowie organisatorische Daten. Den Planauftrag ändern Sie mithilfe der Transaktion MD12 oder als Detail innerhalb der Bedarfs-/ Bestandsliste (siehe Abbildung 7.56).

Abbildung 7.56 Planauftrag

Der Planauftrag ist mit einer Nummer versehen – in diesem Fall 36734 – und enthält den Bezug zum Kopfmaterial (KLIMAX110) sowie das Auftragsprofil (LAGERAUFTRAG). In den Kopfdaten sind unter anderem die Auftragsmenge, die Termine und das Umsetzungskennzeichen enthalten. Die Sicht ZUORDNUNG enthält Informationen über die Abrechnung, und in der Sicht STAMMDATEN ist die verwendete Stückliste aufgeführt. Über die Drucktaste KOMPONENTEN oder über [F5] können Sie die Komponenten des Planauftrags anzeigen und ändern (siehe Abbildung 7.57).

Auftragsprofil

Planaufträge beinhalten ein Auftragsprofil – in den gezeigten Beispielen LAGERAUFTRAG –, das Sie im Customizing über den Pfad PRODUKTION • BEDARFSPLANUNG • BESCHAFFUNGSVORSCHLÄGE • PLANAUFTRÄGE • AUFTRAGSPROFIL FESTLEGEN definieren. Das Auftragsprofil wird sowohl für Planaufträge (Objektart 1) als auch für Bestellanforderungen (Objektart 2) verwendet und enthält Einträge zu den zulässigen Beschaffungsarten und Sonderbeschaffungen (siehe Abbildung 7.58).

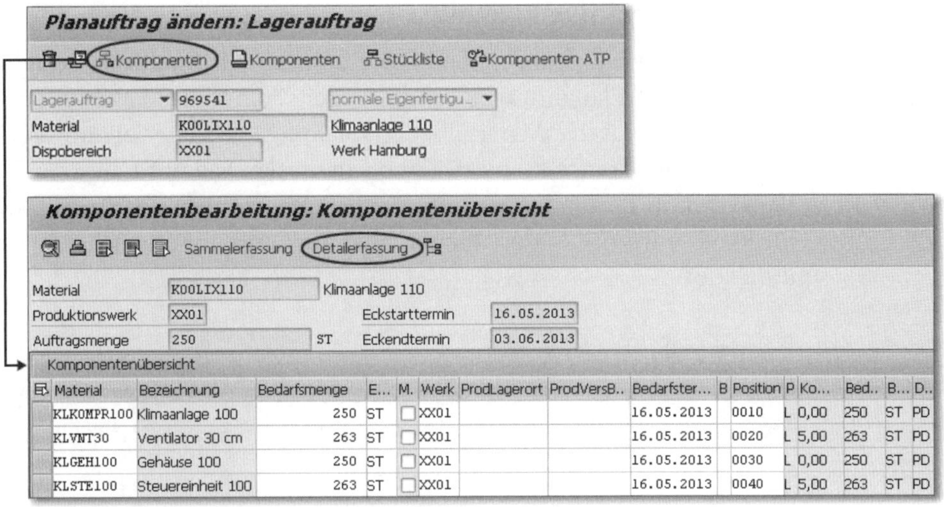

Abbildung 7.57 Komponenten des Planauftrags

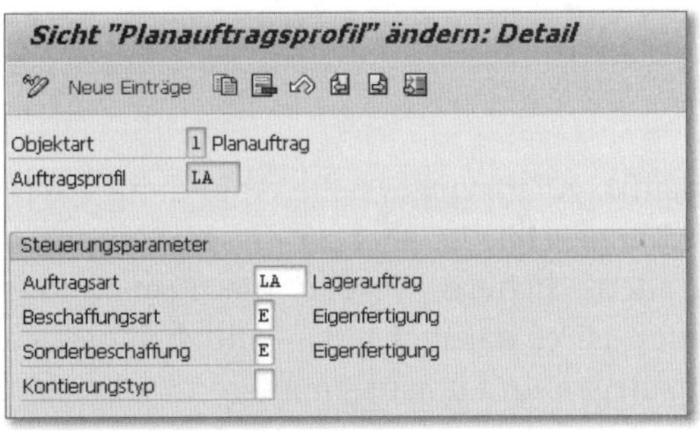

Abbildung 7.58 Planauftragsprofil

Bestellanforderung

Für fremdbeschaffte Teile werden entweder Planaufträge angelegt, die dann später separat in Bestellanforderungen umgewandelt werden, oder es werden direkt Bestellanforderungen angelegt. Bestellanforderungen können Sie mithilfe der Transaktion ME52N ändern (siehe Abbildung 7.59).

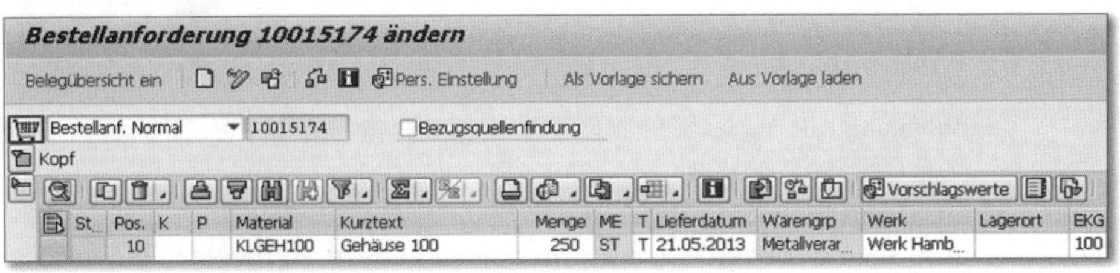

Abbildung 7.59 Bestellanforderung

7.6.2 Interaktive Planung

Die interaktive Planung nehmen Sie zum einen durch das gezielte Anlegen von Planaufträgen mithilfe der Transaktion MD11 oder durch die interaktive Materialbedarfsplanung – je Material und Werk – mithilfe der Transaktion MD43 vor. In diesem Fall wird die aktuelle Bedarfs- und Bestandssituation gezeigt, und mithilfe der Drucktaste PLANUNG wird die Materialbedarfsplanung angestoßen (siehe Abbildung 7.60).

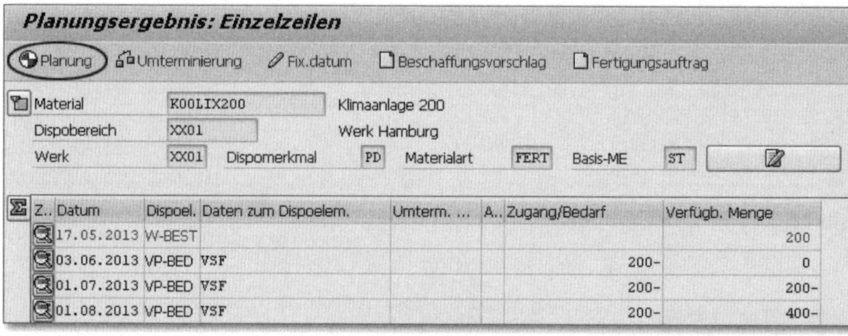

Abbildung 7.60 Interaktive Materialbedarfsplanung

Als Ergebnis werden Planaufträge angelegt (siehe Abbildung 7.61). Das Planungsergebnis wird angezeigt, ist aber zu diesem Zeitpunkt noch simulativ. Erst mit dem Sichern werden die Planaufträge erstellt. In dieser Transaktion ist es darüber hinaus möglich, gezielt Beschaffungsvorschläge anzulegen und umzuterminieren.

Abbildung 7.61 Ergebnis der Materialbedarfsplanung

Grundsätzlich ist es auch in der Bedarfs-/Bestandsliste möglich, Planaufträge oder Bestellanforderungen zu ändern. In diesem Fall werden die Beschaffungsvorschläge fixiert, was am Stern erkennbar ist (siehe Abbildung 7.62).

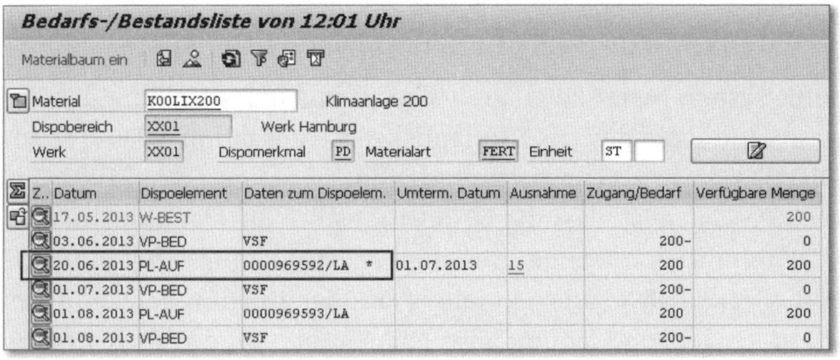

Abbildung 7.62 Fixierte Planaufträge in der Bedarfs-/Bestandsliste

Im Detail des Planauftrags ist das Fixierungskennzeichen gesetzt worden (siehe Abbildung 7.63).

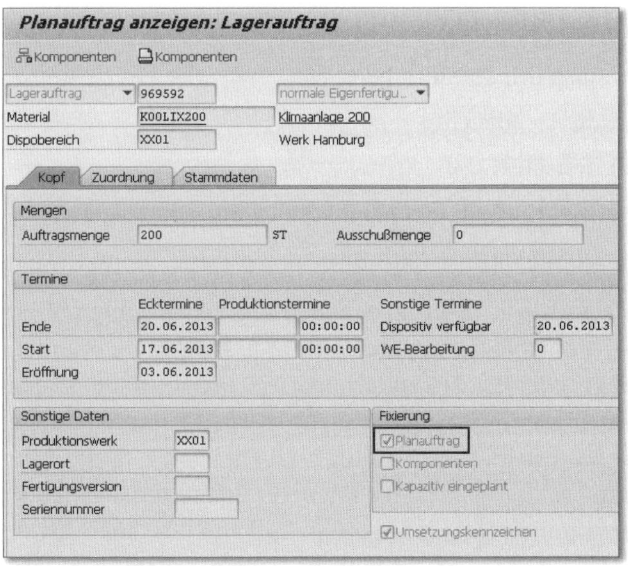

Abbildung 7.63 Fixierungskennzeichen im Planauftrag

7.7 Auswertungen

Im SAP-System sind unterschiedliche Arten von Auswertungen möglich. Dies sind zum einen die Erzeugung von Bedarfs-/Bestandsliste und Dispositionsliste und zum anderen die Erzeugung von Ausnahmemeldungen.

7.7.1 Bedarfs-/Bestandsliste und Dispositionsliste

Das ERP-System bietet zwei ähnliche Listen zur Darstellung der Planungssituation: die Bedarfs-/Bestandsliste (Transaktion MD04) sowie die Dispositionsliste (Transaktion MD05). Der Unterschied zwischen den beiden Listen ist, dass die Dispositionsliste die Planungssituation zum Zeitpunkt der letzten Materialbedarfsplanung zeigt und die Bedarfs-/Bestandsliste die aktuelle Planungssituation, die von der Situation der letzten Planung abweichen kann – in der Zwischenzeit können durch Warenein- und Warenausgänge, Rückmeldungen oder Kundenaufträge Änderungen aufgetreten sein. Über den Menüpfad Springen • Vergleich Dispoliste bzw. Springen • Vergleich aktuelle Bedarfs-/Bestandsliste können Sie die beiden Listen miteinander vergleichen. Abbildung 7.64 zeigt einige Möglichkeiten, die die Bedarfs-/Bestandsliste bietet:

1. Anzeige der Ausnahmemeldungen
2. Absprung in die Detailsicht
3. Absprung in den Auftragsbericht
4. Wareneingangsdatum oder Verfügbarkeitsdatum anzeigen
5. Einblenden der Wiederbeschaffungszeit

Die Bedarfs-/Bestandsliste listet zu einem Material in einem Werk sämtliche dispositionsrelevanten Elemente auf – Bestand, Kunden- und Vorplanungsbedarfe, Sekundärbedarfe, Planaufträge, Fertigungsaufträge und weitere. Darüber hinaus werden Parameter angezeigt, die für die Materialbedarfsplanung relevant sind, z. B. der Parameter Sicherheitsbestand oder der Parameter Fixierungshorizont. Für alle Elemente können Details angezeigt und von dort aus – soweit erlaubt – geändert werden. Es ist jedoch nicht möglich, interaktiv Beschaffungsvorschläge anzulegen.

Normalerweise wird das Verfügbarkeitsdatum eines Zugangs angezeigt. Es ist jedoch auch möglich, sich stattdessen das Wareneingangsdatum anzeigen zu lassen – z. B. um Maßnahmen beim Auftreten von Verspätungen zu planen.

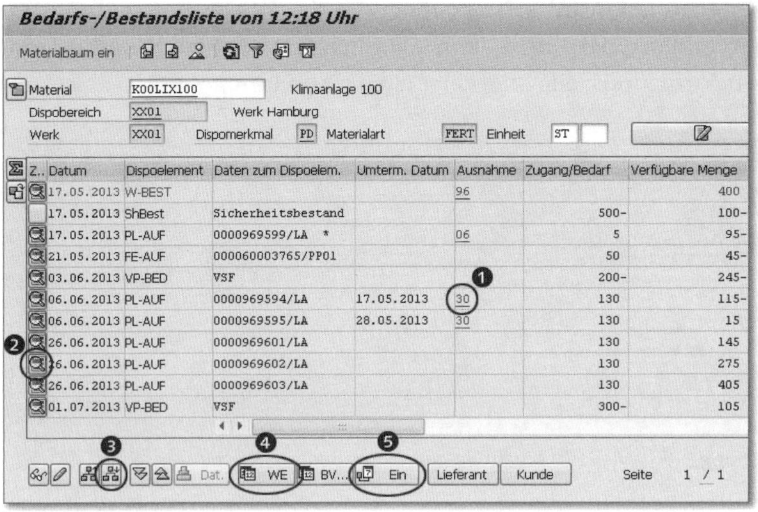

Abbildung 7.64 Bedarfs-/Bestandsliste

Jedes Element in der Bedarfs-/Bestandsliste beinhaltet eine (positive) Zugangsmenge oder eine (negative) Bedarfsmenge. Ziel der Materialbedarfsplanung ist es, nach Möglichkeit dafür zu sorgen, dass die verfügbare Menge nicht negativ wird. Dies kann unmittelbar in der rechten Spalte in der Bedarfs-/Bestandsliste abgelesen werden.

Verfügbare Menge

Eine Vielzahl von Elementen birgt die Gefahr, dass die Übersicht über die Planungssituation leidet. In diesem Fall ist eine Darstellung in Periodensummen hilfreich. Der Wechsel zwischen Periodensummen und Einzeldarstellung erfolgt mittels der in Abbildung 7.65 gezeigten Drucktaste.

Periodensummen

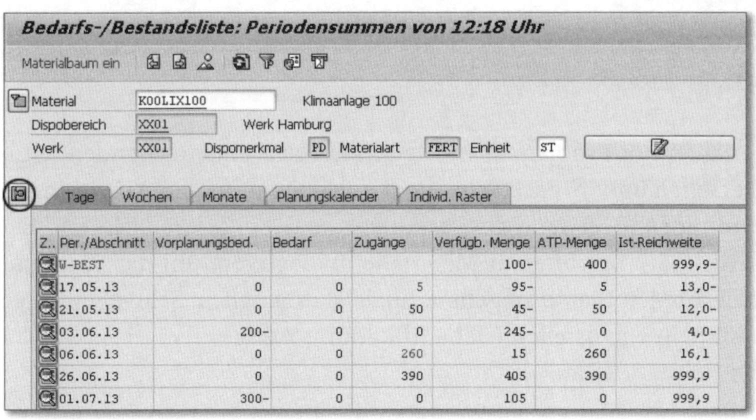

Abbildung 7.65 Periodensummen

Wiederbeschaffungszeit

Als Interpretationshilfe ist es möglich, die Wiederbeschaffungszeit einzublenden. Diese wird dann – ähnlich wie der Fixierungshorizont – als Informationszeile angezeigt (siehe Abbildung 7.66).

Z..	Datum	Dispoelement	Daten zum Dispoelem.	Umterm. Datum	Ausnahme	Zugang/Bedarf	Verfügbare Menge	Lagerort
	08.08.2013	AR-RES	KOOLIX100			10-	469	
	13.08.2013	BS-ANF	0010015213/00010		07	21	490	
	19.08.2013	AR-RES	KOOLIX110			51-	439	
	22.08.2013	AR-RES	KOOLIX110			4-	435	
	23.08.2013	AR-RES	KOOLIX110			20-	415	
	26.08.2013	AR-RES	KOOLIX110			45-	370	
	03.09.2013	WIE-HO	Ende WiederBeschZeit					
	04.09.2013	AR-RES	KOOLIX110			51-	319	0001
	06.09.2013	AR-RES	KOOLIX110			110-	209	

Abbildung 7.66 Wiederbeschaffungszeit in der Bedarfs-/Bestandsliste

Auftragsbericht

Da in der Bedarfs-/Bestandsliste nur ein Material angezeigt wird, ist der Auftragsbericht ein Hilfsmittel, um den Zusammenhang mit den Bedarfs- und Zugangselementen in anderen Dispositionsstufen zu visualisieren (in Abbildung 7.67 ist dies z. B. der Arbeitsvorrat).

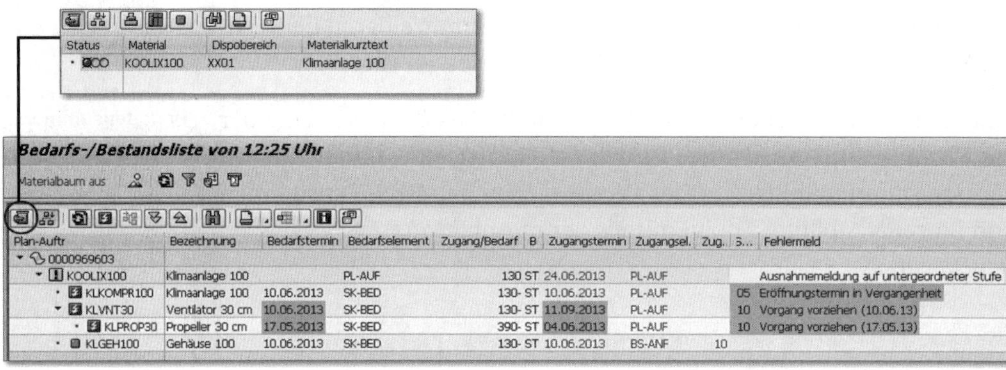

Abbildung 7.67 Auftragsbericht

Materialien mit Problemen werden mit einem entsprechenden Symbol versehen und, je nach Schwere des Problems, in den Arbeitsvorrat übernommen. Hier kann der Disponent gezielt in die Bedarfs- und Bestandsliste der betroffenen Materialien navigieren, um der Problemursache auf den Grund zu gehen. Auch ist es möglich, Schwellenwerte und Ampeln einzustellen (siehe Abbildung 7.68).

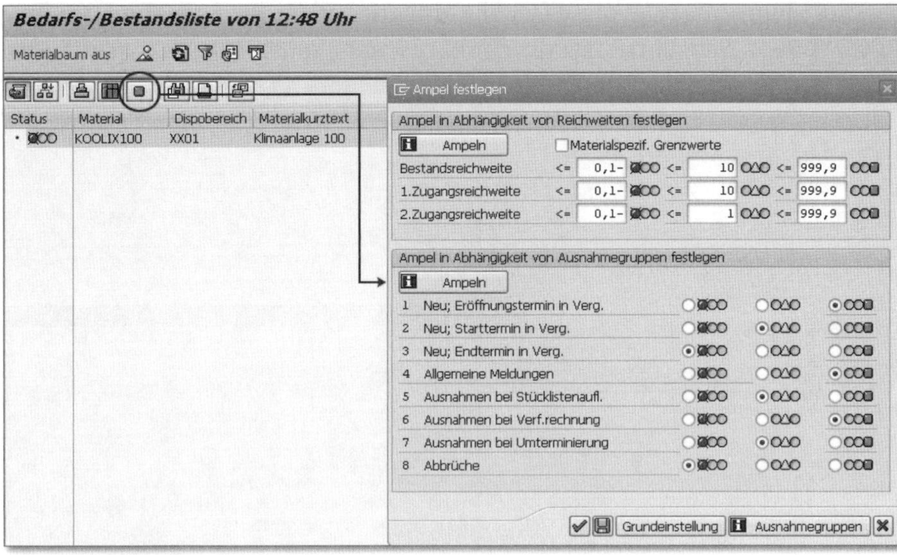

Abbildung 7.68 Schwellenwerte

7.7.2 Ausnahmemeldungen

Ausnahmemeldungen werden in der Materialbedarfsplanung erstellt, falls Probleme in der Planung auftreten. Angezeigt werden die Ausnahmemeldungen unter anderem in der Bedarfs-/Bestandsliste. Auch können Sie sich die Elemente mit den Ausnahmemeldungen über den Menüpfad BEARBEITEN • SUCHEN IN DER LISTE anzeigen lassen (siehe Abbildung 7.69).

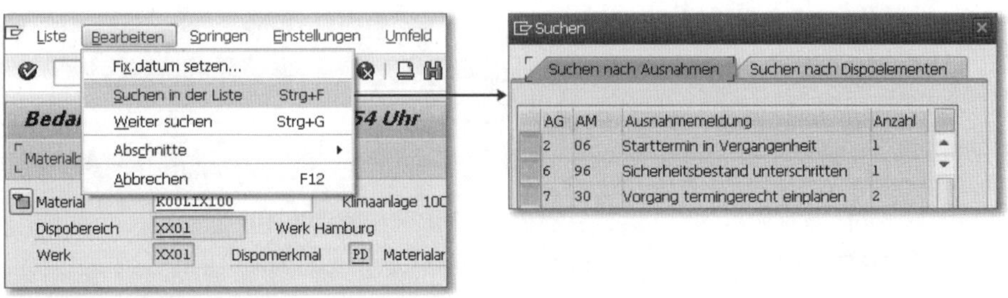

Abbildung 7.69 Anzeige der Ausnahmemeldungen in der Bedarfs-/Bestandsliste

Die Ausnahmemeldungen, die detaillierte Informationen zu jedem Ausnahmetyp enthalten, definieren Sie im Customizing über den Pfad PRODUKTION • BEDARFSPLANUNG • AUSWERTUNG • AUSNAHMEMELDUNGEN • AUSNAHMEMELDUNGEN FESTLEGEN UND GRUPPIEREN. Abbildung 7.70 zeigt diese Detailinformationen für die Ausnahmemeldung 96 – SICHERHEITSBESTAND UNTERSCHRITTEN. Tabelle 7.5 bietet eine Übersicht über einige Ausnahmemeldungen.

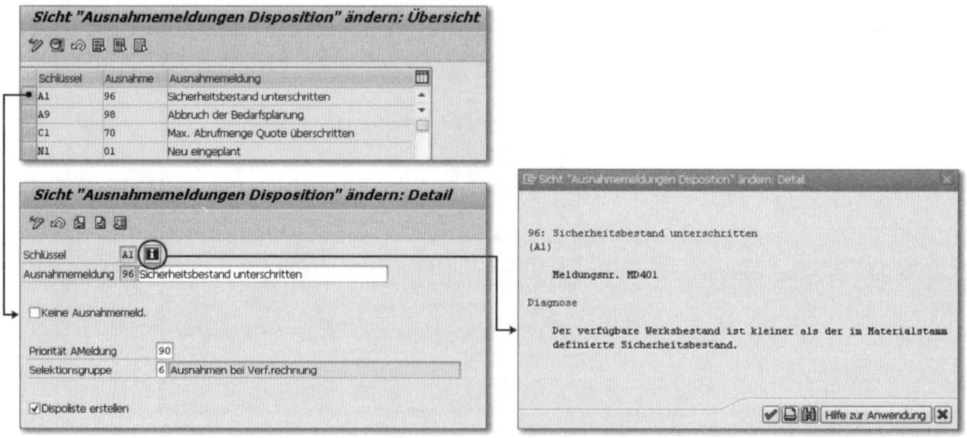

Abbildung 7.70 Ausnahmemeldung 96 – Sicherheitsbestand unterschritten

Ausnahmemeldung	Text der Ausnahmemeldung
96	Sicherheitsbestand unterschritten
98	Abbruch der Bedarfsplanung
70	Max. Abrufmenge Quote überschritten
63	Produktionsstart vor Eckstarttermin
64	Produktionsendtermin nach Eckendtermin
50	Keine Stückliste vorhanden
52	Keine Stückliste ausgewählt
55	Dummy-Baugruppe wurde nicht aufgelöst
56	Keine Bedarfsdeckung
05	Eröffnungstermin in Vergangenheit
06	Starttermin in Vergangenheit
07	Endtermin in Vergangenheit
10	Vorgang vorziehen
30	Vorgang termingerecht einplanen
25	Bestandsüberdeckung
42	Bestellvorschlag geändert
44	Bestellvorschlag neu aufgelöst

Tabelle 7.5 Ausnahmemeldungen (Auswahl)

7.8 Werksparameter und Dispositionsgruppe

Die Werksparameter enthalten eine Sicht auf eine Vielzahl von Customizing-Einstellungen, die für die Materialbedarfsplanung relevant sind. Sie rufen die Werksparameter über die Customizing-Transaktion OPPQ auf (siehe Abbildung 7.71).

Im Anzeigebild der Werksparameter wird dargestellt, ob bestimmte Customizing-Einstellungen gepflegt wurden oder noch initial sind, und es wird die Möglichkeit geboten, direkt in das entsprechende Customizing abzuspringen.

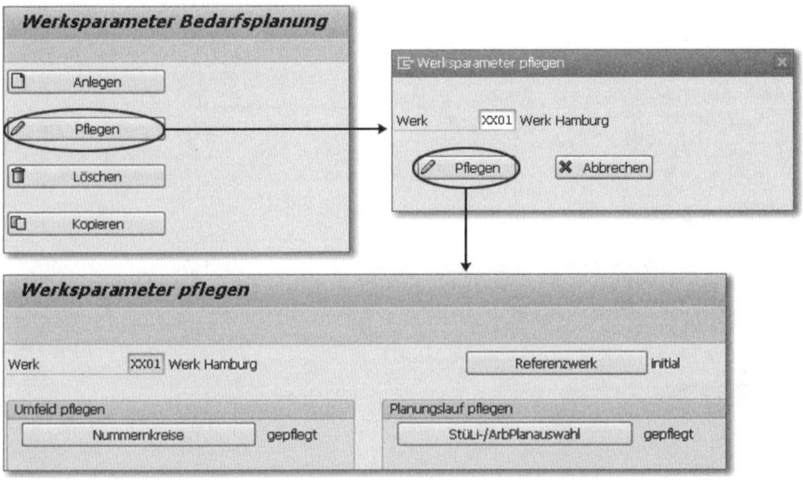

Abbildung 7.71 Werksparameter

Dispositionsgruppe

Die Dispositionsgruppe ermöglicht es, Einstellungen und Vorschlagswerte für eine Vielzahl von Parametern zu pflegen – nicht nur für die Materialbedarfsplanung, sondern auch für die Programmplanung und die Fertigungsauftragseröffnung. Zum Teil werden durch die Einstellungen in der Dispositionsgruppe die Werkseinstellungen auf die Dispositionsgruppenebene spezifiziert (siehe Abbildung 7.72).

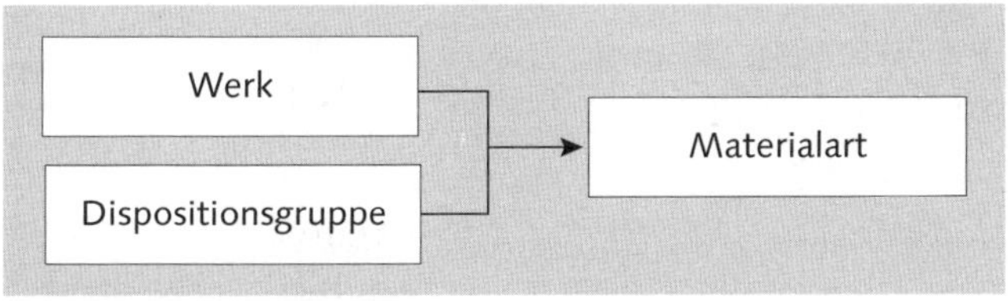

Abbildung 7.72 Zuweisung der Dispositionsgruppe

Die Dispositionsgruppe ist werksspezifisch und wird über den Customizing-Pfad PRODUKTION • BEDARFSPLANUNG • DISPOSITIONSGRUPPEN • DISPOSITIONSGRUPPE pro Materialart festgelegt und der Materialart zugeordnet. Alternativ können Sie sie auch direkt dem (werksspezifischen) Materialstamm zuweisen (Abbildung 7.73).

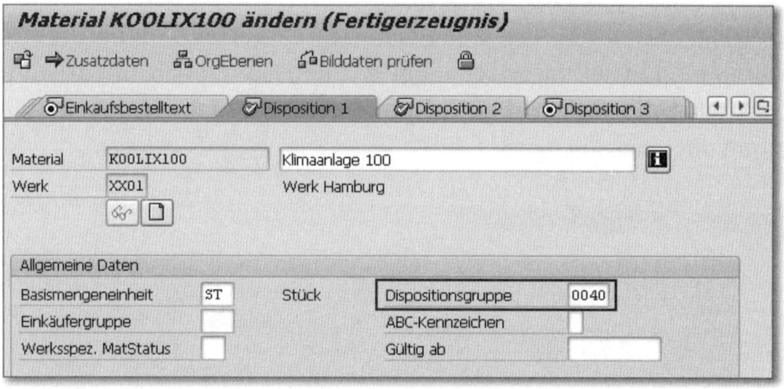

Abbildung 7.73 Dispositionsgruppe im Materialstamm

Die Dispositionsgruppe selbst pflegen Sie über die Customizing-Transaktion OPPR (siehe Abbildung 7.74).

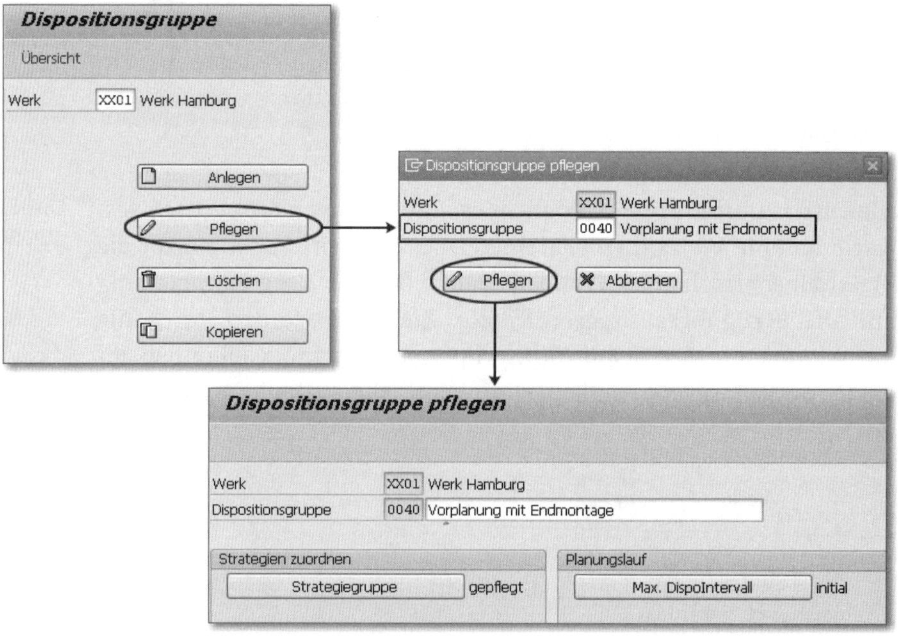

Abbildung 7.74 Dispositionsgruppe pflegen

Die Dispositionsgruppe enthält unter anderem Einträge für:

- Strategiegruppe
- Verrechnungsart und -horizont
- Umterminierungshorizont, Planungshorizont und Fixierungshorizont
- Produktionslagerortselektion
- Auftragsarten für die Umsetzung des Planauftrags
- Periodenraster für die Aufteilung des Primärbedarfs
- maximale Dispositionsintervalle
- dispositive Verfügbarkeit des Sicherheitsbestands
- Stücklistenauflösung
- Direktbeschaffung für Nichtlagerteile
- Erstellungskennzeichen für Bestellanforderungen
- Eckstart in Vergangenheit
- Terminierung für Fremdbeschaffung gemäß Infosatz
- Prüfregel für Sekundärbedarf

Einige dieser Werte können Sie ebenfalls auf einer detaillierteren Ebene pflegen, z. B. im Materialstamm. In diesem Fall übersteuern die Werte des Materialstamms die hier gepflegten Werte.

Falls die »normale« Eigenfertigung oder die »normale« Fremdbeschaffung den tatsächlichen Beschaffungsprozess nicht hinreichend genau abbilden, lassen sich über Sonderbeschaffungsformen kompliziertere Arten der Beschaffung modellieren.

8 Sonderbeschaffungsformen

In der industriellen Produktion bewegen sich die Unternehmen in einem Spannungsfeld von Flexibilität, Qualität und Kosten, das sich durch die Globalisierung und den damit verbundenen Wettbewerb permanent verhärtet. Eine Möglichkeit zur Erfüllung dieser Herausforderung liegt in der intelligenten, d. h. flexiblen und ressourcenschonenden Beschaffung von Baugruppen und Einzelteilen. Hierzu haben sich unterschiedliche Beschaffungsstrategien für die Produktion herausgebildet.

8.1 Prozessüberblick

Die einfachste und häufigste Form der Eigenfertigung besteht darin, dass ein Produkt in einem Werk anhand eines Arbeitsplans und einer Stückliste mit Komponenten aus demselben Werk gefertigt wird. Ein Material von einem Lieferanten zu bestellen, ist hingegen die einfachste und häufigste Form der Fremdbeschaffung. Darüber hinaus existieren jedoch auch kompliziertere Beschaffungsformen, die in SAP ERP über Sonderbeschaffungsschlüssel gesteuert werden. Den Sonderbeschaffungsschlüssel ordnen Sie dem Materialstamm in der Sicht DISPOSITION 2 zu (siehe Abbildung 8.1).

Sonderbeschaffungsschlüssel

Den Sonderbeschaffungsschlüssel definieren Sie über den Customizing-Pfad PRODUKTION • BEDARFSPLANUNG • STAMMDATEN • SONDERBESCHAFFUNGSART FESTLEGEN; er ist werksspezifisch, d. h. erst in Kombination mit dem Werk eindeutig (siehe Abbildung 8.2).

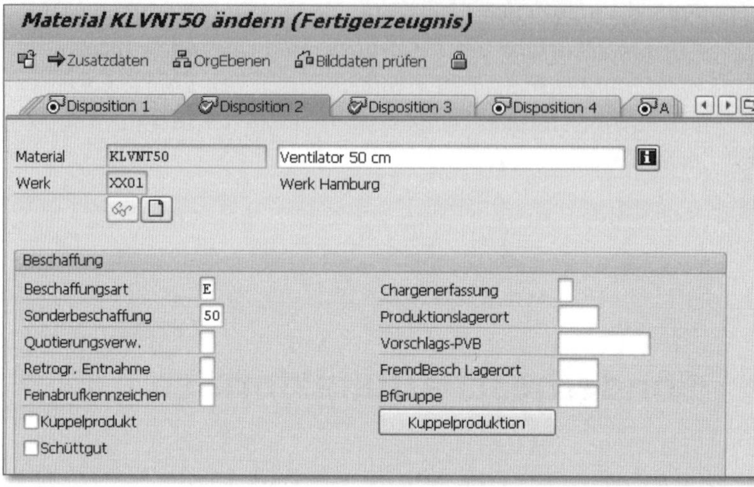

Abbildung 8.1 Zuordnung des Sonderbeschaffungsschlüssels im Materialstamm

Sicht "Sonderbeschaffung" ändern: Übersicht

Neue Einträge

Werk	Name 1	SoBeschArt	Bezeichnung Sonderbeschaffungsart
XX01	Werk Hamburg	10	Konsignation
XX01	Werk Hamburg	20	Fremdbeschaffung
XX01	Werk Hamburg	30	Lohnbearbeitung
XX01	Werk Hamburg	31	Lohnbearbeitung / als Komponente Dummy
XX01	Werk Hamburg	40	Umlagerung (Beschaffung Werk 1100)
XX01	Werk Hamburg	45	Umlagerung von Werk an Dispobereich
XX01	Werk Hamburg	46	Umlagerung von Werk an Dispob. (BS-ANF)
XX01	Werk Hamburg	50	Dummybaugruppe
XX01	Werk Hamburg	51	Direktbeschaffung / Fremdbezug
XX01	Werk Hamburg	52	Direktbeschaffung / Eigenfertigung
XX01	Werk Hamburg	60	Dummy in der Vorplanung
XX01	Werk Hamburg	70	Reservierung anderes Werk 1100
XX01	Werk Hamburg	80	Fertigung in Werk 1100
XX01	Werk Hamburg	81	Direktfertigung in Werk 1100
XX01	Werk Hamburg	90	Fertigung in Werk 1200

Abbildung 8.2 Sonderbeschaffungsschlüssel

Der Sonderbeschaffungsschlüssel enthält im engeren Sinne die folgenden *Sonderbeschaffungsarten*:

- Produktion in einem anderen Werk
- Lohnbearbeitung
- Umlagerung
- Konsignation

Auch enthält der Sonderbeschaffungsschlüssel weitere Steuerungskennzeichen, die sich auf das Verhalten eines Materials als Stücklistenkomponente beziehen:

- Dummy-Position
- Direktfertigung
- Direktbeschaffung
- Entnahme anderes Werk

Einige dieser Eigenschaften lassen sich auch kombinieren. Im Folgenden beschränken wir uns auf die Darstellung der gebräuchlichsten Sonderbeschaffungsschlüssel. In diesem Rahmen werden wir auch Sonderbeschaffungsarten der Fremdbeschaffung darstellen, allerdings hierbei auf die Grundlagen der Fremdbeschaffung sowie auf einige rein einkaufsrelevante Aspekte verzichten.

Da die Sonderbeschaffungsschlüssel dem Customizing unterliegen, können sie beliebige Bezeichnungen erhalten. In Anlehnung an das ausgelieferte Customizing werden dennoch manche Bezeichnungen gelegentlich als Synonym für die Sonderbeschaffungsart verwendet (beispielsweise 30 für Lohnbearbeitung). Da die Sonderbeschaffungsschlüssel zum Teil auf konkrete Werke verweisen, werden sie häufig angepasst und können daher beliebige Namen erhalten.

8.2 Dummy-Baugruppen

Dummy-Baugruppen sind logische Baugruppen, die aus einer Reihe von Teilen bestehen, die nicht tatsächlich zu einer Baugruppe gefertigt werden. Die einzelnen Komponenten der Dummy-Baugruppe werden vielmehr in das übergeordnete Produkt eingebaut. Aus Gründen der Übersichtlichkeit und der Mehrfachverwendbarkeit erfreuen sich Dummy-Baugruppen besonders in der Montage großer Beliebtheit. Abbildung 8.3 zeigt den Sonderbeschaffungsschlüssel für die Dummy-Baugruppen.

Dummy-Baugruppe in der Stückliste

Für die Dummy-Baugruppe ist kein Arbeitsplan erforderlich, da sie niemals hergestellt wird. Aus demselben Grund existieren weder Planaufträge noch Fertigungsaufträge für Dummy-Baugruppen und dementsprechend auch kein Bestand. Allerdings ist für die Dummy-Baugruppe eine Stückliste erforderlich, die, wie es in Abschnitt 4.3.2, »Materialstückliste«, beschrieben ist, ohne weitere Besonderheiten erfasst wird. Die Dummy-Baugruppe wird in der Stückliste der Baugruppe, in der sie als Komponente enthalten ist, automatisch als Dummy-Position gekennzeichnet (Spalte DU.PS.), siehe Abbildung 8.4.

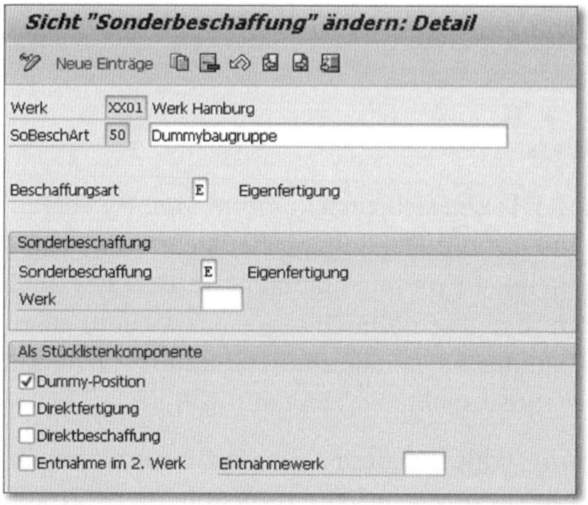

Abbildung 8.3 Sonderbeschaffungsschlüssel für Dummy-Baugruppen

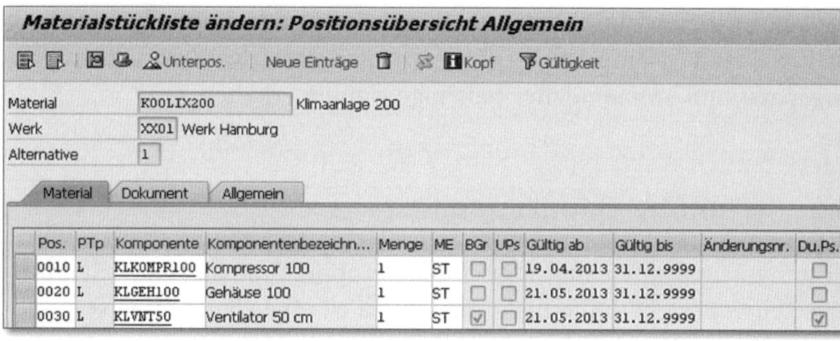

Abbildung 8.4 Stückliste mit Dummy-Position

Auch in einer mehrstufigen Stücklistenauflösung (CS11, siehe Abschnitt 4.3.2) ist die Dummy-Position als eigene Stufe aufgeführt. Da sie jedoch faktisch niemals gefertigt wird, werden für die Dummy-Baugruppe weder Bedarfe abgesetzt noch Planaufträge oder Fertigungsaufträge angelegt. Die Dummy-Baugruppe wird in der Bedarfsauflösung übersprungen, und die Sekundärbedarfe werden unmittelbar an die Komponenten der Dummy-Baugruppe weitergereicht. Dementsprechend ist die Stückliste der Dummy-Baugruppe in den Planaufträgen und Fertigungsaufträgen bereits aufgelöst. Abbildung 8.5 zeigt die Stückliste eines Fertigungsauftrags, in der die Dummy-

Baugruppe zwar informativ enthalten ist, die Bedarfe jedoch an den Komponenten der Dummy-Baugruppe hängen.

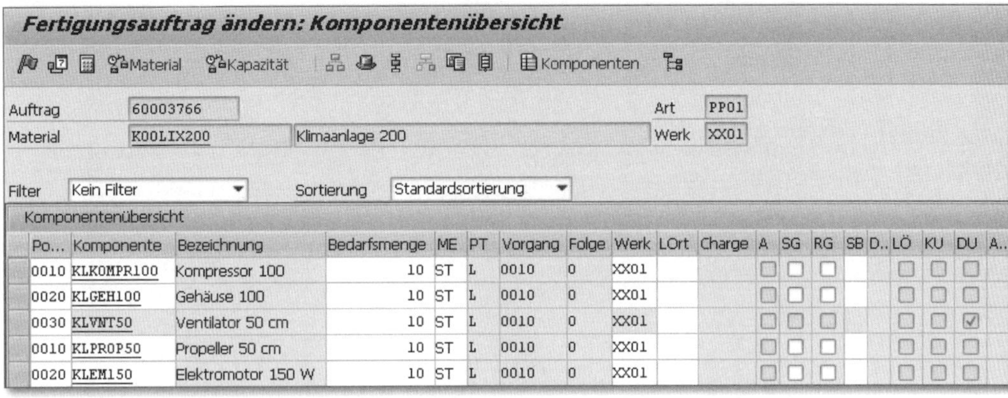

Abbildung 8.5 Fertigungsauftrag mit Dummy-Baugruppe

Die Bedarfs-/Bestandsliste der Dummy-Baugruppe bleibt leer. In der Bedarfs-/Bestandsliste der Komponenten der Dummy-Baugruppe wird allerdings als Verursacher des Sekundärbedarfs die Dummy-Baugruppe aufgeführt (siehe Abbildung 8.6).

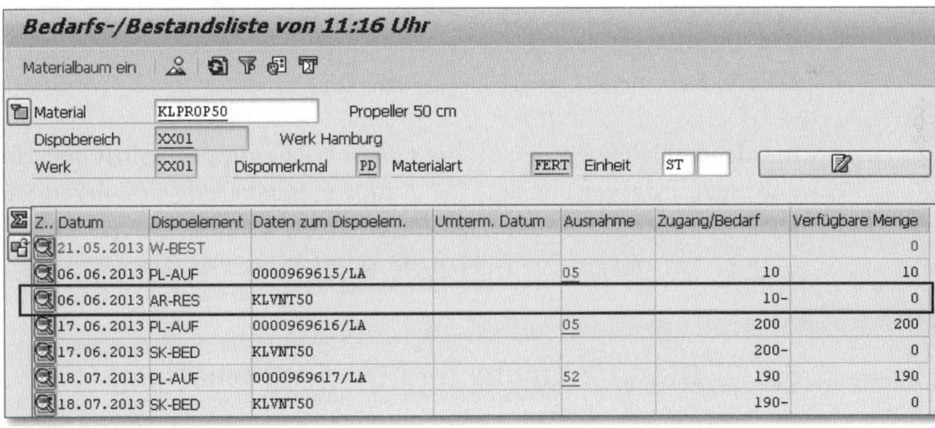

Abbildung 8.6 Bedarfs-/Bestandsliste für die Komponente einer Dummy-Baugruppe

Stücklistenspezifische Dummy-Baugruppe

Es ist möglich, mehrstufige Dummy-Baugruppen aufzubauen. Auch können Sie die Dummy-Eigenschaft der Baugruppe stücklistenspezifisch übersteuern, indem Sie für die Stücklistenposition eine entsprechende Auflösungssteuerung eintragen, siehe Abbildung 8.7.

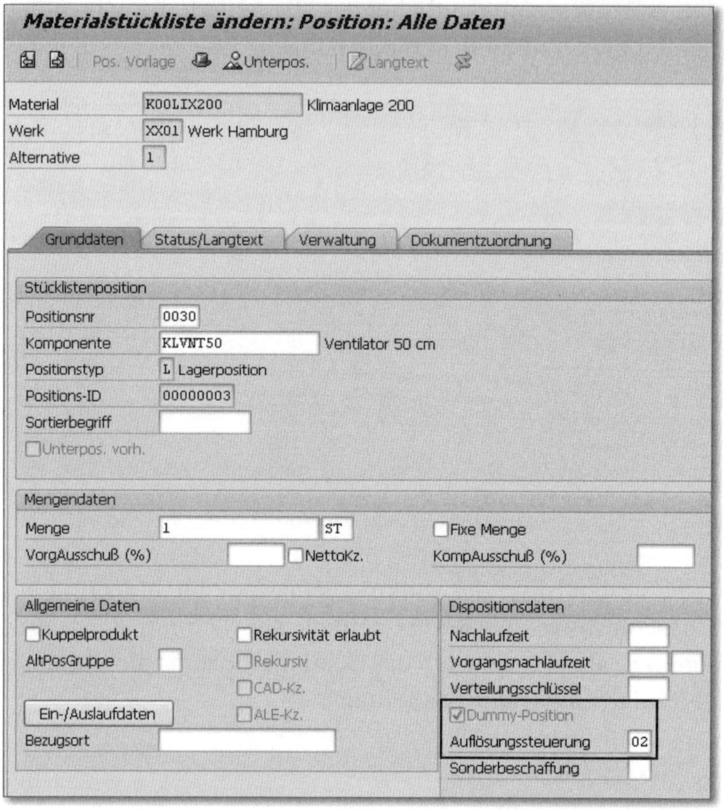

Abbildung 8.7 Auflösungssteuerung der Stückliste

In solchen Fällen werden für die Dummy-Baugruppe explizit Bedarfe und Bedarfsdecker erzeugt. Die Auflösungssteuerung definieren Sie im Customizing über den Pfad PRODUKTION • GRUNDDATEN • STÜCKLISTE • POSITIONSDATEN • AUFLÖSUNGSSTEUERUNG FESTLEGEN.

8.3 Direktfertigung und Direktbeschaffung

Die Zuordnung zwischen Aufträgen unterschiedlicher Stücklistenstufen ergibt sich in der Regel durch die zeitliche Lage der einzelnen Aufträge, oder im Fall der Kundeneinzelfertigung durch Kundeneinzelabschnitte. In beiden Fällen handelt es sich bei den zugeordneten Aufträgen um voneinander unabhängige Objekte, deren mengenmäßige und terminliche Harmonisierung durch entsprechende Planungsschritte sichergestellt werden müssen. Im Gegensatz hierzu bieten die Sonderbeschaffungsschlüssel DIREKTFERTIGUNG und DIREKTBESCHAFFUNG die Möglichkeit, ein Auftragsnetz zu bilden.

Funktionen des Auftragsnetzes

Das *Auftragsnetz* bietet hinsichtlich der Produktionsplanung und -steuerung Funktionen, um die Gesamtheit der zum Auftragsnetz gehörigen Aufträge als Einheit zu behandeln. Zu diesen Funktionen gehören:

- Anwendung von Mengenänderungen im führenden Auftrag auf das gesamte Auftragsnetz
- gemeinsame Terminierung (optional)
- gemeinsame Eröffnung der Fertigungsaufträge
- gemeinsame Freigabe der Fertigungsaufträge (optional)
- keine Warenbuchungen zwischen Fertigungsaufträgen erforderlich

Diese Funktionen bewirken insbesondere in umfangreichen Auftragsnetzen eine Vereinfachung in der Handhabung der Aufträge. Die Verwendung von Auftragsnetzen wirkt sich allerdings ungünstig auf den Materialfluss aus, da Bedarf und Bedarfsdecker nicht mehr nach ihrer zeitlichen Lage zugeordnet werden. Werksbestände und anonyme Bedarfsdecker werden nun weder von der Direktfertigung noch von der Direktbeschaffung berücksichtigt.

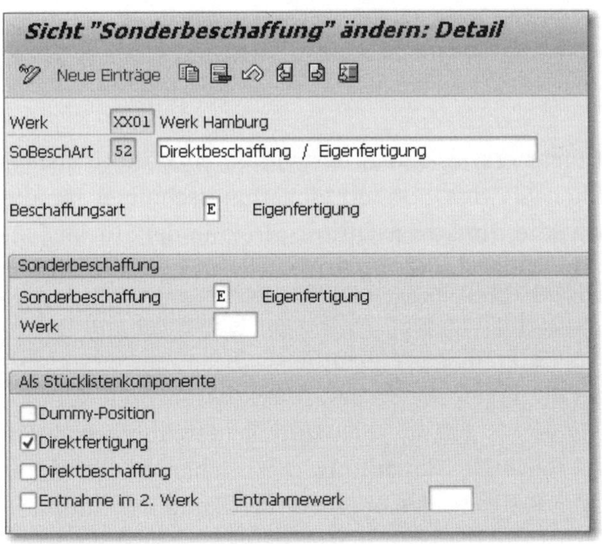

Abbildung 8.8 Sonderbeschaffungsschlüssel für die Direktfertigung

Sonderbeschaffungsschlüssel

Ein Auftragsnetz erstellen Sie, indem Sie für die Stücklistenkomponenten den Sonderbeschaffungsschlüssel DIREKTFERTIGUNG (bei eigengefertigten Baugruppen) oder den Sonderbeschaffungsschlüssel DIREKTBESCHAFFUNG (bei fremdbeschafften Komponenten) setzen. Die oberste Ebene des Auftragsnetzes erhält keinen Sonderbeschaffungsschlüssel. Abbildung 8.8 zeigt den Sonderbeschaffungsschlüssel für die Direktfertigung.

Den Sonderbeschaffungsschlüssel für die Direktbeschaffung zeigt Abbildung 8.9.

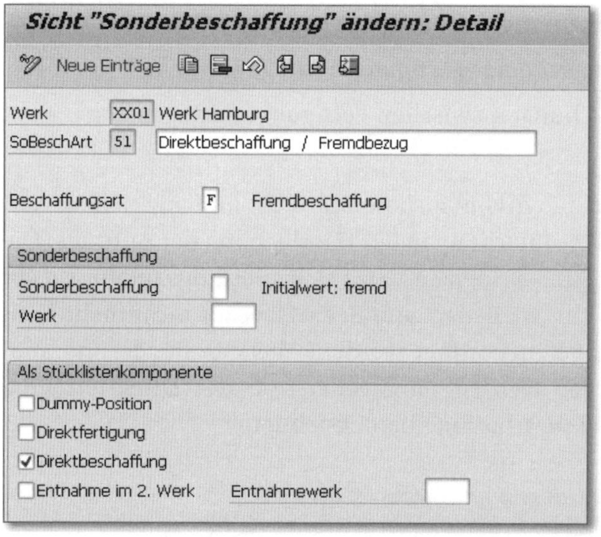

Abbildung 8.9 Sonderbeschaffungsschlüssel für die Direktbeschaffung

Falls ein Material nicht grundsätzlich Bestandteil eines Auftragsnetzes sein soll, können Sie den Sonderbeschaffungsschlüssel für die Direktfertigung bzw. die Direktbeschaffung direkt in der Stücklistenposition hinterlegen (siehe Abbildung 8.10).

Ein Auftragsnetz entsteht über den MRP-Lauf (siehe Abschnitt 7.4, »Durchführung der Materialbedarfsplanung«). In diesem werden in die Planaufträge der direktgefertigten bzw. direktbeschafften Komponenten, der jeweils verursachende Planauftrag (der übergeordnete Auftrag) sowie der führende Planauftrag geschrieben, siehe Abbildung 8.11. In diesem Fall sind der übergeordnete und der führende Planauftrag identisch.

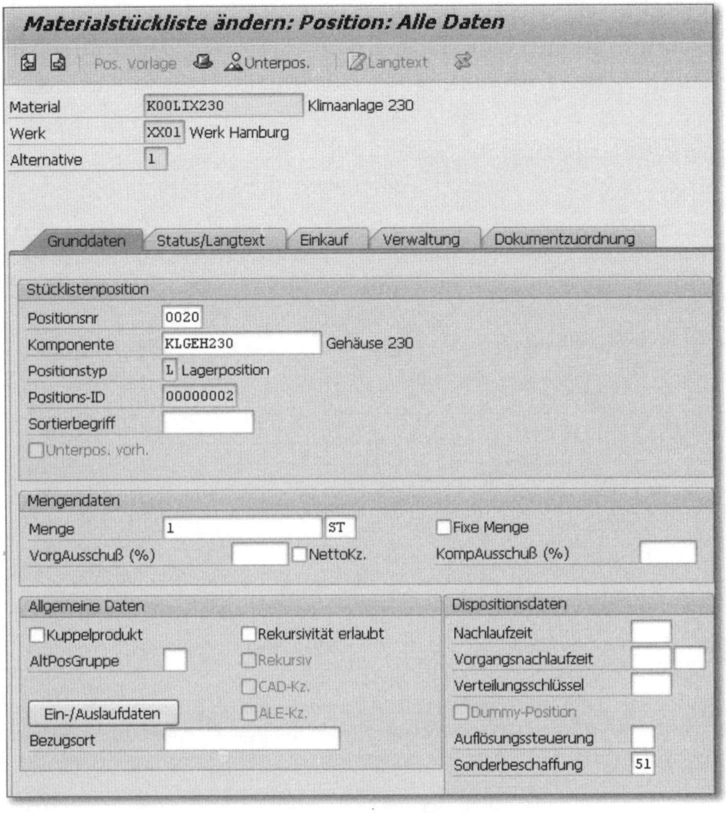

Abbildung 8.10 Sonderbeschaffungsschlüssel in der Stücklistenposition – Erstellung des Auftragsnetzes im MRP-Lauf

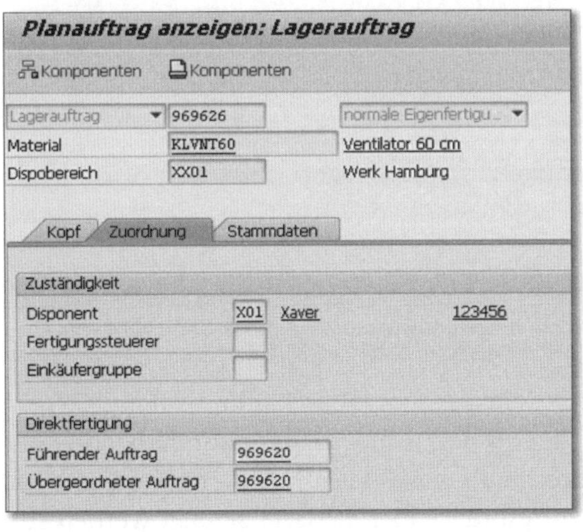

Abbildung 8.11 Zuordnung im Planauftrag für die Direktfertigung

In der Bedarfs-/Bestandsliste ist diese Zuordnung über Direktfertigungsabschnitte (siehe Abbildung 8.12) bzw. über Direktbeschaffungsabschnitte (siehe Abbildung 8.13) sichtbar.

Bedarfs-/Bestandsliste von 11:52 Uhr

Materialbaum ein

Material KLVNT60 Ventilator 60 cm
Dispobereich XX01 Werk Hamburg
Werk XX01 Dispomerkmal PD Materialart FERT Einheit ST

Z..	Datum	Dispoelement	Daten zum Dispoelem.	Umterm. Datum	Ausnahme	Zugang/Bedarf	Verfügbare Menge
	21.05.2013	W-BEST					0
	21.05.2013	----->	Direktfertigung				0
	21.05.2013	SK-BED	KOOLIX230			10-	10-
	27.05.2013	PL-AUF	0000969625/LA	21.05.2013	30	10	0
	17.06.2013	----->	Direktfertigung				0
	17.06.2013	PL-AUF	0000969626/LA			20	20
	17.06.2013	SK-BED	KOOLIX230			20-	0
	18.07.2013	----->	Direktfertigung				0
	18.07.2013	PL-AUF	0000969627/LA			15	15
	18.07.2013	SK-BED	KOOLIX230			15-	0

Abbildung 8.12 Bedarfs-/Bestandsliste mit Direktfertigungsabschnitten

Bedarfs-/Bestandsliste von 11:49 Uhr

Materialbaum ein

Material KLPROP60 Propeller 60 cm
Dispobereich XX01 Werk Hamburg
Werk XX01 Dispomerkmal PD Materialart FERT Einheit ST

Z..	Datum	Dispoelement	Daten zum Dispoelem.	Umterm. Datum	Ausnahme	Zugang/Bedarf	Verfügbare Menge
	21.05.2013	W-BEST					0
	21.05.2013	----->	Direktbeschaffung				0
	21.05.2013	SK-BED	KLVNT60			10-	10-
	03.06.2013	BS-ANF	0010015184/00010	21.05.2013	30	10	0
	07.06.2013	----->	Direktbeschaffung				0
	07.06.2013	BS-ANF	0010015185/00010			20	20
	07.06.2013	SK-BED	KLVNT60			20-	0
	11.07.2013	----->	Direktbeschaffung				0
	11.07.2013	PL-AUF	0000969628/NB			15	15
	11.07.2013	SK-BED	KLVNT60			15-	0

Abbildung 8.13 Bedarfs-/Bestandsliste mit Direktbeschaffungsabschnitten

Über die Vorschlagswerte für die Direktbeschaffung kann gesteuert werden, ob die Bedarfsdecker bereits durch die Sekundärbedarfe der Planaufträge (bei entsprechendem MRP-Lauf) oder erst durch die aus den Fertigungsaufträgen resultierenden Bedarfe erzeugt werden sollen. Solche Vorschlagswerte sind in Abbildung 8.14 dargestellt, und

Sie pflegen Sie über den Customizing-Pfad PRODUKTION • BEDARFSPLANUNG • PLANUNG • DIREKTBESCHAFFUNG • EINSTELLUNGEN FÜR DIE DIREKTBESCHAFFUNG oder über die Transaktion OPPB.

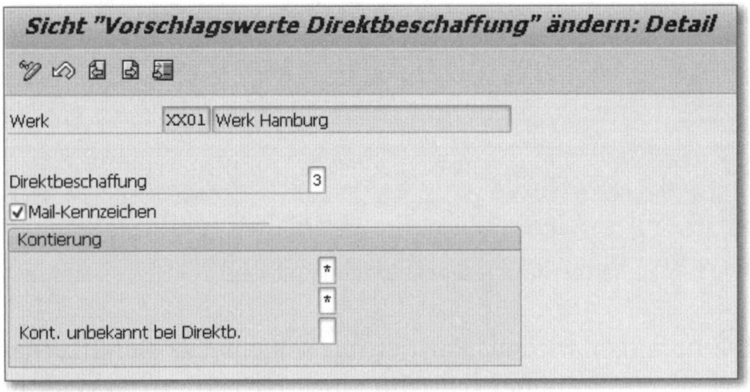

Abbildung 8.14 Vorschlagswerte für die Direktbeschaffung

Mengenänderungen im Auftragsnetz

Mengenänderungen am führenden Auftrag bewirken eine Anpassung aller im Auftragsnetz befindlichen direktgefertigten oder direktbeschafften Aufträge. Ist der führende Auftrag bereits ein Fertigungsauftrag, wirken sich die Mengenänderungen direkt und ohne weiteren MRP-Lauf auf das Auftragsnetz aus. Handelt es sich beim führenden Auftrag noch um einen Planauftrag, ist zur Anpassung des Auftragsnetzes ein MRP-Lauf erforderlich.

Sollte ein untergeordneter Planauftrag geändert und fixiert worden sein, wird er im Fall der Direktfertigung oder Direktbeschaffung trotz der Fixierung angepasst. Aus diesem Grund ist es nicht empfehlenswert, Planaufträge im Auftragsnetz interaktiv zu ändern. So ist eine Änderung von untergeordneten Planaufträgen auch nur über die Transaktion MD12, und nicht über einen Absprung aus der Bedarfs-/Bestandsliste möglich. Falls die Nachrichtenübermittlung für die Direktfertigung (Customizing-Pfad PRODUKTION • BEDARFSPLANUNG • PLANUNG • DIREKTFERTIGUNG • MAILPARTNER FÜR DIE DIREKTFERTIGUNG PFLEGEN oder Transaktion MP11, siehe Abbildung 8.15) oder für die Direktbeschaffung (Customizing-Pfad PRODUKTION • BEDARFSPLANUNG • PLANUNG • DIREKTBESCHAFFUNG • MAILPARTNER FÜR DIE DIREKTBESCHAFFUNG PFLEGEN oder Transaktion CMD1) eingerichtet wurde, erhält der Disponent oder ein anderer ausgewählter ERP-Benutzer eine Benachrichtigung, sobald ein fixierter Planauftrag geändert worden ist.

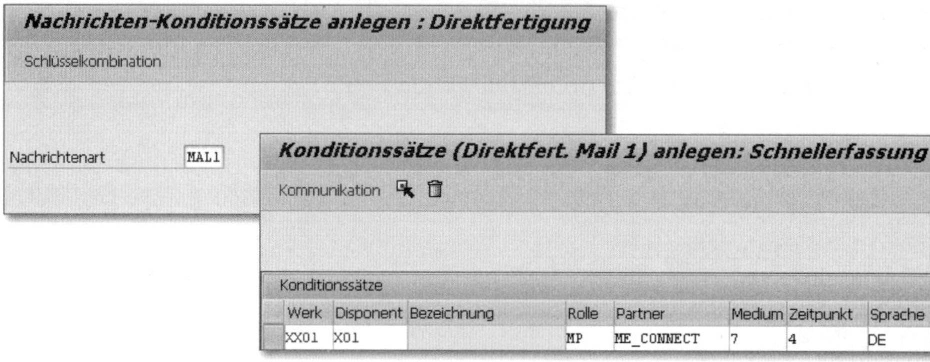

Abbildung 8.15 E-Mail-Partner für die Direktfertigung pflegen

Der E-Mail-Empfänger wird als Partner mit seinem ERP-Benutzernamen eingetragen, und die Benachrichtigung erscheint als E-Mail im SAP Business Workplace (Transaktion SBWP), siehe Abbildung 8.16.

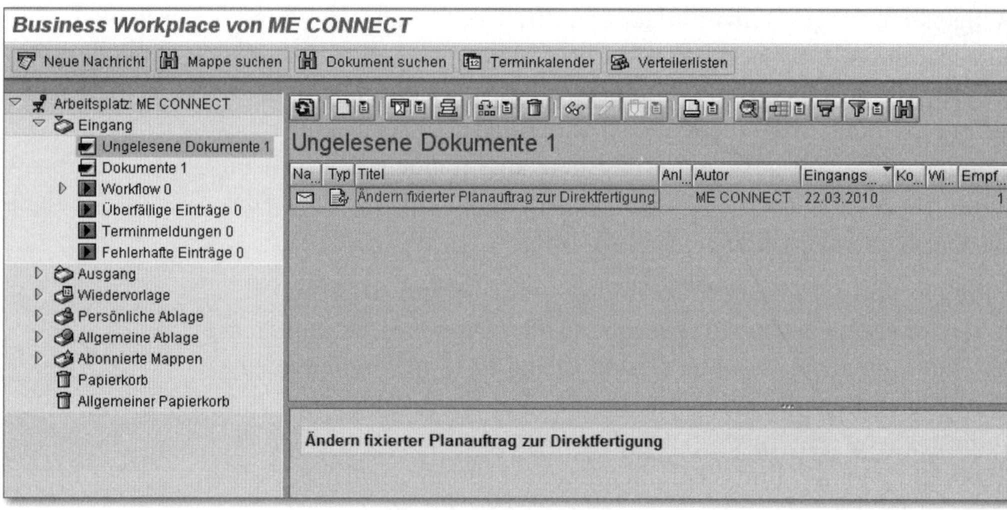

Abbildung 8.16 Benachrichtigung im SAP Business Workplace

Umsetzung des Auftragsnetzes

Die Umsetzung von Planaufträgen (siehe Abschnitt 10.3, »Umsetzung aus dem Planauftrag«) erfolgt für das gesamte Auftragsnetz gemeinsam. Es ist also nicht möglich, einen Fertigungsaufrag individuell umzusetzen. Hierbei werden direktgefertigte Planaufträge in Fertigungsaufträge und direktbeschaffte Planaufträge in Bestellanforderungen (BANF) umgewandelt. Bei der Umsetzung gelangt man in die Auftragsnetzübersicht (siehe Abbildung 8.17), in der nur Fertigungsaufträge angezeigt werden.

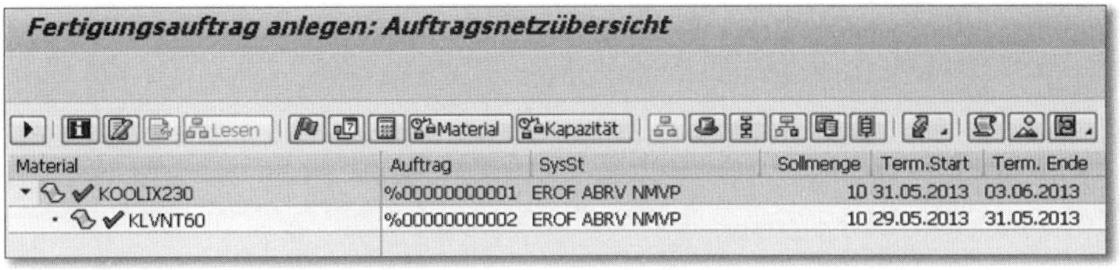

Abbildung 8.17 Auftragsnetzübersicht bei der Umsetzung des Auftragsnetzes

Die Anzeige eines Fertigungsauftrags aus der Bedarfs-/Bestandsliste führt zunächst zur Auftragsnetzstruktur, in der einzelne Aufträge oder das gesamte Auftragsnetz explizit über die in Abbildung 8.18 dargestellten Drucktasten gelesen werden müssen. Erst nach dem Lesevorgang, der durch einen grünen Haken dargestellt wird, ist die vollständige Information zu einem individuellen Auftrag vorhanden – und diesen können Sie nun durch Doppelklick anzeigen oder ändern.

Abbildung 8.18 Änderung des Fertigungsauftrags

Aus der Sicht ZUORDNUNG ist es ersichtlich, dass auch für den Fertigungsauftrag sowohl der führende als auch der übergeordnete Auftrag eingetragen worden sind (siehe Abbildung 8.19). In diesem Beispiel sind der führende und der übergeordnete Auftrag identisch.

Terminierung des Auftragsnetzes

Der führende Fertigungsauftrag enthält neben den Terminen zum Auftrag (TERMINE) auch die Termine im Auftragsnetz (siehe Abbildung 8.20).

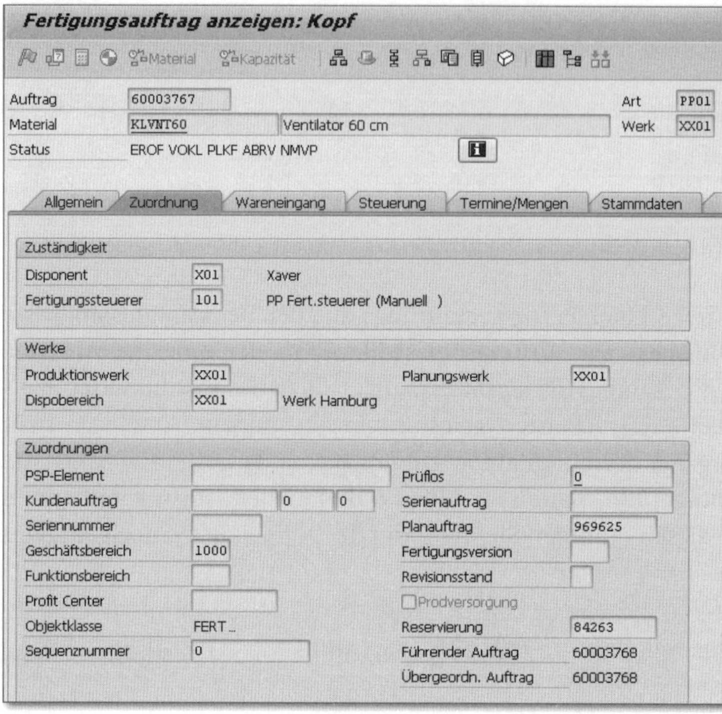

Abbildung 8.19 Zuordnung des Fertigungsauftrags

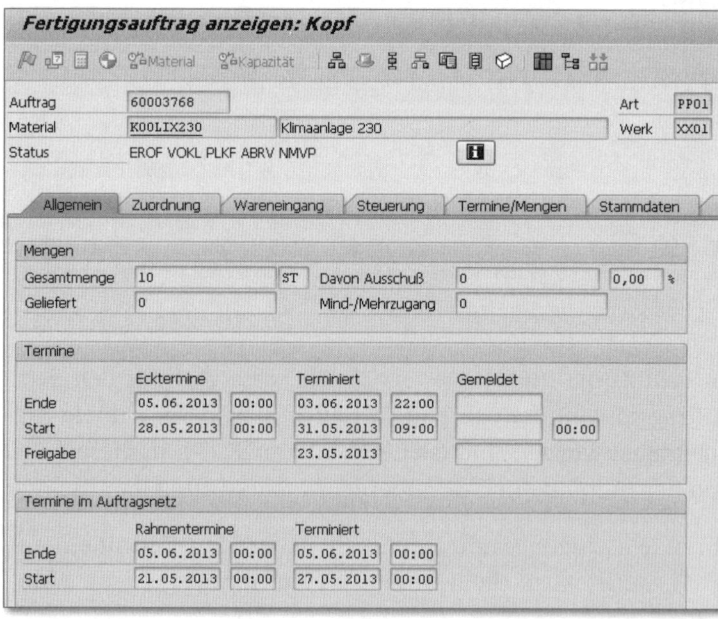

Abbildung 8.20 Auftragsnetztermine im führenden Fertigungsauftrag

Hierdurch ist es möglich, Termine für das gesamte Auftragsnetz zentral zu ändern. Eine solche Änderung erfolgt in zwei Schritten:

1. Zunächst wird der Rahmentermin im führenden Auftrag geändert.
2. Anschließend wird das Auftragsnetz terminiert.

Die Terminierung des Auftragsnetzes nehmen Sie in der Auftragsnetzübersicht über den Menüpfad FUNKTION • TERMINIERUNG • TERMINIERUNG AUFTRAGSNETZ vor (siehe Abbildung 8.21).

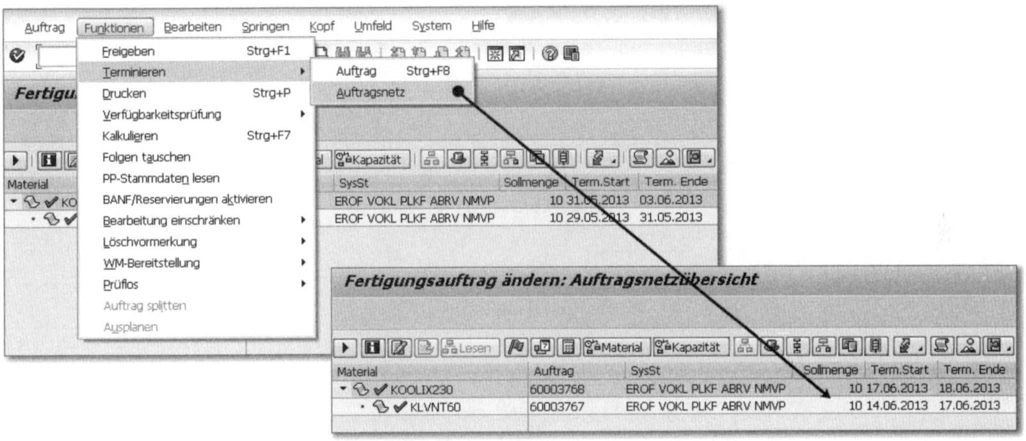

Abbildung 8.21 Terminierung des Auftragsnetzes

Freigabe des Auftragsnetzese

Die Freigabe des Auftragsnetzes (siehe Abschnitt 12.2, »Freigabe des Fertigungsauftrags«) können Sie entweder in einem Schritt vornehmen, indem Sie den führenden Fertigungsauftrag freigeben, oder schrittweise, indem Sie einzelne untergeordnete Fertigungsaufträge freigeben. Im letzteren Fall führt die Freigabe eines untergeordneten Fertigungsauftrags zu einer Statusänderung im führenden Fertigungsauftrag. Der Status FRAN zeigt im führenden Fertigungsauftrag an, ob im Auftragsnetz bereits eine Freigabe erfolgt ist. Analog zeigen Status an, ob Rückmeldungen oder Warenbewegungen im Auftragsnetz erfolgt sind.

Rückmeldungen (siehe Abschnitt 12.4, »Rückmeldung«) erfolgen individuell für den einzelnen Auftrag, und Warenbewegungen im Auftragsnetz werden nicht explizit gebucht. Mit der Rückmeldung des untergeordneten Fertigungsauftrags erfolgt automatisch die Warenentnahme für den übergeordneten Fertigungsauftrag.

8.4 Umlagerung

Komponenten und Baugruppen werden nicht nur von externen Lieferanten beschafft, sondern sie können auch von Werken des eigenen Unternehmens geliefert werden. In solchen Fällen ist eine Abbildung als Umlagerung transparenter als eine klassische Kunde-Lieferant-Abbildung zwischen den Werken. Aus der Bedarfsplanung wird die Umlagerung über einen Sonderbeschaffungsschlüssel mit der Sonderbeschaffung U und unter der Angabe des Lieferwerks gesteuert (siehe Abbildung 8.22).

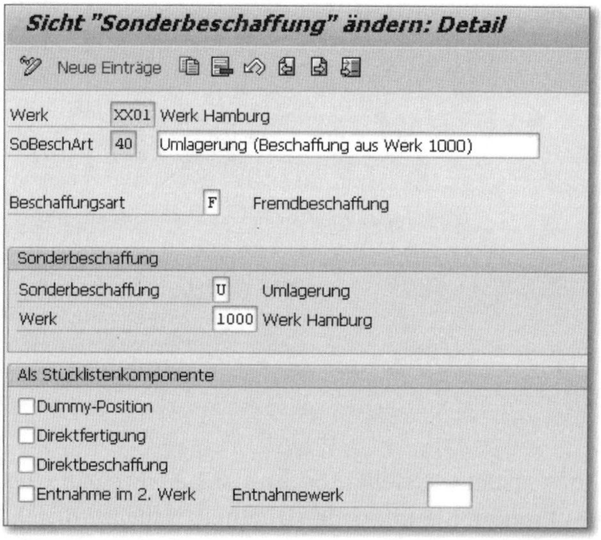

Abbildung 8.22 Sonderbeschaffungsschlüssel für die Umlagerung (hier: aus Werk 1000)

Bei der Bedarfsplanung ist zu beachten, dass zuerst für das Empfangswerk und erst anschließend für das Lieferwerk geplant wird, da es andernfalls zu Unterdeckungen kommen kann. Bestehen mehrfache Lieferbeziehungen zwischen den einzelnen Werken (beispielsweise wenn Werk 2 von Werk 1 mit Bauteil A beliefert wird, das in Werk 2 wiederum in Bauteil B eingeht und anschließend an Werk 1 zurückgeliefert wird) oder wird materialabhängig in beide Richtungen geliefert (beispielsweise wenn Werk 2 von Werk 1 mit Bauteil X und Werk 1 wiederum von Werk 2 mit Bauteil Y beliefert wird), muss die Bedarfsplanung für die betreffenden Werke mehrmals ausgeführt werden.

Belegfluss der Umlagerungsabwicklung

Die Abwicklung einer Umlagerung in SAP ERP erfordert mehrere Customizing-Einstellungen, die in den Bereich der Materialwirtschaft fallen und auf die wir hier daher nicht näher eingehen. Als groben Überblick zeigt Abbildung 8.23 den Belegfluss einer Umlagerung. Die übereinander angeordneten Dokumente sind identisch und stellen nur die unterschiedliche Sicht in Liefer- und Empfangswerk dar.

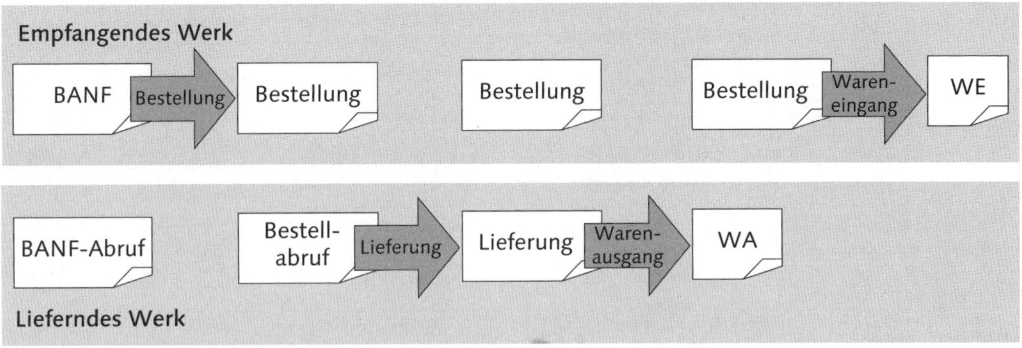

Abbildung 8.23 Belegfluss zu einer Umlagerung

Zunächst wird die Umlagerungsbestellanforderung im Empfangswerk in eine Umlagerungsbestellung umgewandelt, die im Lieferwerk als Bestellabruf sichtbar ist und für die im Rahmen der Auslieferung eine Lieferung erzeugt wird. (Je nach Einstellung könnte das erste Dokument auch ein Umlagerungsplanauftrag sein, der in eine Umlagerungsbestellanforderung umgewandelt wird.) Zur entsprechenden Lieferung wird im Lieferwerk schließlich der Warenausgang gebucht. Im Empfangswerk bleibt die Umlagerungsbestellung sichtbar; allerdings können Sie in der Umlagerungsbestellung über die Positionssicht BESTELLENTWICKLUNG verfolgen, welche Aktionen im Lieferwerk bereits erfolgt sind. Je nach Einstellung wird mit dem Warenausgang im Lieferwerk der Transportbestand als informativer Eintrag in der Bedarfs-/Bestandsliste des Empfangswerks angezeigt. Mit dem Wareneingang im Empfangswerk erlischt die Umlagerungsbestellung.

Abbildung 8.24 zeigt die Bedarfs-/Bestandsliste von Empfangs- und Lieferwerk für unterschiedliche Umlagerungsstadien.

Im Umlagerungsplanauftrag ist das Lieferwerk als Produktionswerk gekennzeichnet (siehe Abbildung 8.25).

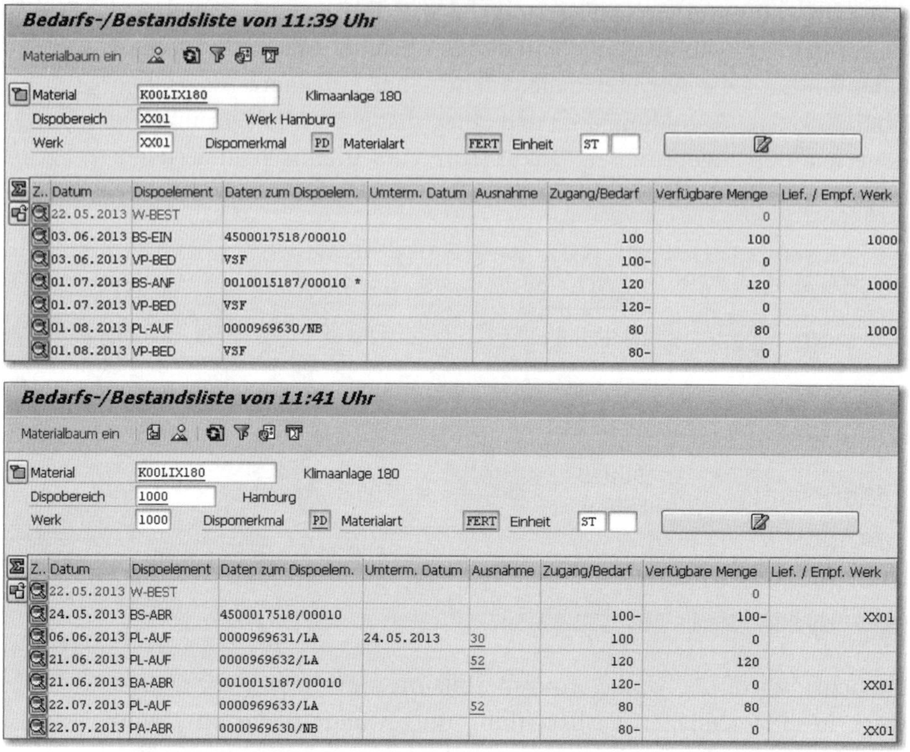

Abbildung 8.24 Bedarfs-/Bestandsliste von Empfangs- und Lieferwerk

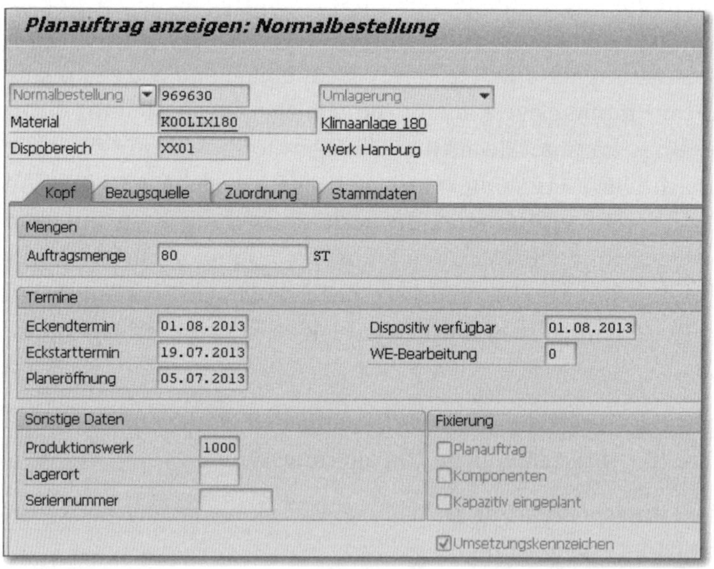

Abbildung 8.25 Umlagerungsplanauftrag

Die Umlagerungsbestellanforderung (BANF) hat den Positionstyp U und weist das Lieferwerk explizit als Bezugsquelle aus (siehe Abbildung 8.26).

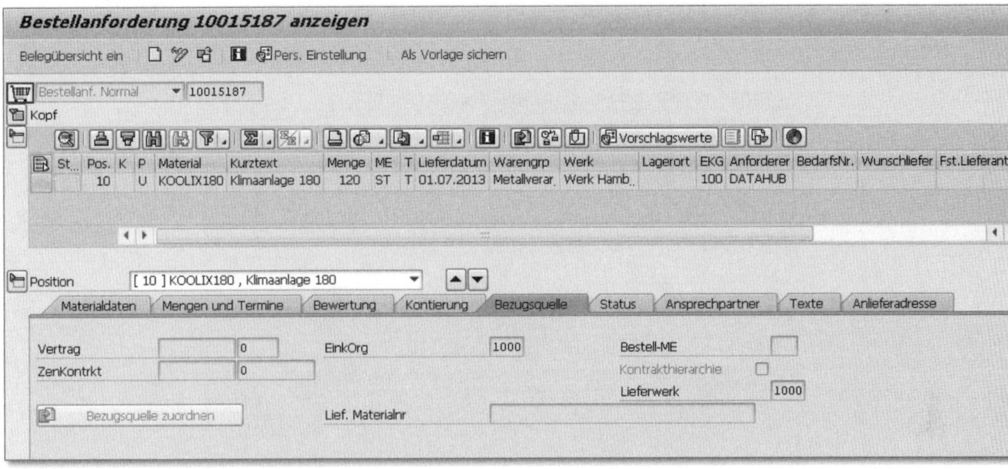

Abbildung 8.26 Umlagerungsbestellanforderung

8.5 Entnahme aus einem anderen Werk

Bei der Sonderbeschaffungsform *Entnahme aus einem anderen Werk* werden die Sekundärbedarfe, die bei einer Produktion entstehen, auf ein anderes Werk umgeleitet. Dies entspricht dem Ablauf der Umlagerung für eine Stücklistenkomponente, nur mit dem Unterschied, dass diese Umlagerung nicht explizit modelliert wird. Abbildung 8.27 zeigt den entsprechenden Prozessüberblick, wobei ❶ den Stücklistenkopf (Produkt KOOLIX100) und ❷ die sonderbeschaffte Komponente (Komponente KLSTE090) darstellt.

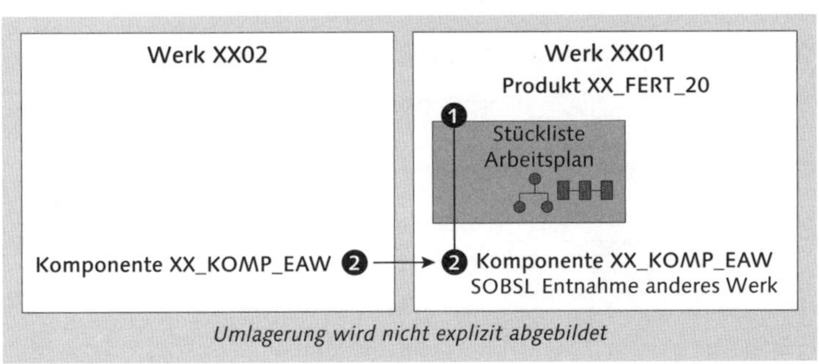

Abbildung 8.27 Prozessüberblick – Entnahme aus einem anderen Werk

Diese Art der Abbildung eignet sich insbesondere für Werke, die räumlich nahe beieinander liegen, und sie bietet den Vorteil, dass keine Dokumente zur Umlagerung erstellt und bearbeitet werden müssen. Abbildung 8.28 zeigt den Sonderbeschaffungsschlüssel für die Entnahme aus Werk 1000.

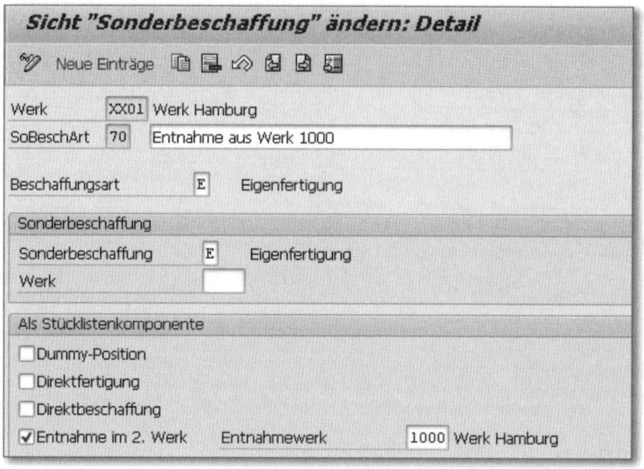

Abbildung 8.28 Sonderbeschaffungsschlüssel für die Entnahme aus einem anderem Werk (hier: Werk 1000)

Der Sonderbeschaffungsschlüssel wird der entsprechenden Komponente im produzierenden Werk zugeordnet und bewirkt, dass der Sekundärbedarf auf das andere Werk umgeleitet wird. Dementsprechend ist die Bedarfs-/Bestandsliste für die Komponente im produzierenden Werk leer. Abbildung 8.29 zeigt einen Fertigungsauftrag in Werk XX01, der eine Komponente enthält, die aufgrund des Sonderbeschaffungsschlüssels Werk 1000 zugeordnet worden ist.

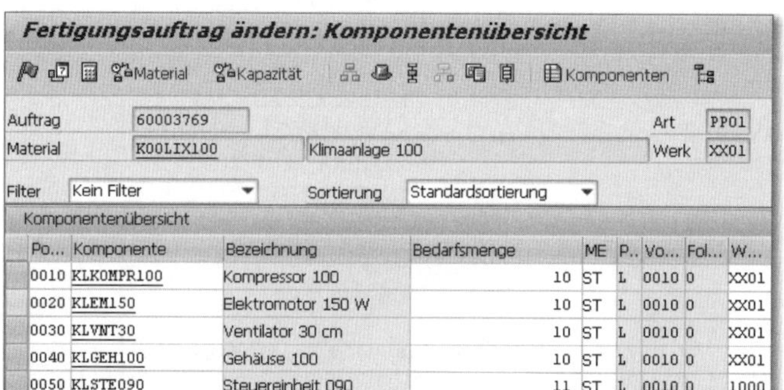

Abbildung 8.29 Fertigungsauftrag mit Komponentenentnahme aus einem anderen Werk

8.6 Produktion in einem anderen Werk

Bei der Sonderbeschaffungsart *Produktion in anderem Werk* findet die Produktion vollständig in einem Werk, dem Produktionswerk, statt. Der Zugang aus dem Planauftrag bzw. Fertigungsauftrag wird jedoch einem anderen Werk, dem Planungswerk, zugeschrieben. Sämtliche produktionsrelevanten Stammdaten befinden sich im Produktionswerk. Abbildung 8.30 zeigt hierzu den Prozessüberblick, wobei ❶ den Stücklistenkopf (Produkt KOOLIX105) und ❷ die Stücklistenkomponente (Komponente KLKOMPR100) darstellt.

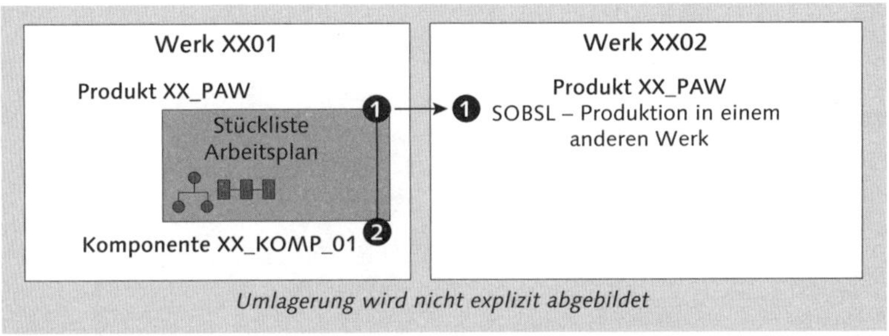

Abbildung 8.30 Prozessüberblick – Produktion in einem anderen Werk

Abbildung 8.31 zeigt den Sonderbeschaffungsschlüssel für die Produktion in Werk XX01. Der Sonderbeschaffungsschlüssel wird dem Kopfmaterial im Planungswerk (hier: Werk 1000) zugewiesen.

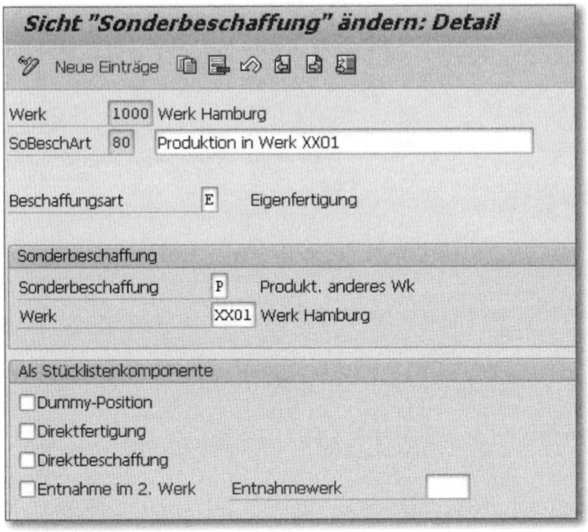

Abbildung 8.31 Sonderbeschaffungsschlüssel für die Produktion in einem anderen Werk (hier: Werk XX01)

Das Produktionswerk und das Planungswerk werden sowohl im Planauftrag (siehe Abbildung 8.32) als auch im Fertigungsauftrag (siehe Abbildung 8.33) explizit ausgewiesen.

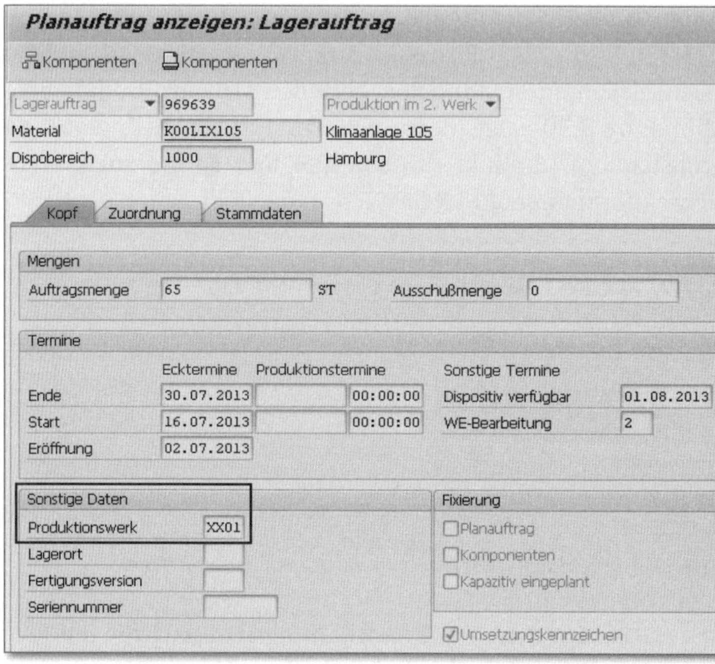

Abbildung 8.32 Planauftrag mit Produktion in einem anderen Werk (hier: Werk XX01)

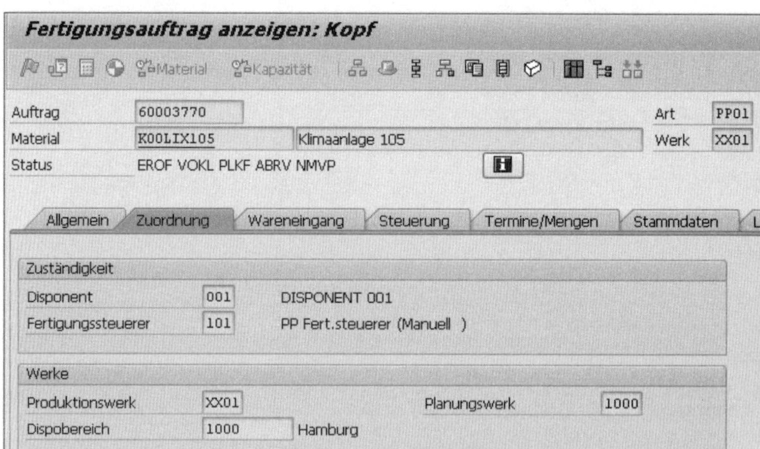

Abbildung 8.33 Fertigungsauftrag mit Produktion in einem anderen Werk (hier: Werk XX01)

Aus der Bedarfs-/Bestandsliste für das Planwerk ist es ersichtlich, dass der Zugang dispositiv relevant ist (also die verfügbare Menge erhöht wurde), während der Zugang im Produktionswerk nur sichtbar ist, also ohne dispositive Relevanz. Abbildung 8.34 zeigt diese beiden Bedarfs-/Bestandslisten.

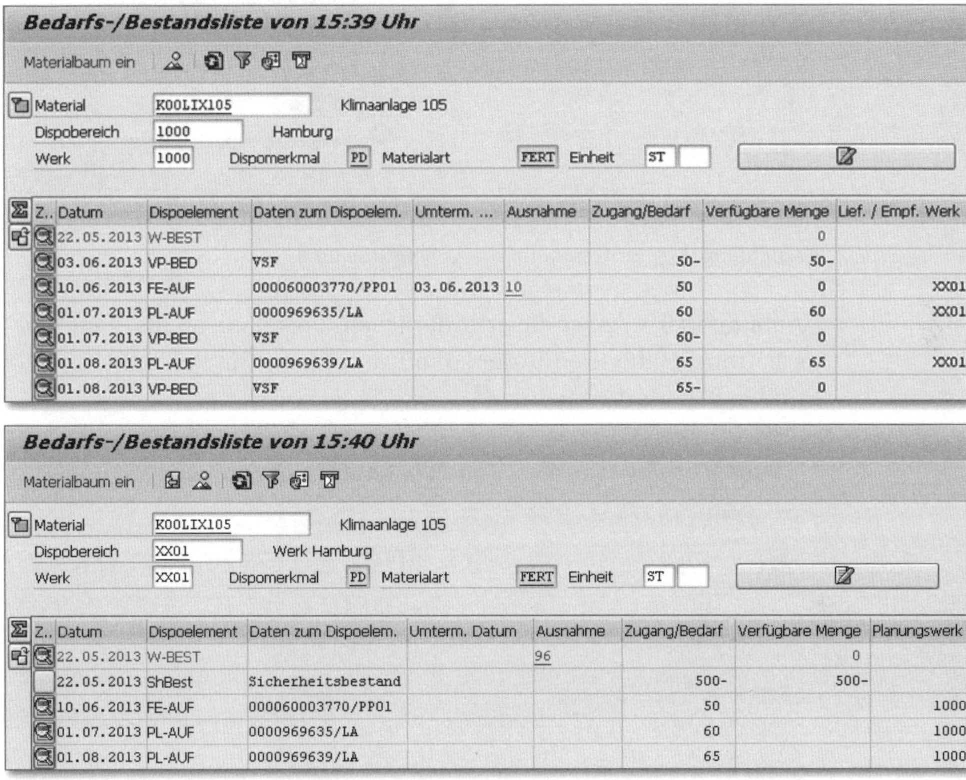
Bedarfs-/Bestandsliste von 15:39 Uhr

Materialbaum ein

Material KOOLIX105 Klimaanlage 105
Dispobereich 1000 Hamburg
Werk 1000 Dispomerkmal PD Materialart FERT Einheit ST

Z..	Datum	Dispoelement	Daten zum Dispoelem.	Umterm. ...	Ausnahme	Zugang/Bedarf	Verfügbare Menge	Lief. / Empf. Werk
	22.05.2013	W-BEST					0	
	03.06.2013	VP-BED	VSF			50-	50-	
	10.06.2013	FE-AUF	000060003770/PP01	03.06.2013	10	50	0	XX01
	01.07.2013	PL-AUF	0000969635/LA			60	60	XX01
	01.07.2013	VP-BED	VSF			60-	0	
	01.08.2013	PL-AUF	0000969639/LA			65	65	XX01
	01.08.2013	VP-BED	VSF			65-	0	

Bedarfs-/Bestandsliste von 15:40 Uhr

Materialbaum ein

Material KOOLIX105 Klimaanlage 105
Dispobereich XX01 Werk Hamburg
Werk XX01 Dispomerkmal PD Materialart FERT Einheit ST

Z..	Datum	Dispoelement	Daten zum Dispoelem.	Umterm. Datum	Ausnahme	Zugang/Bedarf	Verfügbare Menge	Planungswerk
	22.05.2013	W-BEST			96		0	
	22.05.2013	ShBest	Sicherheitsbestand			500-	500-	
	10.06.2013	FE-AUF	000060003770/PP01			50		1000
	01.07.2013	PL-AUF	0000969635/LA			60		1000
	01.08.2013	PL-AUF	0000969639/LA			65		1000

Abbildung 8.34 Bedarfs-/Bestandsliste im Planungswerk 1000 und im Produktionswerk XX01

8.7 Lohnbearbeitung

Der Prozess der Lohnbearbeitung besteht in der Fremdvergabe eines oder mehrerer Produktionsschritte. Im Gegensatz zur »verlängerten Werkbank«, bei der ein Arbeitsschritt innerhalb eines Fertigungsauftrags (und somit ohne eigene Stücklistenstufe) fremdvergeben wird, wird bei der Lohnbearbeitung die Fertigung einer kompletten Stücklistenstufe fremdvergeben. Dies bedeutet, dass dem Lohnbearbeiter die zur Produktion erforderlichen Komponenten bereitgestellt werden, er den Produktionsschritt durchführt und das fertige Produkt anschließend zurückliefert. Abbildung 8.35 zeigt den Prozessüberblick für die Lohnbearbeitung.

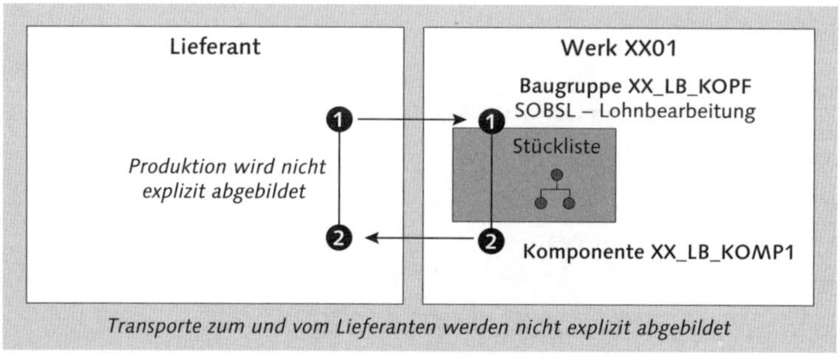

Abbildung 8.35 Prozessüberblick – Lohnbearbeitung

Abbildung 8.36 zeigt die erforderlichen Einstellungen des Sonderbeschaffungsschlüssels für die Lohnbearbeitung: Die Beschaffungsart F und die Sonderbeschaffung L.

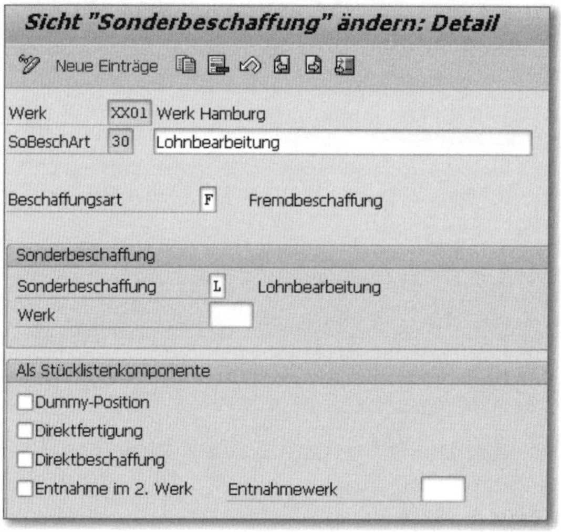

Abbildung 8.36 Sonderbeschaffungsschlüssel für die Lohnbearbeitung

Eine weitere Voraussetzung dafür, dass während der Bedarfsplanung Lohnbearbeitungsplanaufträge bzw. Bestellanforderungen erzeugt werden, ist die Pflege der Einkaufsstammdaten, also des Infosatzes vom Typ LB und des dispositionsrelevanten Orderbucheintrags. Da diese Einkaufsstammdaten in den Bereich Materialwirtschaft fallen, gehen wir an dieser Stelle nicht weiter darauf ein.

Planauftrag und Bestellanforderung

Der Planauftrag für die Lohnbearbeitung enthält die Sonderbeschaffungsart *Lohnbearbeitung*, die Stückliste und als Bezugsquelle den Lieferanten, siehe Abbildung 8.37.

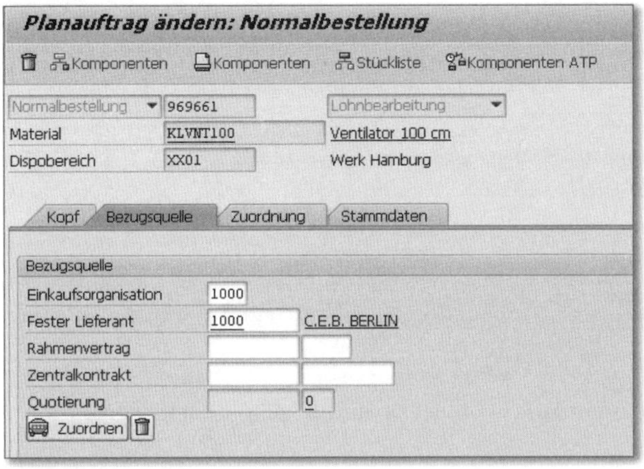

Abbildung 8.37 Planauftrag für die Lohnbearbeitung

Bei der Umsetzung des Planauftrags entsteht eine Lohnbearbeitungs-BANF, die den Positionstyp L (für Lohnbearbeitung) erhält und ebenfalls eine Stückliste beinhaltet, siehe Abbildung 8.38.

Abbildung 8.38 Bestellanforderung für die Lohnbearbeitung

Die Stückliste verbirgt sich im Positionsdetail in der Sicht MATERIALDATEN und erscheint auf Anforderung (Klick auf die Drucktaste KOMPONENTEN), siehe Abbildung 8.39. Die Komponenten können Sie hier auftragsindividuell ändern. Solange das Kennzeichen MENGE IST FIX nicht gesetzt ist, passt sich die Komponentenmenge einer Mengenänderung der Kopfmenge der Lohnbearbeitungs-BANF an.

Planung der Beistellkomponenten

Die Komponenten des Lohnbearbeitungsplanauftrags, der Lohnbearbeitungs-BANF oder der Lohnbearbeitungsbestellung lösen Sekundärbedarfe für die Beistellkomponenten aus. Abbildung 8.40 zeigt die Bedarfs-/Bestandsliste für eine Beistellkomponente.

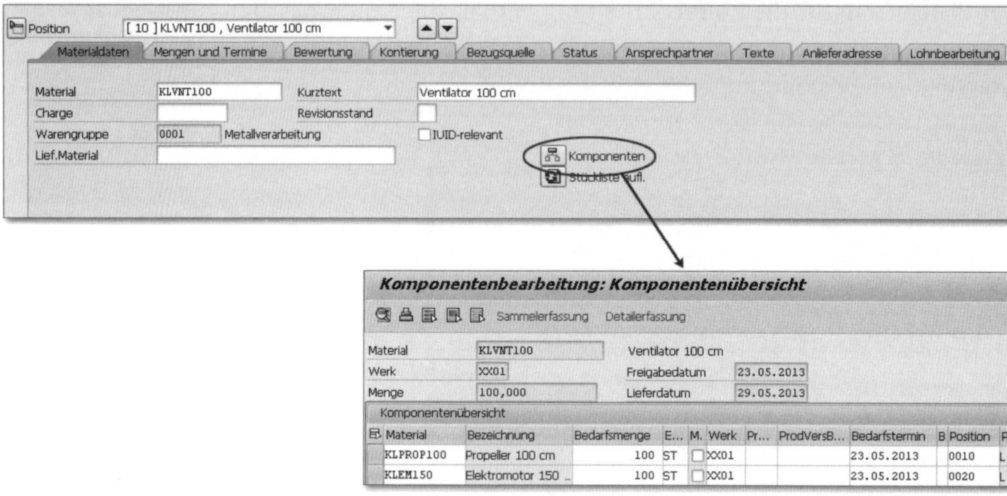

Abbildung 8.39 Bestellanforderung für die Lohnbearbeitung – Komponenten

Die Bedarfs-/Bestandsliste zeigt neben dem Werksbestand auch die Bestände der Lieferanten an.

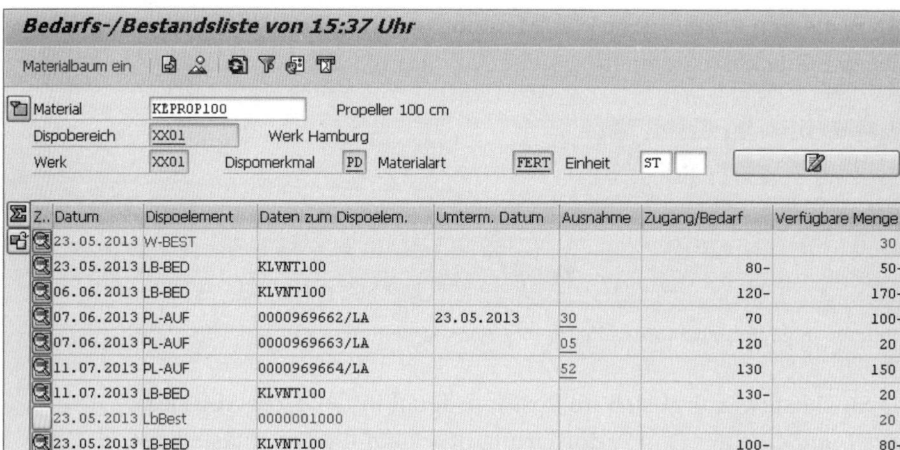

Abbildung 8.40 Bedarfs-/Bestandsliste für eine Beistellkomponente

Die Lohnbearbeitungsbestände ordnen Sie dem Lieferanten durch eine Umbuchung mit der Bewegungsart 541 zu (siehe Abbildung 8.41), sodass auch bei alternativen Lohnbearbeitern die räumliche Trennung der Bestände berücksichtigt wird. Dies gilt gleichermaßen für den Fall, dass eine Komponente sowohl zur Beistellung für einen Lohnbearbeiter als auch für die Eigenfertigung verwendet wird.

Abbildung 8.41 Umbuchung von Werksbestand an Lohnbearbeiter

Ist es gewünscht, dass im Rahmen der Bedarfsplanung auch eine Umlagerung zu den Lohnbearbeitern geplant wird, kann dies unter der der Zuhilfenahme von Dispositionsbereichen erfolgen. In einem solchen Fall verwenden Sie für das Beistellteil für den Lohnbearbeiter einen Dispositionsbereich und legen zwischen Werk und Dispositionsbereich eine Umlagerungsreservierung an. In den Dispositionsbereichsdaten der entsprechenden Komponente wird in diesem Fall ein Sonderbeschaffungsschlüssel für die Umlagerung aus dem eigenen Werk gepflegt.

Prozessvarianten der Lohnbearbeitung

Die Lohnbearbeitung kann auch als Streckenabwicklung erfolgen. Dies bietet sich an, falls die Beistellkomponenten fremdbeschafft werden. In diesem Fall werden die Beistellkomponenten direkt vom Lieferanten der Beistellkomponenten an den Lohnbearbeiter geliefert. Eine weitere Variante ist es, die Beistellkomponente ebenfalls in der Lohnbearbeitung herstellen zu lassen. Voraussetzung für die beiden genannten Abbildungen ist es, dass für die Komponente Dispositionsbereiche verwendet werden und dass in den Dispositionsbereichsdaten der Komponente der Sonderbeschaffungsschlüssel für die Fremdbeschaffung (bei Streckenabwicklung) bzw. für die Lohnbearbeitung (bei mehrstufiger Lohnbearbeitung) gepflegt wurde.

8.8 Konsignation

Bei der Konsignation stellt der Lieferant dem Kunden Material zur Verfügung, das dem Kunden erst dann berechnet wird, wenn er es dem Konsignationslager entnimmt. Der Sonderbeschaffungsschlüssel (siehe Abbildung 8.42) steuert, dass beim Erzeugen einer BANF diese den Positionstyp K (für Konsignation) erhält (siehe Abbildung 8.43).

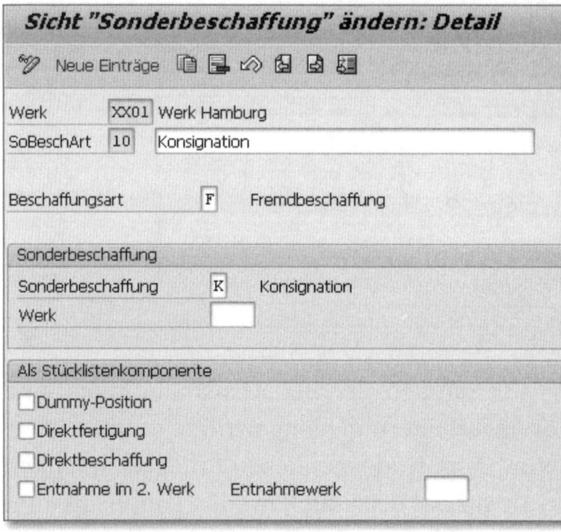

Abbildung 8.42 Sonderbeschaffungsschlüssel für die Konsignation

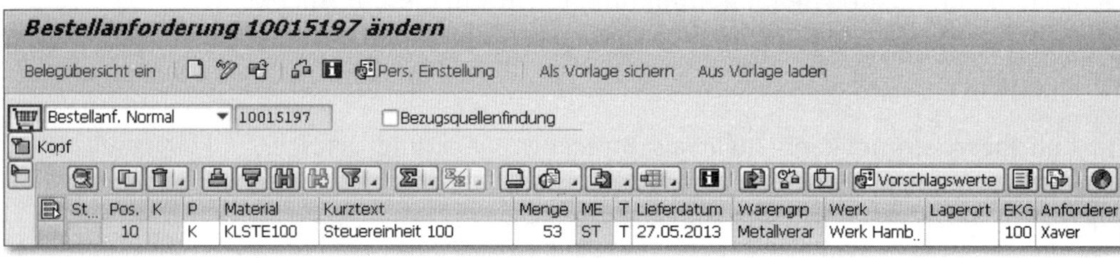

Abbildung 8.43 Konsignations-BANF

Weitere Einstellungen und Implikationen der Konsignation fallen in den Bereich der Materialwirtschaft und werden hier daher nicht behandelt.

Die Langfristplanung entspricht einer Planungssimulation, mit der ermittelt werden kann, wie sich eine Änderung von Planprimärbedarfen voraussichtlich auf die Kapazitätsauslastung, die Bestände und die Fremdbeschaffung auswirkt. Die Langfristplanung ist auch für Simulationen im Kurzfristbereich geeignet.

9 Langfristplanung

Zielsetzung der Langfristplanung ist ein frühzeitiger Abgleich der vorhandenen Kapazitäten mit den Vorgaben aus der Absatzplanung, um deren Umsetzungsfähigkeit zu prüfen. Es wird also betrachtet, inwieweit die Absatz-und Produktionsgrobplanung die vorhandenen Ressourcen belastet. Durch das Erkennen von Engpässen innerhalb der Langfristplanung können bereits frühzeitig Maschinenerweiterungen, das Ausweichen auf andere Arbeitsplätze, die Erweiterung von Arbeitszeiten usw. zur Erreichung des geplanten Absatzziels geplant und abgestimmt werden.

9.1 Prozessüberblick

Ziel der Langfristplanung ist eine Simulation der Planung. Eine solche Simulation ist nicht auf den lang- oder mittelfristigen Bereich beschränkt, sondern sie kann auch für den kurzfristigen Bereich erfolgen. Die Zielsetzungen der zeitlichen Bereiche unterscheiden sich folgendermaßen:

- **Langfristige Simulation**
  Ziel der langfristigen Simulation ist es, eine Aussage über lang- bis mittelfristig benötigte Bedarfe und Kapazitäten zu erhalten. Hierbei sind die durchschnittlichen Bestände und exakte Losgrößen in der Regel ausreichend.
- **Kurzfristige Simulation**
  Ziel der kurzfristigen Simulation ist es, die Auswirkungen kurzfristiger Planungsänderungen zu überprüfen, bevor diese dispositiv

wirksam werden. Hierbei ist eine möglichst exakte Abbildung der tatsächlichen Planungssituation von hoher Bedeutung.

Die Simulation basiert üblicherweise auf einer inaktiven Version des Programmplans und erfolgt mithilfe von Werkzeugen, die analog der Werkzeuge für die Materialbedarfsplanung verwendet worden sind. Sämtliche simulationsrelevanten Bewegungsdaten – Planprimärbedarfe, Planaufträge, Kundenaufträge und fixierte Zugänge – werden in einem *Planungsszenario* gebündelt. Das Planungsszenario enthält darüber hinaus die Parameter für die Simulation und ist daher das zentrale Objekt der Langfristplanung.

Funktionen für die Auswertung

Für die Auswertung der in der Langfristplanung durchgeführten Simulation stehen die folgenden Funktionen zur Verfügung:

- Vergleich mit operativer Planung
- Auswertung der Kapazitätsauslastung
- Auswertung der Fremdbeschaffung
- Bedarfs- und Bestandsauswertung
- Kostenstellenplanung

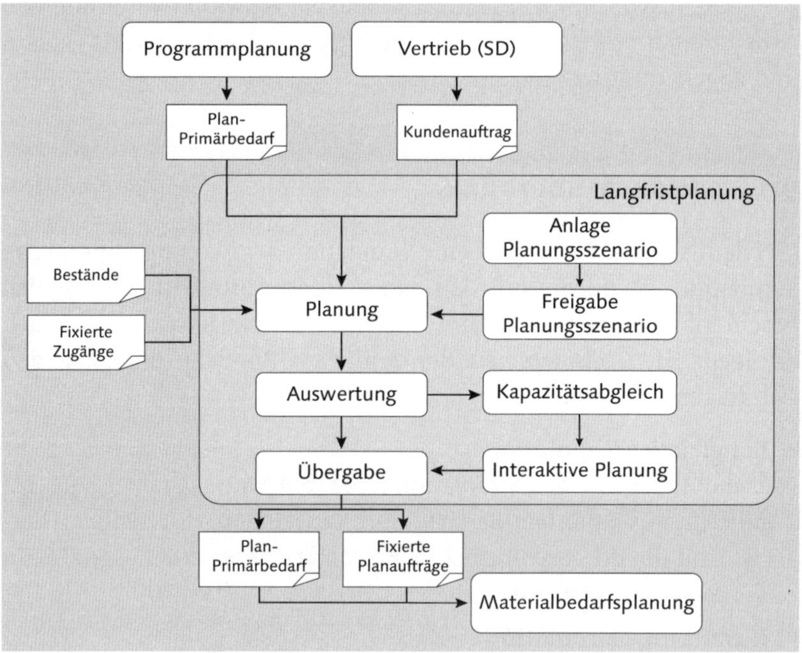

Abbildung 9.1 Prozessüberblick über die Langfristplanung

Basis für die Langfristplanung sind (in der Regel inaktive) Planprimärbedarfe und optional Kundenaufträge sowie Bestände und fixierte Zugänge. Abbildung 9.1 zeigt einen Überblick über den Prozess der Langfristplanung.

Insbesondere im Fall einer kurzfristigen Simulation ist es erwünscht, mit der operativen Planung weitgehend identische Rahmenbedingung zu schaffen. Aus diesem Grund wird in den Standardeinstellungen für eine kurzfristige Simulation die Berücksichtigung aller Bewegungsdaten – Planprimärbedarfe, Kundenbedarfe, aktuelle Bestände und fixierte Zugänge – vorgeschlagen. Für eine langfristige Simulation können hingegen ein durchschnittlicher Bestand und der Planprimärbedarf völlig ausreichend sein und zu einem transparenteren Planungsergebnis führen.

Es ist möglich, im Planungsszenario eine interaktive Planung durchzuführen, die fixierte Planaufträge zur Folge hat. Diese fixierten Planaufträge können an die Materialbedarfsplanung übergeben werden (genau genommen werden sie von der interaktiven Materialbedarfsplanung übernommen). Dies ist üblicherweise für die kurzfristige Simulation interessant.

9.2 Planungsszenario

Die Simulationen für die Langfristplanung werden in einem Planungsszenario durchgeführt. Das Planungsszenario enthält sämtliche Bewegungsdaten der Simulation, d. h. die Bedarfselemente und optional die Bestände und fixierten Zugänge. Die Simulation selbst wird analog zur Materialbedarfsplanung durchgeführt. Allerdings werden sämtliche Bedarfsdecker nur innerhalb des Planungsszenarios angelegt, d. h., dass sie für die operative Planung nicht sichtbar sind. Neben den Bewegungsdaten, die aus der operativen Planung für die Langfristplanung verwendet werden, definiert das Planungsszenario, welche Parameter bei der Simulation berücksichtigt werden sollen.

Ein Planungsszenario wird durch eine dreistellige numerische Bezeichnung gekennzeichnet, mithilfe der Transaktion MS31 angelegt und über die Transaktion MS32 geändert (siehe Abbildung 9.2).

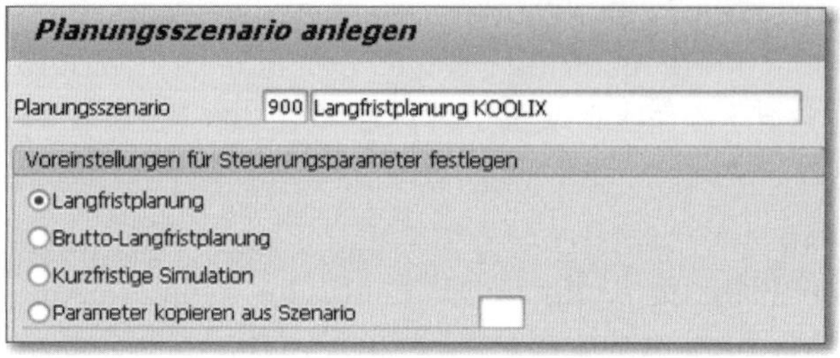

Abbildung 9.2 Anlegen eines Planungsszenarios

Es existieren drei Standardszenariotypen:

- Langfristplanung
- Bruttolangfristplanung
- kurzfristige Simulation

Der Unterschied zwischen diesen Szenariotypen besteht in der Vorbelegung der Parameter. Diese Vorbelegung kann in allen Fällen ergänzt oder geändert werden. Eine weitere Option besteht in der Übernahme der Parameterbelegungen eines anderen Szenarios.

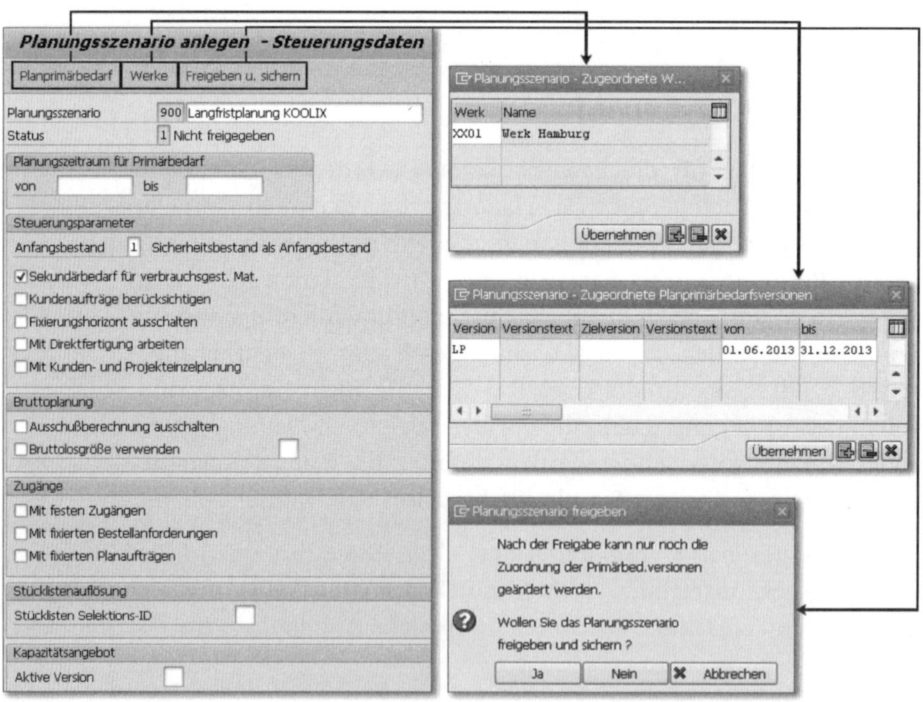

Abbildung 9.3 Planungsszenario

Im Planungsszenario erfolgt neben der Parametrisierung die Zuordnung der Planprimärbedarfsversion (bzw. der Versionen) und des Werks (oder der Werke) sowie die Freigabe. Abbildung 9.3 bietet einen Überblick über die Definition des Planungsszenarios. Es ist zu beachten, dass die Parameter nach der Freigabe des Szenarios nicht mehr geändert werden können.

Der Planungszeitraum bezieht sich auf den Planprimärbedarf. Für die Auswertung des Planungsszenarios ist zu berücksichtigen, dass Planaufträge und Bestellanforderungen aufgrund der Durchlaufzeit vor dem Beginn des Planungszeitraums liegen.

Tabelle 9.1 führt die Parameter des Planungsszenarios auf sowie die Vorbelegung der unterschiedlichen Standardszenariotypen. In Abhängigkeit vom jeweiligen Szenariotyp werden einige Parameter durch das SAP-System vorbelegt.

Parametergruppe	Parameter	Langfristplanung	Brutto-Langfristplanung	Kurzfristige Simulation
Steuerungsparameter	Anfangsbestand	Sicherheitsbestand	ohne Bestand	Werksbestand
	Sekundärbedarf für verbrauchsgesteuerte Materialien	×	×	×
	Kundenaufträge berücksichtigen			×
	Fixierungshorizont ausschalten			
	Mit Direktfertigung arbeiten			×
	Mit Kunden- und Projekteinzelplanung			×
Bruttoplanung	Ausschussberechnung ausschalten		×	
	Bruttolosgröße verwenden		×	
Zugänge	Mit festen Zugängen			×
	Mit fixierten Bestellanforderungen			×
	Mit fixierten Planaufträgen			×

Tabelle 9.1 Parameter des Planungsszenarios und deren Vorbelegung

Diese Parameter können für die Planungsszenarien interaktiv geändert werden. Einige davon sind selbsterklärend; andere werden im Folgenden weiter erläutert.

Anfangsbestand

Ob und welche Bestände für die Langfristplanung verwendet werden, wird über den Steuerparameter ANFANGSBESTAND eingestellt. Die folgende Alternativen existieren für die Langfristplanung:

- Nullbestand
- Sicherheitsbestand
- Werksbestand
- durchschnittlicher Werksbestand

Während per Definition für die Bruttoplanung kein Bestand verwendet wird, ist für eine kurzfristige Simulation die Verwendung des tatsächlichen Werksbestands erforderlich. Für langfristige Simulationen kann der Sicherheitsbestand oder der durchschnittliche Werksbestand zuverlässiger sein als der momentane Werksbestand. Die Voraussetzung für die Verwendung des durchschnittlichen Werksbestands ist, dass er zuvor explizit ermittelt wurde. Dies ist mithilfe der Transaktion MS29 möglich (siehe Abbildung 9.4).

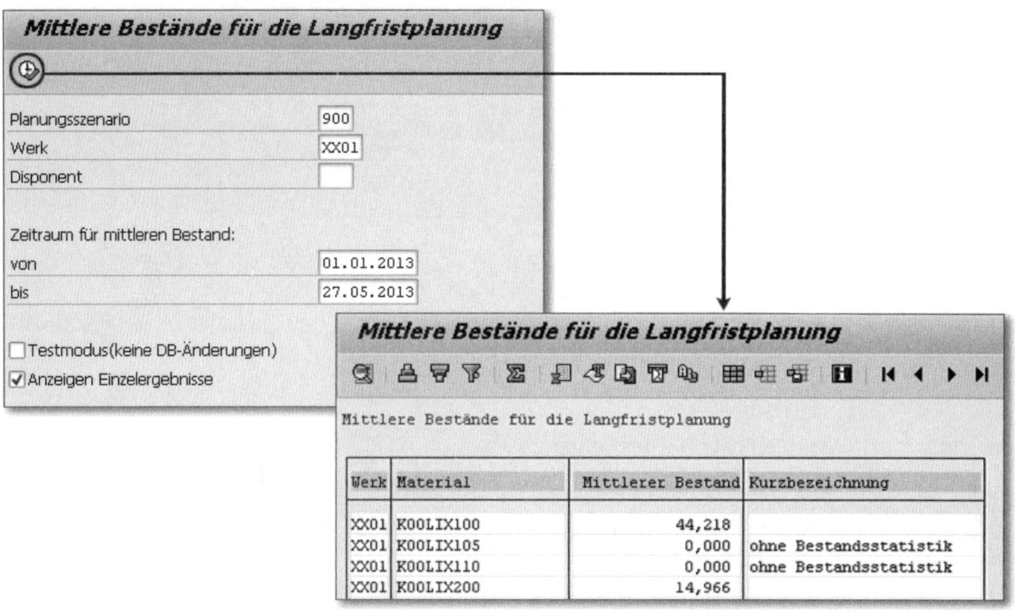

Abbildung 9.4 Berechnung des durchschnittlichen Werksbestands

Die Durchschnittsberechnung erfolgt für das in der Transaktion angegebene Planungsszenario über den ebenfalls dort definierten Betrachtungszeitraum.

Kundenaufträge

Zu den weiteren Steuerparametern gehört die Einstellung, ob die Kundenaufträge berücksichtigt werden sollen. Dies ist in erster Linie für die kurzfristige Simulation von Bedeutung. Für eine langfristige Simulation wird man in der Regel davon ausgehen, dass der Kundenbedarf durch die Planprimärbedarfe hinreichend repräsentiert wird. Kundenbedarfe werden mit der für das Planungsszenario gewählten Planprimärbedarfsversion nach der gleichen Logik verrechnet wie in der aktiven Version.

Die Berücksichtigung von Kundeneinzel- und Projekteinzelfertigung ist ebenfalls in erster Linie für die kurzfristige Simulation relevant, es sei denn, dass der Anteil der Kundeneinzel- und Projektfertigung signifikanten Einfluss auf die mittelfristige Kapazitätsauslastung nimmt.

Bruttoplanung

Die Bruttoplanung wird hauptsächlich für die Kostenauswertung und Budgetierung verwendet und ohne Bestände, Losgrößen und Ausschuss durchgeführt. Die entsprechenden Parameter sind neben der Verwendung des Nullbestands AUSSCHUSSBERECHNUNG AUSSCHALTEN und BRUTTOLOSGRÖSSE VERWENDEN und bei der Anlage eines Brutto-Langfristplanungsszenarios vorbelegt.

Zugänge

Um ein möglichst getreues Abbild der momentanen Planungssituation zu erhalten – was in erster Linie für die kurzfristige Simulation wünschenswert ist –, können Sie die fixierten Zugänge in der Simulation berücksichtigen. Abbildung 9.5 zeigt die entsprechenden Parameter im Planungsszenario.

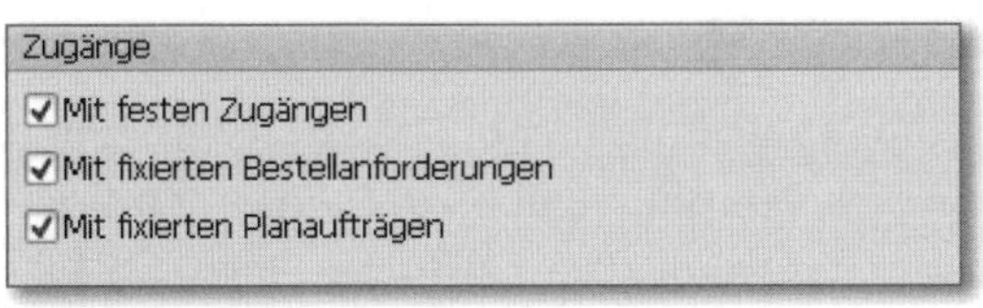

Abbildung 9.5 Parameter zur Berücksichtigung der fixierten Zugänge (Ausschnitt aus dem Planungsszenario)

Zu den festen Zugängen zählen Fertigungsaufträge, Bestellungen, Lieferavise, manuelle Reservierungen sowie Lieferplaneinteilungen und -abrufe. Diese sind in der Langfristplanung nicht änderbar, ebenso wenig wie die fixierten Bestellanforderungen. Eine Ausnahme bilden die fixierten Planaufträge, die innerhalb der Langfristplanung geändert werden können.

Bei der Übernahme der fixierten Planaufträge werden nur die Planauftragsköpfe übernommen, sodass Änderungen an der Planauftragsstruktur verloren gehen.

Stammdatenselektion Es sind keine eigenen Stammdaten für die Langfristplanung erforderlich. Jedoch ist es möglich, für die Langfristplanung andere Stammdaten zu verwenden. Innerhalb des Planungsszenarios kann gesteuert werden, ob auf eine andere Stückliste und auf ein anderes Kapazitätsangebot zurückgegriffen werden soll.

Stückliste: Selektions-ID Über die Selektions-ID können Sie eigene Stücklisten für die Langfristplanung verwenden. Hierzu müssen Sie eine eigene Stücklistenverwendung anlegen und sie über die Prioritätenfolge der Stücklistenverwendung (STLVERW, ❷) einer Selektions-ID (SELID, ❶) zuordnen (Transaktion OS31, siehe Abbildung 9.6).

Abbildung 9.6 Stücklistenselektion

Diese Stücklistenverwendung muss dann bei der Anlage der Stückliste für die Langfristplanung verwendet werden, d. h. Sie wählen LP als STÜCKLISTEN SELEKTIONS-ID aus ❸.

Kapazitätsversion Im Arbeitsplatz können Sie unterschiedliche Kapazitätsversionen pflegen. Die Versionen für das Normalangebot (01), das Minimalangebot (02) und das Maximalangebot (03) sind vorbelegt. Im Planungsszenario können Sie noch bestimmen, welche Version für die Simulation verwendet werden soll (siehe Abbildung 9.7).

Der Arbeitsplatz wird im gleichnamigen Abschnitt 4.4 beschrieben, und in Abschnitt 11.2, »Kapazitätsbedarfe und Kapazitätsauswertung«, gehen wir detailliert auf das Kapazitätsangebot ein.

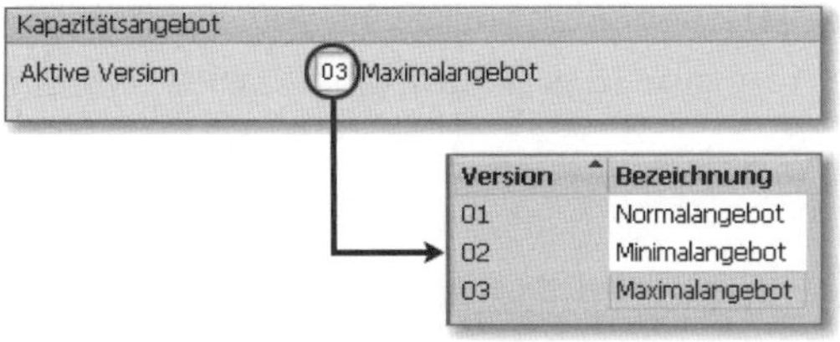

Abbildung 9.7 Version des Kapazitätsangebots

9.3 Durchführung der Langfristplanung

Die Durchführung der Langfristplanung beginnt mit der Freigabe des Planungsszenarios und endet mit der Übergabe von Planprimärbedarfen und fixierten Planaufträgen an die operative Planung.

9.3.1 Freigabe und Planungsvormerkungen

Der erste Schritt zur Durchführung der Langfristplanung besteht in der Freigabe des Planungsszenarios. Mit der Freigabe des Planungsszenarios werden gleichzeitig Planungsvormerkungen für das Planungsszenario geschrieben. Diese Planungsvormerkungen befinden sich in einer speziellen Planungsvormerkungsdatei und können mithilfe der Transaktion MS21 angezeigt werden (siehe Abbildung 9.8).

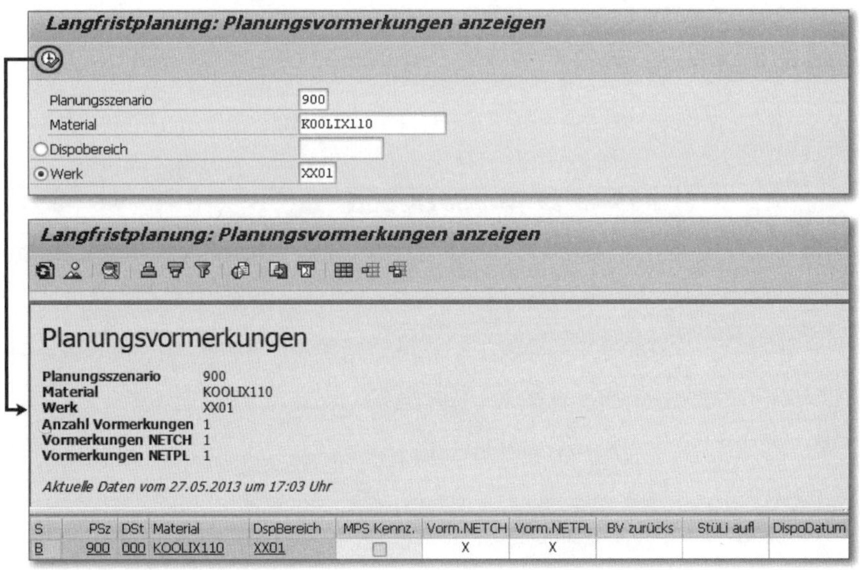

Abbildung 9.8 Planungsvormerkungen für Planungsszenarien

Die Parameter eines freigegebenen Planungsszenarios können Sie nicht ändern, jedoch die Freigabe des Planungsszenarios wieder zurücknehmen.

9.3.2 Materialbedarfsplanung im Planungsszenario

Die Durchführung der Langfristplanung erfolgt, ebenso wie in der Materialbedarfsplanung, mit analogen Mitteln. Es stehen jeweils eigene Transaktionen zur Verfügung, bei denen zusätzlich das Planungsszenario anzugeben ist. Im Einzelnen sind dies:

- MS01 – Planungslauf, online
- MSBT – Planungslauf im Hintergrund
- MS02 – Einzelplanung, einstufig
- MS03 – Einzelplanung, mehrstufig

Das Resultat der Langfristplanung sind jeweils simulative Planaufträge, die nur im Planungsszenario existieren – also für die operative Planung und somit in der Bedarfs-/Bestandsliste nicht sichtbar sind. Darüber hinaus können Sie den Planprimärbedarf mithilfe der Transaktion MS65 interaktiv verändern sowie mithilfe der Transaktion MS04 interaktive Änderungen an der Planungssituation vornehmen. Die Anlage simulativer Planaufträge erfolgt mithilfe der Transaktion MS11 (siehe Abbildung 9.9).

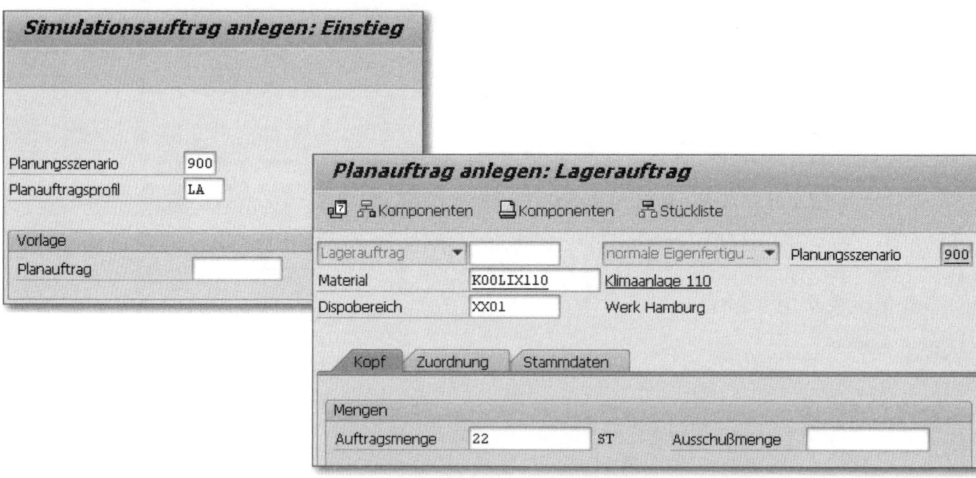

Abbildung 9.9 Anlage simulativer Planaufträge

Sowohl interaktiv geänderte simulative Planaufträge als auch neu angelegte simulative Planaufträge sind fixiert. Neu angelegte simulative Planaufträge sind an dem unterschiedlichen Nummernkreis erkennbar.

9.3.3 Auswertung des Planungsszenarios

Das Ergebnis der Langfristplanung kann mithilfe von Werkzeugen, analog zu Materialbedarfs- und Kapazitätsplanung, ausgewertet werden. Wie bereits im letzten Abschnitt erläutert, werden hierzu eigene Transaktionen verwendet, die einen Bezug zum Planungsszenario vorsehen. Im Einzelnen handelt es sich um die folgenden Transaktionen:

- MS04 – Bedarfs-/Bestandsliste
- MS05 – Dispositionsliste
- MS44 – Planungssituation Material
- MS47 – Planungssituation Produktgruppe
- CM38 – Kapazitätsbedarf Arbeitsplätze
- MFS0 – grafische Plantafel

Die zu den Transaktionen CM38 und MFS0 analogen Transaktionen für die Kapazitätsauswertung werden in Kapitel 11, »Kapazitätsplanung«, beschrieben. Grundsätzlich stehen der Langfristplanung die gleichen Möglichkeiten zur Verfügung.

Eine Besonderheit stellt der Vergleich der Langfristplanung mit der operativen Planung oder mit einem anderen Planungsszenario dar. Diesen Vergleich rufen Sie für ein Planungsszenario material- und werksspezifisch mithilfe der Transaktion MS44 auf. Hierbei können Sie wählen, ob der Vergleich mit der aktuellen operativen Planungssituation (entspricht der Bedarfs-/Bestandsliste), mit dem letzten operativen Planungslauf (entspricht der Dispositionsliste) oder mit einem anderen Planungsszenario erfolgen soll (siehe Abbildung 9.10 für den Vergleich zwischen Langfristplanung und operativer Planung).

Die Darstellung des Vergleichs lässt sich mittels eines Layouts definieren – in diesem Fall wurde das Standardlayout SAPSOP gewählt. Dieses zeigt die Abgänge, die Zugänge sowie die verfügbare Menge für

Langfrist- und operative Planung an (hier mit VERGLEICH gekennzeichnet).

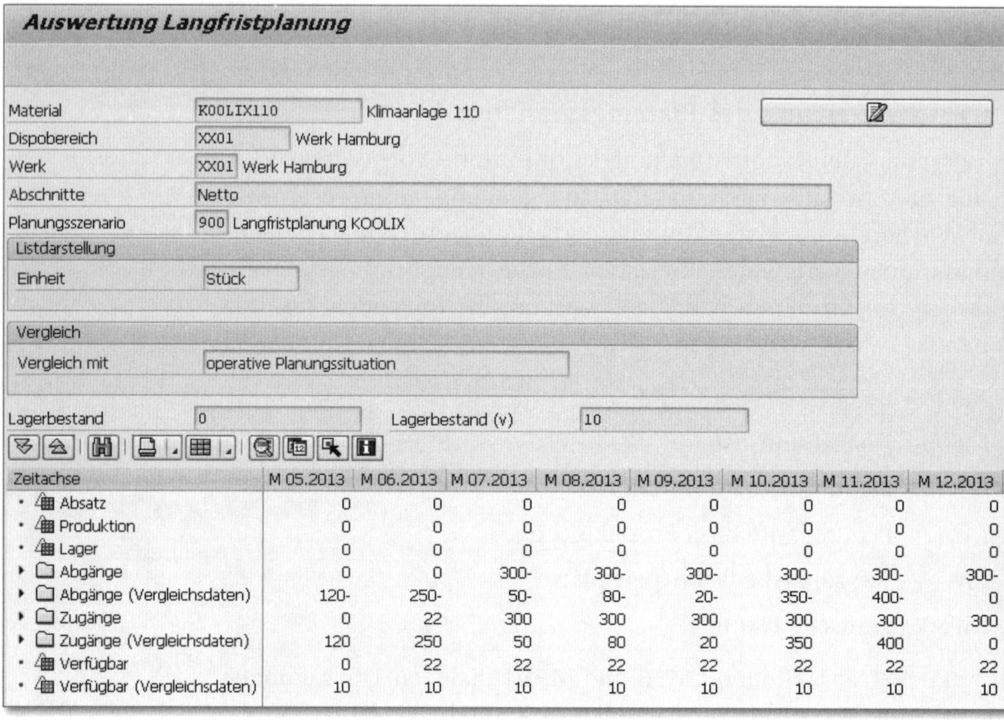

Abbildung 9.10 Vergleich zwischen Langfristplanung und operativer Planung

Darüber hinaus ist es möglich, für das Planungsszenario (mithilfe der Transaktionen MCB& und MCB) eine Auswertung des Bestandscontrollings (aus der Infostruktur S094) vorzunehmen. Aus dem Einkaufsinfosystem (Infostruktur S012) ist es ebenfalls möglich, für das Planungsszenario Analysen für Material (Transaktion MCEC), Lieferant (MCEA) und Warengruppe (MCEB) zu erhalten. Die hierzu erforderlichen Daten müssen Sie zuvor mithilfe der Transaktion MS70 aufbauen.

9.3.4 Übernahme des Planungsszenarios

Es ist möglich, aus der Langfristplanung Planprimärbedarfe und fixierte Planaufträge in die operative Planung zu übernehmen.

Übernahme der Planprimärbedarfe

Die Übernahme der Planprimärbedarfe erfolgt entweder durch Aktivieren der neuen Planprimärbedarfsversion (und Deaktivieren der alten Version) mithilfe der Transaktion MD62 (siehe Abschnitt 6.4, »Bearbeitung von Planprimärbedarfen«) oder durch Kopieren der neuen Planprimärbedarfsversion über die Transaktion MS64 (siehe Abbildung 9.11). Ein Vorteil des Kopierens besteht darin, dass der Zeitraum für die Übernahme des Planprimärbedarfs selektiert werden kann.

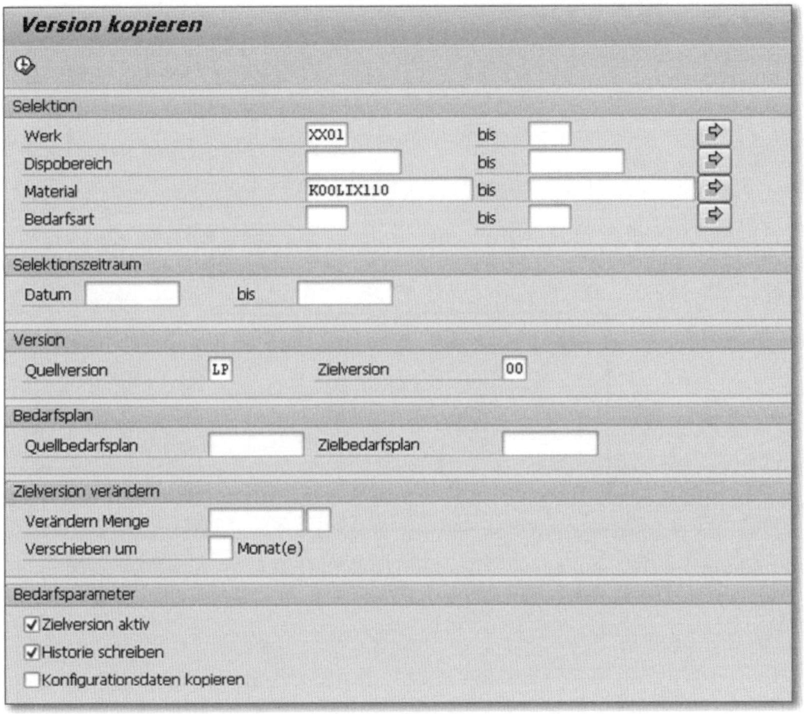

Abbildung 9.11 Kopieren der Planprimärbedarfsversion

Im Selektionszeitraum wird der Planprimärbedarf der Zielversion durch den Planprimärbedarf der Quellversion überschrieben.

Übernahme fixierter Planaufträge

Fixierte Planaufträge können Sie aus dem Planungsszenario in die operative Planung übernehmen; diese sind dann für die operative Planung ebenfalls fixiert. Die Übernahme nehmen Sie aus der interaktiven Materialbedarfsplanung mithilfe der Transaktion MD43 vor (siehe Abbildung 9.12).

Der Horizont für die Übernahme der fixierten Planaufträge wird über das Übernahmeintervall explizit festgelegt.

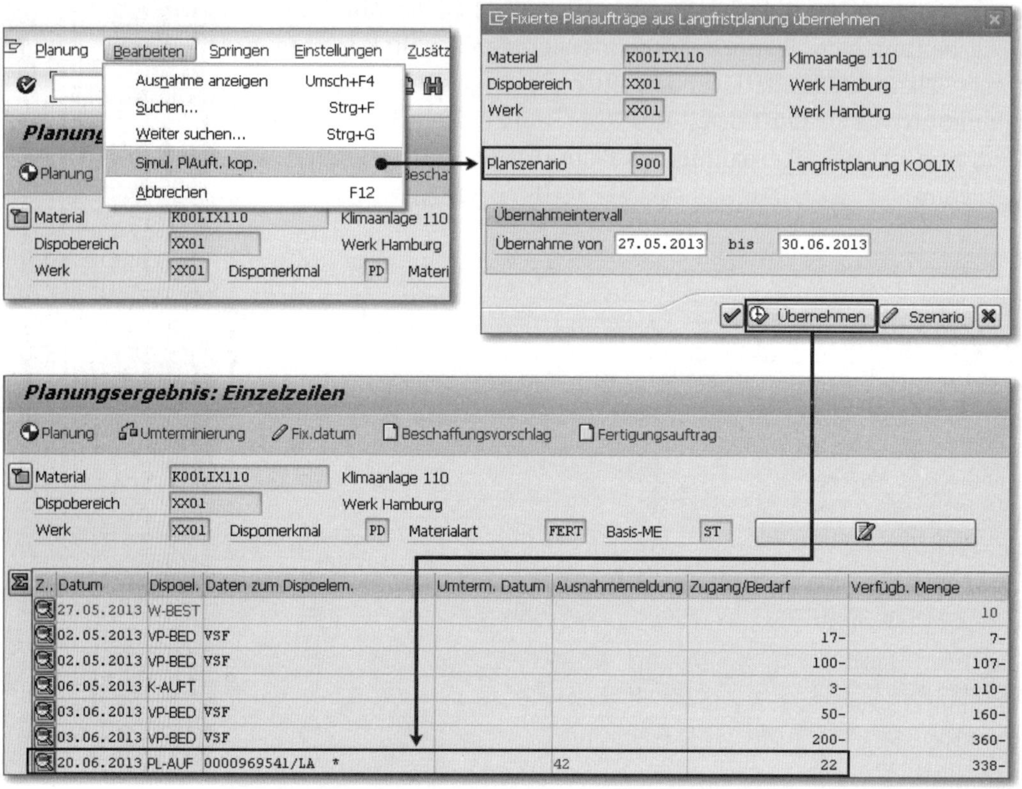

Abbildung 9.12 Übernahme von fixierten Planaufträgen in die operative Version

Zentrales Element für die Steuerung und Erfassung der Fertigung ist der Fertigungsauftrag. Die Fertigungsauftragseröffnung beschreibt das Anlegen des Fertigungsauftrags – entweder durch die Umsetzung eines Planauftrags oder durch die interaktive Eröffnung – und die hierbei ausgeführten Funktionen wie Stammdatenselektion, Terminierung und Verfügbarkeitsprüfung.

10 Fertigungsauftragseröffnung

Die Fertigungsauftragseröffnung leitet die kurzfristigen Aufgaben der Fertigungssteuerung ein. Sie können einen Fertigungsauftrag mit Bezug auf ein Material, ohne Bezug auf ein Material oder mit Bezug auf einen Planauftrag eröffnen. In den letzten Kapiteln haben wir die Planung der Absatz- und Produktionsgrobplanung, über die Programmplanung und die Materialbedarfsplanung bis hin zur optionalen Simulation in der Langfristplanung besprochen. Im Anschluss an die Planung kommen wir in den folgenden drei Kapiteln zur Durchführung der Fertigung und deren Abbildung in SAP ERP.

10.1 Prozessüberblick

Das zentrale Objekt für die Fertigung in PP – Steuerung, Überwachung und Erfassung – ist der Fertigungsauftrag. Abbildung 10.1 zeigt die Funktionen, die der Fertigungsauftrag durchläuft.

Bei der Auftragseröffnung wird der Fertigungsauftrag angelegt, während die Vorgänge und Materialbedarfe anhand der Stammdaten (*Stückliste* und *Arbeitsplan*) ermittelt werden. Zwingend mit der Auftragseröffnung verbunden ist die Terminierung, die detaillierte Vorgangstermine ermittelt, die wiederum unter anderem für die Kapazitätsbedarfe und die Materialreservierungen notwendig sind. Bereits bei der Auftragseröffnung kann eine Verfügbarkeitsprüfung erfolgen – sowohl der Materialkomponenten als auch der Kapazität. Die mit der Auftragseröffnung verbundenen Schritte erläutern wir in den folgenden Abschnitten.

Kapazitätsplanung

Zur Erstellung eines durchführbaren Produktionsplans ist es erforderlich, die Vorgänge des Fertigungsauftrags in eine kapazitiv abgeglichene Reihenfolge zu bringen. Dies erfolgt mittels Einplanung und wird in Kapitel 11, »Kapazitätsplanung«, dargestellt. Häufig wird die Kapazitätsplanung anhand von Fertigungsaufträgen durchgeführt, um die Fertigungstermine an die verfügbare Kapazität anzupassen. Dieser Schritt ist jedoch optional. In Sonderfällen kann die Kapazitätsplanung auch früher oder später erfolgen.

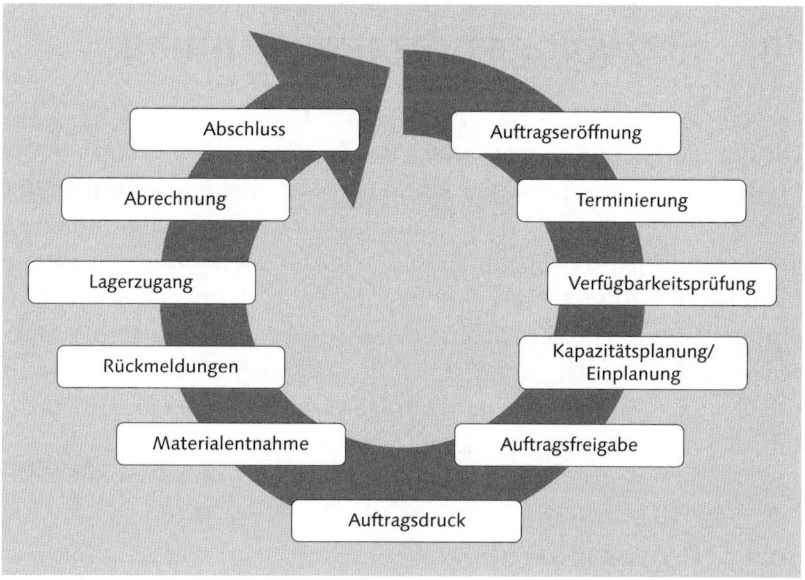

Abbildung 10.1 Zyklus eines Fertigungsauftrags

Fertigungsdurchführung

Die *Fertigungsdurchführung* wird mit der Auftragsfreigabe eingeläutet. Diese bewirkt eine Statusänderung des Fertigungsauftrags und ist die systemtechnische Voraussetzung für die nachfolgenden Schritte – vom Auftragsdruck über die Materialentnahme für die Komponenten, über die Rückmeldung bis hin zum Lagerzugang sowie über die Abrechnung bis hin zum Abschluss. Bei der Freigabe kann erneut eine Verfügbarkeitsprüfung erfolgen.

In diesem Kapitel beschreiben wir die Anlage, d. h. die Eröffnung des Fertigungsauftrags. Hierbei werden die Stammdaten gelesen und in den Fertigungsauftrag kopiert. Anschließend wird eine Terminierung und schließlich optional eine Verfügbarkeitsprüfung durchgeführt.

Die häufigste Art der Fertigungsauftragseröffnung ist die Umsetzung eines Planauftrags, aber es ist auch eine interaktive Anlage von Fertigungsaufträgen ohne Bezug zu einem Planauftrag möglich. Abbildung 10.2 zeigt die Prozesse für die Fertigungsauftragseröffnung.

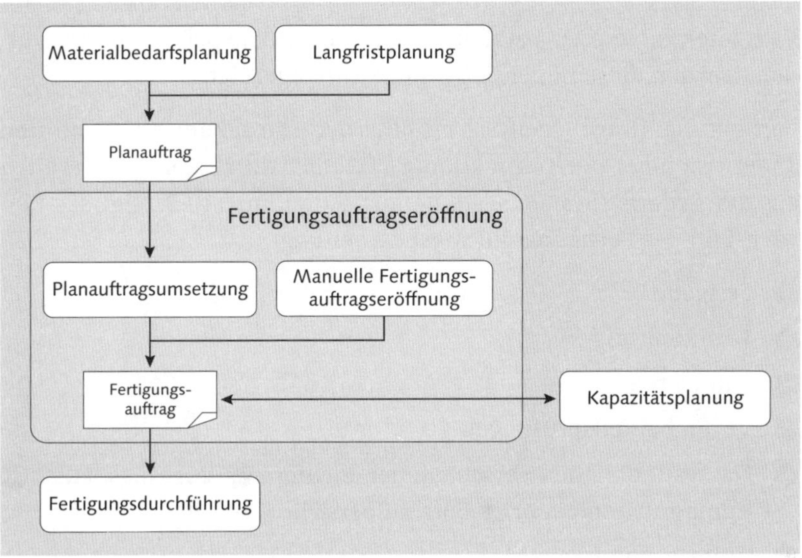

Abbildung 10.2 Prozessüberblick der Fertigungsauftragseröffnung

In Kapitel 12, »Fertigungsdurchführung«, werden die Schritte zur Steuerung, Überwachung und Erfassung der Fertigung mit dem Fertigungsauftrag erklärt.

10.2 Fertigungsauftrag

Die Aufgabe des Fertigungsauftrags ist es, sowohl die Fertigung zu steuern als auch die Fertigung mengen- und kostenmäßig zu erfassen. Zur Steuerung der Fertigung gehört unter anderem die Bereitstellung der Information, welches Produkt in welcher Menge mit welchen Ressourcen zu welchem Zeitpunkt gefertigt werden soll. Hierzu ist es erforderlich, dass der Fertigungsauftrag Stammdaten und Steuerungsparameter enthält. Entsprechend den Stammdaten *Arbeitsplan* und *Stückliste* gliedert sich der Fertigungsauftrag im Wesentlichen in:

- *Kopfdaten*, die organisatorische Informationen, wie die Auftragsnummer, sowie Kosten, Mengen und Termine für den Auftrag als Ganzes enthalten
- *Vorgangsdaten*, die detaillierte Vorgangstermine, Vorgabewerte und auch die rückgemeldeten Mengen und Termine enthalten
- *Komponentendaten* zu den Vorgängen wie Bedarfsmenge und Reservierungsnummer

Falls alternative oder parallele Folgen im Arbeitsplan definiert wurden, werden diese in der *Folgenübersicht* angezeigt.

Fertigungsaufträge legen Sie mithilfe der Transaktion CO01 an und ändern sie über die Transaktion CO02 oder durch deren Bearbeiten aus der Bedarfs-/Bestandsliste heraus. Abbildung 10.3 zeigt das Einstiegsbild der Fertigungsauftragsbearbeitung.

❶ Freigabe

❷ Terminierung

❸ Kalkulation

❹ Verfügbarkeitsprüfungen

❺ Navigation zu den verschiedenen Sichten: 5a Vorgangsdaten, 5b Komponentendaten, 5c Folgenübersicht

❻ Auftragsnummer

❼ Auftragsart

Abbildung 10.3 Fertigungsauftrag – Einstiegsbild

Im Folgenden werden die Sichten zu den Kopfdaten, Vorgangsdaten und Komponentendaten mit den wesentlichen Informationen erklärt.

Kopfdaten

Die *Kopfdaten* enthalten auf dem Einstiegsbild neben den organisatorischen Daten wie Auftragsnummer, Kopfmaterial, Werk und Auftragsart in der Sicht ALLGEMEIN die Informationen über die Gesamt- und Ausschussmenge des Auftrags sowie über die bereits rückgemeldete Menge. Darüber hinaus befinden sich hier die (aus dem Planauftrag übernommenen) Ecktermine sowie die bei der Eröffnung per Durchlaufterminierung anhand des Arbeitsplans kalkulierten Termine, und zwar vom Beginn des ersten Vorgangs bis zum Ende des letzten Vorgangs. Die hierzu verwendeten Terminierungsparameter und Pufferzeiten werden ebenfalls angezeigt (siehe Abbildung 10.4).

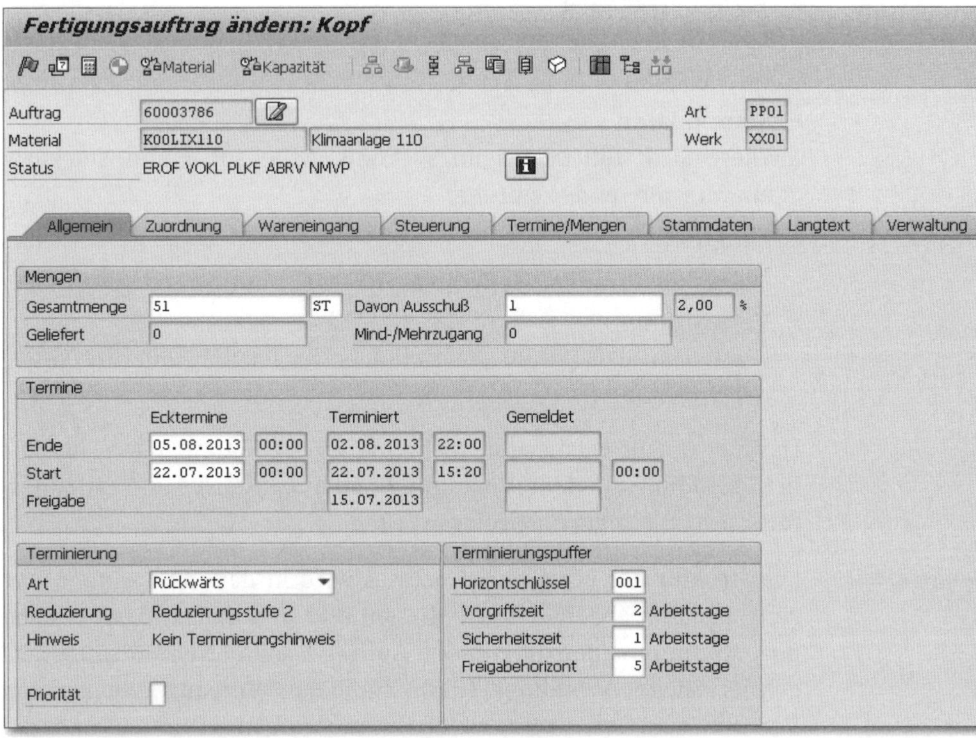

Abbildung 10.4 Fertigungsauftrag – Einstiegsbild (Kopfdaten)

Weitere Sichten des Fertigungsauftrags sind mit einigen ausgewählten Feldern im Folgenden aufgeführt:

- **Zuordnung**
  Hier sind unter anderem der zuständige Disponent und Fertigungssteuerer sowie die Kostenstelle erfasst.

- **Wareneingang**
  Diese Sicht enthält die Steuerungsparameter für die Warenbewegungen, Abweichungstoleranzen, die Wareneingangsbearbeitungszeit und den Produktionslagerort.
- **Steuerung**
  Hierin enthalten sind die Parameter für die Kalkulation, das Fertigungssteuerungsprofil sowie die Steuerungsparameter für die Terminierung (Erzeugen von Kapazitätsbedarfen, pausengenaue Terminierung, automatische Neuterminierung bei terminierungsrelevanten Änderungen).
- **Termine/Mengen**
  Diese Sicht enthält die Übersicht über die Plan- und Istzeiten sowie die Mengen.
- **Stammdaten**
  Diese Sicht führt Fertigungsversion, Arbeitsplan und Stückliste auf, die verwendet wurden.
- **Langtext**
  Hier kann ein Langtext gepflegt werden.
- **Verwaltung**
  Diese Sicht hält Datum und Benutzer der letzten Änderung sowie der Eröffnung fest.

Darüber hinaus existiert die Sicht SAP EVENT MANAGEMENT, die nur in Verbindung mit dem Programm *Event Management* zur Fertigungsfortschrittsüberwachung relevant ist.

Vorgangsdaten

Die Struktur des Fertigungsprozesses wird in der sogenannten *Vorgangsübersicht* abgebildet. Auf diesem Bild sind die aus dem Arbeitsplan übernommenen und für den Auftrag terminierten Vorgänge aufgelistet (siehe Abbildung 10.5). Zu jedem Vorgang gibt es eine Vorgangsnummer, eventuell eine Untervorgangsnummer und die Angabe des Arbeitsplatzes. Außerdem sehen Sie den Steuerschlüssel, der bestimmt, wie der Vorgang behandelt werden soll (z. B. ob er rückgemeldet werden muss, ob er terminiert werden kann, ob er gedruckt werden kann usw.), den Status des Vorgangs (z. B. ob er schon eröffnet oder bereits freigegeben ist), den Start- und Endtermin des Vorgangs, die Kurzbezeichnung und die Zuordnungskennzeichen zu Materialkomponenten, Fertigungshilfsmitteln und Ereignispunkten. Vom Vorgangsübersichtsbild aus können Sie, je nach Anwendung und Notwendigkeit, in die einzelnen Detailbilder verzweigen. Abbildung 10.3 zeigt das Einstiegsbild für die Vorgangsdaten sowie das Vorgangsdetailbild, das durch Doppelklick auf den Vorgang erreicht wird.

Die wichtigsten Sichten für die Vorgangsdaten sind im Folgenden aufgeführt:

- **Allgemein**
  Die Sicht ALLGEMEIN enthält allgemeine Informationen zum Vorgang, wie z. B. prozentualer Ausschuss, Anzahl der zu druckenden Arbeitspapiere, Lohngruppe und Rüstartenschlüssel. Auch enthält diese Sicht das Kalkulationsrelevanzkennzeichen, das angibt, ob der Vorgang in die Kalkulation eingeht.

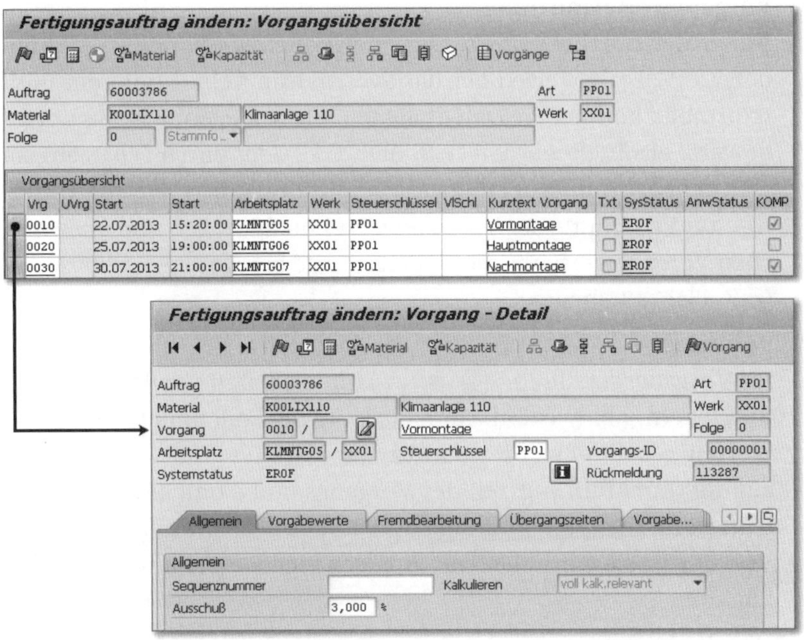

Abbildung 10.5 Fertigungsauftrag – Einstiegsbild (Vorgangsdaten)

- **Vorgabewerte**
  Diese Sicht enthält die Vorgabewerte aus dem Arbeitsplan, bezogen auf die Vorgangsmenge, d. h. Planwerte für die Durchführung des Vorgangs, und die dazugehörigen Einheiten. Mithilfe der Vorgabewerte werden die Kosten, Durchführungszeiten und Kapazitätsbedarfe berechnet.

- **Fremdbearbeitung**
  Diese Sicht enthält Informationen über fremdbearbeitete Vorgänge wie die Lohnbearbeitung, also Vorgänge, die bei einem Lieferanten bearbeitet werden. An dieser Stelle ist z. B. der Einkaufsinfosatz hinterlegt. Diese Sicht ist nur relevant für Vorgänge, die laut Steuerschlüssel fremdbearbeitet werden.
- **Übergangszeiten**
  Diese Sicht enthält Terminierungsdaten, die die Vorgangsabschnitte außerhalb der Durchführungszeit beeinflussen. Hierzu gehören Reduzierungsstrategie und -stufe sowie die einzelnen Übergangszeiten: Liegezeit, Wartezeit und Transportzeit. Dieses Bildschirmbild ist nur relevant für Vorgänge, die laut Steuerschlüssel terminiert werden können.
- **Vorgabewertermittlung**
  Außer der Möglichkeit, Vorgabewerte manuell vorzugeben, können Sie Vorgabewerte über das System ermitteln. In diesem Bildschirmbild können Sie Daten pflegen, die festlegen, wie die Vorgabewerte ermittelt werden (z. B. über CAP oder durch Schätzen), zu welchem Jahr die Vorgabewerte ermittelt werden, welche Unterlage zur Ermittlung der Vorgabewerte herangezogen und über welchen Vorgabewertcode die Vorgabewerte berechnet werden sollen (z. B. Planzeittabelle).
- **Splittung**
  Im Vorgangsdetailbild SPLITTUNG können Daten gepflegt werden, die steuern, ob, wie und wann ein Vorgang im Rahmen der Terminierung gesplittet werden darf bzw. muss. Diese Daten wirken sich auf die Durchführungszeit des Vorgangs und damit auf die Durchlaufzeit im Fertigungsauftrag aus. Dieses Bildschirmbild ist nur für Vorgänge relevant, die laut Steuerschlüssel terminiert werden können.
- **Überlappung**
  Im Vorgangsdetailbild ÜBERLAPPUNG können Daten zu den Vorgängen gepflegt werden, die sich im Rahmen der Terminierung überschneiden sollen. Hier finden Sie also sich überlappende Vorgänge und die entsprechenden Überlappungszeiten dazu. Diese Daten beeinflussen wiederum die Durchlaufzeit im Fertigungsauftrag. Das Bildschirmbild ÜBERLAPPUNG ist nur relevant für Vorgänge, die laut Steuerschlüssel terminiert werden können.

- **Termine**
  Diese Sicht enthält die Ergebnisse der Durchlaufterminierung für den betreffenden Vorgang. Sie ist nur relevant für Vorgänge, die laut Steuerschlüssel terminiert werden können. Die Terminierung ermittelt Termine für die Vorgangsabschnitte Rüstzeit, Bearbeitungszeit, Abrüstzeit und Liegezeit. Für jeden dieser Vorgangsabschnitte werden die Dauer sowie das früheste/späteste Startdatum mit Uhrzeit ermittelt. Bei der Ermittlung der frühesten Termine und Uhrzeiten geht das System davon aus, dass nur die minimale Warte- und Liegezeit genutzt wird. Bei der Ermittlung der spätesten Termine und Uhrzeiten geht das System davon aus, dass die normale Warte- und Liegezeit genutzt wird.
- **Mengen/ Leistungen**
  Hier werden die rückgemeldeten Mengen und Leistungen zu einen Vorgang angezeigt.
- **Termine rückgemeldet**
  Diese Sicht enthält die Isttermine für die Bearbeitung des Vorgangs.
- **Kapazitätsbedarfszuordnung**
  In diesem Bildschirmbild kann man den Gesamtbedarf des Vorgangs in Teilbedarfe splitten.

Komponentendaten

Existieren Komponenten im Arbeitsplan, müssen sie im Fertigungsauftrag immer einem Vorgang zugeordnet werden. Die Komponenten, die nicht bereits im Arbeitsplan einem bestimmten Vorgang zugeordnet wurden, werden vom System bei der Eröffnung des Fertigungsauftrags automatisch dem ersten Vorgang zugeordnet. Sie haben jedoch jederzeit die Möglichkeit, Komponenten eines Vorgangs einem anderen Vorgang zuzuordnen. Komponenten, die auftragsspezifisch beschafft werden sollen, können in der Stückliste mit einem Kennzeichen versehen werden. Bei der Auftragseröffnung werden für diese Materialien automatisch Bestellanforderungen erzeugt. Über die Einkaufsfunktionen der Materialwirtschaft werden die Komponenten auftragsspezifisch bestellt und für den Fertigungsauftrag bereitgestellt. Für Vorgänge, die von einem anderen Unternehmen durchgeführt werden (Fremdbearbeitung), werden ebenfalls Bestellanforderungen für den Einkauf erzeugt. Die enge Integration mit den Einkaufsfunktionen gewährleistet auch hier eine reibungslose Vorgangsbearbeitung (siehe SAP – Produktionsplanung 1996, 9.1–9.5).

In den Komponentendaten sind die Komponenten der Stückliste (bzw. bei Umsetzung aus dem Planauftrag die Komponenten des Planauftrags) mit ihren jeweiligen Bedarfsmengen aufgeführt (siehe Abbildung 10.6). Die Komponentenbedarfe enthalten bereits den geplanten Ausschuss.

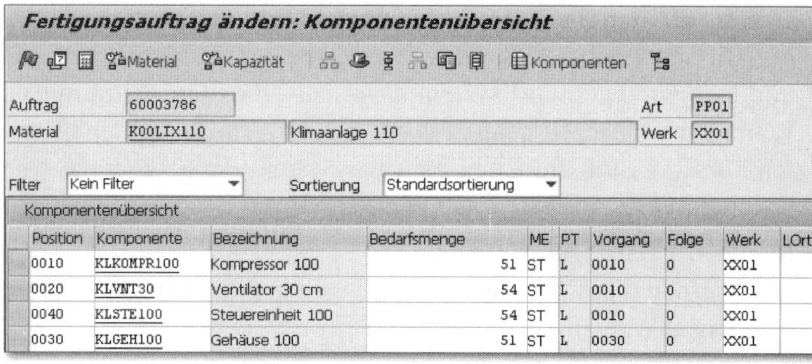

Abbildung 10.6 Fertigungsauftrag – Einstiegsbild (Komponentendaten)

Analog zu den Vorgangsdaten existieren zu den Komponenten ebenfalls detaillierte Sichten. Im Unterschied zu den Vorgangsdaten sind diese aber nur unter besonderen Bedingungen relevant, z. B. die Sicht EINKAUFSDATEN bei Nichtlagerpositionen oder die Sicht ROHTEILDATEN bei Rohmaßpositionen. In der Sicht ALLGEMEINE DATEN sind unter anderem die Zuordnung zum Vorgang und die Reservierungsnummer für den Komponentenbedarf angegeben.

10.2.1 Auftragsart

Die Auftragsart ist eine wichtige Steuerungsgröße für den Fertigungsauftrag. Sie wird mithilfe der Customizing-Transaktion OPJH gepflegt und steuert direkt oder über weitere Profile die folgenden Funktionen:

- interne und externe Nummernvergabe
- Klassifizierung
- Obligoverwaltung
- Statusverwaltung für die verschiedenen Fertigungszustände
- Abrechnung
- Terminierung

Die Auftragsart steuert auch weitere Funktionen, die statusabhängig im Fertigungsauftrag durchgeführt werden, wie z. B. die Verfügbarkeitsprüfung.

Bei interaktiver Fertigungsauftragseröffnung wird die Auftragsart explizit angegeben, und bei der Umsetzung eines Planauftrags wird sie anhand des Fertigungssteuerers, der dem Material zugeordnet ist, über das Fertigungssteuerungsprofil bestimmt. Abbildung 10.7 zeigt den Zusammenhang zwischen Auftragsart, Fertigungssteuerungsprofil, Fertigungssteuerer, Terminierungsprofil und Prüfungssteuerung. Von der Auftragsart und dem Abrechnungsprofil abgesehen, sind alle Objekte werksabhängig.

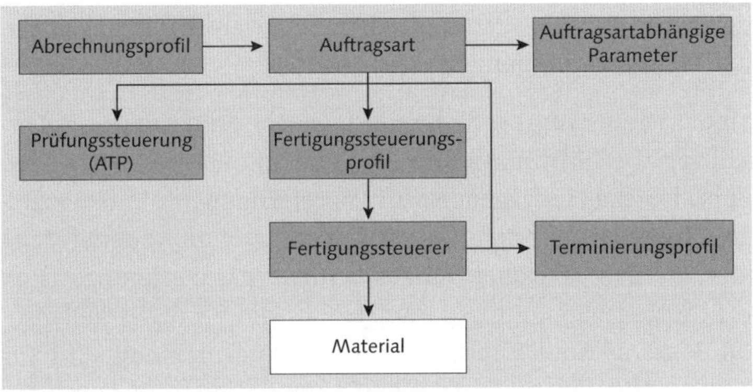

Abbildung 10.7 Auftragsart und abhängige Profile

Das Abrechnungsprofil definieren Sie im Customizing für das Controlling; es bestimmt, welche der für den Fertigungsauftrag entstehenden Kosten wie abgerechnet werden können.

Auftragsart-abhängige Parameter

Die auftragsartabhängigen Parameter werden mithilfe der Customizing-Transaktion OPL8 für die Kombination von Auftragsart und Werk gepflegt und enthalten Steuerungsparameter für:

- **Planung**
  Stammdatenselektion, Chargenfindung, Bestellanforderung, Qualitätsprüfung
- **Realisierung**
  Statusänderungsbelege, Fertigungsinformationssystem, Dokumentation von Warenbewegungen
- **Kostenrechnung**
  Kalkulationsvarianten, Plankostenermittlung, Aufteilungsregeln

- **Darstellungsprofile**
  In Abschnitt 10.2.2 wird auf die Parameter der Stammdatenselektion im Detail eingegangen.

Prüfungssteuerung

Die Prüfungssteuerung definiert, ob und wie eine Prüfung der Materialverfügbarkeit, der Kapazitätsverfügbarkeit und der Fertigungshilfsmittelverfügbarkeit durchgeführt werden soll. Es gibt zwei getrennte Prüfungssteuerungen für die Prüfung bei der Eröffnung und für die Prüfung bei der Freigabe des Fertigungsauftrags. Das heißt, dass Sie ein unterschiedliches Prüfungsverhalten bei der Eröffnung und bei der Freigabe einstellen können, z. B. keine Prüfung bei der Eröffnung, sondern nur Prüfung bei der Freigabe. Die Prüfungssteuerung wird mithilfe der Customizing-Transaktion OPJK angelegt und in Abschnitt 10.6.2, »Parameter der Materialverfügbarkeitsprüfung«, im Detail beschrieben.

Fertigungssteuerungsprofil

Das Fertigungssteuerungsprofil definiert, welche Funktionen des Fertigungsauftrags bei Eröffnung und Freigabe automatisch ausgeführt werden und welche Auftragsarten für Lagerfertigung, Kundeneinzelfertigung, Projekteinzelfertigung und Fertigung ohne Materialbezug verwendet werden. Darüber hinaus enthält das Fertigungssteuerungsprofil weitere Steuerungsparameter für die Verfügbarkeitsprüfung von Material und Kapazität, für die Rückmeldung und für den Transport, die wir in Kapitel 12, »Fertigungsdurchführung«, beschreiben. Abbildung 10.8 zeigt einen Ausschnitt aus dem Fertigungssteuerungsprofil, das Sie über die Customizing-Transaktion OPKP pflegen.

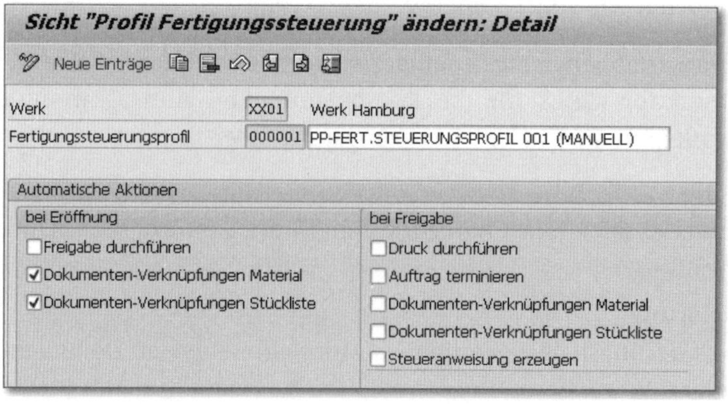

Abbildung 10.8 Fertigungssteuerungsprofil (Ausschnitt)

Das Terminierungsprofil legt in Abhängigkeit von Auftragsart und Fertigungssteuerer Steuerungsparameter für die Terminierung fest, z. B. welche Art der Terminierung verwendet wird (rückwärts, vorwärts) und wie Reduzierungen vorgenommen werden. Das Terminierungsprofil wird mithilfe der Customizing-Transaktion OPU3 gepflegt und ausführlich in Abschnitt 10.5, »Terminierung«, beschrieben.

Terminierungsprofil

Der Fertigungssteuerer und die Zuordnung zum Material werden in Abschnitt 3.3, »Planer in der Konstruktion und Arbeitsvorbereitung«, beschrieben.

10.2.2 Stammdatenselektion

Die Stammdatenselektion für den Fertigungsauftrag pflegen Sie in den auftragsartabhängigen Parametern mithilfe der Customizing-Transaktion OPL8. Abbildung 10.9 zeigt diese Parameter.

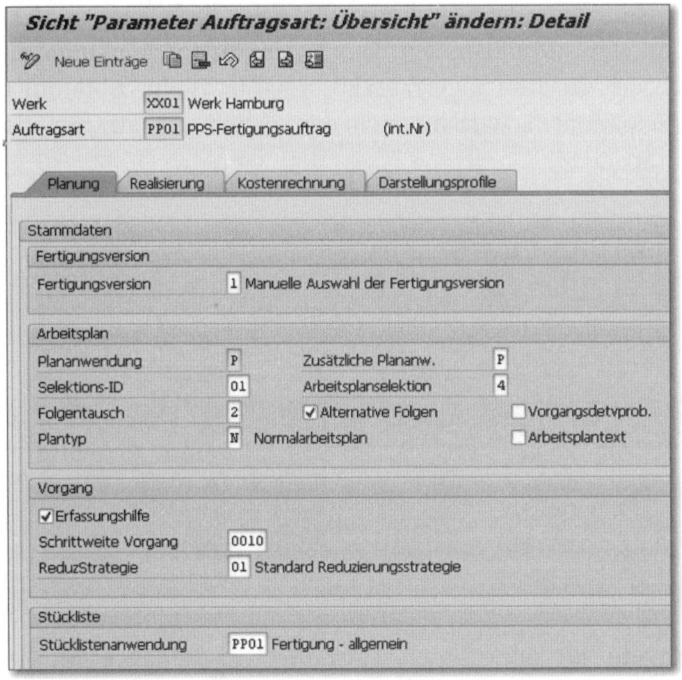

Abbildung 10.9 Stammdatenselektionsparameter in den auftragsartabhängigen Parametern

Die Regeln für die Selektion von Arbeitsplan, Stückliste und Fertigungsversion werden im Folgenden erläutert; die Erfassungshilfe für die Vorgänge ist nur für die interaktive Anlage ohne Arbeitsplan relevant.

Arbeitsplanselektion

Der Parameter für die Arbeitsplanselektion in den auftragsartabhängigen Parametern steuert, ob ein Arbeitsplan verwendet werden muss (d. h. zwingend oder als Vorschlag), ob die Selektion manuell oder automatisch erfolgen soll und ob Standardarbeitspläne zulässig sein sollen (siehe Abbildung 10.10).

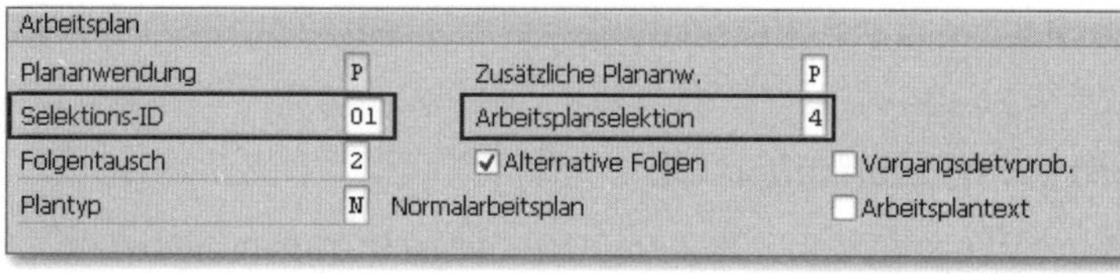

Abbildung 10.10 Arbeitsplanselektionsparameter in den auftragsartabhängigen Parametern

Die Selektions-ID gibt eine Selektionsreihenfolge nach Plantyp, Verwendung und Status des Plans vor. Die Definition der Selektions-ID erfolgt über die Customizing-Transaktion OPJF (siehe Abbildung 10.11). Die Selektions-ID wird hierzu in der Spalte SI eingetragen, die Priorität der Spalte SP.

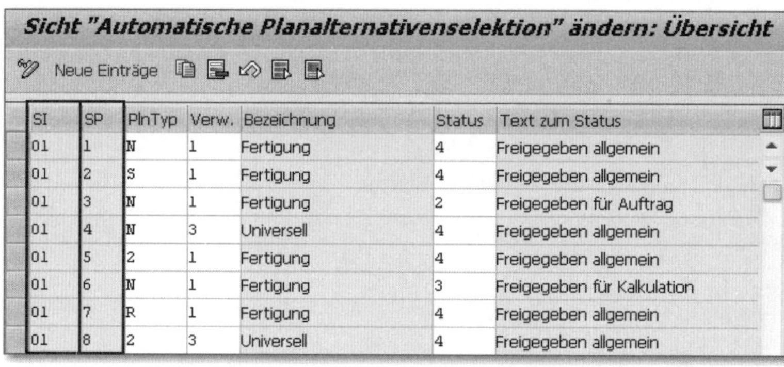

Sicht "Automatische Planalternativenselektion" ändern: Übersicht

Neue Einträge

SI	SP	PlnTyp	Verw.	Bezeichnung	Status	Text zum Status
01	1	N	1	Fertigung	4	Freigegeben allgemein
01	2	S	1	Fertigung	4	Freigegeben allgemein
01	3	N	1	Fertigung	2	Freigegeben für Auftrag
01	4	N	3	Universell	4	Freigegeben allgemein
01	5	2	1	Fertigung	4	Freigegeben allgemein
01	6	N	1	Fertigung	3	Freigegeben für Kalkulation
01	7	R	1	Fertigung	4	Freigegeben allgemein
01	8	2	3	Universell	4	Freigegeben allgemein

Abbildung 10.11 Selektions-ID

Voraussetzung für die Selektion eines Arbeitsplans ist, dass er für die Losgröße des Auftrags zulässig und zum Starttermin des Auftrags gültig ist.

Selektion der Fertigungsversion

Falls im Materialstamm festgelegt wurde, dass eine Selektion nach Fertigungsversionen erfolgen soll, wird die Arbeitsplanselektion nach der Selektions-ID übersteuert. Diese Festlegung nehmen Sie mithilfe des Parameters Alternativenselektion (AlternSelektion) in der Sicht Disposition 4 vor, wie es Abbildung 10.13 für die Selektion der Stückliste zeigt. Falls mehrere Fertigungsversionen vorhanden sind, erfolgt die Auswahl entweder manuell oder automatisch, je nach Eintrag in den auftragsartabhängigen Parametern (siehe Abbildung 10.12).

Abbildung 10.12 Fertigungsversionsselektionsparameter in den auftragsartabhängigen Parametern

Stücklisten-selektion

Die Selektion der Stückliste bestimmen Sie ebenfalls über den Parameter AlternSelektion im Materialstamm (siehe Abbildung 10.13). Hierbei ist eine Selektion nach Menge, Termin oder Fertigungsversion möglich.

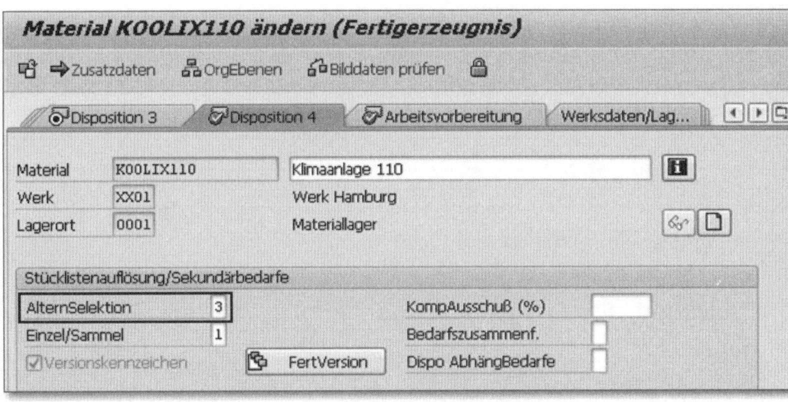

Abbildung 10.13 Selektions-ID

Bei der Selektion nach der Menge wird gemäß der in der Selektions-ID festgelegten Reihenfolge, entsprechend der Stücklistenverwendung, ausgewählt. Die Selektions-ID legen Sie mithilfe der Customizing-Transaktion OPJI an, siehe Abbildung 9.6 in Kapitel 9, »Langfristplanung«. Die Selektions-ID ordnen Sie mithilfe der Transaktion OPJM der Stücklistenanwendung zu, die wiederum den auftragsartabhängigen Parametern zugewiesen wird (siehe Abbildung 10.14).

Die Selektion nach Terminen erfolgt gemäß der mit Transaktion OS32 festgelegten Stücklistenalternativenauswahl.

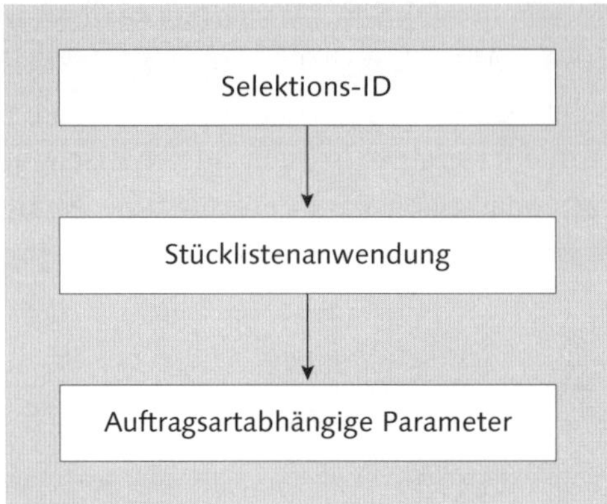

Abbildung 10.14 Stücklistenselektion nach Menge

Hier wird für unterschiedliche Gültigkeitstermine jeweils eine Stücklistenalternative vorgegeben. So ist in dem in Abbildung 10.15 gezeigten Beispiel die Stücklistenalternative 1 ab dem 1.1.2005 gültig, ab dem 1.8.2006 jedoch die Stücklistenalternative 2.

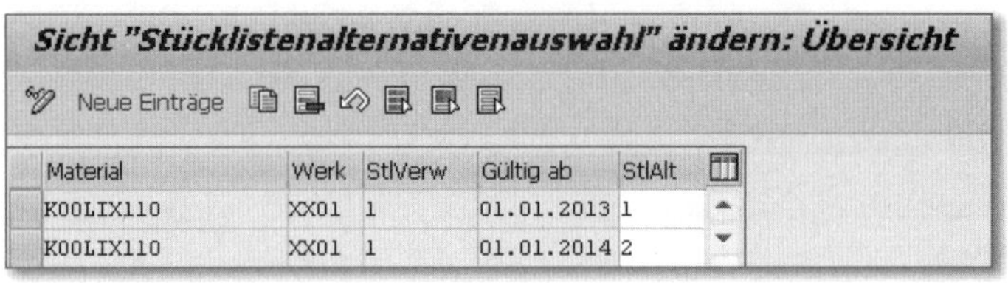

Abbildung 10.15 Stücklistenselektion nach Termin

Die Selektion der Fertigungsversion erfolgt, wie bereits oben beschrieben.

Stammdaten nachlesen

Nach dem Eröffnen des Fertigungsauftrags werden nachträgliche Änderungen von Stückliste oder Arbeitsplan nicht in den Fertigungsauftrag übernommen. Falls dies jedoch erwünscht sein sollte, ist es möglich, aus dem Fertigungsauftrag heraus die Stammdaten über den Menüpfad Funktionen • PP-Stammdaten lesen nachzulesen (siehe Abbildung 10.16).

Beim Nachlesen der Stückliste werden die Komponenten des Fertigungsauftrags und beim Nachlesen des Arbeitsplans die Vorgänge gelöscht. Interaktive Änderungen gehen daher verloren. Wenn die Bearbeitung des Fertigungsauftrags bereits zu weit fortgeschritten ist, ist das Nachlesen der Stammdaten nicht mehr möglich.

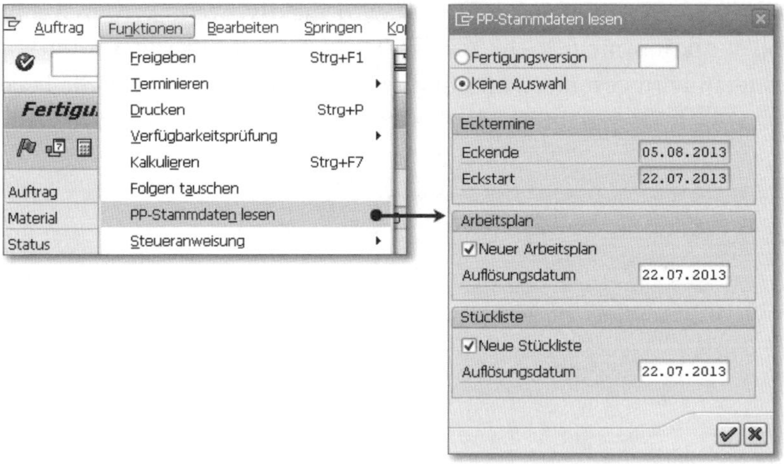

Abbildung 10.16 Nachlesen der Stammdaten

10.2.3 Status und Ereignispunkt

Der Fertigungsauftrag beinhaltet auf Kopf- und Vorgangsebene einen Status, der anzeigt, welche Funktionen der Fertigungsauftrag bereits durchlaufen hat. Hierbei wird zwischen den Systemstatus und den Anwenderstatus unterschieden. Die Systemstatus werden vom Programm nach festen Regeln gesetzt; Anwenderstatus können hingegen frei definiert werden, um zusätzliche Informationen über die Geschichte des Fertigungsauftrags zu erhalten. Abbildung 10.17 zeigt die Status auf Kopf- und Vorgangsebene.

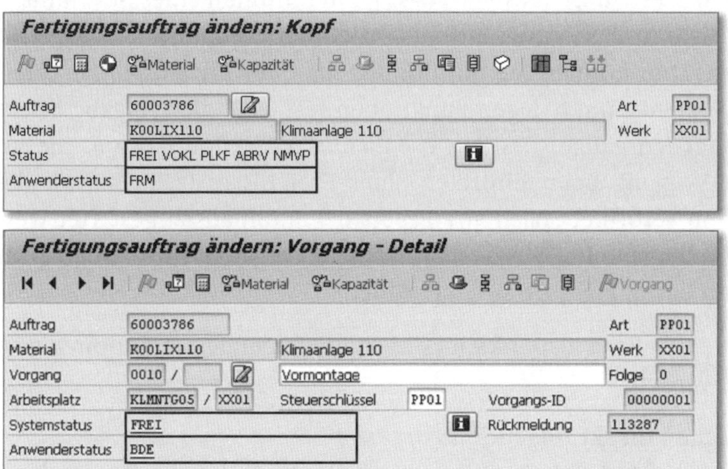

Abbildung 10.17 Status auf Kopf- und Vorgangsebene

Der Status des Fertigungsauftrags wird inaktiv, wenn er durch eine Folgefunktion nicht mehr zutrifft. Über die Filterdrucktaste im Statusdetail wird gesteuert, ob nur die aktiven Status oder auch die inaktiven Status angezeigt werden sollen (siehe Abbildung 10.18).

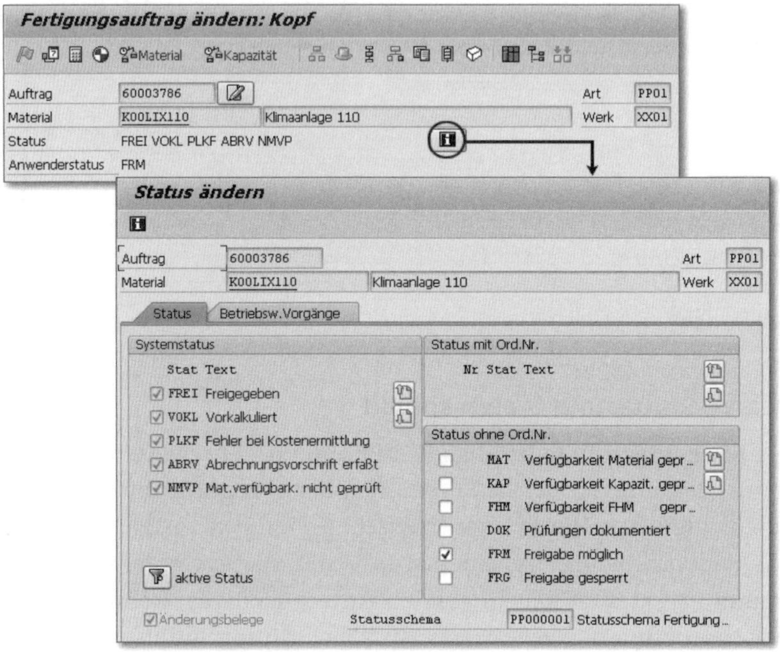

Abbildung 10.18 Statusdetail

Ereignispunkt

Oftmals ist es wünschenswert, dass beim Eintreten eines bestimmten Ereignisses im Fertigungsauftrag vordefinierte Funktionen ausgelöst werden. Dies können Sie mithilfe sogenannter *Ereignispunkte* erreichen. Ereignispunkte legen Funktionen fest (z. B. die Freigabe direkt folgender Vorgänge, das Auslösen eines Workflows usw.), die an einem Vorgang beim Eintreten eines Ereignisses (z. B. Statusänderung von »eröffnet« nach »freigegeben«) automatisch gestartet werden. Ereignispunkte werden direkt den Vorgängen im Arbeitsplan bzw. im Fertigungsauftrag zugeordnet.

Mithilfe von Ereignispunkten können die folgenden Funktionen ausgelöst werden:

- **Freigabe direkt folgender Vorgänge**
  Das Eintreten des Ereignisses (z. B. Vorgang wurde freigegeben) löst die automatische Freigabe der nachfolgenden Vorgänge aus.

- **Freigabe bis Freigabepunkt**
  Das Eintreten des Ereignisses löst die Freigabe aller nachfolgenden Vorgänge aus, bis einschließlich des nächsten Vorgangs, der mit dem Kennzeichen FREIGABEENDE versehen ist.
- **Freigabe vorhergehender Vorgänge**
  Das Eintreten des Ereignisses löst die Freigabe aller vorausgegangenen Vorgänge aus.
- **Auftrag anlegen mit Vorlage**
  Durch das Eintreten eines Ereignisses (z. B. Material ist fehlerhaft) kann ein neuer Auftrag (z. B. zur Nachbearbeitung des Materials) angelegt werden. Der Auftrag wird mithilfe eines Standardarbeitsplans ohne Bezug auf ein Material angelegt.
- **Standardarbeitsplan einbinden**
  Durch das Eintreten eines Ereignisses kann ein Standardarbeitsplan in einen bestehenden Auftrag eingebunden werden. In diesem Fall müssen Vorgänge angegeben werden, zwischen denen der Standardarbeitsplan eingefügt werden soll.
- **Workflow auslösen**
  Das Eintreten eines Ereignisses (z. B. Material ist nicht verfügbar) kann eine Workflow-Aufgabe auslösen (z. B. Nachricht per E-Mail an einen Einkäufer).

Um den Erfassungsaufwand zu reduzieren, können Sie *Standardereignispunkte* anlegen, die als Kopiervorlage beim Anlegen von Ereignispunkten dienen. Verschiedene Standardereignispunkte können Sie in einer Ereignispunktgruppe zusammenfassen. Wenn beim Anlegen eines Ereignispunkts eine Ereignispunktgruppe als Vorlage verwendet wird, werden automatisch alle Standardereignispunkte in den Vorgang kopiert. Ereignispunktgruppen legen Sie im Customizing über den Menüpfad PRODUKTION • FERTIGUNGSSTEUERUNG • STAMMDATEN • EREIGNISPUNKT • EREIGNISPUNKTGRUPPE FÜR STANDARDEREIGNISPUNKTE DEFINIEREN an.

Standardereignispunkte werden mithilfe der Transaktionen CO31 und CO32 gepflegt und entweder direkt oder als Vorlage in den Vorgang des Arbeitsplans oder direkt in den Fertigungsauftrag übernommen. Über den Parameter EREIGNISPUNKT-FUNKTIONEN wird gesteuert, dass eine der oben beschriebenen Funktionen durch den Ereignispunkt gesteuert werden soll. Für den Fall, dass für einen Vorgang ein Ereignispunkt mithilfe der Funktion FREIGABE BIS FREIGABE-

PUNKT verwendet wird, ist die Verwendung eines weiteren Ereignispunkts mit dem Parameter FREIGABEENDE erforderlich; dieser ist dem entsprechenden Vorgang, nach dem keine Freigabe mehr erfolgen soll, zuzuordnen.

Die im Ereignispunkt auszuführenden Funktionen müssen ausgewählt werden und es müssen Parameter festgelegt werden. Zu den Parametern gehören beispielsweise die folgenden:

- **Systemstatus (SystStat)**
  Hier wird festgelegt, welcher Systemstatus die Funktion auslöst – es ist nur eine Untermenge der Systemstatus wählbar, z. B. Freigabe (FREI), Rückmeldung (RÜCK), Teilrückmeldung (TRÜC) oder Vorgang ist eingeplant (EIGP). Hierbei handelt es sich um Systemstatus des Vorgangs.
- **Änderung (Ändrng)**
  Dieser Parameter gibt an, ob die Funktion beim Setzen, beim Zurücksetzen oder bei beiden Aktivitäten ausgeführt wird.
- **Auslösung (Auslsg)**
  Dieser Parameter definiert, ob die Funktion durch eine Statusänderung und/oder manuell ausgelöst werden soll.

Abbildung 10.19 zeigt einen Standardereignispunkt, der bei Eintreten des Systemstatus FREI automatisch den nachfolgenden Vorgang freigibt.

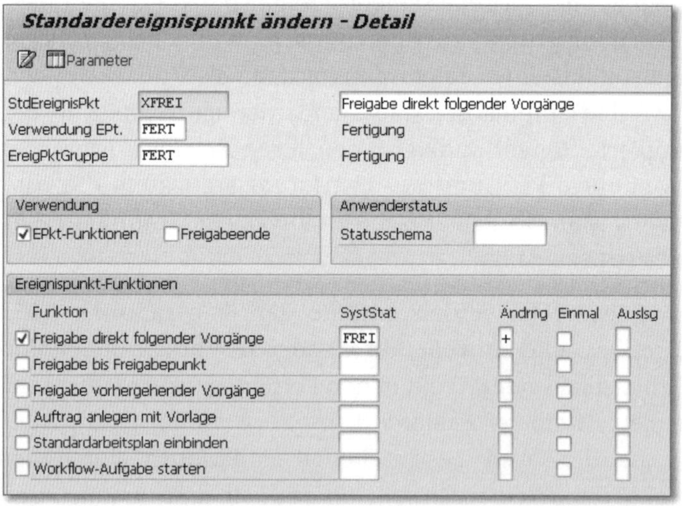

Abbildung 10.19 Standardereignispunkt

Die Zuordnung zum Arbeitsplan nehmen Sie über den Menüpfad SPRINGEN • EREIGNISPUNKTÜBERSICHT aus dem Vorgangsdetail heraus vor. Abbildung 10.20 zeigt die Ereignispunktübersicht.

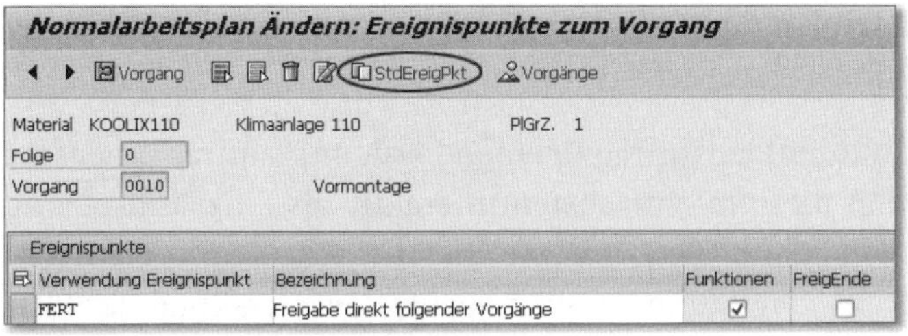

Abbildung 10.20 Ereignispunktübersicht im Arbeitsplan

Ereignispunkte können Sie über die Drucktaste STDEREIGPKT übernehmen. Alternativ können Sie Ereignispunkte auch direkt im Arbeitsplan definieren.

10.3 Umsetzung aus dem Planauftrag

Die in der vorgelagerten Planung erzeugten Planaufträge sind in der Regel Ausgangspunkt für die Fertigungsauftragseröffnung. Planaufträge, die im Rahmen der Bedarfsplanung zur Bedarfsdeckung erzeugt wurden, enthalten Informationen dazu, welches Material wann und in welcher Menge gefertigt werden muss, um die vorliegenden Bedarfe zu decken. Diese Planaufträge (Elemente der Planung) werden nun in Fertigungsaufträge (Elemente der Steuerung) umgesetzt. Dabei werden die im Planauftrag enthaltenen Daten (Materialnummer, Auftragsmenge, Start- und Endtermin, Materialkomponenten usw.) übernommen und um weitere auftragsrelevante Daten (z. B. Vorgangsdaten) ergänzt.

Die für die Fertigung benötigten Materialkomponenten, die im Planauftrag als Positionen enthalten sind, werden bei der Umsetzung direkt in den Fertigungsauftrag übernommen. Die Stückliste wird nicht erneut aufgelöst, und die in der Materialbedarfsplanung erzeugten Sekundärbedarfe werden automatisch in Reservierungen umgewandelt. Die Vorgangs- und Fertigungshilfsmitteldaten werden aus dem Arbeitsplan des zu fertigenden Materials entnommen. Wenn bei der Umsetzung die aus dem Planauftrag übernommene Bedarfsmenge oder der Eckendtermin geändert wird, wird eine Planungsvormerkung erzeugt, die bei der nächsten Materialbedarfsplanung eine Neuplanung des Materials und seiner Komponenten auslöst. Voraussetzung einer Planauftragsumsetzung ist das Vorliegen der Grunddaten von Stücklisten und Arbeitsplänen sowie die Funktionalität der Materialbedarfsplanung. Die Planauftragsumsetzung kann als Einzel- oder Sammelumsetzung erfolgen.

Einzelumsetzung

Soll ein bestimmter Planauftrag in einen Fertigungsauftrag umgesetzt werden, erfolgt dies am einfachsten interaktiv als Einzelumsetzung, z. B. aus der Bedarfs-/Bestandsliste heraus (Transaktion MD04). Abbildung 10.21 zeigt diese Umsetzung aus dem Detailbild des Planauftrags.

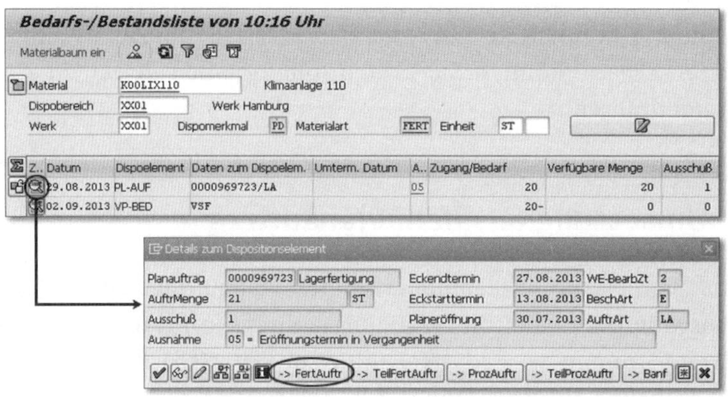

Abbildung 10.21 Einzelumsetzung aus der Bedarfs-/Bestandsliste heraus

Eine Alternative hierzu ist die Einzelumsetzung eines Planauftrags mithilfe der Transaktion CO40. Als Ergebnis der Umsetzung wird jeweils ein Fertigungsauftrag zum Planauftrag angelegt, den Sie noch im Dialog sichern müssen. Bei der Umsetzung eines Planauftrags in einen Fertigungsauftrag durchlaufen Sie im Wesentlichen die folgenden Schritte:

- Übernahme der Materialkomponenten aus dem Planauftrag
- Erstellen von Reservierungen für die Materialkomponenten
- Ermittlung des Arbeitsplans und Übernahme der Vorgänge
- Durchlaufterminierung der Vorgänge
- Kalkulation der Plankosten (optional)

Die Kalkulation der Kosten beschreiben wir in Kapitel 12, »Fertigungsdurchführung«, bei der Abrechnung des Fertigungsauftrags.

Teilumsetzung

Es ist auch möglich, Planaufträge teilweise umzusetzen. Bei einer Teilumsetzung wird die Planauftragsmenge in unterschiedliche Teilmengen aufgeteilt, und für jede Teilmenge wird ein eigener Fertigungsauftrag erzeugt. Der Planauftrag wird dann um die entsprechende Menge reduziert.

Sammelumsetzung

Im produktiven Umfeld wird die Planauftragsumsetzung in der Regel als Sammelumsetzung mithilfe der Transaktion CO41 durchgeführt. Der Zeitpunkt der Umsetzung orientiert sich am Eröffnungstermin, der um den Eröffnungshorizont vor dem Eckstarttermin des Planauftrags liegt und der organisatorisch benötigten Vorlaufzeit Rechnung trägt. Weitere Selektionskriterien sind z. B. Werk, Disponent, Fertigungssteuerer und Material (siehe Abbildung 10.22).

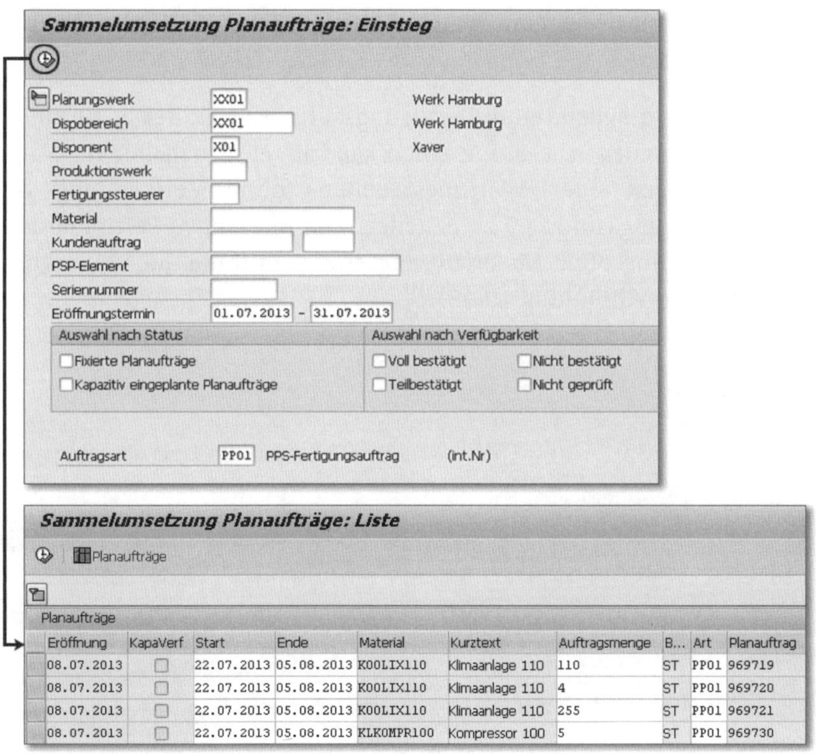

Abbildung 10.22 Sammelumsetzung

Die Terminierung des Eröffnungstermins anhand des Eröffnungshorizonts wird in Abbildung 8.4 veranschaulicht. Der Eröffnungshorizont ist Bestandteil des Horizontschlüssels (siehe Abschnitt 10.5.4, »Splittung und Überlappung«).

10.4 Interaktive Fertigungsauftragseröffnung

Eine andere Methode der Fertigungsauftragseröffnung besteht darin, interaktiv einen Fertigungsauftrag anzulegen und ihn damit direkt zu eröffnen. Hierbei existieren zwei grundlegende Alternativen: die Eröffnung mit Bezug auf ein Material und die Eröffnung ohne Materialbezug.

Mit Materialbezug

Der Fertigungsauftrag bezieht sich speziell auf ein Material, das mit der Angabe eines Werks gefertigt werden soll. Ein wichtiges Steuerfeld für den Beleg *Fertigungsauftrag* ist die Auftragsart auf dem Einstiegsbild (siehe Abschnitt 10.2.1). Auf dem Vorgangsübersichtsbild sind alle aus dem Arbeitsplan übernommenen und für den Auftrag terminierten Vorgänge aufgelistet. Die interaktive Fertigungsauftragseröffnung mit Bezug zum Material nehmen Sie mithilfe der Transaktion CO01 vor.

Ohne Materialbezug

Es ist auch möglich, einen Fertigungsauftrag ohne Bezug zu einem Material anzulegen, z. B. um einen kapazitiven Platzhalter für Nachbearbeitungen oder Wartungsarbeiten (ohne Verwendung der Instandhaltungsaufträge) zu erstellen. Die interaktive Fertigungsauftragseröffnung ohne Materialbezug erfolgt mithilfe der Transaktion CO07 (siehe Abbildung 10.23).

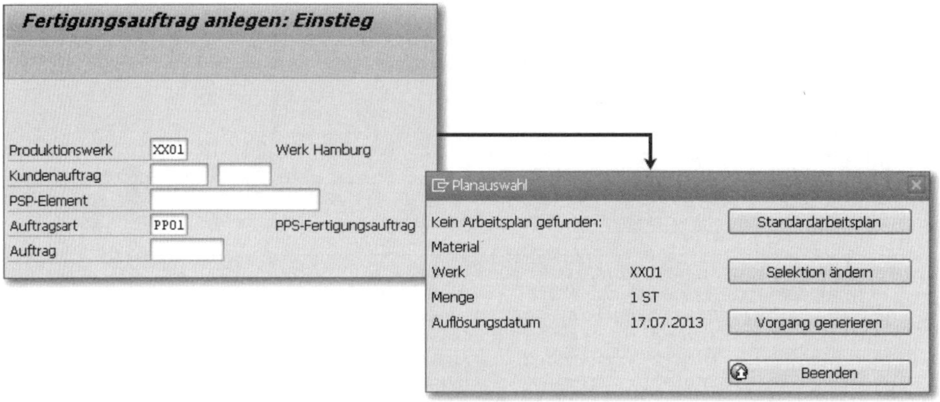

Abbildung 10.23 Fertigungsauftragseröffnung ohne Materialbezug

Der Fertigungsauftrag erfordert im Kopfbild die Musseingabe eines Kurztextes, als Ersatz für die Materialnummer. Anschließend müssen Sie entscheiden, ob die Bearbeitung mit einem Standardarbeitsplan erfolgen soll oder nicht. Ist kein Standardplan vorgesehen, wird automatisch eine Stammfolge mit einem Vorgang vom System generiert. Ergänzend zum Fertigungsauftrag müssen Sie nun noch zur Abrechnungsvorschrift den gewünschten Abrechnungsempfänger mit den notwendigen Daten bestimmen.

10.5 Terminierung

Im Rahmen der Terminierung innerhalb der kurzfristig orientierten Fertigungssteuerung steht die arbeitsgangbezogene, terminliche Einplanung der einzelnen Aufträge auf der Maschinenebene im Vordergrund.

10.5.1 Termine des Fertigungsauftrags

Im Gegensatz zum Planauftrag, der in erster Linie für die Materialbedarfsplanung verwendet wird, ist es beim Fertigungsauftrag zur Steuerung der Fertigung notwendig, für die einzelnen Vorgänge Termine zu bestimmen. Neben der reinen Bearbeitungsdauer des Vorgangs kommen hierbei noch Übergangszeiten (Liegezeit, Wartezeit, Transportzeit) und Sicherheitszeiten (Vorgriffszeit, Sicherheitszeit) hinzu. Abbildung 10.24 bietet einen Überblick über die Termine des Fertigungsauftrags – in diesem Beispiel für drei Vorgänge.

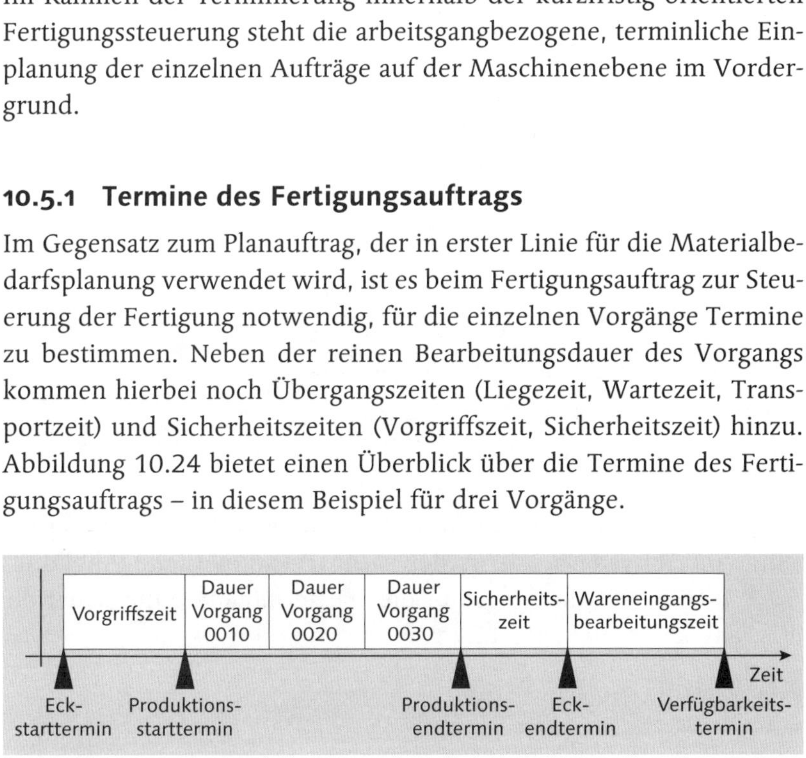

Abbildung 10.24 Termine des Fertigungsauftrags

Im Einstiegsbild des Fertigungsauftrags werden diese Termine dargestellt, wie es Abbildung 10.25 zeigt.

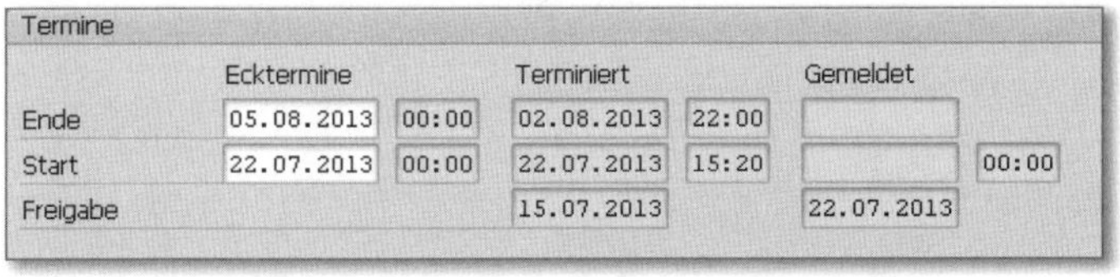

Abbildung 10.25 Termine des Fertigungsauftrags im Kopfbild

In diesem Beispiel liegt der Eckstarttermin auf dem 22.7.2013 und der Eckendtermin auf dem 5.8.2013 – in beiden Fällen ohne Zeitangabe. Der terminierte Endtermin – 2.8.2013 um 22:00 Uhr – ist durch Rückwärtsterminierung entstanden, indem ausgehend vom Eckendtermin die Sicherheitszeit abgezogen wurde. Der späteste Zeitpunkt am 2.8.2013 gemäß Arbeitszeit ist 22:00 Uhr; ab diesem Zeitpunkt werden der Arbeitsplan aufgelöst, die Vorgangsdauern berechnet und entsprechend den Arbeitszeiten terminiert. Der Eckstarttermin ergibt sich, indem vom terminierten Startermin die Vorgriffszeit abgezogen wird. Vorgriffszeit und Sicherheitszeit werden im gleichnamigen Abschnitt 10.5.5 näher erläutert.

Vorgangstermine

Die Dauer des Vorgangs setzt sich aus Warten, Rüsten, Bearbeiten, Abrüsten, Liegen und Transport zusammen (siehe Abbildung 10.26).

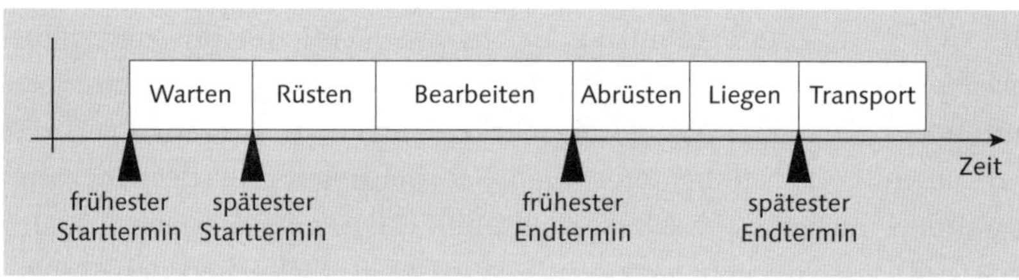

Abbildung 10.26 Termine des Vorgangs

Im Fertigungsauftrag findet sich eine Darstellung der Vorgangstermine im Vorgangsdetail in der Sicht TERMINE (siehe Abbildung 10.27). Hier sind allerdings nur die Starttermine und die Dauer der Vorgangsabschnitte aufgeführt.

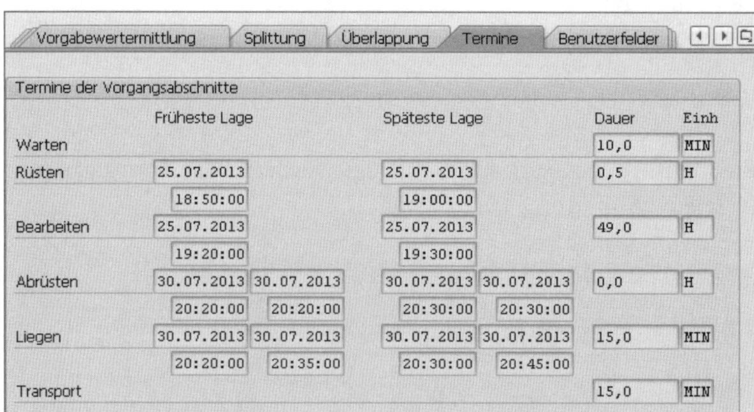

Abbildung 10.27 Termine des Vorgangs im Vorgangsdetailbild

Der Unterschied zwischen der frühesten Lage und der spätesten Lage ergibt sich durch die Wartezeit. Zwar wird die normale Wartezeit für die (Rückwärts-) Terminierung zwischen Liegezeit und Transportzeit angenommen, jedoch wirkt sie über die Aufspreizung der Termine in früheste und späteste Lage bereits zu Beginn des Vorgangs als Puffer. Die prozessbedingte Liegezeit wird, ebenso wie das Abrüsten, mit Start- und Endterminen versehen, da diese parallel zueinander liegen können. Abbildung 10.28 veranschaulicht die Termine der Vorgangsabschnitte aus Abbildung 10.27.

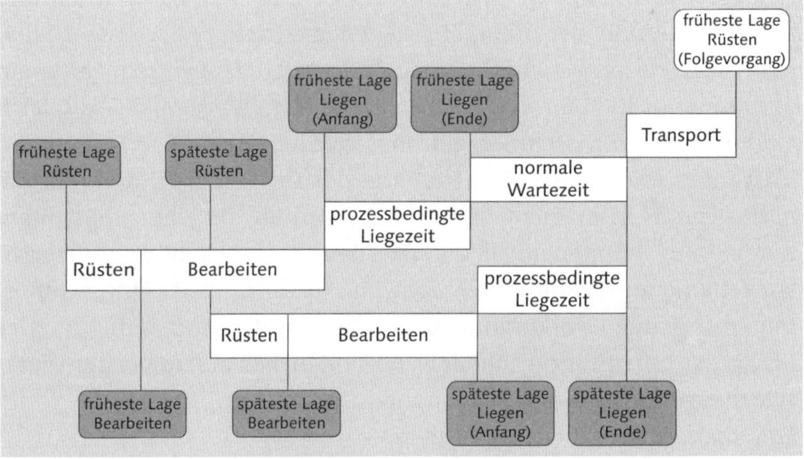

Abbildung 10.28 Früheste und späteste Lage der Vorgangsbestandteile

Ausgangspunkt für die Rückwärtsterminierung ist die früheste Lage für das Rüsten des Folgevorgangs oder – falls es sich um den letzten Vorgang handelt – der terminierte Endtermin.

10.5.2 Durchlaufterminierung

Bei der Durchlaufterminierung und Durchlaufzeitverkürzung werden zunächst die Start- und Endtermine der zu einem Fertigungsauftrag gehörenden Arbeitsgänge ohne Beachtung von Kapazitätsrestriktionen festgelegt, um damit den von der Materialwirtschaft festgelegten Endtermin des Fertigungsauftrags auf seine Durchführbarkeit hin zu überprüfen.

Vorwärts- und Rückwärtsterminierung

Als Verfahren werden hier die Vorwärts- und die Rückwärtsterminierung eingesetzt. Die Rückwärtsterminierung ermittelt, ausgehend vom spätesten Endtermin – dem Eckendtermin des Planauftrags –, den Starttermin des Fertigungsauftrags. Bei der Vorwärtsterminierung wird, ausgehend vom frühesten Starttermin – dem Eckstarttermin des Planauftrags –, der Endtermin des Fertigungsauftrags ermittelt. Dabei ist allerdings zu beachten, dass innerhalb der Vorwärtsterminierung der Plantermin nur realistisch ist, wenn alle geplanten Materialien zum Starttermin zur Verfügung stehen.

Die Durchlaufterminierung erfolgt für jeden Auftrag isoliert, d. h., es werden keine Interdependenzen zwischen den verschiedenen Aufträgen betrachtet. Kann ein Termin nicht eingehalten werden, bieten sich zur Durchlaufzeitreduzierung das Überlappen, das Splitten und die Reduzierung der Übergangszeiten an (siehe Abschnitt 10.5.5, »Vorgriffszeit und Sicherheitszeit«). Durch das Splitten kann ein Fertigungslos in mehrere Teillose aufgespalten werden, die zeitgleich auf alternativen Maschinen gefertigt werden. Beim Überlappen von Vorgängen werden bearbeitete Teile des Gesamtloses direkt an die nachfolgende Maschine weitergeleitet. Mithilfe der Übergangszeitenreduzierung können nicht zur Bearbeitungszeit gehörende Durchlaufzeitanteile vermindert werden. Die Ausführung der Durchlaufterminierung und -verkürzung sind dabei unter anderem von der Fertigungsorganisation abhängig. So sind insbesondere bei der Werkstattfertigung aufgrund der hohen Liegezeiten Maßnahmen der Durchlaufzeitreduzierung möglich.

Bei der Fertigungsauftragseröffnung wird eine Durchlaufterminierung durchgeführt, die die detaillierten Termine für jeden terminierungsrelevanten Vorgang berechnet und die Übergangszeiten zwischen den Vorgängen sowie die Sicherheitszeiten berücksichtigt. Hierbei werden der Fabrikkalender und die Arbeitszeiten der jeweiligen Ressourcen berücksichtigt. Bei der Terminierung wird von den vorhandenen Eckterminen ausgegangen. Die Ecktermine (Eckstarttermin bei Vorwärtsterminierung bzw. Eckendtermin bei Rückwärtsterminierung) werden entweder aus dem Planauftrag übernommen oder beim manuellen Anlegen im Kopfbild des Fertigungsauftrags eingegeben. Das Ergebnis der Durchlaufterminierung sind die Produktionstermine, sowohl auf Kopf- als auch auf Vorgangsebene.

Vorgangsdauern

Die Vorgangsdauern werden anhand der Vorgabewerte des Arbeitsplans und der Terminierungsformeln des Arbeitsplatzes berechnet (siehe Abschnitt 4.4, »Arbeitsplatz«). Übergangs- und Sicherheitszeiten erläutern wir in den folgenden Abschnitten.

Fabrikkalender

Der Fabrikkalender bestimmt, an welchen Tagen gearbeitet wird. Die Definition des Fabrikkalenders, die Sie mithilfe der Customizing-Transaktion SCAL vornehmen, umfasst die Definition der Arbeitstage sowie die Zuordnung des mit derselben Transaktion definierten Feiertagskalenders. Für die Terminierung ist der Fabrikkalender der Kapazität entscheidend. Falls in der Kapazität kein Fabrikkalender gepflegt worden ist, wird auf den Fabrikkalender des Werks zurückgegriffen.

Arbeitszeiten

Die Arbeitszeiten der Ressourcen haben wir bereits in Abschnitt 4.4, »Arbeitsplatz«, erläutert. Eine Arbeitspause bewirkt eine Dehnung des Vorgangs.

Nutzungsgrad

Der Nutzungsgrad der Kapazität berücksichtigt kleinere Ausfallzeiten, und die Terminierung berücksichtigt den Nutzungsgrad, indem die Vorgangsdauer entsprechend gedehnt wird. Abbildung 10.29 zeigt die Pflege des Nutzungsgrads in der Kapazität des Arbeitsplatzes.

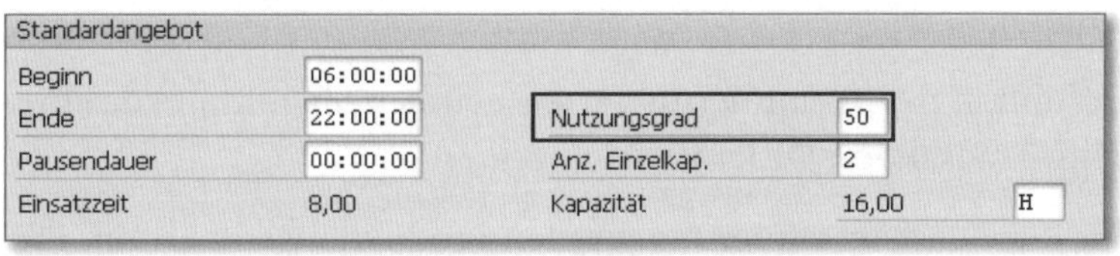

Abbildung 10.29 Nutzungsgrad der Kapazität

Der Nutzungsgrad wirkt sich nur auf die Bestimmung der Vorgangstermine aus, nicht aber auf die Bestimmung der Vorgangsdauern, wie die Termine im Vorgangstermin des Fertigungsauftrags in Abbildung 10.30 zeigen.

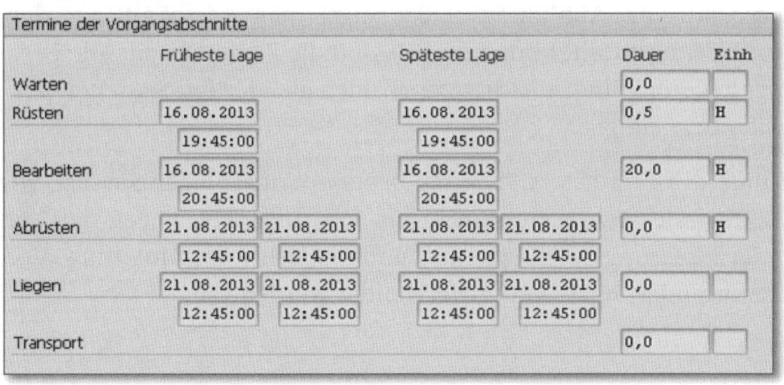

Abbildung 10.30 Einfluss auf die Terminierung

So ist z. B. bei der frühesten Lage erkennbar, dass das Rüsten um 19:45 beginnt und 30 Minuten dauert, und dennoch das Bearbeiten aufgrund des verringerten Nutzungsgrads erst nach 60 Minuten beginnen kann.

Terminierungsart

Wie zu terminieren ist, wird durch die Terminierungsart gesteuert:

- Bei der *Rückwärtsterminierung* gehen Sie vom Eckendtermin aus und ermitteln die anderen Termine mithilfe der Rückwärtsrechnung.
- Bei der *Vorwärtsterminierung* gehen Sie vom Eckstarttermin aus und ermitteln die anderen Termine mithilfe der Vorwärtsrechnung.
- Die *Tagesdatumterminierung* entspricht der Vorwärtsterminierung. Dabei verwenden Sie das Tagesdatum als Eckstarttermin.
- Bei der Terminierungsart *nur Kapazitätsbedarfe* werden nur die Kapazitätsbedarfe berechnet. Die einzelnen Vorgänge werden nicht terminiert und die Ecktermine als Vorgangstermine übernommen.

Die Definition der Terminierungsarten nehmen Sie mithilfe der Customizing-Transaktion OPJN vor.

Bei der Rückwärtsterminierung werden Produktionsendtermin, Produktionsstarttermin und Eckstarttermin anhand des Eckendtermins ermittelt; bei der Vorwärtsterminierung werden Produktionsstarttermin, Produktionsendtermin und Eckendtermin basierend auf dem Eckstarttermin bestimmt.

Terminierungsprofil

Die Zuordnung der Terminierungsart zur Fertigungsauftragsart nehmen Sie mithilfe der Customizing-Transaktion OPU3 im Terminierungsprofil vor. Abbildung 10.31 zeigt einen Ausschnitt aus dem Terminierungsprofil. In diesem Fall sind die Parameter für alle Fertigungssteuerer gültig; es wäre jedoch auch eine fertigungssteuerspezifische Pflege möglich.

Mithilfe des Parameters START IN VERGANGENHEIT legen Sie fest, wie viele Tage der Eckstarttermin in der Vergangenheit liegen darf, bis die Terminierungsart übersteuert und die Heute-Terminierung (Vorwärtsterminierung ab heute) verwendet werden soll.

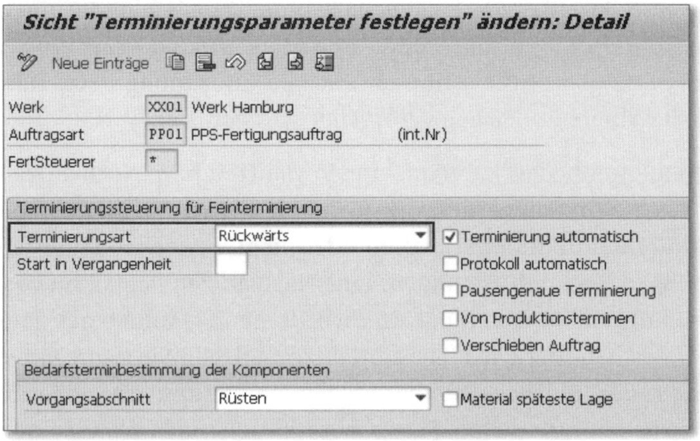

Abbildung 10.31 Terminierungsprofil (Ausschnitt)

Terminanpassung

Der Parameter TERMINE ANPASSEN beschreibt, ob Eckendtermine neu bestimmt werden (bei der Rückwärtsterminierung wäre dies der Eckstarttermin, bei der Vorwärtsterminierung der Eckendtermin) oder ob die Ecktermine sowie die Lage der Sekundärbedarfe übernommen werden sollen. Abbildung 10.32 veranschaulicht die einzelnen Möglichkeiten. In diesem Beispiel wird angenommen, dass die Komponenten dem ersten Vorgang zugeordnet werden.

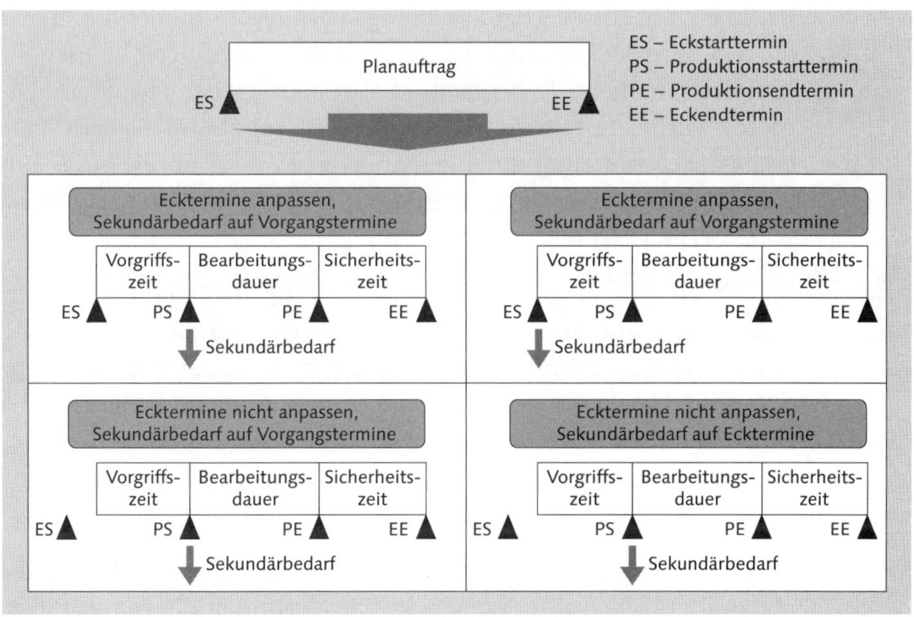

Abbildung 10.32 Terminanpassung

Terminierung der Sekundärbedarfe

Falls Sie die Sekundärbedarfe den einzelnen Vorgängen zuordnen möchten, können Sie mithilfe des Parameters VORGANGSABSCHNITT des Terminierungsprofils bestimmen, ob die Zuordnung beim Rüsten, beim Bearbeiten oder beim Abrüsten erfolgen soll.

Der Komponentenbedarf kann um eine Vorlaufzeit bzw. Nachlaufzeit vor oder nach dem Starttermin des Vorgangs liegen. Als Vorlaufzeit wird hierdurch ein Puffer geschaffen oder nicht weiter modellierten Handhabungen Rechnung getragen. Eine Nachlaufzeit liegt dann vor, wenn eine Komponente erst im fortgeschrittenen Stadium eines (langen) Vorgangs benötigt wird. Die Vorlaufzeit pflegen Sie als negative Nachlaufzeit, und die Nachlaufzeit pflegen Sie in Tagen entweder in der Stückliste oder direkt im Fertigungsauftrag in den allgemeinen Daten der Komponente. Abbildung 10.33 zeigt den Einfluss einer Vorlaufzeit auf den Komponentenbedarf. In diesem Fall liegt der Komponentenbedarf um einen Tag vor dem Beginn des Vorgangs.

Abbildung 10.33 Vorlaufzeit bzw. Nachlaufzeit

Durchführen der Terminierung

Bei der Anlage des Fertigungsauftrags wird die Terminierung immer durchgeführt. Bei terminierungsrelevanten Änderungen können Sie über den Parameter TERMINIERUNG AUTOMATISCH des Terminierungsprofils (siehe Abbildung 10.31) steuern, ob beim Sichern eine erneute Terminierung durchgeführt werden oder ob die alten Termine beibehalten werden sollen. Im letzteren Fall wird der Systemstatus NTER gesetzt.

Steuerschlüssel

Die Voraussetzung dafür, dass ein Vorgang überhaupt terminiert wird, ist das Vorhandensein eines entsprechenden Steuerschlüssels. Steuerschlüssel weisen Sie den Vorgängen im Arbeitsplan zu (siehe Abschnitt 4.5). Entscheidend für die Terminierung ist, dass zuvor der Parameter TERMINIEREN gesetzt worden ist. Die Definition des Steuerschlüssels nehmen Sie mithilfe der Customizing-Transaktion OP67 vor (siehe Abbildung 10.34).

Kapazitätsbedarfe

Im Gegensatz zur Eckterminbestimmung, die üblicherweise für die Materialbedarfsplanung verwendet wird, ermittelt die Durchlaufterminierung auch Kapazitätsbedarfe – unter der Voraussetzung, dass zuvor der Parameter KAPABED. ERMITTELN im Steuerschlüssel des Vorgangs gesetzt worden ist. Die Kapazitätsbedarfe werden anhand der Kapazitätsformeln des Arbeitsplatzes berechnet (siehe Abschnitt 4.4, »Arbeitsplatz«) und bilden die Grundlage für die Kapazitätsplanung.

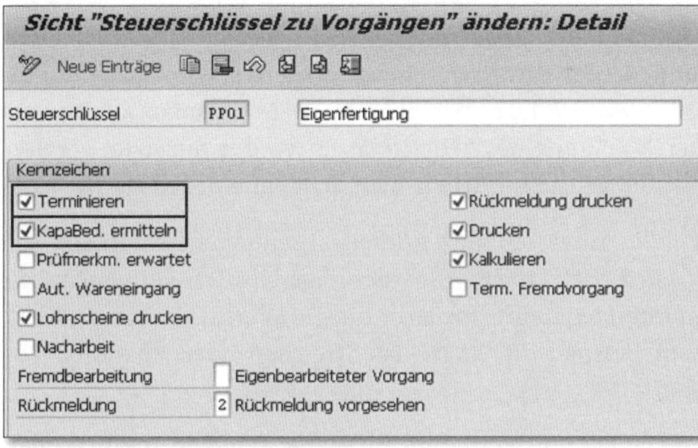

Abbildung 10.34 Terminierungsprofil (Auszug)

10.5.3 Übergangszeiten

Die Übergangszeiten Wartezeit, Liegezeit und Transportzeit beziehen sich auf den Vorgang und werden im Arbeitsplan gepflegt. Abbildung 10.35 zeigt die Pflege der Übergangszeiten im Vorgangsdetail des Arbeitsplans (Transaktion CA01/CA02).

Abbildung 10.35 Pflege der Übergangsdaten im Arbeitsplan

Wartezeit

Die Wartezeit liegt vor dem Produktionsstarttermin des Vorgangs und bildet einen Puffer für eine verspätete Materialbereitstellung einerseits (z. B. aufgrund eines verspäteten Fertigungsauftrags für ein benötigtes Halbfabrikat) und andererseits für eine Verspätung auf der benötigten Kapazität selbst. Dass heißt, falls mit der Bearbeitung des Vorgangs noch nicht begonnen werden kann, da die Kapazität noch mit anderen Vorgängen belegt ist.

Die Pflege der Wartezeit nehmen Sie anhand zweier Werte vor: normale Wartezeit (NOR. WARTEZEIT) und minimale Wartezeit (MIN. WARTEZEIT). Die Differenz aus normaler und minimaler Wartezeit kann im Rahmen der Reduzierung (siehe Abschnitt 10.5.5, »Vorgriffszeit und Sicherheitszeit«) gekürzt werden. Die normale und die minimale Wartezeit pflegen Sie sowohl im Arbeitsplan als auch im Arbeitsplatz. Die Werte des Arbeitsplatzes werden nur dann verwendet, wenn keine Werte im Arbeitsplan gepflegt worden sind.

Liegezeit

Die Liegezeit befindet sich hinter den Bearbeitungsschritten des Vorgangs und wird nach solchen Bearbeitungsschritten verwendet, die eine bestimmte Liegezeit erfordern, bis die Werkstücke transportfähig sind; ein Beispiel hierzu ist das Streichen oder Abkühlen von Werkstücken.

Auch bei der Liegezeit werden zwei Werte gepflegt: die maximale (MAX. LIEGEZEIT) und die prozessbedingte Liegezeit (PROZBED. LIEGEZEIT). Die prozessbedingte Liegezeit ist aus technischen Gründen erforderlich und wird für die Terminierung verwendet. Es ist möglich, die Liegezeit parallel zum Abrüsten anzusetzen und somit die Durchlaufzeit des Vorgangs zu verkürzen. Im Gegensatz zu den anderen Bestandteilen des Vorgangs wird die Liegezeit nicht anhand eines Kalenders terminiert.

Transportzeit

Die Transportzeit liegt hinter der Liegezeit und berücksichtigt die dafür benötigte Zeit, das Werkstück zum nächsten Arbeitsplatz zu befördern. Auch bei der Transportzeit werden ein normaler (NOR. TRANSPORTZEIT) und ein minimaler Wert (MIN. TRANSPORTZEIT) gepflegt, wobei der normale Wert im Rahmen der Reduzierung auf den minimalen Wert verringert wird (siehe Abbildung 10.36).

Ortsgruppen und Transportzeitmatrix

Anstatt die Transportzeiten für jeden Vorgang des Arbeitsplans zu pflegen, kann die Transportzeit über eine Transportzeitmatrix bestimmt werden. Abbildung 10.36 zeigt die Pflege der Ortsgruppen und der Transportzeitmatrix, die mithilfe der Customizing-Transaktion OPJR vorgenommen wird. Hierbei werden den Arbeitsplätzen Ortsgruppen zugeordnet (❶ und ❷), und in der Transportzeitmatrix

❸ werden die normale und die minimale Transportzeit zwischen den Ortsgruppen angegeben. Für die Terminierung der Transportzeiten werden die in der Transportzeitmatrix gepflegten Arbeitszeiten verwendet.

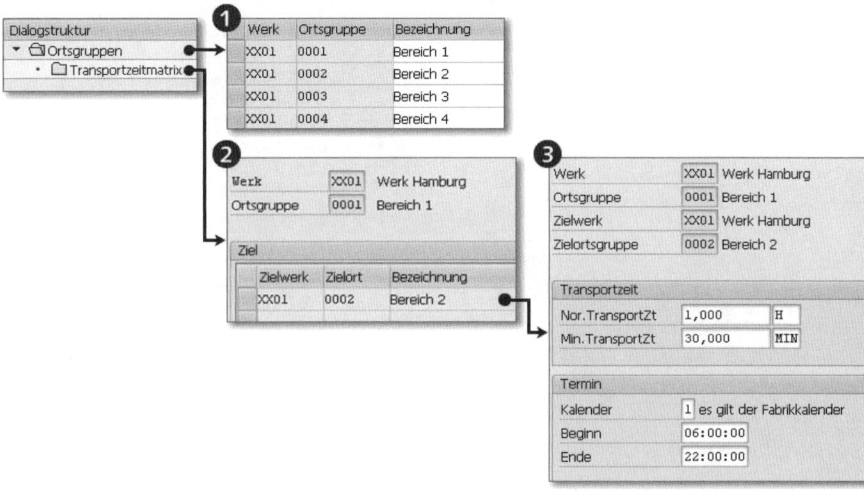

Abbildung 10.36 Pflege von Ortsgruppen und Transportmatrix

Die Zuordnung der Ortsgruppen zum Arbeitsplatz erfolgt in der Sicht TERMINIERUNG, wie es der Ausschnitt in Abbildung 10.37 zeigt.

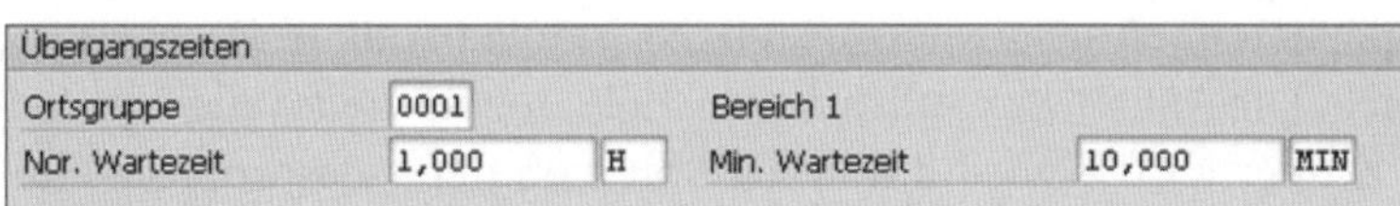

Abbildung 10.37 Zuordnung der Ortsgruppe zum Arbeitsplatz (Ausschnitt aus der Sicht »Terminierung«)

10.5.4 Splittung und Überlappung

Splittung und Überlappung sind zwei Möglichkeiten, um die Durchlaufzeit von Aufträgen zu verringern. Während die Splittung die Bearbeitungsdauer eines Vorgangs reduziert, bleibt bei der Überlappung die Bearbeitungsdauer der Vorgänge erhalten, jedoch verringert sich die Durchlaufzeit des Auftrags als Ganzes. Abbildung 10.38 veranschaulicht diese beiden Möglichkeiten für einen Auftrag, bestehend aus den drei Vorgängen 0010, 0020 und 0030.

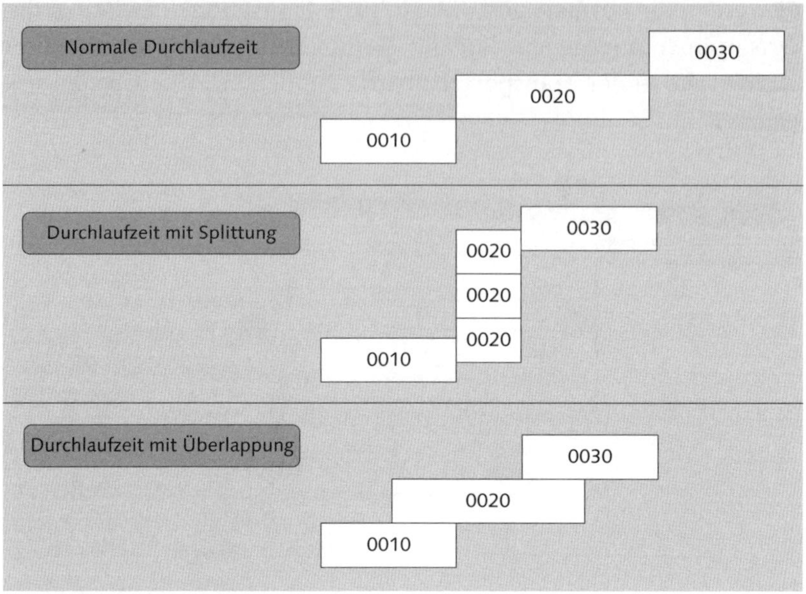

Abbildung 10.38 Splittung und Überlappung

Splittung Durch Splittung wird ein Vorgang in mehrere Teilvorgänge zerlegt, die parallel zueinander bearbeitet werden können. Hierdurch wird die Durchlaufzeit des betreffenden Vorgangs verringert.

Voraussetzung für die Splittung ist, dass die Kapazität mehrere Einzelkapazitäten enthält – ansonsten ist keine parallele Bearbeitung möglich. Die Anzahl der Splittungen – d. h., in wie viele Teile der Vorgang zerlegt wird – wird durch die Splitparameter bestimmt. Abbildung 10.39 zeigt die Pflege der Splitparameter im Vorgang des Arbeitsplans.

Abbildung 10.39 Splitparameter im Arbeitsplan

Die ANZAHL SPLITTUNGEN gibt die maximale Anzahl an Splittungen an, die für den jeweiligen Vorgang erfolgen dürfen. Damit sich eine Splittung lohnt, muss eine Mindestbearbeitungszeit (MINDBEARBEIT-

Zeit) gegeben sein. Wird diese nach der Splittung nicht erreicht, findet keine Splittung statt.

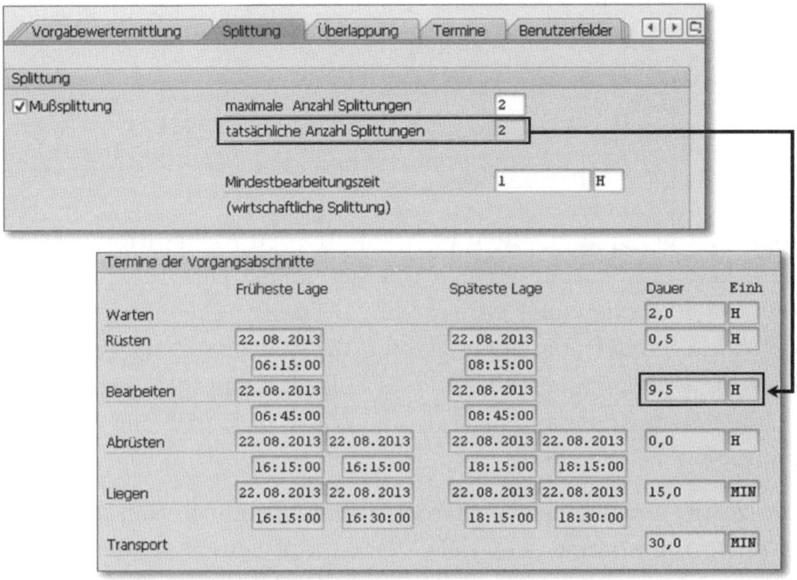

Abbildung 10.40 Vorgangssplit im Fertigungsauftrag

Eine Splittung wird während der Terminierung nur dann durchgeführt, wenn der Splitparameter Musssplittung gesetzt ist, ansonsten wird die Splittung nur im Rahmen der Reduzierung verwendet (siehe Abschnitt 10.5.5, »Vorgriffszeit und Sicherheitszeit«). Beim Musssplittung ohne Angabe von Splitanzahl und Mindestbearbeitungszeit wird ein Vorgang gleichmäßig auf die maximal verfügbare Anzahl an Kapazitäten aufgeteilt. Abbildung 10.40 zeigt die Splittung im Vorgangsdetail des Fertigungsauftrags.

Im Vorgangsdetail des Fertigungsauftrags wird neben der maximalen Anzahl an Splittungen aus dem Arbeitsplan auch die tatsächliche Anzahl der für diesen Vorgang durchgeführten Splittungen angegeben. Die Splittung verringert die Bearbeitungsdauer, wie es in den Terminen des Vorgangs angezeigt wird.

Überlappung

Die Parameter für die *Überlappung* (die Mindestweitergabemenge und die Mindestüberlappungszeit) pflegen Sie ebenfalls in den Vorgangsdaten des Arbeitsplans (siehe Abbildung 10.41). Diese Parameter beziehen sich auf die Überlappung mit dem Folgevorgang.

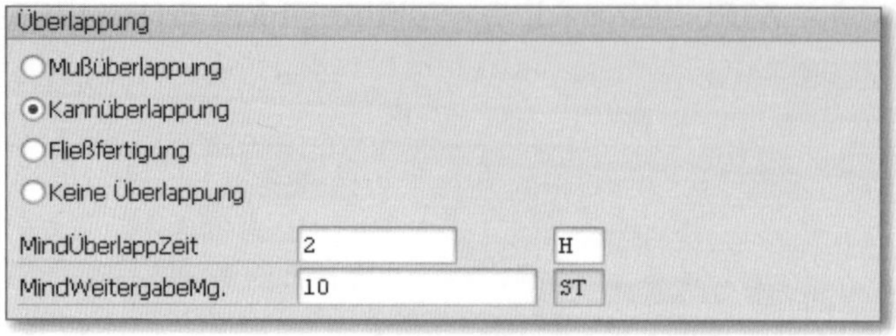

Abbildung 10.41 Überlappungsparameter im Arbeitsplan

Da eine Überlappung einen organisatorischen Mehraufwand erfordert, kann es für sehr geringe Überlappungsdauern nicht lohnend sein, eine Überlappung vorzunehmen. Dieser Schwellenwert wird durch die Mindestüberlappungszeit (MINDÜBERLAPPZEIT) abgebildet. Falls die Überlappungszeit mit dem Folgevorgang nicht mindestens dieser Mindestüberlappungszeit entspricht, erfolgt keine Überlappung.

Mindestweitergabemenge

Der zweite Parameter, die Mindestweitergabemenge (MINDWEITERGABEMG.), bestimmt, wie viele Werkstücke bereits bearbeitet sein müssen, damit im Folgevorgang deren Bearbeitung fortgesetzt werden kann. Hierdurch werden z. B. Gebindegrößen für den Transport zwischen den einzelnen Arbeitsplätzen modelliert. In Abhängigkeit von Auftragsmenge, Mindestweitergabemenge und Mindestüberlappungszeit sind Überlappungen möglich oder nicht. Abbildung 10.42 zeigt einige Fälle eines Auftrags, bestehend aus zwei Vorgängen, bei denen die Überlappungszeit in Abhängigkeit von diesen Parametern variiert.

Aus den Bedingungen, die durch die Mindestüberlappungszeit und die Mindestweitergabemenge definiert werden, ergeben sich die folgenden Regeln:

- Nach der Bearbeitung der Mindestweitergabemenge muss der Vorgang noch länger als die Mindestüberlappungszeit andauern.
- Der Nachfolgevorgang muss mindestens so lange dauern wie die Mindestüberlappungszeit.
- Falls keine Mindestweitergabemenge existiert, kann der Vorgang gleichzeitig mit dem Nachfolgevorgang beginnen.
- Falls die Mindestüberlappungszeit nicht erreicht wird (z. B. weil die Restbearbeitungszeit nach der Bearbeitung der Mindestweitergabemenge zu gering ist), findet keine Überlappung statt.

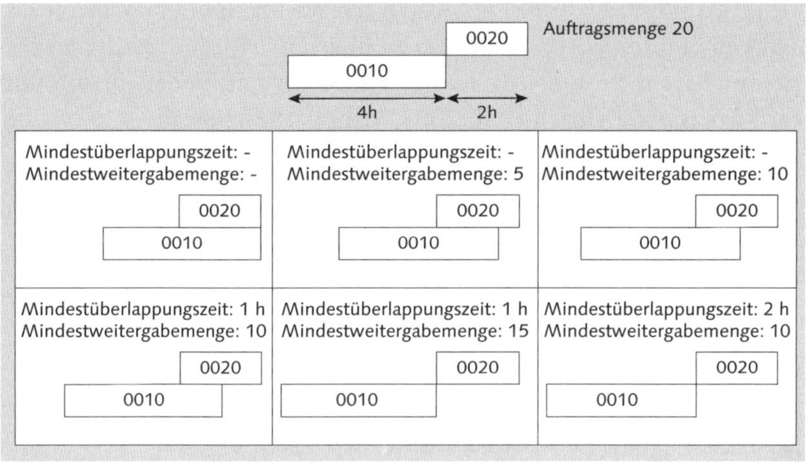

Abbildung 10.42 Überlappung

Die Mindestüberlappung bezieht sich auf die Bearbeitungszeit – Liegezeiten und Transportzeiten tragen nicht zur Mindestüberlappungszeit bei.

Eine Überlappung wird bei der Terminierung entweder bei der Reduzierung (KANNÜBERLAPPUNG), immer (MUSSÜBERLAPPUNG) oder nie (KEINE ÜBERLAPPUNG) durchgeführt. Einen Sonderfall stellt die Fließfertigung dar: Hier wird die Durchführungszeit aller Vorgänge, die ebenfalls mit dem Parameter FLIESSFERTIGUNG gekennzeichnet sind, auf die längste der Bearbeitungsdauern gedehnt.

10.5.5 Vorgriffszeit und Sicherheitszeit

Neben den Puffern auf der Vorgangsebene werden zwei weitere Puffer auf der Auftragsebene verwendet, nämlich die Vorgriffszeit vor dem Produktionsstarttermin und die Sicherheitszeit nach dem Produktionsstarttermin. Die Vorgriffszeit stellt analog zur Wartezeit einen Puffer für die verspätete Materialbereitstellung oder die verspätete Abarbeitung von Vorgängeraufträgen und die Sicherheitszeit einen Puffer für die verspätete Bearbeitung dieses Auftrags dar.

Bei der Einstellung von Vorgriffszeit und Sicherheitszeit ist zu beachten, dass sich die Verwendung von Pufferzeiten bis zu einem gewissen Grad stabilisierend auf den Plan auswirkt und sich dadurch Kapitalbindung und Durchsatz verbessern lassen. Bei einer weiteren Erhöhung der Puffer wird jedoch der gegenteilige Effekt erzielt. Da sich Terminpuffer grundsätzlich durch Mengenpuffer ersetzen lassen, die in ihrer Wirkung leichter zu überschauen sind, stellt dies insbesondere für B- und C-Teile eine Alternative zu hohen Terminpuffern dar (siehe Dittrich et al. 2003, S. 171–182).

Horizontschlüssel

Vorgriffszeit und Sicherheitszeit legen Sie im Horizontschlüssel fest; der entsprechende Customizing-Pfad lautet PRODUKTION • FERTIGUNGSSTEUERUNG • VORGÄNGE • TERMINIERUNG • HORIZONTSCHLÜSSEL DEFINIEREN (siehe Abbildung 10.43).

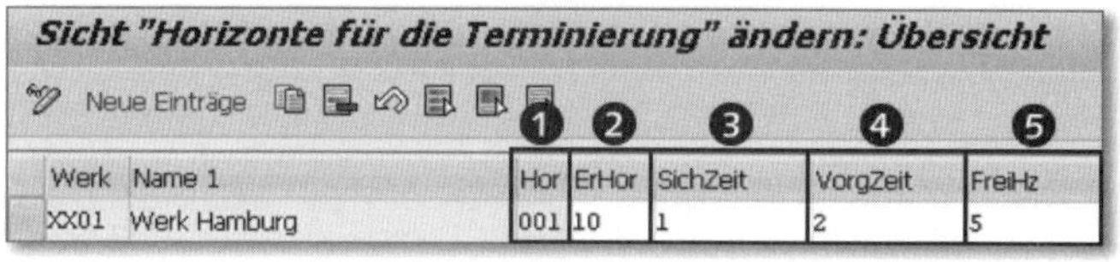

Abbildung 10.43 Horizontschlüssel

Neben den Auftragspufferzeiten enthält der Horizontschlüssel ❶ den Eröffnungshorizont ❷ und den Freigabehorizont ❺. Zusätzlich können noch die Sicherheitszeit ❸ und die Vorgriffszeit ❹ definiert werden. Der Horizontschlüssel wird werksspezifisch gepflegt und dem Materialstamm in der Sicht DISPOSITION 2 zugeordnet (siehe Abbildung 10.44).

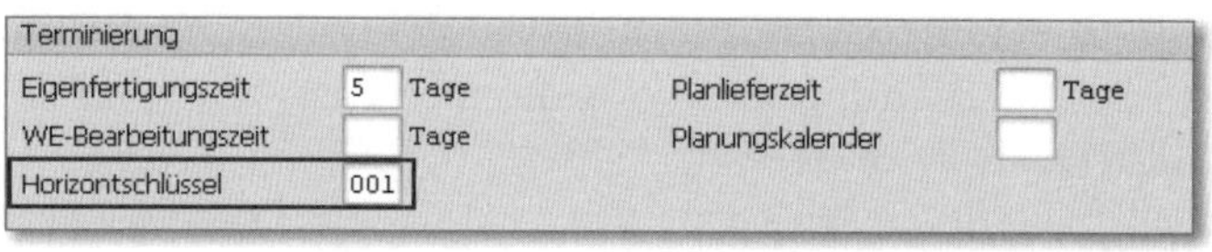

Abbildung 10.44 Zuordnung des Horizontschlüssels zum Materialstamm

Eröffnungshorizont und Freigabehorizont

Der Eröffnungstermin ist ein Datum des Planauftrags und wird für die Sammelumsetzung verwendet, wie es in Abschnitt 10.3, »Umsetzung aus dem Planauftrag«, dargestellt ist. Der Eröffnungstermin liegt um den Eröffnungshorizont vor dem Eckstarttermin des Planauftrags. Analog liegt der Freigabetermin um den Freigabehorizont vor dem Produktionsstarttermin des Fertigungsauftrags.

10.5.6 Reduzierung

Bei der Terminierung können an mehreren Stellen Puffer gepflegt werden. Diese Puffer lassen sich bei Bedarf wieder streichen. Das

Streichen erfolgt in der Regel in mehreren Reduzierungsstufen. Die Reduzierungsstrategien bestimmen hierbei, welche Puffer wie weit abgebaut werden sollen.

Reduzierung und Produktionsterminbestimmung

Ein Beispiel für die Verwendung der Reduzierung ist gegeben, wenn die durch die Durchlaufterminierung ermittelten Produktionstermine nicht innerhalb der Ecktermine liegen. In solchen Fällen wird versucht, die Puffer so weit abzubauen, bis die Ecktermine eingehalten werden können. Abbildung 10.45 veranschaulicht diese Vorgehensweise.

Eine Reduzierung der Durchlaufzeit kann auf der Vorgangsebene und auf der Auftragsebene erfolgen. Auf der Vorgangsebene werden die folgenden Maßnahmen getroffen:

- Reduzierung der normalen Wartezeit bis zur minimalen Wartezeit
- Reduzierung der Transportzeit bis zur Mindesttransportzeit
- Splittung von Vorgängen
- Überlappung von Vorgängen

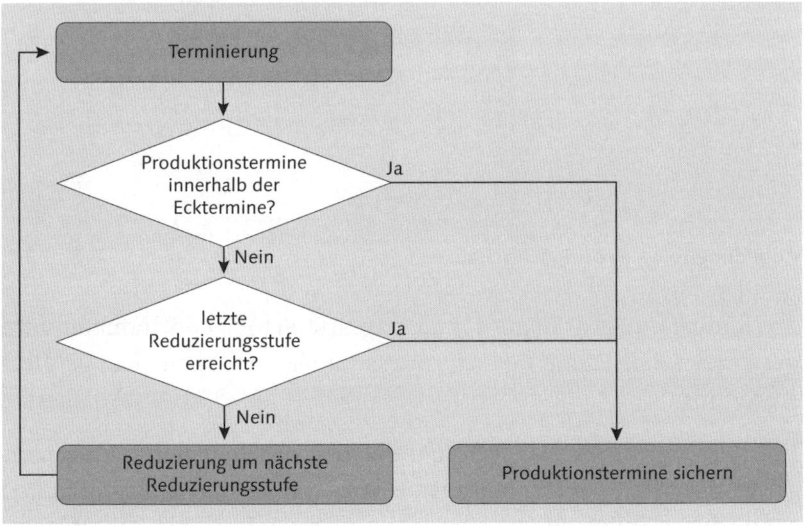

Abbildung 10.45 Produktionsterminbestimmung und Reduzierung

Auf der Auftragsebene können die Vorgriffszeit und die Sicherheitszeit reduziert werden.

Ob ein Fertigungsauftrag reduziert wurde, wird in der Sicht ALLGEMEIN des Fertigungsauftragskopfs angegeben (siehe Abbildung 10.46).

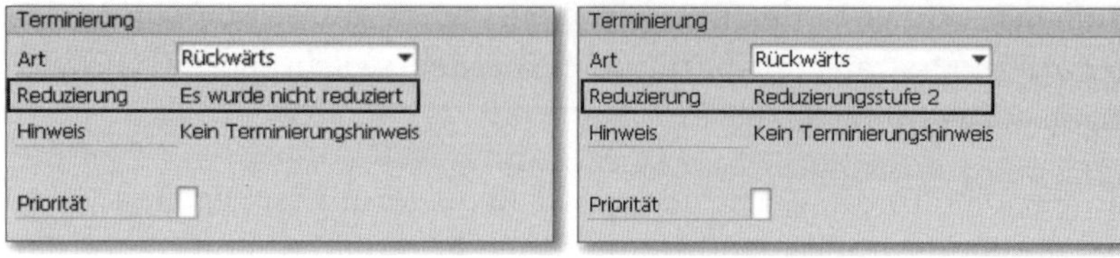

Abbildung 10.46 Reduzierungsinformation im Fertigungsauftrag

Reduzierungsstrategien

Reduzierungsstrategien pflegen Sie werksspezifisch mithilfe der Customizing-Transaktion OPJS. Für jede Reduzierungsstrategie werden eine oder mehrere Reduzierungsstufen definiert, wobei die Reduzierungsstufen in aufsteigender Reihenfolge zunehmend stärker die Durchlaufzeit reduzieren. Abbildung 10.47 zeigt die Pflege der Reduzierungsstrategie.

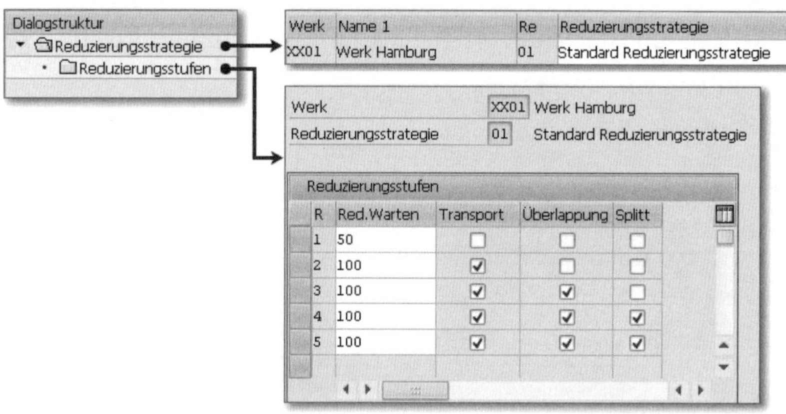

Abbildung 10.47 Reduzierungsstrategie

Die Reduzierungsstrategie der auftragsartabhängigen Parameter wird verwendet, falls keine Reduzierungsstrategie im Arbeitsplan gepflegt worden ist.

Die Reduzierungsstrategie beschreibt nur die Reduzierung der Vorgänge durch die Verkürzung der Warte-, Liege- und Transportzeiten sowie durch Splittung und Überlappung. Inwiefern auch die auftragsbezogenen Puffer – nämlich Vorgriffszeit und Sicherheitszeit – reduziert werden sollen, bestimmen Sie im auftragsartabhängigen Terminierungsprofil (Transaktion OPU3), siehe Abbildung 10.48.

Hier hinterlegen Sie in Abhängigkeit von der Reduzierungsstufe die prozentuale Verringerung von Vorgriffszeit und Sicherheitszeit. In diesem Fall werden die Vorgriffs- und die Sicherheitszeit in der Reduzierungsstufe 1 um die Hälfte und in der Reduzierungsstufe 2 komplett reduziert (siehe Zeile %RED. VORGRIFFS-/SICHERHEITSZEIT in Abbildung 10.48).

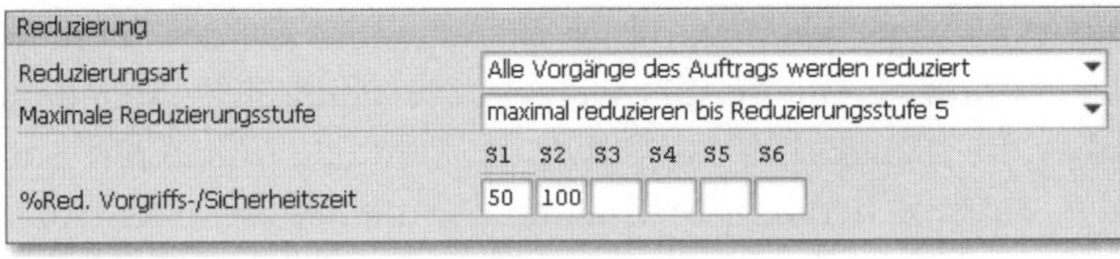

Abbildung 10.48 Terminierungsprofil – Reduzierung der Sicherheitszeiten

10.6 Verfügbarkeitsprüfung

Verfügbarkeitsprüfungen können auf unterschiedliche Weise aufgerufen werden – entweder automatisch bei der Eröffnung oder Freigabe des Fertigungsauftrags oder interaktiv. Die interaktive Verfügbarkeitsprüfung kann wiederum entweder für den individuellen Fertigungsauftrag oder als Sammelverfügbarkeitsprüfung erfolgen.

Für den Fertigungsauftrag existieren drei unterschiedliche Verfügbarkeitsprüfungen:

- Die *Materialverfügbarkeitsprüfung* prüft die Verfügbarkeit der Komponenten für den Fertigungsauftrag – entweder gegen tatsächliche Bestände (und optional gegen Zugänge) oder gegen die Vorplanung.
- Die *Fertigungshilfsmittelprüfung* prüft anhand eines Status im Stammdatum, ob das benötigte Fertigungshilfsmittel frei ist.
- Die *Kapazitätsverfügbarkeitsprüfung* prüft, ob ausreichend freie Kapazitäten für die Vorgänge des Auftrags vorhanden sind.

Die weiteren Bedeutungen der Einstellungen für die Materialverfügbarkeitsprüfung erläutern wir im folgenden Abschnitt, und die Kapazitätsverfügbarkeitsprüfung wird in Abschnitt 11.3, »Prüfung der Kapazitätsverfügbarkeit«, ausführlich dargestellt.

10.6.1 Materialverfügbarkeitsprüfung

Ziel der Materialverfügbarkeitsprüfung ist es, zu vermeiden, dass die Bearbeitung eines Auftrags an einem Arbeitsplatz zum Erliegen kommt, weil benötigte Komponenten nicht vorhanden sind. Die Materialverfügbarkeitsprüfung überprüft, ob die benötigten Komponenten für den Fertigungsauftrag vorhanden sind, und erstellt im Negativfall eine Fehlteileliste, anhand derer sich der Disponent oder der Fertigungssteuerer gezielt um die Beschaffung der fehlenden Komponenten kümmern kann. Je nach Branche und Art des Fehlteils sind diese Bemühungen mehr oder weniger aussichtsreich – in jedem Fall sind aber die Planer frühzeitig über die Fehlteile informiert und können die entsprechenden Maßnahmen einleiten. Dementsprechend kann in der Prüfungssteuerung festgelegt werden, ob eine Eröffnung oder Freigabe bei fehlender Materialverfügbarkeit zulässig ist.

Status und Materialverfügbarkeitsprüfung

Das Ergebnis der Materialverfügbarkeitsprüfung spiegelt sich im Status des Fertigungsauftrags wider. Ein ungeprüfter Fertigungsauftrag hat den Status NMVP (Materialverfügbarkeit nicht geprüft), während ein Fertigungsauftrag, dessen Komponentenbedarfe geprüft und bestätigt wurden, den Status MABS (Material bestätigt) erhält. Für den Fall, dass eine oder mehrere Komponenten nicht bestätigt werden konnten, erhält der Auftrag den Status FMAT (fehlendes Material), und es wird eine Fehlteileliste erstellt.

Interaktive Materialverfügbarkeitsprüfung

Abbildung 10.49 zeigt diesen Ablauf für die interaktive Materialverfügbarkeitsprüfung aus dem Fertigungsauftrag.

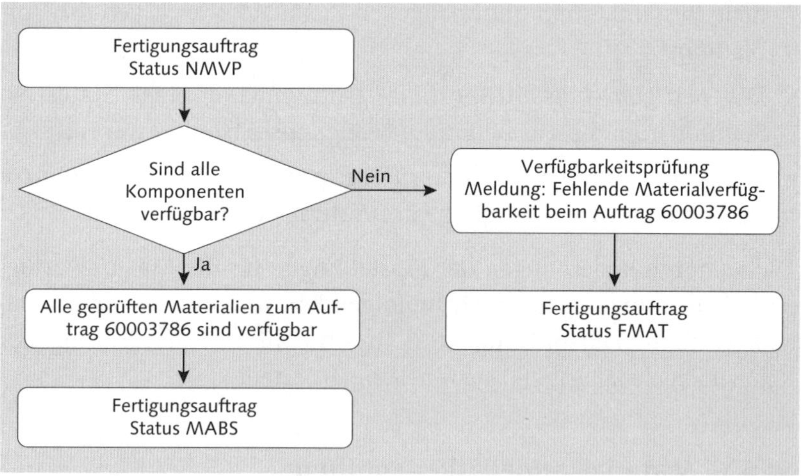

Abbildung 10.49 Ablauf der interaktiven Materialverfügbarkeitsprüfung

Für den Fall einer fehlenden Materialverfügbarkeit werden die Informationen in drei Ausführungen angeboten.

Verfügbarkeitsprüfungsprotokoll

Das *Verfügbarkeitsprüfungsprotokoll* zeigt die einzelnen Informations- und Warnmeldungen bei fehlender Materialverfügbarkeit an; allerdings ist es als Übersicht über komplexere Fälle weniger geeignet.

Fehlteileliste

Die *Fehlteileliste* zeigt hingegen sämtliche Komponenten mit einer fehlenden Materialverfügbarkeit sowie die Anzahl der geprüften Komponenten und einen eventuell verspäteten Bestätigungstermin an (siehe Abbildung 10.50).

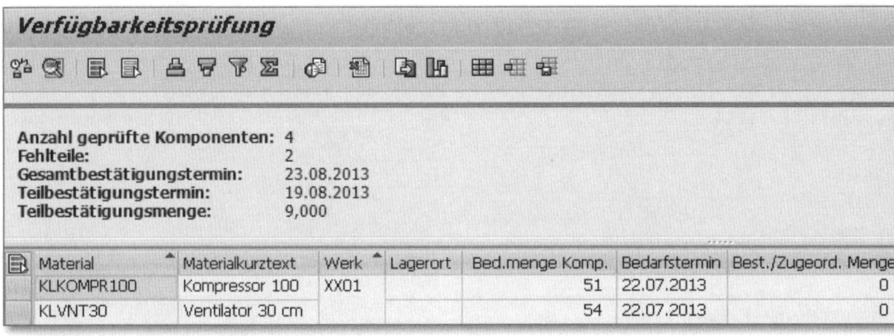

Abbildung 10.50 Fehlteileliste

Fehlteileübersicht

Die *Fehlteileübersicht* bietet zusätzlich zur Fehlteileliste die Möglichkeit, sich detailliertere Informationen zum Fertigungsauftrag, zur Bedarfsmenge und zur Verfügbarkeitssituation der Komponente zu verschaffen (siehe Abbildung 10.51).

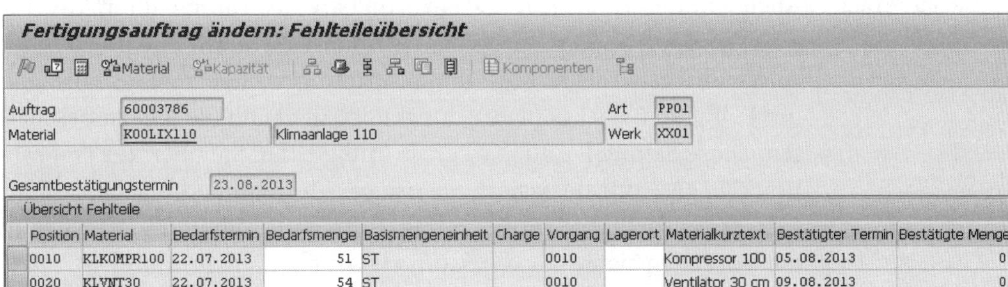

Abbildung 10.51 Fehlteileübersicht

Fehlteilinfosystem

Sowohl die Fehlteileliste, die in Abbildung 10.50 gezeigt wird, als auch die Fehlteileübersicht aus Abbildung 10.51 sind nur in der interaktiven Verfügbarkeitsprüfung zugänglich. Für eine nachträgliche Auswertung, z. B. falls die Verfügbarkeitsprüfung im Hintergrund erfolgt, steht das Fehlteilinfosystem über die Transaktion CO24 bereit. Abbildung 10.52 zeigt das Ergebnis der Auswertung bei einer Selektion nach Disponent – es ist aber ebenfalls eine Selektion nach Fertigungssteuerer möglich.

Auch können Sie aus dem Fehlteilinfosystem direkt in den Fertigungsauftrag verzweigen.

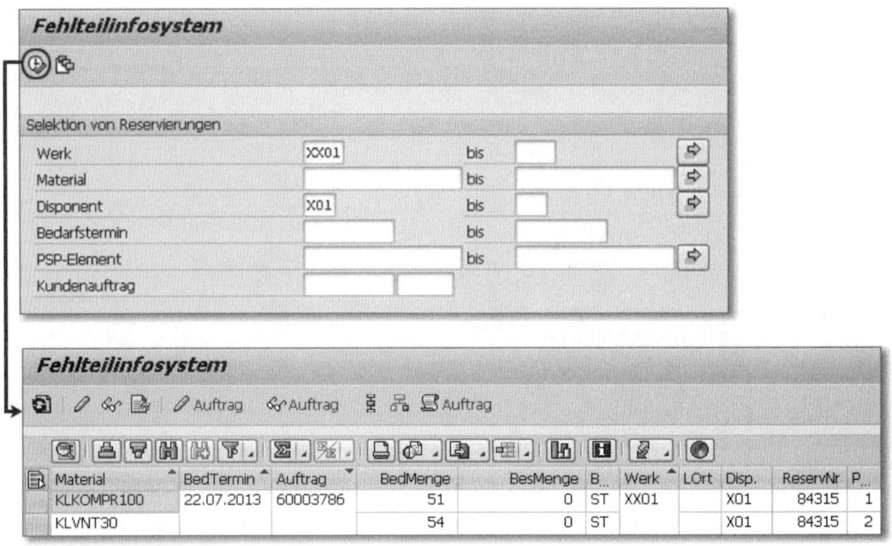

Abbildung 10.52 Fehlteilinfosystem

Sammelverfügbarkeitsprüfung

Auch können Sie die Materialverfügbarkeitsprüfung interaktiv für eine Gruppe von Fertigungsaufträgen anstoßen. Ein entsprechender Anwendungsfall wäre die erneute Prüfung von Fertigungsaufträgen mit Fehlteilen, nachdem es gelungen ist, die Fehlteile neu zu beschaffen. Diese Sammelverfügbarkeitsprüfung rufen Sie über die Transaktion COMAC auf; sie basiert, ebenso wie die Sammelfreigabe, auf der Massenbearbeitung von Fertigungsaufträgen. Abbildung 10.53 zeigt die Vorgehensweise für die Sammelverfügbarkeitsprüfung.

Verfügbarkeitsprüfung bei Eröffnung und Freigabe

Ob und wie die automatische Verfügbarkeitsprüfung bei Eröffnung oder Freigabe erfolgt, entscheidet die Prüfungssteuerung (siehe den folgenden Abschnitt).

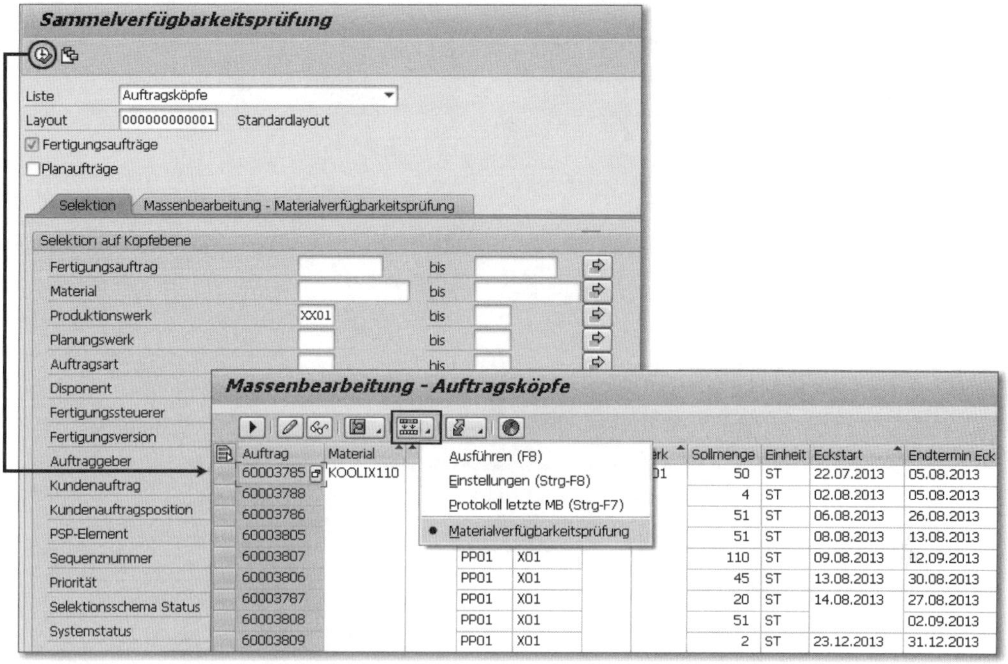

Abbildung 10.53 Sammelverfügbarkeitsprüfung

10.6.2 Parameter der Materialverfügbarkeitsprüfung

Die Art und Weise der Materialverfügbarkeitsprüfung – z. B. ob der Qualitätsprüfbestand zur Bestätigung verwendet werden darf – wird durch eine Vielzahl von Parametern gesteuert, zu denen der Parameter VERFÜGBARKEITSVORGANG (Eröffnung oder Freigabe des Fertigungsauftrags), der Parameter PRÜFGRUPPE und der Parameter PRÜFREGEL gehören, sowie weitere Parameter, die in den Objekten PRÜFUNGSSTEUERUNG und PRÜFUMFANG enthalten sind. Abbildung 10.54 zeigt einen Überblick über die beteiligten Objekte. Die grau hinterlegten Objekte, also alle Objekte bis auf den Materialstamm, werden im Customizing eingestellt.

Der Prüfumfang enthält die meisten Einstellungen zur Durchführung der Materialverfügbarkeitsprüfung und wird einerseits über die Prüfgruppe aus dem Materialstamm und andererseits über die Prüfregel bestimmt.

Die Prüfregel ist wiederum in der Prüfungssteuerung enthalten, die ihrerseits über die Auftragsart und den Verfügbarkeitsvorgang bestimmt wird.

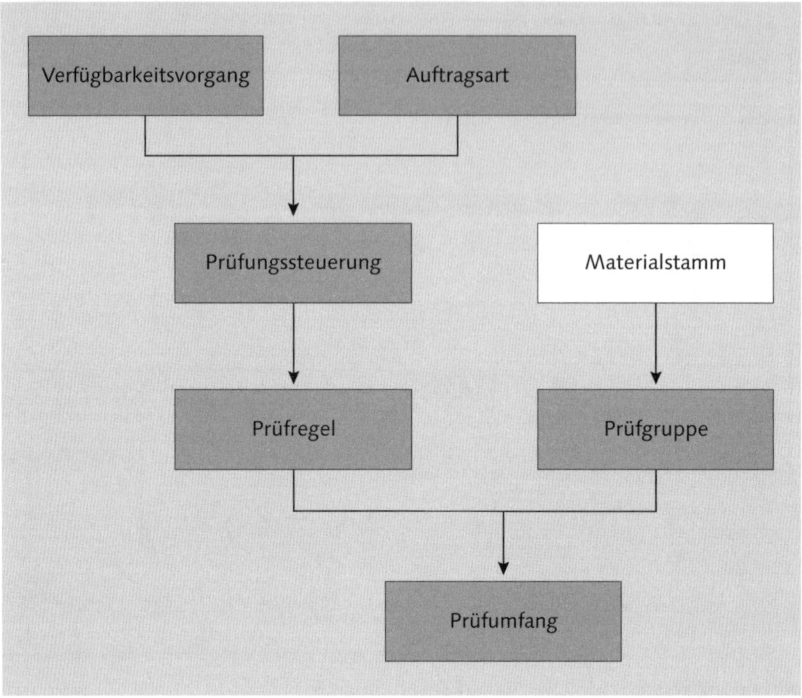

Abbildung 10.54 Überblick der Objekte für die Materialverfügbarkeitsprüfung

Verfügbarkeitsvorgang

Für die Verfügbarkeitsprüfung existieren zwei Sätze von Prüfungssteuerungsparametern: einer für die Eröffnung und einer für die Freigabe von Fertigungsaufträgen. Sowohl die Eröffnung als auch die Freigabe stellen jeweils einen *Verfügbarkeitsvorgang* dar, der die Prüfungssteuerung zusammen mit der Auftragsart bestimmt.

Prüfungssteuerung

Die *Prüfungssteuerung* entscheidet zum einen, ob und wie die Verfügbarkeitsprüfung bei Eröffnung oder Freigabe des Fertigungsauftrags erfolgt, und zum anderen, wie die Verfügbarkeitsprüfung ablaufen soll. Die Prüfungssteuerung wird mithilfe der Customizing-Transaktion OPJK gepflegt und steuert neben der Materialverfügbarkeitsprüfung auch die Verfügbarkeitsprüfungen für Fertigungshilfsmittel und Kapazitäten. Abbildung 10.55 zeigt die Prüfungssteuerung für die Eröffnung von Fertigungsaufträgen der Auftragsart PP01.

Im abgebildeten Fall wird bei der Auftragseröffnung eine Materialverfügbarkeitsprüfung mithilfe der Prüfregel PP sowie eine Kapazitätsverfügbarkeitsprüfung mit dem Gesamtprofil SAPSFCG013 durchgeführt.

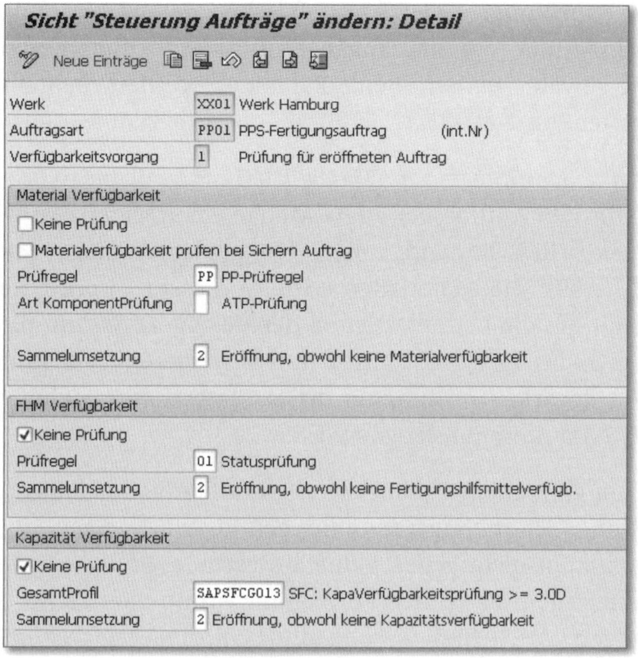

Abbildung 10.55 Prüfungssteuerung

Die Prüfungssteuerung definiert – je nach Verfügbarkeitsvorgang für die Eröffnung des Fertigungsauftrags per Sammelumsetzung oder für die Freigabe –, welcher Schritt bei der Sammelumsetzung im Fall fehlender Materialverfügbarkeit erfolgen soll:

- Soll der Fertigungsauftrag dennoch eröffnet werden?
- Soll der Fertigungsauftrag nicht eröffnet werden?
- Soll es dem Benutzer vorbehalten bleiben, die Entscheidung hierüber zu treffen?

Die gleichen Steuerungsmöglichkeiten bestehen auch für die Verfügbarkeitsprüfung der Fertigungshilfsmittel und der Kapazität.

Als Voraussetzung dafür, dass eine Verfügbarkeitsprüfung durchgeführt werden kann, darf der Parameter KEINE PRÜFUNG in der Prüfungssteuerung *nicht* gesetzt sein. Dieser Parameter bezieht sich nur auf die automatische Prüfung – eine interaktive Materialverfügbarkeitsprüfung ist dennoch möglich.

Wie die Materialverfügbarkeitsprüfung durchgeführt wird, entscheidet die Prüfregel sowie der Parameter ART KOMPONENTPRÜFUNG (Art der Komponentenprüfung) – hier kann zwischen der ATP-Prüfung gegen die Bestände (und optional Zugänge) und der Prüfung gegen die Vorplanung gewählt werden. Beide Parameter werden ebenfalls in der Prüfungssteuerung gepflegt.

ATP-Prüfung

Bei der *Verfügbarkeitsprüfung nach ATP-Logik* (ATP = Available to Promise) wird die für den Auftrag benötigte Menge einer Materialkomponente dem aktuellen Bestand sowie den geplanten Zugängen gegenübergestellt. Für die Materialien wird zu diesem Zweck eine ATP-Menge ermittelt, die bei Bestätigung der Verfügbarkeit um die jeweilige Menge reduziert wird. Es ist damit sichergestellt, dass für eine weitere Verfügbarkeitsprüfung für dieses Material nur noch die verringerte ATP-Menge herangezogen wird.

Prüfung gegen Vorplanung

Die *Prüfung gegen Vorplanung* ist eine etwas einfachere Form der Verfügbarkeitsprüfung. Hierbei werden die benötigten Mengen der Materialkomponenten nicht gegen aktuelle Bestände oder Zugänge geprüft, sondern gegen die in der Vorplanung ermittelten Planprimärbedarfsmengen. Auch hier werden die Planprimärbedarfe bei einer Bestätigung der Verfügbarkeit mit den benötigten Mengen verrechnet, sodass bei späteren Verfügbarkeitsprüfungen für dieses Material nur noch die nicht verrechneten Planprimärbedarfsmengen berücksichtigt werden. Die Prüfung gegen die Vorplanung, die wesentlich schneller als die Prüfung nach der ATP-Logik ist, kann eingesetzt werden, wenn davon auszugehen ist, dass die tatsächliche Produktion der Planung weitestgehend entspricht.

Statusprüfung bei der Materialverfügbarkeitsprüfung

Falls eine Materialverfügbarkeitsprüfung sowohl bei der Eröffnung als auch bei der Freigabe des Auftrags durchgeführt wird, kann die Prüfung bei der Freigabe mithilfe des Parameters STATUSPRÜFUNG der Prüfungssteuerung abgekürzt werden. Anstatt die Prüfung gegen Bestände, Zugänge oder gegen die Vorplanung durchzuführen, wird sichergestellt, dass der Fertigungsauftrag keinen Fehlteilestatus enthält. Somit wird vor der Freigabe nur geprüft, ob die Materialverfügbarkeitsprüfung bei der Eröffnung (oder interaktiv danach) erfolgreich war. Zu diesem Zweck existiert in der Prüfungssteuerung für die Freigabe das zusätzliche Feld STATUSPRÜFUNG (siehe Abbildung 10.56).

Die Statusprüfung hat Performancevorteile gegenüber der normalen Materialverfügbarkeitsprüfung.

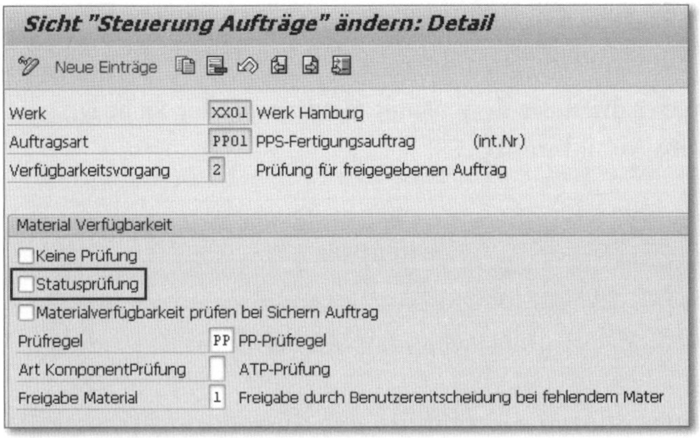

Abbildung 10.56 Prüfungssteuerung – Statusprüfung

Prüfregel

Die *Prüfregel*, die in der Prüfungssteuerung hinterlegt ist, pflegen Sie über den Customizing-Pfads PRODUKTION • FERTIGUNGSSTEUERUNG • VORGÄNGE • VERFÜGBARKEITSPRÜFUNG • PRÜFREGEL DEFINIEREN. An der Prüfregel selbst hängen keine weiteren Informationen. Üblicherweise wird für die Materialverfügbarkeitsprüfung die Prüfregel PP verwendet. Die Bedeutung der Prüfregel liegt darin, dass sie zusammen mit der Prüfgruppe den Prüfumfang bestimmt. Da die Materialverfügbarkeitsprüfung nicht nur für Fertigungsaufträge von Bedeutung ist, sondern auch in anderen Bereichen wie im Vertrieb oder Materialwirtschaft verwendet wird, können über die Prüfregeln unterschiedliche Prüfumfänge definiert werden.

Prüfgruppe

Die *Prüfgruppe* wird mithilfe der Customizing-Transaktion OVZ2 gepflegt und legt unter anderem fest, ob:

- Einzelbedarfe oder Summenbedarfe geprüft werden
- während der Verfügbarkeitsprüfung das Material gesperrt wird
- die Materialverfügbarkeitsprüfung ausgeschaltet wird
- gegen Vorplanung geprüft wird

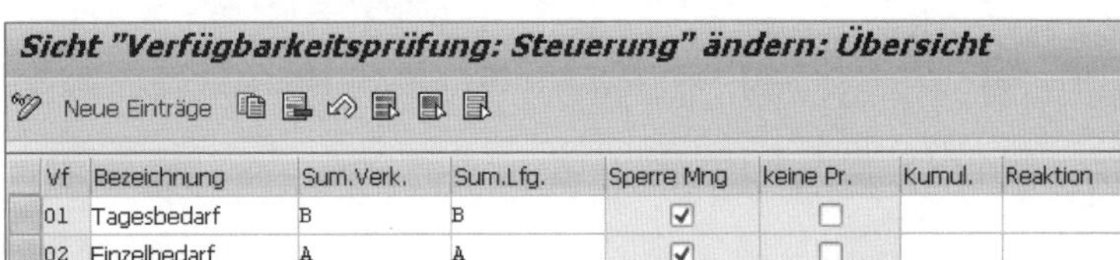

Abbildung 10.57 Prüfgruppe

Abbildung 10.57 zeigt die Definition der gebräuchlichsten Prüfgruppen: 01 für den Tagesbedarf und 02 für den Einzelbedarf.

Die Prüfgruppe ordnen Sie dem Materialstamm in der Sicht DISPOSITION 3 zu (siehe Abbildung 10.58).

Abbildung 10.58 Zuordnung der Prüfgruppe zum Materialstamm

Prüfumfang

Den *Prüfumfang* pflegen Sie mithilfe der Customizing-Transaktion OPJJ; er legt fest, welche Bestandsarten und welche Zugänge bzw. Abgänge in die Verfügbarkeitsprüfung einbezogen werden sollen. So ist beispielswiese bei der Auswahl der Zugänge zu bedenken, ob bei einer Bestellanforderung Zugangsmenge und -termin als hinreichend sicher angesehen werden, um einen Fertigungsauftrag daraufhin freizugeben. Abgänge sind für die Verfügbarkeitsprüfung erforderlich, um die Mehrfachvergabe eines Bestands zu vermeiden. Abbildung 10.59 zeigt den Prüfumfang, der bei der Prüfregel PP und der Prüfgruppe 02 angewendet wird.

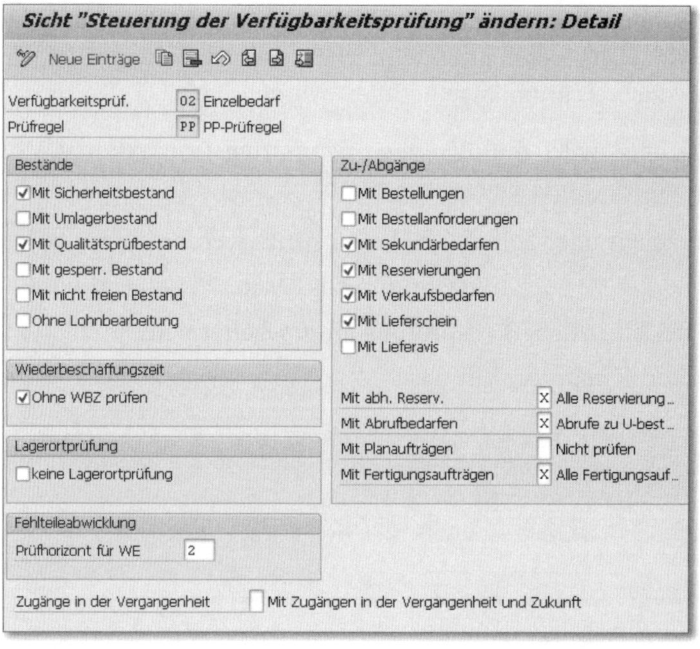

Abbildung 10.59 Prüfumfang

Über die Definition und Zuordnung der Prüfgruppen ist es möglich, für verschiedene Materialien unterschiedliche Prüfumfänge zu definieren. Ebenso ist es über die Definition unterschiedlicher Prüfregeln möglich, unterschiedliche Prüfumfänge für die Eröffnung und Freigabe des Fertigungsauftrags einzustellen. So können Sie z. B. bei der Eröffnung des Fertigungsauftrags die geplanten Zugänge zu dessen Bestätigung verwenden, während Sie bei dessen Freigabe nur gegen Bestände prüfen.

In der Kapazitätsplanung wird der Arbeitsvorrat, der in der Regel aus den Vorgängen eröffneter oder freigegebener Fertigungsaufträge besteht, zeitgenau eingeplant. Das Ergebnis der Kapazitätsplanung ist eine kapazitiv durchführbare Reihenfolgebildung für die Fertigung.

11 Kapazitätsplanung

In allen Zeithorizonten (langfristige Planung, mittelfristige Planung, kurzfristige Planung) ist unter Umständen eine Kapazitätsplanung und eventuell ein Kapazitätsabgleich erforderlich. Im Rahmen der langfristigen Planung erfolgt der Abgleich grob auf der Werksebene. In der mittelfristigen Planung der Materialbedarfe werden zunächst die für die Leistungserstellung benötigten Materialien unabhängig von den zur Verfügung stehenden Ressourcen ermittelt und anschließend die ermittelten Bedarfe mit den Kapazitäten der Produktionsstätte, in der Regel auf Maschinengruppenebene, abgeglichen. In diesem Kapitel behandeln wir die kurzfristige Kapazitätsplanung, die auf Fertigungsaufträgen basiert. Andere, längerfristige Formen der Kapazitätsbetrachtung haben wir bereits in Kapitel 5, »Absatz- und Produktionsgrobplanung«, und Kapitel 9, »Langfristplanung«, beschrieben.

11.1 Prozessüberblick

Ziel der Kapazitätsplanung ist es, Vorgänge kapazitiv einzuplanen und hierbei einerseits die kapazitive Durchführbarkeit zu überprüfen und andererseits die Vorgangsreihenfolge für die Fertigung zu bilden. Abbildung 11.1 zeigt den Prozessüberblick.

Neben der Einplanung der Vorgänge gehören die Kapazitätsauswertungen und die Kapazitätsverfügbarkeitsprüfung im Fertigungsauftrag in den Bereich der Kapazitätsplanung. Die *Kapazitätsauswertung* stellt dem Kapazitätsbedarf das Kapazitätsangebot gegenüber, in der Regel bezogen auf einen Arbeitsplatz oder einen Auftrag.

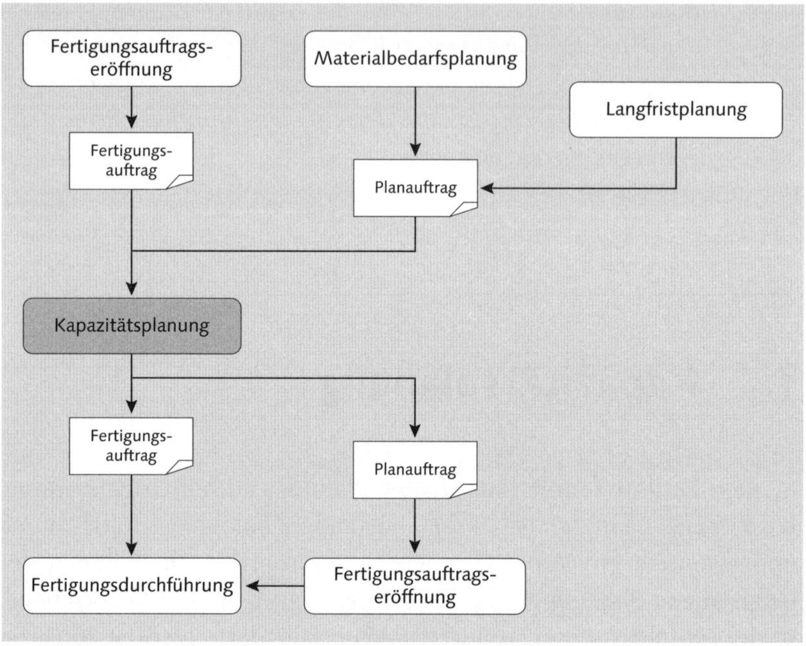

Abbildung 11.1 Prozessüberblick über die Kapazitätsplanung

Die *Kapazitätsverfügbarkeitsprüfung* nutzt die gleichen Informationen, um zu überprüfen, ob für die Vorgänge des Fertigungsauftrags in der betrachteten Periode ausreichend Kapazität verfügbar ist. Ist dies nicht der Fall, besteht die Möglichkeit, mittels der *Kapazitätsterminierung* eine Periode zu suchen, in der ausreichend Kapazität vorhanden ist. Dies führt dann gegebenenfalls zu einer neuen Terminierung des betreffenden Vorgangs – jedoch nicht zu dessen Einplanung. Die *Einplanung* selbst erfolgt entweder in der grafischen oder in der tabellarischen Plantafel und enthält die folgenden Schritte:

- Bestimmung der Einplanungstermine
- Reihenfolgebildung
- Kapazitätsterminierung des einzuplanenden Vorgangs
- Mittelpunktterminierung der nicht eingeplanten Vorgänge des Fertigungsauftrags

Als Resultat der Einplanung erhält der entsprechende Vorgang den Status EIGP für eingeplant und wird nicht mehr automatisch umterminiert.

11.2 Kapazitätsbedarfe und Kapazitätsauswertung

Die Kapazitätsbedarfe bilden die Grundlage für die Kapazitätsplanung; die Kapazitätsauswertung vergleicht dann diesen Bedarf mit dem Kapazitätsangebot.

11.2.1 Kapazitätsbedarfe

Die Kapazitätsbedarfe werden bei der Durchlaufterminierung ermittelt, sofern die Option KAPABEDARF ERMITTELN im Steuerschlüssel gesetzt worden ist (siehe Abschnitt 10.5.2, »Durchlaufterminierung«).

Berechnung des Kapazitätsbedarfs

Die Höhe des Kapazitätsbedarfs errechnet sich gemäß den Formeln des Arbeitsplatzes, den Vorgabewerten des Arbeitsplans und der Auftragsmenge (sofern die Auftragsmenge in die Formeln zur Kapazitätsberechnung eingeht). Wie die Berechnung des Kapazitätsbedarfs im Einzelnen erfolgt, haben wir in Abschnitt 4.4.4, »Formeln für Kapazitätsbelastung und Terminierung«, detailliert beschrieben. An dieser Stelle sei jedoch nochmals darauf hingewiesen, dass zur Berechnung des Kapazitätsbedarfs andere Formeln verwendet werden als zur Terminierung.

Termine der Kapazitätsbedarfe

Ein Vorgang beinhaltet für dessen Bestandteile (wie Rüsten, Bearbeiten und Liegen) Termine zur frühesten und zur spätesten Lage. Im Gegensatz hierzu wird der Kapazitätsbedarf nicht selbst terminiert, sondern auf einen der Vorgangstermine gesetzt – in den Standardeinstellungen ist dies der späteste Starttermin des Rüstens bzw. des Bearbeitens, falls der Vorgang kein Rüsten enthält.

Verteilung der Kapazitätsbedarfe

Ein Vorgang kann sich über mehrere Perioden hinziehen. Für periodenbezogene Kapazitätsbetrachtungen – wie es z. B. bei der Kapazitätsauswertung der Fall ist – bestimmt der *Verteilungsschlüssel*, wie sich der Kapazitätsbedarf entlang der Vorgangstermine auf die Perioden aufteilt. Der Verteilungsschlüssel enthält seinerseits die Verteilungsstrategie und die Verteilungsfunktion (siehe Abbildung 11.2).

Der Verteilungsschlüssel bestimmt, welche Vorgangstermine verwendet werden und auf welcher Basis verteilt wird: nach Einsatzzeit (Wert 03 in Spalte BASIS), Fabrikkalender (02) oder gregorianischem Kalender (01). Zusätzlich wird in der Spalte ART festgelegt, ob eine diskrete (Wert 02) oder eine kontinuierliche Verteilung (Wert 01) angesetzt wird. Die Spalte LAGE gibt die Lage der Termine an; 01 steht für die früheste, 02 für die späteste Lage. Die Funktion definiert Stützwerte für die diskrete oder kontinuierliche Verteilung. Die Funktionsweise der diskreten und kontinuierlichen Verteilung und der Stützwerte der Funktion wird in Abschnitt 6.2 zur zeitlichen Disaggregation des Produktionsgrobplans beschrieben. Verteilungsschlüssel, Verteilungsstrategie und Verteilungsfunktion pflegen Sie über den Customizing-Pfad PRODUKTION • KAPAZITÄTSPLANUNG • VORGÄNGE • KAPAZITÄTSBEDARF • VERTEILUNG.

Abbildung 11.2 Verteilungsschlüssel

Grundlast

Der Kapazitätsbedarf wird bei der Durchlaufterminierung erstellt und erfährt gemeinsam mit dem Vorgang die Kapazitätsverfügbarkeitsprüfung und die Vorgangseinplanung. Falls der Vorgang während der Kapazitätsverfügbarkeitsprüfung bestätigt wird, erhält der Kapazitätsbedarf das Kennzeichen BSTKZ. Das Gleiche trifft zu, falls der Vorgang eingeplant wird. Hierdurch wird der Kapazitätsbedarf zum Bestandteil der Grundlast. Die Grundlast spielt bei der Kapazitätsverfügbarkeitsprüfung eine wesentliche Rolle, da als verfügbare Kapazität die Differenz zwischen dem Kapazitätsangebot und der Grundlast verwendet wird.

Abbau der Kapazitätsbedarfe

Kapazitätsbedarfe werden durch die Rückmeldung des Vorgangs abgebaut sowie durch das technische Abschließen, Sperren oder Setzen einer Löschvormerkung des Fertigungsauftrags. Die Rückmeldungen aktualisieren den Kapazitätsbedarf entsprechend der verbleibenden Vorgangsmenge (der Restmenge). Dementsprechend baut eine Teilrückmeldung den Kapazitätsbedarf des Vorgangs anteilsmäßig ab.

11.2.2 Standardauswertungen zur Kapazitätsauslastung

Das ERP-System bietet mehrere Möglichkeiten zur *Kapazitätsauswertung*. Einige der Standardauswertungen verfügen über eigene Transaktionen, und andere werden als variable Auswertungen aufbereitet. Im Folgenden werden einige Standardauswertungen vorgestellt.

Standardauswertungen

Die Standardauswertungen über feste Transaktionen zeigen alle Kapazitätsbedarfe an, unabhängig davon, ob sie zur Grundlast beitragen oder nicht. Grundsätzlich werden die Kapazitätsbedarfe mit Bezug zum Arbeitsplatz aufgeführt, und es wird ihnen das entsprechende Kapazitätsangebot gegenübergestellt. Zu den Standardauswertungen zählen:

- **Standardübersicht** (Transaktion CM01)
  Die Belastung wird auf Wochen aggregiert dargestellt.
- **Kapazitätsdetail** (Transaktion CM02)
  Die Belastung wird per Auftrag und Woche dargestellt.
- **Vorrat** (Transaktion CM03)
  Es wird nur die Belastung der freigegebenen Vorgänge dargestellt.
- **Erweiterte Auswahl Arbeitsplatzsicht** (Transaktion CM50)
  Diese Auswertung zeigt eine aggregierte Darstellung der täglichen Belastung.
- **Erweiterte Auswahl Auftragssicht** (Transaktion CM52)
  Diese Auswertung zeigt eine aggregierte Darstellung der wöchentlichen Belastung für alle Arbeitsplätze, die von den selektierten Aufträgen belegt werden.

Innerhalb der Auswertungen ist es möglich, sich jeweils Details zu den Bedarfsverursachern anzeigen zu lassen. Abbildung 11.3 zeigt die mithilfe der Transaktion CM01 aufgerufene Standardübersicht für den Arbeitsplatz KLMNTGG05.

Dargestellt sind je Kalenderwoche die Kapazitätsbedarfe, die aus den Fertigungsaufträgen resultieren, das Kapazitätsangebot des Arbeitsplatzes und die daraus resultierende prozentuale Auslastung sowie die verbleibende freie Kapazität. So führt beispielsweise in Kalenderwoche 34 ein Kapazitätsbedarf von 19,38 Stunden bei einer verfügbaren Kapazität von 80 Stunden zu einer Auslastung von 24 %. Wie aus den Daten von Kalenderwoche 31 ersichtlich ist, werden Perioden mit Überlast rot unterlegt. An dieser Stelle sei nochmals erwähnt, dass diese Auswertung nicht differenziert, ob der Kapazitätsbedarf ungeprüft, geprüft oder eingeplant ist.

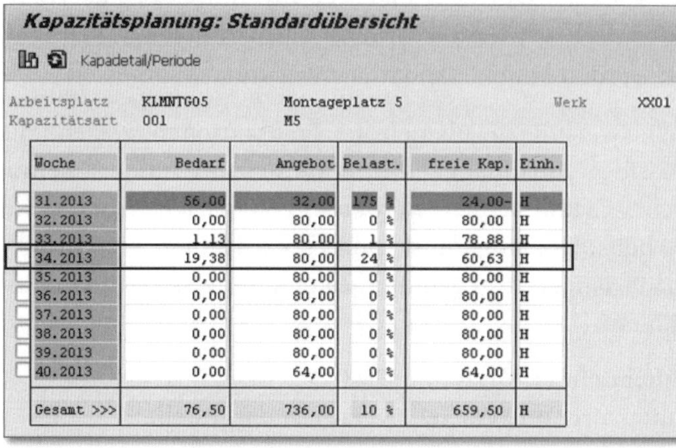

Kapazitätsplanung: Standardübersicht

Kapadetail/Periode

Arbeitsplatz KLMNTG05 Montageplatz 5 Werk XX01
Kapazitätsart 001 M5

Woche	Bedarf	Angebot	Belast.	freie Kap.	Einh.
31.2013	56,00	32,00	175 %	24,00-	H
32.2013	0,00	80,00	0 %	80,00	H
33.2013	1,13	80,00	1 %	78,88	H
34.2013	19,38	80,00	24 %	60,63	H
35.2013	0,00	80,00	0 %	80,00	H
36.2013	0,00	80,00	0 %	80,00	H
37.2013	0,00	80,00	0 %	80,00	H
38.2013	0,00	80,00	0 %	80,00	H
39.2013	0,00	80,00	0 %	80,00	H
40.2013	0,00	64,00	0 %	64,00	H
Gesamt >>>	76,50	736,00	10 %	659,50	H

Abbildung 11.3 Standardauswertung für einen Arbeitsplatz

Aus der Standardauswertung ist es möglich, in die detaillierte Sicht zu abspringen. Abbildung 11.4 zeigt den Absprung für die Kalenderwoche 31 (hierbei ergibt sich dieselbe Darstellung wie beim direkten Aufruf über die Transaktion CM02).

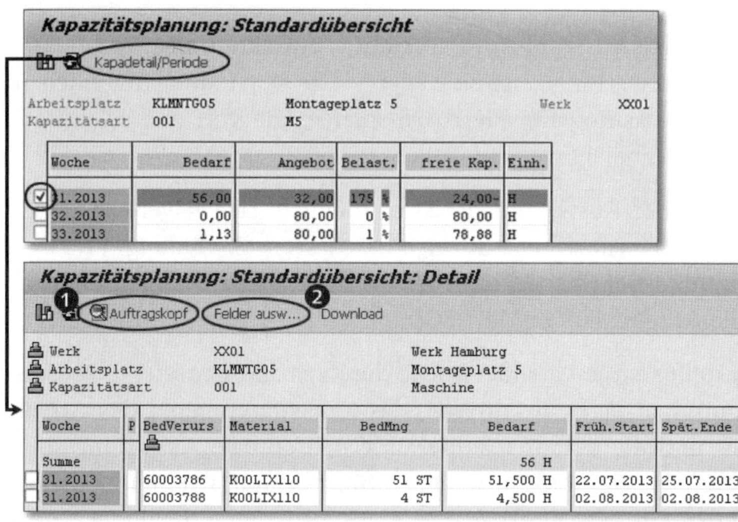

Kapazitätsplanung: Standardübersicht

Kapadetail/Periode

Arbeitsplatz KLMNTG05 Montageplatz 5 Werk XX01
Kapazitätsart 001 M5

Woche	Bedarf	Angebot	Belast.	freie Kap.	Einh.
31.2013	56,00	32,00	175 %	24,00-	H
32.2013	0,00	80,00	0 %	80,00	H
33.2013	1,13	80,00	1 %	78,88	H

Kapazitätsplanung: Standardübersicht: Detail

1 Auftragskopf 2 Felder ausw... Download

Werk XX01 Werk Hamburg
Arbeitsplatz KLMNTG05 Montageplatz 5
Kapazitätsart 001 Maschine

Woche	P	BedVerurs	Material	BedMng	Bedarf	Früh.Start	Spät.Ende
Summe					56 H		
31.2013		60003786	KOOLIX110	51 ST	51,500 H	22.07.2013	25.07.2013
31.2013		60003788	KOOLIX110	4 ST	4,500 H	02.08.2013	02.08.2013

Abbildung 11.4 Detaillierte Kapazitätsauswertung

In dieser Auswertung wird der Kapazitätsbedarf jedes Vorgangs mit der Nummer des Fertigungsauftrags, des Kopfmaterials und der Auftragsmenge aufgeführt. Über die Drucktaste FELDER AUSWÄHLEN ❷ können Sie zusätzliche Felder des Vorgangs einblenden – z. B. die Startzeit des Vorgangs. Mit Klick auf AUFTRAGSKOPF ❶ können Sie direkt in den Fertigungsauftrag wechseln.

11.2.3 Variable Auswertungen zur Kapazitätsauslastung

Variable Auswertungen erlauben es, die Kapazitätsauswertung auf individuelle Bedürfnisse auszurichten. Die variable Auswertung wird über die Transaktion CM07 aufgerufen und erfordert ein Gesamtprofil, das die Auswertung definiert. Hierzu existieren Standardprofile; allerdings können Sie auch individuelle Profile definieren. Abbildung 11.5 zeigt die variable Auswertung mit dem Gesamtprofil SAPSFC010, das im Gegensatz zur Standardübersicht (Transaktion CM01 oder Gesamtprofil SAPX912) nur die Bedarfe der Grundlast anzeigt.

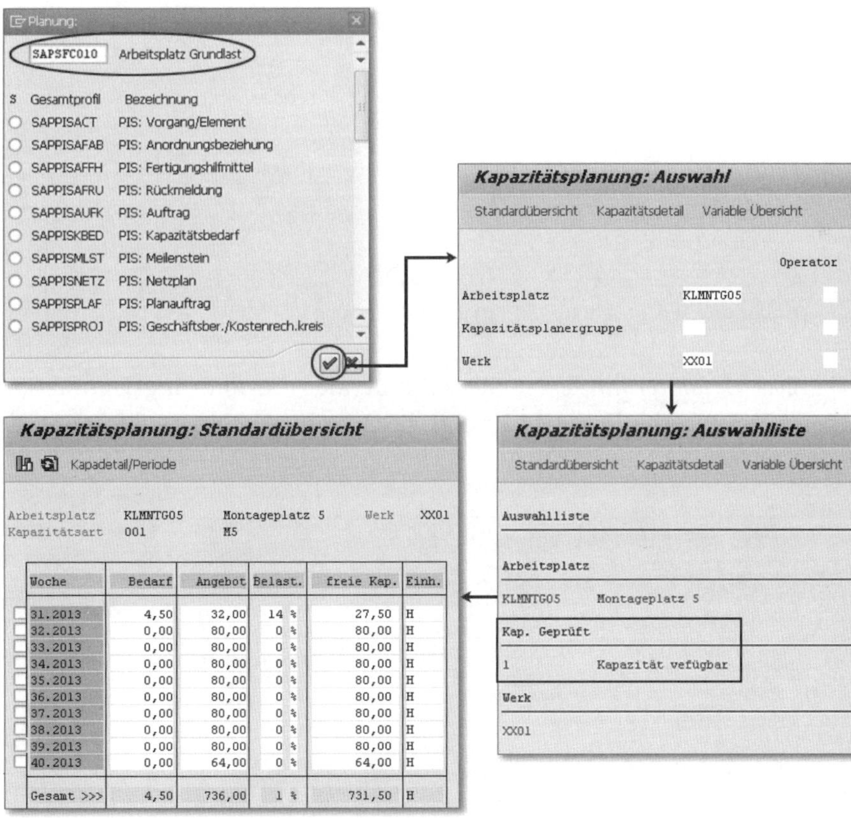

Abbildung 11.5 Variable Kapazitätsauswertung mit dem Gesamtprofil SAPSFC010

Diese Auswertung verhält sich analog zur Standardauswertung, zeigt jedoch im Unterschied zu jener nur diejenigen Bedarfe an, die zur Grundlast beitragen (d. h. kapazitiv geprüfte Kapazitätsbedarfe und eingeplante Kapazitätsbedarfe). Im Bild AUSWAHLLISTE rechts unten in Abbildung 11.5 wird eine Einschränkung auf den Wert KAPAZITÄT VERFÜGBAR angezeigt.

Profile für die variable Auswertung

Die Definition der variablen Auswertung erfolgt mithilfe von Profilen. Dem Gesamtprofil sind die vier Profile *Auswahlprofil*, *Einstellungsprofil*, *Listenprofil* und *Grafikprofil* zugeordnet, die ihrerseits wiederum Profile enthalten. Abbildung 11.6 bietet einen Überblick über diese Profilstruktur.

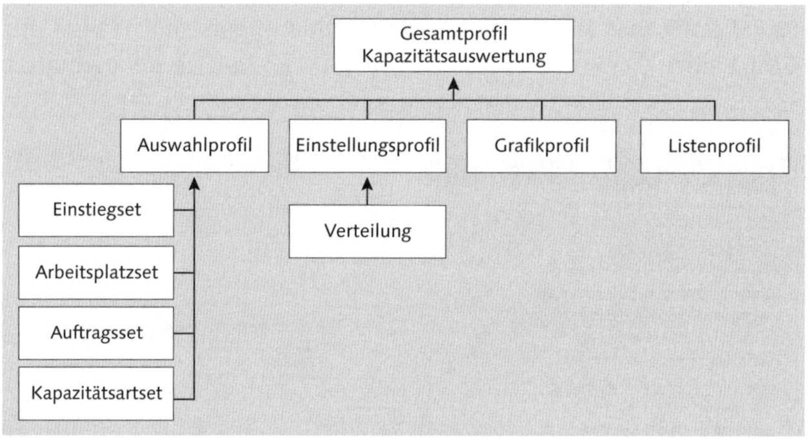

Abbildung 11.6 Profile für die variable Auswertung

Gesamtprofil

Das *Gesamtprofil* legen Sie mithilfe der Customizing-Transaktion OPA6 an. Abbildung 11.7 zeigt die Zuordnung für das Gesamtprofil SAPSFC010.

Abbildung 11.7 Gesamtprofil für die variable Auswertung

Auswahlprofil

Das *Auswahlprofil* wird mithilfe der Customizing-Transaktion OPA2 angelegt und bestimmt, welche Kapazitätsbedarfe gelesen werden sollen. Abbildung 11.8 zeigt das Auswahlprofil SAPSFCA010, das dem Gesamtprofil SAPSFC010 zugeordnet ist.

Auswahlsets

Die Objekte, zu denen die Kapazitätsbedarfe gelesen werden, werden zum einen über die *Auswahlsets* für Arbeitsplatz, Kapazitätsart und Auftrag und zum anderen über die Auftragstypen (Fertigungsaufträge und/oder Planaufträge) bestimmt. Das Einstiegsset steuert, welche Einschränkungen beim Aufruf eingegeben werden. Diese Information wird im Bild AUSWAHLLISTE ausgegeben (siehe Abbildung 11.5 weiter vorne). Die Auswahlsets werden mithilfe der Customizing-Transaktion CMS1/CMS2 angelegt bzw. geändert und verwenden häufig Eingabevariablen, die Sie über die Customizing-Transaktion CMV1/ CMV2 anlegen bzw. ändern können.

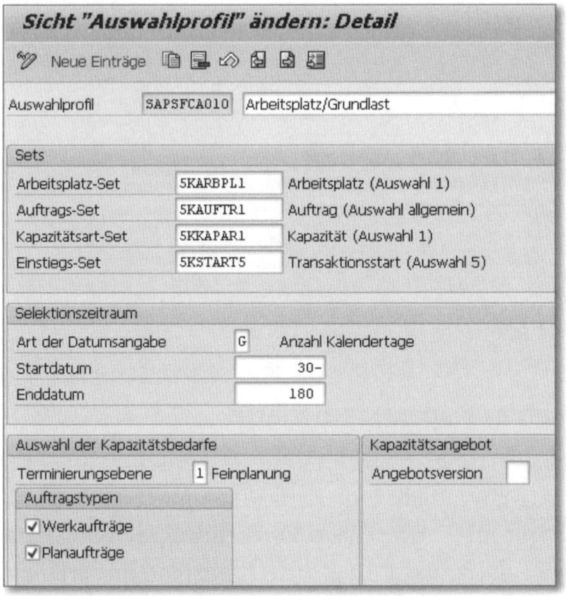

Abbildung 11.8 Auswahlprofil für die variable Auswertung

Einstellungsprofil

Das *Einstellungsprofil* (Customizing-Transaktion OPA3) enthält Einträge zur Berücksichtigung der Rückstände, zur Verdichtung der Kapazitätsbedarfe und des Kapazitätsangebots (siehe der folgende Abschnitt) und zur Verteilung der Kapazitätsbedarfe. Abbildung 11.9 zeigt das Einstellungsprofil SAPB020, das auch für die Standardauswertung verwendet wird.

Das *Listenprofil* (Customizing-Transaktion OPA4) und das *Grafikprofil* (Customizing-Transaktion OPA5) enthalten weitere Einstellungen zur Darstellung der Auswertung (siehe SAP-Online-Dokumentation).

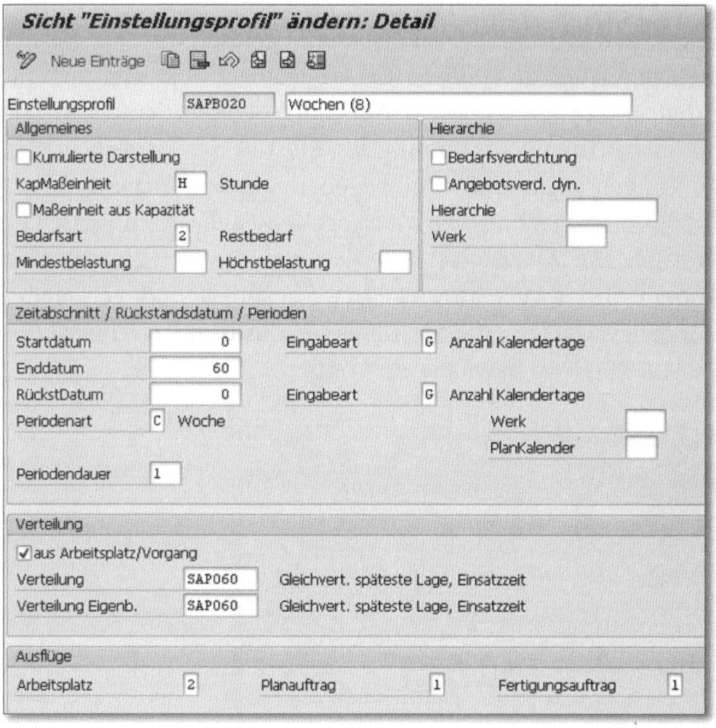

Abbildung 11.9 Einstellungsprofil

11.2.4 Verdichtung der Kapazitätsbedarfe

Für die Kapazitätsauswertung ist es häufig erwünscht, für eine Gruppe ähnlicher Kapazitäten nicht jede Kapazität einzeln zu betrachten, sondern in aggregierter Form. Diese Verdichtung der Kapazitäten erfolgt statisch oder dynamisch über die Arbeitsplatzhierarchien.

Die statische Verdichtung ist eine Funktion des Arbeitsplatzes und bezieht sich nur auf das Kapazitätsangebot. Um eine Kapazitätsauswertung in aggregierter Form vorzunehmen, d. h., sowohl das Kapazitätsangebot als auch die Kapazitätsbedarfe zu aggregieren, müssen Sie zumindest für die Kapazitätsbedarfe die dynamische Verdichtung der Kapazitätsplanung verwenden. Aus Performancegründen wird eine statische Verdichtung des Kapazitätsangebots empfohlen.

Verdichtungsoptionen im Einstellungsprofil

Die Optionen für die dynamische Verdichtung definieren Sie im Einstellungsprofil, und zwar getrennt für den Kapazitätsbedarf und das Kapazitätsangebot. Die Verdichtung erfolgt mit Bezug zu einer Arbeitsplatzhierarchie, die Sie ebenfalls im Einstellungsprofil definieren (siehe Abbildung 11.10).

Abbildung 11.10 Verdichtung und Arbeitsplatzhierarchie im Einstellungsprofil

Für eine verdichtete Kapazitätsauswertung wird der Einstieg über den Arbeitsplatz gewählt, der den Hierarchieknoten darstellt. In Abschnitt 4.4.6, »Arbeitsplatzhierarchie«, ist die Pflege der Hierarchie KLMONTAGE dargestellt, die dem statistischen Arbeitsplatz KLMNTG die drei Arbeitsplätze KLMNTG01, KLMNTG05 und KLMNTG10 zuordnet. Abbildung 11.11 zeigt die Auswertung über diese drei Arbeitsplätze, für die der statistische Arbeitsplatz KLMNTG als Einstieg gewählt wurde.

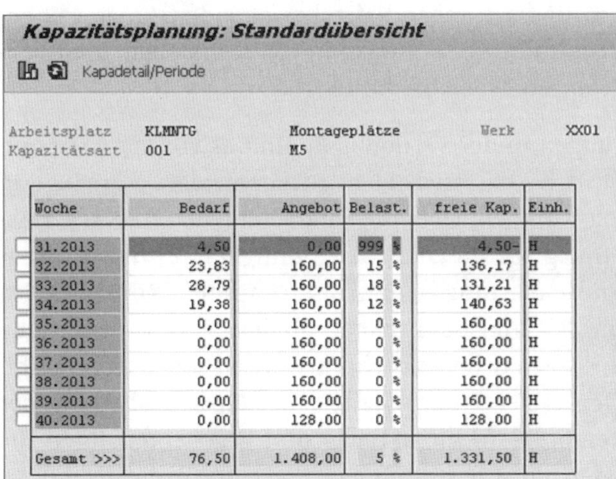

Woche	Bedarf	Angebot	Belast.	freie Kap.	Einh.
31.2013	4,50	0,00	999 %	4,50-	H
32.2013	23,83	160,00	15 %	136,17	H
33.2013	28,79	160,00	18 %	131,21	H
34.2013	19,38	160,00	12 %	140,63	H
35.2013	0,00	160,00	0 %	160,00	H
36.2013	0,00	160,00	0 %	160,00	H
37.2013	0,00	160,00	0 %	160,00	H
38.2013	0,00	160,00	0 %	160,00	H
39.2013	0,00	160,00	0 %	160,00	H
40.2013	0,00	128,00	0 %	128,00	H
Gesamt >>>	76,50	1.408,00	5 %	1.331,50	H

Abbildung 11.11 Verdichtete Standardauswertung

11.3 Prüfung der Kapazitätsverfügbarkeit

Die Kapazitätsverfügbarkeitsprüfung wird vor der Einplanung der Auftragsvorgänge durchgeführt, denn das Ziel der Kapazitätsverfügbarkeitsprüfung ist es, einen Anhaltspunkt zu erhalten, ob eine Einplanung der betreffenden Vorgänge überhaupt möglich ist.

Periodenbezogene Prüfung

Diese Information wird anhand einer periodenbezogenen Betrachtung gewonnen, d. h., es wird geprüft, ob die verfügbare Kapazität in der Periode eines Vorgangs größer oder gleich seinem Kapazitätsbedarf ist. Die Länge der Periode wird in dem in Abschnitt 10.4 beschriebenen Periodenprofil eingestellt. Die kleinste Periode beträgt einen Tag.

Die periodenbezogene Prüfung impliziert, dass die Bestätigung nicht bedeutet, dass Kapazität zu dem geplanten Vorgangstermin verfügbar ist, sondern nur innerhalb der Periode.

Verfügbare Kapazität und Grundlast

Die verfügbare Kapazität ist die Differenz aus Kapazitätsangebot des Arbeitsplatzes (zuzüglich der erlaubten Überlast) und Grundlast. Die Grundlast enthält nicht alle Kapazitätsbedarfe. Als Grundeinstellung tragen nur eingeplante und kapazitiv bestätigte Vorgänge zur Grundlast bei. Eine Anzeige der Grundlast ist mit der variablen Auswertung (Transaktion CM07) und dem Profil SAPSFC010 möglich.

Falls eine Kapazitätsverfügbarkeitsprüfung über längere Zeit nicht durchgeführt wurde (z. B. wenn sie das erste Mal eingesetzt wird), können Sie die Grundlast anhand der bestehenden (ungeprüften) Kapazitätsbedarfe mithilfe der Transaktion CM99 erstellen. In diesem Fall werden alle Kapazitätsbedarfe bestätigt.

Rückstand

Durch Verzögerungen in der Fertigung kommt es vor, dass sich ein Rückstand bildet, d. h., dass sich nicht rückgemeldete Vorgänge in der Vergangenheit befinden. Über die Parameter GESAMTE KAPAZITÄTBELASTUNG im Strategieprofil (siehe Abbildung 11.22) und RÜCKSTDATUM (Rückstandseinlastungsdatum) im Zeitprofil (RÜCKSTDATUM 0, siehe Abbildung 11.26) ist einstellbar, ob diese für die Ermittlung der verfügbaren Kapazität berücksichtigt werden sollen oder nicht. Im Falle einer Berücksichtigung werden die Kapazitätsbedarfe der Vergangenheit temporär in die aktuelle und gegebenenfalls in die folgenden Perioden vorwärtsterminiert und zur Grundlast hinzugezählt.

Ein Vorgang kann sich über mehrere Perioden erstrecken. In solchen Fällen bestimmt der Verteilungsschlüssel, wie der Kapazitätsbedarf auf die Perioden aufgeteilt werden soll. Für die Kapazitätsprüfung ist der Verteilungsschlüssel relevant, der dem Auswertungsprofil zugeordnet ist (siehe den nächsten Abschnitt).

Verteilung des Kapazitätsbedarfs

Die Kapazitätsverfügbarkeitsprüfung erfolgt auftragsweise, und es werden alle Vorgänge nacheinander gemäß ihrer numerischen Reihenfolge geprüft. Eine Einschränkung besteht darin, dass nur Vorgänge auf kapazitätsterminierungsrelevanten Arbeitsplätzen geprüft werden.

Durchführung der Kapazitätsverfügbarkeitsprüfung

Die Kapazitätsverfügbarkeitsprüfung kann bei Eröffnung des Fertigungsauftrags, bei dessen Freigabe und interaktiv erfolgen.

Die interaktive Kapazitätsverfügbarkeitsprüfung erfolgt aus dem Fertigungsauftrag heraus, wie es in Abbildung 11.12 dargestellt ist.

Interaktive Kapazitätsverfügbarkeitsprüfung

Abbildung 11.12 Interaktive Kapazitätsverfügbarkeitsprüfung

Im abgebildeten Fall gibt es für mindestens einen Vorgang einen Arbeitsplatz, der nicht über genügend Kapazität verfügt. Es werden detailliertere Informationen angeboten sowie die Option, mittels Kapazitätsterminierung die Vorgänge in Perioden mit ausreichender Kapazität zu verschieben.

Die detaillierten Informationen zu dieser Kapazitätsverfügbarkeitsprüfung sind in Abbildung 11.13 dargestellt.

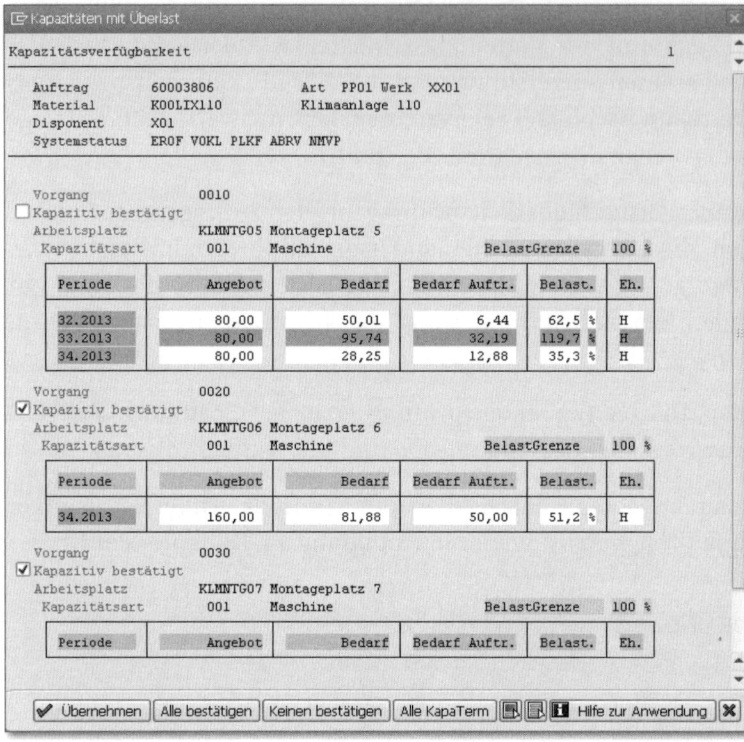

Abbildung 11.13 Detaillierte Informationen zur Kapazitätsverfügbarkeitsprüfung

Hier besteht das kapazitive Problem in Woche 33 beim ersten Vorgang auf Montageplatz 5, da der Bedarf von 95,74 Stunden das Angebot von 80 Stunden überschreitet. Da dies zu einer Belastung von 119,7 % führt, die Belastungsgrenze aber bei 100 % liegt, kann der Vorgang mit dem Bedarf von 32,19 Stunden nicht bestätigt werden.

Die Belastungsgrenze wird anhand der erlaubten Überlast aus den Kapazitätsstammdaten ermittelt und kann 100 % überschreiten.

Als Ergebnis der Kapazitätsverfügbarkeitsprüfung werden die Kapazitätsbedarfe der Vorgänge 0020 und 0030 bestätigt – der Kapazitätsbedarf des Vorgangs 0010 bleibt jedoch unbestätigt. Es ist allerdings möglich, den Kapazitätsbedarf durch Setzen des Kennzeichens KAPAZITIV BESTÄTIGT interaktiv zu bestätigen, falls dem Planer hierzu Gründe vorliegen.

Kapazitätsverfügbarkeitsprüfung in der Sammelbearbeitung

Ob bei der Auftragseröffnung und/oder bei der Auftragsfreigabe eine Kapazitätsverfügbarkeitsprüfung durchgeführt wird, steuern die werks- und auftragsartspezifischen Einstellungen für die Prüfungssteuerung (Customizing-Transaktion OPJK). Abbildung 11.14 zeigt die Prüfungssteuerung bei der Auftragseröffnung.

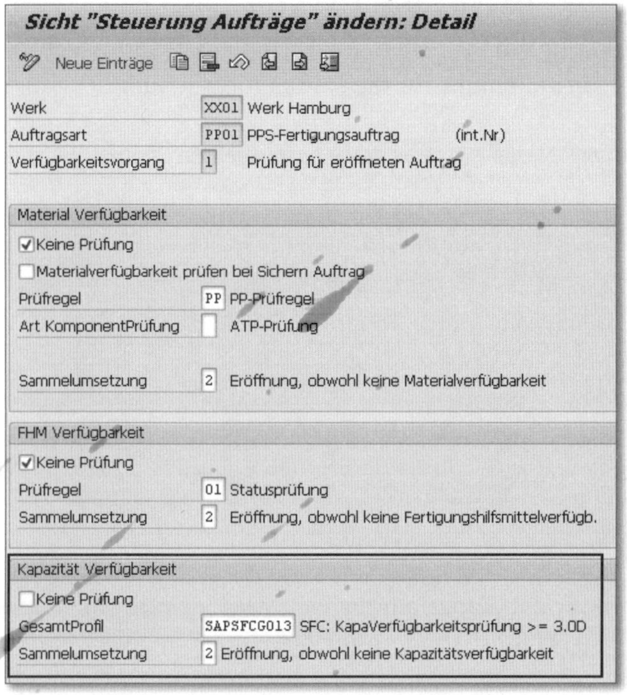

Abbildung 11.14 Prüfungssteuerung für die Kapazitätsverfügbarkeitsprüfung

Bei den Eröffnungs- und Freigabeprüfungen handelt es sich um unterschiedliche Verfügbarkeitsvorgänge (1 für Eröffnung, 2 für Freigabe); daher gibt es für Eröffnung und Freigabe unterschiedliche Parametersätze. In Abschnitt 10.6 wird auf die Prüfungssteuerung mit Bezug auf die Materialverfügbarkeitsprüfung eingegangen.

Neben der Entscheidung, ob eine Kapazitätsverfügbarkeitsprüfung durchgeführt werden soll oder nicht, wird das Gesamtprofil für die Kapazitätsverfügbarkeitsprüfung zugeordnet (falls hier keine Zuordnung vorgenommen wird, wird das Standardprofil SAPSFCG013 verwendet). Darüber hinaus wird festgesetzt, ob der Fertigungsauftrag auch mit unbestätigten Kapazitätsbedarfen eröffnet oder freigegeben werden darf.

Falls der Kapazitätsbedarf eines Vorgangs nicht bestätigt werden kann, definieren Sie im Fertigungssteuerungsprofil (Customizing-Transaktion OPKP) die folgenden Optionen:

- ob die bestätigten Kapazitätsbedarfe übernommen oder ob alle Kapazitätsbedarfe verworfen werden sollen
- ob eine Kapazitätsterminierung erfolgen soll

Abbildung 11.15 zeigt diese Felder im Fertigungssteuerungsprofil. Diese Einstellungen gelten nur für die Sammelbearbeitung.

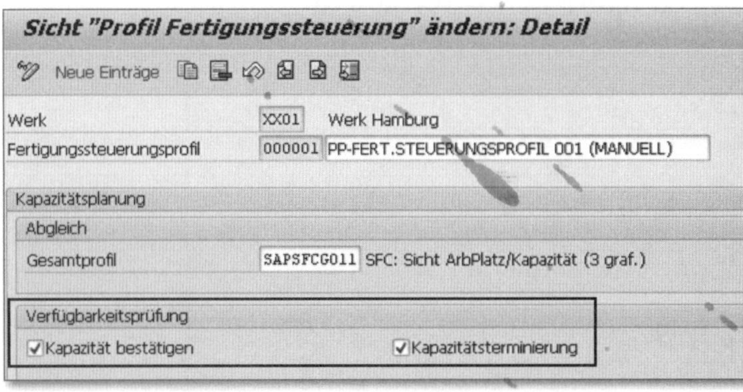

Abbildung 11.15 Fertigungssteuerungsprofil (Ausschnitt)

Das Gesamtprofil für den Kapazitätsabgleich wird nicht für die Kapazitätsverfügbarkeitsprüfung, sondern für die Einplanung verwendet.

Profile für die Kapazitätsverfügbarkeitsprüfung

Das Gesamtprofil für die Kapazitätsverfügbarkeitsprüfung hat dieselbe Struktur wie das Gesamtprofil für die Einplanung und wird daher auch mit derselben Customizing-Transaktion OPD0 gepflegt. Im Unterschied zur Einplanung wird bei der Kapazitätsverfügbarkeitsprüfung jedoch nicht das Gesamtprofil aus dem Fertigungssteuerer verwendet, sondern das Gesamtprofil aus der Prüfungssteuerung – oder, falls dort kein Profil gepflegt ist, das Gesamtprofil SAPSFCG013. Abbildung 11.16 gibt einen Überblick über die an der Kapazitätsverfügbarkeitsprüfung beteiligten Profile.

Die einzelnen Profile werden ausführlicher in Abschnitt 11.5 zur Einplanung beschrieben; daher halten wir ihre Beschreibung an dieser Stelle knapp:

- Das *Selektionsprofil* bestimmt die Auswahl der Objekte für die Kapazitätsverfügbarkeitsprüfung – dies sind im Wesentlichen die Arbeitsplätze der selektierten Vorgänge und die Kapazitätsbedarfe der Grundlast.
- Das *Steuerungsprofil* definiert die Aufbereitung der Daten.

- Dem *Auswertungsprofil* ist unter anderem der Verteilungsschlüssel zur Bestimmung der Verteilung der Kapazitätsbedarfe zugeordnet.
- Das *Strategieprofil* enthält unter anderem die Reihenfolge und die Suchrichtung für die Kapazitätsterminierung.
- Das *Periodenprofil* bestimmt die Größe der Periode für die Prüfung.
- Das *Zeitprofil* bestimmt die Horizonte für die betrachteten Kapazitätsbedarfe.
- Das *Listenprofil* enthält die Einstellungen zur Ergebnisausgabe.

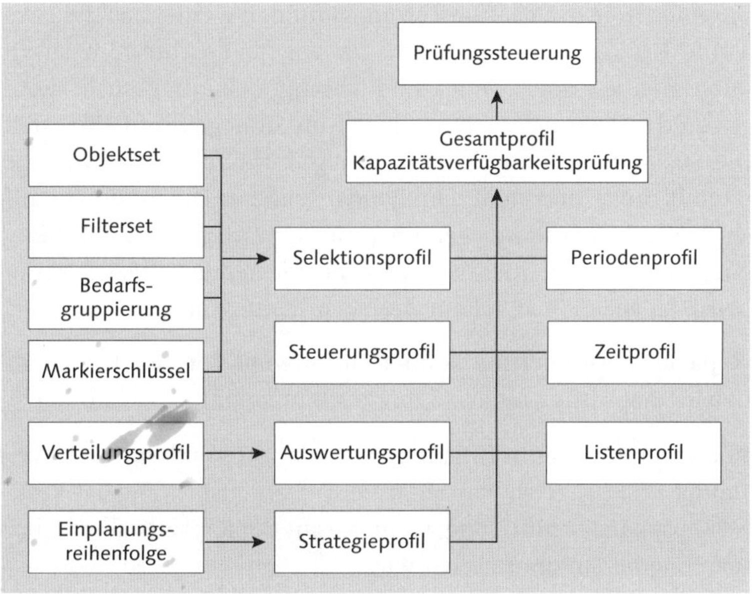

Abbildung 11.16 Profile für die Kapazitätsverfügbarkeitsprüfung

Ergebnis der Kapazitätsverfügbarkeitsprüfung

Das Ergebnis der Kapazitätsverfügbarkeitsprüfung ist die Bestätigung des Kapazitätsbedarfs, falls ausreichend freie Kapazität verfügbar ist. Sollte nicht genügend Kapazität innerhalb der betrachteten Periode zur Verfügung stehen, kann die Kapazitätsterminierung angestoßen werden, um eine Periode mit ausreichender Kapazität zu finden und den Kapazitätsbedarf in der neuen Periode zu bestätigen. Der betreffende Vorgang wird weder durch die Kapazitätsverfügbarkeitsprüfung noch durch die Kapazitätsterminierung eingeplant.

Die Kapazitätsverfügbarkeitsprüfung überprüft also, ob für den Kapazitätsbedarf des Vorgangs in der Periode ausreichend freie Kapazität vorhanden ist, nimmt aber keine Einplanung vor. Falls der Kapazitätsbedarf bestätigt werden konnte, wird für den Kapazitätsbedarf das Kennzeichen BEDARFSSATZ IST BESTÄTIGT (Feld BSTKZ) gesetzt. Fällt die Prüfung negativ aus, kann eine Kapazitätsterminierung angestoßen werden.

11.4 Kapazitätsterminierung

Falls für den Kapazitätsbedarf eines Vorgangs zum gewünschten Termin nicht genügend Kapazität vorhanden ist, kann mittels der *Kapazitätsterminierung* der nächste Termin gefunden werden, zu dem ausreichende Kapazität verfügbar ist. Ob vom Wunschtermin aus in Richtung »heute« oder weiter in Richtung Zukunft gesucht wird, hängt von der Planungsrichtung ab, die im Strategieprofil eingestellt ist. Die Suche in Richtung »heute« erfolgt mithilfe der rückwärtsgerichteten Planung und stellt den Standardfall dar. Die in die Zukunft gerichtete Suche wird hingegen über die vorwärtsgerichtete Planung gesteuert. Falls in eine Richtung keine ausreichende Kapazität gefunden wird, ist auch eine Umkehr der Suchrichtung möglich.

Die Kapazitätsterminierung können Sie sowohl von der Kapazitätsverfügbarkeitsprüfung als auch von der Einplanung aus anstoßen.

Ergebnis der Kapazitätsterminierung aus der Kapazitätsverfügbarkeitsprüfung

Abbildung 11.17 zeigt in Anlehnung an die in Abbildung 11.12 und Abbildung 11.13 gezeigte Kapazitätsverfügbarkeitsprüfung das Resultat der Kapazitätsterminierung, wenn sie aus der Kapazitätsverfügbarkeitsprüfung heraus angestoßen wird.

Abbildung 11.17 Ergebnis der Kapazitätsterminierung (aus der Kapazitätsverfügbarkeitsprüfung heraus)

Angezeigt werden für alle drei Vorgänge des Auftrags die neu ermittelten spätesten Starttermine – für Vorgang 0010 der 18.4.2006 um 6:00 – und die Verschiebung in Arbeitstagen – in diesem Fall um einen Tag. Es wird ebenfalls angezeigt, ob der Vorgang nun kapazitiv bestätigt werden konnte. Falls innerhalb des Planungszeitraums keine freie Kapazität verfügbar wäre, könnte der Kapazitätsbedarf des Vorgangs auch nach der Kapazitätsterminierung nicht bestätigt werden.

Ergebnis der Kapazitätsterminierung aus der Einplanung

Bei Aufruf der Kapazitätsterminierung aus der grafischen Plantafel heraus besteht das Resultat der Kapazitätsterminierung in den Terminen des eingeplanten Vorgangs. Abbildung 11.18 zeigt ein Beispiel, in dem die Kapazitätsterminierung die Termine des Vorgangs bei der Einplanung aufgrund der Kapazitätsbelegung geändert hat. ❶ zeigt den Einplanungstermin, ❷ den Termin nach der Kapazitätsterminierung.

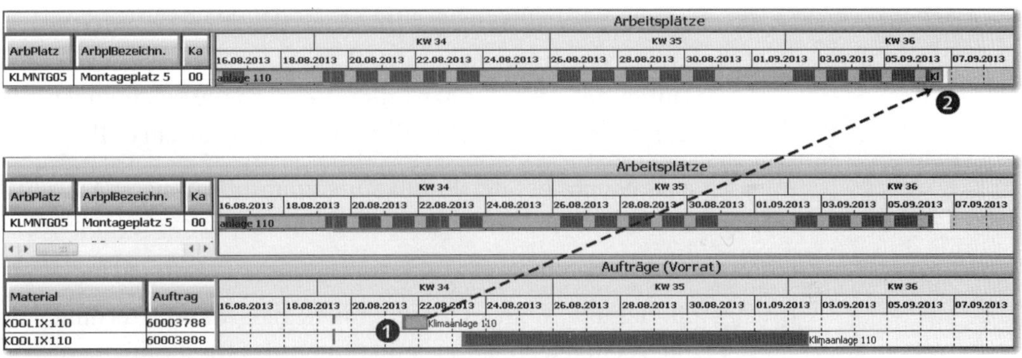

Abbildung 11.18 Ergebnis der Kapazitätsterminierung (aus der Einplanung heraus)

11.5 Einplanung

Das Ziel der *Einplanung* ist es, einen durchführbaren, d. h. kapazitiv abgestimmten Plan für die Fertigung zu erstellen. Hierzu müssen die einzelnen Vorgänge auf den Arbeitsplätzen in eine terminliche Reihenfolge gebracht werden.

Nicht eingeplante Vorgänge bilden den *Arbeitsvorrat* des Fertigungssteuerers. Um die Vorgänge einzuplanen, selektiert der Planer die einzuplanenden Vorgänge in der grafischen Plantafel oder in der tabellarischen Plantafel und stößt die Einplanungsfunktionalität an.

Vorgehensweise für die Einplanung

Das System führt nun zur Einplanung die folgenden Schritte durch:

1. **Einplanungstermine bestimmen**
   In der Standardeinstellung werden die Vorgangstermine als Einplanungstermine verwendet. Es ist aber auch möglich, die Termine interaktiv einzugeben oder den Einplanungstermin in der grafischen Plantafel durch Drag & Drop zu verschieben.
2. **Einplanungsreihenfolge bilden**
   Falls mehrere Vorgänge in einem Schritt eingeplant werden sollen, wird die Einplanungsreihenfolge entweder nach Sortierkriterien oder nach der optimalen Rüstzeit gebildet.
3. **Kapazitätsterminierung bei nicht verfügbarer Kapazität**
   Falls zum Einplanungstermin keine Kapazität verfügbar ist, wird mithilfe der Kapazitätsterminierung ein durchführbarer Einplanungstermin gefunden.
4. **Vorgang einplanen**
   Der Vorgang wird eingeplant und erhält den Status EIGP.
5. **Mittelpunktterminierung**
   Die Termine der nicht eingeplanten Vorgänge werden angepasst, indem für diese eine Mittelpunktterminierung durchgeführt wird.

Auch ist es möglich, bei der Einplanung von unbegrenzter Kapazität auszugehen, indem im Strategieprofil keine Kapazitätsterminierung gewählt wird.

Bei der Einplanung kann es vorkommen, dass die Ecktermine des Auftrags nicht eingehalten werden können. Da die Einplanung vorgangsweise erfolgt, sind auch Verletzungen der Auftragsreihenfolge möglich. Inwiefern solche Inkonsistenzen innerhalb der Vorgänge eines Auftrags zugelassen werden sollen, können Sie mithilfe des Strategieprofils steuern. Externe Abhängigkeiten – d. h. die terminliche Abhängigkeit zwischen Fertigungsaufträgen und Kundenbedarf – müssen vom Planer überwacht werden.

Grundsätzlich wird jeder Vorgang einzeln geplant und ist daher unabhängig von der auftragsinternen Anordnung – mit anderen Worten: Das Lackieren eines Geräts könnte vor seiner Montage eingeplant werden. Durch den Parameter VORGANGSREIHENFOLGE IM AUFTRAG BEACHTEN im Strategieprofil wird die Reihenfolge zumindest entgegen der Planungsrichtung berücksichtigt:

- Bei der vorwärtsgerichteten Planung verhindert dieser Parameter, dass ein Vorgang vor seinem Vorgänger eingeplant wird.
- Bei der rückwärtsgerichteten Planung verhindert der Parameter, dass ein Vorgang hinter seinem Nachfolger eingeplant wird.

Planungsprotokolle

Alle Planungsschritte werden protokolliert. Das Planungsprotokoll kann aus der jeweiligen Applikation heraus aufgerufen werden, z. B. aus der grafischen Plantafel heraus oder aus der Kapazitätsterminierung bei der interaktiven Kapazitätsverfügbarkeitsprüfung. Abbildung 11.19 zeigt ein Beispiel für ein Planungsprotokoll, in dem zwei Informations- und eine Warnmeldung aufgeführt sind.

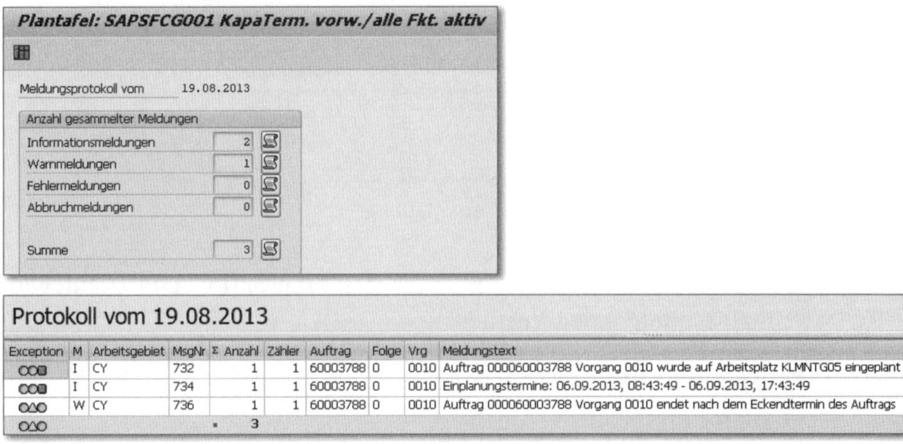

Abbildung 11.19 Planungsprotokoll

Die Warnmeldung weist darauf hin, dass durch die Umplanung infolge der Kapazitätsterminierung der Vorgang 0010 des Fertigungsauftrags nach dessen Eckendtermin endet.

11.5.1 Profile für die Einplanung

Für den Kapazitätsabgleich wird eine Vielzahl von Profilen verwendet. Um die diesbezügliche Verwirrung möglichst gering zu halten, geben wir in diesem Abschnitt einen Überblick über die Profile und erläutern deren wesentlichen Einstellungen. Im weiteren Verlauf des Kapitels greifen wir im Rahmen der Funktionsbeschreibung an passender Stelle auf die entsprechenden Profile zurück.

Ähnlich wie für die Kapazitätsauswertung sind die Profile des Kapazitätsabgleichs in einem Gesamtprofil zusammengefasst. Abbildung 11.20 zeigt die Profile des Gesamtprofils sowie die diesem zugeordneten Profile.

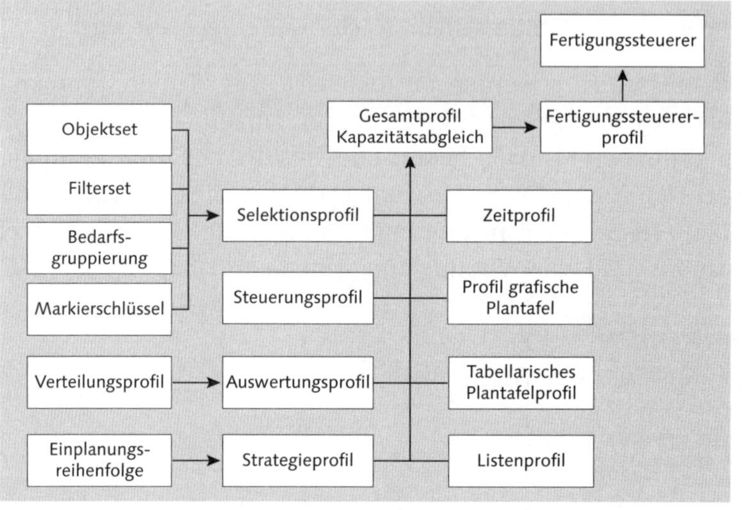

Abbildung 11.20 Profile für den Kapazitätsabgleich

Gesamtprofil Das Gesamtprofil, das Sie mithilfe der Transaktion OPD0 anlegen, enthält die folgenden Profile:

- Selektionsprofil
- Steuerungsprofil
- Auswertungsprofil
- Strategieprofil
- Zeitprofil
- Profil für die grafische Plantafel
- tabellarisches Plantafelprofil
- Listenprofil

Abbildung 11.21 zeigt das Standardgesamtprofil SAPSFCG011. Das Periodenprofil wurde in diesem Fall nicht gepflegt, da es nur für die Kapazitätsverfügbarkeitsprüfung von Bedeutung ist. Im Folgenden erläutern wir die einzelnen Profile – ausgenommen der Plantafelprofile, die wir in Abschnitt 11.5.1, »Profile für die Einplanung«, vorstellen.

Strategieprofil Das *Strategieprofil*, das für die Ein- und Umplanung von herausragender Bedeutung ist, pflegen Sie mithilfe der Customizing-Transaktion

OPDB. Abbildung 11.22 zeigt das Strategieprofil SAP___T001 mit der Vielzahl seiner Parameter. Die wichtigsten Parameter des Strategieprofils steuern die Funktionen zur Einplanung, Terminierung und Reihenfolgebildung.

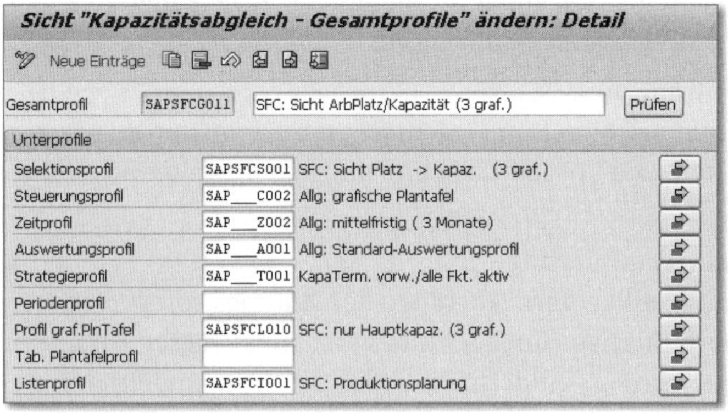

Abbildung 11.21 Gesamtprofil für die Einplanung

Abbildung 11.22 Strategieprofil

Einplanungsfunktionen des Strategieprofils

Die Parameter zur Einplanungsfunktion steuern, welche Möglichkeiten bei der Einplanung zur Verfügung stehen, z. B.

- **Bilden der Einplanungsreihenfolge**
  Dieser Parameter gibt vor, dass bei mehreren einzuplanenden Vorgängen eine Reihenfolgebildung anhand der zugeordneten Einplanungsreihenfolge durchgeführt wird.
- **Rüstzeitoptimierung**
  Dieser Parameter bildet im Gegensatz zum Parameter BILDER DER EINPLANUNGSREIHENFOLGE die Einplanungsreihenfolge nach dem Kriterium der Rüstzeitenminimierung.
- **Mittelpunktterminierung**
  Damit für die abhängigen Vorgänge des Auftrags sofort eine Mittelpunktterminierung durchgeführt wird, muss dieser Parameter ausgewählt werden. Andernfalls wird die Mittelpunktterminierung beim Sichern durchgeführt.
- **Vorgangsreihenfolge im Auftrag beachten**
  Dieser Parameter verhindert zumindest teilweise, dass die Reihenfolge der Vorgänge im Fertigungsauftrag durcheinandergebracht wird. Ist die Planung vorwärtsgerichtet, kann der entsprechende Vorgang nicht vor seinem Vorgänger eingeplant werden. Entsprechend verhindert der Parameter bei der rückwärtsgerichteten Planung, dass der Vorgang nach seinem Nachfolger eingeplant wird.

Terminierungssteuerung des Strategieprofils

In den Parametern zur *Terminierungssteuerung* können unter anderem die folgenden Einstellungen vorgenommen werden:

- **Kapazitätsterminierung**
  Sie können festlegen, ob bei der Vorgangseinplanung eine Kapazitätsterminierung durchgeführt werden soll. Falls dieser Parameter nicht gesetzt ist, verhält sich die Einplanung so, als ob unbegrenzte Kapazität verfügbar wäre.
- **Einplanung zum frühesten Zeitpunkt**
  Bei der Verwendung des Parameters EINPLANUNG ZUM FRÜHESTEN ZEITPUNKT wird der Vorgang zum frühestmöglichen Termin eingeplant, und zwar ohne die Berücksichtigung von Abhängigkeiten zu den anderen Vorgängen.
- **Planungsrichtung**
  Die Voreinstellung der Planungsrichtung ist vom Einplanungstermin an rückwärtsgerichtet und kann anhand des Parameter PLA-

NUNGSRICHTUNG VORWÄRTS in die andere Richtung umgestellt werden. Falls innerhalb des Planungshorizonts keine freie Kapazität gefunden und der Parameter PLANUNGSRICHTUNG WECHSELN gewählt wurde, wird also die Suche nach freier Kapazität in umgekehrter Richtung fortgesetzt.

- **Einplanen zur bestmöglichen Rüstlage**
  Dieser Parameter wählt den Einplanungstermin anhand der bestehenden Rüstreihenfolge so, dass die Erhöhung der gesamten Rüstzeit möglichst gering ist. Dies impliziert, dass bereits eingeplante Vorgänge verschoben werden. Daher müssen Sie zugleich den Parameter VORGANG EINFÜGEN setzen. Diese Funktion wird lediglich in der grafischen Plantafel unterstützt und ist nur sinnvoll, falls Rüstmatrizen für das reihenfolgeabhängige Rüsten verwendet werden.
- **Planen in Nichtarbeitszeiten**
  Der Parameter PLANEN IN NICHTARBEITSZEITEN übersteuert die Nichtarbeitszeiten im Arbeitsplatz und suggeriert der Einplanung eine Kapazitätsverfügbarkeit rund um die Uhr mit vollem Nutzungsgrad.
- **Lücken schließen**
  Mithilfe des Parameters LÜCKEN SCHLIESSEN
  können Lücken, die durch Aus- oder Umplanungen entstehen, automatisch geschlossen werden. Dies impliziert wiederum eine Umplanung bereits eingeplanter Vorgänge und ist nur für die grafische Plantafel möglich.
- **Termineingabe bei Einplng.**
  Mittels des Parameters TERMINEINGABE BEI EINPLNG. wird bei der Einplanung nicht der Vorgangstermin verwendet, sondern ein Pop-up-Fenster erfordert eine interaktive Termineingabe.

In den weiteren Steuerungsoptionen werden unter anderem die Einplanungsreihenfolge und die Rüstfamilie für den initialen Rüstzustand zugeordnet.

Terminprüfungsoptionen des Strategieprofils

Bei der Verwendung der Einplanungsfunktion VORGANGSTERMINPRÜFUNG ist es möglich zu prüfen, ob die neuen Vorgangstermine innerhalb der Puffer liegen, die durch die folgenden Parameter gewählt werden:

- Vorgangspuffer berücksichtigen (VRGPUFFER BERÜCKSICHTIGEN)
- Vorgriffszeit berücksichtigen (VORGRZEIT BERÜCKSICHTIGEN)
- Sicherheitszeit berücksichtigen (SICHERHZEIT BERÜCKSICHTIGEN)

Falls zusätzlich der Parameter ABBRUCH DER EINPLANUNG BEI FEHLER gesetzt ist, wird keine Einplanung außerhalb der Puffer durchgeführt.

Selektionsprofil

Das *Selektionsprofil* wird mithilfe der Customizing-Transaktion OPD1 gepflegt und legt fest, welche Kapazitätsbedarfe bei der Einplanung berücksichtigt werden sollen. Abbildung 11.23 zeigt das Selektionsprofil SAPSFCS001.

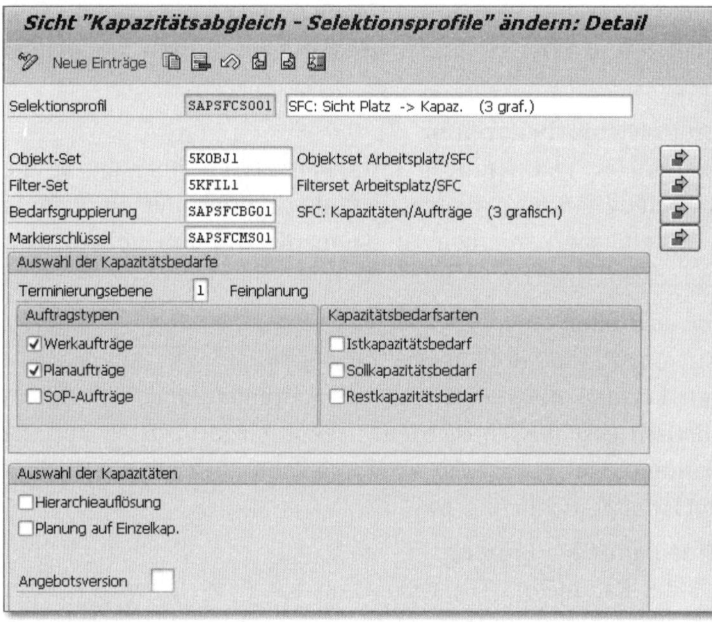

Abbildung 11.23 Selektionsprofil für die Einplanung

Die Sets (OBJEKT-SET, FILTER-SET) pflegen Sie analog zur Kapazitätsauswertung, siehe Abschnitt 11.2.3, »Variable Auswertungen zur Kapazitätsauslastung«.

Steuerungsprofil

Das *Steuerungsprofil* definiert die Aufbereitung der Daten – z. B. zeitkontinuierlich für die grafische Plantafel oder periodenbezogen für die tabellarische Plantafel. Ein weiterer wesentlicher Parameter des Steuerungsprofils setzt fest, ob die Vorgänge geändert werden dürfen und wann Sperren gesetzt werden. Das Steuerungsprofil pflegen Sie über die Customizing-Transaktion OPDE (siehe Abbildung 11.24).

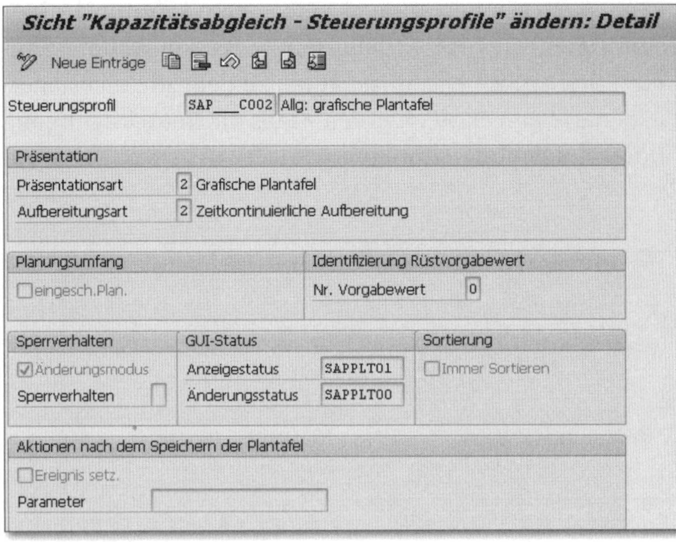

Abbildung 11.24 Steuerungsprofil für die Einplanung

Auswertungsprofil

Das *Auswertungsprofil*, das die Verteilungsschlüssel für die Kapazitätsbedarfe sowie Maßeinheiten und Angaben für die Verdichtung von Kapazitätsbedarfen und Kapazitätsangeboten enthält, pflegen Sie mithilfe der Customizing-Transaktion OPD3. Abbildung 11.25 zeigt das Auswertungsprofil SAPMPSA001.

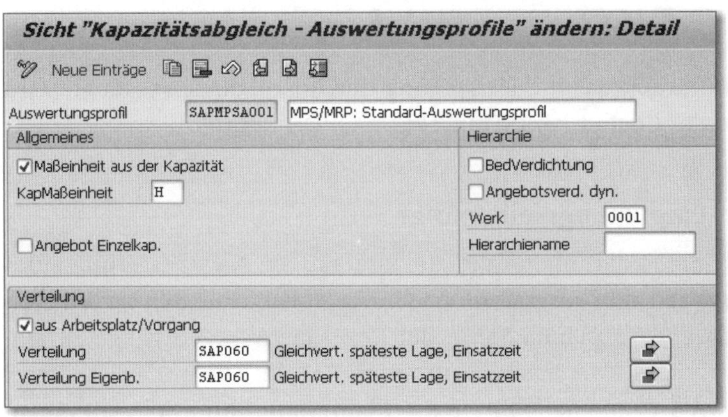

Abbildung 11.25 Auswertungsprofil für die Einplanung

Zeitprofil

Das *Zeitprofil* enthält die Horizonte für das Lesen der Datensätze, die Auswertung und die Planung; Sie pflegen das Zeitprofil mithilfe der Customizing-Transaktion OPD2. Der Planungszeitraum muss kleiner oder gleich dem Auswertungszeitraum sein, der wiederum kleiner oder gleich dem Datenbanklesezeitraum sein muss. Ein weiterer Eintrag betrifft das Rückstandseinlastungsdatum, zu dem alle rückständigen Kapazitätsbedarfe eingelastet werden – falls die Berücksichtigung des Rückstands erfolgen soll. Abbildung 11.26 zeigt das Zeitprofil SAP___Z002.

Abbildung 11.26 Zeitprofil für die Einplanung

Listenprofil

Das *Listenprofil*, das die Darstellung der Ausgabelisten festlegt, wird mithilfe der Customizing-Transaktion OPDH definiert.

11.5.2 Einplanungsreihenfolge

Bei kleinen Änderungen oder zur interaktiven Nachbesserung eines Plans werden die Vorgänge einzeln eingeplant. Für den neuen Aufwurf eines Plans planen Sie in der Regel mehrere Vorgänge zusammen ein – und zwar nach bestimmten Regeln. Die einfachste Regel wäre es, Vorgänge nach ihrem Startdatum und ihrer Startzeit einzuplanen. Regeln dieser Art lassen sich über Sortierungen realisieren, und mittels des *Aufbereitungsschlüssels* können Sortierungen nach einer Vielzahl von Feldern erfolgen. Den Aufbereitungsschlüssel legen Sie über die Customizing-Transaktion CY39 an (siehe Abbildung 11.27).

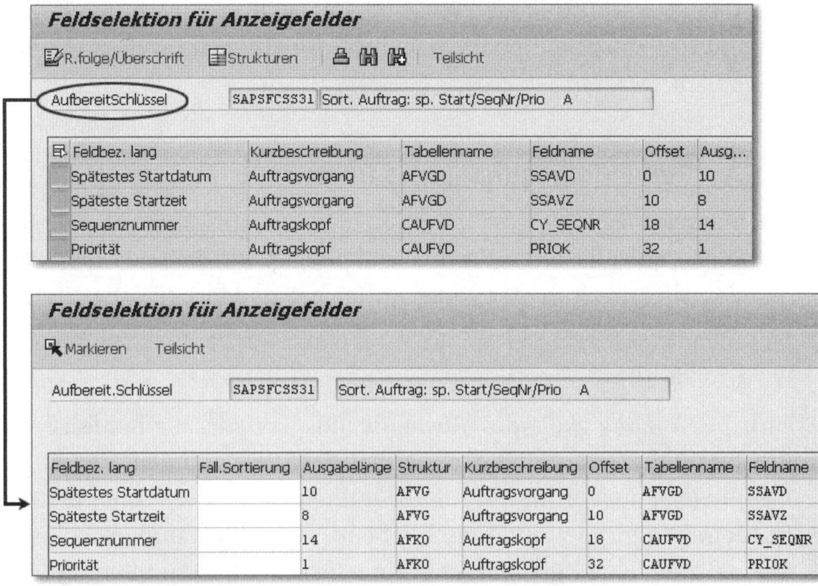

Feldselektion für Anzeigefelder

R.folge/Überschrift Strukturen Teilsicht

AufbereitSchlüssel SAPSFCSS31 Sort. Auftrag: sp. Start/SeqNr/Prio A

Feldbez. lang	Kurzbeschreibung	Tabellenname	Feldname	Offset	Ausg...
Spätestes Startdatum	Auftragsvorgang	AFVGD	SSAVD	0	10
Späteste Startzeit	Auftragsvorgang	AFVGD	SSAVZ	10	8
Sequenznummer	Auftragskopf	CAUFVD	CY_SEQNR	18	14
Priorität	Auftragskopf	CAUFVD	PRIOK	32	1

Feldselektion für Anzeigefelder

Markieren Teilsicht

Aufbereit.Schlüssel SAPSFCSS31 Sort. Auftrag: sp. Start/SeqNr/Prio A

Feldbez. lang	Fall.Sortierung	Ausgabelänge	Struktur	Kurzbeschreibung	Offset	Tabellenname	Feldname
Spätestes Startdatum		10	AFVG	Auftragsvorgang	0	AFVGD	SSAVD
Späteste Startzeit		8	AFVG	Auftragsvorgang	10	AFVGD	SSAVZ
Sequenznummer		14	AFKO	Auftragskopf	18	CAUFVD	CY_SEQNR
Priorität		1	AFKO	Auftragskopf	32	CAUFVD	PRIOK

Abbildung 11.27 Aufbereitungsschlüssel für die Reihenfolgebildung bei der Einplanung

In den Details der Felder können Sie einstellen, ob Sie eine aufsteigende oder eine absteigende Sortierung wünschen. Der Aufbereitungsschlüssel wird dem Strategieprofil zugeordnet (siehe Abbildung 11.28).

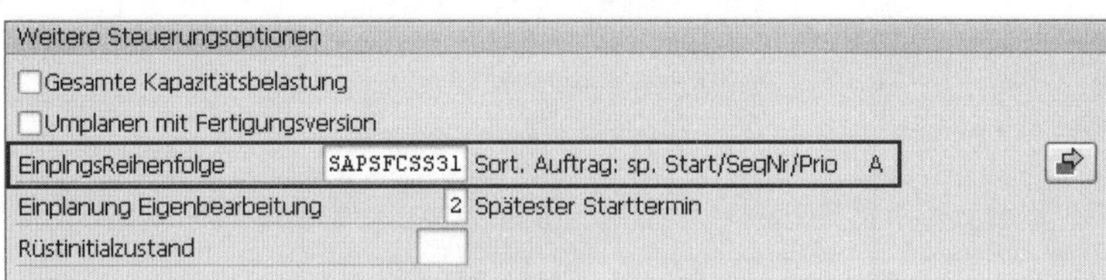

Weitere Steuerungsoptionen

☐ Gesamte Kapazitätsbelastung

☐ Umplanen mit Fertigungsversion

EinplngsReihenfolge	SAPSFCSS31	Sort. Auftrag: sp. Start/SeqNr/Prio A
Einplanung Eigenbearbeitung	2	Spätester Starttermin
Rüstinitialzustand		

Abbildung 11.28 Einplanungsreihenfolge im Strategieprofil

Neben dem Aufbereitungsschlüssel ist es auch möglich, eine Sortierung der Kapazitätsbedarfe über den User-Exit CYPP0001 vorzunehmen.

Die Reihenfolge, in der die Vorgänge eingeplant werden, entspricht nicht notwendigerweise der Vorgangsreihenfolge auf dem Arbeitsplatz, da aufgrund von Randbedingungen der Einplanung einige Vorgänge abweichend eingeplant werden müssen. So muss beispielsweise ein besonders langer Vorgang, der nicht in eine durch bereits eingeplante Vorgänge gebildete Lücke hineinpasst, weiter entfernt eingeplant werden.

11.5.3 Reihenfolgeabhängiges Rüsten

Bei manchen Fertigungsschritten ist der Rüstaufwand von der Reihenfolge der gefertigten Produkte abhängig. Ein Beispiel hierzu ist die Verarbeitung farbiger Kunststoffe, bei denen der Rüstaufwand von hell nach dunkel im Vergleich zum Aufwand von dunkel nach hell gering ist.

Rüstfamiliengruppe und -schlüssel

Um die Abhängigkeit des Rüstaufwands von der Reihenfolge der Bearbeitung zu modellieren, werden den betreffenden Vorgängen *Rüstfamilien* zugeordnet. Die Zuordnung erfolgt zweistufig, erst zur Rüstfamiliengruppe und anschließend zum Rüstfamilienschlüssel. Hierbei kann eine Rüstfamiliengruppe mehrere Rüstfamilienschlüssel enthalten. Die Zweistufigkeit bietet den Vorteil, dass sowohl eine detaillierte (und somit aufwendige) Pflege zwischen den Rüstfamilienschlüsseln als auch eine weniger detaillierte Pflege zwischen den Rüstfamiliengruppen möglich ist. Rüstfamiliengruppen und Rüstfamilienschlüssel legen Sie mithilfe der Customizing-Transaktion OP43 an (siehe Abbildung 11.29).

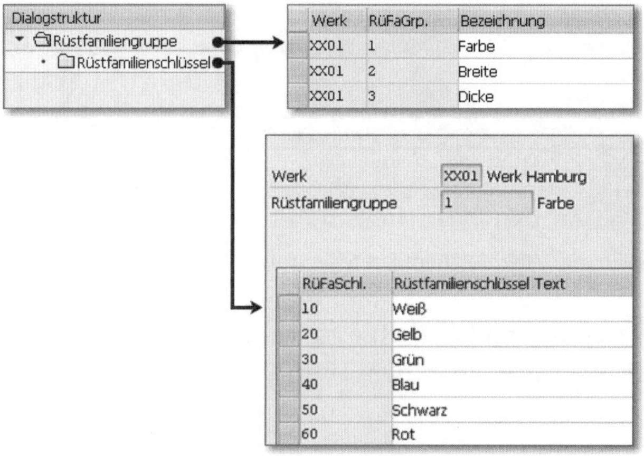

Abbildung 11.29 Rüstfamiliengruppe und Rüstfamilienschlüssel

Rüstfamiliengruppen und Rüstfamilienschlüssel werden den entsprechenden Vorgängen im Vorgangsdetail des Arbeitsplans zugeordnet (siehe Abbildung 11.30).

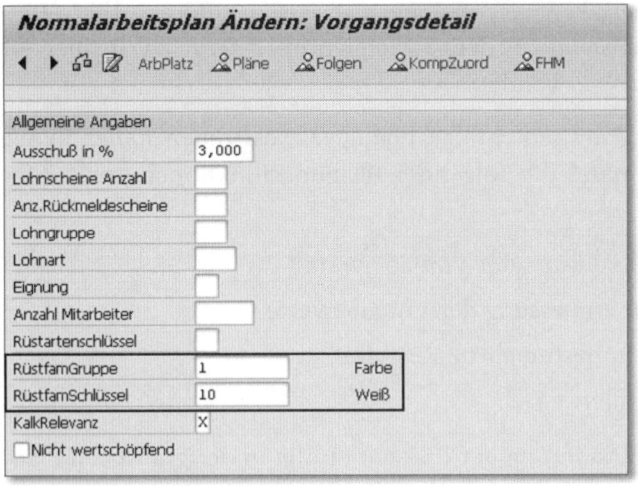

Abbildung 11.30 Zuordnung von Rüstfamiliengruppe und Rüstfamilienschlüssel zum Vorgang

Rüstmatrix

Die Rüstzeit zwischen den Rüstfamiliengruppen und dem Rüstfamilienschlüssel pflegen Sie mithilfe der Customizing-Transaktion OPDA in einer *Rüstmatrix*, die für jedes Werk eindeutig ist. Abbildung 11.31 zeigt ein Beispiel, in dem die Rüstzeit von einem Vorgängervorgang mit Rüstfamiliengruppe 1 und Rüstfamilienschlüssel 10 zu einem Nachfolgervorgang mit Rüstfamiliengruppe 1 und Rüstfamilienschlüssel 20 zehn Minuten beträgt. In die umgekehrte Richtung – von Rüstfamiliengruppe 1 und Rüstfamilienschlüssel 20 zu Rüstfamiliengruppe 1 und Rüstfamilienschlüssel 10 – beträgt die Rüstzeit jedoch dreißig Minuten.

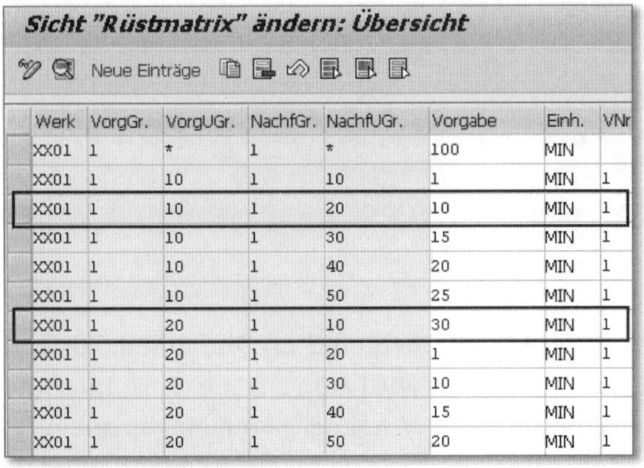
Sicht "Rüstmatrix" ändern: Übersicht

Neue Einträge

Werk	VorgGr.	VorgUGr.	NachfGr.	NachfUGr.	Vorgabe	Einh.	VNr
XX01	1	*	1	*	100	MIN	
XX01	1	10	1	10	1	MIN	1
XX01	1	10	1	20	10	MIN	1
XX01	1	10	1	30	15	MIN	1
XX01	1	10	1	40	20	MIN	1
XX01	1	10	1	50	25	MIN	1
XX01	1	20	1	10	30	MIN	1
XX01	1	20	1	20	1	MIN	1
XX01	1	20	1	30	10	MIN	1
XX01	1	20	1	40	15	MIN	1
XX01	1	20	1	50	20	MIN	1

Abbildung 11.31 Rüstmatrix

Falls ein Vorgang keinen Vorgänger hat, wird – sofern vorhanden – der Rüstinitialzustand aus dem Strategieprofil oder der Vorgabewert des Arbeitsplans verwendet.

Für die Planung mit reihenfolgeabhängigen Rüstzeiten stehen in der grafischen Plantafel die folgenden Planungsfunktionen zur Verfügung:

- interaktive Änderung der Vorgabewerte
- automatische Anpassung der Vorgabewerte
- Einplanung in bestmögliche Rüstlage
- Rüstzeitoptimierung

Interaktive Änderung der Vorgabewerte

Die interaktive Änderung der Rüstzeit erfolgt in der grafischen Plantafel über den Menüpfad FUNKTIONEN • RÜSTZEIT ANPASSEN • MANUELL, wie es in Abbildung 11.32 dargestellt ist.

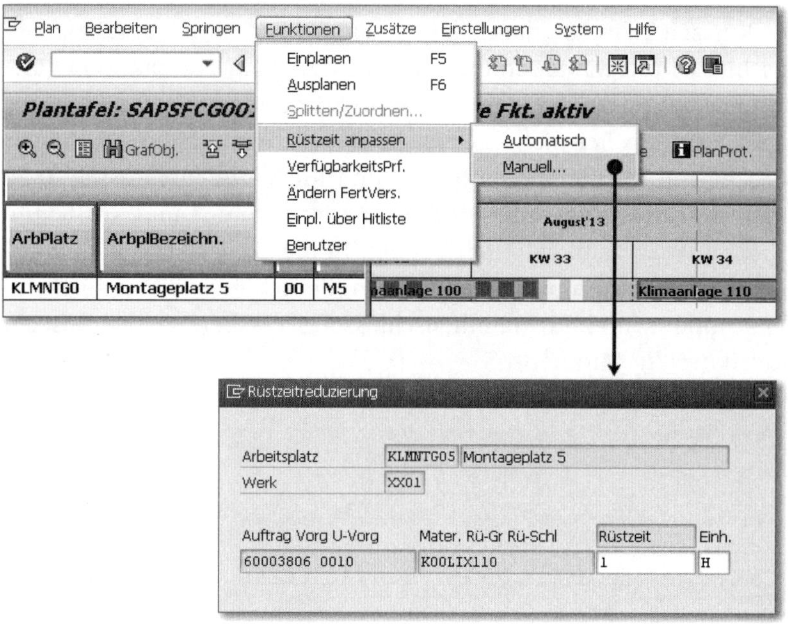

Abbildung 11.32 Anpassung der Rüstzeit

Es ist sowohl eine Reduzierung als auch eine Erhöhung der Rüstzeit möglich. Als Resultat der Anpassung wird eine erneute Terminierung durchgeführt. Falls der betreffende Vorgang zuvor eingeplant war, wird er nach der Anpassung der Rüstzeit wieder ausgeplant.

Automatische Rüstzeitanpassung

Die *automatische Rüstzeitanpassung* berechnet die Rüstzeiten in Abhängigkeit von ihrer Reihenfolge und plant die Vorgänge entsprechend um. Voraussetzung für die Verwendung dieser Funktion ist es, dass die Parameter PLANUNGSRICHTUNG VORWÄRTS und VORGANG EINFÜGEN gesetzt worden sind. Damit die Lücken geschlossen werden, die bei einer Verkürzung der Rüstzeiten entstehen, ist zusätzlich der Parameter LÜCKEN SCHLIESSEN im Strategieprofil erforderlich.

Die automatische Rüstzeitanpassung wird aus der grafischen Plantafel heraus über den Menüpfad FUNKTIONEN • RÜSTZEIT ANPASSEN • AUTOMATISCH für die selektierten Arbeitsplätze ausgeführt. Abbildung 11.33 veranschaulicht die automatische Rüstzeitanpassung an einem Beispiel.

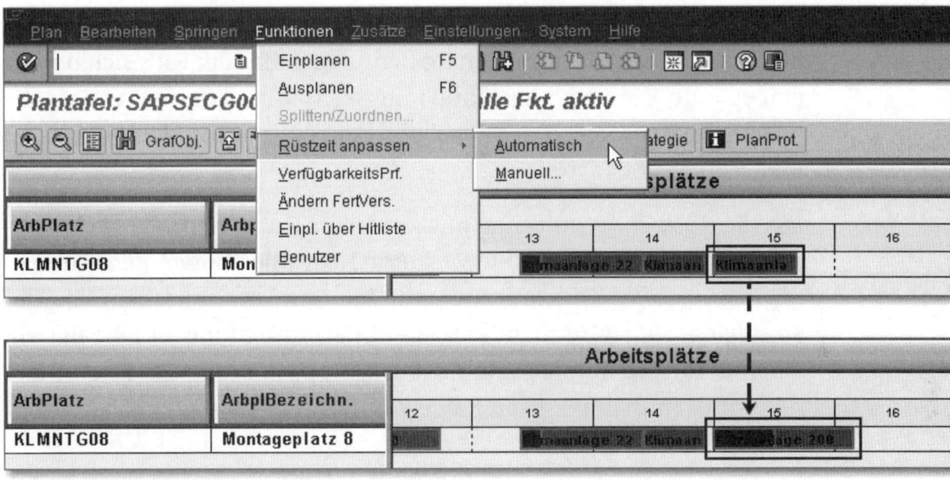

Abbildung 11.33 Automatische Rüstzeitanpassung

Einplanung in bestmögliche Rüstlage

Mithilfe der Funktion EINPLANUNG IN BESTMÖGLICHE RÜSTLAGE versucht das System nicht, den betreffenden Vorgang zum vorgegebenen Einplanungstermin einzuplanen, sondern an einer Stelle, an der sich die gesamte Rüstzeit aller Vorgänge möglichst wenig erhöht. Voraussetzung für die Verwendung dieser Funktion ist es, dass im Strategieprofil die Parameter EINPLANUNG ZUR BESTMÖGLICHEN RÜSTLAGE und VORGANG EINFÜGEN gesetzt sind, jedoch der Parameter für die Einplanungsfunktion RÜSTZEITOPTIMIERUNG *nicht* gesetzt ist.

Zur Ermittlung der bestmöglichen Rüstlage werden die möglichen Einplanungslagen miteinander verglichen. Falls es mehrere beste Rüstlagen gibt, wird die späteste der besten Rüstlagen verwendet. Bei der Einplanung wird also die Rüstzeit des betreffenden Vorgangs nicht entsprechend seines Reihenfolgerangs angepasst, sondern es ist als Folgeschritt eine automatische Rüstzeitanpassung erforderlich. Für die gemeinsame Einplanung mehrerer Vorgänge wird die Einplanungsreihenfolge aus dem Strategieprofil verwendet.

Rüstzeitoptimierung

Mit der Rüstzeitoptimierung wird eine Gruppe von einzuplanenden Vorgängen in eine rüstzeitoptimale Reihenfolge gebracht und lückenlos auf dem Arbeitsplatz eingeplant; hierbei erfolgt eine automatische Anpassung der Rüstzeiten. Die Rüstzeitoptimierung eignet sich besonders für einen neuen Aufwurf der Planung, da nur in diesem Fall sichergestellt ist, dass sich die Vorgänge auch nach deren Einplanung in der rüstzeitoptimalen Reihenfolge befinden. Falls sich bereits eingeplante Vorgänge im Einplanungszeitraum befinden, weicht die erzielte Reihenfolge in der Regel von der zuvor ermittelten optimalen Reihenfolge ab.

Für die Rüstzeitoptimierung müssen Sie im Strategieprofil die Einplanungsfunktion RÜSTZEITOPTIMIERUNG auswählen sowie den Parameter PLANUNGSRICHTUNG VORWÄRTS. Die Einplanungsreihenfolge des Strategieprofils wird nicht berücksichtigt. Abbildung 11.34 zeigt ein Beispiel für die Einplanung mit Rüstzeitoptimierung ❶. ❷ gibt den reihenfolgenunabhängigen Folgewert an.

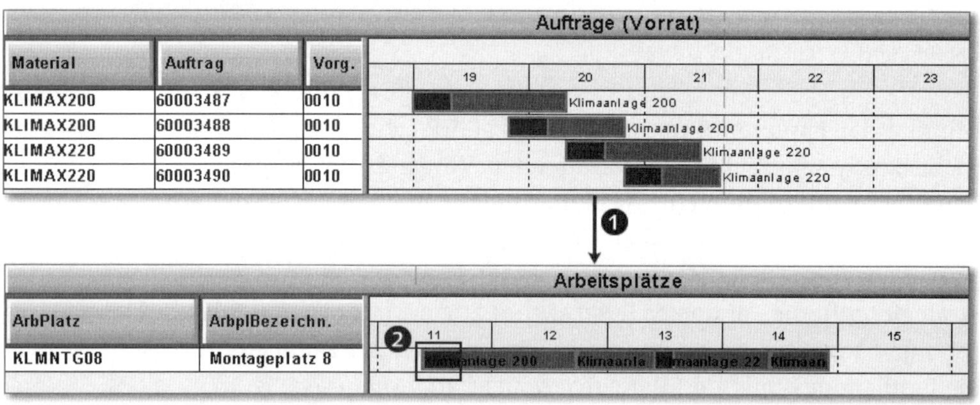

Abbildung 11.34 Rüstzeitoptimierung

Die Einplanung kann bei der Rüstzeitoptimierung vor dem Eckstarttermin erfolgen, da die Einplanung zum »Heute«-Datum beginnt oder – falls bereits eine Arbeitsplatzbelegung existiert – im Anschluss an diese eingeplant wird.

11.5.4 Mittelpunktterminierung

Die Einplanung erfolgt vorgangsweise, und die Vorgangstermine können sich während der Vorgangseinplanung ändern. In diesem Fall wird die *Mittelpunktterminierung* verwendet, um die Termine nicht eingeplanter Vorgänge an die geänderten Termine des eingeplanten Vorgangs anzupassen.

Die Mittelpunktterminierung ähnelt der Durchlaufterminierung. Allerdings geht sie nicht von den Eckstart- oder Eckendterminen aus, sondern setzt bei einem eingeplanten Vorgang des Auftrags an und führt von diesem Vorgang aus, entsprechend der Planungsrichtung im Strategieprofil, eine Rückwärts- oder Vorwärtsterminierung durch. Weitere eingeplante Vorgänge des Auftrags werden hierbei als fixiert betrachtet.

Abbildung 11.35 zeigt ein Beispiel eines Auftrags mit drei eingeplanten Vorgängen.

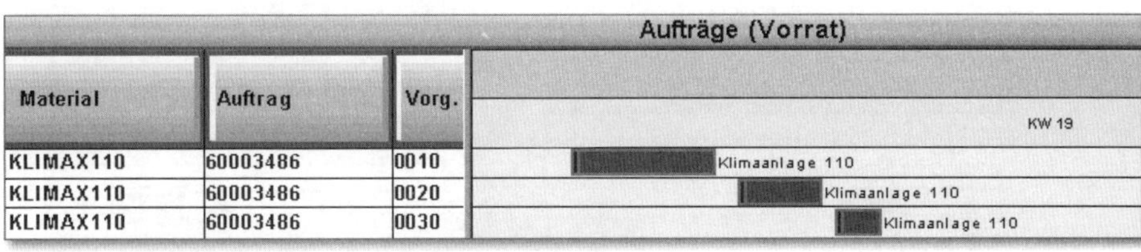

Abbildung 11.35 Beispiel – Auftrag mit drei Vorgängen

Abbildung 11.36 und Abbildung 11.37 veranschaulichen die Funktionsweise der Mittelpunktterminierung. In Abbildung 11.36 wird der mittlere Vorgang des Auftrags eingeplant und anschließend vorwärts ❶ und rückwärts ❷ umgeplant. Die nicht eingeplanten Vorgänger- und Nachfolgevorgänge werden jeweils an den eingeplanten Vorgang terminlich angepasst (❸ bzw. ❹).

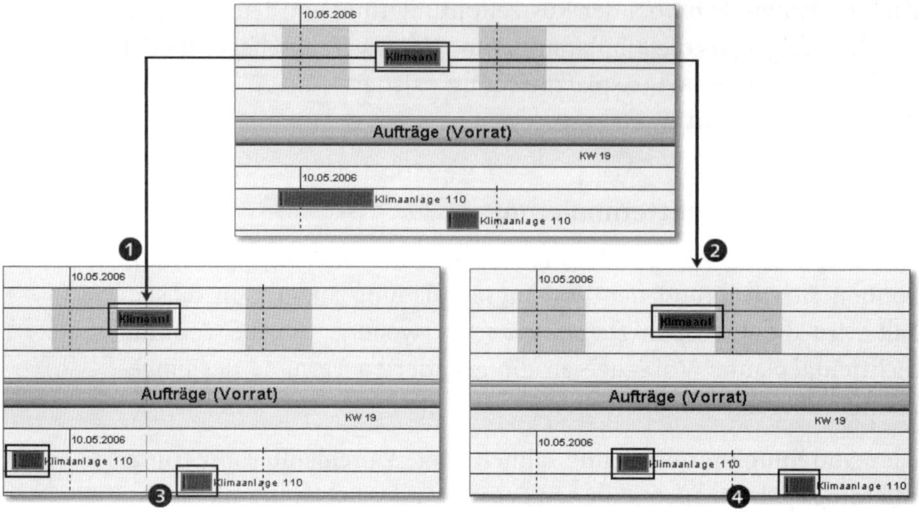

Abbildung 11.36 Mittelpunktterminierung

Abbildung 11.37 zeigt den Fall, dass der erste Vorgang bereits eingeplant war und der letzte Vorgang nun weiter entfernt von diesem eingeplant wird. Die Mittelpunktterminierung passt auch in diesem Fall den Termin ❶ des nicht eingeplanten Vorgangs an.

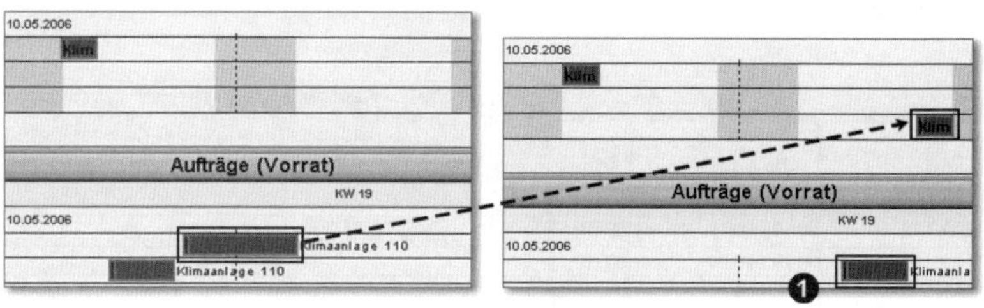

Abbildung 11.37 Mittelpunktterminierung

11.5.5 Massenplanung

Die Einstellungen für den Massenabgleich pflegen Sie mithilfe der Transaktion CM40. Hierbei werden das Gesamtprofil für den Kapazitätsabgleich, die Ressourcen, auf denen die Bearbeitung erfolgen soll, sowie die Aktion (Einplanung, Ausplanung oder User-Exit CY190001) ausgewählt. Abbildung 11.38 zeigt die Definition der Parameter für die Massenplanung.

Beim ersten Sichern der Parameter wird die Selektion der Arbeitsplätze erwartet. Falls der Parameter SELEKTION NEU DEFINIEREN gesetzt ist, wird der Benutzer bei der Einplanung aufgefordert, eine neue Selektion einzugeben. Unter AUFRUF DER FUNKTION wird definiert, ob der Einplanungsjob später eingeplant (PARAMETER SICHERN), direkt eingeplant oder direkt ausgeführt werden soll.

Der Job lässt sich mithilfe der gleichen Transaktion später einplanen und wird in der allgemeinen Jobübersicht (Transaktion SM37) angezeigt. Über die Transaktion CM41 können die Protokolle der Einplanungsjobs angezeigt werden.

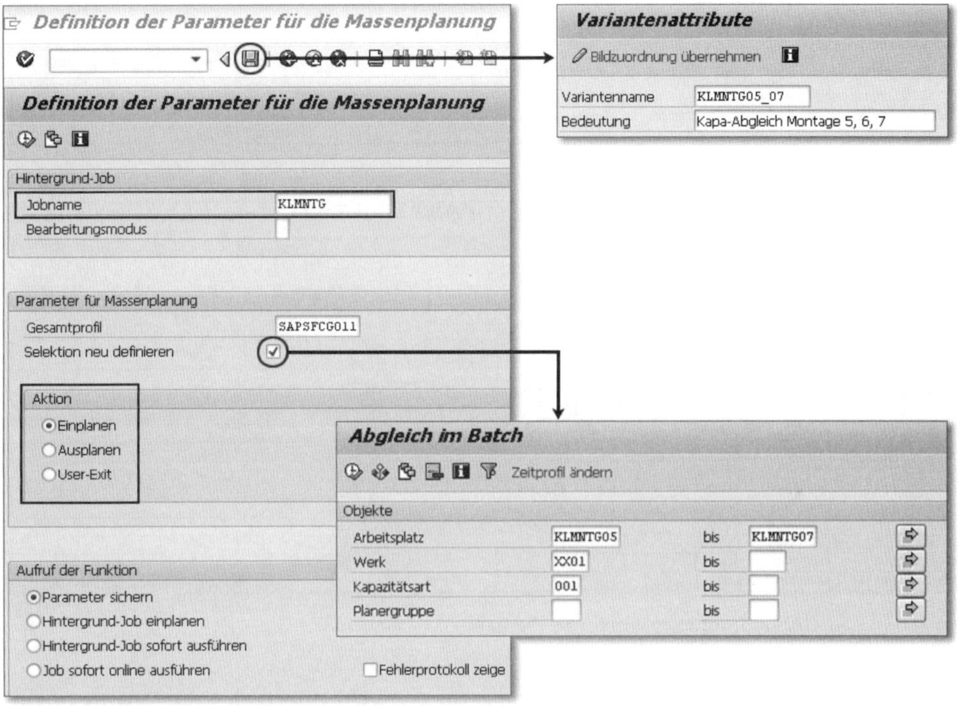

Abbildung 11.38 Massenplanung

11.6 Grafische Plantafel

Die grafische Plantafel stellt eine zeitkontinuierliche Sicht auf die Arbeitsplätze, auf die Reihenfolge der auf die Arbeitsplätze eingeplanten Vorgänge sowie auf den Arbeitsvorrat an nicht eingeplanten Vorgängen dar.

Die Plantafel können Sie unter anderem mit Bezug zum Arbeitsplatz, mit Bezug zum Auftrag oder aus dem Fertigungsauftrag heraus aufrufen. Abbildung 11.39 zeigt das Einstiegsbild beim Aufruf der Plantafel für die Arbeitsplätze KLMNTG05, KLMNTG06 und KLMNTG07 mithilfe der Transaktion CM21.

Im oberen Teilbild werden die Arbeitsplätze mit den auf ihnen eingeplanten Vorgängen dargestellt, während das untere Teilbild die nicht eingeplanten Vorgänge als Arbeitsvorrat darstellt.

Die Heute-Linie wird durch die grau gestrichelte Linie dargestellt – in Abbildung 11.39 handelt es sich dabei um den Beginn der Kalenderwoche 34.

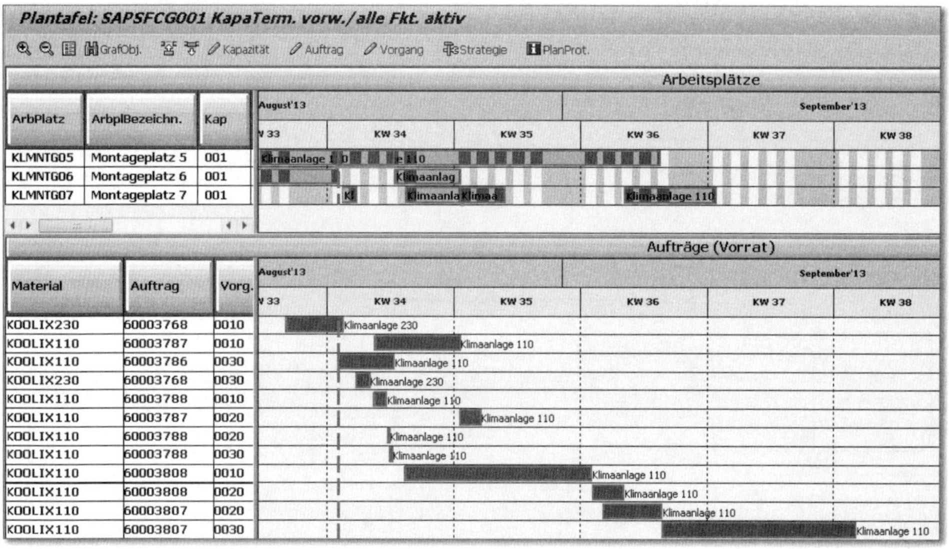

Abbildung 11.39 Grafische Plantafel

Sortierung Die *Sortierung* des Auftragsvorrats wird durch das Sortierungsprofil des Teilbilds definiert und erfolgt im Standard nach dem Starttermin des Auftrags. Durch Ausplanungen kann diese Sortierreihenfolge gestört werden, da neue Objekte an das Ende der Liste angefügt werden. In solchen Fällen kann über den Menüeintrag BEARBEITEN • NEU SORTIEREN die Sortierungsreihenfolge wiederhergestellt werden.

Zeitliche Skalierung Die zeitliche Skalierung der Plantafel können Sie über den Menüpfad EINSTELLUNGEN • MASSSTAB oder durch Ziehen eines Bildausschnitts mit der Maus bei gleichzeitig gedrückter Steuerungstaste verändern.

Suche in der Plantafel Zur Navigation in der Plantafel ist die Suchfunktion sehr hilfreich. So soll beispielhaft der erste Vorgang des Fertigungsauftrags 60003787 eingeplant werden. Um diesen Vorgang zu finden, können Sie über den Menüpfad BEARBEITEN • SUCHEN oder anhand der Tastenkombination [Strg] + [F] das Fenster zur Suche aufrufen und die Fertigungsauftragsnummer (oder die ersten Ziffern der Fertigungsauftragsnummer) eingetragen, wie es in Abbildung 11.40 gezeigt wird.

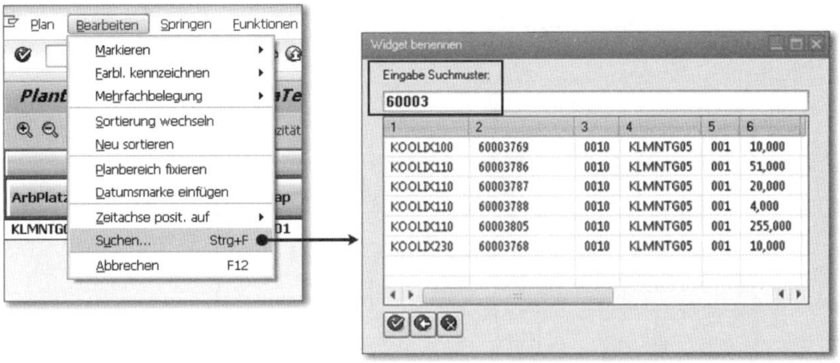

Abbildung 11.40 Suchfenster

Als Ergebnis werden die Vorgänge der Fertigungsaufträge aufgelistet; der selektierte Vorgang erscheint an oberster Stelle des Teilbilds für den Auftragsvorrat (siehe Abbildung 11.41).

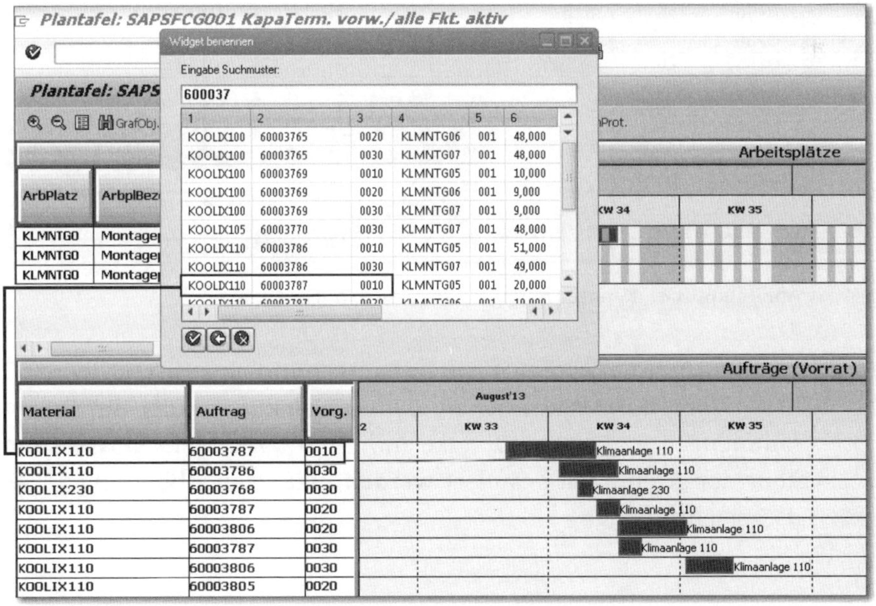

Abbildung 11.41 Suchergebnis in der grafischen Plantafel

Kennzeichnung zusammengehöriger Objekte

Eine weitere Hilfe zur Navigation in der Plantafel ist die Kennzeichnung zusammengehöriger Objekte. Als Beispiel sollen – ausgehend vom ersten Vorgang des Auftrags 60003769 – die beiden Folgevorgänge hervorgehoben werden. Hierzu markieren Sie den ersten Vorgang, und die Folgevorgänge werden über den Menüpfad BEARBEITEN • FARBLICH KENNZEICHNEN • ZUSAMMENGEHÖRIGE OBJEKTE markiert (siehe Abbildung 11.42).

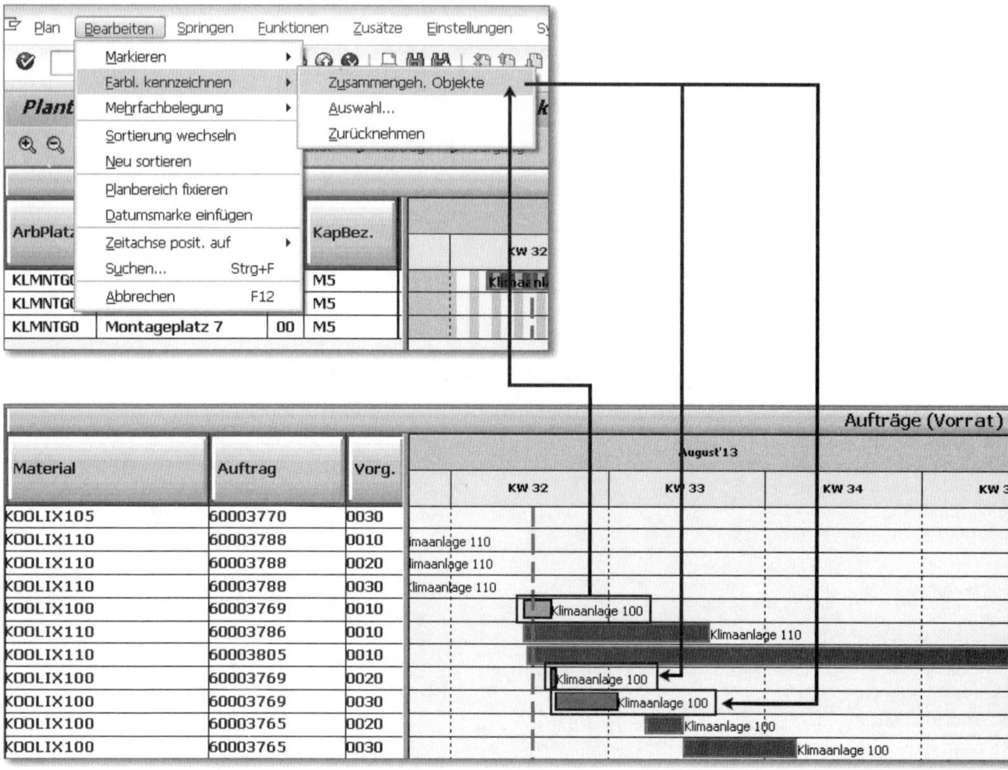

Abbildung 11.42 Kennzeichnung zusammengehöriger Objekte

Markierschlüssel

Welche der Objekte als zusammengehörig angesehen werden, hängt vom *Markierschlüssel* ab, der die Selektionsfelder für die Zusammengehörigkeit der Objekte enthält. Der Markierschlüssel kann über den Menüpfad geändert werden, wie es in Abbildung 11.43 dargestellt ist.

Einplanung

Grundsätzlich gibt es zwei Möglichkeiten, um Vorgänge mithilfe der grafischen Plantafel einzuplanen: durch Aufruf der Funktion EINPLANEN über die Drucktaste der Menüleiste und durch Drag & Drop. In beiden Fällen müssen Sie zunächst die einzuplanenden Vorgänge aus dem Vorrat auswählen. Abbildung 11.44 zeigt die Einplanung über die Einplanungsfunktion in der Menüleiste.

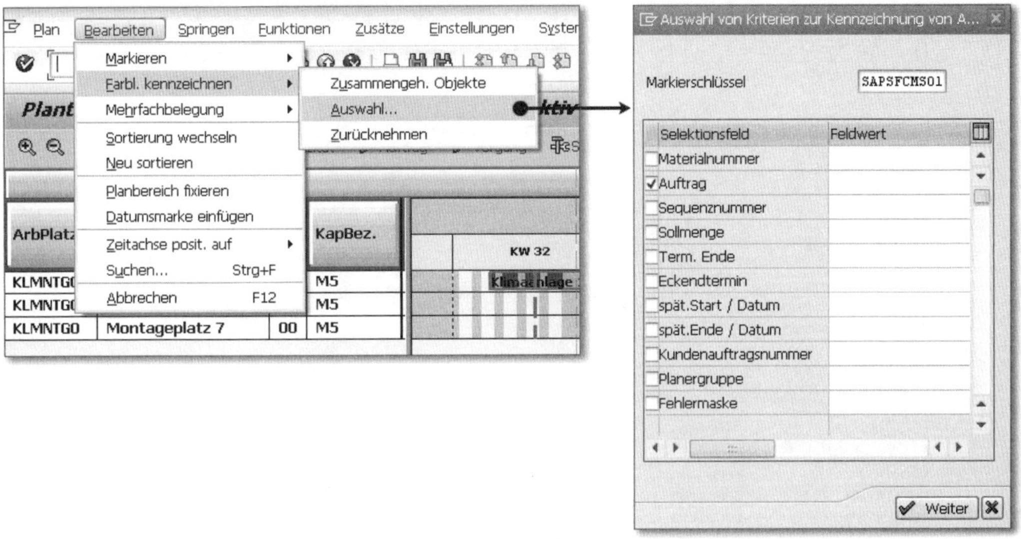

Abbildung 11.43 Markierschlüssel

Der Einplanungstermin ist in diesem Fall der terminierte Vorgangstermin (standardmäßig der späteste Starttermin). Da zu diesem Zeitpunkt Kapazität verfügbar ist, kann der Vorgang zum Einplanungstermin eingeplant werden. Wäre zum Einplanungstermin keine Kapazität vorhanden, würde die Kapazitätsterminierung den nächsten Termin mit freier Kapazität ermitteln, zu dem der Vorgang dann eingeplant würde.

Bei der Einplanung mithilfe von Drag & Drop entspricht der Termin von »Drop« dem Einplanungstermin.

Ausplanung

Die Ausplanung erfolgt analog zur Einplanung, entweder über die Drucktaste AUSPLANEN in der Menüleiste (rechts neben der Drucktaste EINPLANEN in Abbildung 11.44) oder durch Drag & Drop in das Arbeitsvorratsteilbild.

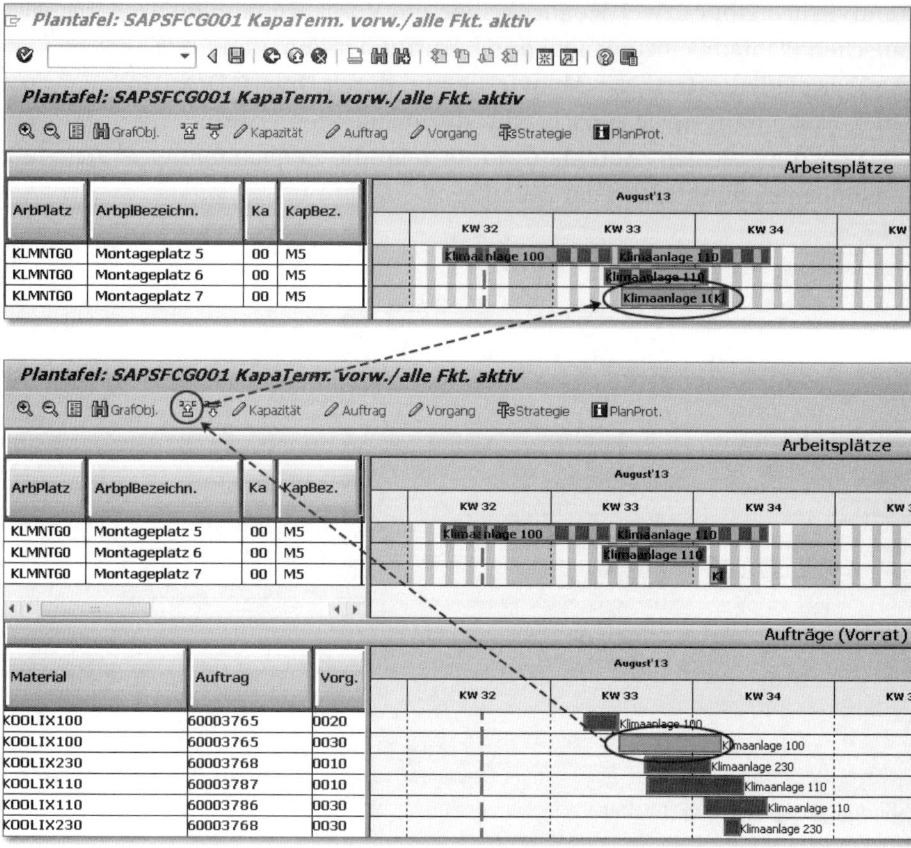

Abbildung 11.44 Einplanung in der grafischen Plantafel

Mehrfachbelegung

Entsprechend den Einstellungen in den Kapazitätsstammdaten kann ein Arbeitsplatz von mehreren Vorgängen gleichzeitig belegt werden. In diesem Fall weist eine grüne Linie unter den Vorgängen auf eine Mehrfachbelegung hin. Über den Menüpfad BEARBEITEN • MEHRFACHBELEGUNG • AUFREISSEN wird die Mehrfachbelegung auf den selektierten Arbeitsplätzen deutlich (siehe Abbildung 11.45).

Wechsel der Planungsstrategie

Da unterschiedliche Planungsfunktionen – insbesondere bei der Verwendung von reihenfolgeabhängigem Rüsten – unterschiedliche Einstellungen im Strategieprofil erfordern, ist es möglich, das Strategieprofil in der Plantafel zu ändern. Darüber hinaus ist es auch möglich, am ausgewählten Strategieprofil temporäre Änderungen vorzunehmen. Diese Änderungen gelten dann für die folgenden Einplanungen, werden aber nicht gespeichert und gehen beim Verlassen der Plantafel verloren.

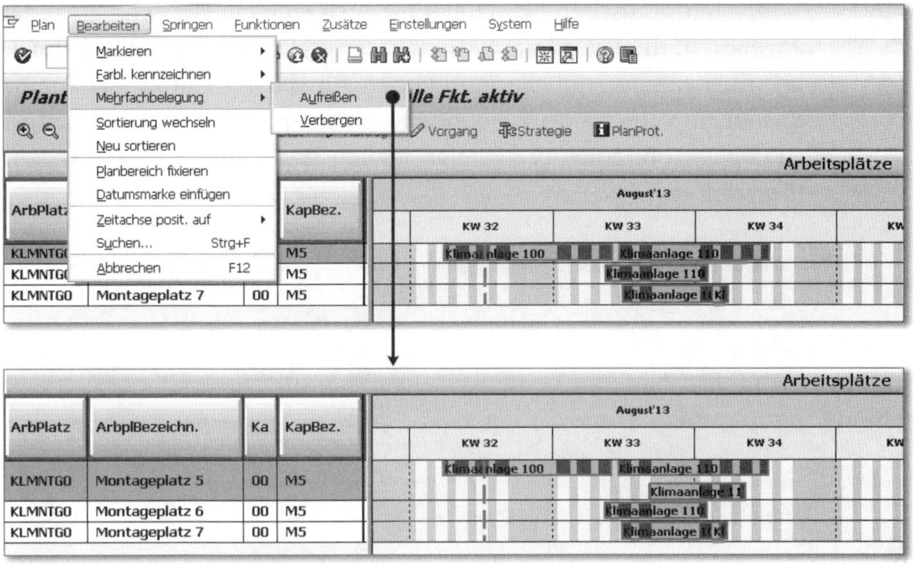

Abbildung 11.45 Mehrfachbelegung in der grafischen Plantafel

Eine mögliche Maßnahme bei mangelnder Kapazitätsverfügbarkeit kann in der Erhöhung des Kapazitätsangebots liegen – z. B. durch Ansetzen einer weiteren Schicht. Das Kapazitätsangebot können Sie aus der Plantafel heraus über den Menüpfad SPRINGEN • KAPAZITÄT • ÄNDERN anpassen.

Kapazitätserhöhung

Eine weitere Funktion der grafischen Plantafel besteht in der Anzeige des geplanten Materialbestandsverlaufs. Das Teilbild zum Materialbestand blenden Sie für selektierte Materialien über den Menüpfad ZUSÄTZE • MATERIALBESTAND • EINBLENDEN als weiteres Teilbild ein (siehe Abbildung 11.46).

Anzeige des Materialbestands

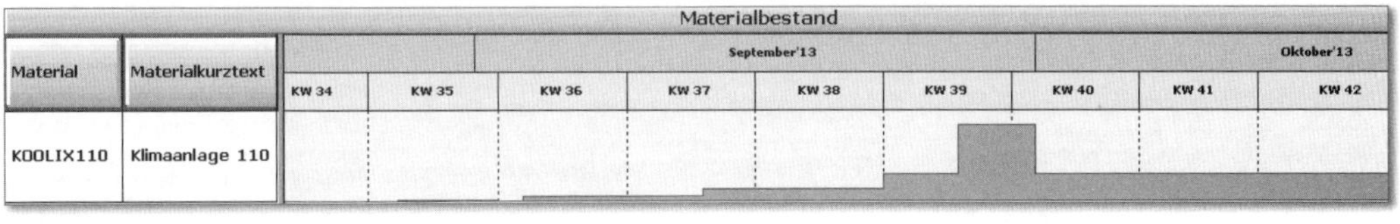

Abbildung 11.46 Teilbild für den Materialbestand

Die Plantafel kann hinsichtlich Anzahl und Aussehen der Teilbilder, der Objekte und der Skalierung konfiguriert werden. Eine detaillierte Beschreibung der Konfigurationsmöglichkeiten der Plantafel würde jedoch den Buchumfang sprengen.

Profile der Plantafel

Tabellarische Plantafel

Neben der grafischen Plantafel wird auch eine tabellarische Plantafel angeboten, die fast alle Funktionen der grafischen Plantafel beinhaltet. Ausnahmen sind die Funktionen für das reihenfolgeabhängige Rüsten und die damit verbundene Einstellungen der Einplanungsstrategie. Abbildung 11.47 zeigt das Einstiegsbild der tabellarischen Plantafel.

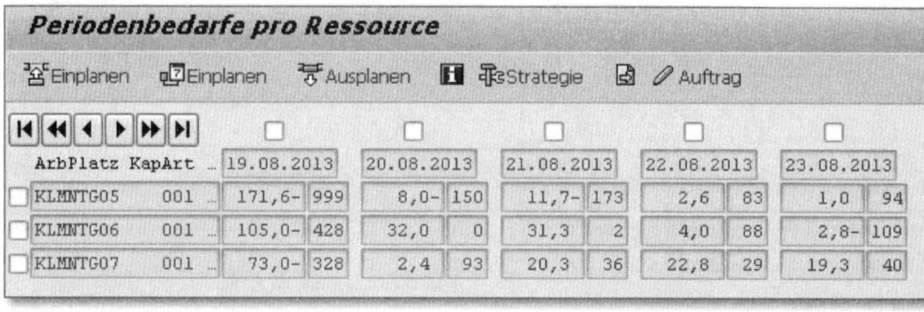

Abbildung 11.47 Tabellarische Plantafel

Die tabellarische Plantafel rufen Sie bei der Auswahl der Arbeitsplätze mithilfe der Transaktion CM22 auf. Da unserer Ansicht nach die grafische Plantafel das komfortablere Werkzeug für die Einplanung ist und wir die Funktionen der tabellarischen Plantafel bereits beschrieben haben, gehen wir nicht weiter auf die tabellarische Plantafel ein.

In den vorangehenden Kapiteln haben wir uns mit der Fertigungsplanung befasst. Die Fertigungsdurchführung beschreibt hingegen, wie die tatsächliche Fertigung im Fertigungsauftrag erfasst und gesteuert wird – von der Materialentnahme über die Rückmeldung bis hin zu Lagerzugang und Abrechnung.

12 Fertigungsdurchführung

Im Produktionsbereich treffen sich innerhalb der Fertigungsdurchführung die bisher teilweise unterschiedlich verlaufenen Informations- und Materialflüsse. Sind sämtliche für die Produktion benötigten Unterlagen (wie z. B. Zeichnung, Stückliste, Arbeitsplan mit seinen Kalkulationswerten, Fertigungsauftrag und Personalressourcen) vorhanden und steht der Fertigungstermin unmittelbar bevor, müssen Sie dafür Sorge tragen, dass die fremd- und eigenbeschafften Rohmaterialien und Einbauteile physisch vorhanden, für die Produktion freigegeben und zur Produktionsstätte geliefert worden sind. Sind die Materialien, die Fertigungs- und Fertigungshilfsmittel sowie das Personal vor Ort, kann mit der physischen Produkterstellung begonnen werden.

12.1 Prozessüberblick

Die Fertigungsdurchführung schließt an die Fertigungsauftragseröffnung oder an die Kapazitätsplanung an. Basierend auf Fertigungsaufträgen mit festen Vorgangsterminen wird mit der Freigabe des Fertigungsauftrags der systemseitige Startschuss zur Durchführung der Fertigung gegeben. Zusammen mit der Freigabe wird in der Regel eine Verfügbarkeitsprüfung durchgeführt. Der Auftragsdruck erfolgt entweder ebenfalls mit der Freigabe oder im Anschluss daran in einem separaten Schritt. Die nachfolgenden Schritte sind die Materialentnahme der Komponenten, die Rückmeldung der erfolgten Fertigungsschritte – inklusive der Gutmengen und des Ausschusses – sowie der Lagerzugang (siehe Abbildung 12.1).

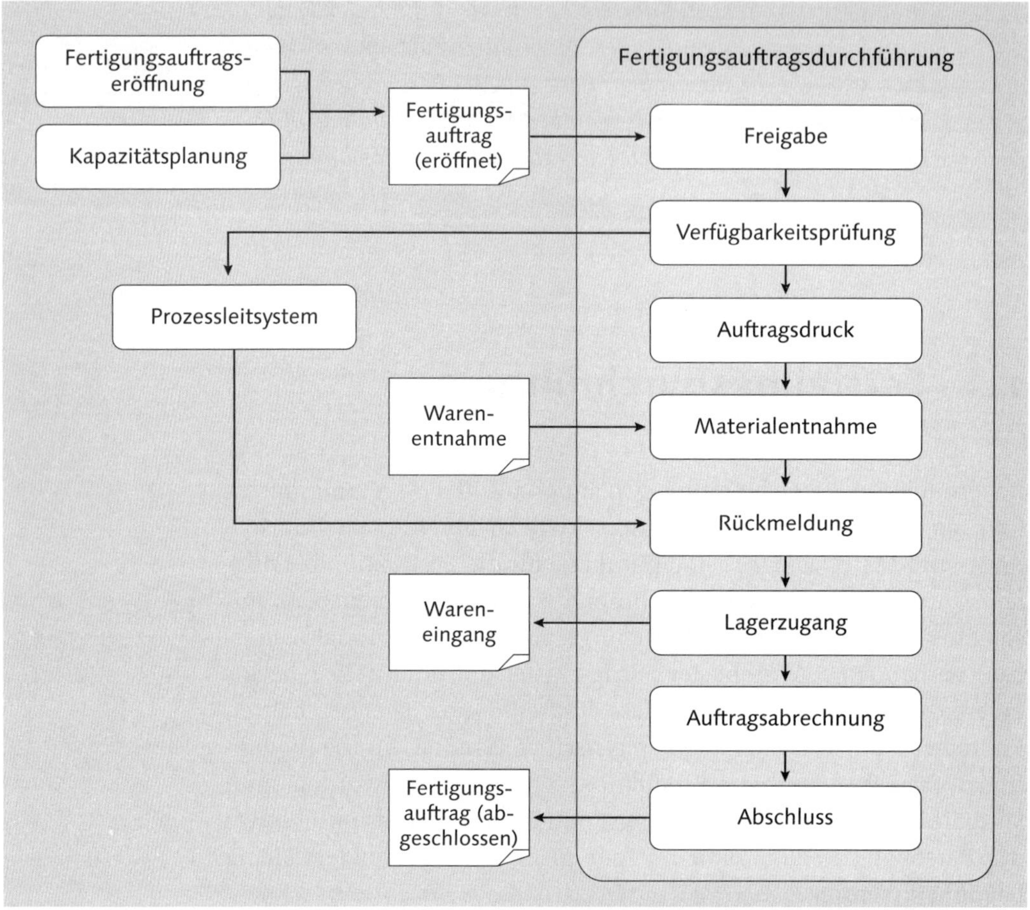

Abbildung 12.1 Überblick über die Prozesse der Fertigungsdurchführung

Die Fertigungsaufträge bleiben im System, bis sie archiviert oder gelöscht worden sind. An abgeschlossenen Fertigungsaufträgen ist keine Änderung mehr möglich.

Prozessleitsystem

Eine abweichende, jedoch ebenfalls gebräuchliche Vorgehensweise ist es, die erstellten und freigegebenen Fertigungsaufträge an ein Prozessleitsystem weiterzugeben, dort die eigentliche Fertigungssteuerung inklusive der kapazitiven Planung vorzunehmen und die Rückmeldung der Fertigungsaufträge an PP weiterzugeben. In diesem Fall wird die Produktionsplanungs- und -steuerungsfunktionalität von SAP ERP hauptsächlich für die Materialbedarfsplanung, für die Bestandsrechnung und für die Kostenabrechnung verwendet.

12.2 Freigabe des Fertigungsauftrags

Ein eröffneter Fertigungsauftrag enthält bereits alle Informationen wie die Material- und Kapazitätsbedarfe und die detaillierten Vorgangstermine. Allerdings kann mit der Bearbeitung des Fertigungsauftrags noch nicht begonnen werden. Denn erst die Freigabe des Fertigungsauftrags erlaubt die Durchführung der folgenden Vorgänge:

- Auftragspapiere drucken
- Materialentnahmen vornehmen
- Rückmeldungen durchführen
- Lagerzugang für den Auftrag buchen

Die Auftragsfreigabe kann direkt mit der Auftragseröffnung erfolgen (falls dies im Fertigungssteuerungsprofil entsprechend eingestellt ist) oder nachgelagert in einem separaten Schritt. Die Spanne zwischen Auftragseröffnung und Auftragsfreigabe kann für planerische und administrative Zwecke genutzt werden – z. B. für die Kapazitätsplanung. Je nach Geschäftsanforderung ist die Spanne zwischen Auftragseröffnung und Auftragsfreigabe unterschiedlich lang.

Status

Bei der Auftragsfreigabe erhält der Fertigungsauftrag den Status FREI (oder TFRE, falls nur einzelne Vorgänge des Fertigungsauftrags freigegeben worden sind). Dieser Status ersetzt den Status EROF für den eröffneten Fertigungsauftrag.

Automatische Aktionen bei der Freigabe

Bei der Freigabe können Aktionen wie der Auftragsdruck oder eine neue Terminierung automatisch durchgeführt werden. Ob und welche Aktionen durchgeführt werden sollen, wird im Fertigungssteuerungsprofil (Customizing-Transaktion OPKP) definiert, siehe Abschnitt 10.2.1, »Auftragsart«, und Abbildung 10.8.

Interaktive Freigabe

Die Freigabe erfolgt entweder interaktiv aus dem Fertigungsauftrag heraus oder als Sammelfreigabe. Aus der Bearbeitung des Fertigungsauftrags heraus ist es möglich, den Fertigungsauftrag über den Menüpfad Funktionen • Freigeben oder über die entsprechende Drucktaste in der Funktionsleiste freizugeben (siehe Abbildung 12.2).

Durch die Freigabe des Fertigungsauftrags (auf der Kopfebene) sind auch automatisch alle Vorgänge des Fertigungsauftrags freigegeben.

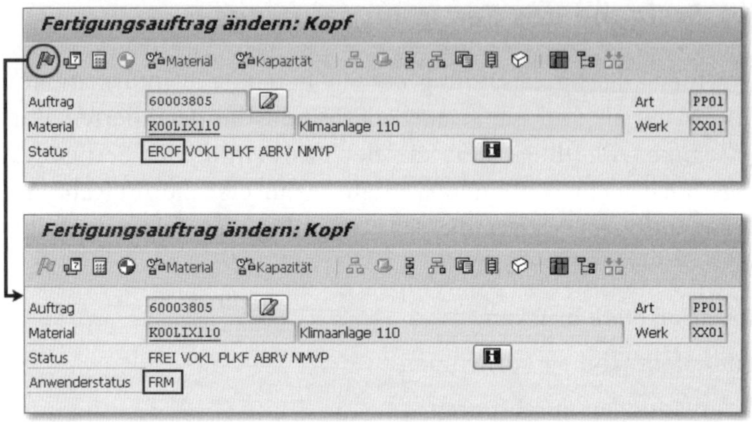

Abbildung 12.2 Interaktive Freigabe des Fertigungsauftrags

Interaktive Freigabe eines Vorgangs

Falls nur einzelne Vorgänge freigegeben werden sollen, nicht jedoch der gesamte Auftrag – z. B. bei Fertigungsaufträgen mit sehr langer Laufzeit und vielen Vorgängen –, ist auch dies möglich. Die Freigabe einzelner Vorgänge erfolgt in der Fertigungsauftragsbearbeitung auf dem Bildschirm des Vorgangsdetails über den Menüpfad Vorgang • Freigeben oder über die entsprechende Drucktaste, wie es in Abbildung 12.3 dargestellt ist.

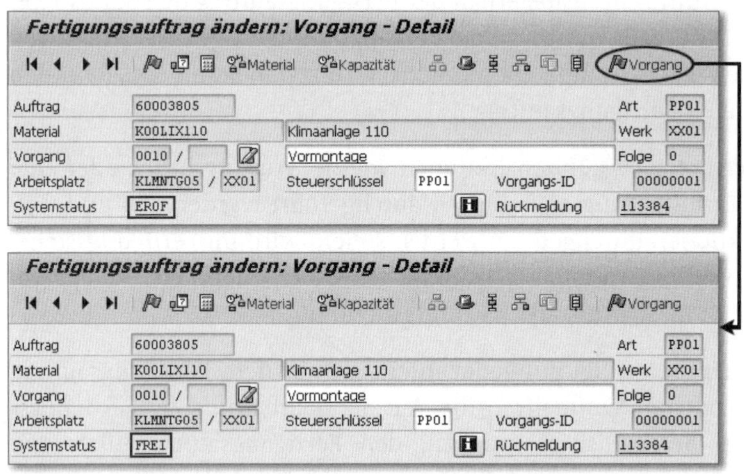

Abbildung 12.3 Interaktive Freigabe einzelner Vorgänge

Vorgangsreihenfolge bei der Freigabe

Bei der Freigabe von Vorgängen muss die Vorgangsreihenfolge beachtet werden. Damit also ein Vorgang freigegeben werden kann, muss sein Vorgänger ebenfalls freigegeben worden sein.

Freigabe durch Ereignispunkte

Damit nicht jeder Vorgang interaktiv freigegeben werden muss, können Ereignispunkte verwendet werden (siehe Abschnitt 10.2.3, »Status und Ereignispunkt«).

Sammelfreigabe

Die Sammelfreigabe für Fertigungsaufträge nehmen Sie mithilfe der Transaktion CO05N vor. Hierbei können Fertigungsaufträge nach einer Vielzahl von Kriterien auf der Kopf- oder Vorgangsebene selektiert werden, z. B. über Auftragsnummern, Materialien, Daten, Disponenten, Fertigungssteuerer usw. Abbildung 12.4 zeigt einen Ausschnitt aus den Kriterien für die Selektion der freizugebenden Fertigungsaufträge.

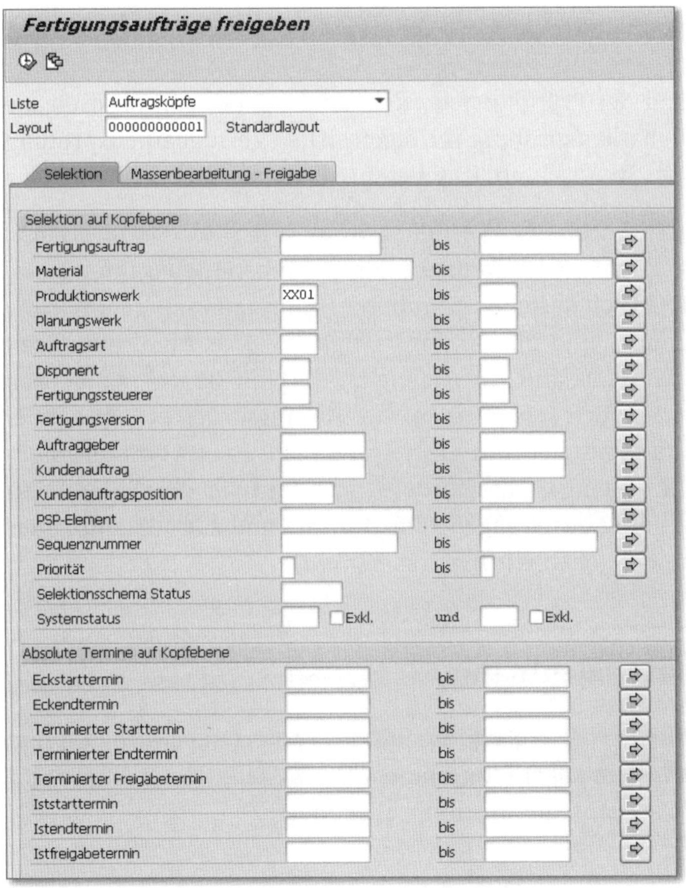

Abbildung 12.4 Selektion für die Sammelfreigabe (Ausschnitt)

Entsprechend den Selektionskriterien wird eine Liste der Fertigungsaufträge erstellt, innerhalb derer die freizugebenden Fertigungsaufträge erneut auszuwählen sind. Die Freigabe selbst wird mithilfe der Drucktaste für die Massenbearbeitung angestoßen (Abbildung 12.5).

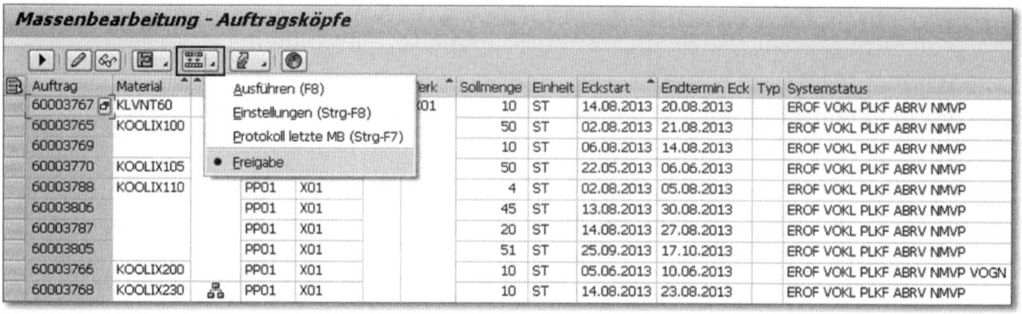

Abbildung 12.5 Durchführung der Sammelfreigabe

Verfügbarkeitsprüfung Entsprechend der Prüfungssteuerung kann bei der Auftragsfreigabe eine Verfügbarkeitsprüfung erfolgen. Die Verfügbarkeitsprüfung wurde bereits in Abschnitt 10.6 beschrieben.

Auftragsdruck Für die Durchführung der Fertigung ist es in der Regel erforderlich, Fertigungspapiere zu drucken, auf denen die benötigten Informationen für die Arbeiter stehen. Zu diesen Informationen gehören die Auftragsnummer und die Auftragsmenge, die Maschine sowie weitere Informationen und Anweisungen, die von Betrieb zu Betrieb sehr unterschiedlich sein können. Der Auftragsdruck erfolgt entweder automatisch mit der Auftragsfreigabe – falls es im Fertigungssteuerungsprofil so eingestellt wurde – oder mithilfe der Transaktion CO04N. Auf die Einstellungen zum Drucken und zur Gestaltung der Auftragspapiere gehen wir nicht weiter ein.

12.3 Materialentnahme

Die Komponenten des Fertigungsauftrags – sofern sie lagerhaltig sind – werden aus dem Lager entnommen. Diese Materialentnahme wird über eine Warenausgangsbuchung abgebildet.

12.3.1 Warenausgangsbuchung

Abbildung 12.6 zeigt die Warenausgangsbuchung mithilfe der Transaktion MB1A, die entweder mit Bezug zum Fertigungsauftrag – in diesem Beispiel zum Auftrag 60003805 – oder mit Bezug zu einer

Reservierung – hier der Reservierung 84298 – erfolgt. Hierbei wird die Bewegungsart 261 verwendet. Voraussetzung für die Warenausgangsbuchung ist, dass der Fertigungsauftrag freigegeben ist.

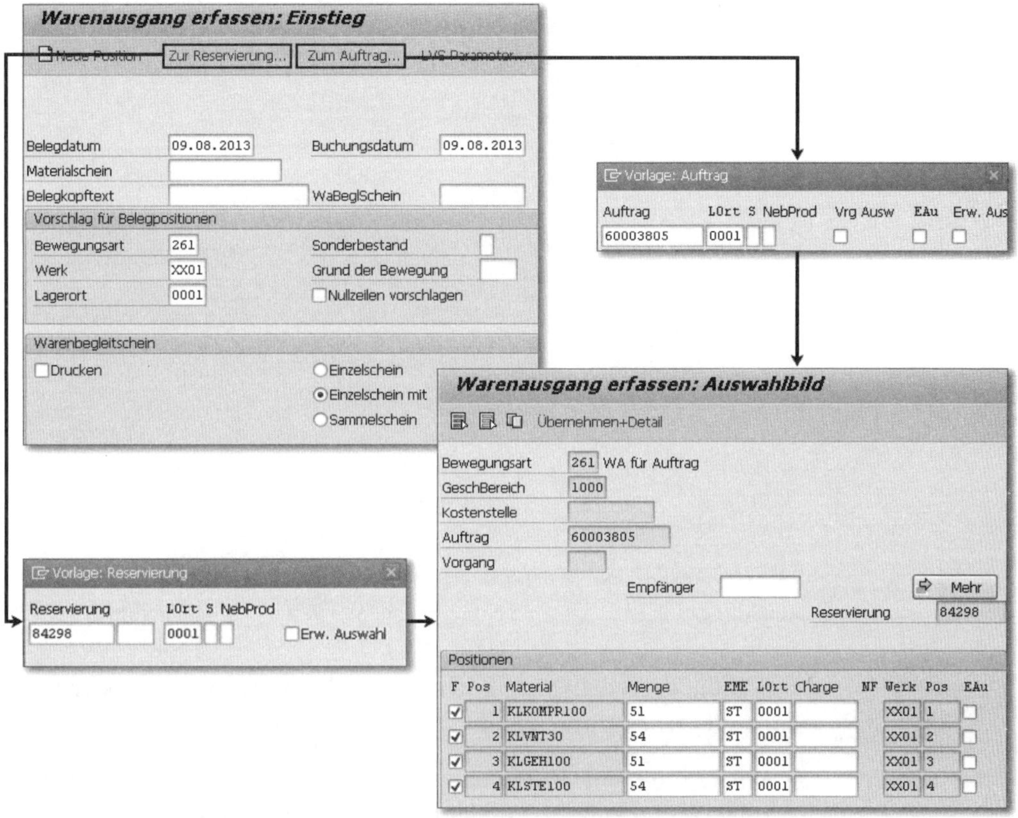

Abbildung 12.6 Warenausgang zur Reservierung bzw. zum Fertigungsauftrag

Reservierungen

Bei der Eröffnung des Fertigungsauftrags werden für die Komponentenbedarfe Reservierungen angelegt. Die Reservierungsnummer ist für alle Komponenten des Fertigungsauftrags gleich; allerdings haben die einzelnen Komponenten unterschiedliche Positionsnummern. Reservierungs- und Positionsnummer sind z. B. in der Komponentenübersicht des Fertigungsauftrags dargestellt (siehe Reservierung 84298 und Position 1 in Abbildung 12.7).

Entnommene Mengen

Im Komponentendetail des Fertigungsauftrags werden neben der Bedarfsmenge auch die bestätigte und die entnommene Menge angezeigt (siehe Abbildung 12.8).

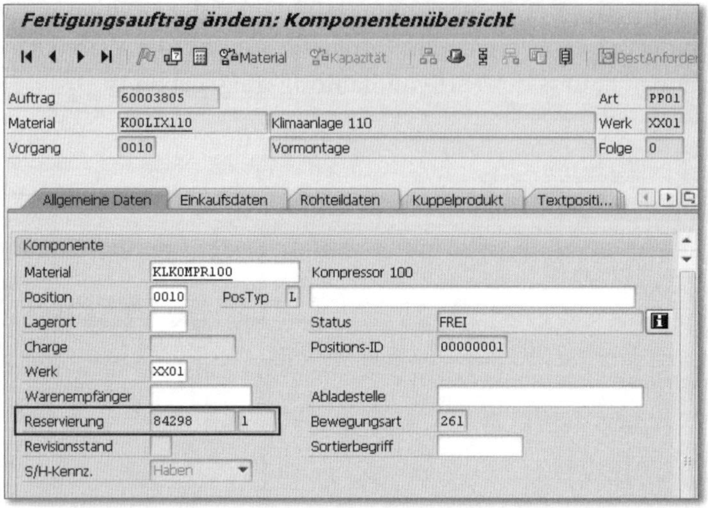

Abbildung 12.7 Reservierung zum Fertigungsauftrag

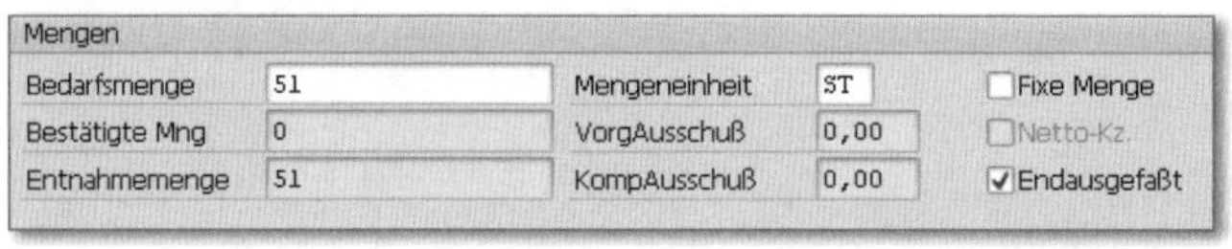

Abbildung 12.8 Bestätigte und entnommene Menge zum Fertigungsauftrag

Auswirkungen der Warenausgangsbuchung

Durch die Warenausgangsbuchung werden verschiedene Aktivitäten im Hintergrund angestoßen:

- Der Bestand des Materials wird um die entnommene Menge verringert, und zwar sowohl auf Werks- als auch auf Lagerortebene.
- Die Verbrauchsstatistiken werden fortgeschrieben, da die Verbrauchszahlen im Rahmen der Prognose benötigt werden.
- Der Fertigungsauftrag wird mit den Istkosten belastet.
- Die Reservierung wird um die entnommene Menge abgebaut.
- Ein Materialbeleg, in dem der Warenausgang dokumentiert ist, und ein Buchhaltungsbeleg, der die jeweiligen Buchungen in der Finanzbuchhaltung enthält, werden erzeugt (Materialbestands- und Verbrauchskonto).

Da die individuelle Warenausgangsbuchung eher ein Sonderfall ist, stellen wir im folgenden Abschnitt die Kommissionierung zur Erleichterung der Warenausgangsbuchungen vor.

12.3.2 Kommissionierung

Mit der Kommissionierung werden auftragsweise die Komponenten für die selektierten Fertigungsaufträge bereitgestellt. Das Resultat der Kommissionierung ist einerseits die Warenausgangsbuchung und andererseits die Kommissionierliste. Die Kommissionierung wird mithilfe der Transaktion CO27 durchgeführt und erleichtert die Warenausgangsbuchung der Komponenten zum Fertigungsauftrag deutlich. Abbildung 12.9 zeigt den Einstieg in die Kommissionierliste mit der Selektion der Fertigungsaufträge nach Kriterien wie z. B. Auftragsnummer (FERTIGUNGSAUFTRAG), Material, Disponent oder Fertigungssteuerer.

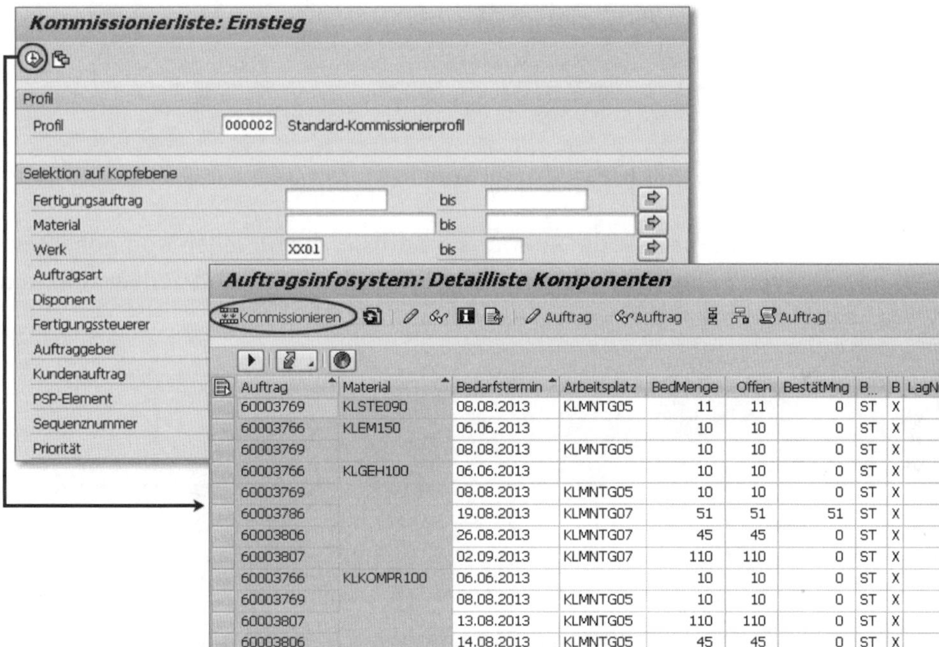

Abbildung 12.9 Auswahl der Kommissionierteile

Das Ergebnis der ersten Selektion ist die Auflistung der Komponenten für die selektierten Fertigungsaufträge (siehe Abbildung 12.9). Innerhalb dieser Liste ist erneut eine Auswahl für die zu kommissionierenden Teile zu treffen – es lassen sich allerdings auch alle Komponenten selektieren.

Mithilfe der Drucktaste KOMMISSIONIEREN führen Sie zunächst für jeden Komponentenbedarf eine Bestandsfindung durch, die – soweit

Bestand vorhanden ist – den Lagerort und eventuelle Splits bestimmt. Die entsprechenden Vorschlagswerte können bearbeitet oder direkt übernommen werden (siehe Abbildung 12.10).

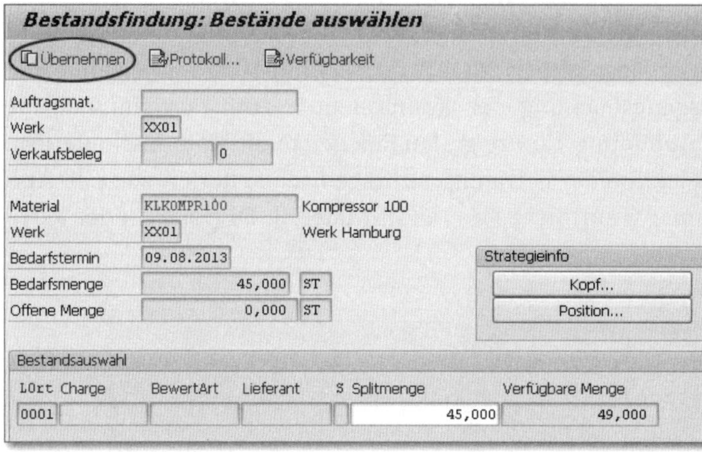

Abbildung 12.10 Bestandsfindung beim Kommissionieren

Das Ergebnis ist die Kommissionierliste, die für jeden Komponentenbedarf eine Zeile mit der dazugehörigen Menge und dem ermittelten Lagerort enthält (siehe Abbildung 12.11).

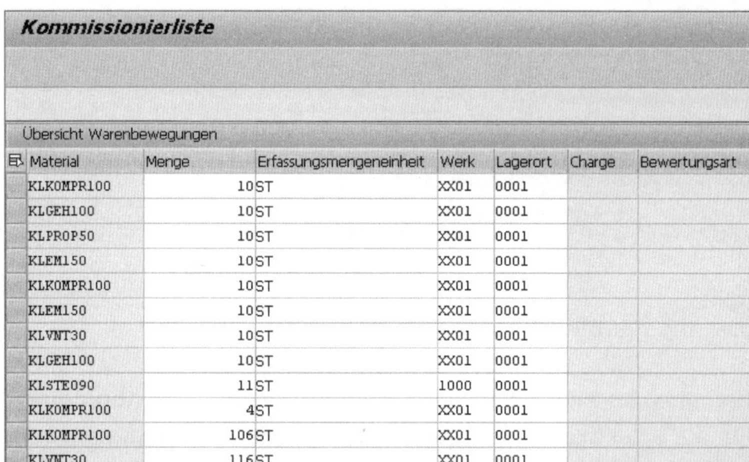
Kommissionierliste

Übersicht Warenbewegungen

Material	Menge	Erfassungsmengeneinheit	Werk	Lagerort	Charge	Bewertungsart
KLKOMPR100	10	ST	XX01	0001		
KLGEH100	10	ST	XX01	0001		
KLPROP50	10	ST	XX01	0001		
KLEM150	10	ST	XX01	0001		
KLKOMPR100	10	ST	XX01	0001		
KLEM150	10	ST	XX01	0001		
KLVNT30	10	ST	XX01	0001		
KLGEH100	10	ST	XX01	0001		
KLSTE090	11	ST	1000	0001		
KLKOMPR100	4	ST	XX01	0001		
KLKOMPR100	106	ST	XX01	0001		
KLVNT30	116	ST	XX01	0001		

Abbildung 12.11 Kommissionierliste

Mit dem Sichern der Kommissionierliste werden die Warenausgangsbuchungen durchgeführt.

Bestandsfindung

Mit der Bestandsfindung werden zu einem Bedarf der Sonderbestand, die Bewertungsart und der Lagerort bestimmt. Im Gegensatz zur interaktiven Warenausgangsbuchung ist die Bestandsfindung erforderlich, da diese Informationen nicht explizit mitgegeben, sondern anhand von Regeln ermittelt werden. Die Bestandsfindungsregel wird mithilfe der Customizing-Transaktion OSPX gepflegt und enthält unter anderem die Steuerung, in welcher Reihenfolge die Komponentenbedarfe sortiert werden sollen (Abbildung 12.12). Die Bestandsfindungsregel wird zusammen mit einer Bestandsfindungsgruppe angelegt und zugeordnet. Gemeinsam mit dem Werk stellen sie den Schlüssel für die Einstellungen dar.

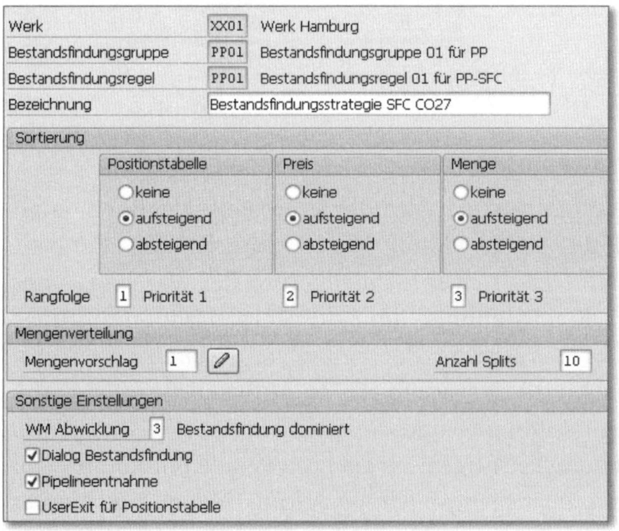

Abbildung 12.12 Bestandsfindungsregel

Die Bestandsfindungsgruppe wird dem Materialstamm in der Sicht Werksdaten/Lagerung 2 unter Allg. Werksparameter zugeordnet, wie es Abbildung 12.13 zeigt.

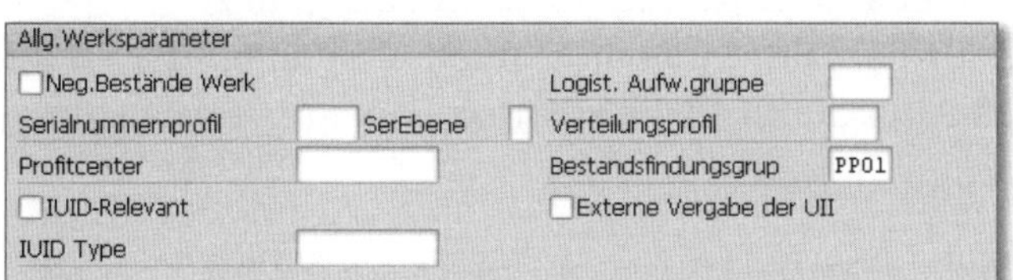

Abbildung 12.13 Zuordnung der Bestandsfindungsgruppe zum Materialstamm (Ausschnitt aus der Sicht »Werksdaten/Lagerung 2«)

Schließlich müssen Sie mithilfe der Customizing-Transaktion OPJ2 definieren, für welche Vorgänge die Bestandsfindung durchgeführt werden soll. Wie es Abbildung 12.14 zeigt, wird die Bestandsfindung in unserem Beispiel für die Kommissionierung und die retrograde Entnahme mit der Regel PP01 durchgeführt.

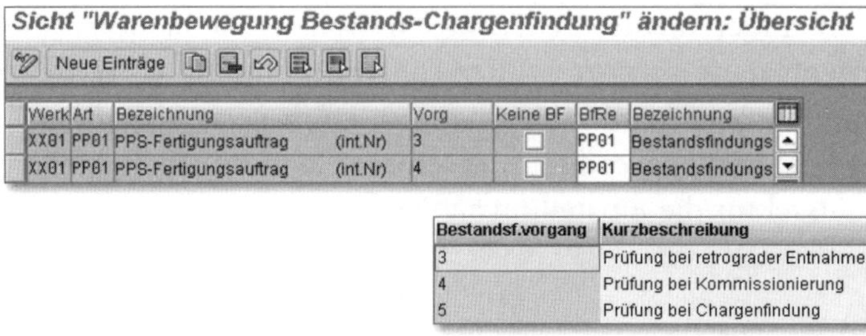

Abbildung 12.14 Bestandsfindung

12.3.3 Retrograde Entnahme

Bei der retrograden Entnahme wird der Warenausgang der Komponenten erst bei der Rückmeldung des entsprechenden Vorgangs gebucht. Hierdurch ergibt sich eine Verzögerung der Warenausgangsbuchung um die Bereitstellungs- und die Vorgangsdurchführungszeit, was zu einer Verzerrung der aktuellen Bestandsinformation führt. Andererseits wird der systemseitige Aufwand für die Warenausgangsbuchung minimiert – und diese beiden Aspekte sind für die Entscheidung zu berücksichtigen, ob eine retrograde Entnahme erfolgen soll. Da die Warenausgangsbuchung automatisch erfolgt, werden retrograd entnommene Materialien nicht in der Kommissionierliste aufgeführt.

Kennzeichen für die retrograde Entnahme

Das Kennzeichen für die retrograde Entnahme im Materialstamm wird in der Sicht DISPOSITION 2 gesetzt und erlaubt die Alternativen, ob nicht retrograd entnommen wird (kein Eintrag), grundsätzlich retrograd entnommen wird (1) oder die Einstellung im Arbeitsplatz über die retrograde Entnahme entscheidet (2). Abbildung 12.15 zeigt dieses Kennzeichen in der Sicht DISPOSITION 2 des Materialstamms. Die Sicht wird mit [F4] geöffnet.

Falls die Einstellung ARBEITSPLATZ ENTSCHEIDET, OB RETROGRADE ENTNAHME gewählt ist, steuert der Parameter RETROGRADE ENTNAHME in der Sicht GRUNDDATEN des Arbeitsplatzes die retrograde Entnahme (siehe Abbildung 12.16).

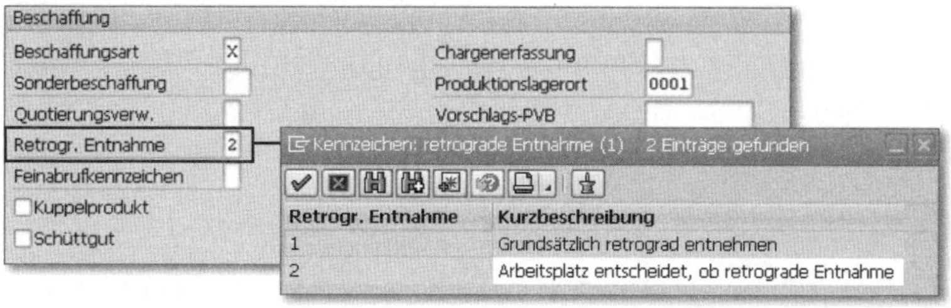

Abbildung 12.15 Kennzeichen für die retrograde Entnahme im Materialstamm

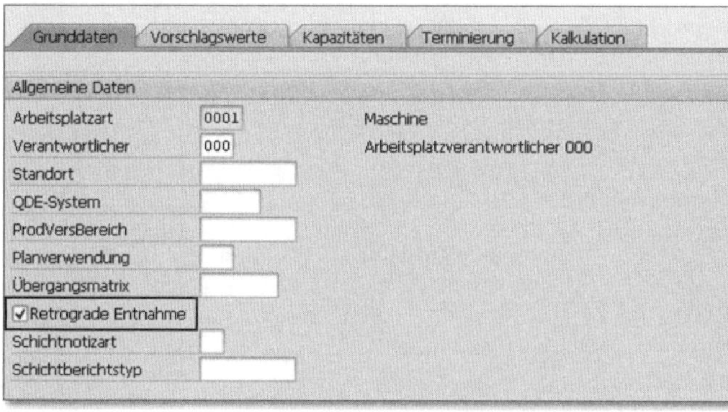

Abbildung 12.16 Kennzeichen für die retrograde Entnahme am Arbeitsplatz

Darüber hinaus kann die retrograde Entnahme auch arbeitsplanspezifisch in der Komponentenübersicht gesetzt werden (siehe Abbildung 12.17).

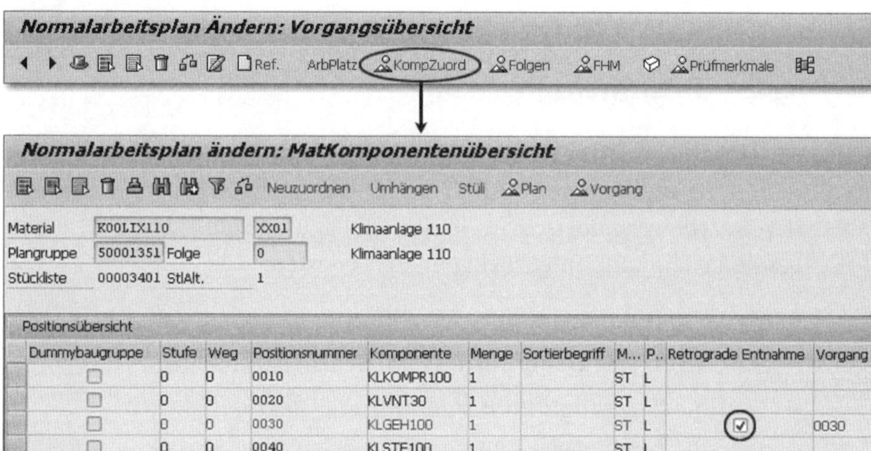

Abbildung 12.17 Kennzeichen für retrograde Entnahme im Arbeitsplan

Abbildung 12.18 verdeutlicht anhand eines Diagramms die Entscheidungsfindung, ob eine Komponente retrograd entnommen werden soll oder nicht.

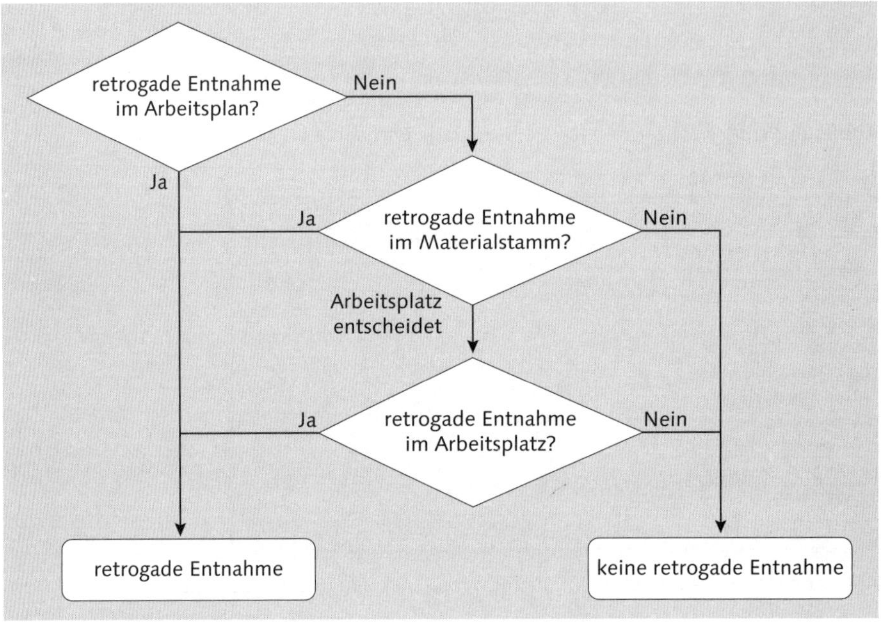

Abbildung 12.18 Entscheidung über retrograde Entnahme

Die Bestandsfindung bei der retrograden Entnahme erfolgt so, wie wir es in Abschnitt 12.3.2, »Kommissionierung«, beschrieben haben.

12.4 Rückmeldung

Mit der Rückmeldung wird die Fertigung erfasst und überwacht. Für den Fertigungssteuerer und für den Disponenten wird erst hierdurch der Bearbeitungsfortschritt in der Fertigung transparent. Die folgende Daten können zurückgemeldet werden:

- Mengen/Teilmengen
- Leistungen (die Dauer für Rüsten, Bearbeiten usw.)
- Termine (Start- und Endtermin Rüsten, Bearbeiten usw.)
- Personaldaten (Personalnummer, Anzahl Mitarbeiter)
- beanspruchte Arbeitsplätze

Durch die Rückmeldung werden automatisch weitere betriebswirtschaftliche Vorgänge angestoßen. So werden z. B. die Istkosten des Auftrags fortgeschrieben und die Kapazitätsbedarfe abgebaut. Sind die Materialkomponenten als retrograd zu entnehmen gekennzeichnet, wird automatisch ein Warenausgang zum Fertigungsauftrag gebucht. Darüber hinaus können Sie auch einstellen, dass der Wareneingang des gefertigten Materials automatisch mit der Rückmeldung gebucht wird. Rückmeldungen zu den Vorgängen können zum Lohnrückmeldeschein oder zum Zeitereignis erfolgen.

Lohnrückmeldeschein

Bei der Rückmeldung zum Lohnrückmeldeschein werden zu einem Vorgang Mengen, Leistungen, Termine und Personaldaten zurückgemeldet. Als Mengen können die Gutmenge und eine eventuelle Ausschussmenge erfasst werden. Leistungen werden im Rahmen der dem entsprechenden Vorgang zugeordneten Leistungsarten (Rüstzeit, Maschinenzeit, Personalzeit usw.) zurückgemeldet. Die Rückmeldung zum Lohnrückmeldeschein erfolgt mithilfe der Transaktion CO11N und ist in Abbildung 12.19 dargestellt.

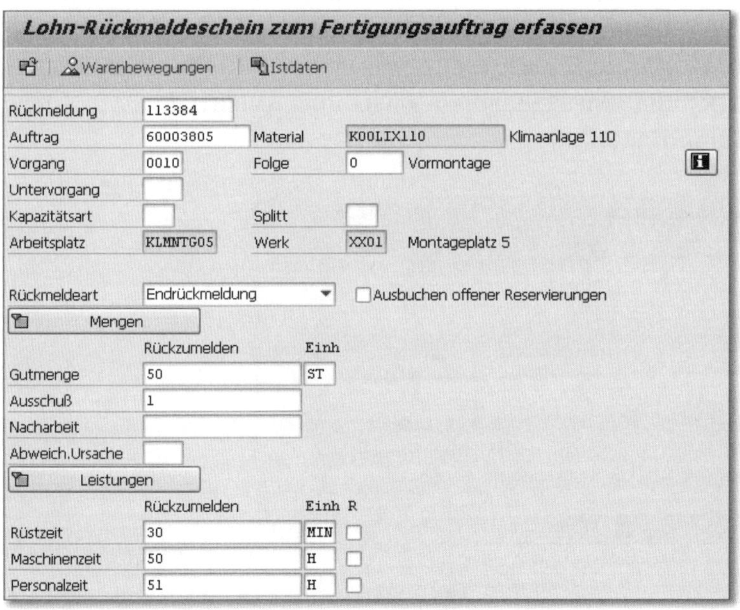

Abbildung 12.19 Lohnrückmeldeschein zum Vorgang

Bei den Terminen können Start und Ende der Durchführung mit Uhrzeit und Datum angegeben werden. Unter den Personaldaten können unter anderem die Personalnummer des ausführenden Mitarbeiters, dessen Lohngruppe usw. erfasst werden.

Teilrückmeldung

Ein Vorgang kann auch zurückgemeldet werden, nachdem er erst teilweise bearbeitet worden ist. Dies kann notwendig sein, um den Bearbeitungszwischenstand zu dokumentieren. Der Vorgang erhält in diesem Fall den Status TRÜC für teilrückgemeldet. Eine Teilrückmeldung bietet sich bei Vorgängen mit langen Durchlaufzeiten an. Im Gegensatz dazu bewirkt die Endrückmeldung den Status RÜCK. Bei mehreren Teilrückmeldungen wird jeweils die neu hinzugekommene Menge zurückgemeldet.

Zeitereignis

Sollen die Rückmeldungen zeitpunktorientiert erfolgen, melden Sie sogenannte *Zeitereignisse* zurück. Hierzu geben Sie z. B. Datum und Uhrzeit des Bearbeitungsbeginns sowie Datum und Uhrzeit des Bearbeitungsendes an. Aus diesen Daten wird automatisch die Bearbeitungsdauer ermittelt.

Steuerschlüssel – Vorgangseigenschaften

Die Voraussetzung für die Rückmeldung ist, dass der Steuerschlüssel (Customizing-Transaktion OPJ8) dies zulässt. Mögliche Werte für den Parameter RÜCKMELDUNG sind RÜCKMELDUNG VORGESEHEN, RÜCKMELDUNG MÖGLICH, ABER NICHT NOTWENDIG, RÜCKMELDUNG NICHT MÖGLICH und MEILENSTEINRÜCKMELDUNG (NICHT PS/PM) (siehe Abbildung 12.20).

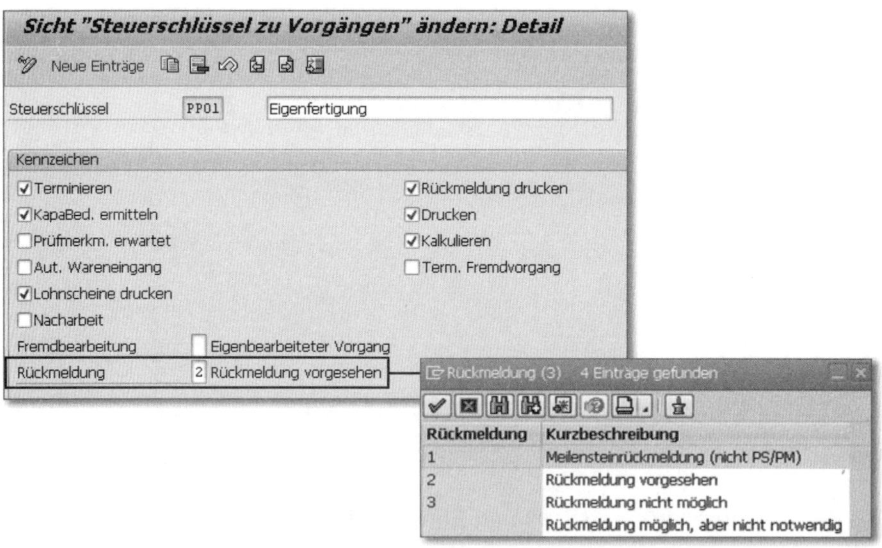

Abbildung 12.20 Rückmeldungsrelevante Einstellungen im Steuerschlüssel

Falls ein Vorgang als Meilenstein definiert wird, werden bei der Rückmeldung des Meilensteinvorgangs alle davorliegenden Vorgänge mitzurückgemeldet. Dies kann z. B. für Prüfvorgänge sinnvoll sein, wenn die Ausschussmenge erst im Anschluss an die Prüfung feststeht. Einen Vorgang definieren Sie über den Rückmeldungstyp des Steuerschlüssels als Meilenstein.

Meilensteinrückmeldung

Bei der *Fortschrittsrückmeldung* werden (wie bei der Meilensteinrückmeldung) durch die Rückmeldung eines Vorgangs automatisch alle vorangehenden Vorgänge zurückgemeldet. Im Unterschied zur Meilensteinrückmeldung muss der betreffende Vorgang jedoch nicht gesondert gekennzeichnet sein. Spezifisch für die Fortschrittsrückmeldung ist, dass bei jeder Rückmeldung immer die gesamte bisher gefertigte Menge und nicht nur die neu hinzugekommene Menge erfasst wird. Eine Fortschrittsrückmeldung bietet sich an, wenn mehrere Teilrückmeldungen erforderlich sind und es einfacher ist, die Gesamtmenge zu ermitteln, als dies für die jeweils neu hinzugekommene Menge gesondert zu tun. Fortschrittsrückmeldungen erfassen Sie mithilfe der Transaktion CO1F (siehe Abbildung 12.21).

Fortschrittsrückmeldung

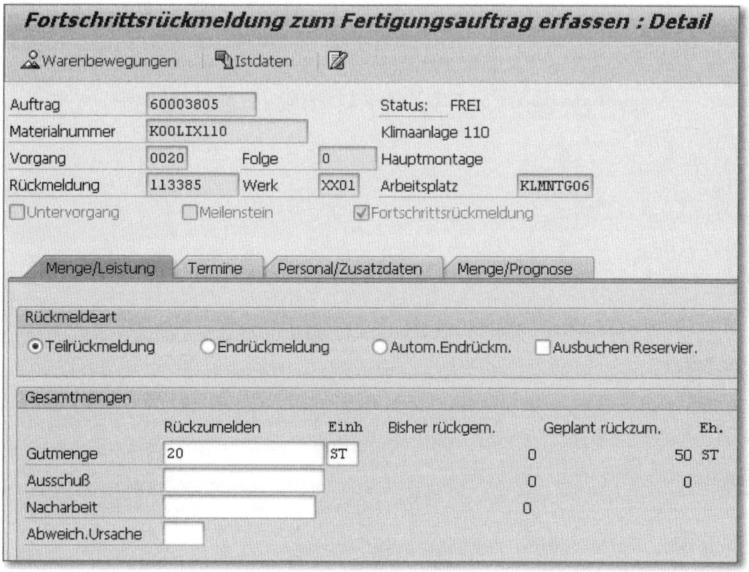

Abbildung 12.21 Fortschrittsrückmeldung

Es wird jeweils die Gesamtmenge angegeben. Für einen Fertigungsauftrag werden z. B. 100 Stück eines Materials gefertigt. Die Fertigung erfolgt verteilt auf zwei Tage, wobei am ersten Tag 70 Stück und am zweiten 30 Stück gefertigt werden. Bei der normalen Rückmeldung würde am ersten Tag eine Teilrückmeldung von 70 Stück und am zweiten Tag die Endrückmeldung von 30 Stück erfolgen. Bei der Fortschrittsrückmeldung werden hingegen am ersten Tag 70 Stück und am zweiten Tag 100 Stück zurückgemeldet.

Rückmeldung eines Auftrags

Eine Rückmeldung erfolgt üblicherweise zu den Vorgängen, um eine möglichst detaillierte Information über den Fertigungsstand zu erhalten. Es ist aber auch möglich, mithilfe der Transaktion CO15 eine Rückmeldung zum gesamten Auftrag zu erfassen (siehe Abbildung 12.22). Die Vorgänge werden dabei automatisch im Verhältnis zur rückgemeldeten Menge gemeldet.

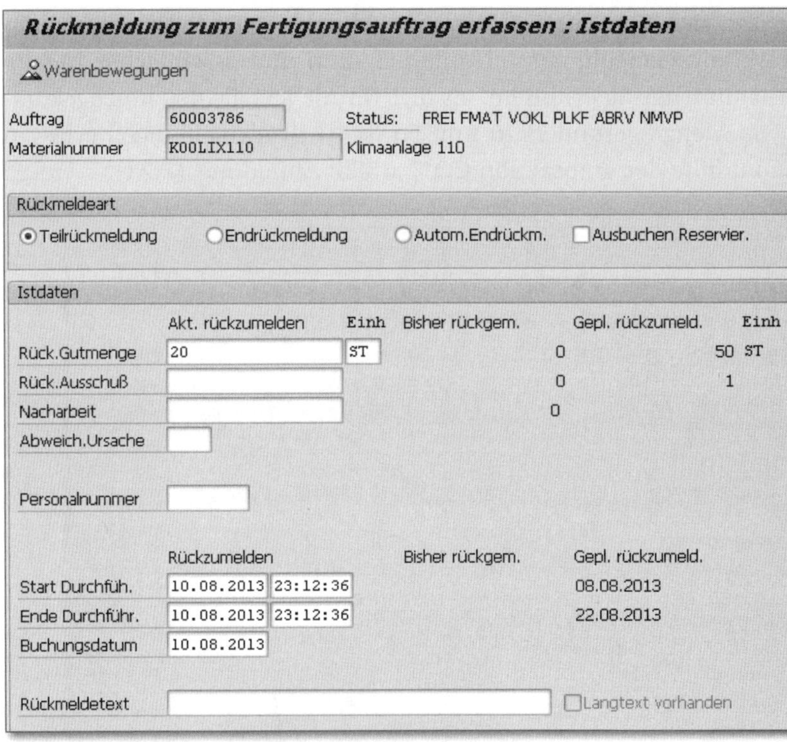

Abbildung 12.22 Rückmeldung zum Fertigungsauftrag

Anzeige der Rückmeldungen

Mithilfe der Transaktion CO14 können Sie sich einen Überblick über die erfolgten Rückmeldungen zu einem Auftrag verschaffen (siehe Abbildung 12.23).

Stornierung

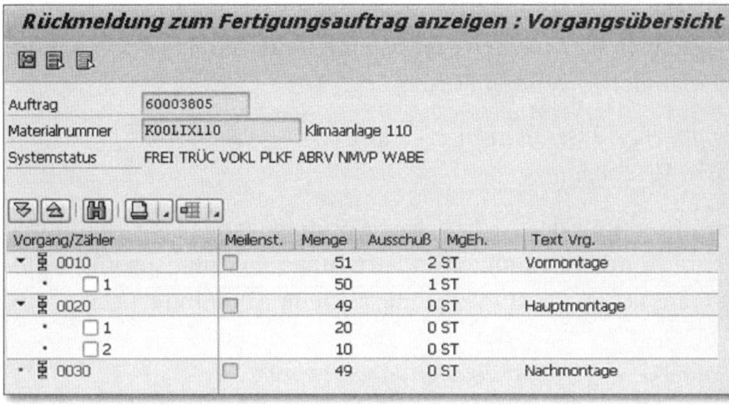

Abbildung 12.23 Übersicht der Rückmeldungen

Im Fall einer fehlerhaft erfassten Rückmeldung können Sie diese mithilfe der Transaktion CO13 stornieren.

Abweichende Rückmeldung

Die tatsächlich gefertigte Menge kann von der geplanten Menge abweichen – sowohl nach oben als auch nach unten, je nachdem, ob der tatsächliche Ausschuss den geplanten Ausschuss unter- oder überschreitet. Als Standardverhalten wird diese Abweichung als Mehr- oder Minderzugang im Fertigungsauftrag fortgeschrieben und wird so dispositiv relevant (siehe Abbildung 12.24).

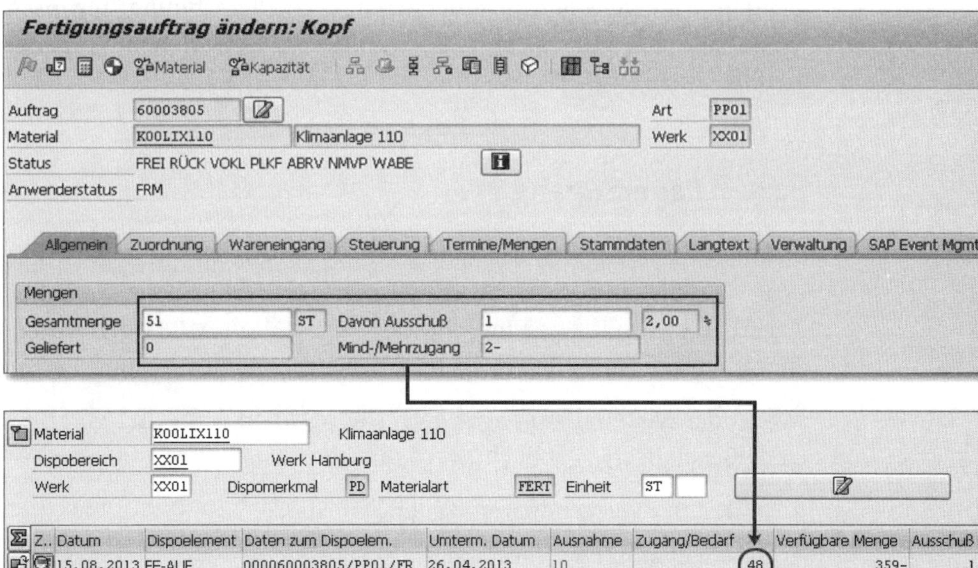

Abbildung 12.24 Mehr-/Minderzugang

Die Zugangsmenge, die für die Materialbedarfsplanung verwendet wird, berechnet sich aus den vier Mengenfeldern des Fertigungsauftrags, gemäß der folgenden Formel:

Zugangsmenge = Gesamtmenge – Ausschuss – geliefert + Minder-/Mehrzugang

Die Fortschreibung des Mehr- oder Minderzugangs lässt sich durch die entsprechenden Parameter im Fertigungssteuerungsprofil (Customizing-Transaktion OPKP) verhindern (siehe Abbildung 12.25).

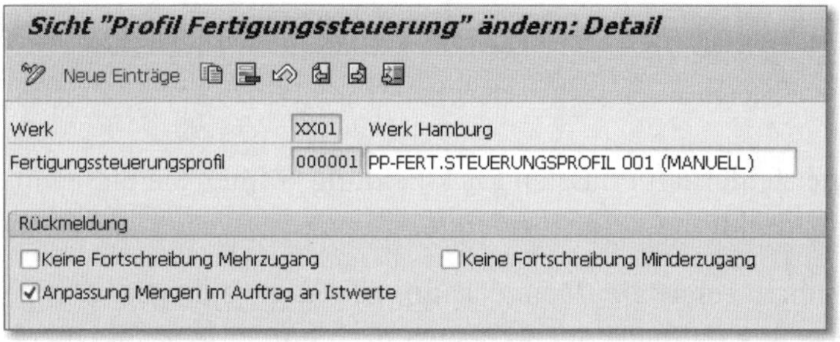

Abbildung 12.25 Optionen für die Auswirkung der Rückmeldung im Fertigungssteuerungsprofil

Der Parameter Anpassung Mengen im Auftrag an Istwerte steuert, ob die Vorgangsdauern und die Komponentenbedarfe der nachfolgenden Vorgänge gemäß einer Mengengefällerechnung angepasst werden sollen. Für solche Fälle werden die betroffenen Vorgänge neu terminiert.

12.5 Lagerzugang

Nach der Beendigung des Fertigungsprozesses wird das gefertigte Material auf Lager gebracht. Dieser Vorgang erhöht den physischen Lagerbestand und wird mithilfe der Transaktion MB31 als Wareneingang mit Bezug zum Fertigungsauftrag gebucht (Abbildung 12.26).

Wenn das Material auf Lager gelegt wird, kann es in drei verschiedene Bestandsarten gebucht werden:

- in den frei verwendbaren Bestand
- in den Qualitätsprüfbestand
- in den gesperrten Bestand

Die Wareneingangsbuchung in den frei verfügbaren Bestand nehmen Sie mit der Bewegungsart 101 vor. Das Material kann auch direkt in den Verbrauch gebucht werden, was bedeutet, dass es direkt an einen anderen Verbraucher (z. B. ein Projekt oder einen anderen Auftrag) weitergegeben wird. Voraussetzung dafür ist, dass der Warenempfänger im Fertigungsauftrag angegeben ist.

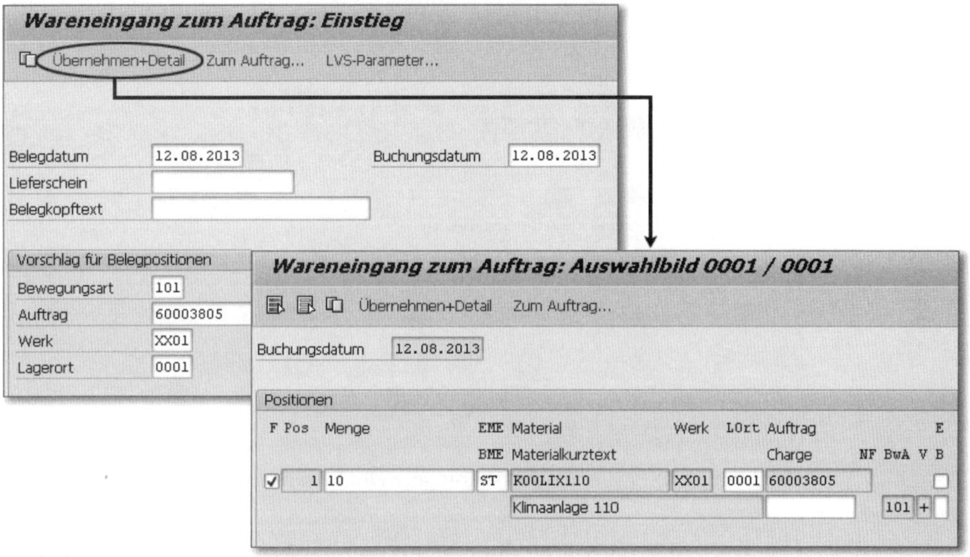

Abbildung 12.26 Wareneingangsbuchung zum Fertigungsauftrag

Um eine Wareneingangsbuchung zum Fertigungsauftrag durchzuführen, ist eine Rückmeldung nicht zwingend erforderlich.

Auswirkungen der Wareneingangsbuchung

Durch das Buchen eines Wareneingangs werden verschiedene Aktivitäten im Hintergrund angestoßen:

- Bei der Buchung des Materials auf Lager werden der Gesamtbestand und die jeweilige Bestandsart (frei verwendbarer Bestand) um die gelieferte Menge erhöht.
- Bei der Buchung in den Verbrauch werden die Verbrauchsstatistiken fortgeschrieben. Die Verbrauchszahlen werden im Rahmen der Prognose benötigt.
- Der Fertigungsauftrag wird entlastet und der Bestandswert entsprechend erhöht bzw. bei der Buchung in den Verbrauch der Empfänger belastet.

- Die Sachkonten in der Finanzbuchhaltung (Materialbestandskonto, Fabrikleistungskonto) werden fortgeschrieben.
- Ein Materialbeleg, in dem der Wareneingang dokumentiert ist, und ein Buchhaltungsbeleg, der die jeweiligen Buchungen in der Finanzbuchhaltung enthält, werden erzeugt.

Wareneingangsinformation im Fertigungsauftrag

Der Wareneingang zum Fertigungsauftrag wird im Fertigungsauftrag fortgeschrieben und in den Mengendaten als geliefert dargestellt (siehe Abbildung 12.27).

Abbildung 12.27 Wareneingangsinformation im Fertigungsauftrag

Die dispositiv wirksame Zugangsmenge wird mit der entsprechenden Formel (siehe oben) um die gelieferte Menge reduziert.

Toleranzen

Aufgrund abweichenden Ausschusses kann die tatsächlich gefertigte Auftragsmenge nach oben oder nach unten abweichen. Bei einer Unterschreitung gibt das System eine Warnmeldung aus, und eine Überschreitung wird nicht zugelassen. Über Toleranzen wird festgelegt, welche Abweichungen beim Wareneingang dennoch akzeptiert werden. Die Toleranzen werden im Materialstamm in der Sicht ARBEITSVORBEREITUNG im Bereich TOLERANZDATEN als Prozentwerte gepflegt (siehe Abbildung 12.28).

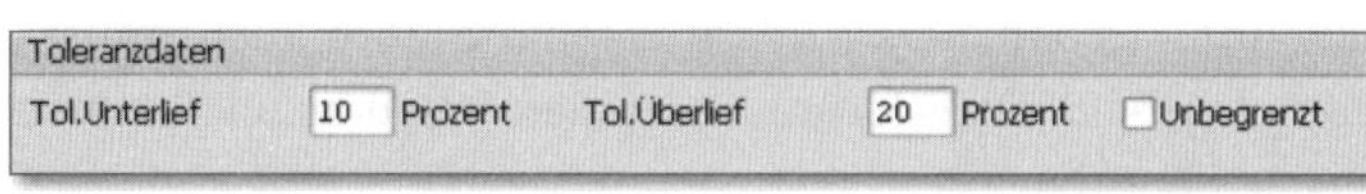

Abbildung 12.28 Toleranzen im Materialstamm (Ausschnitt aus der Sicht »Arbeitsvorbereitung«)

Kein Eintrag bedeutet eine Toleranz von null Prozent. Um beliebige Abweichungen zu erlauben, müssen Sie zuvor den Parameter UNBE-

GRENZT setzen. Die Toleranzen werden in den Fertigungsauftrag übernommen und in der Sicht WARENEINGANG dargestellt.

Automatischer Wareneingang

Zur Verringerung des Pflegeaufwands kann der Wareneingang mithilfe der Rückmeldung des letzten Auftrags automatisch gebucht werden. Hierzu ist keine Endrückmeldung erforderlich; der automatische Wareneingang funktioniert auch für teilrückgemeldete Mengen.

Der automatische Wareneingang kann in zwei Objekten eingestellt werden: im Steuerschlüssel (siehe Abbildung 12.29) und im Fertigungssteuerungsprofil (siehe Abbildung 12.30).

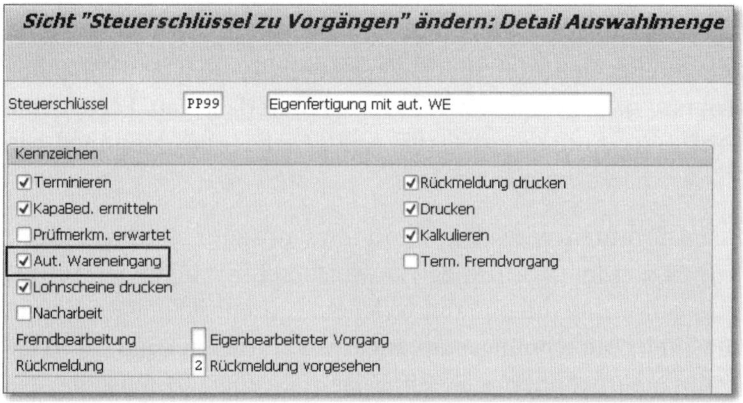

Abbildung 12.29 Automatischer Wareneingang im Steuerschlüssel

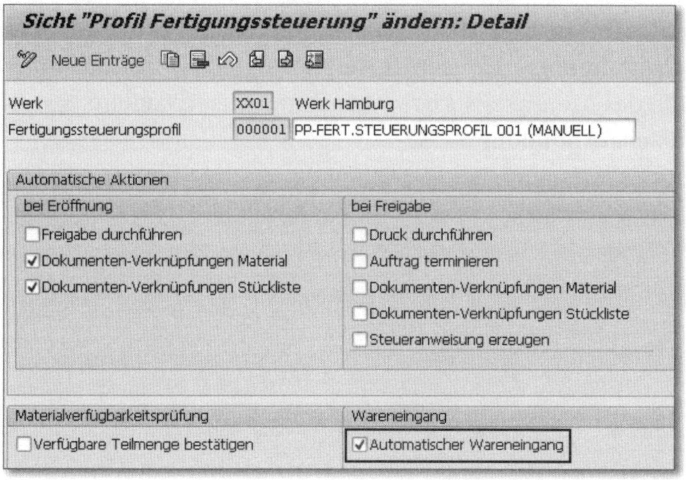

Abbildung 12.30 Automatischer Wareneingang im Fertigungssteuerungsprofil

12.6 Abrechnung

Während der Produktion eines Erzeugnisses fallen fortlaufend Kosten an, wie z. B. Materialkosten und innerbetriebliche Leistungskosten. Diese Istkosten werden dem Auftrag z. B. bei Entnahmen für den Auftrag, bei Rückmeldungen und bei Wareneingängen für die Fremdbeschaffung belastet. Wird später das gefertigte Material auf Lager gebracht, wird der Auftrag entsprechend entlastet. Da die Entlastung z. B. zum Standardpreis des Materials erfolgt und dieser nicht unbedingt den tatsächlichen Kosten entspricht, bleiben in der Regel Kosten auf dem Fertigungsauftrag stehen. Da diese Kosten ebenfalls weiterbelastet werden müssen, wird der Fertigungsauftrag abgerechnet.

Die Abrechnung eines Auftrags erfolgt gemeinhin nach dem Abschluss der Fertigung, wenn sich alle produzierten Materialien auf Lager befinden. Sobald der Auftrag den Status »endgeliefert« angenommen hat, kann dieser abgerechnet werden.

Abrechnungsvorschrift

Bei dessen Eröffnen wird dem Fertigungsauftrag eine *Abrechnungsvorschrift* zugeordnet, die festlegt, an welchen Empfänger der Auftrag abgerechnet werden soll und mit welchem Prozentsatz die Kosten auf die einzelnen Abrechnungsempfänger zu verteilen sind. Abrechnungsempfänger können z. B. ein Material, eine Kostenstelle, ein Kundenauftrag, ein Projekt oder eine Anlage sein. Standardmäßig wird der Fertigungsauftrag auf das zu fertigende Material kontiert. Das Material ist in diesem Fall der Abrechnungsempfänger, und der Abrechnungsanteil beträgt 100 %. Die Aufteilungsregel der Abrechnungsvorschrift können Sie sich in der Fertigungsauftragsbearbeitung mithilfe des Menüpfads KOPF • ABRECHNUNGSVORSCHRIFT anzeigen lassen (siehe Abbildung 12.31).

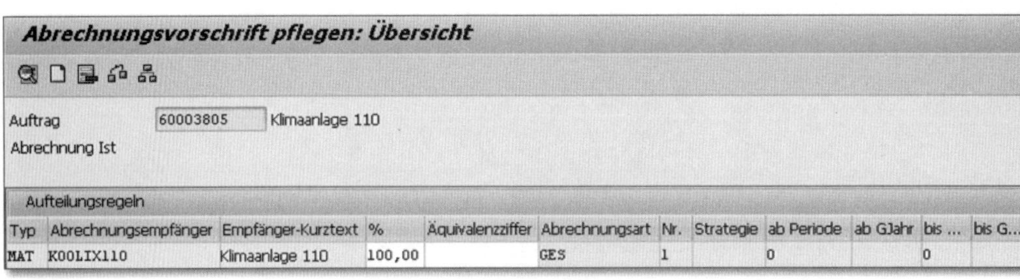

Abbildung 12.31 Abrechnungsvorschrift im Fertigungsauftrag

Wird ein fertiges Material an das Lager geliefert, wird der Fertigungsauftrag entlastet und das Bestandskonto des Materials entsprechend belastet. Die Ent- bzw. Belastung erfolgt zu einem im Materialstamm angegeben Preis. Dabei kann das Material zu einem Standardpreis oder zu einem gleitenden Durchschnittspreis bewertet werden.

Standardpreis

Wenn im Materialstamm das Kennzeichen PREISSTEUERUNG auf STANDARDPREIS gesetzt wurde, wird das Material mit dem dort angegebenen Preis bewertet. In den meisten Fällen sind die tatsächlichen Kosten auf dem Auftrag und die zum Standardpreis erfolgte Belastung des Bestands nicht gleich groß. Die entsprechende Differenz wird bei der Abrechnung des Auftrags auf ein Preisdifferenzkonto gebucht.

Werden z. B. zu einem Fertigungsauftrag zehn Stück eines Materials gefertigt, für das im Materialstamm ein Standardpreis in Höhe von 5 EUR hinterlegt ist, wird das Material beim Lagerzugang mit 50 EUR belastet und der Auftrag mit 50 EUR entlastet. Sind nun für den Auftrag Istkosten in Höhe von 70 EUR angefallen, wird die Differenz von 20 EUR bei der Abrechnung auf das Preisdifferenzkonto gebucht.

Gleitender Durchschnittspreis

Ist im Materialstamm das Kennzeichen PREISSTEUERUNG auf V gesetzt, wird das Material nicht mit einem Standardpreis, sondern mit einem gleitenden Durchschnittspreis bewertet, der vom System automatisch ermittelt wird, indem der Gesamtwert des Materialbestandskontos durch die Gesamtmenge der an allen Lagerorten des betreffenden Werks befindlichen Materialien geteilt wird. Bei jeder bewertungsrelevanten Bewegung wird der gleitende Durchschnittspreis neu ermittelt. Nach der Abrechnung des Auftrags hat dieser einen Saldo von null.

12.7 Abschluss

Der Fertigungsauftrag ist noch so lange offen und änderbar, bis er explizit abgeschlossen wird. Es wird zwischen dem logistischen und dem logistischen und buchhalterischen Abschluss unterschieden.

Technischer Abschluss

Mit dem technischen Abschluss des Fertigungsauftrags ist der Fertigungsauftrag nicht mehr logistisch relevant, d. h., er erhält die Kennzeichnung als nicht mehr dispositiv relevant, und eventuell bestehende Reservierungen für Komponenten und Kapazitätsbedarfe werden gelöscht. Der Fertigungsauftrag erhält nun den Status TABG für technisch abgeschlossen.

Einen Fertigungsauftrag können Sie jederzeit technisch abschließen. Hierzu verwenden Sie aus der Bearbeitung des Fertigungsauftrags heraus den Menüpfad Funktionen • Bearbeitung einschränken • Technisch abschliessen. Hiernach ist es nicht mehr möglich, den Fertigungsauftrag interaktiv zu ändern.

Abschluss

Mit dem Abschluss des Fertigungsauftrags wird der Fertigungsauftrag logistisch und buchhalterisch abgeschlossen. Zusätzlich zu den Restriktionen, die bereits für den technischen Abschluss gelten, können auch keine Kosten mehr auf den Fertigungsauftrag gebucht werden. Somit ist auch keine Rückmeldung zum Fertigungsauftrag mehr möglich.

Aus der Bearbeitung des Fertigungsauftrags heraus erfolgt der Abschluss mithilfe des Menüpfads Funktionen • Bearbeitung einschränken • Abschliessen und wird durch den Status ABGS angezeigt. Voraussetzungen für den Abschluss sind, dass der Fertigungsauftrag zuvor freigegeben worden und der Auftragssaldo ausgeglichen ist.

Sowohl das Abschließen als auch das technische Abschließen des Fertigungsauftrags ist auch mithilfe der Transaktion COHV als Massenverarbeitung möglich.

Das Supply Chain Management bietet einen Ansatz zur Verbesserung der Logistik durch die Betrachtung der gesamten Supply Chain von Produktgruppen – im Gegensatz zur nichtintegrierten Optimierung einzelner logistischer Funktionen.

13 Supply Chain Management und Integration mit SAP APO

Die Funktionen von SAP ERP werden mithilfe des Programms SAP APO um Anforderungen des Supply Chain Managements erweitert und ergänzt. Da sich SAP APO auf die Planung beschränkt, ist eine Integration von SAP ERP und SAP APO erforderlich, die auf unterschiedliche Weise erfolgen kann.

13.1 Supply Chain Management mit SAP APO

Unter *Supply Chain Management* (SCM) versteht man die Betrachtung und Verwaltung der logistischen Abläufe entlang der gesamten Wertschöpfungskette, also unter Einbeziehung der Lieferanten, Kunden und Endverbraucher. Das SCM-Konzept geht somit über die betriebsindividuelle Betrachtung der Material- und Informationsflüsse hinaus. Ziel des Supply Chain Managements ist es, die Abläufe innerhalb dieser Wertschöpfungskette untereinander abzustimmen und zu optimieren und damit z. B. die Bestände im gesamten Liefernetz zu reduzieren oder pünktliche Lieferungen zu gewährleisten. Dabei wird die komplette Wertschöpfungskette, von der Vertriebsplanung über die Beschaffung und Produktion bis hin zur Auslieferung, unter Einbeziehung der Geschäftspartner betriebsübergreifend integriert. Die softwaretechnische Unterstützung geht bei diesem Ansatz über das eigene Unternehmen hinaus und wird auf die gesamte Logistikkette ausgeweitet (siehe Geiger/Kerle 2001, S. 69–95).

Die vier Erfolgsfaktoren des Supply Chain Managements sind Schnelligkeit, Transparenz, virtuelle Logistikkette und Wertschöpfung.

- **Schnelligkeit**
  Das Internet ist größtenteils als Ursache für die Zunahme der Geschwindigkeit bei der Abwicklung von Prozessen zu sehen. Unternehmen möchten immer schneller und kostengünstiger produzieren, und der hohe Kommunikationsaufwand und die Vielzahl an Schnittstellen in einer inner- und überbetrieblichen Supply Chain verlangen nach einer engeren Kooperation der Produktions- und Logistikpartner. Die Unternehmen müssen sich mit den Werkzeugen und Technologien ausrüsten, die für die Geschäftsabwicklung in Internetgeschwindigkeit notwendig sind.
- **Transparenz**
  Die Verwaltung der zunehmend schneller werdenden Geschäftsabläufe verlangt nach immer größerer Transparenz. Die Verteilung der Informationen innerhalb einer betriebsübergreifenden Supply Chain zu verschiedenen Zeitpunkten in verschiedenen Systemen lässt die Schaffung von Transparenz zu einer großen Herausforderung werden. Eine solche Transparenz kann durch die Anwendung flexibler Integrationstechnologien für die Daten- und Prozessintegration geschaffen werden.
- **Virtuelle Logistikkette**
  Durch die Entstehung einer virtuellen Logistikkette verschwimmen zunehmend die rechtlichen und wirtschaftlichen Grenzen von Unternehmen. Damit gewinnt die Koordination geschäftlicher Abläufe über die elementaren Organisationseinheiten hinaus an besonderer Bedeutung. Mithilfe einer virtuellen Logistikkette werden Flexibilität und Beweglichkeit erst möglich – beides sind Voraussetzungen dafür, dass Unternehmen ihre Netze den sich ständig ändernden Marktbedingungen optimal anpassen können. Die Teilnehmer einer virtuellen Logistikkette setzen sich zum Ziel, unternehmensübergreifend miteinander zu kommunizieren, für gemeinsame Ziele zusammenzuarbeiten und Informationen auszutauschen. Die virtuelle Logistikkette kann mit der vorhandenen Internettechnologie schon heute realisiert werden.
- **Wertschöpfung**
  Die Wertschöpfung einer Supply Chain muss als Ganzes über die kompletten Geschäftsprozessketten hinweg gemessen werden. Anstelle von abteilungsbezogenen Kennzahlen muss sich an Kennzahlen orientiert werden, die die Logistikkette betreffen, z. B. Zykluszeit über die gesamte Kette, Gesamtkundenzufriedenheit

(siehe Hack 2001, S. 325–350). Die sich ständig ändernden Gegebenheiten verlangen nach strategischen und taktischen Supply-Chain-Entscheidungen, mit der Folge, dass die Supply Chain regelmäßig überarbeitet werden muss.

Advanced Planner and Optimizer

Mit SAP SCM und insbesondere dem darin enthaltenen Programm *Advanced Planner and Optimizer* (SAP APO) bietet SAP eine Lösung an, die die Funktionen von SAP ERP um die Anforderungen des Supply Chain Managements erweitert und ergänzt. Der Funktionsumfang von SAP APO deckt die folgenden logistischen Prozesse ab (zum Teil in Verbindung mit SAP ERP, da sich SAP APO auf die Planung beschränkt und die Ausführung immer führend in SAP ERP stattfindet):

- Absatzplanung
- Kundenauftragserfüllung (Verfügbarkeitsprüfung, Rückstandsbearbeitung)
- Transportplanung
- Distributionsplanung und Deployment
- Produktionsplanung
- Feinplanung (Reihenfolgeplanung)
- Fremdbeschaffung

Diesen Prozessen entsprechen die Komponenten:

- *Demand Planning* (DP): Absatzplanung
- *Supply Network Planning* (SNP): Distributionsplanung und Deployment, Produktionsgrobplanung, Fremdbeschaffung
- *Production Planning and Detailed Scheduling* (PP/DS): Produktionsplanung, Feinplanung, Fremdbeschaffung
- *Global Available-to-Promise* (ATP): Verfügbarkeitsprüfung, Rückstandsbearbeitung
- *Transportation Planning and Vehicle Scheduling* (TP/VS): Transportplanung

Funktionsüberschneidungen von SAP ERP und SAP APO

Es ist leicht erkennbar, dass in den Funktionen der APO-Komponenten eine Überschneidung mit den Funktionen von PP existiert. Im Allgemeinen sind in diesen Fällen die Funktionen, die SAP APO anbietet, umfangreicher als die Funktionen von SAP ERP. Allerdings gibt es in SAP ERP auch einige Funktionen, mit denen SAP APO nicht aufwarten kann – teils, weil sie nicht dem integrierten Planungskonzept entsprechen. Tabelle 13.1 stellt den in den letzten Kapiteln besprochenen Prozessbausteinen die APO-Komponenten gegenüber, deren Funktionen die ERP-Funktionen der Produktionsplanung und -steuerung bei einer Integration ersetzen könnten.

Prozess	APO-Komponente
Absatz- und Produktionsgrobplanung	DP (Absatzplanung) SNP (Kapazitätsabgleich der Produktionsgrobplanung)
Programmplanung	keine eigene Komponente
Materialbedarfsplanung	PP/DS
Langfristplanung	PP/DS (detailliert) oder SNP (grob) – erfolgt mit einer sogenannten inaktiven Planungsversion
Fertigungsauftragseröffnung	Terminierung mit PP/DS
Kapazitätsplanung	PP/DS
Fertigungsdurchführung	keine eigene Funktionalität – nur Integration aus SAP ERP

Tabelle 13.1 Prozesse der Produktionsplanung und -steuerung und APO-Komponenten

13.2 Integrationsszenarien

Aufgrund der Unterschiedlichkeit der Geschäftsanforderungen, der modularen Struktur von SAP APO und der teilweisen Überlappung der APO- und ERP-Funktionen gibt es mehr als eine Möglichkeit, um SAP APO mit SAP ERP zu integrieren. Ausschlaggebend für die Entscheidung, welches Integrationsszenario gewählt wird, sind natürlich in erster Linie die Geschäftsanforderungen. Wird SAP APO jedoch zu einem Zeitpunkt eingeführt, zu dem SAP ERP bereits im Einsatz ist, könnte der Umfang der bereits verwendeten ERP-Funktionen auch eine Rolle spielen. Im Folgenden werden daher einige mögliche Integrationsszenarien und deren Vor- und Nachteile vorgestellt.

Vorteile von SAP APO gegenüber SAP ERP

SAP APO bietet gegenüber SAP ERP eine Reihe von Vorteilen – die wesentlichen Vorteile ergeben sich aus unserer Sicht aus den folgenden Punkten:

- Die *Distributionsplanung* in SAP APO verfügt über deutlich mehr Möglichkeiten als es in SAP ERP der Fall ist, insbesondere beim Deployment, also der Verteilung der verfügbaren Menge innerhalb des Netzwerks.
- Eine *integrierte Distributions- und Produktionsplanung* ist nur in SAP APO möglich. Hierzu stehen ein Optimierungsverfahren und ein anderes Lösungsverfahren (Capable to Match) zur Verfügung.
- Bei der *Feinplanung* (Reihenfolgeplanung) stehen in SAP APO deutlich mehr und bessere Funktionen zur Verfügung als in SAP ERP, um einen kapazitiv durchführbaren Plan zu erstellen. So können im Gegensatz zur Kapazitätsplanung in SAP ERP Abhängigkeiten zwischen den einzelnen Aufträgen berücksichtigt werden. Es werden Optimierungsverfahren angeboten, die auch die Abhängigkeiten der Vorgänge untereinander und zu den Randbedingungen berücksichtigen, und die Einplanungsalgorithmen sind deutlich flexibler.
- Es ist möglich, aus der *Verfügbarkeitsprüfung* des Kundenauftrags bei Nichtverfügbarkeit die Produktion direkt über die Anlage eines Planauftrages anzustoßen. Dies bietet insbesondere für die Kundeneinzelfertigung Vorteile.
- Mittels des *Alert Monitors* werden Ausnahmesituationen und Abweichungen deutlich transparenter dargestellt.

Eine detaillierte Beschreibung dieser und anderer APO-Vorteile ist in der Literatur zu finden (siehe Dickersbach 2009). Je nachdem, welche Vorteile ausschlaggebend für die Verwendung von SAP APO sind, können andere Integrationsszenarien von Interesse sein.

Standardszenario

Bei einer gemeinsamen Neueinführung von SAP APO und SAP ERP sowie in Unternehmen, die einen starken Fokus auf der Distributionsplanung haben, wird die Absatzplanung häufig in SAP APO-DP vorgenommen, eine Distributions- und Produktionsgrobplanung in SAP APO-SNP durchgeführt und eine Produktions- und Feinplanung in SAP APO-PP/DS vorgenommen. Das Ergebnis sind Planaufträge, die an SAP ERP übertragen werden. Diese Planaufträge werden in SAP ERP in Fertigungsaufträge umgewandelt und bearbeitet – es findet keine Kapazitätsplanung mehr in SAP ERP statt. Dieses Szenario stellt das Standardszenario für die Integration dar.

Standardszenario – Variante

Eine Variante des Standardszenarios besteht darin, auf die Komponente PP/DS in SAP APO zu verzichten und entweder die mit der Komponente SAP APO-SNP erzeugten Planaufträge an SAP ERP zu übergeben oder ganz auf eine Produktionsplanung in SAP APO zu verzichten und nur Umlagerungsbestellanforderungen an SAP ERP zu übergeben. Je nach Fall und Anteil der in SAP APO geplanten Komponenten kann dann eine Materialbedarfsplanung in SAP ERP erforderlich werden.

Diese Variante ist interessant, wenn die Produktionsplanung des Unternehmens nur von mittlerer bis geringer Komplexität ist und die ERP-Funktionalitäten völlig ausreichen.

SAP APO für die Feinplanung

Falls die Motivation für den Einsatz von SAP APO hauptsächlich darin besteht, bessere Funktionalitäten für die Feinplanung zu erhalten, und die Absatz- und Produktionsgrobplanung in SAP ERP bereits im Einsatz ist, kann auf eine Absatzplanung in SAP APO-DP verzichtet werden. Stattdessen werden die Planprimärbedarfe aus SAP ERP an SAP APO übertragen. Anhand der Bedarfe wird in der Komponente PP/DS die Produktions- und Feinplanung durchgeführt und als deren Resultat Planaufträge erstellt. Die Fertigungsauftragseröffnung und -durchführung erfolgen dann wie gehabt in SAP ERP.

Eine seltener genutzte Variante besteht darin, die Materialbedarfsplanung ebenfalls in SAP ERP durchzuführen und SAP APO nur für die Feinplanung zu nutzen.

Produktion bei Nichtverfügbarkeit

SAP APO bietet zwei Funktionen an, bei denen aus der Verfügbarkeitsprüfung des Kundenauftrags heraus bei einer fehlenden Verfügbarkeit ein Planauftrag für das Produkt angelegt wird. Hierbei können entweder nur die Materialkomponenten (*Multi-Level ATP*) oder sowohl Material als auch Kapazität (*Capable to Promise*) geprüft werden. Der Planauftrag wird anschließend an SAP ERP übertragen und ausgeführt. Diese Funktion ist vor allem für Kundeneinzelfertiger interessant, da hier die Verfügbarkeitsprüfung in der Regel negativ ausfällt.

Da die Geschäftsanforderungen von Unternehmen zu Unternehmen sehr unterschiedlich sind und die Software vergleichsweise flexibel ist, sind noch weitere Integrationsszenarien möglich.

13.3 Technische Integration

Die Integration mit SAP APO erfolgt, indem auf ERP-Seite sogenannte Integrationsmodelle erstellt und aktiviert werden. In den Integrationsmodellen werden die Stamm- und Bewegungsdatenobjekte ausgewählt, die mit SAP APO integriert werden sollen.

Stammdaten

Die für die Komponente PP/DS erforderlichen Stammdaten sind die gleichen Stammdaten wie für PP: *Werk*, *Material*, *Arbeitsplatz*, *Stückliste* und *Arbeitsplan*. Eine Einschränkung ist jedoch, dass *Stückliste* und *Arbeitsplan* in SAP APO ein Stammdatenobjekt ist. Dementsprechend entspricht das Stammdatenobjekt in SAP APO der Fertigungsversion in SAP ERP. Dies bedeutet, dass auch auf ERP-Seite Fertigungsversionen existieren müssen. In SAP APO existieren gleich zwei alternative Stammdatenobjekte, die der Fertigungsversion entsprechen: Das Produktionsprozessmodell (PPM) und die Produktionsdatenstruktur (PDS). Tabelle 13.2 bietet einen Überblick über die Stammdatenentsprechungen in SAP ERP und SAP APO.

Stammdatum SAP ERP	Stammdatum SAP APO
Werk	Lokation
Material	Produkt
Arbeitsplatz	Ressource
Fertigungsversion mit Stückliste und Arbeitsplatz	PPM (Produktionsprozessmodell) oder PDS (Produktionsdatenstruktur)

Tabelle 13.2 Stammdatenentsprechung zwischen SAP ERP und SAP SAP APO für die Produktionsplanung

PPM ist das ältere der beiden Stammdaten, es wird jedoch nicht mehr weiterentwickelt. Daher lautet die SAP-Empfehlung, die Produktionsdatenstruktur (PDS) zu verwenden.

Bewegungsdaten

SAP APO enthält ebenso wie SAP ERP Planaufträge, Fertigungsaufträge, Bestellanforderungen, Bestellungen, Kundenaufträge, Vorplanungsbedarfe usw. Im Unterschied zu SAP ERP beinhalten diese Aufträge jedoch alle dieselbe Struktur und unterscheiden sich nur durch ihre Kategorie. Während Planaufträge, Bestellanforderungen und Vorplanungsbedarfe in SAP APO erstellt werden können, werden Fertigungsaufträge, Bestellungen und Kundenaufträge stets in SAP ERP angelegt.

Integrationsmodell Damit die Stammdaten von SAP APO nach SAP ERP und die Bewegungsdaten in beide Richtungen übertragen werden, ist es erforderlich, Integrationsmodelle anzulegen. Auch steuern die Integrationsmodelle, ob die Verfügbarkeitsprüfung in SAP APO erfolgen soll.

Integrationsmodelle enthalten materialabhängige und materialunabhängige Objekte – zu den materialabhängigen Objekten gehören die meisten Stammdaten und fast alle Bewegungsdaten. Materialunabhängige Objekte sind z. B. Arbeitsplätze, Lieferanten, Klassen und Merkmale. Integrationsmodelle werden mithilfe der Transaktion CFM1 angelegt und durch den frei vergebbaren Modellnamen, durch das logische System von SAP APO und die frei vergebbare Anwendung identifiziert. Die zu übertragenden Objekttypen werden ausgewählt und über weitere Kriterien eingeschränkt.

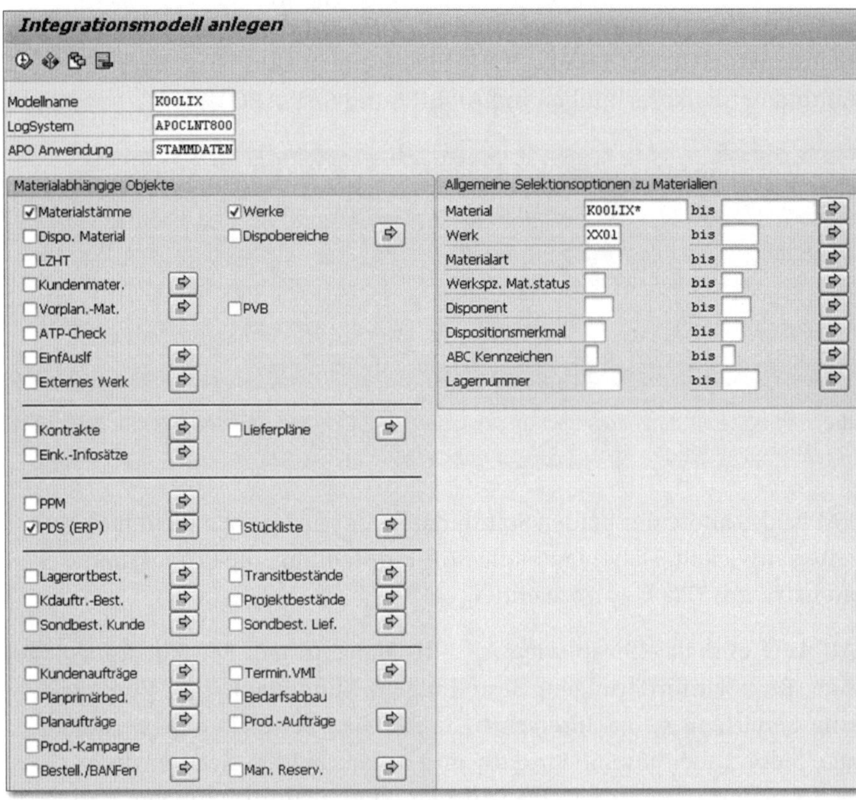

Abbildung 13.1 Integrationsmodell

Abbildung 13.1 zeigt ein Integrationsmodell, in dem die folgenden Objekttypen übertragen werden:

- das Werk XX01
- alle Materialstämme des Werks XX01, die mit KL beginnen
- alle Fertigungsversionen dieser Materialien als PDS-Objekte für SAP APO PP/DS

Abweichend von diesem Beispiel wird für den produktiven Betrieb jedoch empfohlen, für jedes Objekt ein eigenes Integrationsmodell anzulegen (siehe Dickersbach 2009).

Es ist sinnvoll, die hier getroffenen Einstellungen als Variante zu speichern. Im nächsten Schritt wird das Modell mithilfe der [F8]-Taste generiert. Dies bedeutet, dass die Objekte, die zum Generierungszeitpunkt den Selektionskriterien entsprechen, in das Modell aufgenommen werden. Die Anzahl der selektierten Objekte wird im Folgebildschirm angezeigt und kann auf Anforderung hin detailliert werden (siehe Abbildung 13.2). Nach dessen Generieren muss das Integrationsmodell noch gesichert werden.

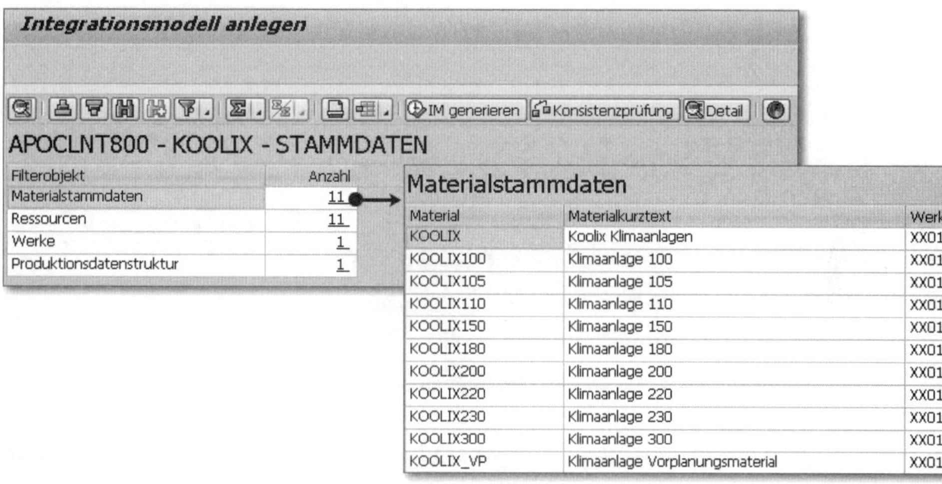

Abbildung 13.2 Generiertes Integrationsmodell

Die Übertragung selbst erfolgt durch die Aktivierung des Modells mithilfe der Transaktion CFM2. Abbildung 13.3 auf der nächsten Seite zeigt die erforderlichen Schritte: Zunächst werden die zu aktivierenden Integrationsmodelle auf dem Einstiegsbildschirm angegeben.

Nach dem Ausführen der Selektion ❶ ist auf dem Folgebildschirm das zu aktivierende Integrationsmodell auszuwählen ❷. Die beiden rechten Spalten – ALTER STATUS und STATUS NEU – sind beide inaktiv (durch das rote Kreuz dargestellt), da das Modell noch nicht aktiviert wurde. Zum Aktivieren muss zunächst der STATUS NEU geändert ❸ und anschließend die Aktivierung gestartet werden ❹. Als Resultat und Anzeichen dafür, dass das Integrationsmodell nun aktiv ist, enthält nun auch die Spalte ALTER STATUS das grüne Häkchen ❺.

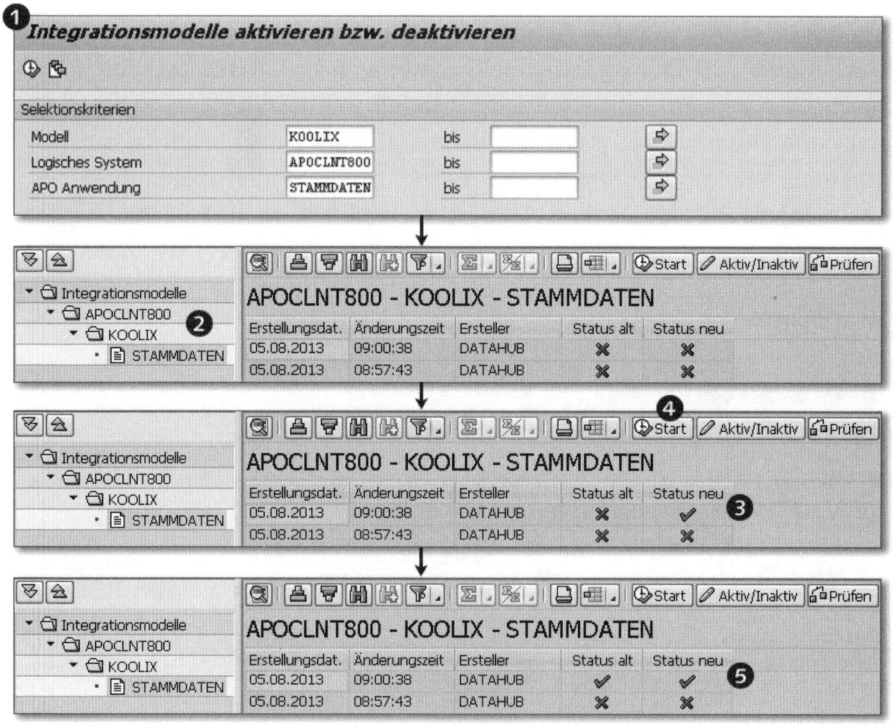

Abbildung 13.3 Aktivierung des Integrationsmodells

Nachdem die Integrationsmodelle für alle relevanten Stammdaten, Bewegungsdaten und – optional – für die Verfügbarkeitsprüfung angelegt worden sind, kann mit dem Aufbau der Integrationsszenarien begonnen werden. Hierzu sei auf weiterführende Literatur verwiesen, ebenso wie für weitere Einstellungen für die technische Integration zwischen SAP ERP und SAP APO (siehe Dickersbach 2009).

Anhang

A Glossar

Die Begriffsdefinitionen sind dem Glossar der SAP-Online-Dokumentation entnommen.

Ablauforganisation Aufgabe der Ablauforganisation ist die Gestaltung der Arbeitsabläufe im Unternehmen. Arbeitsabläufe sind wiederum Vorgänge zur Erfüllung betrieblicher Aufgaben, die zeitlich und räumlich sequenziell und/oder parallel verarbeitet werden können.

Abrechnung Vollständige oder teilweise Weiterverrechnung der ermittelten Kosten eines Objekts an ein anderes Objekt.

Folgende Objekte können Abrechnungssender sein: Innenauftrag, Instandhaltungsauftrag, CO-Fertigungsauftrag, Fertigungsauftrag, Prozessauftrag, Serviceauftrag, Kostenträger allgemein, Kundenauftragsposition, Netzplan, Projekt.

Folgende Objekte können Abrechnungsempfänger sein: Anlage, Innenauftrag, Ergebnisobjekt, Kostenstelle, Kundenauftragsposition, Material, Netzplan, Projekt, Sachkonto.

Abrüstzeit Zeit, die benötigt wird, um den Arbeitsplatz nach der Bearbeitung der Vorgänge wieder in den Normalzustand zurückzuversetzen. Die Abrüstzeit ist Bestandteil der Durchführungszeit.

Absatz- und Produktionsgrobplan Zusammenfassung der für ein Werkmaterial oder eine Produktgruppe in einem Zeitraum zu erwartenden Absatz- und der dazugehörigen Produktionsmengen. Als Differenz zwischen Produktions- und Absatzmenge ergibt sich die Lagerbestandsmenge zum Monatsende.

Absatz- und Produktionsgrobplanung Die Absatz- und Produktionsgrobplanung (SOP) ist ein Planungs- und Prognosewerkzeug, mit dem sich Ziele in den Bereichen Absatz und Produktion sowie in der gesamten logistischen Kette festlegen lassen. Hierbei werden Daten der Vergangenheit, aktuelle Daten und/oder geschätzte Zukunftsdaten berücksichtigt. Ferner kann eine Grobplanung zur Ermittlung des Umfangs von Kapazitäten und anderen Ressourcen erfolgen, die zur Realisierung dieser Ziele erforderlich sind.

Abtaktung Abtaktungen können Sie im Liniendesign zu einer Linienhierarchie anlegen. In der Abtaktung passen Sie die Linienhierarchie periodisch an eine geplante Produktionsrate an, indem Sie die Anzahl der Takte (Bearbeitungsstationen) und der Einzelkapazitäten (Personen) ändern und gegebenenfalls Vorgänge in andere Linienabschnitte verschieben.

Änderungsdienst Komponente, die eine Objektänderung mit Historie (mit Datumsgültigkeit) oder in Abhängigkeit von bestimmten Bedingungen (mit Parametergültigkeit) ermöglicht.

Die unterschiedlichen Bearbeitungsstände des Objekts werden gesichert. Alle Änderungen werden mit Bezug auf einen Änderungsstammsatz durchgeführt.

Im SAP-System können Sie beispielsweise folgende Objekte mit Bezug auf eine Änderungsnummer ändern: Stückliste, Plan, Dokument oder Material.

Änderungsnummer Nummer, die einen Änderungsstammsatz eindeutig identifiziert.

Alle Änderungen, die mit Bezug auf eine Änderungsnummer durchgeführt werden, steuert und protokolliert der Änderungsstammsatz. Die Nummernvergabe kann intern und extern erfolgen.

Änderungsstammsatz Datensatz, der alle zur Verwaltung einer Änderung notwendigen Informationen enthält.

Ein Änderungsstammsatz enthält Daten mit beschreibendem Charakter (wie Änderungsgrund) und Daten mit Steuerungsfunktion (wie Gültig-ab-Datum, Kennzeichen für Objekttypen). Neben diesen Daten, die direkt vom Benutzer gepflegt werden können, gibt es Daten, die vom System automatisch fortgeschrieben werden (wie Verwaltungsdaten).

Arbeitsplan Beschreibung eines Fertigungsablaufs zur Herstellung von Werkmaterialien bzw. zur Erbringung von Leistungen in der Fertigungsindustrie.

Arbeitsplanergruppe Schlüssel, der die planenden Abteilungen (Arbeitsplanung, Prüfplanung usw.) nach Gruppen unterscheidet.

Diese Gruppen können z. B. für die Bearbeitung bestimmter Materialien, Aufträge oder Arbeitspläne zuständig sein.

Arbeitsplankopf Bestandteil eines Arbeitsplans, der Daten enthält, die für den gesamten Arbeitsplan gelten.

Im Arbeitsplankopf werden u. a. folgende Daten abgelegt: Plangruppe, Plangruppenzähler, Werk, Kurztext, Status des Arbeitsplans, Verwendung, Arbeitsplanmengeneinheit, Losgrößenbereich, Planergruppe.

Arbeitsplatz Organisationseinheit, die festlegt, wo und von wem ein Vorgang ausgeführt werden soll.

Der Arbeitsplatz hat ein bestimmtes Kapazitätsangebot. Die am oder vom Arbeitsplatz durchgeführten Arbeiten werden mit Verrechnungssätzen bewertet, die durch die Kostenstellen und Leistungsarten bestimmt werden. Als Arbeitsplätze können folgende Einheiten definiert werden: Maschinen, Personen, Fertigungslinien, Gewerke.

Arbeitsplatzhierarchie Abbildung einer Struktur, in der Arbeitsplätze und ihre Beziehungen zueinander in Stufen dargestellt werden.

Arbeitsplatzhierarchien werden im Rahmen der Kapazitätsplanung zur Verdichtung von Kapazitätsangeboten oder Kapazitätsbedarfen genutzt. Außerdem dienen sie zur Arbeitsplatzsuche.

Aufbauorganisation Die Aufbauorganisation gliedert die betrieblichen Aufgaben in Aufgabenbereiche und bestimmt die Stellen und Abteilungen, die diese bearbeiten sollen.

Auftrag Festlegung einer bestimmten innerbetrieblichen Leistung.

Der Auftrag gibt an, welche Leistung zu erbringen ist, wann die Leistung zu erbringen ist, welche Hilfsmittel einzusetzen sind und wie die Auftragskosten verrechnet werden.

Auftragsabrechnung Vollständige oder teilweise Entlastung eines Auftrags. Die auf dem Auftrag aufgelaufenen Kosten werden bei der Auftragsabrechnung einem oder mehreren Abrechnungsempfängern des internen oder externen Rechnungswesens weiterbelastet.

Auftragsart Auftragsarten untergliedern Aufträge gemäß ihrer Verwendung. Die Auftragsart umfasst eine Vielzahl von Steuerungsinformationen, die für die Verwaltung von Aufträgen wichtig sind. Die Auftragsart ist mandantenabhängig, d. h., jede Auftragsart kann in allen Kostenrechnungskreisen verwendet werden.

Beispiele: Auftragsart für Fertigungsaufträge, Auftragsart für Instandhaltungsaufträge, Auftragsart für Investitionsaufträge, Auftragsart für Marketingaufträge.

Auftragsdurchlaufzeit Die Durchlaufzeit eines Auftrags ist die Zeitspanne zwischen den Eckterminen des Auftrags abzüglich der Auftragspuffer.

Auftragsnetz Verknüpfung von Planaufträgen oder Produktionsaufträgen über mehrere Fertigungsstufen hinweg.

Auftragspapiere Zur Durchführung eines Werkauftrags benötigte Unterlagen wie z. B. Steuerkarte, Laufkarte, Materialbereitstellliste, Lohnscheine, Rückmeldescheine.

Auftragsprotokoll Protokoll, das alle qualitätsrelevanten Plan- und Istdaten zu einem Prozessauftrag enthält.

Auftragssplit Funktion der Fertigungssteuerung, mit der ein bestehender Fertigungsauftrag in zwei aus logistischer Sicht voneinander getrennte Fertigungsaufträge aufgeteilt wird.

Beim Auftragssplit wird ein Teil der Auftragsmenge (Splitmenge) eines Fertigungsauftrags (Mutterauftrag) ab einem bestimmten Vorgang der Stammfolge (Splitvorgang) abgesplittet. Die abgesplittete Menge wird in einem separaten Fertigungsauftrag (Tochterauftrag) gefertigt.

Auftragsstückliste Einstufige Stückliste, die Sie zu einem Kundenauftrag aus einer Materialstückliste erzeugen und auftragsspezifisch modifizieren. Dabei bleibt die Materialstückliste unverändert.

Eine Auftragsstückliste wird durch Kundenauftragsnummer, Kundenauftragsposition und Materialnummer eindeutig identifiziert.

Auftragsstücklisten können sowohl für konfigurierbare als auch für nicht konfigurierbare Materialien angelegt werden.

Auftragsverursacher Funktion zur mehrstufigen Ermittlung der Bedarfsmengen und Termine von Zwischenprodukten und Enderzeugnissen, die einem fixierten und geplanten Zugang auf einer bestimmten Fertigungsstufe zugrunde liegen.

Der Auftragsverursacher dient dazu, herauszufinden, welche Baugruppen, Plan- oder Kundenprimärbedarfsmengen gefährdet sind, wenn die Lieferung bzw. Fertigung nicht rechtzeitig oder nicht vollständig erfolgt.

Ausnahmemeldung Vorgangsabhängige Informationen, die auf Besonderheiten oder Ausnahmesituationen während eines Dispositionslaufs hinweisen.

Ausschuss Anteil des Materials, der nicht den Qualitätsanforderungen entspricht.

Basismengeneinheit Mengeneinheit, in der der Bestand eines Materials geführt wird.

Das SAP-System rechnet alle in anderen Einheiten erfassten Mengen in die Basismengeneinheit um.

Baugruppe Bezeichnung für eine fertigungstechnisch zusammengehörende Menge von Komponenten eines Erzeugnisses. Das über die Baugruppe definierte Erzeugnis kann selbst wieder als Komponente in einer anderen Baugruppe enthalten sein.

Baukasten Bezeichnung für die Menge aller Komponenten, über die eine oder mehrere Baugruppen abgebildet werden können.

Einstufige Stückliste, die die unmittelbaren Komponenten einer Baugruppe enthält.

Komponenten, die ihrerseits Baugruppen darstellen, werden nicht weiter aufgelöst.

Bedarf Menge eines Materials, die zu einem Zeitpunkt in einem Werk benötigt wird.

Bedarfs-/Auftragsverursachernachweis Auswertung, die den verursachenden Bedarf bzw. den verursachenden Beschaffungsvorschlag eines ausgewählten Dispositionselements zeigt.

Mit dieser Auswertung kann überprüft werden, welche Primärbedarfe gefährdet sind, wenn bestimmte Beschaffungsvorschläge wegfallen oder terminlich bzw. mengenmäßig verändert werden.

Bedarfs-/Bestandsliste Aktuelle Übersicht über die Bestandsentwicklung zu einem Material.

Die Übersicht wird über eine Funktion unter Einbeziehung aller aktuell relevanten Daten (Fertigungsaufträge, Kundenaufträge usw.) generiert. Dadurch zeigt sie immer die momentane Verfügbarkeitssituation des Materials, während die Dispositionsliste die Bedarfs- und Bestandssituation zum Planungszeitpunkt wiedergibt.

Bedarfsart Klassifikation der verschiedenen Primärbedarfsarten z. B. in Kunden-, Plan- oder Lagerbedarfe.

Bedarfsplanung Sicherstellung der Materialverfügbarkeit sowohl intern als auch für den Vertrieb.

Die Bedarfsplanung umfasst u. a. die termingerechte Beschaffung, d. h. die Überwachung der Bestände und automatische Generierung von Bestellvorschlägen. Die Bedarfsplanung kann verbrauchs- oder bedarfsgesteuert erfolgen. Es kann werksübergreifend disponiert werden.

Bedarfsverursacher In den Auswertungen zur Bedarfsplanung der Auftrag in der nächsthöheren Stücklistenstufe, der den Bedarf verursacht hat.

Bedarfszusammenfassung Zusammenfassung der Materialbedarfe von verschiedenen Einzelbestandsträgern, wie z. B. von PSP-Elementen, unter einem Dispo-PSP-Element zum Zwecke der gemeinsamen Bedarfsplanung.

Beistellmaterial Material, das ein Kunde einem Lohnbearbeiter zur Verfügung stellt, damit dieser eine Lohnbearbeitungsbestellung für den Kunden ausführen kann.

Beschaffungsart Klassifizierung, die aussagt, ob ein Material eigengefertigt oder fremdbeschafft wird oder ob beides möglich ist.

Beschaffungsvorschlag Dispositionselement, das im Rahmen der Materialbedarfsplanung automatisch generiert wird, falls Unterdeckungssituationen auftreten.

Beschaffungsvorschläge werden als Planaufträge, Bestellanforderungen oder Lieferplaneinteilungen im System hinterlegt.

Bestand Begriff der Materialwirtschaft für einen Teil des Umlaufvermögens.

Er umfasst die im Lager vorhandene Menge von Roh-, Hilfs- und Betriebsstoffen, Halbfabrikaten und Fertigerzeugnissen sowie Handelswaren.

Bestandsart Unterteilung des Lagerortbestands oder eines Sonderbestands, die einen Hinweis auf die Verwendbarkeit des Materials gibt.

Der Lagerortbestand und die Sonderbestände im Haus werden in drei Bestandsarten gegliedert: den frei verwendbaren Bestand, den Qualitätsprüfbestand und den gesperrten Bestand.

Bestandsfindung Anwendungsübergreifend einsetzbare Funktion, die für Entnahme-, Kommissionier- und Bereitstellungsvorgänge die Ermittlung des Bestands, aus dem entnommen werden soll, ermöglicht.

Bestellanforderung Aufforderung an den Einkauf, ein Material oder eine Dienstleistung in einer bestimmten Menge zu einem bestimmten Termin zu beschaffen.

Bestellpunktdisposition Spezielles Verfahren im Rahmen der Materialbedarfsplanung.

Ist der Bestellpunkt bzw. Meldebestand größer als der Lagerbestand, wird von der Materialbedarfsplanung ein Beschaffungsvorschlag generiert. Man unterscheidet zwischen maschineller Bestellpunktdisposition und manueller Bestellpunktdisposition.

Bestellung Aufforderung einer Einkaufsorganisation an einen Lieferanten oder an ein Werk, zu einem bestimmten Zeitpunkt eine bestimmte Menge an Materialien zu liefern oder Dienstleistungen zu erbringen.

Betriebsdatenerfassung Sammeln und Anzeigen von Betriebsdaten, aber auch deren Prüfung, Verarbeitung, Aufbereitung, Auswertung und Weitergabe, mit dem Ziel, Informationen über Maschinennutzung, Auftragssituation, Qualität usw. zu erhalten.

Betriebsdaten sind z. B. personen- und maschinenbezogene Meldungen (kommt, geht, Dienstgang, Rüsten, Bearbeiten, Mengen, Störungen) oder Statistiken (Maschinennutzung, Ausschuss- und Störstatistik).

Betriebsmittel Sämtliche Einrichtungen, die für den Fertigungsprozess notwendig sind. Beispiele sind Fertigungsmittel (Maschinen, Anlagen), Fertigungshilfsmittel (Werkzeuge, Mess- und Prüfmittel), Fördermittel, Lagermittel, Organisationsmittel, Grund und Gebäude sowie Ver- und Entsorgungsanlagen.

Bewerteter Bestand Firmeneigener Bestand eines Materials, der Teil des Umlaufvermögens ist. Für die Bewertung dieses Bestands können verschiedene Bewertungsverfahren eingesetzt werden. Der bewertete Bestand eines Materials in einem Werk ist die Summe der frei verwendbaren Be-stände aller Lagerorte, der Qualitätsprüfbestände aller Lagerorte und der Umlagerungsbestände auf Lagerort- und Werksebene.

Bewertungskreis Organisatorische Einheit der Logistik, die ein Unternehmen aus Sicht einer einheitlichen und abgeschlossenen Bewertung von Materialbeständen gliedert.

Beziehungswissen Wissen, das die wechselseitigen Abhängigkeiten zwischen Objekten beschreibt. Dabei kann es sich um die Abhängigkeit zwischen Merkmalen und Merkmalswerten handeln, z. B. dass eine 21-Gang-Schaltung nur bei einem Rennrad zulässig ist.

Beziehungswissen kann auch dazu eingesetzt werden, um die Auswahl von Stücklistenpositionen und Arbeitsplanvorgängen bei der Variantenkonfiguration zu steuern.

Zur Beschreibung der Abhängigkeiten steht Ihnen eine eigene Syntax zur Verfügung, die Sie in einem Beziehungs-editor angeben. Es existieren verschiedene Arten von Beziehungen, mit denen unterschiedliche Abhängigkeiten dargestellt werden können.

Bruttoplanung Spezielles, plangesteuertes Verfahren im Rahmen der Materialbedarfsplanung.

Bei der Bruttoplanung findet kein Abgleich zwischen dem Lagerbestand und den (Brutto-)Bedarfen statt, d. h., diese Bedarfe werden immer durch Bestellvorschläge abgedeckt.

Buchungskreis Kleinste organisatorische Einheit des externen Rechnungswesens, für die eine vollständige, in sich abgeschlossene Buchhaltung abgebildet werden kann.

Dies beinhaltet die Erfassung aller buchungspflichtigen Ereignisse und die Erstellung aller Nachweise für einen gesetzlichen Einzelabschluss wie Bilanzen sowie Gewinn- und Verlustrechnungen.

CAD Datenverarbeitungssystem für das computerunterstützte Entwerfen und Zeichnen. CAD steht für Computer Aided Design.

Charge Teilmenge eines Materials, die getrennt von anderen Teilmengen desselben Materials im Bestand geführt wird, wie z. B. unterschiedliche Fertigungslose (z. B. bei Farben oder Arzneimitteln), Lieferlose oder Qualitätsstufen eines Materials.

Chargenfindung Funktionalität, die bei allen Bewegungen aus dem Lager verwendet werden kann, um Chargen anhand bestimmter Selektionskriterien im Bestand zu finden.

Die Chargenfindung kann in den folgenden Funktionen eingesetzt werden: Warenbewegung (Bestandsführung), Fertigungs-/ Prozessauftrag (Fertigung), Kundenauftrag/Lieferung (Vertrieb) und Transportauftrag (Lagerverwaltungssystem).

Chargenprotokoll Protokoll, das alle qualitätsrelevanten Plan- und Istdaten zur Produktion einer Charge enthält.

Ein Chargenprotokoll besteht aus mehreren Dokumenten, die die relevanten Daten bestimmter SAP ERP-Objekte sowie Archivdaten aus Fremdsystemen enthalten. Aufbau und Inhalt des Chargenprotokolls entsprechen internationalen Standards, die in den GMP-Richtlinien (Good Manufacturing Practices) definiert sind. Chargenprotokolle werden fälschungssicher in einem optischen Archiv abgelegt und können dann mithilfe einer digitalen Signatur genehmigt werden.

Chargenstammsatz Datensatz, der allgemeine Daten zu einer Charge enthält (z. B. Verfallsdatum und Datum des letzten Wareneingangs).

Chargensuchstrategie Die Chargensuchstrategie legt fest, nach welchen Kriterien Chargen bei der Chargenfindung selektiert werden und wie weiter mit ihnen verfahren wird. Der Chargensuchstrategiesatz ist ein anwendungsspezifischer Stammsatz.

Chargenverwendungsnachweis
Hierarchisch strukturierte Aufzeichnung der Verwendung oder der Zusammensetzung einer Charge über alle Fertigungsstufen hinweg.

Mit dem Chargenverwendungsnachweis ist sowohl eine Top-down-Analyse als auch eine Bottom-up-Analyse möglich. Die *Top-down-Analyse* zeigt, aus welchen Chargen von Rohstoffen oder Halbfabrikaten sich die Charge eines Endprodukts zusammensetzt. Die *Bottom-up-Analyse* gibt Aufschluss darüber, in welche Chargen von Halbfabrikaten oder Fertigprodukten eine Rohstoffcharge eingeflossen ist.

Dienstleistung Immaterielles Gut, das Gegenstand der Geschäftstätigkeit ist. Eine Leistung kann intern erbracht oder extern beschafft werden. Dienstleistungen gelten zum Zeitpunkt der Erbringung als verbraucht, sie können nicht gelagert und nicht transportiert werden. Beispiele für Dienstleistungen sind Bauarbeiten, Reinigungsarbeiten oder Rechtsberatung.

Digitale Signatur Äquivalent zur eigenhändigen Unterschrift bei der Verarbeitung digitaler Daten.

Die digitale Signatur gewährleistet, dass der unterzeichnete Vorgang nur von Benutzern mit spezieller Berechtigung ausgeführt wird, dass der Unterzeichner eindeutig und fälschungssicher identifiziert wird und dass der Unterzeichnername zusammen mit dem unterzeichneten Vorgang sowie Datum und Uhrzeit dokumentiert wird. Je nach Anwendung kann oder muss zu digitalen Signaturen auch ein Kommentar erfasst werden. Wenn ein Vorgang von mehreren Personen unterzeichnet werden muss, können Einzelsignaturen unterschiedlicher Benutzergruppen zu anwendungsspezifischen Signaturstrategien zusammengefasst werden.

Direktbeschaffung Beschaffung ohne Lagerhaltung. Komponenten werden direkt für einen Planauftrag bestellt und verbraucht.

Direktfertigung Produktion ohne Lagerhaltung. Komponenten werden direkt für die übergeordnete Baugruppe gefertigt und verbraucht. Die Direktfertigung hat zum Ziel, die Terminierung und die Kosten für Enderzeugnisse, Baugruppen und Komponenten einer Stücklistenstruktur gemeinsam zu betrachten.

Die direktgefertigten Komponenten sind über die Angabe des jeweils übergeordneten und des führenden Planauftrags bzw. Fertigungsauftrags in einem mehrstufigen Auftragsnetz miteinander verbunden. Dieses Netz kann gemeinsam terminiert werden, und eine gemeinsame Kostenbetrachtung ist möglich.

Disaggregation Vorgang in der Absatz- und Produktionsgrobplanung (SOP), durch den die Daten einer Planungshierarchieebene nach den Daten der zugehörigen Mitglieder aufgeschlüsselt werden.

Disponent Der in der Materialbedarfsplanung innerhalb eines Werkes oder einer Firma für eine Gruppe von Materialien Verantwortliche. Jedem Material, das an der Materialbedarfsplanung teilnehmen soll, muss ein Disponent zugeordnet werden.

Disposition Oberbegriff für die Aktivitäten zur Erstellung eines Produktions- bzw. Fremdbeschaffungsplans für die Materialien eines Werkes oder eines Konzerns. Die Disposition wird auch als Materialbedarfsplanung bezeichnet.

Dispositionsbereich Organisationseinheit, für die eine separate Bedarfsplanung durchgeführt wird.

Ein Dispositionsbereich kann dabei einen oder mehrere Lagerorte eines Werkes oder auch eines bestimmten Lohnbearbeiters umfassen. Die Dispositionsbereiche können innerhalb eines Werkes festgelegt werden. Durch Festlegung von Dispositionsbereichen kann die Bedarfsplanung gezielt für diese Bereiche durchgeführt werden. Dies ermöglicht die termin- und mengengerechte Materialbereitstellung für die einzelnen Bereiche, z. B. eine bestimmte Fertigungslinie, einen Lagerort für Ersatzteile oder einen Lohnbearbeiterbestand.

Dispositionselement Oberbegriff für alle Objekte, die in der Dispositionsliste oder der Bedarfs-/Bestandsliste als Positionen ausgewiesen werden. Das sind z. B. Planaufträge, Bestellungen, Reservierungen, Kundenaufträge.

Dispositionsgruppe Zusammenfassung von Materialien aus der Sicht der Disposition mit dem Ziel, diesen Materialien spezielle Steuerungsparameter für die Planung zuordnen zu können. Zu diesen Steuerungsparametern gehören z. B. die Strategiegruppe, der Planungshorizont und die Erstellungskennzeichen für den Planungslauf.

Dispositionslauf Durchführung der Materialbedarfsplanung für alle Materialien oder Baugruppen, die eine Planungsvormerkung aufweisen.

Dispositionsliste Übersicht über das Ergebnis der Materialbedarfsplanung eines Werkmaterials.

Dispositionslosgröße Schlüssel, der angibt, nach welchem Losgrößenverfahren das System im Rahmen der Materialbedarfsplanung die zu beschaffende Menge berechnet.

Dispositionsmerkmal Schlüssel, der steuert, nach welchem Dispositionsverfahren (plangesteuert oder verbrauchsgesteuert) ein Material geplant werden soll. Er enthält zusätzliche Steuerungsparameter, z. B. für die Verwendung der Prognose für die Disposition, für die Fixierung von Beschaffungsvorschlägen usw.

Dispositionsstufe Unterste Auflösungsstufe, in der ein Material innerhalb aller Erzeugnisstrukturen vorkommt.

Dispositionsstufenverfahren Verfahren in der Materialbedarfsplanung, mit dem die Reihenfolge der zu planenden Materialien festgelegt wird.

Das Dispositionsstufenverfahren berücksichtigt die Tatsache, dass ein Material in mehreren Erzeugnissen und auf mehreren Auflösungsstufen einer Stückliste vorkommen kann. Es fasst den gesamten Bedarf für ein Material auf der Dispositionsstufe, d. h. der untersten Auflösungsstufe, in der ein Material verwendet wird, zusammen.

Dispositionsverfahren Verfahren, das den prinzipiellen Ablauf der Planung für ein Material festlegt. Die Dispositionsverfahren werden unterteilt in plangesteuerte und verbrauchsgesteuerte Dispositionsverfahren.

Die Verfahren der plangesteuerten Disposition orientieren sich an den zukünftigen Bedarfen. Die Bedarfe an Baugruppen und Komponenten von eigengefertigten Enderzeugnissen werden dabei mithilfe der Stücklistenauflösung ermittelt.

Die Verfahren der verbrauchsgesteuerten Disposition orientieren sich am vergangenen Verbrauch. Die Bedarfe werden auf der Grundlage der Vergangenheitswerte ermittelt.

Dokumentenverwaltungssystem Gesamtheit von Funktionen, die eine Verwaltung von unterschiedlichen Dokumenten ermöglichen.

Für die Verwaltung der Dokumente stehen beispielsweise folgende Funktionen zur Verfügung: Versionsverwaltung, Statusnetz, Objektverknüpfung (wie Materialstammsatz), Klassifizierung, Änderungsdienst, Archivierung.

Eigenfertigungszeit Zeit, die benötigt wird, um das Material in Eigenfertigung herzustellen. Sie kann abhängig oder unabhängig von der Auftragsmenge angegeben werden. Sie setzt sich zusammen aus den Durchlaufzeiten aller Vorgänge sowie den Pufferzeiten *Vorgriffszeit* und *Sicherheitszeit*.

Einkaufsinfosatz Informationsquelle für die Beschaffung eines bestimmten Materials bei einem bestimmten Lieferanten.

Einkaufsorganisation Organisatorische Einheit innerhalb der Logistik, die das Unternehmen nach den Erfordernissen des Einkaufs gliedert. Eine Einkaufsorganisation beschafft Materialien oder Dienstleistungen, sie handelt mit einem Lieferanten Einkaufskonditionen aus und ist für diese Geschäfte verantwortlich.

Einzelfertigung Produktionstyp, bei dem ein Produkt speziell für einen bestimmten Kunden gefertigt wird. Die Einzelfertigung umfasst die Kundenauftragsfertigung und die Projektfertigung.

Einzelkalkulation Kalkulationsinstrument ohne Rückgriff auf Stücklisten und Arbeitspläne.

Die Einzelkalkulation wird dazu eingesetzt, Musterkalkulationen anzulegen oder die Detailplanung von Objekten zu unterstützen, z. B. von Materialkalkulationen ohne Mengengerüst, additiven Kosten, Aufträgen, Kostenträgern, Projekten und Vertriebsbelegpositionen.

Einzelkapazität Um eine detailliertere Einsatz- und Belegungsplanung im Rahmen der Kapazitätsplanung zu gewährleisten, können Kapazitäten in Einzelkapazitäten (z. B. einzelne Maschinen) unterteilt werden, für die Kapazitätsangebote gepflegt werden können. Kapazitätsbedarfe können diesen Einzelkapazitäten in der grafischen oder tabellarischen Plantafel zugeordnet bzw. eingeplant werden.

Endausfassung Letzte Warenausgabe eines Materials mit Bezug auf eine Reservierungsposition. Es werden keine weiteren Warenausgaben mit Bezug auf diese Reservierungsposition erwartet. Die Reservierungsposition gilt als erledigt.

Endausfassungskennzeichen Kennzeichen, das dazu dient, eine Reservierungsposition als erledigt zu markieren. Das Endausfassungskennzeichen wird automatisch bei der Warenausgangsbuchung gesetzt, wenn die gesamte reservierte Menge entnommen wird. Es bewirkt, dass die Reservierungsposition nicht mehr in der Liste der offenen Reservierungen erscheint.

Endrückmeldung Eine Endrückmeldung ist die Rückmeldung eines Vorgangs, dessen Bearbeitung abgeschlossen ist.

Engpassarbeitsplatz Ein Engpassarbeitsplatz wird in der Kapazitätsplanung zu Terminierungszwecken definiert. Ausgehend von diesem Arbeitsplatz, wird dann vorwärts und rückwärts terminiert.

Entnahmelagerort Lagerort, von dem eine Komponente zur Produktion entnommen wird.

Ereignispunkt Mithilfe eines Ereignispunktes kann bei einer Statusänderung eines Vorgangs eine bestimmte Funktion ausgelöst werden. Ein Ereignispunkt ist immer einem Vorgang im Arbeitsplan bzw. im Auftrag zugeordnet. Der Benutzer kann über Parameter im Ereignispunkt die Bedingungen festlegen, die die Funktion auslösen.

Ereignispunktgruppe Eine Zusammenfassung von Standardereignispunkten. Mit Bezug auf eine Ereignispunktgruppe können automatisch alle in der Gruppe enthaltenen Standard-ereignispunkte als Ereignispunkte kopiert und einem Vorgang zugeordnet werden. Die Verwendung von Ereignispunktgruppen kann somit den Erfassungsaufwand verringern.

Eröffnungshorizont Anzahl der Arbeitstage, die vom Eckstarttermin abgezogen werden, um den Auftragseröffnungstermin zu bestimmen. Diese Zeit dient dem Disponenten als Pufferzeit, um einen Planauftrag in eine Bestellanforderung oder einen Fertigungsauftrag umzusetzen.

Erzeugniskalkulation Werkzeug zur Kostenplanung und Preisbildung. Die Erzeugniskalkulation dient dazu, die Herstell- und Selbstkosten pro Erzeugniseinheit zu ermitteln. Sie erfolgt automatisch auf der Basis der Daten aus der Produktionsplanung (Stückliste und Arbeitsplan oder Planungsrezept).

Ex-post-Prognose Prognose für bereits vergangene Perioden. Die Ex-post-Prognose wird verwendet zur Einschätzung der Prognosegüte, zur Modellauswahl, zur Parameteroptimierung und zum Nachholen von Prognosen.

Fabrikkalender Kalender, in dem die Arbeitstage fortlaufend nummeriert sind. Der Fabrikkalender wird über einen Feiertagskalender definiert. Der Fabrikkalender besitzt einen Gültigkeitsbereich, der innerhalb des Gültigkeitsbereichs des Feiertagskalenders liegen muss. Zusätzlich sind die Wochentage anzugeben, die Arbeitstage sind.

Feinplanung Die Feinplanung wird im Rahmen der Kapazitätsplanung zur kurzfristigen Planung von Einzelkapazitäten bzw. Personen verwendet. Sie erfolgt zeitpunktgenau und basiert auf einem Arbeitsplan.

Fertigungsart Verfahren der Fertigung, beispielsweise Werkstattfertigung oder Serienfertigung.

Fertigungsauftrag Produktionsauftrag, der im Rahmen der diskreten Fertigung verwendet wird.

Fertigungsgemeinkosten Kosten, die im Bereich der Fertigung anfallen und dem einzelnen Kostenträger nicht direkt zugerechnet werden (können).

Fertigungshilfsmittel Nichtstationäres Betriebsmittel, das in der Fertigung oder Instandhaltung eingesetzt wird.

Fertigungskosten Anteil der Herstellkosten, der aus den folgenden Kosten besteht: Fertigungseinzelkosten (Fertigungslöhne), Fertigungsgemeinkosten und Sondereinzelkosten der Fertigung.

Fertigungslinie Zusammenfassung mehrerer Bearbeitungsstationen oder auch eine einzelne Bearbeitungsstation. Eine Fertigungslinie wird in der Fließ- und Serienfertigung als Arbeitsplatz verwendet.

Fertigungslinien dienen dazu, die Bearbeitungsstationen einer Fließ- und Serienfertigung beliebig detailliert abzubilden. Dabei können Sie die Zusammenfassung einzelner Bearbeitungsstationen rein logisch durch die Definition einer Fertigungslinie durchführen, indem Sie diese als Arbeitsplatz anlegen. Sie können aber auch für jede Bearbeitungsstation eigene Arbeitsplätze bzw. Fertigungslinien anlegen und diese Struktur durch die Linienhierarchie abbilden.

Fertigungsserie Zeitlich begrenzte Produktionseinheit von Materialien, die sich in bestimmten Merkmalen gleichen.

Fertigungsversion Die Fertigungsversion bestimmt die verschiedenen Fertigungstechniken, nach denen ein Material gefertigt werden kann. Sie legt die Stücklistenalternative für die Stücklistenauflösung, den Plantyp, die Plangruppe und den Plangruppenzähler für die Zuordnung zu Plänen sowie Losgrößenrestriktionen und den Gültigkeitsbereich fest.

FIFO-Prinzip Auslagerungsstrategie, bei der die zuerst eingelagerten Materialien auch zuerst entnommen werden (FIFO = first in, first out).

Fixierungshorizont Festgelegter Zeitraum, in dem die Materialbedarfsplanung keine maschinellen Veränderungen am Produktionsplan durchführt. Innerhalb des Fixierungshorizonts werden maschinell weder Planaufträge neu eingeplant noch bestehende Planaufträge verändert.

Fließfertigung Im PP-System eine Fertigungsart, bei der die Vorgänge vollständig überlappt sind. Vorgänge mit einer kurzen Durchführungszeit werden auf die Dauer des längsten Vorgangs gedehnt. Der längste Vorgang legt die Taktzeit fest. Die gedehnten Vorgänge haben Taktzeitverluste.

Folge Lineare Sequenz von Vorgängen, die nach der Vorgangsnummer sortiert sind. Mithilfe von Folgen können im Plan netzartige Strukturen abgebildet werden, ohne dass die Komplexität von Netzplänen notwendig ist.

Im Plan werden drei Folgenarten unterschieden: Stammfolge, alternative Folge und parallele Folge.

Formel (CAP) Eine Formel ist eine mathematische Beschreibung einer Berechnung, die zur Ermittlung von Vorgabewerten mithilfe der CAP-Komponente genutzt wird. Sie besteht aus Merkmalen, die über mathematische Operanden und Funktionen miteinander verknüpft sind. Mit einer Formel werden sowohl Endergebnisse als auch Zwischenergebnisse berechnet.

Freigabehorizont Anzahl Arbeitstage zwischen dem geplanten Starttermin des Fertigungsauftrags und dem Termin für die Auftragsfreigabe. Ist das Auftragsfreigabekennzeichen gesetzt, wird der Fertigungsauftrag durch ein Batch-Programm entsprechend fristgerecht freigegeben.

Fremdbearbeitung Vorgänge, die nicht im eigenen Unternehmen ausgeführt werden. Aus dem Werkauftrag heraus werden für fremdbearbeitete Vorgänge Bestellanforderungen erzeugt, die vom Einkauf in Bestellungen umgesetzt werden.

Fremdbeschaffung Beschaffung von Roh-, Hilfs- und Betriebsstoffen, Handelswaren oder Dienstleistungen für die Bedarfsträger einer Firma bei externen Lieferanten.

Gebinde Behältnis, in dem ein Material enthalten ist.

Gefahrgut Stoff oder Gegenstand, der bei seiner Beförderung aufgrund seiner Natur, seiner Eigenschaften oder seines Zustands eine Gefahr für die öffentliche Sicherheit, für Leben und Gesundheit von Menschen, Tieren und Sachen darstellt.

Gemeinkostenauftrag Innenauftrag zur zeitlich begrenzten Überwachung von Gemeinkosten, die bei der Durchführung einer Maßnahme anfallen, oder zur dauernden Überwachung von Teilen der Gemeinkosten. Unabhängig von der Kostenstellenstruktur und den Prozessen des Unternehmens sammeln Gemeinkostenaufträge vor allem die anfallenden Plan- und Istkosten. Auf diese Weise können Sie die Kosten fortlaufend kontrollieren.

Die dem Gemeinkostenauftrag zugeordneten Gemeinkosten werden in der Regel am Ende einer Periode vollständig als Kosten an Kostenstellen, Aufträge, Projektstrukturplanelemente oder Ergebnisobjekte abgerechnet.

Geplante Entnahme Ausgabe eines Materials mit Bezug auf eine Reservierung. Eine geplante Entnahme erfolgt anhand einer Reservierungsliste und führt in der Regel zu einer Fortschreibung des Gesamtverbrauchs in der Verbrauchsstatistik zum Material.

Geschäftsbereich Organisatorische Einheit des externen Rechnungswesens, die einem abgegrenzten Tätigkeits- oder Verantwortungsbereich im Unternehmen entspricht, dem in der Finanzbuchhaltung erfasste Wertebewegungen zugerechnet werden können.

Geschäftspartner Eine natürliche oder legale Person oder eine Gruppe von natürlichen oder legalen Personen außerhalb des eigenen Unternehmens, an der dieses ein geschäftliches Interesse hat.

Halbfabrikat Unfertiges Erzeugnis. Bezeichnet die Materialart.

Instandhaltung Maßnahmen zur Erhaltung der Funktionsfähigkeit technischer Systeme (z. B. Maschinen, Produktionsanlagen).

Instandhaltung umfasst nach DIN 31051 die Tätigkeiten Inspektion (Maßnahmen zur Feststellung des Istzustands eines technischen Systems), Wartung (Maßnahmen zur Bewahrung des Sollzustands eines technischen Systems) und Instandsetzung (Maßnahmen zur Wiederherstellung des Sollzustands eines technischen Systems).

Istkosten Die Istkosten entsprechen den tatsächlich angefallenen Kosten.

Kalkulation Verfahren, mit dem die Herstellkosten bzw. Selbstkosten eines Produkts oder eines Kostenträgers ermittelt werden. Die Kalkulation erfolgt auf der Basis der Auftragsmenge oder der im Materialstammsatz festgelegten Kalkulationslosgröße.

Kalkulationsobjekt Bezugsobjekt einer Kalkulation. Bezugsobjekte, die kalkuliert werden können, sind z. B. Materialien, Kostenträger-Identnummern, Fertigungsaufträge, Verkaufsbelegpositionen (Anfrage, Angebot, Kundenauftrag), Projekte (Projektstrukturplan-Elemente [PSP-Element]), Innenaufträge und Primärkostenarten.

Kampagne Ununterbrochene Ausführung von Prozessaufträgen der gleichen Art, basierend auf demselben Planungsrezept.

Kampagnenplanung Die Kampagnenplanung umfasst die Terminierung von Kampagnen, deren Zuordnung zu Ressourcen und die Prüfung der Verfügbarkeit der Ressourcen.

Kanban Kanban ist ein Verfahren zur Produktions- und Materialflusssteuerung, basierend auf einer Verkettung von Vorgängen in der Fertigung und Beschaffung.

Der Nachschub bzw. die Fertigung eines Materials wird mit Kanban erst dann in die Wege geleitet, wenn eine Fertigungsstufe das Material tatsächlich benötigt. Der Nachschubimpuls wird durch eine Karte (japanisch Kanban) ausgelöst, die die materialverbrauchende Stelle an die Stelle schickt, die das Material zu liefern hat.

Kapazität Eine Kapazität ist das Leistungsvermögen, eine bestimmte Aufgabe zu erfüllen. Die Kapazitäten werden nach Kapazitätsarten voneinander unterschieden. Sie sind hierarchisch unter dem Arbeitsplatz angeordnet.

Kapazitätsabgleich Ausgleich der Unter- und Überbelastung an Arbeitsplätzen.

Kapazitätsangebot Leistungsvermögen bzw. Aufnahmefähigkeit einer Kapazität in einem Zeitraum. Das Kapazitätsangebot wird bestimmt durch Arbeitsbeginn und Arbeitsende, Pausendauer, Nutzungsgrad der Kapazität sowie Anzahl der Einzelkapazitäten, aus denen die Kapazität besteht.

Kapazitätsart Klassifizierende Beschreibung einer Kapazität an einem Arbeitsplatz. Eine Kapazitätsart kann an einem Arbeitsplatz nur einmal vorkommen. Jedoch können Kapazitäten an verschiedenen Arbeitsplätzen zur selben Kapazitätsart gehören.

Kapazitätsbedarf Der Kapazitätsbedarf gibt an, wie viel Leistung einzelne Aufträge an einer bestimmten Kapazitätsart zu einem bestimmten Zeitpunkt benötigen. Die Kapazitätsarten werden den Arbeitsplätzen zugeordnet. Der Kapazitätsbedarf wird verursacht durch Werkaufträge und Planaufträge.

Kapazitätsbelastung Die Kapazitätsbelastung ergibt sich aus der Gegenüberstellung vom Bedarf an einer bestimmten Kapazität und dem Angebot dieser Kapazität. Die Kapazitätsbelastung wird in Prozent vom Kapazitätsangebot angegeben.

Kapazitätsplanergruppe Schlüssel für eine Gruppe von Mitarbeitern, die für die Kapazitätsplanung zuständig ist. Über diesen Schlüssel können bestimmte Kapazitäten selektiert werden.

Kapazitätsplanung Die Kapazitätsplanung ist ein Instrument zur Ermittlung des Kapazitätsangebots und des Kapazitätsbedarfs und zur Durchführung des Kapazitätsabgleichs. Die Kapazitätsplanung unterstützt die langfristige Grobplanung, die mittelfristige Planung und die kurzfristige Feinplanung.

Kapazitätsterminierung Terminierungsart im Rahmen der Kapazitätsplanung, bei der die bereits vorhandenen Kapazitätsbelastungen berücksichtigt werden. Die Kapazitätsterminierung dient der Berechnung der Start- und Endtermine von Vorgängen im Auftrag.

Kommissionierung Entnehmen und Zusammenstellen von bestimmten Teilmengen (Materialien) aus dem Lager aufgrund von Bedarfsinformationen aus dem Vertrieb oder aus der Produktion. Die Kommissionierung kann anhand von Transportaufträgen bzw. Kommissionierlisten erfolgen.

Konsignation Geschäftsform, bei der der Lieferant auf seine Kosten beim Besteller einen Materialbestand bereithält. Eigentümer der Materialien bleibt bis zu deren Entnahme aus dem Konsignationslager der Lieferant. Die Entnahmen werden dem Lieferanten in regelmäßigen Zeitabständen mitgeteilt und entsprechend abgerechnet.

Konstantmodell Prognosemodell für konstanten Verbrauchsverlauf. Ein solcher Verlauf liegt vor, wenn die Verbrauchswerte um eine im Wesentlichen stabile Verbrauchshöhe schwanken. Die einzelnen Abweichungen vom Durchschnittswert unterliegen zufälligen Einflüssen und lassen keine Regelmäßigkeiten erkennen.

Kostenrechnungskreis Organisatorische Einheit innerhalb eines Unternehmens, für die eine vollständige, in sich geschlossene Kostenrechnung durchgeführt werden kann. Ein Kostenrechnungskreis kann einen oder mehrere – ggf. unterschiedliche Währungen führende – Buchungskreise umfassen. Die zugehörigen Buchungskreise müssen alle denselben operationalen Kontenplan nutzen. Alle innerbetrieblichen Verrechnungen beziehen sich nur auf Objekte desselben Kostenrechnungskreises.

Kostenstelle Organisatorische Einheit innerhalb eines Kostenrechnungskreises, die einen eindeutig abgegrenzten Ort der Kostenentstehung darstellt. Die Abgrenzung kann unter den Aspekten funktional, abrechnungstechnisch, räumlich oder Kostenverantwortung vorgenommen werden.

Kunde Geschäftspartner, mit dem Geschäftsbeziehungen im Hinblick auf die Abgabe von Produkten und/oder Dienstleistungen bestehen können.

Kundenauftrag Aufforderung eines Kunden an das Unternehmen, eine bestimmte Menge an Materialien zu einem Zeitpunkt zu liefern bzw. Leistungen zu einem Zeitpunkt zu erbringen. Ein Vertriebsbereich nimmt den Kundenauftrag entgegen und ist damit verantwortlich für die Erfüllung des Vertrags.

Kundenauftragsbestand Menge eines Materials, die zur Ausführung eines Kundenauftrags im Bestand liegt. Der Kundenauftragsbestand ist einem Kundenauftrag fest zugeordnet. Komponenten können nur zur Fertigung des vom Kunden bestellten Materials verwendet werden, und das gefertigte Material kann nur im Rahmen des Auftrags an den Kunden geliefert werden.

Kundenauftragskalkulation Kalkulation einer Kundenauftragsposition, die im Kundenauftrag angestoßen wird. Mit der Kundenauftragskalkulation können auch Positionen von Anfragen und von Angeboten kalkuliert werden.

Kundenbedarf Primärbedarf sowohl für nicht kombinierbare Enderzeugnisse als auch für kombinierbare Enderzeugnisse und Baugruppen, der durch einen Kundenauftrag erzeugt wird.

Kundeneinzelbedarf Durch einen Kundenauftrag erzeugter, einzeln an die Disposition weitergeleiteter Bedarf eines Materials in einem Werk. Pro Belegposition wird bei den Einzelbedarfen jeweils eine Zeile in der Bedarfs-/Bestandsübersicht des Materials erzeugt.

Kuppelproduktion Produktion mehrerer Materialien in einem Herstellungsprozess. Kuppelprodukte werden anders als Nebenprodukte bei der Auftragsabrechnung mit einem Teil der Produktionskosten belastet. Die Abrechnungsvorschrift, nach der die Produktionskosten verteilt werden, kann für jeden Herstellungsprozess individuell eingestellt werden.

Lager Organisatorische Einteilung, bezogen auf ein Werk, zur gemeinsamen Verwaltung von Material, das an unterschiedlichen Stellen aufbewahrt wird.

Lagerbestand Menge eines Materials, die auf einem Lagerplatz vorhanden und nach verschiedenen Bestandskriterien differenziert ist. Lagerbestände können differenziert für verschiedene Chargen oder – bei getrennter Bewertung des Materials – separat für die verschiedenen Bewertungsarten festgehalten werden. Als Sonderbestände auf dem Lagerplatz werden die Bestände von Geschäftspartnern oder auftragsspezifische Bestände bezeichnet.

Lagerkosten Kosten, die durch die Lagerung eines Materials entstehen. Die Lagerkosten werden als Prozentsatz vom Bewertungspreis im Materialstammsatz hinterlegt. Optimierende Losgrößenverfahren greifen bei der Beschaffungsmengenberechnung auf diese Kosten zurück.

Lagermaterial Material, das ständig im Lager gehalten wird (z. B. ein Rohstoff). Ein Lagermaterial hat einen Materialstammsatz und wird wertmäßig auf einem Materialbestandskonto geführt.

Lagermengeneinheit Mengeneinheit, in der die Bestände eines Materials geführt werden. In die Lagermengeneinheit rechnet das System alle Mengen um, die in anderen Mengeneinheiten erfasst werden. Der Begriff *Lagermengeneinheit* wird nur im SAP-ERP-Bestandsführungssystem verwendet. Er ist gleichbedeutend mit dem in anderen Anwendungen verwendeten Begriff *Basismengeneinheit*.

Lagerort Eine organisatorische Einheit, die eine Unterscheidung von Materialbeständen innerhalb eines Werkes ermöglicht.

Lagerortdisposition Disposition auf Lagerortebene. Der Lagerortbestand ist nicht im verfügbaren Bestand auf Werksebene enthalten, da die Bestän-de separat betrachtet werden. Es gibt mehrere Möglichkeiten:

Der Lagerort wird von der Disposition ausgeschlossen. In diesem Fall ist der Lagerortbestand weder im verfügbaren Werksbestand enthalten, noch wird für ihn die Disposition durchgeführt. Der Lagerortbestand steht jedoch für Lagerentnahmen uneingeschränkt zur Verfügung.

Der Lagerort wird separat disponiert. Sind bei der separaten Lagerortdisposition ein Meldebestand und eine Auffüllmenge definiert, kann der Lagerortbestand maschinell überwacht werden. Bei Unterschreitung des Meldebestands entsteht ein Beschaffungsvorschlag in Höhe der Auffüllmenge. Die Nettobedarfsrechnung wird dabei auf den Lagerort beschränkt.

Langfristplanung Langfristige Produktionsplanung mit dem Ziel, die zukünftige Bedarfs- und Bestandssituation zu simulieren.

Leistungsart Einheit innerhalb eines Kostenrechnungskreises, der die Leistungen einer Kostenstelle klassifiziert. Leistungsarten von Kostenstellen im Bereich der Fertigung sind z. B. Maschinenstunden oder gefertigte Einheiten.

Leitstand Bindeglied zwischen Produktionssteuerung und Fertigung. Instrument zur fertigungsnahen Durchlaufsteuerung und Überwachung der freigegebenen Aufträge mit Schnittstellen zur Betriebs- und Maschinendatenerfassung. Der Leitstand zeichnet sich durch einfache Bedienbarkeit (Maus), grafische Benutzeroberfläche (Plantafel, Statistiken) und permanente Verfügbarkeit aus.

Leitteil Enderzeugnis oder wichtige Baugruppe, das/die einen Hauptanteil am Gesamtumsatz hat oder mit der Fertigungstechnologie große Bereiche des Produktionsprozesses dominiert. Für die Disposition der Leitteile stehen spezielle Planungswerkzeuge zur Verfügung, mit denen diese Teile besonders sorgfältig geplant werden können.

Leitteileplanung Dispositionsverfahren, bei dem diejenigen Teile oder Erzeugnisse mit erhöhter Aufmerksamkeit geplant werden, die einen hohen Anteil an der Wertschöpfung des Unternehmens haben oder kritische Ressourcen belegen. Leitteile werden mit einem Dispositionsverfahren für Leitteileplanung gekennzeichnet.

Lieferant Geschäftspartner, von dem Materialien oder Dienstleistungen bezogen werden können.

Liegezeit Zeit zwischen dem Ende der Durchführungszeit und dem Beginn des Transports. Im SAP-System wird unterschieden zwischen maximaler Liegezeit und prozessbedingter Liegezeit. In der Terminierung wird nur die prozessbedingte Liegezeit berücksichtigt. Die maximale Liegezeit dient ausschließlich Informationszwecken.

LIFO-Prinzip Verfahren, bei dem die zuletzt erworbenen Bestände zuerst verbraucht oder veräußert werden (LIFO = last in, first out).

Linienabschnitt Arbeitsplatz einer Fertigungslinie. Linienabschnitte können im Liniendesign angelegt werden, indem Arbeitsplätze in eine Linienhierarchie eingefügt werden. Anschließend können die Anzahl der Takte und die Anzahl der Einzelkapazitäten für die Linienabschnitte definiert werden.

Liniendesign Bestandteil der Prozessfertigung bei Fließband- und Prozessfertigern (Flow Manufacturers). Mithilfe des Liniendesigns werden Vorgänge und Untervorgänge definiert und wird deren Reihenfolge in Form eines Linienarbeitsplans festgelegt. Darüber hinaus dient das Liniendesign zur Strukturierung der Fertigungslinie, d. h., die Linie wird in Abschnitte und Takte unterteilt. Es kann auch die Arbeitsbelastung an den einzelnen Takten oder Linienabschnitten optimiert werden, indem eine Abtaktung für die Fertigungslinie anlegt wird.

Linienhierarchie Abbildung der Struktur einer Fertigungslinie. Die Fertigungslinie kann dabei in beliebig viele Linienabschnitte aufgeteilt werden, die ihrerseits wiederum in einzelne untergeordnete Elemente aufgeteilt werden können. Die Aufteilung ist über beliebig viele Ebenen hinweg möglich. Die unterste Ebene der Linienhierarchie sind die einzelnen Taktbereiche. Die Taktbereiche sind damit die kleinste räumliche Einheit einer Linie. Die Fertigungslinie, die Linienabschnitte und die untergeordneten Elemente werden als Arbeitsplätze im System angelegt und über eine Grafik zur Linienhierarchie gruppiert.

Linienplan Arbeitsplan, der z. B. in der Serienfertigung zur mengenbezogenen Planung genutzt wird. Im Linienplan kann für jeden Vorgang die Produktionsmenge und eine feste Bezugszeit und damit eine Produktionsrate festgelegt werden.

Logistikinformationssystem Das Logistikinformationssystem (LIS) umfasst das Vertriebsinformationssystem, das Einkaufsinformationssystem, das Bestandscontrolling, das Fertigungsinformationssystem, das Instandhaltungsinformationssystem und das Qualitätsmanagementinformationssystem.

Die Informationssysteme, die zum LIS gehören, sind modular aufgebaut, verfügen jedoch über eine Vielzahl von zentralen Techniken zur Auswertung der Daten. Der modulare Aufbau ermöglicht jedoch auch spezifische Besonderheiten für jedes Informationssystem.

Die Informationssysteme des LIS können auf unterschiedlichen Entscheidungsebenen als Kontroll-, Steuerungs- und Planungsinstrument eingesetzt werden. Es handelt sich dabei um flexible Werkzeuge, um Daten aus der jeweiligen operativen Anwendung zu sammeln, zu verdichten und auszuwerten. Die Informationssysteme gestatten beliebige Sichten auf alle Informationen aus der operativen Anwendung. Der Grad der Informationstiefe kann dabei individuell bestimmt werden. Anhand aussagekräftiger Kennzahlen können Zielkriterien permanent kontrolliert und Maßnahmen frühzeitig eingeleitet werden. Die Auswertung der Daten erfolgt in Form von Stan-dardanalysen oder flexiblen Analysen. Integriert in die Informationssysteme sind die flexible Planung, das Frühwarnsystem und die Logistikinformationsbibliothek. Mithilfe von Werkzeugen, die im Customizing zur Verfügung stehen, kann ein individuelles Informationssystem aufgebaut werden, das ganz auf die Bedürfnisse des Kunden zugeschnitten ist.

Lohnbearbeitung Von einem externen Lieferanten durchgeführte Verarbeitung von seitens der Kunden beigestellten Materialien, um dadurch ein bestelltes Material oder Produkt zu erstellen oder eine bestellte Dienstleistung zu erbringen.

Losgröße Zu fertigende oder zu beschaffende Menge. Die Losgröße ist ein Kriterium für die Auswahl der zu verwendenden Alternative einer Mehrfachstückliste, für die Auswahl des Arbeitsplans, der einem Fertigungsauftrag zugrunde gelegt wird, für die Auswahl der zu verwendenden Vorgangsfolge bei alternativen Folgen im Arbeitsplan und für die Preisgestaltung beim Verkauf bzw. Einkauf von Waren.

Losgrößenverfahren Verfahren im Rahmen der Disposition, das dazu dient, die Bestell- und Fertigungsmengen (Losgrößen) zu berechnen. Die Losgrößenverfahren sind in drei Gruppen unterteilt: statische, periodische und optimierende Losgrößenverfahren.

Mandant Eine handelsrechtlich, organisatorisch und datentechnisch abgeschlossene Einheit innerhalb eines SAP-ERP-Systems mit getrennten Stammsätzen und einem eigenständigen Satz von Tabellen.

Manuelle Bestellpunktdisposition
Spezielles Verfahren im Rahmen der verbrauchsgesteuerten Disposition. Unterschreitet der verfügbare Bestand den Meldebestand (auch Bestellpunkt genannt), wird das Material zur Disposition vorgemerkt. Beim nächsten Planungslauf wird dann ein Beschaffungsvorschlag erzeugt. Meldebestand und Sicherheitsbestand müssen dazu manuell festgelegt und im Materialstammsatz hinterlegt werden.

Maschinelle Bestellpunktdisposition
Spezielles Verfahren im Rahmen der verbrauchsgesteuerten Disposition. Unterschreitet der verfügbare Bestand den Meldebestand (auch Bestellpunkt genannt), wird das Material zur Disposition vorgemerkt. Beim nächsten Planungslauf wird dann ein Beschaffungsvorschlag erstellt. Meldebestand und Sicherheitsbestand werden dazu durch das Prognoseprogramm automatisch bestimmt.

Material Gut, das Gegenstand der Geschäftstätigkeit ist. Mit einem Material wird gehandelt, es wird bei der Fertigung eingesetzt, verbraucht oder erzeugt.

Materialart Zusammenfassung von Materialien mit denselben Grundeigenschaften, z. B. Rohstoffe, Halbfabrikate oder Fertigerzeugnisse. Beim Anlegen eines Materialstammsatzes müssen Sie das Material einer Materialart zuordnen. Die gewählte Materialart steuert z. B., ob das Material für einen bestimmten Zweck vorgesehen ist (beispielsweise als konfigurierbares Material oder als Prozessmaterial), ob die Materialnummer intern und/oder extern vergeben werden kann, aus welchem Nummernkreisintervall die Materialnummer vergeben wird, welche Bilder in welcher Reihenfolge erscheinen, welche Fachbereichsdaten eingegeben werden können und welche Beschaffungsart das Material hat, d. h., ob eigengefertigt und/oder fremdbezogen wird.

Zusammen mit dem Werk bestimmt die Materialart die Bestandsführungspflicht des Materials, d. h., ob Mengen-änderungen im Materialstammsatz fortgeschrieben und ob Wertänderungen auch auf den Bestandskonten der Finanzbuchhaltung fortgeschrieben werden.

Materialbedarfsplanung Oberbegriff für die Aktivitäten zur Erstellung eines Produktions- bzw. Beschaffungsplans für die Materialien eines Werkes oder eines Konzerns. Die Materialbedarfsplanung wird auch als Disposition bezeichnet.

Materialbereitstellungsliste Liste, aus der ersichtlich ist, welche Komponenten für eine Fertigungslinie in einem bestimmten Zeitraum für einen Produktionslagerort bereitgestellt werden müssen. Die Mengen ergeben sich aus einem Abgleich zwischen Bedarf und den Beständen an den Produktionslagerorten. Mithilfe der Materialbereitstellungsliste können dann die benötigten Mengen aus dem Zentrallager besorgt werden.

Materialbestand Teil des Umlaufvermögens. Der Materialbestand wird auf Werks- oder Lagerortebene verwaltet.

Materialbewertung Feststellung des Wertes eines Materialbestands.

Materialgemeinkosten Kosten, die den einzelnen Materialien nicht direkt zugerechnet werden, wie z. B. Beschaffungskosten oder Lagerkosten für ein Lager, in dem mehrere Materialien gelagert sind.

Materialkosten Materialkosten bestehen aus den Materialeinzelkosten und den Materialgemeinkosten. Sie sind Bestandteil der Herstellkosten.

Materialstammsatz Datensatz, der alle im System benötigten Grundinformationen zu einem Material enthält; die Daten sind nach verschiedenen Kriterien geordnet. Ein Materialstammsatz enthält Daten mit beschreibendem Charakter (z. B. Größe, Abmessung, Gewicht) und Daten mit Steuerungsfunktion (z. B. Materialart, Branche). Neben diesen Daten, die direkt vom Benutzer gepflegt werden können, gibt es Daten, die vom System automatisch fortgeschrieben werden (z. B. Bestände).

Materialstückliste Stückliste, die mit Bezug auf einen Materialstammsatz angelegt wird. Die Stückliste kann Positionen mit unterschiedlichen Positionstypen enthalten (z. B. Lagerposition, Nichtlagerposition, Dokumentposition, Textposition).

Materialvariante Produktvariante eines konfigurierbaren Materials, deren Ausprägungen bereits im Materialstammsatz festgelegt werden.

Materialverfügbarkeitsprüfung Prüfung, die automatisch bei Materialentnahmen durchgeführt wird, um festzustellen, ob genügend Materialien für die Entnahme vorhanden sind.

Materialverwendung Auswertungsform der Stücklisten, die ermittelt, in welchen Stücklisten ein Material in welcher Menge eingesetzt wird. Man unterscheidet zwischen direkter Materialverwendung und mehrstufiger Materialverwendung.

Meilensteinrückmeldung Art der Rückmeldung, bei der mehrere Vorgänge in einer Bearbeitungsreihenfolge automatisch rückgemeldet werden können. Die Kennzeichnung eines Vorgangs als Meilenstein erfolgt über den Steuerschlüssel.

Ist ein Vorgang als Meilenstein gekennzeichnet, werden alle vorherigen Vorgänge automatisch zusammen mit dem als Meilenstein gekennzeichneten Vorgang zurückgemeldet.

Meldebestand Menge, bei deren Unterschreitung das Material automatisch vom System zum Planungslauf vorgemerkt wird. Der Begriff *Bestellpunkt* wird oft synonym verwendet.

Mindestbestand Untergrenze des dynamischen Sicherheitsbestands. Der Mindestbestand errechnet sich nach der Formel *Mindestreichweite × durchschnittlicher Tagesbedarf*.

Mindestlosgröße Menge, die bei der Beschaffung nicht unterschritten werden darf. Diese Größe kann bei der Beschaffungsmengenberechnung in der Disposition berücksichtigt werden.

Mindestreichweite Anzahl Tage, die der dynamische Sicherheitsbestand mindestens ausreichen soll. Die Mindestreichweite wird im Reichweitenprofil festgelegt.

Mittelpunktterminierung Terminierungsart, bei der ein Auftrag aufgrund von zeitlichen Verschiebungen neu terminiert wird. Ausgehend vom Starttermin des Vorgangs, werden alle vorhergehenden Vorgänge rückwärts terminiert. Ausgehend vom Endtermin des Vorgangs, werden alle nachfolgenden Vorgänge vorwärts terminiert. Diese Art der Terminierung wird z. B. innerhalb der Produktionsplanung und -steuerung verwendet, wenn die Termine eines Vorgangs beim Kapazitätsabgleich (z. B. Engpassplanung) verändert wurden.

Montageauftrag Aufforderung zum Zusammensetzen vorgefertigter Teile und Baugruppen zum fertigen Enderzeugnis entsprechend einem vorhandenen Kundenauftrag.

Nettobedarfsrechnung Überprüfung durch das System, ob der Bedarf durch den verfügbaren Lagerbestand sowie die fest eingeplanten Zugänge des Einkaufs und der Fertigung abgedeckt ist. Bei Unterdeckung des Bedarfs generiert das System einen Beschaffungsvorschlag.

Netzplan Anweisung, Aufgaben in bestimmter Weise, in einer vorgegebenen Reihenfolge und einer festgelegten Zeit durchzuführen.

Nichtlagerposition Positionstyp, über den ein nicht lagerhaltiges Material als Komponente einer Stückliste erfasst wird. Für eine Nichtlagerposition wird eine Bestellanforderung erzeugt.

Normalarbeitsplan Arbeitsplantyp, der eine oder mehrere Folgen von Vorgängen zur Fertigung eines Materials festlegt. Zur Verringerung des Erfassungsaufwands können in einem Normalarbeitsplan Standardarbeitspläne in beliebiger Reihenfolge und Häufigkeit referenziert werden.

Nutzungsgrad Der Nutzungsgrad ist das prozentuale Verhältnis von tatsächlicher und theoretisch verfügbarer Kapazität.

Operative Rate Steuerungsparameter für die Taktterminierung der Sequenzplanung. Die operative Rate bestimmt wie die geplante Rate die Menge pro Zeiteinheit, die Sie auf einer Fertigungslinie produzieren können. Allerdings können Sie mit der operativen Rate die geplante Rate übersteuern, um auf kurzfristige Angebots- oder Bedarfsänderungen zu reagieren.

Operative Taktzeit Taktzeiten sind Steuerungsparameter für die Taktterminierung der Sequenzplanung und werden für eine Fertigungslinie definiert. Analog zur geplanten Taktzeit ist die operative Taktzeit der Zeitabstand, in dem einerseits ein Material auf die Linie kommt und andererseits ein bearbeitetes Material die Linie wieder verlässt. Mit der operativen Taktzeit können Sie die geplante Taktzeit übersteuern, um auf kurzfristige Angebots- oder Bedarfsänderungen zu reagieren.

Periodenkennzeichen Festlegung, in welchem zeitlichen Intervall Verbrauchs- oder Prognosewerte im System hinterlegt werden.

Periodisches Losgrößenverfahren
Verfahren, bei dem die Bedarfsmengen einer oder mehrerer Perioden zu einer Losgröße zusammengefasst werden. Kosten, die durch die Lagerhaltung sowie durch das Rüsten oder den Einkaufsvorgang entstehen, werden hierbei nicht berücksichtigt. Die Anzahl der Perioden, die zu einem Beschaffungsvorschlag zusammengefasst werden können, kann beliebig festgelegt werden. Man unterscheidet zwischen Tageslosgrößen, Wochenlosgrößen, Monatslosgrößen und Losgrößen nach flexiblen Periodenlängen (Buchhaltungsperioden).

Phase Detaillierung eines Vorgangs in der Prozessindustrie. Phasen können in sequenzieller oder paralleler Abfolge angeordnet werden. Einer Phase werden Materialien aus der Materialliste zugeordnet. Phasen haben dieselbe Primärressource wie der Vorgang. Es können ihnen weitere Sekundärressourcen zugeordnet werden.

Plan Beschreibt die auftragsneutrale Ablauffolge für die Durchführung eines Vorhabens. Wesentliche Objekte eines Plans sind Plankopf, Vorgänge, Materialzuordnungen, Fertigungshilfsmittel und Prüfmerkmale. Werden die Objekte des Plans mit

Terminen und Mengen versehen, entsteht ein Auftrag.

Beispiele für Pläne sind Normalarbeitspläne, Standardarbeitspläne, Linienpläne, Instandhaltungsarbeitspläne, Prüfpläne, Standardnetze und Planungsrezepte.

Planauftrag Anforderung der Materialbedarfsplanung an ein Werk, die Beschaffung eines Werkmaterials in einer bestimmten Menge zu einem festgelegten Termin zu veranlassen.

Planecktermin Eröffnungs-, Planstart- und Planendtermin von Bestellvorschlägen werden als Ecktermine bezeichnet. Sie werden bei der Materialdisposition berechnet.

Plangesteuerte Disposition Oberbegriff für Verfahren innerhalb der Materialbedarfsplanung, die alle zukünftigen Bedarfe (Planprimärbedarf, Sekundärbedarf usw.) bei der Erzeugung von Beschaffungsvorschlägen berücksichtigt.

Plangruppe Eine Plangruppe ist eine Zusammenfassung von Plänen, die ähnliche Fertigungsabläufe aufweisen oder die zur Fertigung ähnlicher Materialien dienen. Zum Beispiel können in einer Plangruppe Pläne für unterschiedliche Losgrößenbereiche zusammengefasst werden. Eine Plangruppe identifiziert zusammen mit dem Plangruppenzähler einen Plan eindeutig.

Plangruppenzähler Ein Plangruppenzähler ist eine Identifizierung eines Plans in einer Plangruppe. Zum Beispiel können Pläne mit alternativen Fertigungsabläufen mithilfe von Plangruppenzählern gekennzeichnet werden. Ein Plangruppenzähler identifiziert zusammen mit der Plangruppe einen Plan eindeutig.

Plankalkulation Die Plankalkulation ist die wichtigste Kalkulationsart der Materialkalkulation und Basis für die Ergebnisplanung bzw. das abweichungsorientierte CO-PC. Sie wird in der Regel einmal zu Beginn des Geschäftsjahres oder einer neuen Saison für alle Erzeugnisse durchgeführt. Die Plankalkulation ermittelt den Standardpreis für Halbfabrikate und Fertigfabrikate und wird bewertungsrelevant für Materialien mit einer Standardpreissteuerung.

Plankopf Bereich eines Plans, in dem Daten stehen, die für den gesamten Plan gelten. Typische Daten des Plankopfes sind Verwendung, Planergruppe, Status, Losgrößenintervall und Planmengeneinheit.

Plankosten Für ein bestimmtes Vorhaben (z. B. einen Auftrag) geplante Kosten.

Planlieferzeit Anzahl von Tagen, die benötigt werden, um das Material durch Fremdbeschaffung zu beziehen.

Planlosgröße Wird bei der Kalkulation als Losgröße vorgeschlagen. Die nicht proportionalen Kosten beziehen sich auf diese Losgröße.

Planprimärbedarf Bedarfsmenge eines Erzeugnisses, die kundenauftragsneutral für einen bestimmten Zeitraum geplant wird.

Plantafelprofil Steuert über die in ihm enthaltenen Unterprofile Aufbau, Erscheinungsbild und Verhalten der grafischen Plantafel sowie der in ihr enthaltenen grafischen Objekte.

Plantyp Unterscheidet Pläne nach ihrer Funktionalität. Beispielsweise untergliedern sich Arbeitspläne in die Plantypen Normalarbeitsplan, Standardarbeitsplan, Linienplan und Standardlinienplan.

Planungsabschnitt Linienabschnitt, der die Darstellung der Auftragsmengen im Planungstableau steuert. Das Planungstableau zeigt im Bildschirmbereich Materialdaten für den Planungsabschnitt in einer Zeile an. In dieser Zeile können die in dem Linienabschnitt eingeplanten Planaufträge überprüft und gegebenenfalls geändert werden. Der Planungsabschnitt wird in der Linienhierarchie definiert. Sie können den Planungsabschnitt vom Planungstableau aus ändern.

Planungsdauer Zeitraum, in dem das System alle Planaufträge zusammenfasst und je nach gewähltem Planverfahren deren Reihenfolge plant. Dieser Begriff wird im Rahmen der Sequenzplanung verwendet.

Planungshierarchie Eine vom Benutzer festgelegte Kombination verschiedener Merkmale aus einer Informationsstruktur, die in der Absatz- und Produktionsgrobplanung eingesetzt wird. Sie ermöglicht die Durchführung von Top-Down- und Bottom-Up-Planungen und damit die Integration zentraler und dezentraler Planungsvorgänge.

Planungshorizont Zeitraum, der für die Veränderungsplanung im Planungshorizont festgelegt wird. Bei dieser Art der Veränderungsplanung werden im Planungslauf nur die Materialien geplant, die innerhalb des Zeitraums (in Arbeitstagen) eine dispositionsrelevante Änderung erfahren haben. Die Länge des Planungshorizonts sollte mindestens Folgendes umfassen: Zeitraum, in dem Kundenaufträge eingehen, Lieferfristen, gesamte Durchlaufzeiten der Materialien.

Planungsidentifikation Schlüssel, der eine örtliche oder zeitliche Zusammenfassung verschiedener Materialien zu Planungs- und Auswertungszwecken gestattet. Beispielsweise können Sie allen Materialien, die auf einer bestimmten Fertigungslinie gefertigt werden, eine Planungsidentifikation zuordnen.

Planungskalender Planungskalender definieren auf Werksebene flexible Periodenlängen. Für die Bedarfsplanung (PP) können mit dem Planungskalender Beschaffungszeiträume und Beschaffungstermine für die Ermittlung von Periodenlosgrößen definiert werden. In der Bedarfs-/Bestandsliste und in der Dispositionsliste können Dispositionselemente nach den Perioden des Planungskalenders zu Periodensummen zusammengefasst werden. Der Planungskalender kann als Basis für die Übermittlungsperiodizität und die Aggregation von Abrufen zu Lieferplänen (MM) dienen.

Planungslauf Durchführung der Materialbedarfsplanung für alle Materialien oder Baugruppen, die eine Planungsvormerkung aufweisen. Der Planungslauf gliedert sich in vier wesentliche Arbeitsschritte: Nettobedarfsrechnung, Losgrößenrechnung, Ermittlung des Beschaffungselements und der Beschaffungsart sowie Terminierung.

Planungslaufart Unterscheidung in drei verschiedene Arten des Planungslaufs: Neuplanung, Veränderungsplanung und Veränderungsplanung im kurzfristigen Planungshorizont.

Planungsrezept Auftragsneutrale Beschreibung eines betriebsspezifischen Verfahrens in der Prozessindustrie. Das Planungsrezept dient zur Herstellung von Materialien oder zur Erbringung von Leistungen.

Planungstableau Anwendung in der Serienfertigung, mit deren Hilfe der Planer die Produktionsmengen linienorientiert einplanen kann. Das Planungstableau ermöglicht es, auf einen Blick die Produktionsmengen zu überprüfen sowie die aktuelle Kapazitätsauslastung der Fertigungslinien und die Verfügbarkeitssituation der Materialien festzustellen.

Planungsvormerkung Vormerkung für den Planungslauf. Die Vormerkungen werden in der Planungsvormerkdatei für alle Materialien, bei denen dispositionsrelevante Änderungen vorgenommen worden sind, automatisch gesetzt. Das Material wird in die Planungsvormerkdatei eingetragen, sobald es mit einem gültigen Dispositionsmerkmal angelegt ist.

Planungswerk Werk, in dem nach Auftragsdurchführung der Wareneingang für das gefertigte Material erfolgt. Das Planungswerk kann z. B. eingesetzt werden, wenn der Vertrieb als selbständiges Werk organisiert werden soll.

Planversion In der Absatz- und Produktionsgrobplanung (SOP) können die Plandaten aus einer Informationsstruktur in mehreren Versionen existieren. Dadurch ist die parallele Haltung mehrerer Pläne zu ein und derselben Informationsstruktur möglich. So können Daten mehrfach, zum Beispiel auf der Basis unterschiedlicher Prognoseverfahren oder mit und ohne Berücksichtigung künftiger Ereignisse, geplant werden. Die aktive Version ist die Version A00. In der Regel ist die aktive Version die endgültige Version. Alle anderen Versionen sind inaktiv.

Positionstyp Begriff zur Unterteilung von Positionen einer Stückliste nach festgelegten Kriterien, z. B. nach dem Objektbezug (wie Materialstammsatz, Dokumentinfosatz). Über die Auswahl des Positionstypen steuern Sie die Bildfolgesteuerung, die Feldauswahl, die Vorschlagswerte, die Materialeingabe, die Bestandsführung und die Unterpositionen. Beispiele sind Lagerposition, Nichtlagerposition und Dokumentposition.

Primärkosten Kosten, die durch den Verbrauch von Gütern und Leistungen, die dem Betrieb von außen (vom Beschaffungsmarkt) zugeflossen sind, entstehen.

Primärressource Die Primärressource ist der Anlagenteil oder die Prozesseinheit, in oder auf der ein Vorgang ausgeführt wird. Sie wird für die Dauer des Vorgangs belegt, wodurch alle Phasen des Vorgangs automatisch dieselbe Primärressource wie der Vorgang erhalten.

Produktgruppe Eine Produktgruppe fasst Produkte (Materialien) zusammen. Diese Zusammenfassung kann nach unterschiedlichen Kriterien erfolgen, die individuell bestimmt werden können. Es kann sich dabei beispielsweise um Produkte ähnlicher Beschaffenheit handeln oder um Enderzeugnisse, die an ein und derselben Engpassmaschine gefertigt werden. Eine Produktgruppe kann mehrstufig oder einstufig aufgebaut sein. Produktgruppen sind mehrstufig, wenn sie als Mitglieder andere Produktgruppen enthalten. Die unterste Produktgruppe der Hierarchie muss jedoch aus Materialien bestehen.

Produktionsauftrag Anforderung an die Produktion, Materialien bzw. Leistungen zu einem bestimmten Termin in einer bestimmten Menge herzustellen bzw. zu erbringen. Ein Produktionsauftrag legt fest, auf welchem Arbeitsplatz bzw. mit welcher Ressource und mit welchen Einsatzmaterialien das Material zu fertigen ist.

Produktionseinteilung Produktionsmenge, die in einer bestimmten Periode gefertigt wird. Technisch gesehen werden Produktionseinteilungen als Planaufträge abgelegt. Im Gegensatz zu anderen Planaufträgen müssen Produktionseinteilungen nicht freigegeben und in Fertigungsaufträge umgesetzt werden.

Produktionskampagne Zusammenfassung von Plan- und Prozessaufträgen, um eine bestimmte Menge eines Materials über einen bestimmten Zeitraum hinweg in ununterbrochener Reihenfolge auf einer Fertigungslinie herzustellen.

Produktionskostensammler Objekt der Kostenrechnung, das in der Serienfertigung und in Kanban-Verfahren verwendet wird. Der Produktionskostensammler kann pro Fertigungsversion oder pro Material angelegt werden. Die gesammelten Kosten werden am Periodenende an den Bestand abgerechnet. Istkosten fallen bei folgenden betriebswirtschaftlichen Vorgängen an: Wareneingangsmeldungen, Zählpunktmeldungen, innerbetriebliche Leistungsverrechnungen, Nachbewertung der Leistungen zu Isttarifen, Gemeinkostenbezuschlagung.

Im Rahmen des Periodenabschlusses werden u. a. folgende Funktionen für den Produktionskostensammler durchgeführt: WIP-Ermittlung, Abweichungsermittlung, Abrechnung.

Produktionslagerort Vorschlagslagerort sowohl für die Komponentenentnahme zur anschließenden Verarbeitung als auch für den Wareneingang des Erzeugnisses. Der Produktionslagerort wird beispielsweise im Materialstamm für ein Material festgelegt.

Produktionslos Bestimmte Produktionsmenge einer Baugruppe (Enderzeugnis oder Halbfertigteil), die gleichzeitig mit Bezug zu einer Nummer geplant und gefertigt wird. Mithilfe dieser Nummer können Sie die Kosten für die Produktion eines Produktionsloses ermitteln. Die Nummer des Produktionsloses ist technisch betrachtet ein PSP-Element, das vom System beim Anlegen der Nummer erzeugt wird.

Produktionsplan Produktionspläne werden in der Plantafel der Absatz- und Produktionsplanung (SOP) erstellt. Produktionsziele können für Materialien, Produktgruppen und/oder Merkmalswerte aus einer Informationsstruktur gesetzt und entweder aus Absatzzielen abgeleitet oder mit eigenen oder im Standard enthaltenen Makros definiert werden.

Produktionsprogramm Zusammenstellung der Bedarfsmengen und -termine für Enderzeugnisse und Hauptbaugruppen in Form von Planprimärbedarfen.

Produktionsversorgungsbereich Bereich in der Fertigung, in dem Material bereitgestellt wird und aus dem es direkt für die Fertigung entnommen werden kann. Der Produktionsversorgungsbereich (PVB) wird beispielsweise verwendet in der Kanban-Abwicklung und bei der Materialbereitstellung mit Warehouse Management (WM).

Prognose Abschätzung des weiteren Verlaufs einer Zeitreihe. Im SAP-System wird die Prognose u. a. als exponentielle Glättung erster oder zweiter Ordnung sowie anhand einfacher Durchschnittsmodelle durchgeführt.

Prognosebedarf Bedarf, der aufgrund einer Prognose maschinell in das System eingestellt wurde.

Prognosefehler Differenz zwischen tatsächlichem Wert und dem in der Vorperiode prognostizierten Wert.

Prognosemodell Aussage über die einer Zeitreihe grundsätzlich immanente Struktur. Es gibt die Prognosemodelle Konstantmodell, Trendmodell, Saisonmodell und Trend-Saison-Modell.

Prognoseparameter Oberbegriff für alle die Prognose betreffenden Daten. Man unterscheidet zwischen vom Prognosemodell abhängigen und unabhängigen Prognoseparametern.

Prognosewert Wert, der in der Regel vom System im Rahmen der Prognose ermittelt wird und angibt, mit wie viel Verbrauch von einem Material in einer bestimmten zukünftigen Periode zu rechnen ist. Der Prognosewert wird im Materialstammsatz fortgeschrieben.

Projektfertigung Produktionstyp, bei dem eine komplexe Fertigung unter überwiegend einmaligen Bedingungen für einen bestimmten Kunden vorgenommen wird. Die Fertigungsstrukturen werden mit einem Projektstrukturplan (PSP) grob gegliedert. Die folgenden Planungsschritte des Projekts finden auf dieser Ebene statt: Budgetierung, Erlösplanung, Finanzplanung und Kostenplanung. Die Fertigungsabläufe werden mit einem Netzplan gegliedert. Die Planung von Terminen, Ressourcen und zugehörigen Kosten findet auf dieser Ebene statt.

Prozessauftrag Produktionsauftrag, der in der Prozessfertigung verwendet wird.

Prozessdatenanforderung Prozessvorgabe, die festlegt, dass die Prozesssteuerung eine Prozessmeldung mit Istdaten an das SAP-ERP-System versenden soll. Die Prozessdatenanforderung gibt an, welcher Meldungsart die Prozessmeldung angehören soll und welche Informationen von der Prozesssteuerung geliefert werden müssen.

Prozessdatendokumentation Komponente von PP-PI, mit der Listen qualitätsrelevanter Produktionsdaten erzeugt und in ein optisches Archiv geschrieben werden. Im Rahmen der Prozessdatendokumentation können Chargenprotokolle und Auftragsprotokolle archiviert werden.

Prozessfertigung Verarbeitung von Gasen, Granulaten oder Flüssigkeiten. Die Verfahren der Prozessfertigung teilen sich auf in kontinuierliche oder diskontinuierliche Fertigung.

Prozesskoordination Komponente von PP-PI, die die Schnittstelle zur Prozesssteuerung bildet. Die Prozesskoordination umfasst folgende Funktionen: Übernahme freigegebener Prozessaufträge von der Prozessplanung, Erzeugen von Steuerrezepten aus Prozessaufträgen, Verteilung der Steuer-rezepte an die zuständigen Anlagenfahrer oder Prozessleitsysteme, Entgegennahme, Prüfung und Verteilung von Prozessmeldungen sowie manuelle Eingabe von Prozessmeldungen.

Prozessmaterial Materialart, die speziell der Abbildung einer Kuppelproduktion dient. Ein Prozessmaterial repräsentiert kein physisches Material, sondern lediglich einen Herstellungsprozess. Prozessmaterialien können bei Kuppelproduktion als Kopfmaterial von Stückliste und Planungsrezept verwendet werden. Dies ist z. B. dann sinnvoll, wenn die Fertigung nicht durch die Materialbedarfsplanung, sondern durch die Verfügbarkeit von Einsatzmaterialien und Kapazitäten initiiert wird.

Prozessaufträge können sowohl für das Prozessmaterial als auch für ein Kuppelprodukt eröffnet werden. Die Mengen- und Wertfortschreibung erfolgt auf der Ebene der Kuppelprodukte.

Prozessmeldung Struktur, mit der Istdaten zu einem Prozess von der Prozesssteuerung an einen oder mehrere Empfänger folgenden Typs übermittelt werden: andere SAP-ERP-Komponenten, vom Benutzer definierte ABAP/4-Tabellen, Benutzer des SAPoffice-Mail-Systems sowie externe Funktionsbausteine.

Prozessmeldungen dienen der Aktualisierung vorhandener Datenbestände und der Erstellung eines Chargen- und Betriebsprotokolls. Ihr Inhalt wird bestimmt durch Meldungsmerkmale und die den Merkmalen zugeordneten Merkmalswerte.

Prozessmeldungsempfänger Anwender oder Baustein, an den Prozessmeldungen zur Verarbeitung übergeben werden. Das SAP-ERP-System unterstützt folgende Typen von Meldungsempfängern: SAP-ERP-Funktionsbausteine, vom Benutzer definierte ABAP/4-Tabellen, Benutzer des SAPoffice-Mail-Systems sowie externe Funktionsbausteine.

Prozessplanung Detaillierte Planung von Prozessaufträgen. Die Prozessplanung umfasst die Terminierung von Vorgängen, die Prüfung der Materialverfügbarkeit und die Freigabe an die Produktion.

Prozesssteuerung Alle Aktivitäten des Messens, Steuerns und Regelns verfahrenstechnischer Prozesse, gleichgültig, ob sie manuell oder automatisiert ausgeführt werden.

Prozessvorgabe Struktur, mit der Daten bzw. Anweisungen von PP-PI an die Prozesssteuerung übergeben werden. Prozessvorgaben werden den Phasen des Planungsrezepts und des Prozessauftrags zugeordnet. Sie werden zu Steuerrezepten zusammengefasst und zur Ausführung an die Prozesssteuerung übergeben. Je nach Art der übermittelten Informationen wird zwischen folgenden Typen von Prozessvorgaben unterschieden: Prozessparameter, Prozessdatenanforderung, Prozessdatenabo, Prozessdatenberechnungsformel, Prüfdatenanforderung, dynamischer Funktionsaufruf, Reihenfolgedefinition.

Prozessvorgabemerkmal Merkmal einer Merkmalgruppe, die zur Verwendung in Prozessvorgaben freigegeben ist. Prozessvorgabemerkmale werden Prozessvorgaben direkt oder über ihre Prozessvorgabeart zugewiesen. Sie bestimmen zusammen mit den zugehörigen Merkmalswerten, welche Informationen in einer Prozessvorgabe übermittelt oder angefordert werden (z. B. der Status eines Steuerrezepts) und wie die angeforderten Daten verarbeitet werden sollen (z. B. mit welcher Meldungsart sie rückgemeldet werden sollen).

Prüfgruppe Sammelkriterium, mit dem pro Material sämtliche Prüfregeln für alle Anwendungsbereiche zusammengefasst werden. Die Prüfgruppe legt in Kombination mit der Prüfregel für jeden betriebswirtschaftlichen Vorgang fest, mit welchem Prüfungsumfang die Verfügbarkeitsprüfung durchgeführt werden soll, d. h., welche Bestände und welche Zu- und Abgänge in die Verfügbarkeitsprüfung einbezogen werden und ob die Prüfung mit oder ohne Wiederbeschaffungszeit erfolgt.

Prüflos Aufforderung an ein Werk, an einer bestimmten Menge eines Materials eine Qualitätsprüfung durchzuführen.

Prüfmerkmal Merkmal, anhand dessen eine Qualitätsprüfung durchgeführt wird. Prüfmerkmale gliedern sich in quantitative und qualitative Merkmale (Prüfmerkmalstypen). Prüfmerkmale sind häufig auch Qualitätsmerkmale, müssen es aber nicht sein.

Prüfmethode Beschreibt das Verfahren, wie ein Merkmal geprüft werden soll. Prüfmethoden werden als Stammsätze angelegt und Stammprüfmerkmalen oder Prüfplänen zugeordnet. Einem Stammprüfmerkmal können auch mehrere Prüfmethoden zugeordnet werden.

Prüfmittel Prüfmittel im engeren Sinne sind Messeinrichtungen, die bei Qualitätsprüfungen eingesetzt werden. Prüfmittel im weiteren Sinne (Prüfhilfsmittel) sind Einrichtungen, Gegenstände, Unterlagen oder Stoffe, die bei der Qualitätsprüfung benötigt werden. Prüfmittel können feste Einrichtungen eines Arbeitsplatzes, bewegliche Geräte oder Gegenstände sein. Im Prüfplan können Prüfhilfsmittel auf unterschiedlicher Detaillierungsebene definiert und durch unterschiedliche Stammsatztypen dargestellt werden: Materialstammsatz, Fertigungshilfsmittelstammsatz (FHM-Stammsatz), Dokumentenstammsatz, Equipmentstammsatz.

Prüfplan Beschreibung des Ablaufs einer Qualitätsprüfung von Werkmaterialen.

Prüfpunkt Eindeutig identifizierbarer Satz von Prüfergebnissen, der einem Prüfvorgang zugeordnet ist. Die Prüfpunkte werden vom Benutzer mithilfe einer Kombination von Feldern identifiziert, deren Bedeutung anwendungsabhängig festgelegt wird.

Prüfvorgang Zusammenfassung aller Tätigkeiten zur Prüfung eines oder mehrerer Prüfmerkmale mit bestimmten Prüfmitteln an einem bestimmten Prüfplatz. Dem Prüfvorgang können im SAP-ERP-System Daten für die Terminierung, Kapazitätsbelegung und Leistungsabrechnung zugeordnet werden.

Qualitätsmanagement Gesamtheit der qualitätsbezogenen Tätigkeiten und Zielsetzungen. Bestandteile des Qualitätsmanagements (QM) sind beispielsweise alle Tätigkeiten, die im Rahmen der Qualitätsplanung, Qualitätsprüfung, Qualitätslenkung und QM-Darlegung anfallen.

Qualitätsmeldung Beschreibung der Nichterfüllung einer Qualitätsforderung an ein betriebswirtschaftliches Objekt. Darüber hinaus enthält die Qualitätsmeldung die Aufforderung, auf diesen Sachverhalt zu reagieren.

Qualitätsprüfbestand Der Teil des gesamten bewerteten Bestands, der sich in Qualitätsprüfung befindet. Der Qualitätsprüfbestand ist nicht frei verwendbar.

Quotierung Mechanismus, der für ein Material berechnet, welche Bezugsquelle einem anfallenden Bedarf zugeordnet wird. Die Quotierung dient zur Ermittlung der zu einem bestimmten Zeitpunkt geltenden Bezugsquellen einer Bestellanforderung. Durch das Festsetzen von Quoten besteht die Möglichkeit, Bedarfe auf verschiedene Bezugsquellen automatisch zu verteilen. Eine Quotierung besteht aus Quotierungssätzen, die die Bezugsquelle (Lieferant, internes Werk usw.), den Gültigkeitszeitraum und die Quote identifizieren.

Räumliche Gültigkeit Bereich der Organisationsstruktur, in dem ein Objekt (z. B. Stückliste, Arbeitsplan) gültig ist. Beispiel: Die räumliche Gültigkeit einer Stückliste wird durch das Werk festgelegt.

Rate Steuerungsparameter für die Taktzeit-/Ratenterminierung der Sequenzplanung. Raten werden für eine Fertigungslinie definiert. Es gibt verschiedene Arten von Raten. Die maximale Rate gibt die maximale Menge an, die Sie auf einer Fertigungslinie pro Zeiteinheit produzieren können. Die geplante Rate gibt die Menge an, die Sie pro Zeiteinheit in einer bestimmten Periode produzieren möchten. Die operative Rate übersteuert die geplante Rate, damit Sie auf kurzfristige Angebots- oder Bedarfsänderungen reagieren können.

Ratenplanung Im Rahmen der Kapazitätsplanung Planungsart der Engpassressourcen für die produktionsratenbezogene Fertigung. Die Ratenplanung erfolgt im Allgemeinen über Linienpläne.

Regelkreis Der Regelkreis steuert den Nachschub über *Kanban* für ein bestimmtes Material. Er legt fest, auf welche Art und in welchen Mengen der Nachschub von der Quelle zum Verbraucher gebracht wird. Darüber hinaus werden die Anzahl der *Kanbans* und die Menge eines jeden *Kanbans*, die Nachschubstrategie, mit der das Material beschafft wird, die Quelle, von der das Material geliefert wird, sowie der Produktionsversorgungsbereich, d. h., der Verbraucher, zu dem das Material gebracht wird, festgelegt.

Reichweite Die Reichweite wird geplant als eine Anzahl Tage, in der ein Material noch verfügbar sein muss, um Bedarfsschwankungen abzufangen.

Der Planer gibt die Reichweite als geplante Anzahl von Tagen vor, und das System erzeugt im Bedarfsfall entsprechende Bestellvorschläge. Andererseits berechnet das System in Auswertungen der Bedarfsplanung die Reichweite, damit der Planer erkennen kann, wie viele Tage ein Material noch ausreicht. Dies ist bei der Bestands- und Zugangsreichweite sowie bei der statistischen Reichweite der Fall.

Reihenfolgedefinition Prozessvorgabe, mit der Sie zu Beginn einer Phase festlegen, dass diese in der Herstellanweisung erst bearbeitet werden darf, nachdem eine andere Phase abgeschlossen ist. Durch automatische Generierung von Reihenfolgedefinitionen können Sie die im Prozessauftrag gepflegten Anordnungsbeziehungen in die Herstellanweisung übernehmen. Die Prozessvorgaben der Phase, die die Reihenfolgedefinition enthält, sind in der Herstellanweisung so lange inaktiv, bis alle Meldungsdaten der Vorgängerphasen rückgemeldet wurden. Es werden nur Phasen berücksichtigt, die derselben Herstellanweisung angehören.

Reinigungsrezept Rezept, das beschreibt, welche Aktivitäten nach Beendigung einer Kampagne durchgeführt werden müssen, um eine Anlage zu reinigen, und welcher Bedarf an Zeit, Ressourcen und Material dabei anfällt.

Reservierter Bestand Summe aller für Entnahmen reservierten Mengen eines Materials.

Reservierung Anforderung an das Lager, ein Material für den Abgang zu einem späteren Termin und zu einem bestimmten Zweck bereitzuhalten. Mit einer Reservierung soll sichergestellt werden, dass ein Material verfügbar ist, wenn es gebraucht wird. Ein Material kann beispielsweise für eine Kostenstelle, eine Anlage oder einen Auftrag reserviert werden.

Ressource Produktionsmittel und Personen im Produktionsprozess, die Kapazitäten besitzen. Ressourcen werden in Arten (z. B. Anlage, Personal, Lager) unterteilt. Jeder Ressourcenart können Kapazitäten zugeordnet werden.

Ressourcenart Gruppierung von Ressourcen gleicher Art. Die Ressourcenart ist benutzerdefiniert bzw. im Customizing voreinstellbar. Sie können z. B. folgende Ressourcenarten definieren: Anlage, Prozesseinheit, Team, Personal, Transport, Lager und Service.

Ressourcennetz Ein Ressourcennetz beschreibt die physischen Verbindungen von Ressourcen wie z. B. Prozesseinheiten (Kessel, Reaktoren) in einer Anlage. Es dient der Beschreibung des Materialflusses durch die Anlage.

Restkapazitätsbedarf Der noch abzubauende Kapazitätsbedarf eines Werk- oder Planauftrags.

Retrograde Entnahme Nachträgliche Buchung der Entnahme von Komponenten, deren Warenausgang für einen Auftrag nicht manuell im System gebucht werden soll. Die Warenausgangsbuchung der retrograden Komponenten erfolgt automatisch bei der Rückmeldung.

Rezept Allgemeine Vorschrift zur Anwendung eines Verfahrens. Es gibt produktionsbezogene Rezepte, die ein Produktionsverfahren beschreiben, und nicht-produktionsbezogene Rezepte, die der Überprüfung der Funktionstüchtigkeit einer Ressource oder deren Überführung in einen definierten Zustand dienen.

Produktionsbezogene Rezepte sind Planungsrezepte und Steuerrezepte. Zu den nicht-produktionsbezogenen Rezepten gehören Umrüstrezepte, Anfahrrezepte und Reinigungsrezepte.

Rezeptgruppe Zusammenfassung von Planungsrezepten, die alternative Verfahren beschreiben. Die Rezeptgruppe identifiziert zusammen mit dem Rezeptzähler ein Rezept eindeutig.

Rezeptmaterialliste Liste, in der alle zur Ausführung eines Prozessauftrags benötigten Stoffe/Materialien mit Mengenangaben aufgeführt sind.

Rezeptzähler Schlüssel, der eindeutig ein Rezept in einer Rezeptgruppe identifiziert.

Rhythmische Disposition Dispositionsverfahren, bei dem die Materialien in einem bestimmten

Rhythmus disponiert werden. Wenn ein Lieferant ein Material immer an einem bestimmten Wochentag liefert, ist es sinnvoll, die Disposition des Materials im gleichen Rhythmus, verschoben um die Lieferzeit, vorzunehmen.

Rückmeldung Eine Rückmeldung ist ein Teil der Auftragsüberwachung. Sie dokumentiert den Stand der Bearbeitung von Vorgängen und Untervorgängen. Im SAP-System unterscheidet man zwischen Teilrückmeldung und Endrückmeldung. Eine Rückmeldung dient dazu, festzustellen, an welchem Arbeitsplatz der Vorgang durchgeführt wurde, wer den Vorgang durchgeführt hat, welche Menge in einem Vorgang als Gutmenge und als Ausschussmenge produziert wurde und wie groß die im Ist benötigten Vorgabewerte waren.

Rückstand Kapazitätsbedarfe, die nach der Terminierung oder der Verteilung in Perioden eingelastet worden sind, die der Vergangenheit angehören.

Rückstandsbearbeitung Funktion zur Bearbeitung von Materialien, bei denen Fehlmengen bestehen. Bei der Rückstandsbearbeitung können Bedarfe bis zur Höhe der aktuellen ATP-Menge bestätigt bzw. bereits bestätigte Mengen neu zugeordnet werden.

Rückwärtsterminierung Terminierungsart, bei der die Vorgänge eines Auftrags, ausgehend vom Eckendtermin, rückwärts terminiert werden. Über diese Terminierungsart werden der terminierte Start und das terminierte Ende des Auftrags ermittelt.

Rüsten Tätigkeit, die den Arbeitsplatz für die dort auszuführenden Vorgänge vorbereitet.

Rüstfamiliengruppe Fasst Rüstfamilienschlüssel zu Gruppen zusammen. Zum Beispiel können Drehmaschinen mit unterschiedlichen Rüstfamilienschlüsseln zu einer Rüstfamiliengruppe Drehen zusammengefasst werden.

Rüstfamilienschlüssel Kennzeichnet Vorgänge im Plan mit gleichen oder ähnlichen Rüstzuständen. Über den Rüstfamilienschlüssel kann im Rahmen des Kapazitätsabgleichs die Rüstzeit optimiert werden. Dazu wird die Rüstreihenfolge mit den günstigsten Rüstzeiten ermittelt.

Rüstzeit Zeit, die benötigt wird, um den Arbeitsplatz für die dort auszuführenden Vorgänge vorzubereiten. Die Rüstzeit ist ein Bestandteil der Durchführungszeit.

Schichtdefinition In einer Schichtdefinition werden die Beginn-, Ende- und Pausenzeiten einer Schicht arbeitsplatzübergreifend festgelegt. Schichtdefinitionen erleichtern durch die zentrale Pflege die Bestimmung des Kapazitätsangebots bei einer Änderung der Arbeitszeit.

Schichtprogramm In einem Schichtprogramm werden typische Folgen von Schichtdefinitionen für einen bestimmten Zeitraum arbeitsplatzübergreifend definiert. Durch die zentrale Pflege von Schichtprogrammen werden Änderungen in der Abfolge von Schichtdefinitionen erleichtert.

Schüttgut Position innerhalb einer Stückliste, die ein loses Material abbildet. Über dieses Material kann direkt am Arbeitsplatz verfügt werden. Es findet keine auftragsbezogene Kalkulation statt, da die Position nur in kleineren Mengen von geringem Wert verwendet wird.

Sekundärbedarf Geplanter Materialbedarf, der durch die Fertigung übergeordneter Baugruppen entsteht. Bei plangesteuerter Disposition wird für die Komponenten, die zur Fertigung eines Planauftrags benötigt werden, maschinell ein Sekundärbedarf erzeugt.

Sekundärressource Ressource, die neben der Primärressource benötigt wird und einem Vorgang oder einer Phase zugeordnet werden kann, z. B. Personal, Transportbehälter usw. Diese Sekundärressourcen können zeitlich flexibel mit einem Start- und Endzeitpunkt relativ zum Start oder Ende des Vorgangs bzw. der Phase versehen werden.

Sequenzplan Ergebnis der Sequenzplanung. Das System stellt die Reihenfolge der Planaufträge im Sequenzplan grafisch dar.

Sequenzplanung Bestimmung der Reihenfolge, in der die Planaufträge gefertigt werden. Die Auftragsreihenfolge der Enderzeugnisse für eine Linie wird grafisch im Sequenzplan dargestellt. Der Sequenzplan zeigt pro Linie bzw. pro Linienabschnitt zeitabhängig die genaue Belegung an. Demnach ist die Sequenzplanung ein Werkzeug für die Reihenfolgeplanung und Terminierung der Fließ- und Serienfertigung.

Serialnummer Nummer, die einem Materialeinzelstück zusätzlich zur Materialnummer gegeben wird, um das Einzelstück von allen anderen Stücken dieses Materials individuell unterscheiden zu können. Die Kombination aus Materialnummer und Serialnummer ist eindeutig.

Serienauftrag Festlegung der zur Serienfertigung eines Werkmaterials gültigen Fertigungsversion und eines Zeitraums für die Sammlung der Kosten.

Serienfertigung Komponente im SAP-System zur Planung und Steuerung von Serien- und Fließfertigung (siehe Fließfertigung). Die Anwendungskomponente Serienfertigung gestattet eine perioden- und mengenabhängige Planung der Fertigungslinien. Außerdem wird der Produktionssteuerungsaufwand reduziert und die Istdatenerfassung (Rückmeldung, Wareneingangsbuchung) vereinfacht.

Serienfertigungsprofil Sammlung von Daten, die steuern, welche Variante der Serienfertigung für ein Material eingesetzt wird (Serienfertigung mit Produktionskostensammler oder Serienfertigung mit Fertigungsaufträgen).

Seriennummer Nummer, mit der ein einheitlicher Auflösungstermin (Bruttotermin) für alle Stücklistenstufen festgelegt werden kann.

Sicherheitsbestand Menge, die immer am Lager sein soll, um einen unerwartet hohen Bedarf im Eindeckungszeitraum befriedigen zu können. Die Aufgabe des Sicherheitsbestands besteht darin, die Gefahr der Entstehung von Fehlmengen zu minimieren. Zur Bestimmung des Sicherheitsbestands ist es zunächst erforderlich, das Fehlmengenrisiko zu bestimmen und den gewünschten Lieferbereitschaftsgrad festzulegen. Im Normalfall greift man bei der Fertigung nicht auf den Sicherheitsbestand zurück.

Sicherheitszeit Anzahl der Arbeitstage, die in der Terminierung als Puffer zwischen dem terminierten Ende und dem Eckendtermin eines Auftrags geplant sind.

Sonderbestand Bestände eines Materials, die aufgrund ihrer Besitzverhältnisse oder aufgrund des Ortes, an dem sie sich befinden, getrennt geführt werden (z. B. Konsignationsbestände vom Lieferanten).

Split Um eine detailliertere Einsatz- und Belegungsplanung im Rahmen der Kapazitätsplanung zu gewährleisten, können Kapazitäten in Einzelkapazitäten (z. B. einzelne Maschinen) unterteilt werden, für die Kapazitätsangebote gepflegt werden können. Kapazitätsbedarfe können diesen Einzelkapazitäten in der grafischen oder tabellarischen Plantafel zugeordnet bzw. eingeplant werden.

Stammfolge Lineare Sequenz von Vorgängen, an der sich die Fertigung orientiert und von der aus parallele und alternative Folgen verzweigen können. Die erste Sequenz von Vorgängen eines Plans wird vom System automatisch als Stammfolge angelegt.

Standardangebot Ein Standardangebot ist das Kapazitätsangebot einer Kapazitätsart, das immer dann gilt, wenn kein Angebotsintervall definiert ist. Das Standardangebot wird festgelegt durch Arbeitsbeginn, Arbeitsende, Pausenzeiten und Nutzungsgrad.

Standardarbeitsplan Arbeitsplantyp, der eine Folge von Vorgängen festlegt, die sich häufig wiederholen. Ein Standardarbeitsplan wird zur Verringerung des Erfassungsaufwands in Normalarbeitsplänen referenziert.

Standardereignispunkt Ein Standardereignispunkt ist eine Vorlage für das Anlegen von Ereignispunkten. Durch die Verwendung von Standardereignispunkten können Sie den Erfassungsaufwand verringern.

Standardkalkulation Kalkulationsart der Erzeugniskalkulation. Sie ermöglicht es, erkennbare Abweichungen zu den geplanten Herstellkosten durch dispositive Veränderungen der Wertansätze zu berücksichtigen, ohne eine neue Plankalkulation anlegen zu müssen.

Standardlinienplan Arbeitsplantyp, der eine Folge von Vorgängen festlegt, die sich häufig wiederholen. Ein Standardlinienplan wird zur Verringerung des Erfassungsaufwands in Linienplänen referenziert.

Standardplan Plan, der die standardmäßige Ablauffolge für die Durchführung einer Aufgabe festlegt.

Standardstückliste Stückliste, die nur intern in den Bereichen Instandhaltung und Standardnetz genutzt wird. Die Komponenten der Standardstückliste bilden sich wiederholende objektneutrale Strukturen ab. Sie können den Vorgängen eines projektneutralen Standardnetzes zugeordnet werden.

Statisches Losgrößenverfahren Verfahren, bei dem die Losgröße ausschließlich anhand von Mengenvorgaben aus dem jeweiligen Materialstammsatz gebildet wird. Kosten, die durch die Lagerhaltung sowie durch das Rüsten oder den Einkaufsvorgang entstehen, werden hierbei nicht berücksichtigt. Es gibt drei unterschiedliche Kriterien, nach denen die Losgröße berechnet wird: exakte Losgröße, feste Losgröße und Auffüllen bis zum Höchstbestand.

Steuerrezept Rezept, das alle Informationen (Prozessvorgaben) zur Ausführung eines Prozessauftrags durch ein bestimmtes Prozessleitsystem bzw. einen Anlagenfahrer enthält. Steuerrezepte werden aus den Prozessvorgaben des Prozessauftrags erstellt und an die zuständige Prozesssteuerung gesendet. Für jeden Steuerrezeptempfänger eines Prozessauftrags wird genau ein Steuerrezept erstellt.

Steuerrezeptempfänger Prozessleitsystem oder Anlagenfahrer bzw. Gruppe von Anlagenfahrern, an die ein Steuerrezept zur Verarbeitung übergeben wird. Der Steuerrezeptempfänger legt fest, an welche technische Adresse ein Steuerrezept übergeben wird und wie die Übergabe erfolgt (z. B. initiiert durch SAP ERP oder durch die Prozesssteuerung).

Stichprobe Eine oder mehrere Einheiten, die aus einem Prüflos (Grundgesamtheit) entnommen sind, um Kenntnisse über die Qualität des Prüfloses zu gewinnen. Die Benennung Stichprobe wird – im Gegensatz zur Benennung Probe – vorzugsweise gebraucht, wenn es sich um unterscheidbare (diskrete) Einheiten wie z. B. Stückgüter handelt, die einem Stichprobenverfahren unterzogen werden.

Stochastische Disposition Spezielles Verfahren der verbrauchsgesteuerten Disposition auf der Grundlage von Bedarfsvorhersagen, die mithilfe der Prognose getroffen werden. Durch das integrierte Prognoseprogramm werden Prognosewerte für den zukünftigen Bedarf ermittelt. Die prognostizierten Bedarfsmengen werden für die Nettobedarfsrechnung im Planungslauf übernommen. Bei Unterdeckung eines Prognosebedarfs wird ein Beschaffungsvorschlag erzeugt.

Stückliste Ein für den jeweiligen Zweck vollständiges, formal aufgebautes Verzeichnis für einen Gegenstand, das alle zugehörenden Bestandteile unter Angabe von Bezeichnung, Menge und Einheit enthält. Die Bestandteile werden als Position bezeichnet. Im SAP-ERP-System können Sie folgende Stücklisten pflegen: Materialstückliste, Dokumentstückliste, Equipmentstückliste, Stückliste zum technischen Platz und Kundenauftragsstückliste.

Stücklistenalternative Identifikation einer Stückliste innerhalb einer Stücklistengruppe (Mehrfachstückliste). Ein und dasselbe Erzeugnis kann aufgrund unterschiedlicher Herstellungsverfahren für verschiedene Losgrößenbereiche durch mehrere Stücklisten (Alternativen) abgebildet werden. Diese alternativen Stücklisten werden in einer Mehrfachstückliste zusammengefasst.

Stücklistenauflösung Auswertungsform der Stücklisten, die alle Komponenten einer Stückliste aus verschiedenen Sichten ermittelt. Sie können die Stückliste sowohl strukturell als auch mengenmäßig auflösen.

Stücklistengruppe Zusammenfassung von Stücklisten, um ein oder mehrere ähnliche Erzeugnisse gemeinsam beschreiben zu können. Folgende Stücklisten bilden eine Stücklistengruppe: alle Varianten einer Variantenstückliste und alle Alternativen einer Mehrfachstückliste.

Stücklistenkomponente Bestandteil einer Stückliste. Besteht ein Objekt (z. B. Material) aus mehreren Teilen, werden die Teile als Komponenten in der Stückliste gepflegt. Komponenten können in Stücklisten folgenden Objektbezug haben: Materialstammsatz, Dokumentinfosatz oder Klasse.

Stücklistenkopf Bestandteil einer Stückliste, der Daten enthält, die für die gesamte Stückliste gültig sind, wie z. B. Objektnummer/Werk/Verwendung, Texte, Mengendaten, Angaben zur Gültigkeit, allgemeine Daten und Verwaltungsdaten.

Stücklistenposition Bestandteil einer Stückliste, für den Informationen über die Menge und Mengeneinheit gespeichert werden. Nach dem Objektbezug (z. B. Material, Dokument) und anderen Kriterien (z. B. Bestandsführung) werden die Positionen in verschiedene Positionstypen gegliedert und spezielle Positionsdaten verwaltet.

Stücklistentyp Klassifizierung der Stücklisten, um verschiedene Objekte (z. B. Material, Dokument) abbilden zu können. Für die Stücklisten zu unterschiedlichen Objekten werden spezifische Bestandteile verwaltet, beispielsweise:

- Materialstückliste (mit Bezug auf einen Materialstammsatz): Materialien, Dokumente und Texte
- Dokumentstückliste (mit Bezug auf einen Dokumentinfosatz): Dokumente und Texte

Stücklistenverwendung Die Stücklistenverwendung ermöglicht die Stücklistenpflege für spezielle Unternehmensbereiche (z. B. für das Material »Lampe«). Dadurch ist es möglich, dass jeder Unternehmensbereich (z. B. Fertigung, Vertrieb) eine eigene Stückliste pflegt, in der nur die bereichsspezifischen Positionen bearbeitet werden. Im Customizing legen Sie für eine Verwendung (z. B. Fertigung) fest, wie der Positionsstatus für die Positionen dieser Stückliste ausgeprägt ist (z. B. alle Positionen fertigungsrelevant). Die Verwendung ist ein wichtiges Kriterium für die automatische Stücklistenauflösung, die über die Anwendung gesteuert wird.

Takt Räumlicher Bereich einer Fertigungslinie, in dem gearbeitet wird. Ein Material durchläuft jeweils einen Takt der Fertigungslinie in der minimalen Taktzeit, um dort bearbeitet zu werden. Im Liniendesign können Sie die Anzahl der Takte für die einzelnen Linienabschnitte einer Linienhierarchie definieren. Die Gesamtzahl der Takte bestimmt folglich die Länge einer Fertigungslinie.

Taktbereich Räumlicher Bereich, den das Material in der Taktzeit durchläuft, um bearbeitet zu werden. Jede Bearbeitungsstation auf der untersten Ebene der Linienhierarchie entspricht einem Taktbereich. Aus der Summe der Taktbereiche der untersten Ebene ergibt sich die Anzahl der Taktbereiche der übergeordneten Ebenen. Dieser Begriff wird im Rahmen des Liniendesigns verwendet.

Taktterminierung Im Gegensatz zur Durchlaufterminierung über den Arbeitsplan erfolgt die Taktterminierung anhand

- der Länge der Fertigungslinie, die durch die Anzahl der Takte definiert ist und/oder
- der Taktzeiten bzw. der Raten. Sie bestimmen, wie lange ein Material jeweils in einem Takt verweilt und in welchen Zeitabständen ein Material auf die Fertigungslinie kommt bzw. sie wieder verlässt.

Taktzeit Steuerungsparameter für die Taktterminierung der Sequenzplanung. Taktzeiten werden für eine Fertigungslinie definiert. Es gibt drei Arten von Taktzeiten:

- Die minimale Taktzeit ist die Zeit, die ein Material in einem Takt der Fertigungslinie bleibt, um dort bearbeitet zu werden.
- Die geplante Taktzeit ist der Zeitraum, während dessen sich das Produkt auf der Linie befindet.

- Die operative Taktzeit übersteuert die geplante Taktzeit, um damit auf kurzfristige Angebots- oder Bedarfsänderungen reagieren können.

Teilrückmeldung Eine Teilrückmeldung ist die Rückmeldung eines Vorgangs, dessen Bearbeitung noch nicht abgeschlossen ist.

Terminierung In der Terminierung werden die Start- und Endtermine von Aufträgen oder Vorgängen im Auftrag berechnet.

Terminiert wird z. B. in der Materialbedarfsplanung. Dabei fließen die Eigenfertigungszeiten und die Lieferzeiten aus dem Materialstammsatz in die Terminierung mit ein.

In der Kapazitätsplanung wird über die Pläne terminiert. Dabei unterscheidet man zwischen der Durchlaufterminierung, bei der die Kapazitätsbelastungen nicht berücksichtigt werden, und der Kapazitätsterminierung, bei der sie berücksichtigt werden.

Im Netzplan/Auftrag ermittelt die Terminierung die frühesten und spätesten Starttermine für die Durchführung der Vorgänge und berechnet den benötigten Kapazitätsbedarf sowie die Pufferzeiten.

Bei der Terminierung unterscheidet man zwischen den folgenden Terminierungsarten:

- Vorwärtsterminierung (Terminierung, ausgehend vom Starttermin)
- Rückwärtsterminierung (Terminierung, ausgehend vom Endtermin)
- Mittelpunktterminierung (Kombinierte Vorwärts- und Rückwärtsterminierung, ausgehend von einem beliebigen Mittelpunktvorgang in einem Auftrag)
- Heute-Terminierung (Terminierung im Netzplan/Auftrag, wenn der Starttermin in der Vergangenheit liegt)
- Tagesdatum-Terminierung (Terminierung im Netzplan/Auftrag, ausgehend von einem Tagesdatum)

Terminierungsarbeitsplatz Arbeitsplatz, der für die Terminierung und Kapazitätsplanung im Rahmen der Fließ- und Serienfertigung zugrunde gelegt wird. Wenn Sie keine Linienhierarchie definiert haben, ist die Fertigungslinie selbst der Terminierungsarbeitsplatz. Wenn für eine Fertigungslinie eine Linienhierarchie gepflegt wurde, wurde ein Arbeitsplatz der Linienhierarchie als Terminierungsarbeitsplatz festgelegt. Dieser Begriff wird im Rahmen des Liniendesigns verwendet.

Trendmodell Prognosemodell für einen trendförmigen Verbrauchsverlauf. Ein solcher Verlauf liegt vor, wenn über einen längeren Zeitraum hinweg – unter Vernachlässigung zufälliger Schwankungen – der Verbrauch stetig steigt oder fällt.

Trend-Saison-Modell Prognosemodell für trendsaisonalen Verbrauchsverlauf. Ein solcher Verlauf liegt vor, wenn der saisonale Verlauf durch eine stetige Zu- oder Abnahme des Durchschnitts gekennzeichnet ist.

Trendwert Bestandteil des Prognosemodells im Rahmen der Prognoserechnung, der das Vergangenheitsniveau des Prognosemodells darstellt. Bei den Trendmodellen und Trend-Saison-Modellen ermittelt das System den Wertzuwachs mit dem Trendwert und schreibt den Zuwachs mit ihm fort. Der Trendwert wird zunächst anhand der Vergangenheitswerte vom System errechnet, kann aber auch manuell eingegeben werden. Danach schreibt das System den Trendwert nach Ablauf einer jeden Periode mithilfe des Betafaktors fort.

Übergangszeit Zeit, die folgende Zeitelemente beinhaltet:

- die Transportzeit von einem Vorgang zum nächsten
- die Liegezeit nach der Durchführung des Vorgangs
- die Pufferzeiten des Vorgangs und des Werkauftrags
- Wartezeit
- Vorgriffszeit
- Sicherheitszeit

Überlappung Mittel zur Reduzierung der Durchlaufzeit. Bei Überlappung wird der nächste Vorgang begonnen, bevor der laufende Vorgang beendet ist. Die Start- und Endtermine der Vorgänge werden vom System so berechnet, dass an den überlappten Vorgängen ununterbrochen gearbeitet werden kann. Dabei werden vom System die Mindestweitergabemenge und die Mindestüberlappungszeit berücksichtigt.

Umlagerungsbestand Menge eines Materials, die bei einer Umlagerung im Zweischrittverfahren aus dem Bestand der abgebenden Stelle bereits entnommen wurde, aber bei der empfangenden Stelle noch nicht eingetroffen ist. Der Umlagerungsbestand wird im bewerteten Bestand der empfangenden Stelle geführt, er ist aber noch nicht frei verwendbar. Der Umlagerungsbestand enthält die Menge, die durch Umbuchungen innerhalb der Bestandsführung umgelagert wird, jedoch nicht die Menge, die aufgrund von Umlagerungsbestellungen umgelagert wird. Im letzteren Fall spricht man von Transitbestand.

Umlagerungsbestellung Bestellung, die ein Werk auffordert, Material aus einem Werk in ein anderes Werk desselben Unternehmens zu transportieren. Mit einer Umlagerungsbestellung können dadurch anfallende Bezugsnebenkosten dem Material belastet werden, das transportiert wird.

Ungeplante Entnahme Ausgabe eines Materials ohne Bezug auf eine Reservierung. Ungeplante Entnahmen führen in der Regel zu einer Fortschreibung des Gesamtverbrauchs und des ungeplanten Verbrauchs in der Verbrauchsstatistik zum Material.

Ungeplanter Verbrauch Differenz zwischen Gesamtverbrauch und geplantem Verbrauch. Der ungeplante Verbrauch wird fortgeschrieben, wenn Ware vom Lager entnommen wird, ohne dass eine Reservierung vorliegt. Im Gegensatz dazu wird der geplante Verbrauch fortgeschrieben, wenn Ware aufgrund einer Reservierung entnommen wird.

Unterdeckung Situation, in der die Bedarfsmenge größer ist als die Zugangs- und Bestandsmenge. Die Unterdeckungsmenge wird im Rahmen der Materialbedarfsplanung durch die Nettobedarfsrechnung berechnet.

Unterposition Teilmenge einer Stücklistenposition. Sie unterscheidet sich von den anderen Teilmengen durch den Einbauort. Eine Unterposition hat in der Stückliste keine operative Bedeutung. Sie kann als Hilfsmittel zur Erstellung von firmenspezifischen Bestückungsprogrammen genutzt werden.

Urplan Erste Fassung, die von einem Planprimärbedarf gespeichert wird (Programmplanung).

Variable Kosten Anteil der Gesamtkosten, der vom Beschäftigungsgrad und der Losgröße abhängig ist.

Variantenkonfiguration Beschreibung komplexer Produkte, die in mehreren Varianten existieren können (z. B. Autos). Alle Varianten werden über ein Variantenprodukt abgebildet. Für dieses Variantenprodukt existieren eine Maximalstückliste, die alle denkbaren Komponenten enthält, und ein Maximalarbeitsplan, der alle denkbaren Arbeitsvorgänge enthält.

Dem Variantenprodukt werden durch die Zuordnung einer Klasse Merkmale zugewiesen, über die eine bestimmte Variante beschrieben wird. Aufgrund von Beziehungswissen wird gesteuert, dass die richtigen Komponenten und Vorgänge aus der Maximalstückliste und dem Maximalarbeitsplan ausgewählt werden.

Variantenstückliste Zusammenfassung mehrerer Stücklisten (Varianten), die ähnliche Objekte (z. B. Erzeugnis, Dokument) mit einem hohen Anteil identischer Bestandteile gemeinsam beschreiben. Die Variantenstückliste bildet jedes Objekt (z. B. Erzeugnis »Lampe«) komplett ab. Jede Variantenstückliste beinhaltet alle Bestandteile; diese Stückliste ist nicht konfigurierbar.

Verbrauch Menge, die in der Regel vom System bei Warenentnahmen fortgeschrieben wird und angibt, wie viel von einem Material in einer bestimmten vergangenen Periode verbraucht worden ist.

Verbrauchsgesteuerte Disposition Oberbegriff für Verfahren innerhalb der Materialbedarfsplanung, die sich am vorhandenen Lagerbestand und den Verbrauchswerten der Vergangenheit orientieren. Man unterscheidet die Dispositionsverfahren Bestellpunktdisposition, stochastische Disposition und rhythmische Disposition.

Verbrauchsmaterial Material oder Dienstleistung, das/die Gegenstand einer Beschaffung ist und wertmäßig über die Kostenarten- oder Anlagekonten abgerechnet wird. Es gibt Verbrauchsmaterial ohne Materialstammsatz, mit Materialstammsatz ohne Bestandsführung sowie mit Materialstammsatz mit nur mengenmäßiger Bestandsführung.

Verfügbarkeitsprüfung Funktion, die in der Produktionsplanung und in der Fertigungssteuerung prüft, ob die für den Plan- bzw. Fertigungsauftrag notwendigen Komponenten verfügbar sind.

Vorgang Ein Vorgang ist die Beschreibung der Tätigkeit in einem Arbeitsschritt in einem Plan oder Werkauftrag. Beispiele für Vorgänge sind Arbeitsvorgänge, Prüfvorgänge, Vorgänge im Netzplan.

Vorgangsabschnitt Ein Vorgang gliedert sich in folgende Abschnitte: Warten, Rüsten, Bearbeiten, Abrüsten und Liegen. Die Berechnung der Kapazitätsbedarfe kann für die Vorgangsabschnitte Rüsten, Bearbeiten und Abrüsten erfolgen.

Vorgangsdurchlaufzeit Die Durchlaufzeit eines Vorgangs ist die Summe aus Wartezeit, Rüstzeit, Bearbeitungszeit, Abrüstzeit und Liegezeit in einem Vorgang.

Vorgangsnummer Die Vorgänge innerhalb eines Arbeitsplans erhalten eine fortlaufende Nummer. Sie dient der Identifizierung eines Vorgangs innerhalb des gesamten Plans.

Vorgriffszeit Anzahl der Arbeitstage, die in der Terminierung als Puffer zwischen dem Eckstarttermin und dem terminierten Start eines Auftrags geplant sind.

Vorkalkulation Verfahren, mit dem die Plankosten eines Objekts wie z. B. die eines Auftrags ermittelt werden.

Vorplanungsmaterial Vorplanungsmaterial wird im Rahmen der Planungsstrategie *Vorplanung mit Vorplanungsmaterial* benötigt. Mit dieser Strategie können für ähnliche Enderzeugnisse die Gleichteile geplant werden. Das Vorplanungsmaterial wird den zu planenden Enderzeugnissen im Materialstammsatz zugeordnet. Planprimärbedarfe werden für das Vorplanungsmaterial eingegeben. Kundenbedarfe für das Enderzeugnis verrechnen sich gegen die Vorplanung des Vorplanungsmaterials.

Ware in Arbeit Unfertige Erzeugnisse, deren Kosten aus der Differenz aus Istkostenbelastung und Entlastung eines Auftrags bzw. durch die Bewertung der bis dato je Arbeitsvorgang rückgemeldeten, um relevanten Ausschuss bereinigten Gutmenge ermittelt werden können.

Warenausgang Begriff der Bestandsführung, der eine Minderung des Lagerbestands infolge einer Material-entnahme oder -ausgabe oder einer Lieferung an einen Kunden bezeichnet.

Warenbewegung Physische oder logische Bewegung von Materialien, die eine Veränderung von Materialbeständen bewirkt oder Materialien direkt für den Verbrauch bestimmt.

Wareneingang Begriff der Bestandsführung, der den Erhalt von Waren durch eine Firma bezeichnet. Im SAP-ERP-System werden folgende Wareneingänge unterschieden:

- Wareneingang mit Bezug auf eine Bestellung
- Wareneingang mit Bezug auf einen Fertigungsauftrag
- Sonstiger Wareneingang (ohne Bezug)

Wartezeit Zeit zwischen dem Ende des Transports und dem Start der Durchführung. Die Wartezeit ist ein Puffer, der im Bedarfsfall genutzt werden kann, um Störungen im Fertigungsablauf abzufangen. Sie kann im Arbeitsplatz oder im Vorgang gepflegt werden.

Werkauftrag Anweisung an eine interne Stelle, eine Arbeitsleistung zu erbringen. Zu den Werkaufträgen gehören die Auftragsarten Fertigungsauftrag, Prozessauftrag, Instandhaltungsauftrag, Prüfauftrag und Netzplan.

Werkstattfertigung Produktionstyp, bei dem die fertigten Materialien anonym an das Lager geliefert werden. Die Auftragskosten werden auf Fertigungsaufträgen gesammelt und an den Bestand abgerechnet.

Wiederbeschaffungszeit Gesamtzeit für die Eigenfertigung oder die Fremdbeschaffung eines Erzeugnisses. Im Rahmen der Eigenfertigung wird die Wiederbeschaffungszeit über alle Stücklistenstufen hinweg bestimmt.

Zählpunkt Im Rahmen der Serienfertigung ein Arbeitsvorgang, der im Arbeitsplan als Meilenstein gekennzeichnet ist. Bei der Rückmeldung zu Zählpunkten erfolgt eine retrograde Entnahmebuchung aller Materialien, die zwischen zwei Zählpunkten entnommen und verbraucht wurden.

Zählpunktmeldung Art der Rückmeldung im Rahmen der Serienfertigung, bei der mehrere Vorgänge in der Bearbeitungsreihenfolge automatisch rückgemeldet werden können. Die Zählpunktmeldung gestattet es, die retrograde Entnahme zeitnäher zum tatsächlichen Verbrauch zu buchen. Aus Sicht des Controlling ist es möglich, für die noch nicht fertig gemeldeten Baugruppen zusätzlich die Ware in Arbeit auszuweisen.

Das Serienfertigungsprofil legt fest, ob eine Zählpunktmeldung für ein Material durchgeführt werden kann. Ein Vorgang wird mithilfe des Steuerschlüssels als Zählpunkt (Meilenstein) gekennzeichnet.

Ist ein Vorgang als Zählpunkt gekennzeichnet, werden alle vorherigen Vorgänge automatisch zusammen mit dem als Zählpunkt gekennzeichneten Vorgang rückgemeldet.

Sind mehrere Vorgänge als Zählpunkte gekennzeichnet, sollte bei der Rückmeldung die Bearbeitungsreihenfolge der als Zählpunkt gekennzeichneten Vorgänge eingehalten werden. Die Rückmeldung erfolgt automatisch bis zum vorhergehenden Zählpunkt.

B Abkürzungsverzeichnis

APO	Advanced Planner and Optimizer
ATP	Available to Promise
BDE	Betriebsdatenerfassung
CAD	Computer Aided Design
CIM	Computer Integrated Manufacturing
CO-PA	Controlling, Profitability Analysis
DP	Demand Planning
EDV	Elektronische Datenverarbeitung
EAM	Enterprise Asset Management
ERP	Enterprise Resource Planning
FHM	Fertigungshilfsmittel
GMP	Good Manufacturing Practices
HR	Human Resources
LIS	Logistikinformationssystem
MM	Materials Management
MRP	Material Requirements Planning
NC	Numeric Control
PDS	Produktionsdatenstruktur
PM	Plant Maintenance (jetzt EAM)
PP	Production Planning
PPM	Produktionsprozessmodell
PPS	Produktionsplanungssystem
PS	Project System
PSP	Projektstrukturplan
PVB	Produktionsversorgungsbereich

QM	Quality Management
SD	Sales and Distribution
SNP	Supply Network Planning
SOP	Sales and Operations Planning
TP/VS	Transportation Planning and Vehicle Scheduling
VIS	Vertriebsinformationssystem

C Literaturverzeichnis

Arnolds, H.; Heege, F.; Tussing, W.: Materialwirtschaft und Einkauf. 9. Auflage. Wiesbaden: Gabler 1996. (11. Auflage 2013)

AWF Ausschuss für wirtschaftliche Fertigung e. V. (Hrsg.): AWF-Empfehlung – Integrierter EDV-Einsatz in der Produktion – CIM (Computer Integrated Manufacturing). Eschborn 1985.

Bäck, H.: Erfolgsstrategie Logistik. München 1989.

Balla, J.; Layer, F.: Produktionsplanung mit SAP APO. 2. Auflage. Bonn: Galileo Press 2010.

Bartels, H.-G.: Logistik. In: Albers, W. (Hrsg.): Handwörterbuch der Wirtschaftswissenschaften. Stuttgart et al.: Vandenhoeck & Ruprecht 1980, S. 54–73.

Bloech, J.: Problembereiche der Logistik. In: Schriften zur Unternehmensführung. Heft 32. Wiesbaden 1984, S. 5–30.

Blumöhr, U; Münch, M.; Ukalovic, M.: Variantenkonfiguration mit SAP. 2. Auflage. Bonn: Galileo Press 2011.

Bowersox, D.-J.: Logistical Management. New York, London: McGraw-Hill 1974. (2. Auflage 1996)

Bullinger, H.-J.; Niemeyer, J.; Huber, H.: Computer Integrated Business (CIB)-Systeme. In: CIM Management. 2 (1987) 3, S. 12–19.

Dickersbach, J.T.: Characteristic Based Planning with mySAP SCM. Berlin, Heidelberg: Springer 2005a.

Dickersbach, J.T.: Supply Chain Management with APO. 3. Auflage. Berlin, Heidelberg: Springer 2009.

Diedenhoven, H.: Für die NC-Programmierung nutzbarer Gehalt von CAD-Daten. In: CAE-Journal. (1985) 5, S. 58–65.

DIN Deutsches Institut für Normung (Hrsg.): Normung von Schnittstellen für die rechnerintegrierte Produktion (CIM). Fachbericht 15. Berlin, Köln 1987.

Dittrich, J.; Mertens, P.; Hau, M.; Hufgard, A.: Dispositionsparameter von SAP R/3-PP. 3. Auflage. Wiesbaden: Vieweg Friedr. & Sohn 2003.

Eversheim, W.: Organisation in der Produktionstechnik – Arbeitsvorbereitung. 4. Auflage. Berlin: Springer 2002.

Geiger, K.; Kerle, M.: mySAP Automotive – Branchenlösung für die Automobilindustrie. In: Kagermann, H.; Keller, G. (Hrsg.): SAP-Branchenlösungen – Business Units erfolgreich managen. Bonn: Galileo Press 2001, S. 69–95.

Glaser, H.: Material- und Produktionswirtschaft. Düsseldorf 1986.

Glaser, H.; Geiger, W.; Rohde, V.: PPS – Produktionsplanung und -steuerung. 2. Auflage. Wiesbaden: Gabler 1992.

Grabowski, H.: CAD/CAM-Grundlagen und Stand der Technik. In: Fortschrittliche Betriebsführung und Industrial Engineering. 32 (1983) 4, S. 224–233.

Grochla, E.: Grundlagen der Materialwirtschaft. 3. Auflage. Wiesbaden: Gabler 1978.

Günther, H.-O.; Temperleier, H.: Produktion und Logistik. 8. Auflage. Berlin: Springer 2009.

Hack, S.: Collaborative Business Maps – Prozessintegration über Unternehmensgrenzen hinweg. In: Kagermann, H.; Keller, G. (Hrsg.): SAP-Branchenlösungen – Business Units erfolgreich managen. Bonn: Galileo Press 2001, S. 325–350.

Hackstein, R.: Produktionsplanung und -steuerung (PPS). 2. Auflage. Düsseldorf 1989.

Harrington, J.: Computer Integrated Manufacturing. New York: Krieger Pub Co 1979.

Hoitsch, H. J.: Produktionswirtschaft – Grundlagen einer industriellen Betriebswirtschaftslehre. München: Vahlen 1993.

Gulyassy, F.; Hoppe, M.; Isermann, M.; Köhler, O.: Disposition mit SAP. Bonn: Galileo Press 2009.

Hüllenkremer, M.: Rechnerunterstützte Arbeitsplanerstellung im CIM-Konzept. In: Krallmann, H. (Hrsg.): CIM – Expertenwissen für die Praxis. München, Wien 1990, S. 48–57.

Kagermann, H.; Keller, G.: mySAP.com Industry Solutions – New Strategies for Success with SAP's Industry Business Units. Harlow/London: Addison Wesley 2001.

Keller, G.: Informationsmanagement in objektorientierten Organisationsstrukturen. Wiesbaden: Gabler 1993. (Reprint 2012)

Keller, G.; Curran, T.: SAP R/3 – Prozesse analysieren und anwenden. Sonderdruck der DEKRA Akademie. Bonn 1999.

Keller, G. & Partner: SAP R/3 prozessorientiert anwenden. 3. Auflage. München: Addison-Wesley 1999.

Kief, H. B.; Roschiwal, Helmut A.: NC/CNC Handbuch. Michelstadt: Hauser 2007.

Kilger, W.: Industriebetriebslehre. Wiesbaden: Gabler 1986.

Kilger, W.; Pampel, Jochen R.; Vikas, K: Flexible Plankostenrechnung und Deckungsbeitragsrechnung. 12. Auflage. Wiesbaden: Gabler 2007. (13. Auflage 2012)

Kirsch, W.: Betriebswirtschaftliche Logistik. In: Zeitschrift für Betriebswirtschaft. 41 (1971), S. 221–234.

Kosiol, E.: Organisation der Unternehmung. Wiesbaden: Gabler 1962.

Kühn, M.: CAD und Arbeitssituation – Untersuchungen zu den Auswirkungen von CAD sowie zur menschengerechten Gestaltung von CAD-Systemen. Berlin: Springer 1994.

Lederer, K. G.: EDV-gestützte Kommunikationssysteme in der Automobilindustrie. In: Fortschrittliche Betriebsführung und Industrial Engineering. 33 (1984) 1, S. 23–29.

Maier-Rothe, C.; Busse, K.; Thiel, R.: Computerverbundsysteme planen, steuern und kontrollieren den Produktionsprozess. In: Maschinenmarkt. 89 (1983) 8, S. 106–109.

Meffert, H.: Marketing – Grundzüge der Absatzpolitik. 7. Auflage. Wiesbaden: Gabler 1986.

Nordsieck, F.: Betriebsorganisation. 4. Auflage. Stuttgart: Schäffer-Poeschel 1972.

Pahl, G.; Beitz, W.; Feldhusen, J.; Grote, K. H.: Konstruktionslehre – Grundlagen. 8. Auflage. Berlin: Springer 2013.

Pfohl, H.-C.: Logistiksysteme – Betriebswirtschaftliche Grundlagen. 8. Auflage. Berlin: Springer 2010.

Rembold, U. et al.: CAM-Handbuch. Berlin et al.: Springer 1990.

SAP AG (Hrsg.): Funktionen im Detail – Ergebnis- und Vertriebs-Controlling. Walldorf 1996.

SAP AG (Hrsg.): Funktionen im Detail – Produktionsplanung. Walldorf 1996.

Schäfer, E.: Der Industriebetrieb – Betriebswirtschaftslehre der Industrie auf typologischer Grundlage. Band 1. Köln, Opladen 1969.

Scheer, A.-W.: Factory of the Future – Vorträge im Fachausschuss »Informatik in Produktion und Materialwirtschaft« der Gesellschaft für Informatik e. V. In: SCHEER, A.-W. (Hrsg.): Veröffentlichungen des Instituts für Wirtschaftsinformatik. Heft 42. Saarbrücken 1983.

Scheer, A.-W.: CIM – Der computergesteuerte Industriebetrieb. 4. Auflage. Berlin: Springer 1989.

Scheer, A.-W.: Wirtschaftsinformatik – Informationssysteme im Industriebetrieb. 4. Auflage. Berlin: Springer 1994.

Schomburg, E: Entwicklung eines betriebstypologischen Instrumentariums zur systematischen Ermittlung der Anforderungen an EDV-gestützte Produktionsplanungs- und -steuerungssysteme im Maschinenbau. Diss. Aachen 1980.

Schneeweiß, C.: Einführung in die Produktionswirtschaft. 8. Auflage. Berlin: Springer 2002.

Spur, G.: Die Roboter verschwinden in der automatischen Fabrik. In: VDI-Nachrichten. 38 (1984) 52, S. 6.

VDI VEREIN DEUTSCHER INGENIEURE (Hrsg.): VDI 2210 Entwurf: Datenverarbeitung in der Konstruktion – Analyse des Konstruktionsprozesses im Hinblick auf den EDV-Einsatz. Düsseldorf 1975.

Venitz, U.: CIM-Rahmenplanung. Berlin: Springer 1997.

Wöhe, G. Einführung in die Allgemeine Betriebswirtschaftslehre. 25. Auflage. München: Vahlen 2013.

D Transaktionsverzeichnis

Zum schnellen Nachschlagen wurden die in den einzelnen Kapiteln beschriebenen Transaktionen in Tabellen zusammengefasst.

D.1 Organisationsstruktur und Stammdaten

Transaktion	Beschreibung	Customizing
EC01	Buchungskreis	×
EC02	Werk	×
OX18	Zuordnung Werk zu Buchungskreis	×
OX09	Lagerort	×
OPJ9	Fertigungssteuerer	×
MM01/MM02	Materialstamm anlegen/ändern	
CS01/CS02	Stückliste anlegen/ändern	
OS13	Positionstypen zur Stückliste	×
OS23	Stücklistenstatus	×
OS20	Stücklistenverwendung	×
CS11	Mehrstufige Stücklistenauflösung	
CS15	Teileverwendungsnachweis	
CR01/CR02	Arbeitsplatz anlegen/ändern	
OP40	Arbeitsplatzart	×
OP45	Planverwendung	×
OP4A	Schichtprogramm	×
CR11/CR12	Kapazität bzw. Poolkapazität anlegen/ändern	
OPCX/OP7B	Parameter für Vorgabewert	×
OPCM	Vorgabewertschlüssel	×
OP21	Formel	×
CR21/CR22	Arbeitsplatzhierarchie anlegen/ändern	
CA01/CA02	Arbeitsplan anlegen/ändern	
OPJ8	Steuerschlüssel	×
CF01/CF02	Fertigungshilfsmittel mit Stammsatz anlegen/ändern	

Tabelle D.1 Transaktionen für die Organisationsstruktur und die Stammdaten

D.2 Absatz- und Produktionsgrobplanung

Transaktion	Beschreibung	Customizing
MC21/MC22	Informationsstruktur anlegen/ändern	x
MC7F	Planungsparameter der Infostruktur	x
MC84/MC85	Produktgruppen anlegen/ändern	
MC91	Grafische Darstellung von Produktgruppen	
MC61	Planungshierarchie anlegen	
MC62	Planungshierarchie – Bearbeitung der Anteilsfaktoren	
MC9A	Generierung Stammdaten für flexible Planung	
MC8U	Anteilsberechnung auf Basis Istdaten (konsistente Planung)	
MC9B	Anteilsberechnung anhand Planungshierarchie (konsistente Planung)	
MC8A/MC8B	Planungstyp anlegen/ändern	
MC87/MC88	Standard-SOP anlegen/ändern (Material)	
MC81/MC82	Standard-SOP anlegen/ändern (Produktgruppe)	
MC8M	Ermittlung des Anfangsbestands im Hintergrund	
MC76/MC77	Zweigeteiltes Planungstableau für Aggregation und Disaggregation (Standard-SOP) anlegen/ändern	
MC93/MC94	Flexible Planung anlegen/ändern	
MC96	Prognoseprofil	x
MC64/MC65	Ereignis anlegen/ändern	
MC35/MC36	Grobplanungsprofil anlegen/ändern	
MC74	Übergabe Standard-SOP an Programmplanung (Material)	
MC75	Übergabe Standard-SOP an Programmplanung (Produktgruppe)	
MC90	Übergabe flexible Planung an Programmplanung	
MC7A	Werksaufteilung	x
MC8T	Aktivität für Massenverarbeitung	
MC8S	Übergabeprofil	
MC8Z	Kopierprofil	
MC8D/MC8E	Massenverarbeitungsjob anlegen/ändern	

Tabelle D.2 Transaktionen für die Absatz- und Produktionsgrobplanung

Transaktion	Beschreibung	Customizing
MC8F	Massenverarbeitungsjob löschen	
MC8G	Massenverarbeitungsjob einplanen	
SM37	Jobübersicht	
MC8I	Status Massenverarbeitungsjob	

Tabelle D.2 Transaktionen für die Absatz- und Produktionsgrobplanung (Forts.)

D.3 Programmplanung

Transaktion	Beschreibung	Customizing
OMPO	Bedarfsklasse für Planprimärbedarfe	×
OMP1	Bedarfsart für Planprimärbedarfe	×
MD61/MD62	Planprimärbedarfe anlegen/ändern	
OMJJ	Bewegungsarten	×
MD74	Reorganisation von Planprimärbedarfen	

Tabelle D.3 Transaktionen für die Programmplanung

D.4 Materialbedarfsplanung

Transaktion	Beschreibung	Customizing
OMI4	Dispolosgröße, Lagerkostenkennzeichen	×
OWD1	Rundungsprofile	×
CS01/CS02	Stückliste anlegen/ändern	
CA01/CA02	Arbeitsplan anlegen/ändern	
OPPP	Stücklistenalternativenauswahl	×
MP30/MP31	Einzelprognose anlegen/ändern	
MP38	Gesamtprognose	
MMBE	Bestandsübersicht	
MD21	Planungsvormerkungsdatei	
MD43	Interaktive Materialbedarfsplanung	
MD02	Mehrstufige Materialbedarfsplanung	

Tabelle D.4 Transaktionen für die Materialbedarfsplanung

Transaktion	Beschreibung	Customizing
MD03	Einstufige Materialbedarfsplanung	
MD11/MD12	Planauftrag anlegen/ändern	
ME51N/ME52N	Bestellanforderung anlegen/ändern	
MD04	Bedarfs-/Bestandsliste	
MD05	Dispoliste	
OPPQ	Werksparameter	×
OPPR	Dispositionsgruppe	×

Tabelle D.4 Transaktionen für die Materialbedarfsplanung (Forts.)

D.5 Sonderbeschaffungsformen

Transaktion	Beschreibung	Customizing
OPPB	Einstellungen für die Direktbeschaffung	×
MP11	Mailpartner für die Direktfertigung pflegen	×
CMD1	Mailpartner für die Direktbeschaffung pflegen	×
SBWP	SAP Business Workplace	

Tabelle D.5 Transaktionen für die Sonderbeschaffungsformen

D.6 Langfristplanung

Transaktion	Beschreibung	Customizing
MS31/MS32	Planungsszenario	
MS29	Ermittlung durchschnittlicher Werksbestand	
OS31	Prioritätenfolge Stücklistenverwendung	×
MS21	Planungsvormerkungen für Planungsszenario	
MS01	Materialbedarfsplanungslauf online (Planungsszenario)	
MSBT	Materialbedarfsplanungslauf im Hintergrund (Planungsszenario)	
MS02	Einzelplanung einstufig (Planungsszenario)	
MS03	Einzelplanung mehrstufig (Planungsszenario)	
MS65	Planprimärbedarf ändern (Planungsszenario)	

Tabelle D.6 Transaktionen für die Langfristplanung

Transaktion	Beschreibung	Customizing
MS11	Simulative Planaufträge anlegen	
MS04	Bedarfs-/Bestandsliste (Planungsszenario)	
MS05	Dispoliste (Planungsszenario)	
MS44	Planungssituation Material (Planungsszenario)	
MS47	Planungssituation Produktgruppe (Planungsszenario)	
CM38	Kapazitätsbedarf Arbeitsplätze (Planungsszenario)	
MFSO	Grafisches Planungstableau (Planungsszenario)	
MCB&/MCB)	Auswertung Bestandscontrolling (Planungsszenario)	
MCEC	Einkauf – Analyse zu Material (Planungsszenario)	
MCEA	Einkauf – Analyse zu Lieferant (Planungsszenario)	
MCEB	Einkauf – Analyse zu Warengruppe (Planungsszenario)	
MS70	Aufbau der Daten im Einkaufsinformationssystem (Planungsszenario)	
MS64	Kopieren der Planprimärbedarfsversion	
MD62	Aktivieren der Planprimärbedarfsversion	

Tabelle D.6 Transaktionen für die Langfristplanung (Forts.)

D.7 Fertigungsauftragseröffnung

Transaktion	Beschreibung	Customizing
CO01/CO02	Fertigungsauftrag anlegen/ändern	
OPJH	Auftragsart	×
OPJK	Prüfungssteuerung	×
OPU3	Terminierungsprofil	×
OPL8	Auftragsartabhängige Parameter	×
OPJF	Automatische Planalternativenselektion	×
OPJI	Selektions-ID Stücklisten	×
OPJM	Zuordnung Selektions-ID zur Stücklistenanwendung	×

Tabelle D.7 Transaktionen für die Absatz- und Produktionsgrobplanung

Transaktion	Beschreibung	Customizing
OS32	Stücklistenauswahl nach Terminen	×
CO31/CO32	Standardereignispunkt anlegen/ändern	
CO40	Einzelumsetzung Planauftrag	
CO41	Sammelumsetzung Planauftrag	
CO07	Fertigungsauftragseröffnung ohne Materialbezug	
SCAL	Fabrikkalender pflegen	×
OPJN	Terminierungsarten pflegen	×
OP67	Steuerschlüssel	×
OPJR	Ortsgruppen und Transportzeitmatrix	×
OPJS	Reduzierungsstrategie	×

Tabelle D.7 Transaktionen für die Absatz- und Produktionsgrobplanung (Forts.)

D.8 Kapazitätsplanung

Transaktion	Beschreibung	Customizing
CM01	Kapazitätsauswertung – Standardübersicht	
CM02	Kapazitätsauswertung – Kapazitätsdetail	
CM03	Kapazitätsauswertung – Vorrat	
CM50	Kapazitätsauswertung – Erweiterte Auswahl Arbeitsplatzsicht	
CM52	Kapazitätsauswertung – Erweiterte Auswahl Auftragssicht	
CM07	Kapazitätsauswertung – variable Sicht	
OPA6	Gesamtprofil Kapazitätsauswertung	×
OPA2	Auswahlprofil	×
CMS1/CMS2	Auswahlsets anlegen/ändern	×
OPA3	Einstellungsprofil	×
OPA4	Listenprofil	×
OPA5	Grafikprofil	×
OPJK	Prüfungssteuerung	×
OPKP	Fertigungssteuerungsprofil	×
OPD0	Gesamtprofil Kapazitätsverfügbarkeitsprüfung und Einplanung	×

Tabelle D.8 Transaktionen für die Kapazitätsplanung

Transaktion	Beschreibung	Customizing
OPDB	Strategieprofil	×
OPD1	Selektionsprofil	×
OPDE	Steuerungsprofil	×
OPD3	Auswertungsprofil	×
OPD2	Zeitprofil	×
OPDH	Listenprofil	×
CY39	Aufbereitungsschlüssel	×
OP43	Rüstfamiliengruppen und Rüstfamilienschlüssel	×
OPDA	Rüstmatrix	×
CM40	Massenplanung Kapazitätsabgleich	
SM37	Jobübersicht	
CM41	Protokolle der Einplanungsjobs	
CM21	Grafische Plantafel (Einstieg über Arbeitsplatz)	
CM22	Tabellarische Plantafel (Einstieg über Arbeitsplatz)	

Tabelle D.8 Transaktionen für die Kapazitätsplanung (Forts.)

D.9 Fertigungsdurchführung

Transaktion	Beschreibung	Customizing
CO05N	Sammelfreigabe für Fertigungsaufträge	
CO04N	Auftragsdruck	
MB1A	Warenentnahme zum Fertigungsauftrag	
CO27	Kommissionierung	
OSPX	Bestandsfindungsregel	×
OPJ2	Bestandsfindungsregel betriebswirtschaftlichem Vorgang zuordnen	×
CO11N	Rückmeldung zum Lohn-Rückmeldeschein	
OPJ8	Steuerschlüssel	×
CO1F	Fortschrittsrückmeldung	
CO15	Rückmeldung zum Auftrag	
CO14	Anzeige der Rückmeldungen	
CO13	Stornierung von Rückmeldungen	

Tabelle D.9 Transaktionen für die Fertigungsdurchführung

Transaktion	Beschreibung	Customizing
OPKP	Fertigungssteuererprofil	×
MB31	Lagerzugang zum Fertigungsauftrag	
COHV	Massenbearbeitung von Fertigungsaufträgen	

Tabelle D.9 Transaktionen für die Fertigungsdurchführung (Forts.)

D.10 Integration mit SAP APO

Transaktion	Beschreibung	Customizing
CFM1	Generierung von Integrationsmodellen	
CFM2	Aktivierung von Integrationsmodellen	

Tabelle D.10 Transaktionen für die Integration mit SAP APO

E Die Autoren

Dr. Jörg Thomas Dickersbach beschäftigt sich seit 1998 mit der Modellierung und Implementierung logistischer Prozesse mithilfe von Standardsoftware in unterschiedlichen Branchen und ist Autor mehrerer Bücher zu diesem Thema. Er ist als Produktmanager tätig und hat unter anderem bei den Unternehmen SAP AG, Wassermann AG und icon-scm AG an der Gestaltung deren Produkte mitgewirkt. Sie können Jörg Thomas Dickersbach über folgende E-Mail-Adresse erreichen: *dickersbach@gmx.de*.

Dr. Dipl.-Kfm. Dipl.-Ing. Gerhard Keller leitete nach seiner Promotion bei Prof. Dr. August-Wilhelm Scheer die Methodenentwicklung sowie den Aufbau der Referenzprozesse für das SAP-ERP-System (ehemals R/3-System) bei der SAP AG. Gerhard Keller ist heute Gesellschafter und Partner der Bonpago GmbH (*www.bonpago.de*) und Geschäftsführer der IPP® Process Playbook GmbH. Dort findet mit dem speziell entwickelten Verfahren »IPP® Process Playbook« die Vermarktung, Steuerung und das Controlling von Projekten zur Prozessoptimierung statt. Hauptaugenmerk ist das Schaffen von Transparenz, Ordnung und Struktur für Führungskräfte, das an der IPP® Process Playbook Academy in Verbindung mit der Optimierung des Golfschwunges gelehrt wird. Sie können Gerhard Keller über folgende E-Mail-Adresse erreichen: *g.keller@processplaybook.com*. Weitere Informationen finden Sie unter: *www.processplaybook.com*.

Index

A

B

C

D

L

M

Q

R

S

T

Z